高等学校电子信息类专业系列教材
西安电子科技大学重点立项教材

无线通信基础与应用

秦　浩　马　卓　张艳玲　**编著**

孙献璞　宋　彬　**主审**

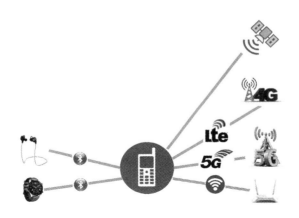

西安电子科技大学出版社

内 容 简 介

　　本书重点介绍各类无线通信系统中最具普遍性和代表性的基础知识与关键技术,特别是无线通信系统中需要解决的根本问题及对策。通过学习本书可以了解无线通信系统的基本理论、概念和设计方法。全书共 13 章,内容包括无线通信概述、大尺度路径损耗、小尺度衰落和多径效应、单载波调制技术、抗衰落技术中的分集与交织和均衡技术、扩频调制、多载波调制、多天线技术、多址技术、蜂窝通信基础、4G LTE 简介、5G NR 简介等。此外本书还提供了大量 Matlab 源代码和相关阅读资料及练习题,读者登录作者所给网站或扫描书中二维码即可获得。

　　本书精心挑选的内容难度适中,既体现了无线通信,特别是移动通信的最新进展,又充分兼顾了学生的理解能力。本书适合高校通信类专业作为教材使用。

图书在版编目(CIP)数据

无线通信基础与应用/秦浩,马卓,张艳玲编著. —西安:西安电子科技大学出版社,2022.4(2023.4重印)
ISBN 978 - 7 - 5606 - 6404 - 0

Ⅰ.①无…　Ⅱ.①秦…　②马…　③张…　Ⅲ.①无线电通信—高等学校—教材
Ⅳ.①TN92

中国版本图书馆 CIP 数据核字(2022)第 027550 号

策　　划　李惠萍
责任编辑　李惠萍
出版发行　西安电子科技大学出版社(西安市太白南路 2 号)
电　　话　(029)88202421　88201467　　　邮　　编　710071
网　　址　www. xduph. com　　　　　　电子邮箱　xdupfxb001@163.com
经　　销　新华书店
印刷单位　陕西博文印务有限责任公司
版　　次　2022 年 4 月第 1 版　2023 年 4 月第 2 次印刷
开　　本　787 毫米×1092 毫米　1/16　印张　23.25
字　　数　554 千字
印　　数　2001～3000 册
定　　价　56.00 元
ISBN 978 - 7 - 5606 - 6404 - 0 / TN
XDUP 6706001 - 2

前　言
Preface

近五年来，通信与信息领域经历了巨大的变革，第五代移动通信系统正式商用，基于低轨星座的移动通信系统在全球兴起，边缘计算、物联网、虚拟现实/增强现实、大数据等新技术层出不穷。一方面，这些变革都离不开无线通信技术日新月异的发展，另一方面，这些变革也对作为信息基础设施的无线通信技术提出了更高的要求。

但是，万变不离其宗，不管无线通信技术如何发展，都是在香农的信息论、无线信道、调制解调、多天线技术等底层原理和技术基础之上构筑的。本书讨论无线通信系统的基础原理和相关技术，是根据西安电子科技大学"无线通信"课程的建设要求，以编者多年来的教学讲义为基础，参考国内外最新的专著、教材和文献资料，结合编者自身的理解，经过多次修订编写而成的。全书尽可能使用平直的文字，避免晦涩的表述，然而作为一本专业技术课教材，书中还是保留了必要的数学推导。希望本书能够引领读者入门无线通信技术，帮助读者为今后的工作奠定理论与技术基础，为读者开启更为深入的研究提供帮助。

为了更好地学习本书内容，要求学生先修课程包括概率论与随机过程、信号与系统和通信原理。本书可以用作高等工科学校通信与系统、无线电技术专业高年级本科生或者研究生的教材，也可用作通信工程技术人员的参考书。

全书共 13 章。其中，第 1 章阐述了无线通信的基本概念，介绍了若干实用的无线通信系统，说明了本书内容的组织方式。第 2 章和第 3 章分别从大小两个距离尺度上讨论无线信道对无线电信号的影响，具体讨论会造成信号经历乘性变化的大小尺度衰落，这是无线信道有别于加性高斯白噪声信道的根本所在，也是无线通信面临的根本挑战。这两章是本书的核心内容，只有充分了解信号在无线信道中传播会有什么问题，才能有的放矢，相应地解决实际问题。第 4～9 章讨论如何对抗大小尺度衰落从而提升无线通信可靠性与有效性，这些技术通常位于点到点通信系统的不同位置，完成不同的功能，通过组合使用这些技术，就可以构建可靠、有效的点到点无线通信系统。第 10 章则是以点到点无线通信为基础，进一步讨论构建多用户通信系统的核心关键技术——多址技术。在多址技术的基础上，第 11 章介绍蜂窝移动通信系统的基础技术，特别是频率复用技术和越区切换技术，正是这些技术使得在更大地理范围内为广大用户提供通信服务成为可能。基于移动通信系统的最新进展，第 12 章和第 13 章分别介绍了第四代和第五代移动通信系统的技术要点，其中大量内容都是基于前面 11 章讨论过的原理和技术，是无线通信基础原理与技术的具体应用。为了帮助读者更好地理解本书内容，针对各章中的波形和性能曲线等插图，我们提供了配套的 Matlab 源代码，读者可以自行免费下载，代码仓库地址为 https://gitee.com/q1nha0/wireless5004.git，需要说明的是，为了下载相关代码，读者必须安装源代码版本控制工具 git 并学会使用，这是每个工程技术从业人员应该掌握的，不再赘述。为了帮助读者加深理解，我们在网上为每一章都提供了若干习题，其中部分习题需要读者使用 Matlab 或者 Python 编程完成。纸上得来终觉浅，绝知此事要躬行。要想深刻理解无线通信的基础原理与技术，并将其转化为读者自身的知识储备，亲自动手是必不可少的关键步骤。

本书在编写过程中尽可能统一了名词和术语的使用，但是对于符号或者码元一词斟酌了许久，两个词含义完全相同，且在不同场景下经常互换使用，为此在本书中，符号与码元两个同义词不加解释地互换使用，例如误码率、符号间干扰等。

本书由秦浩编写第 1、2、3、6、8、12 和 13 章并负责全书的统稿定稿，由马卓编写第 5、7、9、11 章，由张艳玲和秦浩合作编写第 4 章，由张艳玲和马卓合作编写第 10 章。孙献璞教授和综合业务网理论及关键技术国家重点实验室副主任宋彬教授主审了本书。

书到用时方恨少，事因经过始知难。在大约 1 年的编写过程中，本书编者深刻感受到了这一点，幸好得到了许多老师与同学的大力帮助，克服了种种困难，最终完成了预期目标。裴昌幸教授、顾华玺教授为本书的立项提供了极大的支持与助力。杜栓义教授针对本书内容提出了大量卓越的、有建设性的建议和意见。研究生李潇楠、孟昊炜、郭庆哲和刘颖帮助完成了本书的 Matlab 代码编写和插图制作。李惠萍老师为本书的出版付出了辛勤的劳动。在此向各位领导、师友和同学表示深深的感谢。

书末所附参考文献是本书重点参考的论著，在此特向在本书中引用和参考的已注明和未注明的教材、专著、文章及网页的编者和原作者表示诚挚的谢意。

本书的出版得到了西安电子科技大学教材建设基金资助项目的支持，在此深表谢意。

本书虽经几次修改，但由于编者水平所限，不足与疏漏之处在所难免，敬请专家、同学及读者发送邮件至 hqin@mail. xidian. edu. cn 给予批评指正。

本书的配套源代码、课后习题及勘误表可以通过下面的公众号"无线通信 xidian"获取，也可以通过网址 https://web. xidian. edu. cn/hqin/textbook. html 获得。

教材公众号	配套 Matlab 代码仓库	教材配套网址

编　者

于西安电子科技大学

2022 年 2 月

目 录
Contents

1

第 1 章　无线通信概述

　　1820 年，奥斯特发现了电流的磁效应；1831 年，法拉第经过反复实验提出了电磁感应定律；1864 年，麦克斯韦通过数学推算建立了电磁波传播理论，预测了电磁波的存在；1887 年，赫兹通过实验，证实了电磁波的存在。1897 年，马可尼用无线电实现了陆地和拖船之间的消息传输，正式开启了无线通信时代，至今已经历了 120 多年的发展。

1.1　无线通信的基本概念

　　以无线电波作为传输媒介进行信息交换的通信统称为无线通信，随着通信技术的不断发展，利用红外线、可见光、激光等光波作为媒介的通信也可归于无线通信的范畴。

　　移动通信指的是通信双方至少有一方处于移动状态下的通信，移动通信必须以无线通信为基础。同时由于通信双方存在着相对运动，移动通信面临很多特殊的问题。首先，运动将导致无线电波传播环境不断改变，即传输信道会在通信过程中随着时间的变化而变化；其次，由于需要自由移动，所以对通信设备的供电方式、重量、体积、功耗等方面要求更为苛刻；最后，移动通信终端在很多时候是个人消耗品，所以对其成本和价格也提出了较高的要求。正是由于以上原因，可以认为移动通信是最复杂的无线通信，或者说移动通信所采用的技术代表了无线通信的最新发展。本书讨论的无线通信基础知识，对于移动通信同样适用。

　　现有的无线通信系统多种多样，可以按照不同的准则来分类。例如按照无线通信系统的使用对象可以分为军用系统和民用系统，或者公用系统和专用系统；按照覆盖范围分为广域网、局域网和个域网，对应的实例分别为 5G 移动通信系统、WiFi 和蓝牙；按照无线通信系统中参与通信的节点数量可以将其分为点到点、点到多点和多点到多点无线通信系统，对应的实例分别为无人机遥控、WiFi 和无线自组织网。

　　无论如何分类，点到点无线通信都是无线通信系统最基础的共性技术，只有在两点之间有效对抗无线信道对信号传输造成的各种损耗和失真，才能实现两点之间可靠、有效的信息交换；在可靠、有效的点到点无线通信基础上，进一步通过多址和组网等技术就可以实现多点之间的有序通信，构筑更为宏大的无线通信系统。本书以无线信道特性为核心线索，讨论实现点到点无线通信的可靠性和有效性的基础原理和实用技术，重点讨论可靠性方面，也就是系统的各组成部分如何协调对抗无线信道对信号传输造成的损耗和失真；此外本书还讨论了多址和蜂窝组网等多点通信的基础共性技术。

1.1.1　困难与挑战

　　无线通信最大的困难来自于恶劣的无线信道环境，主要体现为两个方面，一是复杂的信道环境，二是相对运动。电磁波在开放空间中自由传播，可能经历的传播环境包括但不限于楼宇、树木、山脉、云雨雾等，不同的环境对无线电波的影响差异巨大，无线电波可能经历大量不同的传播路径，先后到达接收机，然后在接收机天线处相互干涉叠加在一起，信号的这种传播方式称为多径传播。多径传播信道的传输特性与收发两端所处的环境密切相关。另外，由于收发信机之间的相对运动或者环境物体的运动，使得前述的复杂环境随时间不断变化，不同时间对于无线电波的影响不同，从而接收到的多径总和信号的幅度和相位都呈现出高度的随机性，特别是幅度的剧烈起伏将导致瞬时接收功率及瞬时接收信噪比的剧烈起伏，这种现象称为信号衰落。由香农公式，我们知道高信噪比是高速通信的必要条件，而无线通信中过深的瞬时衰落将导致极低的瞬时信噪比，甚至会造成通信短暂中断。对抗恶劣的信道环境始终是无线通信的核心课题，也是本书的核心内容。

除了无法人为控制的恶劣信道环境，无线通信面临的另一个困难是复杂的干扰，表现为无用信号落入了有用信号的频率范围内，接收机接收到的信号为有用和无用信号的叠加。通常使用信干噪比（Signal to Interfere plus Noise Ratio，SINR）来衡量干扰的强度，干扰越强SINR越低，过低的SINR同样将导致通信中断。干扰的原因有很多，例如在移动通信系统中，需要使用频率复用技术以充分利用稀缺的频率资源，因此使用同一频率通信的两个基站就会相互干扰。干扰可以来自于人为或非人为因素，甚至可能是有意的，例如军事上干扰敌方通信。通过抗干扰技术规避或抑制干扰从而保证可靠通信是无线通信的重要课题之一。

除可靠性之外，有效性，即传输速率是无线通信追求的另一个目标，有效性要受到频率与功率的制约，频率与功率是无线通信特别是移动通信中的永恒课题。频率是受管控的有限、稀缺资源，一方面不同的无线电频率具有不同的传播特点，无线通信系统的设计必须与无线电频率的传播特点相适应（下一节专门讨论这个问题）；另一方面，不同的无线通信系统或者业务只能在分配的频率范围内工作，必须在有限的带宽资源条件下使系统能够容纳更多的用户与业务，例如移动通信系统中广泛使用的小区制以及各种创新的频率复用技术，都是对该问题的经典解法。根据香农公式，加性高斯白噪声（Additive White Gaussian Noise，AWGN）信道条件下，假设噪声的单边功率谱密度为 N_0，信道容量 C 是接收信号功率 S 与带宽 B 的函数，如下式所示：

$$C = B \, \mathrm{lb}\left(1 + \frac{S}{N_0 B}\right) \quad （注：\mathrm{lb} = \log_2，下同） \tag{1-1}$$

可以看出，接收到的信号功率越强，或者通信中使用的带宽越大，能够达到的通信速率就越高。如图 1-1 所示，图中假设 $S/N_0 = 1$ MHz，可以看出随着带宽的增加，信道容量逐步上升，其中前半段随着带宽的增加，信道容量快速上升，这部分区域称为带宽受限区域，即提高带宽是提高信道容量的主要手段。当带宽增加到一定程度后，例如图中的 10 MHz，进一步增加带宽并不能有效提高信道容量，随着带宽的无限增加，信道容量趋近于极限值 $1.44 S/N_0$，与接收信号功率成正

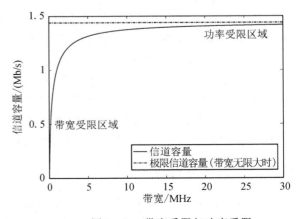

图 1-1　带宽受限与功率受限

比，因此这段区域称为功率受限区域，可以通过提高接收信号功率 S 来有效提高系统容量。

尽管无线信道中接收信号功率是随机变量，不满足香农公式的要求，但是在任意特定时刻，瞬时信道容量与瞬时信噪比之间的关系仍然可以借用香农公式来解释。此外，现代无线通信系统对于通信速率提出了越来越高的要求，整体呈现宽带通信的趋势。综合以上两方面的因素，要实现无线通信的高速信息传输，除了提高带宽外，提升功率也是一个关键要素。当前，提高带宽的举措有载波聚合、启用毫米波和太赫兹等，其中前者允许将多段不连续的频谱绑定在一起使用，后者则是开拓尚未投入使用的更高的无线电频率，频率越高可供使用的带宽就越大。功率同样是有限的资源，在无线通信中一味提高发射功率往往需要付出巨大的成本、体积与重量等代价，很多时候提高功率反而增强了对其他通信者的干扰，得不偿失，更不要说移动通信中的移动设备要求成本低、体积小、重量轻、耗电少、抗震防潮等，这就对调制方案、放大器和天线等都提出了严苛的要求，这些要求与提升功率的要求是完全矛盾的。因此无线通信中采用分集合并、波束赋形及多输入多输出（Multiple-Input Multiple-Output，MIMO）等技术，以某种巧妙的方式改善接收信号的功率或者信噪比，例如 MIMO 技术通过收发信机上的多副天线在同一频率上构造出可同时通信的多路独立信道，大大提高了通信速率，其本质上就是因为提升了发射信号的功率。第五代移动通信系统 5G 为了提高通信速率采用大规模 MIMO 技术，同时也引入了基站侧巨大的功耗。

1.1.2　无线通信使用的频谱

无线通信频率是稀缺资源，为保证不同的无线通信业务能够在全球日益拥挤的无线电波环境中实现和平共处，由国际电信联盟（International Telecommunications Union，ITU）的无线通信部门（Radio Communication Sector）ITU-R 负责分配和管理全球无线电频谱与卫星轨道资源，制定全球电信标准。在我国，则是由工业和信息化部下属的无线电管理局来具体负责国内的无线电频率的划分、分配与指配。例如 ITU-R 规定了可用于 5G 通信的一系列工作频段，我国的无线电管理局进一步根据实际情况从中选取合适的频段，分配给通信行业四大运营商，具体分配情况如下：

- 中国广电：703～733 MHz，758～788 MHz，4900～4960 MHz。
- 中国移动：2515～2675 MHz，4800～4900 MHz。
- 中国电信：3400～3500 MHz。
- 中国联通：3500～3600 MHz。
- 中国联通、中国电信、中国广电共同使用：3.3 GHz 频段（3300～3400 MHz）。

其中，中国电信和中国联通的 5G 频段是连续的，两家已宣布将基于 3400～3600 MHz 的连续 200 MHz 带宽共建共享 5G 无线接入网。中国移动和中国广电也已宣布共享 2.6 GHz 频段 5G 网络，并按 1∶1 比例共同投资建设 700 MHz 频段的 5G 无线网络。

在所有的无线频率资源中，专门规定了 ISM（Industrial Scientific Medical，ISM）频段开放给工业、科学和医用三个主要机构使用。ISM 频段属于免许可频段，允许任何人随意地传输数据，但是要对发射功率进行限制，发射与接收之间只能是很短的距离，因而不同使用者之间的干扰是可控的。其中 2.45 GHz（2.400～2.4835 GHz）频段和 5.8 GHz（5.725～5.875 GHz）频段基本上在各国均为 ISM 频段，例如日常大量使用的蓝牙工作在 2.45 GHz 频段，WiFi 可以工作在 2.45 GHz 和 5.8 GHz 两个频段上。

　　无论是 ISM 频段还是授权频段，不同频率的频段特点不同，总体来看，频率越低，波长越长，绕射能力越强，传播损耗越小，传播距离就越远，适合实现长距离通信或者广域覆盖，缺点是通信速率较低，天线尺寸大；频率越高，波长越短，天线尺寸就越小，越倾向于通过直线传播，便于使用高增益天线实现定向传输，但是容易受到阻挡，远距离通信衰减大，往往需要中继。随着频率的增加，云雨雾都可能会对信号传播产生较大的衰减。此外，频率越高，能够用于通信的带宽就越大。表 1-1 列出了不同频段的传播方式和主要用途。其中移动通信系统使用的频段主要有 800/900/1800 MHz 等频段，5G 还将使用 2.6 GHz、3.5 GHz 以及 4.9 GHz 等频段，特别是将使用毫米波实现高速短距离通信，可用来在密集部署中增加容量。未来的 6G 还将使用太赫兹频段。在卫星通信中，通常使用表 1-2 给出的波段划分办法。

表 1-1　不同频段的传播方式和主要用途

波段名称	波长范围	频率范围	频段名称	主要传播方式和用途
超长波	10～100 km	3～30 kHz	甚低频(VLF)	地球-电离层波导；潜艇通信，远距离/超远距离通信
长波	1～10 km	30～300 kHz	低频(LF)	地波；远距离通信
中波	100 m～1 km	300 kHz～3 MHz	中频(MF)	地波与天波；广播、通信和导航
短波	10～100 m	3～30 MHz	高频(HF)	天波与地波；广播、通信
超短波	1～10 m	30～300 MHz	甚高频(VHF)	直线传播、对流层散射；通信、电视广播、调频广播、雷达
分米波	10～100 cm	300 MHz～3 GHz	超高频(UHF)	直线传播、散射传播；通信、中继与卫星通信、雷达、电视广播
厘米波	1～10 cm	3～30 GHz	特高频(SHF)	直线传播；中继与卫星通信、雷达
毫米波	1～10 mm	30～300 GHz	极高频(EHF)	直线传播；微波通信、雷达

表 1-2　卫星通信中的频率划分

波段名称	频率范围/GHz	使　用　情　况
L	1～2	资源几乎殆尽，用于地面/卫星移动通信、卫星定位、卫星测控链路等
S	2～4	资源几乎殆尽，用于气象/船用雷达、卫星移动通信、卫星定位、卫星测控链路等
C	4～8	接近饱和，用于雷达、地面通信和卫星通信
X	8～12	通常被政府和军方占用，用于雷达、地面通信、卫星通信以及空间通信
Ku	12～18	接近饱和，主要用于卫星通信，支持互联网接入
K	18～26.5	大气吸收强，不能用于长距离通信
Ka	26.5～40	正在被大量使用，主要用于卫星通信，支持互联网接入
Q/V/W/D	30～50/50～75/75～110/110～170	开始进入商业卫星通信领域
U/E/F	40～60/60～90/90～140	

1.2　现有无线通信系统

1.2.1　蜂窝移动通信系统

在我国，第一代移动通信系统于 1987 年 11 月 18 日开始正式商用，2019 年 6 月 6 日，我国工业和信息化部正式向中国电信、中国移动、中国联通和中国广电发放了四张 5G 商用牌照，标志着我国正式进入 5G 商用元年。30 多年来我们经历了五代移动通信系统，如图 1-2 所示，新名词、新技术层出不穷，不断激发移动通信和无线通信的革命性进步。我国在各代移动通信系统标准制定中的作用可以概括为：2G 跟随，3G 突破，4G 同步，5G 引领。

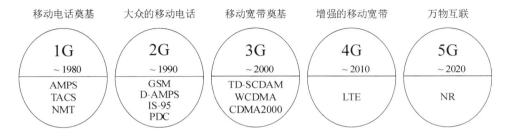

图 1-2　蜂窝移动通信系统的发展

移动通信系统是最前沿的无线通信系统，因为其终极目标最为宏大，即任何时候、在任何地方都能实现任何人与人、人与物或物与物之间的通信，所以其面临的困难最具挑战性。

（1）复杂多变的传播环境。用户可能处于地下室、办公室、拥挤的地铁等各种复杂的传播环境，只要是人迹所至之处，就有对于移动通信的需求，2020 年 5 月，为配合珠峰高程测量，中国移动经过艰苦奋战，最终在珠峰海拔 6500 米的前进营地开通了全球海拔最高的 5G 基站，实现了 5G 信号对珠峰北坡登山线路及峰顶的覆盖。据实地测试，5G 速率下行峰值突破 1.66 Gb/s，上行速率高达 215 Mb/s。移动性方面，用户还希望能够在高速公路、高速铁路以及飞机上都能实现信息交互。

（2）最为广泛的覆盖需求。随着人类探索世界和宇宙触手的不断延伸，人们对于移动通信覆盖的广度和深度要求越来越高，未来移动通信系统的要求是实现空、天、地、海全域覆盖的泛在网络。

（3）最蓬勃发展的流量需求。从早期的话音业务到如今的视频点播、视频会议以及增强现实/虚拟现实等业务，加上城市中存在的各类巨量传感器构成的大数据业务，随着业务的演进，用户对于流量的追求将永无止尽。为此，移动通信系统要通过多天线、宏微蜂窝覆盖、毫米波等革命性新技术榨出每赫兹的传输能力。

（4）消费者对于手机重量、体积、性能、成本、耗电的极致要求。今天的手机终端性能已经非常强，移动计算在非常多的情况下已经取代了桌面计算。为保证手机的连续使用，需要尽可能节省手机中通信模块的耗电。为此，整个蜂窝移动通信系统需要仔细设计，例如能在基站上实现的就不在终端上处理；终端侧能不发送的信息就不发送，必须要发送的也尽可能少发；在空闲时间内，终端侧除了偶尔接收一点信息，其他时间通信功能全部关闭。

第一代蜂窝移动通信出现于 1980 年前后，它使用模拟通信提供话音服务，主要技术有北美制定的高级移动电话系统（Advanced Mobile Phone System，AMPS）、北欧移动电话（Nordic Mobile Telephony，NMT）以及在英国等地使用的全接入通信系统（Total Access Communication System，TACS），这是历史上移动电话首次可供普通民众使用的大变化。第一代移动通信最为重要的革命性技术为贝尔实验室提出的频率复用技术，利用信号功率随传播距离增大而减小的特点，允许空间距离较远的两个基站使用相同的频率，通过这种方式构建的小区制通信系统也称为蜂窝移动通信系统，如图 1－3 所示。频率复用技术将需要提供通信服务的地理区域划分为互不重叠的小区，多个小区连接到核心网统一管理。每个小区使用一组频道，距离足够远的小区可以重复使用同一组频道，由于同一频道在不同的位置可以多次复用，从而极大地提高了频谱效率。多年来该技术不断演进发展，小区制到今天还是移动通信系统的基石，只是今天的小区范围更小（百米），基站发射功率更低。

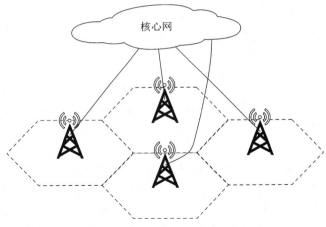

图 1－3　蜂窝网与频率复用

第二代移动通信出现于 20 世纪 90 年代早期，其核心技术特点是数字传输和时分多址。虽然其目标服务仍然是语音，但是也能提供有限的数据服务。最初存在几种不同的第二代技术，包括由许多欧盟国家联合制定的全球移动通信系统（Global System for Mobile communication，GSM）、美国的数字高级移动电话系统（Digital AMPS，D-AMPS）、日本的个人数字蜂窝（Personal Digital Cellular，PDC）以及基于 CDMA 的 IS－95 技术。随着时间的推移，GSM 从欧洲扩展到世界，并逐渐成为第二代技术中的绝对主导。正是由于 GSM 的成功，第二代系统把移动电话从小众用品变成了世界上大多数人使用的、成为生活必需品一部分的通信工具。即使在 5G 已经商用的今天，在世界的许多地方 GSM 仍然起着主要作用，在某些情况下甚至是唯一可用的移动通信技术。

第三代移动通信通常称为 3G，出现于 2000 年初期，ITU 将 3G 的正式名称规定为 IMT-2000（International Mobile Telecommunications—2000），其目标速率为：固定目标是

2 Mb/s，步行目标是 384 kb/s，汽车是 144 kb/s。3G 的核心技术特点是码分多址 CDMA，CDMA 是一种新颖的多址技术，与之相伴的是包括同频组网、软切换、功率控制在内的一系列新技术。3G 是朝着高质量移动宽带迈出的真正一步，此外，相对于早期的基于频分双工(Frequency-Division Duplex，FDD)对称频谱的移动通信技术，3G 首次引入了非对称频谱的移动通信技术，即由中国主推的基于时分双工(Time-Division Duplex，TDD)的 TD-SCDMA 技术，TD-SCDMA 正式成为全球 3G 标准之一，标志着我国在移动通信领域已经进入世界领先之列。

第四代(4G)移动通信系统的正式名称为 IMT-Advanced，目标是低速移动、热点覆盖下峰值速率为 1 Gb/s，高速移动广域覆盖条件下速率达到 100 Mb/s。4G 包括了两个标准，其中最为广泛使用的是 3GPP 组织制定的 LTE(Long Term Evolution)-Advanced 技术，其核心技术是能提供更大传输带宽的 OFDM 传输技术以及更先进的多天线技术。此外，LTE 使用统一的无线接入技术同时支持 FDD 和 TDD 两种双工模式，第 12 章将粗略介绍 LTE 规范。LTE 于 2013 年在我国开始商用。

第五代(5G)移动通信系统的正式名称为 IMT-2020，设计目标是万物互联，并将 5G 应用划分为增强移动宽带(enhanced Mobile Broad Band，eMBB)、大规模机器类通信(massive Machine Type Communications，mMTC)和超可靠低时延通信(ultra Reliable Low Latent Communications，uRLLC)三个应用场景，各自的关键指标为 eMBB 的峰值数据速率大于 10 Gb/s，mMTC 的连接数大于 10^6 个/km^2，uRLLC 的延迟小于 1 ms。5G 的标准是由 3GPP 组织制定的新空口(New Radio，NR)规范，其核心技术包括但不限于增强的大规模多天线技术、毫米波技术、波束管理、超密集组网等。值得关注的是，Strategy Analytics 对 3GPP 的 5G 标准的贡献调查报告显示，在参与 5G 标准制定的全球 600 余家公司中，贡献度排名前 5 位的公司分别为华为、爱立信、诺基亚、高通和中国移动，中国公司占据两席。第 13 章将粗略介绍 NR 规范，5G NR 于 2019 年 6 月在我国开始商用。

目前，关于 6G 移动通信的先期研究已经于 2018 年开始，2019 年 11 月 3 日，中国宣布成立国家 6G 技术研发推进工作组和总体专家组，标志着我国 6G 技术研发工作正式启动。6G 意味着更高的接入速率(10 Gb/s~1 Tb/s)、更低的接入时延(ms 级以下)、更快的运动速度(马赫级)和更广的通信覆盖(空天地海)。6G 将使人类社会进入泛在智能化信息社会。6G 将融合陆地无线移动通信、中高低轨卫星移动通信以及短距离直接通信等技术，融合通信与计算、导航、感知、人工智能等技术，通过智能化移动性管理控制，建立空、天、地、海立体覆盖的泛在移动通信网，实现全球泛在覆盖的高速宽带通信。6G 将实现两大扩展：一是扩展覆盖，是面向空、天、海、地的覆盖扩展，当前全球移动通信服务的人口覆盖率约为 70%，仅覆盖了约 20% 的陆地面积，通过整合卫星通信，6G 将实现全球 100% 无线覆盖；二是扩展频段，向更高的太赫兹(10^{12} Hz)频段扩展，争取更多频谱实现更高接入速率。

伴随着每一代移动通信系统的演进，对于速率、覆盖和能效的追求越来越高，如果说 3G 的目标之一是更高的(b/s)/Hz，那么 4G 追求更高的(b/s)/(Hz·m^2)，5G 追求更高的(b/s)/(Hz·m^2·J)，6G 则追求更高的(b/s)/(Hz·m^3·J)。

1.2.2　卫星通信系统

利用卫星的广覆盖特点，在海上、空中和地形复杂而人口稀疏的地区中实现无线通信，具有独特的优越性，很早就引起人们的重视。卫星可以在不同的轨道上为用户提供通信服务，依据卫星运行轨道，可以分为地球同步轨道（GEO）、高椭圆轨道（HEO）、中轨道（MEO）和低轨道（LEO）卫星四种。其中 GEO 卫星轨道高度为 36 000 km，特点是与地球相对静止，部署于赤道上空，3 颗星即可覆盖全球。HEO 是一种具有较低近地点和极高远地点的椭圆轨道，其远地点高度大于静止卫星的高度，由于卫星在远地点附近区域的运行速度较慢，因此卫星到达和离开远地点的过程很长，对远地点下方的地面区域的覆盖时间可以超过 12 小时，而经过近地点的过程极短。具有大倾斜角度的 HEO 卫星可以覆盖地球的极地地区，从而能够为 GEO 卫星通信提供补充。由于俄罗斯大部分国土处于高纬度地区，所以俄罗斯非常重视发展 HEO 卫星。MEO 卫星主要用于全球个人移动通信和卫星定位系统，我国的北斗卫星定位系统就运行在 MEO 上，轨道高度约为 21500 km，轨道倾角为 55°，绕地球旋转运行，通过多颗卫星组网实现全球卫星定位信号覆盖，北斗 MEO 星座回归特性为 7 天 13 圈。LEO 卫星不能与地球自转保持同步，而是绕地球高速旋转，为保证全球覆盖，必须设置多个轨道面，每个轨道面上均有多颗卫星顺序在地球上空运行，构成不断运动的 LEO 卫星网络。LEO 卫星网络是目前通信领域科技竞争的新焦点，近年来取得了巨大的发展。总体来说，卫星轨道越高，为保证全球覆盖所需的卫星数目就越少，但同时无线电波的传播损耗和传播时延就越大，反之所需的卫星数目就越多，但传播损耗和传播时延也随之降低。下文简要介绍几个重要的 GEO 和 LEO 卫星通信系统。

1. GEO 卫星通信系统

目前在用的 GEO 卫星移动通信系统主要有国际海事卫星组织（INMARSAT）和中国的天通一号，以下简单介绍这两个系统。

1) INMARSAT 系统

1976 年，国际海事卫星组织（INMARSAT）首先在太平洋、大西洋和印度洋上空发射了三颗 GEO 同步卫星，组成了 IMARSAT-A 系统，为在这三个大洋上航行的船只提供通信服务，INMARSAT 卫星系统陆续演进了五代，其中第一代为租用卫星，第二代为自建系统（已被第三代系统替代），目前主要在用的卫星系统是第三代（L 波段语音通信系统）、第四代（L 波段数据通信系统，支持飞机宽带上网）以及第五代（Ka 宽带通信系统），为世界各地的用户提供卫星电话和数据服务，适用于陆地、海洋和空中等各种环境。2013—2017 年部署的第五代海事卫星通信系统可以为宽带卫星终端用户提供下行 50 Mb/s、上行 5 Mb/s 的传输速率。相比第四代海事卫星系统的 492 kb/s 传输速率有了 100 倍的增长。第五代卫星由波音公司制造，单星包括 72 个固定波束（每个波束下行支持 50 Mb/s），6 个移动波束（可灵活机动调整到需要的区域，每个波束的速度为 150 Mb/s），卫星容量为 4.5 Gb/s。

2) 天通一号系统

天通一号卫星移动通信系统是中国自主研制建设的卫星移动通信系统，先后于 2016 年 8 月 6 日、2020 年 11 月 12 日和 2021 年 1 月 20 日，在西昌卫星发射中心使用长征三号乙运载火箭成功发射天通一号 01 星、02 星和 03 星，目前在轨 3 颗卫星，其中 01 星主要覆盖我国领土和领海，02 星和 03 星分别在 01 星东西两侧设置，形成对太平洋中东部、印度洋海域及"一带一路"区域的常态化覆盖。天通一号是军民融合项目，依靠国家投入巨资建设，并通过民用降低运营成本，由中国电信集团公司负责运营，使用 1740 号段的手机号码作为业务号码，与地面移动通信系统共同构成天地一体化移动通信网络，为我国国土及周边海域的各类手持设备和小型移动终端提供全天候、全天时、稳定可靠的话音、短消息和数据等移动通信服务。据估计，2025 年前，我国移动通信卫星系统的终端用户将超过 300 万人。天通一号的用户链路使用 S 频段，上行为 1980～2010 MHz，下行为 2170～2200 MHz，馈电链路使用 C 频段，用户链路和馈电链路的上下行传输均为 FDD/TDMA/FDMA 方式。手持卫星电话发射功率为 2 W，数据速率为 9.6 kb/s，可以在很多电商平台上采购。车船载等 10 W 终端的数据速率为 384 kb/s。

利用同步卫星实现海上或陆地移动通信时，为了接收来自卫星的微弱信号，用户终端所用的天线必须具有足够的增益，但由于星地距离极大，即使手持终端能够保证通信，也无法支持高速通信，且室内信号强度更弱，往往无法正常工作。此外 GEO 卫星通信的时延极大，很容易算出卫星与终端之间的往返时延高达 240 ms，话音通信存在明显迟延。为了解决上述问题，人们把注意力集中于低轨道卫星移动通信系统。

2. LEO 卫星通信系统

相对于 GEO 卫星，LEO 卫星的星地传播时延大大降低，大约为十几个毫秒，低时延意味着可以有更多类型应用并产生更大的价值空间。如图 1-4 所示，低轨卫星通信网络包括空间段、地面段和用户段三个部分。其中空间段由众多低轨卫星组成，负责信息的接收和转发，部分卫星具备星上处理能力。地面段包括各类关口站、测控单元、运营控制中心和网络控制中心等。用户段由各类用户终端构成，包括手持终端及固定/移动甚小口径终端（VSAT）等。

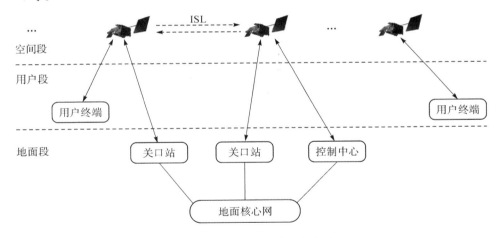

图 1-4　低轨卫星通信网络架构

根据低轨通信卫星之间有无星间链路（Inter-Satellite Link，ISL），可以将其分为"天星天网"和"天星地网"两种网络架构。前者以 Iridium、Starlink 为代表，卫星作为网络传输节点，具备星上处理能力，部分相邻卫星之间存在星间链路（ISL），用于业务路由和数据转发，用户可直接接入卫星互联网，不需要在地面建设大量关口站，这种架构对星间链路和路由算法的要求较高；后者以 Globalstar、OneWeb 为代表，星上为透明转发器，卫星间不组网，技术复杂度低，便于维护管理，但必须克服地缘困难在全球建立足够数量的地面关口站才能实现全球服务能力。

近年来，随着卫星通信技术的发展、商业航天成本的不断降低，以及互联网随时随地接入需求的增加，具有全球覆盖优点的低轨卫星通信网络被重新注入了活力，获得了巨大的发展。Iridium、Globalstar 和 Orbcomm 三大传统 LEO 卫星移动通信系统已经完成升级换代，并向多功能综合和物联网方向发展，同时以 OneWeb 和星链（Starlink）为代表的新兴低轨互联网星座进入快速发展期，成千上万颗低轨宽带卫星组建的卫星通信网络不仅将成为全球通信覆盖和数据传输的重要方式，同时也将融合和拓展地面网络服务，成为构建星地一体化网络的重要基础。

1）铱星二代

铱星的故事比较坎坷，1987 年美国 Motorola 公司发布了铱（Iridium）星计划，计划通过 77 颗 LEO 卫星来实现全球移动通信，之所以取名铱星，是因为元素周期表上的第 77 个元素正好是铱。后改用 66 颗卫星，分 6 个轨道面环绕地球运行，但铱星这个名字保留了下来。铱星通过星间链路实现了无需落地的全球移动通信，每个卫星都有 4 条星间链路，包括与同轨道面内相邻两颗卫星的 2 条 ISL 和 2 条异轨道面 ISL。1997 年 5 月 5 日第一颗铱星正式发射，仅用了 1 年的时间，1998 年 5 月铱星系统建成，1998 年 11 月投入运营，又在短短的 9 个月后申请破产保护。2001 年 3 月被收购的铱星公司恢复运营，2004 年扭亏为盈，至 2009 年 6 月，铱星系统用户已经达到 34.7 万人。为了应对 2015 年左右第一代铱星使用寿命到期的问题，铱星公司于 2007 年提出建设下一代 LEO 移动通信卫星系统，即铱星二代，该系统由分布于 6 个极轨道面的 66 颗卫星、9 颗在轨备份卫星及 6 颗地面备份星组成。轨道高度为 780 km，轨道倾角为 86.4°，单星绕地周期约 111 分钟，重约 860 公斤，设计寿命为 15 年，通过平板相控阵天线形成 48 个用户波束，覆盖区域直径约为 4500 km。该系统于 2017 年开始部署，2019 年 1 月全面建成，采用 TDMA 多址方式和时分双工体制，在 L 和 Ka 频段为用户提供话音、数据等服务，其中 L 波段的性能为手持终端速率 128 kb/s，舰载机载终端可达 1.5 Mb/s，Ka 波段的终端速率可达 8 Mb/s。在铱星二代中，由于星载计算机的处理能力增强，星间链路带宽扩大接近 3 倍，至 17 Mb/s；馈电链路带宽扩大 10 倍，至 30 Mb/s；单星支持连接数量升级到 1900 多个。

2）OneWeb

2012 年 OneWeb 公司成立，计划建造的 OneWeb 星座设计由 900 颗微小卫星组成，其中 720 颗将被发射到倾角为 87.9° 的 1200 km 高度极轨道，均匀分布在 18 个轨道面，每个轨道面包括 36 颗工作星和 4 颗备份星。单星重约为 150 kg，设计寿命为 5 年，通过每星 16 个工作于 Ku 波段的高椭圆用户波束，实现对全球的无缝覆盖，可提供高仰角、优于 50 ms 延时、宽带速率达 50 Mb/s 的互联网接入服务。由于使用了传播损耗更大的 Ku 波段，因此要求较高的天线增益，相应地，每个波束的覆盖范围都较小，因而与铱星相比，需要更多的卫星才能覆盖全球。其与铱星系统的主要区别有二，一是 OneWeb 采用天星地网，没有星间链路，简化了卫星设计，虽然带宽很理想，但是数据业务必须转发到地面关口站再进行路由等处理。而很多应用场景发生的海面或者上空，往往没有可用的关口站，这是 OneWeb 的一个缺陷。二是 OneWeb 不支持手持终端，实际上 OneWeb 并不直接与最终用户打交道，而是以 B2B 的方式与地面网络运营商或者社区合作，再由地面运营商/社区向最终用户提供服务。至 2021 年 10 月 14 日，共发射 358 颗卫星在轨运行，预计 2022 年将实现全球服务。

3）星链（Starlink）

2015 年 1 月马斯克宣布星链（Starlink）计划，先后多次修改，最新的计划是总计发射约
4.2 万颗低轨卫星，是 1957 年以来全世界所有国家发射过的卫星总和的 5 倍，整个星座分
布在几组轨道上，分三个阶段部署。

第一阶段部署的核心星座原计划由轨道高度为 1150 km、32 个轨道面上的 1600 颗
Ka/Ku 波段卫星组成，轨道倾角为 53°；随后轨道高度降为 550 km，改为使用 72 个轨道
面，每个轨道面 22 颗卫星，合计 1584 颗 Ka/Ku 波段卫星完成初步覆盖。降低轨道高度可
以降低通信传播时延，降低发射功率，同时也可以使太空环境更安全，尤其当卫星燃料不
足或无法正常运行时，在这一高度，地球大气中的粒子会更快速地撞击卫星，将其推离原
有轨道并"拖"向地球，最终在大气层中燃毁。此外，卫星多数元件将采用铝等熔点较低的
材料，以代替原先的铁、钢和钛等，使卫星重返大气层后完全烧尽，消除对地面的安全
风险。

第二阶段部署 2825 颗 Ka/Ku 波段卫星，预计 2024 年完成部署，分布情况如下：

- 32 个轨道面，每面 50 颗卫星，轨道高度为 1110 km，倾角为 53.8°；
- 8 个轨道面，每面 50 颗卫星，轨道高度为 1130 km，倾角为 74°；
- 5 个轨道面，每面 75 颗卫星，轨道高度为 1275 km，倾角为 81°；
- 6 个轨道面，每面 75 颗卫星，轨道高度为 1325 km，倾角为 70°。

第三阶段计划在 340 km 左右的轨道高度上部署 37518 颗 VLEO（甚低轨）星座，使用
V 波段实现信号增强和更有针对性的服务。

用户终端的最小仰角是 40°，按照 1150 km 的轨道高度计算，每一颗卫星大约可覆盖半
径为 1060 km 的区域，覆盖面积大约为 350 万平方公里。根据不同的终端配置，单星吞吐
量预计为 17～23 Gb/s。单星收拢尺寸为 4.0 m×1.8 m×1.2 m，质量为 386 千克，设计寿
命为 5 年。用户链路使用 Ku 波段，可同时支持最少 8 个波束，在采用不同极化方式、空间
复用（充分发挥 4 副星载相控阵天线优势）等情况下，可进一步提升可用波束的个数。每个
波束均可单独转向和赋形。下行链路带宽 10.7～12.7 GHz，总可用带宽 2 GHz，单载波带
宽 250 MHz；上行链路带宽 14.0～14.5 GHz 频段，总可用带宽 500 MHz，单载波带宽
125 MHz。馈电链路使用 Ka 波段。下行链路带宽 17.8～19.3 GHz，上行链路带宽 27.5～
30.0 GHz 频段。此外，采用天星天网方式，星间链路通过激光通信。

星链的目标是为全球个人用户、商业用户、机构用户、政府和专业用户提供高带宽（最
高每用户 1 Gb/s）、低延时（小于 15 ms）的宽带服务。自 2019 年 5 月发射 60 颗试验星以
来，截至 2021 年 5 月底，在短短两年时间里累计发射 1737 颗卫星，目前在轨 1638 颗，在
轨运营 951 颗，脱轨 30 颗，再入 97 颗，已经完成了星链第一阶段部署，并且已经对美国、
加拿大、英国、德国和新西兰的用户开放测试服务，可以提供的传输速度为 50～150 Mb/s，
延迟为 20～40 ms。由于天线较大，星链不支持手持终端。

4）中国 GW 星座

我国关于卫星互联网的布局也已早早开始，2015 年，中国航天科技集团和中国航天科
工委就分别提出建设"鸿雁星座"和"虹云工程"两大 LEO 卫星通信项目。2020 年 4 月，卫
星互联网更是作为通信网络基础设施的代表之一，被国家纳入新基础设施建设范畴。2021
年 4 月 28 日，"中国卫星网络集团有限公司"在雄安正式挂牌成立（简称"中国星网"），将对

我国低轨卫星互联网产业进行顶层设计和资源整合。中国星网提出建设名为 GW 星座的低轨星座系统，根据国际电信联盟 ITU 公开的资料信息，GW 星座申请的正式接收日期是 2020 年 11 月 9 日，目标是建设两个子星座，分别位于不同的轨道高度，由 12992 颗卫星构成，部分参数如表 1-3 所示。

表 1-3　GW 星座参数

星座	轨道高度	轨道倾角	轨道面数	单轨星数	卫星数量
GW-A59	590 km	85°	16	30	480
	600 km	50°	40	50	2000
	508 km	55°	60	60	3600
GW-2	1145 km	30°	48	36	1728
		40°	48	36	1728
		50°	48	36	1728
		60°	48	36	1728
总计					12992

1.2.3　物联网

物联网（Internet of Things，IoT）是将各种信息传感设备与互联网结合起来而形成的一个巨大网络，可实现在任何时间、任何地点，人、机、物的互联互通。物联网概念最早出现于比尔·盖茨 1995 年《未来之路》一书，只是当时受限于无线网络、硬件及传感设备的发展，并未引起世人的重视。从通信对象和过程来看，物与物、人与物之间的信息交互是物联网的核心。根据速率、时延及可靠性等要求，物联网应用主要可分为三大类：

（1）低时延、高可靠性业务。此类业务对吞吐率、时延或可靠性要求较高，其典型应用包含车联网、远程医疗等。

（2）中等需求类业务。此类业务对吞吐率要求中等或偏低，部分应用有移动性及语音方面的要求，对覆盖与成本也有一定的限制，其典型业务主要有智能家防、可穿戴设备等。

（3）低功耗广域覆盖（Low Power Wide Area，LPWA）业务。其主要特征包括低功耗、低成本、低吞吐率、要求广/深覆盖以及支持超大规模连接，其典型应用包含远程抄表、环境监控、物流、资产追踪等。简单来说，此类业务要求在省电的情况下实现长距离和深度覆盖。

各类物联网应用业务中，LPWA 业务由于连接需求规模大，是全球各运营商争夺连接的主要市场。目前存在多种可承载 LPWA 类业务的物联网通信技术，如 GPRS、LTE、LoRa 及 Sigfox 等。从所使用的频谱类型不同来分，可以将物联网技术分为采用授权频谱和免授权频谱两大类，各自又包含若干不同的具体技术，如图 1-5 所示。

采用授权频谱的物联网技术包括 NB-IoT 和 LTE-M 等，主要由运营商和电信设备商投入建设和运营，也称为蜂窝物联网（Cellular Internet of Things，CIoT）。由于采用授权频谱，因此这类物联网具有干扰小、可靠性与安全性高的优点，但部署和使用成本相对较高。3GPP 在 R13 中定义了 LTE-M（Cat-M1）和 NB-IoT（Cat-NB1）两种物联网版本，其指标对比见表 1 - 4。总体来看，NB-IoT 在覆盖、功耗、成本、连接数等方面性能占优，但无法满足移动性及中等速率业务、语音业务等需求，比较适合低速率、移动性要求相对较低的物

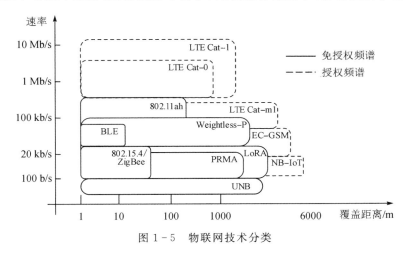

图 1 - 5　物联网技术分类

表 1 - 4　LTE-M 和 NB-IoT 指标对比

指　标	LTE-M	NB-IoT
协议规范	TS36.888	TS36.211/212/213/331，TS45.820
小区带宽	1.4 MHz	200 kHz
部署模式	带内	带内、独立、保护带
双工模式	FDD/HD-FDD[①]/TDD	HD-FDD[①]
MIMO	不支持	不支持
终端最大上行发射功率	23 dBm	23 dBm
基站最大下行发射功率	46 dBm	43 dBm
语音支持 VoLTE	支持	不支持
连接状态下切换	支持	不支持
系统内小区重选	支持	支持
系统间小区重选	支持	不支持
峰值速率	1 Mb/s(FDD)，375 kb/s(HD-FDD)	～50 kb/s
定位精度(无 GPS 辅助)	较高(≤50 m)	差(≤100 m)
成本	较高	低
时延	短(≤1 s)	长(≤5～10 s)
最大耦合损耗(MCL)[②]	156 dB	164 dB

注：① HD-FDD 表示半双工 FDD；② 最大耦合损耗(Maximum Coupling Loss，MCL)是终端和基站天线端口之间的最大总信道损耗。

联网应用。LTE-M 在覆盖及成本方面弱于 NB-IoT，但是在峰值速率、移动性、语音能力方面存在优势，适合于中等吞吐率、移动性或语音能力要求较高的物联网应用场景。二者互为补充，适合不同的应用领域，NB-IoT 适合静态的、低速的、对时延不太敏感的交互类业务，比如用水量、燃气消耗、计数上传等业务，而 LTE-M 具备一定的移动性、速率适中，对于实时性有一定需求，比如智能穿戴中对于老年人异常情况的事件上报、电梯故障维护告警等业务。

采用免授权频谱的物联网技术包括 LoRa、Sigfox 等，其大部分投入为非电信领域，这里简单介绍 LoRa 技术。LoRa 是 Long Range 的缩写，是由美国 Semtech 公司采用和推广的一种基于扩频技术的超远距离无线传输方案，能保证几公里范围的覆盖，并且频带较宽，建设成本和难度不高，尤其适用于在工业区内收集温度、水、气体和生产情况等各种数据时使用。

LoRa 的网络结构采用星形拓扑，所有 LoRA 终端都通过无线方式直接连接到 LoRa 网关，不同的 LoRA 网关通过网络互连到网络服务器。具体来说，LoRa 终端与传感器连接，负责收集传感数据，然后通过 LoRa 的 MAC 协议传输给网关。网关通过 WiFi 网络、移动通信网络或者以太网作为回传，将终端数据传输给服务器，完成数据从 LoRa 方式到无线/有线通信网络的转换，其中网关并不对数据进行处理，只是负责将数据打包封装，然后传输给服务器。在这种架构下，即使 2 个终端位于不同区域、连接不同的网关，也能互相传送数据，从而方便扩展数据传输的范围。

LoRa 技术的物理层接入采用了扩频、前向纠错编码等技术，通过扩频增益，提升了链路预算，凭借它惊人的灵敏度（−148 dBm）、强悍的抗干扰能力以及出色的系统容量表现，赢得了广泛的关注。LoRa 的高层协议栈颠覆了传统电信网络协议中控制与业务分离的设计思维，采取类似 TCP/IP 协议中控制消息与用户信息一起承载的方式，从而简化了网络架构。

LoRa 支持双向传输，传输方式分为 A、B、C 三种不同的等级。其中 A 级终端最省电，终端设备平常会关闭数据传输功能，在终端上传数据后，会短暂执行两次接收动作，然后再次关闭传输。这种方式虽然能够大幅度省电，但是无法及时接收来自网络服务器的数据，传输延迟较大。等级 B 能够定期开启下载功能、接收数据，这样能降低传输延迟，但是耗电量会有所增加。等级 C 则会在上传数据以外的时间，持续开启下载功能，虽然能够大幅降低延迟，但也会进一步增加功耗。

1.2.4　无线局域网

无线局域网（Wireless Local Area Network，WLAN）是无线高速数据通信两大主流技术之一（另外一个是 3G/4G/5G 网），具有带宽高、成本低、部署方便等特点，使用免授权频段，可在局部区域（约 100 m）内为使用者提供高达 1 Gb/s 的高速率数据通信服务，WLAN 的相关标准为 IEEE 802.11 系列。经过二十年的发展，WLAN 已经成为全球宽带信息基础设施的重要组成部分。表 1−5 列出了 WLAN 部分相关标准的演进及性能指标。

表 1 - 5　　802.11 系列标准指标参数对比(引自维基百科)

协议	发布日期	频段/GHz	带宽/MHz	最大传输速率/(Mb/s)	MIMO	调制	室内传播距离	室外传播距离
802.11b	1999—09	2.4	22	1/2/5.5/11		DSSS	~35 m	~140 m
802.11a	1999—09	5		6, 9, 12, 18, 24, 36, 48, 54 (20 MHz 带宽条件)	N/A	OFDM	~35 m	~120 m
802.11j	2004—11	4.9/5.0	5/10/20					
802.11p	2010—07	5.9						~1000 m
802.11y	2008—11	3.7						~5000 m
802.11g	2003—06	2.4					~38 m	~140 m
802.11n	2009—10	2.4/5	20	<288.8	4 层		~70 m	~250 m
			40	<600				
802.11ac	2013—12	5	20	<346.8	8 层	MIMO-OFDM	~35 m	
			40	<800				
			80	<1733.2				
			160	<3466.8				
802.11ax	2021—02	2.4/5/6	20	<1147			~30 m	~120 m
			40	<2294				
			80	<4804				
			80+80	<9608				
802.11ad	2012—12	60	2160	<8085	N/A	单载波OFDM	~3.3 m	
802.11aj	2018—04	45/60	540/1080	<15000	4 层		~10 m	~100 m
802.11ay	2021—03	60	8000	<20000				

从表 1 - 5 可以看出，WLAN 的相关标准演进得非常快。1997 年，全球最大的专业学术组织——电气电子工程师协会(Institute of Electrical and Electronics Engineers，IEEE)推出了世界上第一个无线局域网标准 IEEE 802.11，其工作频段为 2.4 GHz，数据传输速率为 2 Mb/s，实现了无线上网，解决了上网受网线束缚的问题。此后，为满足日益增长的无线上网需求，IEEE 先后推出了 802.11a、802.11b、802.11g、802.11n、802.11ac 等标准，得到了大量厂商支持，广泛应用于宾馆、饭店、机场、车站、体育馆、会场、大学教室、图书馆、办公室、家庭等室内场景。至 2019 年 IEEE 又发布了最新的 802.11ax 标准，也称作 WiFi6，通过引入多用户 MIMO、1024QAM 及 OFDMA 多址技术，一方面将最大数据吞吐量提升至 9.6 Gb/s，另一方面每帧数据能够同时服务多个用户，提升了用户体验。

WLAN 通常工作在 2.4 GHz 和 5.8 GHz 的 ISM 频段上，由于其他开放系统也可以工作在这些频段上，因此需要限制 WLAN 的发射功率以减轻干扰。WLAN 既可以采用星形结构，使用一个固定接入点，即无线路由器来为无线终端提供服务，也可以采用对等网络结构，各无线终端以自组织方式组网，每个无线终端同时要帮助转发业务。目前，全球WLAN 已形成相对统一的技术架构(包括编码调制、数据交换、访问控制、频段分配等)，但在安全技术部分有两条路线：一个是美国主导的 IEEE 802.11i 标准，另一个是我国主导的 WAPI 标准（无线局域网鉴别与保密基础结构）。基于上述技术路线形成的 WLAN 网络，业界分别称为 WiFi 网络和 WAPI 网络。WiFi 网络在全球得到广泛部署与应用，WAPI 网络目前在我国无线局域网行业应用领域得到初步普及，尤其在党政军以及一些重要行业（公共安全、公共交通、海关、金融等）被用户广泛接受并进行了大规模部署与运营。

1.2.5　蓝牙

随着通信设备成本的不断降低和小型化，无线通信可以被嵌入到多种电子设备中，用来实现一些类似于智能家居、传感器网络等低发射功率的应用。在这种趋势下出现了两种无线通信方式：蓝牙和紫蜂。

蓝牙（Bluetooth）依靠简易的网络功能为无线电子设备提供短距离无线连接，大量应用于手机、笔记本电脑、掌上电脑、打印机、投影仪、手表等设备中，替代了这些数字设备原本需要的连线，例如笔记本电脑和打印机之间的连线、手机和耳机之间的连线。以 1 mW 功率发射时，蓝牙的通信距离是 10 m，若将功率增大到 100 mW，通信距离可延伸至 100 m。蓝牙系统工作在 2.4～2.485 GHz 开放 ISM 频段上，可在世界范围内使用而无需考虑许可问题。蓝牙采用跳频多址接入技术，不同设备对应不同的逻辑信道，也即不同的跳频序列，它们共享这 80 MHz 的带宽。

蓝牙标准由 3Com、爱立信、英特尔、IBM、朗讯、微软、摩托罗拉、诺基亚和东芝等公司共同发起。蓝牙技术联盟（Bluetooth SIG）是代表蓝牙技术的官方组织，是全球超三万家公司加盟的非盈利机构，也是蓝牙商标的所有者。它以制定蓝牙标准、推动该技术的普及和发展为宗旨。目前已有超过 1300 家制造商采用该标准，已经推出了许多装备有蓝牙的消费类电子产品，包括蓝牙键盘、蓝牙鼠标、蓝牙耳机、蓝牙手表或蓝牙遥控器等。

早期的蓝牙 1.x 版本存在较多问题，不同厂商的产品基本互不兼容。蓝牙真正在市场上获得应用，应该是 2004 年推出的蓝牙 2.0。2007 年 7 月，蓝牙技术联盟通过了蓝牙核心规范 2.1+EDR，主要实现了三个目标，一是安全简易配对，为数据交换双方创建了加密功能；二是 Sniff 分级，可将蓝牙设备的电池寿命延长 5 倍；三是扩展查询响应，它可以防止设备与不需要的设备配对，精确性更高。

2009 年推出的蓝牙 3.0+HS 版本，将数据传输速率从 3 Mb/s 大幅提高至 24 Mb/s，解决了蓝牙传输大文件耗时长的问题。2010 年，蓝牙 4.0 面世，它允许在约 50 m 的大范围内进行数据传输，并改善了连接性能。从这一版本开始，蓝牙的发展路径分为两支，一个被称为蓝牙经典，主要用于无线扬声器、车载信息娱乐系统和耳机；另一个就是低功耗蓝牙 BLE 技术，BLE 在功耗敏感型的应用中（如电池供电的设备），以及只需传输少量数据的应用中（比如传感器应用），表现极其突出。

2016 年 12 月蓝牙联盟发布了蓝牙 5.0 版，这个版本支持 48 Mb/s 的传输速率、300 m 的覆盖范围，同时在低功耗特性上进一步做了优化。为了更好地推行蓝牙 5.0+协议，蓝牙联盟于 2020 年正式废弃蓝牙 4.1 及以下协议，预计 2024 年后，市面上所有的笔记本、平板、手机设备都将采用蓝牙 5.0+BLE 双模芯片。

紫蜂（ZigBee）基于 IEEE 802.15.4 标准，工作在 ISM 频段，设计目标是具有比蓝牙更低的成本和更低的功耗，应用目标包括传感器网络、存货标签等。每个紫蜂网络可容纳 255 个设备，最大覆盖范围为 30 m，最大数据速率为 250 kb/s。虽然紫蜂的数据速率比蓝牙低，但它发射功率大大低于蓝牙，能做到几个月甚至几年不用充电，同时覆盖范围也更大。

1.2.6　超宽带无线通信

超宽带(Ultra Wide Band，UWB)技术是一种无线通信技术，它不采用正弦载波，而是利用纳秒级的非正弦波窄脉冲传输数据，因此其频谱范围很宽，在高速数据传输方面很有潜力。UWB 技术具有系统复杂度低、发射信号功率谱密度低、对信道衰落不敏感、截获概率低、定位精度高等优点，尤其适用于室内等密集多径场所的高速无线接入。UWB 实质上是以极窄的冲激脉冲作为信息载体的无载波扩频技术，不再具有传统的中频和射频的概念，此时发射的信号既可看成基带信号(依常规无线电而言)，也可看成射频信号(从发射信号的频谱分量考虑)。由于占用频谱很宽，为了尽量减小 UWB 系统对其他通信系统的干扰，UWB 的发射功率必须很低，这使得 UWB 的收发设备只有靠得很近才能通信。此外 UWB 的超宽带特性还使其拥有精确的测距能力。UWB 的主要指标如下：

- 频率范围：$3.1 \sim 10.6$ GHz；
- 系统功耗：$1 \sim 4$ mW；
- 脉冲宽度：$0.2 \sim 1.5$ ns；
- 重复周期：25 ns~ 1 ms；
- 发射功率：< -41.3 dBm/MHz；
- 数据速率：几十到几百 Mb/s；
- 多径分辨率：$\leqslant 1$ ns。

1.3　点到点无线通信系统的组成

结合当前最新的技术发展，点到点无线通信系统的组成如图 1-6 所示，发送端将待传的信息比特流处理后输出多路基带信号的采样序列，每路采样序列经数模转换后变为基带信号波形，然后经由上变频、发送滤波以及高功率放大器完成中频和射频功能后馈送到发射天线上，由发射天线将射频电信号转换为电磁波辐射出去；经过无线信道传播到达接收

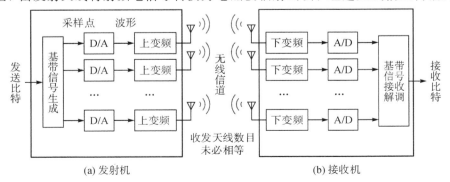

图 1-6　点到点无线通信系统的组成

天线，基于电磁感应定律，变化的电场在接收天线中感应出变化的电流，即接收信号；多副接收天线上感应出的每路接收信号顺序经历低噪声放大器，滤波器和下变频得到模拟基带信号，执行模数转换得到基带信号的数字采样序列；最后多路基带采样序列通过合并、解调译码输出信息比特流。其中发射天线和接收天线的数目均可以是从 1 到数个不等，收发天线的数目可以相等，也可以不等，不同的收发天线配置对应不同的多天线技术，具有不同的性能。

具体工程实现中，中频和射频部分由于功能单一明确，往往使用专用的设备或者硬件平台来实现，所有的灵活性都体现在收发两端的数字基带处理功能中，这部分功能往往使用计算机、嵌入式平台或者 FPGA 来实现。除非必要，本书绝大多数地方均讨论基带信号处理。

1.3.1　等效基带原理

一般来说，已调带通信号通过载波的幅度、频率或相位来携带信息，可以表示为

$$s(t) = \alpha(t)\cos(\omega_c t + \phi(t)) \tag{1-2}$$

将该式写成同相分量与正交分量的形式，如（1-3）式所示。

$$\begin{aligned} s(t) &= \alpha(t)\cos\phi(t)\cos\omega_c t - \alpha(t)\sin\phi(t)\sin\omega_c t \\ &= s_I(t)\cos\omega_c t - s_Q(t)\sin\omega_c t \end{aligned} \tag{1-3}$$

其中 $s_I(t) = \alpha(t)\cos\phi(t)$ 是同相支路的基带信号，$s_Q(t) = \alpha(t)\sin\phi(t)$ 是正交支路的基带信号。定义复数信号 $u(t) = \alpha(t)e^{j\phi(t)} = s_I(t) + js_Q(t)$，其包络为

$$\alpha(t) = \sqrt{s_I^2(t) + s_Q^2(t)} \tag{1-4}$$

相位为

$$\phi(t) = \arctan\left(\frac{s_Q(t)}{s_I(t)}\right) \tag{1-5}$$

则已调带通信号 $s(t)$ 可以看作是某个复数信号的实部，即

$$s(t) = \alpha(t)\cos(\omega_c t + \phi(t)) = \operatorname{Re}\{\alpha(t)e^{j\phi(t)}e^{j\omega_c t}\} = \operatorname{Re}\{u(t)e^{j\omega_c t}\} \tag{1-6}$$

我们把 $u(t)e^{j\omega_c t}$ 称为已调带通信号 $s(t)$ 的等效复数表示，很容易证明 $u(t)$ 与 $s(t)$ 之间是一一对应的关系，因此将 $u(t)$ 称为 $s(t)$ 的等效基带信号或者复包络。

带通信道类似于带通信号，假设带通信道的冲激响应为 $h(t)$，其傅里叶变换为 $H(\omega)$，则可以将其写成等效基带的形式：

$$h(t) = \operatorname{Re}\{h_b(t)e^{j\omega_c t}\} \tag{1-7}$$

$h_b(t)$ 为 $h(t)$ 的等效基带冲激响应。利用带通信号的复基带表示以及带通信道的等效基带冲激响应，就可以将带通滤波器等效为复数低通滤波器，将无线带通信道等效为复数基带信道。带通信号通过带通信道得到的带通输出，可以等效为对应的复数基带信号经过等效基带信道得到的输出。也就是说，在分析带通通信系统时，可以消去载波，直接分析等效的基带通信系统。

1.3.2　点到点无线通信等效基带系统

依据等效基带原理，带通信号可以等效为复基带信号、带通信道可以等效为复基带信道，噪声也可以同样等效为复基带噪声，从而可以给出点到点无线通信的基带等效系统，

如图 1 - 7 所示，图中的绝大多数内容都是本书要详细讨论的。具体通信系统中，依据实际情况，各模块出现的先后顺序可能不同。

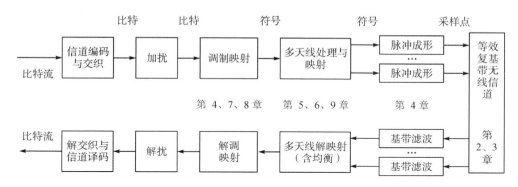

图 1 - 7　点到点无线通信等效基带系统的组成

　　如 1.1.1 小节所述，无线通信面临的主要困难是复杂多变的无线信道，因此本书第 2、3 两章重点讨论无线信道的特性，经过无线信道到达接收机的衰落信号，其幅度与相位则呈现剧烈的抖动，换言之接收信号在不同的空间尺度上都呈现高度的随机性。第 2 章讨论较大空间尺度上由于传播距离、障碍物传播环境导致的接收功率随机变化。由于距离尺度大，因此衰落比较缓慢，可以通过功率储备的方式提前加以补偿。对于大尺度传播损耗的深入了解有助于我们规划功率预算和规划网络。第 3 章讨论波长级别的距离尺度上由于多条传播路径干涉导致的接收信号随机性，这种衰落快速变化，衰落深度可达 30～40 dB，对于无线通信来说影响巨大，试图利用功率储备来解决问题既不经济也不现实。因此这是无线通信要解决的主要问题。第 3 章是本书内容的重中之重，读者务必学习明白。

　　发送端发出的信息比特流可能是语音、视频或其他各种数据经信源编码产生而来的。首先要进行信道编码和交织处理，通过在信息比特中增加冗余，扩大码字距离来实现信道编码，接收端可以利用这些冗余来检测和纠正传输中出现的比特差错。信道编码是一门内容宽广深厚的学科，有专门的课程或者专业的优秀书籍专门介绍这方面的知识，本书对信道编码不做讨论。针对 AWGN 信道所设计的纠错码一般不能很好地工作在衰落信道中，它们通常用来纠正 AWGN 中零星出现的随机错误，不能纠正深衰落造成的长串突发错误。因此用于衰落信道的编码一般是在信道编码的基础上结合使用交织器。编码与交织模块的输出是码字，即一组特定长度的比特。

　　加扰的做法很简单，就是将码字与扰码序列异或后输出，接收端需要使用与发送端相同的扰码序列解扰。由于扰码序列具有与高斯白噪声相似的伪随机特性，能够改善码字的统计特性，一方面能够避免码字中的连 0 和连 1，方便接收端比特同步；另一方面，多用户通信的时候可以起到一定的加密作用，如果不知道采用的扰码序列就无法正确完成译码；第三个优点在蜂窝网中体现，本小区的信号对于其他同频小区来说都是干扰，但是经过加扰后的信号能够使干扰随机化，尽管不能降低干扰的能量，但能使干扰的特性近似"白噪声"，从而使终端可以依赖处理增益对干扰进行抑制。加扰的输出通常是比特。

　　调制映射将比特转换为符号（Symbol，也称码元），做法是根据输入的比特从有限个码元中选择 1 个码元，不同的调制方式中码元的形式不同，可以是复数标量，也可以是复数向量。这一步体现了很多对于无线信道衰落特性的考虑,不同的调制方式侧重点不同,例如线性调制能够得到更高的频谱效率,但是其非恒定的包络对功放的要求较高;恒包络调制对信号衰落不敏感,而且对功放的要求也不高,但是需要使用较多的带宽,降低了频谱效率;再比如扩频调制和 OFDM 调制都可以有效地对抗无线信道衰落。接收端的解调映射模块完成逆操作,将码元判决为比特。需要说明的是由于无线信道传播的影响,相邻码元之间可能发生码间干扰,此外每个码元还会受到噪声的污染,因此解调映射模块必须尽可能消除无线信道造成的负面影响,降低误判概率。

多天线处理部分有多种使用方式,例如发射机单天线、接收机多天线的接收分集技术可以有效抵抗无线信道导致的深衰落;发射机多天线、接收机单天线的做法也可以实现类似效果,且能有效避免手持终端上多副天线带来的不便;此外,发射机多天线还可以生成具有很强指向性的波束,实现波束赋形,将每个信号引导到接收端的最佳路径上,从而提高信号强度,避免信号干扰,提升覆盖和容量;最后,收发均使用多副天线,在某些条件下,可实现多路并行传输,从而极大地提高传输速率,这一技术对于实现 4G/5G 的高传输速率至关重要。正是由于多天线技术能够带来的功率合并增益、分集增益和容量增益,因此在现代通信系统中广泛使用,特别是随着毫米波的使用,天线尺寸大幅降低,为提高天线数目提供了可能,例如 5G 的大规模 MIMO 技术可能使用的天线数目高达 256 个。

由于必须在多个天线上同时发送信号,因此调制映射输出的复数符号必须通过预编码等操作变换和处理后,再分配到每个天线。如前所述,由于信道衰落的影响,可能出现码间干扰(Inter Symbol Interference,ISI),在接收端,无论使用多少天线,都必须首先消除ISI,均衡就是一种消除 ISI 的技术,可以在时域或者频域完成。

最后,脉冲成形和接收滤波用来改善信号的频谱,尽可能降低主瓣的宽度,并且避免产生过高的旁瓣,降低对相邻频道的邻道干扰,从而保证无线频谱的有效使用。

1.4　多址和组网技术

基于点到点无线通信系统,可以进一步构建更为实用的点到多点或者多点到多点的无线通信系统。由于无线信道是开放空间,距离相近的多点如果同时在相同的频率上发送信息,就有可能相互干扰,造成传输冲突碰撞,无法正常工作,因此多点通信必须保证有序性。保证多点共享有限的时间、频率和空间等无线通信资源并且有序通信的技术即为多址技术,多址方式主要有两大类,受控的集中式多址和分布式随机多址。前者存在一个集中式的协调机构来管理和分配资源,这种方式需要较高的成本,但是能够保证通信质量,移动通信运营商都采用此类多址方式。基本的多址方式包括频分多址(FDMA)、时分多址(TDMA)、码分多址(CDMA)和空分多址(SDMA)。实用中往往采用上述基本多址方式的混合形式,例如频分多址/时分多址(FDMA/TDMA)、频分多址/码分多址(FDMA/CDMA)、时分多址/码分多址(TDMA/CDMA)等。第二大类多址方式为分布式随机多址,这种方式无需协调机构来统一管理,因此多点通信可能发生冲突,但是可以在冲突发生后以某种方式解决冲突,具体的技术包括最早的计算机通信网技术(ALOHA)、载波侦听多址接入技术(CSMA)等。尽管随机多址方式吞吐性能不高,但是它胜在成本较低,因此多用于低成本的场合，例如无线自组织网。选用什么样的多址方式取决于通信系统的应用环境和要求，无论是哪种多址方式，其核心议题都是在通信资源有限的条件下努力容纳更多的用户和业务，提高通信系统的容量。第 10 章重点讨论受控的集中式多址技术。

很多无线通信系统都要求在很大的地理范围上为用户提供服务。除了使用卫星通信系统之外，蜂窝网及频率复用技术是实现陆地广覆盖最有创意和最为有效的手段，通过合理设置基站发射功率，每个基站为小范围内的用户提供服务，大量基站相互协同即可完成广大区域的无缝覆盖，特别是距离足够远的基站可以重复使用频率资源，从而极大地提高了频率利用率。上述技术要求大量基站相互协同，这就需要组建移动通信网络，规范网络结构与实体间的接口，进而有效完成网络控制与管理，特别是干扰管理、移动性管理等。第 11 章将重点讨论蜂窝组网技术。

本 章 小 结

本章概述了无线通信面对的困难与挑战，以及应该达到的目标；介绍了若干现有的无线通信系统；1.3 节和 1.4 节对全书的内容组织做了说明，其中 1.3 节说明了点到点无线通信系统的组成以及在本书中对应讲述的章节；1.4 节说明了多用户无线通信系统的关键技术以及在本书中对应讲述的章节，读者可以在学习过程中随时查阅这两节以免迷路。

关于中国星网，可以阅读以下第一个链接。关于铱星的故事可以阅读后三个链接。

第 2 章　大尺度路径损耗

与有线通信系统不同，无线通信的信号传播要复杂得多，电磁波从发射天线到接收天线，可能会经历楼宇、树木、山峰等各种不同的传播环境，无线信道的特性完全取决于传播环境，无法控制，也无法改变，是典型的随参信道。同样的发射功率，即使发射机与接收机的距离固定，不同位置的接收功率也不一定相同，甚至相同位置在不同时刻的接收功率也不同。

造成上述随机性的最根本原因在于复杂的传播环境，如果在很大的距离尺度上（例如 $10\sim1000$ m）观察，将会发现随着收发距离的增加，接收功率整体呈下降趋势，这是由于电磁波辐射过程中的能量扩散，这种现象称为路径损耗，理想的传播环境中，相同的距离应该有相同的路径损耗。但实际上即使是相同的收发距离，不同位置测得的接收功率也是随机的，这种随机性主要来源于不同位置对应不同的传播环境。与直视传播相比，如果收发信机之间存在障碍物，接收功率自然会大幅下降，这种由具体传播环境变化导致的接收功率随机涨落称为衰落（Fading），因为这种衰落主要是由障碍物的阴影效应引起的，因此常常将其称为阴影效应或者阴影衰落。路径损耗和阴影衰落都是在较大距离尺度上讨论接收功率的变化，故统称为大尺度传播效应，阴影衰落也常称为大尺度衰落。

电磁波可能会经历大量不同的传播路径到达接收机，进而在接收机处相互叠加干涉，由于不同的传播路径导致信号产生不同的衰减、频移、相移和时延，这些信号可能在接收机处发生相长干涉，也可能发生相消干涉。当发射机或者接收机的位置发生很小的（电磁波波长尺度上）变化时，合成信号的组成分量以及它们的相长相消的关系都可能产生变化，从而造成合成信号幅度的快速随机起伏。由于这种功率涨落现象发生在波长级别的距离尺度上，故称为小尺度传播效应或小尺度衰落。当发生深衰落，即信号幅度极低的情况，就可能因为接收功率太低而无法正常通信。

无线信道中，大尺度和小尺度传播效应同时存在，分别表现在不同的距离尺度上，从而使得无线信道尤为复杂。只有深刻了解无线信道的特性，了解其对信号造成的不利或者有利影响，才能有的放矢地设计更有效的无线通信系统。本章重点讨论大尺度路径损耗，学习无线电波功率随距离增加而衰减的规律，从而帮助我们规划站址选择和功率预算。第 3 章将讨论小尺度多径衰落。

2.1　天线基础知识

本节不加推导地给出天线方面的若干结论和经验公式，以便读者可以更好地理解后续内容。天线是辐射和接收无线电波的装置，发射天线将传输线上的导行波转换为自由空间中传播的电磁波，接收天线将空间辐射波转换为导行波。天线具有可逆性，一副天线既可用作发射天线，也可用作接收天线，且同一天线作为发射或接收的基本特性参数是相同的。

根据与天线的距离从近到远，可以将天线周围的区域划分为感应场和辐射场。其中感应场是指很靠近天线的区域，这个场区不辐射电磁波，电场能量和磁场能量交替地贮存于天线附近的空间内。感应场外是辐射场，辐射场中能量以电磁波的形式向外传播。辐射场进一步可分为辐射近场和辐射远场。在辐射近场区（又称菲涅尔区）里方向图与离开天线的距离有关，即在不同距离处的方向图是不同的。辐射近场区的外边就是辐射远场区（又称夫琅禾费区），该区域的特点是方向图与离开天线的距离无关。区分辐射近场和远场的公认分界距离（也称远场距离）为 $d_R = 2L_a^2/\lambda$，其中 L_a 为天线口面的尺寸，λ 为电磁波波长。例如尺寸为 1 m、工作频率为 900 MHz 的天线远场距离为 6 m。近场在通信领域中的典型应用有射频识别（Radio Frequency Identification，RFID）和近场通信（Near Field Communication，NFC），多数情况下，为达到远距离无线通信的目的，远场区是无线通信关注的主要区域。

2.1.1　功率

经常使用分贝 dB 来表示信号功率的相对值或者倍数，假定 A 信号功率为 P_A，B 信号的功率为 P_B，则说 B 信号的功率比 A 信号的功率高 $10\lg(P_B/P_A)$ 个 dB，例如 10 倍的功率对应 10 dB，2 倍的功率对应 3 dB。分贝表示法通过对数运算将乘除法变为容易计算的加减法，在通信领域中获得了广泛的使用。例如 3 dB 表示 2 倍，那么 6 dB 是 2 个 3 dB，对应真值为 $2^2 = 4$ 倍，9 dB 是 3 个 3 dB，对应 $2^3 = 8$ 倍，10 dB 表示 10 倍，则 1 dB＝10 dB－9 dB，对应 10/8＝1.25 倍，因此可以很容易地写出 0～9 dB 分别对应的功率倍数。

0 dB	1 dB	2 dB	3 dB	4 dB	5 dB	6 dB	7 dB	8 dB	9 dB	10 dB
1	1.25	1.6	2	2.5	3.2	4	5	6.4	8	10

结合该表，34 dB 对应的功率倍数就是 30 dB 对应的倍数乘以 4 dB 对应的倍数，即 2500 倍。dB 也可来表示电压的倍数，但是要特别注意，电压倍数 x 对应 dB 数是 $20\lg x$，而不是 $10\lg x$，例如 2 倍的电压对应 6 dB，而 2 倍的功率则对应 3 dB。

无线通信中还经常利用 dB 来表示相关功率单位，通过相对于某个单位信号的相对强度来描述信号幅度和功率的绝对强度。dBW 和 dBm 两个单位都用来表征功率绝对值，前者以 W 为基本单位，即 1 W 为 0 dBW，后者以 mW 为基本单位，即 1 mW 为 0 dBm。假定实际功率为 P(W)，则可等效表示为 $10\lg P$ dBW，或 $10\lg(P \times 1000)$ dBm。1 W＝30 dBm，同样的功率，以 dBm 表示时数值总比 dBW 大 30。例如 5 W＝$10\lg 5$＝7 dBW＝37 dBm。

dBV 和 dBμV 则是电压的分贝表示，两者分别是以 V 和 μV 为基本单位。假定实际电压为 U(μV)，则其等于 $20\lg U$(dBμV)。因此 1 μV＝0 dBμV，1 V＝0 dBV＝120 dBμV。

由于 dB 以加减法表达了倍数的关系，不同的 dB 可以加减，但是不能乘除。dBW、dBm 和 dBμV 不可相加，但是可以相减，结果的单位为 dB，表达了两个量纲的倍数。dBW、dBm 和 dBμV 可以和 dB 加减，结果为 dBW、dBm 和 dBμV。以上计算规则需要读者理解。

2.1.2　天线增益

通过仔细设计，可以使天线仅向特定方向辐射能量或者从特定方向接收能量，从而可以将原本向四面八方辐射的能量集中在一个角度范围内。通常使用方向图来表述其在空间各个方向上所具有的发射和接收电磁波的能力，例如图 2-1 给出了垂直放置的半波对称振子天线及其在竖直方向上的方向图，可以看出在振子的轴线方向（竖直方向）上辐射为零，最大辐射方向在水平面上，在水平面上各个方向上的辐射一样大。

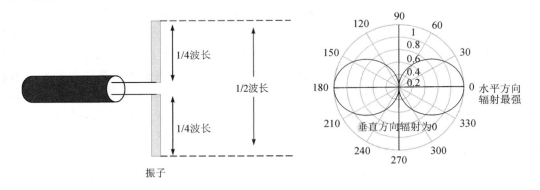

图 2-1　半波对称振子天线及其方向图

天线增益是指在相同输入功率时，天线在辐射最强方向上的功率密度与参考天线（通常采用理想辐射点源，这是一种理想的全向天线）辐射功率密度的比值，用来定量描述天线把输入功率集中辐射的程度。例如为在某处产生一定功率的接收信号，如果用理想的全向天线，需要 100 W 的发射功率，而用增益为 20 倍的某定向天线时，发射功率只需 100/20＝5 W。换言之，如果两副天线使用相同的发射功率，则定向天线在辐射最强方向上某个位置的接收功率将是全向天线在同样位置处接收功率的 20 倍。

天线增益一般使用 dB 表示，如果参考天线是理想全向天线，增益的单位为 dBi。例如半波对称振子天线的增益为 2.15 dBi。4 个半波对称振子沿垂线上下排列，构成一个垂直四元阵，其增益约为 8.15 dBi。但是由于理想全向天线无法制造，因此也经常将半波对称振子作为参考天线，这种情况下天线的增益以 dBd 为单位。例如半波对称振子的增益为 0 dBd（因为是自己跟自己比，比值为 1）。垂直四元阵的增益约为 8.15－2.15＝6 dBd，也就是 4 倍。dBi 表示的增益总是比 dBd 表示的增益大 2.15 dB。卡塞格伦天线（也叫抛物面天线）是一种经典的定向高增益天线，其天线增益的经验计算公式为

$$G(\text{dBi}) = 10\lg\left[4.5 \times \left(\frac{D}{\lambda}\right)^2\right]$$

其中 D 为天线直径，λ 为天线的工作波长。直径为 10 m 的抛物面天线，载波频率 3 GHz 和 30 GHz 条件下的增益分别为 46.5 dBi 和 66.5 dBi。可以看出随着天线口径或载波频率的提高，天线增益相应变大，因此在地外通信的场合，经常能见到极大口径的抛物面天线，例如位于我国贵州省黔南市被誉为"中国天眼"的球面射电望远镜（FAST）达到了 500 米口径，具有极高的增益。

天线是无源器件，并不产生能量，只能通过重新分配使某个方向上比全向天线辐射更

多的能量。如果天线在一些方向上增益为正，由于天线的能量守恒，它在其他方向上的增益则可能为负。因此，方向图主瓣越窄，副瓣越小，天线增益越高，如图 2-2 所示。例如航天器上碟形天线的增益很大，但覆盖范围却很窄，所以它必须精确地指向地球；而广播发射天线由于需要向各个方向辐射，因此它的增益就很小。

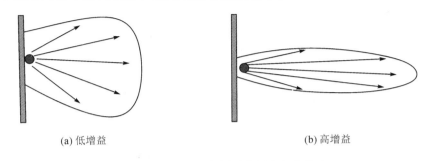

　　　　　　(a) 低增益　　　　　　　　　　　　　　　　　　(b) 高增益

图 2-2　天线增益与覆盖范围之间的关系

2.1.3　极化

　　天线向周围空间辐射电磁波。电磁波由相互垂直的交变电场和磁场构成，电磁波在空间传播时，若电场矢量 E 的方向保持固定或按一定规律旋转，这种电磁波称为极化波，规定电场的振动方向就是天线极化方向。通常的极化类型有线极化、圆极化和椭圆极化三种，如图 2-3 所示。线极化分为垂直极化和水平极化，其中前者的电场在垂直于地面的方向上振动，后者的电场则是在平行于地面的方向上振动，两者相互正交。圆极化可分为左旋和右旋圆极化，电场振动方向沿顺时针或逆时针方向不断旋转，旋转方向与电磁波前进方向构成左手系的称为左旋圆极化，构成右手系的为右旋圆极化波，左旋和右旋圆极化也是正交的。

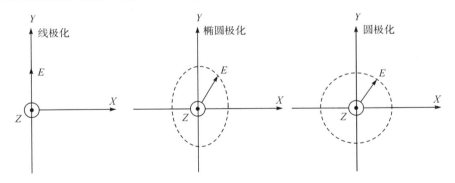

图 2-3　三种极化波

　　接收天线和发射天线应该具有相同的极化方向。对于线极化，当接收天线的极化方向与极化波的方向一致时，感应出的信号最大；接收天线的极化方向与线极化方向偏离越多，感应出的信号越小。当接收天线的极化方向与来波的极化方向完全正交时，例如用水平极化的接收天线接收垂直极化的来波，或用右旋圆极化的接收天线接收左旋圆极化的来波时，天线就完全接收不到来波的能量，这种情况下极化损失最大。

　　移动通信的环境较为复杂，传播路径中可能存在反射，线极化波经过一次反射后仍然保持原来的极化，而圆极化波由于经过一次反射后会转化为旋向相反的圆极化从而造成极化失配，不利于信号接收。另外，圆极化天线的设计比线极化更加复杂，因此移动通信终端通常使用线极化天线。此外，由于终端使用者姿态的多样性，终端天线的极化方式往往是随机的，且由于多径传播和散射的作用，导致基站接收的信号往往为椭圆极化波，所以基站侧通常将两种相互垂直的单极化天线安装在一起构成一副双极化天线，采用双极化天线来保证在任何情况都可以接收到信号。当电磁波在接近地面传播时，水平极化波会在地面产生感应电流引起热损耗导致信号快速衰减，而垂直极化波比水平极化波更加易于穿过起伏不平的地貌，因此垂直极化天线在陆地移动通信中具有更佳表现，而水平极化天线在依赖电离层的长距离通信中表现更好。此外，卫星通信中由于电离层对电磁波的偏转作用，采用线极化波经过电离层会造成极化角度偏转，降低收发的极化匹配；而圆极化波经过电离层偏转后仍然为同旋的圆极化波，因此在 GPS 接收等场景中，通常使用圆极化。

2.2　无线电波传播特性

如图 2-4 所示，电磁波的传播机制多种多样，总体上可以归结为直射、反射、折射、绕射、散射、透射。以下分小节进行详细讨论。

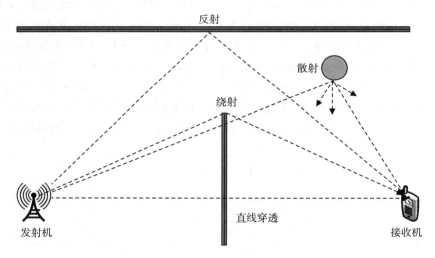

图 2-4　电磁波传播机制

2.2.1　自由空间传播

自由空间传播是最简单的情况，电磁波以光速 c 在真空中传播，且在传输过程中没有任何阻挡，没有能量吸收，既没有反射与散射，也没有折射和绕射。

假设发射天线为全向天线，发出的电磁波在自由空间中表现为随时间不断扩大的均匀球面波，由能量守恒定理可知，以发射天线为中心的任意球面上所有电磁波能量总和是守恒的，始终等于发射能量，且在球面上能量是均匀分布的。假设发射功率为 P_t，收发天线距离为 d，接收天线的有效接收面积为 A_r，则接收功率 P_r 为功率密度与 A_r 的乘积，即

$$P_r = \frac{P_t}{4\pi d^2} A_r \qquad\qquad (2-1)$$

又因为有效接收面积 A_r 与接收天线增益 G_r 存在以下关系：

$$G_r = \frac{4\pi}{\lambda^2} A_r \tag{2-2}$$

从而有

$$P_r = P_t G_t G_r \left(\frac{\lambda}{4\pi d}\right)^2 = P_t G_t G_r \left(\frac{c}{4\pi df}\right)^2 \tag{2-3}$$

(2-3)式为著名的 Friis 定理，可用于分析天线远场的辐射特性。注意上式中还包括了发射天线增益 G_t，当采用增益为 G_t 的定向发射天线时，可以将发射天线想象成以 $P_t G_t$ 功率辐射的全向参考天线。定义自由空间的传播损耗为

$$L_{fs} = \left(\frac{4\pi d}{\lambda}\right)^2 = \left(\frac{4\pi df}{c}\right)^2 \tag{2-4}$$

为了方便计算，通常将传播损耗（也称为路径损耗或路损）写成对数形式，即

$$\begin{aligned}[L_{fs}](\text{dB}) &= 20\lg 4\pi + 20\lg d + 20\lg f - 20\lg c \\ &= 32.44 + 20\lg d(\text{km}) + 20\lg f(\text{MHz})\end{aligned} \tag{2-5}$$

其中 d 的单位为 km，f 的单位是 MHz。由上式可知，距离每增加 1 倍，传播损耗将增加 6 dB；频率每提高 1 倍，传播损耗增加 6 dB。基于传播损耗，接收功率可以计算如下：

$$[P_r](\text{dBm}) = [P_t](\text{dBm}) + [G_t](\text{dBi}) - [L_{fs}](\text{dB}) + [G_r](\text{dBi}) \tag{2-6}$$

这表明接收信号功率随着传播距离的增加而快速下降，例如高度为 36 000 km 的地球同步轨道卫星，如果采用 2 GHz 的载波频率，传播损耗为 186.57 dB，若发射功率为 30 dBW，即 1000 W，收发天线增益为 0 dB，则地面接收信号功率大约为 $[P_r](\text{dBm}) = [P_t](\text{dBm}) - [L_{fs}](\text{dB}) = 60 \text{ dBm} - 186.57 \text{ dB} = -126.57 \text{ dBm}$。下面以热噪声为例对比说明这个功率实际上相当低，热噪声是最基本的一种噪声，是由电子的热运动产生。只要温度超过绝对零度（0 K），就会存在自由电子的热运动，因此所有电器件都会产生热噪声。热噪声是典型的高斯白噪声，其幅度服从高斯分布，且功率谱密度 kT_0 不随频率变化，其中 $k = 1.38064852 \times 10^{-23}$ J/K，为玻尔兹曼常数，T_0 是等效噪声温度，单位为 K。温度为 290 K（即 16.85℃）时，热噪声的功率谱密度为 -174 dBm/Hz，如果该条件下信号带宽为 1 MHz，则噪声功率为 -114 dBm。该功率比上述地面接收信号功率大约高 13 dB，即 20 倍，也就是说地面接收信号将湮没在噪声中，因此必须使用高增益天线来提高接收功率。

在频分双工移动通信系统的频率规划中，下行（基站到手机）频率通常高于上行频率，例如我国为中国联通分配的 LTE 下行频段为 1850～1860 MHz，上行频段为 1755～1765 MHz，也正是考虑到了低频段的路径损耗小，更符合手机发射功率低的特点。

需要说明的是，更高的频率意味着更大的路径损耗，主要是因为同等接收增益条件下天线尺寸通常随着频率升高而减小。如果载波频率提高 10 倍，那么波长会降为原来的十分之一，进而天线的物理尺寸也降为原来的十分之一，整个天线的面积则降为原先的百分之一。这就意味着能够被天线捕捉的能量下降 20 dB。如果随着载波频率升高，收发天线尺寸均保持不变，则天线所捕捉的能量就可以保持不变，路径损耗也将保持不变。然而这种情

况下天线尺寸远大于波长，将导致天线方向图大大变窄①。换言之，发射天线只能将辐射能量集中在很窄的波束中，接收天线也只能在很窄的波束中接收能量。

在陆地移动通信系统中，纯粹的自由空间传播环境并不存在。在真实环境中，收发信机之间如果存在视距（Line-of-sight，LOS）路径，则 LOS 路径可以近似为自由空间传播。在地球表面进行的无线通信，由于地球曲率的影响，LOS 路径存在极限距离，超过该距离则收发信机之间不存在 LOS 路径。可由图 2-5 计算视距传播的极限距离 d_{los}，收发天线高度分别为 h_t 和 h_r，两个天线顶点连线 AB 与地面相切于 C 点，由于 $R_e \gg h_t$、h_r，所以不难计算得到：

$$d_{los} = d_1 + d_2 \approx \sqrt{2R_e}\left(\sqrt{h_t} + \sqrt{h_r}\right) \tag{2-7}$$

注意图 2-5 中 R_e 为等效地球半径，并非真实的地球半径。这是因为大气并非均匀介质，而是随时间和空间变化，电磁波在大气中传播会发生折射和虹吸现象，在 VHF 和 UHF 波段，折射现象尤为突出，将影响视距传输的极限距离。在不考虑传导电流和介质磁化的情况下，介质折射率 n 和相对介电常数 ε_r 的关系为 $n = \sqrt{\varepsilon_r}$，而大气的介电常数 ε_r 又与温度、湿度和气压有关，进而与大气高度 h 有关，因此大气折射率 n 随大气高度不同而不同。当电磁波通过高度变化的大气层时，由于折射率不同，电磁波传播将会发生弯曲，弯曲的方向和程度取决于大气折射率的垂直梯度 dn/dh。大气折射对电磁波传播的影响，在工程上通常使用地球等效半径来描述，即认为电磁波还是按照直线传播，但是地球的实际半径 $R_0 = 6370$ km 变为了等效半径 R_e，关系如下：

$$R_e = kR_0 = \frac{R_0}{1 + R_0 \cdot \dfrac{dn}{dh}}$$

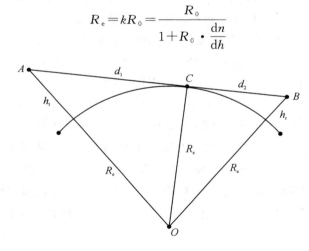

图 2-5 极限传播距离的计算

由于大气折射率随高度升高而减小，因此有 $dn/dh < 0$，从而可推得 $k > 1$。在标准大气折射情况下，$dn/dh \approx -4 \times 10^{-8}$ (1/m)，$k \approx 4/3$，可以算出等效地球半径为 $R_e = 8500$ km，从而视距极限距离 $d_{los} = 4120\left(\sqrt{h_t} + \sqrt{h_r}\right)$，这里 d_{los}，h_t 和 h_r 的单位均为米。可见由于大气折射率的存在，等效地球半径变大了，进而视距的极限距离也变大了。

---

① 天线指向性大致和物理天线面积除以波长平方成正比。

2.2.2　反射与透射

当无线电波从介质 1 入射到介质 2 时，由于介电常数不同，一部分能量将在两种介质的交界面反射回介质 1，即反射波；剩下的能量则通过折射进入介质 2，即透射波或折射波，反射和透射的能量大小可以分别使用反射和透射系数来描述。另外，波从波疏介质射向波密介质时，在入射点的反射波相位相对于入射波通常存在相位突变 π，这种现象叫作半波损失。

反射波相对于入射波往往存在幅度和能量的衰减，定义反射系数 R 为反射波与入射波幅度的比值，则 R^2 为反射能量与入射能量之比，入射波与介质表面的夹角记为 θ，ε_r 是介质 2 相对于介质 1 的介电常数（普通地面的介电常数约为 15）。则有：

$$R = \frac{\sin\theta - Z}{\sin\theta + Z}$$

其中

$$Z = \begin{cases} \dfrac{\sqrt{\varepsilon_r - \cos^2\theta}}{\varepsilon_r} & \text{若电场方向平行于入射平面} \\ \\ \sqrt{\varepsilon_r - \cos^2\theta} & \text{若电场方向垂直于入射平面} \end{cases} \qquad (2-8)$$

其中入射平面定义为包括入射波、反射波和透射波的平面。由 (2-8) 式可知，当满足掠地入射条件即 $\theta \approx 0$ 时，有 $R \approx -1$，这也就解释了半波损失。利用这一知识，可以推导地面反射双线模型的接收功率，如图 2-6 所示，接收信号由直射信号和地面反射信号两部分组成，假定发射信号为复数正弦波 $\sqrt{P_t}\,\mathrm{e}^{\mathrm{j}2\pi f_c t}$，中心频率为 f_c，发射功率为 P_t，则接收总和信号为

$$r(t) = \frac{\lambda\sqrt{P_t G_t G_r}}{4\pi l}\exp\left(\mathrm{j}2\pi f_c\left(t - \frac{l}{c}\right)\right) + \frac{R\lambda\sqrt{P_t G_t G_r}}{4\pi\hat{l}}\exp\left(\mathrm{j}2\pi f_c\left(t - \frac{\hat{l}}{c}\right)\right)$$

$$= \frac{\lambda\sqrt{P_t G_t G_r}}{4\pi}\left[\frac{1}{l} + \frac{R}{\hat{l}}\exp\left(-\mathrm{j}2\pi f_c\frac{\hat{l} - l}{c}\right)\right]\exp\left(\mathrm{j}2\pi f_c\left(t - \frac{l}{c}\right)\right)$$

其中 $\hat{l} = r + r'$ 为反射径行程长度，$\hat{l} - l$ 为两径行程差，收发天线的水平距离为 d，发射天线和接收天线的高度分别为 h_t 和 h_r，则容易推得两径行程差为

$$\Delta l = \hat{l} - l = \sqrt{(h_t + h_r)^2 + d^2} - \sqrt{(h_t - h_r)^2 + d^2} \qquad (2-9)$$

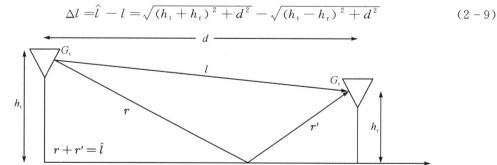

图 2-6　地面发射双线模型

相应地，两径相位差 $\Delta\phi = 2\pi f_c(\hat{l} - l)/c = 2\pi\Delta l/\lambda$，则接收功率为

$$P_r = \left(\frac{\lambda \sqrt{P_t G_t G_r}}{4\pi} \right)^2 \left| \frac{1}{l} + \frac{R}{\hat{l}} e^{-j\Delta\phi} \right|^2 \tag{2-10}$$

根据上式可以画出两径相差和接收功率随距离变化的曲线，如图 2-7 所示，两图中的实线均为接收功率随距离变化的曲线，(a)图中的虚线为两径相位差随距离变化的曲线，(b)图中的虚线为归一化相位差，即两径相位差对 2π 取模值得到的。该图是在发射天线高度 h_t 为 50 m、接收天线高度 h_r 为 2 m、载波频率为 900 MHz、反射系数 $R = -1$ 条件下作出的。

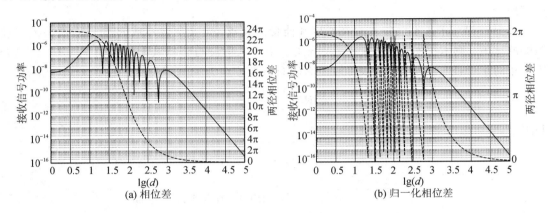

图 2-7　地面发射双线模型接收功率与距离的关系

观察图 2-7(a)图可见，曲线可分为三段，第一段随着收发距离的增加，两径行程差减小，$\Delta\phi$ 从 24π 逐步降为 23π，归一化相差相应由 2π 向 π 逐步变化，加上反射系数 R 导致的 π 相移，两径相位逐步趋同，接收功率随距离缓慢增加，注意横坐标为对数坐标，因此这一段距离并不长，大约 10 m 多。第二段 Δl 继续下降，$\Delta\phi$ 从 23π 逐步降为 π，在此过程中，归一化相差反复在 $[0, 2\pi]$ 范围内振荡，两列波随着归一化相差的变化反复同相或者反相叠加干涉，形成一系列功率起伏，这种情形是小尺度衰落或多径衰落的典型表现，将在第 3 章详细讨论。最后一段对应于收发信机距离足够远的情况，随着两径行程差越来越趋近于 0，$\Delta\phi$ 逐步从 π 降为 0，加上反射系数 R 导致的 π 相移，两径基本反相，整体接收功率进入单调下降状态。令 $\Delta\phi = \pi$ 即可求得进入第三段曲线的临界距离 d_c 为

$$d_c = \frac{4 h_t h_r}{\lambda} \tag{2-11}$$

该值也称为收发机之间的第一菲涅尔距离，该距离条件下反射径长度正好比直射径长度多出半个波长，加上反射导致的 π 相移，两径接收信号正好同相。以下进一步推导这种情况，当收发天线距离 d 大于第一菲涅尔距离 d_c 时，可以认为收发天线足够远，满足掠地入射条件，即 $\theta \approx 0$，从而 $R \approx -1$，$d \gg h_t + h_r$，由泰勒级数近似（$\sqrt{1+a^2} \approx 1 + 0.5a^2$，$a \ll 1$），则 (2-9) 式可化简为 $\Delta l \approx 2 h_t h_r / d$，相应地 $\Delta\phi \approx 4\pi h_t h_r / (\lambda d)$，因为 $d > d_c$，所以 $\Delta\phi < \pi$。将以上近似关系代入 (2-10) 式，接收功率可近似为

$$P_r = \left(\frac{\lambda \sqrt{P_t G_t G_r}}{4\pi d} \right)^2 |1 - e^{-j\Delta\phi}|^2 = P_t G_t G_r \left[\frac{\lambda}{2\pi d} \sin\left(\frac{\Delta\phi}{2} \right) \right]^2$$

$$\approx P_t G_t G_r \left(\frac{\lambda}{2\pi d} \cdot \frac{\Delta\phi}{2} \right)^2 = P_T \frac{G_t G_r h_t^2 h_r^2}{d^4} \tag{2-12}$$

因此，当收发距离 d 充分大，超过第一菲涅尔距离后，随着收发距离增加，接收信号功率随 d^{-4} 下降，并且与波长无关。

例 2 - 1　计算城市微小区($h_t = 10$ m，$h_r = 3$ m)在两径模型下的临界距离，假设发射频率 f_c 为 2 GHz。

解：由(2 - 11)式可得出对于城市微小区来说，有

$$d_c = \frac{4d_t d_r}{\lambda} = \frac{4d_t d_r f}{c} = \frac{4 \times 10 \text{ m} \times 3 \text{ m} \times 2 \times 10^9 \text{ Hz}}{3 \times 10^8 \text{ m/s}} = 800 \text{ m}$$

800 m 的半径对于城市微小区系统来说有点大，现在的城市微小区为了保证容量，半径一般为 100 m 数量级。但是，如果我们采用 800 m 半径的宏小区，那么邻小区的干扰随 d^4 衰减，干扰就可以大大降低。

接下来讨论透射。透射典型的情况是建筑物或其他障碍物穿透，除了从空气进入障碍物产生的透射损耗，障碍物本身的厚度也会产生附加损耗，两者合起来构成穿透损耗。如果收发信机分别处于室外和室内，就要考虑建筑物穿透损耗。测试表明，建筑物穿透损耗与频率、高度和建筑物材料有关，对于 900 MHz～2 GHz 的频率范围，1 层的建筑物穿透损耗典型值为 8～20 dB，穿透损耗随频率增加略有下降。此外，每增高 1 层，穿透损耗下降1.4 dB，这是由于楼层高时存在 LOS 路径的可能性变大，从而使外墙处具有更强的入射信号。建筑物内窗户的类型和数量对穿透损耗有重要的影响，窗户后面测得的穿透损耗比外墙后面测得的损耗值小 6 dB，平板玻璃的穿透损耗约为 6 dB。

如果发射机处于室内，例如 WiFi，而接收机处于别的房间，同样会遇到信号穿透损耗，隔墙损耗随墙壁材质和介电性质不同而有很大的差别，详细信息可以查阅相关参考文献。

2.2.3　散射

在实际的移动无线环境中，接收信号比单独反射模型预测的信号要强，这是因为当电磁波遇到粗糙表面时，反射能量由于散射而散布于所有方向。像树木、花草这样的物体在所有方向上均有散射能量，因此接收机将会收到来自不同环境物体的额外散射能量。

可以使用瑞利原则来评价表面粗糙程度，在给定入射角 θ(入射波与介质表面的夹角)的情况下定义表面平整度的参考高度 h_c 如下：

$$h_c = \frac{\lambda}{8\sin\theta}$$

如果平面上最大突起的高度小于 h_c，则可认为表面是光滑的，可使用 2.2.2 小节建模反射功率；否则表面就是粗糙的，粗糙表面将导致镜面反射功率的减少(减少量为分散到其他方向的功率总和)，这种现象可以使用有效反射系数 $R_{\text{rough}} = \rho_s R$ 来描述，具体来说，R_{rough}^2 为散射功率与入射功率之比，其中 R 可由(2 - 8)式计算，ρ_s 为散射损耗系数，当粗糙表面的高度是服从高斯分布的随机变量且其标准差为 σ_h 时，有：

$$\rho_s = \exp\left[-8\left(\frac{\pi\sigma_h \sin\theta}{\lambda}\right)^2\right]$$

当较大的远距离物体引起散射时，可以使用双基地雷达方程计算散射信号的能量。该模型假定信号按照自由空间模型从发射机传播到散射体，在散射体处再以散射体接收功率

的 σ 倍向外辐射，σ 为散射物的雷达截面积（Radar Cross Section，RCS），单位为 m^2，取决于散射体的粗糙程度、大小和形状。具体来说，假设 d_t 和 d_r 分别为散射体到发射天线和接收天线的距离，则经由散射体到达接收天线的功率为

$$[P_r](dBm) = [P_t](dBm) + [G_t](dBi) + 20lg\left(\frac{\lambda}{d_t d_r}\right) - 30lg(4\pi) + 10lg\sigma + [G_r](dBi)$$

针对多个城市不同建筑物给出的经验值表明，$10lg\sigma$ 范围在 $-4.5 \sim 55.7\ dBm^2$，这里 dBm^2 是以平方米为单位的 σ 的分贝值，上式可用于预测建筑物导致的散射接收功率。

2.2.4　绕射

绕射（也称衍射）指波遇到障碍物时偏离原来直线传播的物理现象。波长越长（大于障碍物尺寸），波动性越明显，越容易发生绕射现象。电磁波同样具备绕开障碍物的能力，使得处于阴影之中的接收机可以收到电磁波。

绕射可使用惠更斯原理来解释，如图 2-8 所示，波前上的每一点都可看作一个产生次级波的点源，次级波的速度与频率等于原来的速度和频率，这些次级波相互干涉共同构成传播方向上新的波前。当收发天线之间存在障碍物时，则部分次级波传播将受到阻挡，即使障碍物阻挡了收发天线之间的视距传播，只要还有一部分次级波与接收机存在视距，就会有部分能量绕过障碍物到达接收机，接收能量为非阻挡区次级波所贡献的能量总和。绕射由次级波传播进入阴影区域而形成。

绕射将产生绕射损耗，如果绕射是由单个障碍物引起的，则可以使用如图 2-9 所示的刃形绕射模型来估计绕射损耗。假定阻挡物宽度无限，由刃形绕射引起的绕射增益（该值等于负的绕射损耗，通常为负数）为

$$[G_d](dB) = 20lg|F(v)|$$

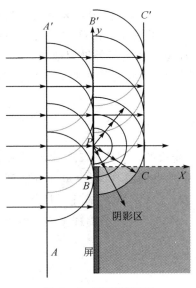

图 2-8　惠更斯原理

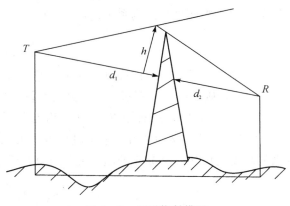

图 2-9　刃形绕射模型

图 2-10 给出了绕射增益随绕射参数 v 的变化曲线，其中 $F(v)$ 是菲涅尔-基尔霍夫绕

射参数 v 的菲涅尔积分，计算比较复杂，且无闭式解。$F(v)$ 的定义如下：

$$F(v) = \frac{1+\mathrm{j}}{2} \int_{v}^{+\infty} \exp\left(-\frac{\mathrm{j}\pi t^2}{2}\right) \mathrm{d}t$$

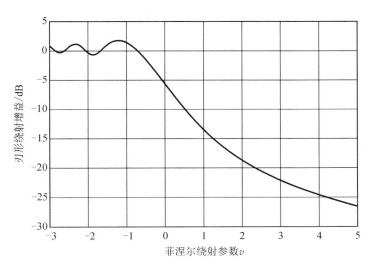

图 2-10　绕射增益曲线

由于菲涅尔积分难以计算，前人给出了如下近似公式：

$$[G_\mathrm{d}]\,(\mathrm{dB}) = \begin{cases} 0 & v < -1 \\ 20\lg(0.5 - 0.62v) & -1 \leqslant v < 0 \\ 20\lg(0.5\mathrm{e}^{-0.95v}) & 0 \leqslant v < 1 \\ 20\lg\left(0.4 - \sqrt{0.1184 - (0.38 - 0.1v)^2}\right) & 1 \leqslant v \leqslant 2.4 \\ 20\lg(0.225/v) & v > 2.4 \end{cases} \quad (2-13)$$

菲涅尔-基尔霍夫绕射参数 v 定义如下：

$$v = h \cdot \sqrt{\frac{2}{\lambda}\left(\frac{1}{d_1} + \frac{1}{d_2}\right)} = h \cdot \sqrt{\frac{2(d_1 + d_2)}{\lambda d_1 d_2}} = \frac{\sqrt{2}\,h}{r_1(d_1, d_2)} \quad (2-14)$$

这里 h 为障碍物的有效高度，可以为负值，如果为负值则表示障碍物并未阻挡视距信号，如图 2-11 所示。d_1 和 d_2 分别表示障碍物与发射天线和接收天线的直线距离，$r_n(d_1, d_2)$ 为第 n 菲涅尔区半径，计算公式如下：

$$r_n(d_1, d_2) = \sqrt{\frac{n\lambda d_1 d_2}{d_1 + d_2}} \quad 当\ d_1, d_2 \gg r_n\ 时 \quad (2-15)$$

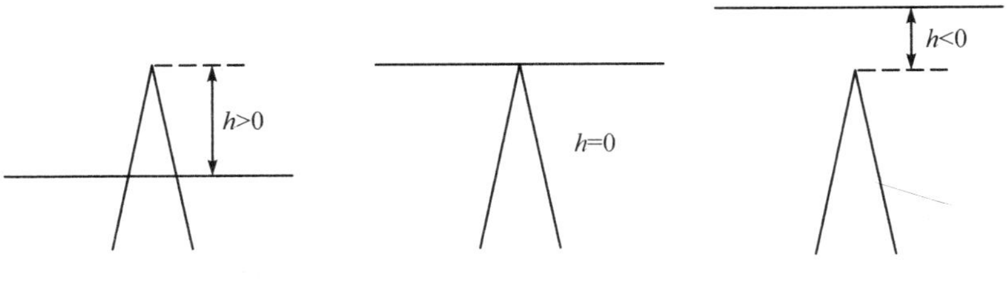

图 2-11　障碍物有效高度示意图

接下来首先说明菲涅尔区半径的物理含义，如图 2-12 所示，图中平面 P 是位于发射机和接收机之间的透明平面，垂直于收发天线的连线，平面 P 上的任意点与收发天线构成三角形，则在平面 P 上以 O 为圆心，第 n 菲涅尔区 $r_n(d_1, d_2)$ 为半径的圆上所有点构成的折线路径长度都比收发信机视距长度大 $n\lambda/2$，例如图中 $a+b-d_1-d_2=n\lambda/2$。当 $n=1$ 时，$r_1(d_1, d_2)$ 为第一菲涅尔区的半径。容易推得 $r_n(d_1, d_2)$ 的计算公式为(2-15)式。

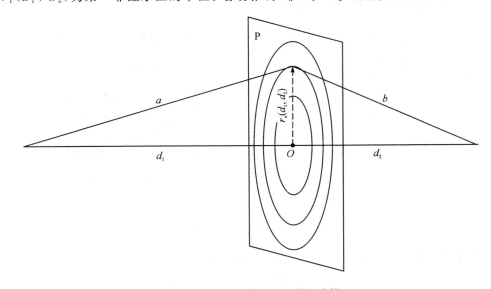

图 2-12　第 n 菲涅尔区半径计算

由(2-15)式可知，平面 P 到收发天线距离不同，则 $r_n(d_1, d_2)$ 不同，越靠近发射或接收天线，$r_n(d_1, d_2)$ 越小，当处于收发天线的中点时，$d_1=d_2=d$，$r_n(d_1, d_2)$ 达到最大值 $\sqrt{n\lambda d/2}$。d_1 和 d_2 连续变化对应的不同 r_n 构成一个以收发天线位置为焦点，以收发天线视距路径为轴的椭球面，即第 n 菲涅尔区，面上的每一点到收发天线的距离之和比收发天线的直线距离大 $n\lambda/2$。

由(2-13)式和(2-14)式可知，当 $v>0(h>0)$，即障碍物阻挡了收发信机之间的直射路径时，绕射损耗将急剧增加。若第一菲涅尔区被阻挡，即 $h=r_1(d_1, d_2)$ 时绕射损耗为 $-G_d=16.35$ dB；当第一、二菲涅尔区被阻挡，即 $h=r_2(d_1, d_2)$ 时绕射损耗为 -19.43 dB。当 $v=0(h=0)$ 时，阻挡物最高点正好与收发天线连线相交，绕射损耗为 -6 dB。当 $h\leqslant -r_1(d_1, d_2)/\sqrt{2}$ 时，有 $v\leqslant -1$，此时绕射损耗可忽略不计，$G_d=0$ dB；如果 $-1<v<0$，尽管障碍物并未阻挡收发信机之间的 LOS 路径，由于部分次级波被阻挡，因此还是存在一定的绕射损耗。

第一菲涅尔区半径 $r_1(d_1, d_2)$ 对于绕射增益计算、天线高度的选取具有很重要的参考意义。具体来说，在自由空间中从发射点到接收点的电磁能量主要通过第一菲涅尔区传播，只要第一菲涅尔区不被阻挡，则绕射损耗可忽略不计，如图 2-13 所示。工程经验表明这个区域还可以更小，只要最小菲涅尔区内无阻挡，就可以获得近似自由空间的传播条件，最小菲涅尔半径定义为 $0.577 \cdot r_1(d_1, d_2)$。例如载波频率为 2 GHz，收发天线间的直线距离 $d=800$ m，则收发天线中点处的最小菲涅尔半径为 $0.577\times r_1(d/2, d/2)=0.577\times\sqrt{\lambda d/4}=3.16$ m。

　　在很多情况下,特别是山区,传播路径上不止一个阻挡体,这种情况下,所有阻挡体引起的绕射损失都必须计算。可以用一个等效阻挡体代替一系列阻挡体,从而使用前面的单刃形绕射模型来计算绕射损耗,如图 2-14 所示。这种方法极大地简化了计算并能比较好地估计接收信号强度。

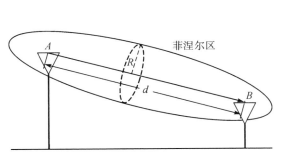

图 2-13　菲涅尔区

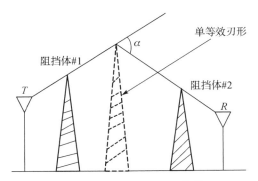

图 2-14　多重刃形绕射模型

2.2.5　多普勒频移

　　无论无线电波通过以上哪种传播方式到达接收机,如果发射机与接收机之间存在相对运动,接收信号中都将会存在多普勒频移。如图 2-15 所示,假设 θ 是入射波相对于接收机移动方向的角度,v 是接收机沿其运动方向的运动速度,在短时间 Δt 内,接收机的运动距离为 $d = v\Delta t$,从而在 Δt 内产生了 $\Delta l \approx v\Delta t\cos\theta$ 的行程差,进而导致了 $\Delta\phi = 2\pi\Delta l/\lambda$ 的相位差,由相位和频率的关系可得多普勒频移如下:

$$f_{\mathrm{D}} = \frac{1}{2\pi}\frac{\Delta\phi}{\Delta t} = \frac{v}{\lambda}\cos\theta = \frac{vf}{c}\cos\theta \qquad (2-16)$$

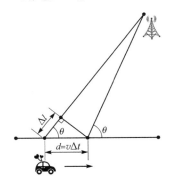

图 2-15　多普勒频移的计算

　　如果接收机朝向发射机运动,则 $0 < \theta < \pi/2$,多普勒频移为正值;反之为负值。当入射波方向垂直于接收机运动方向时,多普勒频移为 0;当入射波方向与接收机运动方向重合时,多普勒频移取得最大/最小值 $\pm vf/c$。对于典型的高速公路车速 120 km/h,通信频率为 1.8 GHz,则最大多普勒频移 f_{D} 为

$$f_{\mathrm{D}} = \frac{vf}{c} = \frac{120\times10^{3}}{3600} \cdot \frac{1.8\times10^{9}}{3\times10^{8}} = 200\ \mathrm{Hz}$$

如果是速度为 300 km/h 的高铁,则最大多普勒频移也仅为 500 Hz。随着第 5 代移动通信系统引入的毫米波,工作频率可以高达 80 GHz,此时高铁环境中最大多普勒频移约为 22 kHz。所以必须考虑多普勒频移对于信号的影响。

前面的分析假定接收机运动,实际上发射机运动或者信号经由运动的环境物体反射/散射后到达接收机都会产生多普勒频移。例如低轨道卫星通信,由于卫星绕地作高速运动,即使终端固定不动,也会存在较大的多普勒频移。

2.3　大尺度路径损耗模型

使用自由空间传播损耗来建模无线信道显然太过简单,在真实的无线通信环境中,发射机发出的信号在传播过程中会遇到许多物体,墙壁、地面、建筑物、树木和其他环境物体都会对电磁波形成反射、散射和绕射,经由反射、散射、绕射和透射到达接收机的信号相对于直射信号来说存在功率衰减、附加时延、附加频移和相移,接收机最终收到的是所有传播路径上来的信号的总和。如果能够考察每条可能的传播路径,进而分析其对信号的相关影响,就能了解无线信道。

射线追踪法将电磁波传播近似为射线,用一些简单的几何方程取代复杂的麦克斯韦方程,来近似反射、绕射和散射对波前的影响,借助地理信息系统和计算机辅助设计,对每个可能的传播路径建模,根据电波传播理论,计算每条射线的幅度、相位、延迟和极化,再结合天线方向图和系统带宽,就可以得到接收位置所有射线的相干合成结果。地面反射双线模型就是最简单的射线追踪模型。

真实的环境非常复杂,使用射线追踪精确建模太过复杂,需要大量的环境数据,例如建筑物的分布、高度、介电常数、天线的位置和高度等。针对上述问题,多年来人们针对不同的环境提出了许多基于实测数据的经验模型,包括城市宏小区、微小区、室内信道等。对于实测数据来说,P_t/P_r 除了包含路径损耗外,还包含阴影衰落和多径衰落等随机性波动的影响(阴影衰落在 2.3.2 小节详细解释,多径衰落在第 3 章详细解释),为消除这些随机性的影响,一般将附近几个波长范围内的测量数据进行平均,以这种方式得到的平均路径损耗称为本地平均损耗(Local Mean Attenuation,LMA)。由于自由空间损耗和障碍物的影响,LMA 总体随距离增加而增加。对于城市等具体环境,LMA 和测量时收发信机的具体位置有关,为使结果具有一般性,一般要测遍所在环境,并可能要对多个类似特性的环境进行测量,再将特定环境(如城区、郊区和办公室等)下给定距离 d 处的测量结果取平均,得到经验路径损耗。例如为了获得繁华市区的路径损耗,可以在北京市、上海市、西安市中心测量 LMA,再将这些测量结果取平均,得到一般格状街区的经验路损,进而使用模型来拟合不同距离处的经验路损。经过大量的工作,人们已经提出了很多经验模型,本节首先介绍最简单但是非常实用的对数距离路径损耗模型。2.4 节和 2.5 节将进一步介绍各种更复杂的经验路损模型。

2.3.1　对数距离路径损耗模型

对数距离路径损耗模型计算简单,在对准确性要求不高的场合中应用广泛,非常适合做性能估算,在第 10 章计算多址容量时就使用了该模型。该模型认为,无论是室内和室外信道，平均接收功率随距离的变化呈对数衰减，即平均路径损耗满足以下公式：

$$\overline{\mathrm{PL}}(d) \propto \left(\frac{d}{d_0}\right)^n \quad \text{或者} \quad [\overline{\mathrm{PL}}(d)](\mathrm{dB}) = [\overline{\mathrm{PL}}(d_0)](\mathrm{dB}) + 10n\lg\left(\frac{d}{d_0}\right) \quad (2-17)$$

其中 n 为路径损耗指数，d_0 为参考距离，必须位于天线远场处。上式中的上划线表示给定 d 值的所有可能路径损耗的整体平均。对于自由空间传播来说 $n=2$，对于地面反射双线模型来说，当收发信机距离足够远时 $n=4$，表 2-1 列出了不同环境下的典型路径损耗指数。

表 2-1　不同环境下的典型路径损耗指数

环　境	n	环　境	n
城市宏小区	$3.7 \sim 6.5$	商店	$1.8 \sim 2.2$
城市微小区	$2.7 \sim 3.5$	工厂	$1.6 \sim 3.3$
写字楼(同层)	$1.6 \sim 3.5$	家居	3
写字楼(跨层)	$2 \sim 6$		

例 2-2　下表为某室内系统的一组路径损耗测量数据，计算路径损耗指数 n，使 (2-17)式和实测数据之间以分贝度量的均方误差最小，假设发射功率为 0 dBm，利用 n 计算 100 m 处的接收功率。

距离/m	路径损耗	$10\lg d/d_0$
10	70 dB	0
20	75 dB	3
50	90 dB	7
100	110 dB	10
300	125 dB	14.77

解： 定义均方误差

$$J = \sum_i (P_{\mathrm{measure}} - P_{\mathrm{model}})^2 \qquad (2-18)$$

取 $d_0 = 10$ m，则 $\overline{\mathrm{PL}}(d_0) = 70$ dB，由(2-17)式有：

$$P_{\mathrm{model}} = \overline{\mathrm{PL}}(d_0) + 10n\lg\left(\frac{d}{d_0}\right) = 70 + 10n\lg\left(\frac{d}{d_0}\right)$$

上表给出了不同距离 d 处对应的 $10\lg(d/d_0)$，代入(2-18)式得：

$$\begin{aligned}
J =& (70-70)^2 + [75-(70+3n)]^2 + [90-(70+7n)]^2 + [110-(70+10n)]^2 \\
& + [125-(70+14.77n)]^2 \\
=& (3n-5)^2 + (7n-20)^2 + (10n-40)^2 + (14.77n-55)^2
\end{aligned}$$

为使 J 最小，令 $\mathrm{d}J/\mathrm{d}n = 0$，从而有：

$$34.77n = 120 \rightarrow n = 3.451$$

根据 n、P_t、$\overline{\mathrm{PL}}(d_0)$ 可得：

$$P_r(100\mathrm{m}) = 0 - \overline{\mathrm{PL}}(d_0) - 34.51\lg\left(\frac{d}{d_0}\right) = 0 - 70 - 34.51 = -104.51 \text{ dBm}$$

该值与表中的测量值之间存在明显偏差，这种偏差可归结到阴影衰落中。

2.3.2　阴影衰落

如前所述，为了测试特定环境（如城区、郊区或办公室等）下特定距离的经验路径损耗，要对测量结果进行大量的平均。实际上即使距离相等，不同位置的周边环境差别也是非常大的，由于地形起伏、建筑物及其他障碍物对电波传播路径的阻挡，信号在传播过程中遇到的障碍物将使信号发生随机变化，从而造成给定距离处接收功率的随机变化，进而导致测试结果与经验模型预测值之间存在着较大差异。由于造成信号起伏（也称信号衰落）的因素，包括障碍物的位置、大小等要素都是未知的，因此只能用统计模型来表征这种随机起伏。最常用的模型为对数正态阴影模型，测试表明，对数正态阴影模型可以准确建模室外和室内无线传播环境中接收功率的变化，具体来说，特定位置的路径损耗是一个随机变量，可以表示为

$$[\mathrm{PL}(d)](\mathrm{dB}) = [\overline{\mathrm{PL}(d)}](\mathrm{dB}) + X_\sigma$$
$$= [\overline{\mathrm{PL}(d_0)}](\mathrm{dB}) + 10n\lg\left(\frac{d}{d_0}\right) + X_\sigma \qquad (2-19)$$

其中随机变量 X_σ 的单位是 dB，服从均值为 0 dB、标准差为 σ dB 的正态分布。换言之，X_σ 的真实值 $10^{X_\sigma/10}$ 服从对数正态分布（log-normal distribution）。多数室外信道测量表明，σ 的取值在 4～13 dB 之间。注意（2-17）式等号左边 $[\overline{\mathrm{PL}(d)}](\mathrm{dB})$ 是平均路损，而 $[\mathrm{PL}(d)](\mathrm{dB})$ 则是某个特定环境下的随机路径损耗，服从均值为 $[\overline{\mathrm{PL}(d)}](\mathrm{dB})$、标准差为 σ dB 的正态分布，相应的 $\mathrm{PL}(d)$ 真值服从对数正态分布。

例 2-3　基于例 2-2 的结果进一步计算阴影衰落的标准差。

解：由例 2-2 可知 $n=3.451$，相应的均方误差即方差为

$$J = \frac{1}{5}\sum_i (P_{\mathrm{measure}} - P_{\mathrm{model}})^2$$
$$= \frac{1}{5}[(3n-5)^2 + (7n-20)^2 + (10n-40)^2 + (14.77n-55)^2]$$
$$= 18.4684 \ \mathrm{dB}^2$$

因此

$$\sigma = \sqrt{18.4684} \approx 4.3 \ \mathrm{dB}$$

关于阴影衰落服从的分布，可以定性解释如下：阴影衰落主要由传播路径上的障碍物引入的损耗决定，信号经过宽度为 d 的物体时，其穿透损耗近似为 $s(d) = \mathrm{e}^{-\alpha d}$，其中 α 是依赖于障碍物材料和介电性质的衰减常数，若收发信机之间存在多个障碍物，第 i 个障碍物的衰减常数为 α_i，宽度为随机值 d_i，那么信号穿过该区域的总的损耗 $s = \mathrm{e}^{-\sum_i \alpha_i d_i}$，由中心极限定理知，$\sum_i \alpha_i d_i$ 可近似为高斯随机变量，从而 $\lg s$ 服从正态分布，s 服从对数正态分布。

基于（2-19）式，我们可以得到能够同时反映路径损耗和阴影衰落的混合模型，如图 2-16 所示。其中平均路径损耗随着距离的对数呈线性下降，表现为图中的虚线，由于传播环境的随机性，实际测量得到的路径损耗为平均路径损耗叠加服从对数正态分布的随机变量，表现为图中的实线。理论上，针对每个特定的收发信机距离，对各种传播环境下的大量路径损耗测量值取平均，就可以得到图中虚线描述的路径损耗模型。

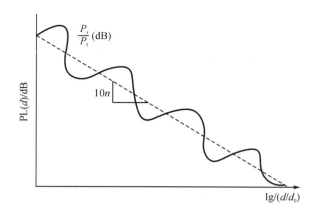

图 2-16　路径损耗＋阴影衰落混合模型

　　路径损耗和阴影衰落对于无线通信的设计具有重要意义。通信接收机通常都有一个最小接收功率 γ，如果实际接收功率小于该值，则误码性能将变得不可接受，受阴影衰落的影响，接收功率为服从对数正态分布的随机变量，因此可能小于 γ。定义中断率为距离 d 处接收功率 $P_r(d)$ 小于 γ 的概率，即

$$\mathrm{Pr.}\,\{P_r(d)<\gamma\}=\int_{-\infty}^{\gamma}\frac{1}{\sqrt{2\pi}\sigma}\exp\left(-\frac{\left[x-\overline{P_r}(d)\right]^2}{2\sigma^2}\right)\mathrm{d}x$$

$$=Q\left(\frac{\overline{P_r(d)}-\gamma}{\sigma}\right) \tag{2-20}$$

其中 $\overline{P_r}(d)$ 为距离 d 处的平均接收功率，阴影衰落的标准差为 $\sigma\mathrm{dB}$，并且 $Q(z)$ 为服从标准正态分布的随机变量 x 取值大于 z 的概率，即：

$$Q(z)\triangleq\mathrm{Pr.}\,\{x>z\}=\int_{z}^{+\infty}\frac{1}{\sqrt{2\pi}}\mathrm{e}^{-x^2/2}\mathrm{d}x=\frac{1}{2}\mathrm{erfc}\left(\frac{z}{\sqrt{2}}\right) \tag{2-21}$$

　　$Q(z)$ 具有以下性质：
$$Q(-\infty)=1,\ Q(0)=0.5,\ Q(+\infty)=0,\ Q(z)=1-Q(-z)$$

　　例 2-4　基于例 2-2 和例 2-3，计算距离 150 m 处的中断率，假定发射功率为 10 dBm，正常工作的功率门限 γ 为 −110 dBm。如果发射功率提高 1 倍，结果如何？

　　解：由例 2-2 可知 $n=3.451$，发射功率为 10 dBm 时，150 m 处平均接收功率：
$$\overline{P_r}(d)=10-(70+34.51\lg15)=-100.59\ \mathrm{dBm}$$

　　由例 2-3 可知，阴影衰落标准差 $\sigma=4.3$ dB。故中断概率为

$$\mathrm{Pr.}\,\{P_r(d)<\gamma\}=Q\left(\frac{-100.59-(-110)}{4.3}\right)=Q(2.19)=0.0143$$

　　发射功率提高 1 倍，即提高至 13 dBm 时，150 m 处平均接收功率为 −97.59 dBm，可求得中断概率为 0.002。通过提高发射功率可以有效降低通信中断率，实际通信系统中通常都需要根据大尺度损耗特性提前预算发射功率。

　　由于阴影衰落的影响，某个发射机信号覆盖范围内的一些位置可能接收功率低于门限 γ，对于半径为 R 的覆盖区，定义覆盖率 $U(\gamma)$ 为接收信号功率高于 γ 的平均面积占整个覆

盖区的百分比，针对每个小的区域面积 dA，$P_r(d)$ 表示该区域接收到的随机信号功率，则有：

$$U(\gamma) = \frac{1}{\pi R^2} \int_A \mathrm{Pr.}\{P_r(d) > \gamma\}\, dA = \frac{1}{\pi R^2} \int_0^{2\pi} \int_0^R \mathrm{Pr.}\{P_r(d) > \gamma\}\, d\, dd\, d\theta \quad (2-22)$$

由（2-20）式可推得：

$$\mathrm{Pr.}\{P_r(d) > \gamma\} = Q\left(\frac{\gamma - \overline{P_r}(d)}{\sigma}\right) = Q\left(\frac{\gamma - \overline{P_r}(R) + 10n\lg(d/R)}{\sigma}\right)$$

$$= Q\left(a + b\ln\left(\frac{d}{R}\right)\right) \quad (2-23)$$

注意以上表示功率的变量全部以 dB 为单位。其中：

$$a = \frac{\gamma - \overline{P_r}(R)}{\sigma}, \quad b = \frac{10n\lg e}{\sigma} \quad (2-24)$$

从而有

$$U(\gamma) = \frac{1}{\pi R^2} \int_0^{2\pi} \int_0^R Q\left(a + b\ln\left(\frac{d}{R}\right)\right) d\, dd\, d\theta = \frac{2}{R^2} \int_0^R Q\left(a + b\ln\left(\frac{d}{R}\right)\right) d\, dd$$

$$= Q(a) + \exp\left[\frac{2 - 2ab}{b^2}\right] Q\left(\frac{2 - ab}{b}\right) \quad (2-25)$$

对比（2-20）式和（2-24）式可以看出中断概率正好等于 $Q(-a)$，在给定中断概率的条件下可由 Q 函数查表求出 a 值，不同的 σ/n 则对应不同的 b 值，进而根据（2-25）式即可得到小区覆盖率。图 2-17 画出了在小区边界处不同中断概率条件下，小区覆盖率随 σ/n 变化的曲线，注意 σ/n 取决于具体传播环境。

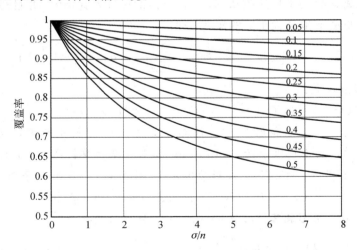

图 2-17　不同小区边界中断概率条件下覆盖率随 σ/n 变化的曲线

结合（2-20）式和图 2-17 可以发现，给定 σ/n，门限接收功率 γ 越低，小区边界处的中断概率越低，提供的服务就越可靠，小区覆盖率就越高。可以在给定 σ/n 的条件下，利用该图估算不同门限接收功率条件下的覆盖率，或者在不同的覆盖率要求下反推门限接收功率，以便对通信技术或者体制提出设计要求。

如果令门限功率为覆盖范围边界处的平均接收功率，即 $\gamma = \overline{P_r}(R)$，则 $a=0$，中断概

率为 0.5，于是上式可简化为

$$U(\gamma) = 0.5 + \exp\left[\frac{2}{b^2}\right] Q\left(\frac{2}{b}\right) \qquad (2-26)$$

此时覆盖率仅与路径损耗指数 n 和阴影衰落的标准差 σ 之比有关。

　　例 2 - 5　基于例 2 - 2 和例 2 - 3 构建的路径损耗模型，假设小区半径为 600 m，发射功率为 20 dBm，若最小接收功率门限 γ 分别为 −110 dBm 和 −120 dBm，计算相应的小区覆盖率。

　　解：首先由(2 - 17)式计算 $R = 600$ m 处的平均损耗：

$$70 + 10n\lg\frac{d}{d_0} = 131.36 \text{ dB}$$

则 $R = 600$ m 处平均接收功率为

$$\overline{P_r}(R) = 20 - 131.36 = -111.36 \text{ dBm}$$

当 $\gamma = -110$ dBm 时，中断概率为

$$\text{Pr.}\{P_r(d) < \gamma\} = Q\left(\frac{-111.36 - (-110)}{4.3}\right) = 0.6241$$

由(2 - 24)式可求得：

$$a = \frac{\gamma - \overline{P_r}(R)}{\sigma} = \frac{-110 - (-111.36)}{4.3} = 0.316, \quad b = \frac{10n\lg e}{\sigma} = 3.4855$$

将上式代入(2 - 25)式得：

$$U(\gamma) = Q(a) + \exp\left[\frac{2 - 2ab}{b^2}\right] Q\left(\frac{2 - ab}{b}\right) = Q(0.316) + \exp(-0.0169)Q(-0.2575) = 0.77$$

上面的结果对于移动通信系统来说，中断概率太高并且覆盖率太低，将存在许多不满意的用户。如果改进技术，将允许的最小接收功率降低为 $\gamma = -120$ dBm 时，可求得中断概率为 2.23%，覆盖率 $U(\gamma) = 0.996$，从而能够极大地改善覆盖。

2.4　室外路径损耗模型

　　2.3.1 小节给出的对数距离路径损耗模型适用于精度要求不高的场合，本节讨论的模型更加精确，但是不同的模型往往都有不同的适用条件，表 2 - 2 列出了部分室外路径损耗模型。

表 2 - 2　部分室外路径损耗模型对比

模　型	适用频率	场　景	考 虑 因 素
奥村模型	150～1920 MHz	宏小区，小区半径 1～100 km	收发距离、频率、地形地物、天线高度
哈塔模型	150～1500 MHz		收发距离、频率、地形地物、天线高度
COST231 Hata	1.5 GHz～2 GHz	宏小区，小区半径 1～20 km	收发距离、频率、天线高度
COST231 WI	800 MHz～2 GHz	微小区，20m～5 km	收发距离、频率、建筑遮挡、街道

2.4.1　奥村模型(Okumura Model)

　　奥村模型是城市宏小区信号预测最常用的模型，适用的距离范围是 1 km～100 km，频率范围是 150 MHz～1920 MHz(可扩展到 3000 MHz)，基站天线高度为 30 m～100 m。奥

村在东京地区对基站到移动台的信号传播损耗做了大量测量，用一系列曲线的形式给出了不规则地形条件下相对于自由空间传播的损耗中值。具体来说，奥村模型的经验路径损耗公式如下：

$$[P_L(d)](\text{dB}) = [L_{fs}(f_c, d)](\text{dB}) + A_m(f_c, d) - G(h_t) - G(h_r) - G_{area}$$

其中 $L_{fs}(f_c, d)$ 是传播距离为 d（单位 km），载波频率为 f_c（单位 MHz）时的自由空间路径损耗，$A_m(f_c, d)$ 是相对于自由空间的损耗中值，$G(h_t)$ 为基站天线高度增益因子，$G(h_r)$ 为移动台天线高度增益因子，G_{area} 为地形地物修正因子。$A_m(f_c, d)$ 和 G_{area} 可从奥村的经验曲线图得到，$G(h_t)$ 和 $G(h_r)$ 的经验计算公式如下：

$$G(h_t) = 20\lg\left(\frac{h_t}{200}\right) \quad 30\text{ m} < h_t < 200\text{ m}$$

$$G(h_r) = \begin{cases} 10\lg\left(\frac{h_r}{3}\right) & h_r \leqslant 3\text{ m} \\ 20\lg\left(\frac{h_r}{3}\right) & 3\text{ m} < h_r < 10\text{ m} \end{cases}$$

针对不同地形地物，可以使用不同的修正因子对奥村模型加以修正，以提高模型精度。奥村模型完全基于测量数据，不提供任何理论解释，该模型的主要缺点是对地形的反应较慢，奥村模型预测的路损和实测数据相比，误差的标准差约为 10～14 dB。

根据奥村模型适用的距离和频率范围，奥村模型无法用于建模大量存在的微小区（半径为百米的数量级）。

2.4.2　哈塔模型(Hata Model)

Hata 模型是把奥村模型用曲线图表示的路径损耗拟合为经验公式，利用公式简化了计算，避免通过查经验曲线来确定相关参数，该模型的适用频率范围为 150～1500 MHz。市区哈塔模型的经验路径损耗公式为

$$[P_L(d)](\text{dB}) = 69.55 + 26.16\lg(f_c) - 13.82\lg(h_t) - a(h_r) + (44.9 - 6.55\lg(h_t))\lg(d)$$

其中的参数含义与奥村模型一致，传播距离 d 的单位是 km，载波频率 f_c 的单位是 MHz，收发天线高度的单位是米，$a(h_r)$ 为移动台天线高度修正因子，计算公式如下：

$$a(h_r)(\text{dB}) = \begin{cases} (1.1\lg(f_c) - 0.7)h_r - 1.56\lg(f_c) + 0.8 & \text{中小城市} \\ 8.29(\lg(1.54h_r))^2 - 1.1 & \text{较大城市，} f_c \leqslant 300\text{ MHz} \\ 3.2(\lg(11.75h_r))^2 - 4.97 & \text{较大城市，} f_c > 300\text{ MHz} \end{cases}$$

城市哈塔模型经修正后也可用于郊区和乡村，公式分别为

$$[P_{L,\text{郊区}}(d)](\text{dB}) = [P_L(d)](\text{dB}) - 2\left[\lg\left(\frac{f_c}{28}\right)\right]^2 - 5.4$$

$$[P_{L,\text{乡村}}(d)](\text{dB}) = [P_L(d)](\text{dB}) - 4.78(\lg f_c)^2 + 18.33\lg(f_c) - 40.94$$

在 $d > 1$ km 的情况下，哈塔模型能够很好地近似奥村模型，但是同样并不适合建模当今移动通信系统中大量存在的微小区。

2.4.3　哈塔模型的 COST231 扩展

欧洲科技合作组织(European cooperation for scientific and technical research，EURO-COST)

将哈塔模型扩展到 2 GHz，称为 COST-Hata 模型，具体如下：

$$[P_L(d)](\text{dB})=46.3+33.9\lg(f_c)-13.82\lg(h_t)-a(h_r)+(44.9-6.55\lg(h_t))\lg(d)+C_M$$

式中各变量的单位以及 $a(h_r)$ 均与前一小节的哈塔模型相同。对于中等城市和郊区，C_M 取 0 dB，对于大型城市取 3 dB。这个模型也称为哈塔模型的 COST231 扩展，适用范围限定于 1.5 GHz$<f_c<$2 GHz、30 m$<h_t<$200 m、1 m$<h_r<$10 m、1 km$<d<$20 km。

2.4.4　COST 231-Walfish-Ikegami 模型

前面给出模型适用于半径为公里级的宏小区的路损预测，已经无法在今天的百米级微小区中预测路损，欧洲研究委员会 COST231 以 Walfish 和 Ikegami 提出的模型为基础，提出了组合模型 COST-WI 模型，其适用范围为 800 MHz$<f_c<$2 GHz、4 m$<h_t<$50 m、1 m$<h_r<$3 m、0.02 km$<d<$5 km，可用于微小区路损预测。如图 2-18 所示，为了适应微小区的特点，该模型进一步考虑了建筑物高度、道路宽度、建筑物间距、街道走向等因素，分为街道峡谷 LOS 模型和非视距(NLOS)模型两种。以下描述中收发距离 d 的单位为 km，载波频率 f_c 的单位为 MHz。

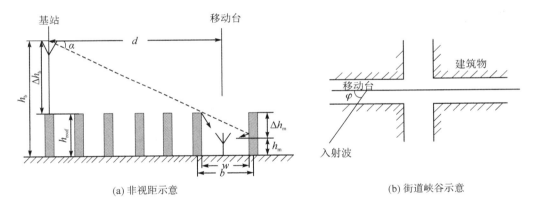

(a) 非视距示意　　　　　　　　　　　　　(b) 街道峡谷示意

图 2-18　COST-WI 模型适用场景及参数定义

如果收发天线正好位于街道两端，则存在视距传输，适用街道峡谷 LOS 模型，其路径损耗预测公式为

$$\text{PL}_{\text{WI, LOS}}(d)=42.6+26\lg(d)+20\lg(f_c), \quad d\geqslant 20 \text{ m}$$

否则，适用 NLOS 模型，其路径损耗预测公式如下：

$$\text{PL}_{\text{WI, NLOS}}(d)=\begin{cases} L_{\text{fs}}+L_{\text{rts}}+L_{\text{msd}} & \text{如果 } L_{\text{rts}}+L_{\text{msd}}>0 \\ L_{\text{fs}} & \text{如果 } L_{\text{rts}}+L_{\text{msd}}\leqslant 0 \end{cases}$$

其中 L_{fs} 为自由空间传播损耗，可由(2-5)式计算得到，L_{rts} 为屋顶至街道的绕射及散射损耗，L_{msd} 为多重屏障的绕射损耗。

（1）L_{rts} 的计算如下：

$$L_{\text{rts}}=-16.9-10\lg w+10\lg f_c+20\lg\Delta h_m+L_{\text{ori}}$$

上式中，w 为街道宽度(单位为 m)，Δh_m 为建筑物高度与移动台天线高度之差(单位为 m)，L_{ori} 为街道走向修正因子，令 φ 为街道走向与入射波的夹角，则 L_{ori} 定义如下：

$$L_{ori} = \begin{cases} -10 + 0.354\varphi & 0° \leqslant \varphi < 35° \\ 2.5 + 0.075(\varphi - 35) & 35° \leqslant \varphi < 55° \\ 4.0 - 0.114(\varphi - 55) & 55° \leqslant \varphi < 90° \end{cases}$$

（2）L_{msd} 的计算如下：

$$L_{msd} = L_{bsh} + K_a + K_d \lg d + K_f \lg f_c - 9 \lg b$$

其中 L_{bsh} 和 K_a 表示由于天线高度降低而增加的路径损耗，K_d 和 K_f 分别是距离和路径相关修正因子，b 为沿传播路径方向的建筑物距离。基站天线高度记为 h_t，建筑物高度记为 h_{roof}，令 $\Delta h_t = h_t - h_{roof}$，则各参量取值如下：

$$L_{bsh} = \begin{cases} -18\lg(1 + \Delta h_t) & \Delta h_t > 0 \\ 0 & \Delta h_t \leqslant 0 \end{cases}$$

$$K_a = \begin{cases} 54 & \Delta h_t > 0 \\ 54 - 0.8\Delta h_t & \Delta h_t \leqslant 0 \text{ 且 } d \geqslant 0.5 \text{ km} \\ 54 - 0.8\Delta h_t \times \dfrac{d}{0.5} & \Delta h_t \leqslant 0 \text{ 且 } d < 0.5 \text{ km} \end{cases}$$

$$K_d = \begin{cases} 18 & \Delta h_t > 0 \\ 18 - 15\dfrac{\Delta h_t}{h_{roof}} & \Delta h_t \leqslant 0 \end{cases}$$

$$K_f = \begin{cases} -4 + 0.7\left(\dfrac{f_c}{925} - 1\right) & \text{中等城市及郊区} \\ -4 + 1.5\left(\dfrac{f_c}{925} - 1\right) & \text{大城市中心} \end{cases}$$

一般来说，使用该模型进行路损预测时，需要详细的街道和建筑物数据，但在缺乏相关数据时，COST231 推荐使用以下默认值：b 的取值范围为 $[20 \text{ m}, 50 \text{ m}]$，$w = b/2$，$\varphi = 90°$，$h_{roof}$ 按照层高 3 m 乘以层数来计算，如果建筑物采用斜顶，则层数增加 1。

当天线高度大于屋顶高度时，该模型能够较好地匹配实测值，平均误差为 ± 3 dB，标准偏差为 4~8 dB；当天线高度近似等于或者小于屋顶高度时，预测误差较大。

2.5　室内路径损耗模型

由于有相当大一部分的数据流量发生在室内，如无线局域网 WLAN，为了满足持续增长的需求，对室内传播特性的研究也极为重要。与室外环境相比，室内传播环境的主要特点是收发天线距离短、发射功率低、大量的无线电波往往需要穿透许多墙壁和楼层才能到达接收机，并且信道时变性较低。除了频率、墙面、地板等因素，建筑格局的多样性，甚至人口密度及人体都会在一定程度上对接收信号有所影响，所有这些因素对室内场景的分类、定义以及准确描述室内传播特性带来了极大的困难。

不同的标准化组织针对室内传播环境定义了不同的场景，如表 2-3 所示。其中室内热点和室内办公室两个场景受到了重点关注，这是由于这两种场景下的未来移动通信服务需求及增长率可能是最大的。室内办公场景代表了一类空间较小的室内房间环境，房间中配置有办公桌和椅子等常用办公家具，并有少数人走动。室内热点场景则定义为在室内相对较大的空间，有大量的人在移动，例如商城、工厂、火车站和机场等。这两种场景下的传播环境存在差异，其传播特性也明显不同。

表 2 - 3　部分室内信道模型对比

模型	适用频率	场　景	考 虑 因 素
ITU-R M.2135	2～6 GHz	室内热点	收发距离、频率
3GPP TR36.814		家用基站	收发距离、频率
IEEE 802.11n	2 GHz/5 GHz	家居、小型办公室、典型办公室和室内热点	收发距离、频率
WINNER Ⅱ	2～6 GHz	办公室和室内热点	收发距离、频率、墙壁和楼层
COST231 Hata	0.9 GHz/1.8 GHz	密集环境、开放空间、大房间和走廊	收发距离、频率、墙壁和楼层

2.5.1　基础模型

几乎所有室内模型都是以某个数学模型为基础的，按照不同的实际环境对其进行修正后得到的。以下首先说明通常使用的基础模型。

1. 单斜率模型

单斜率模型即 2.3.1 小节的对数距离路径损耗模型，将该模型预测得到的路径损耗记为 PL_{SS}。此模型主要用于相对简单的传播环境，例如酒店大堂或空旷的大厅。

2. 多斜率模型

室外微小区和室内信道中常用多斜率（折线）模型来近似表示经验路径损耗分贝值与距离对数之间的关系，具体如下：

$$PL_{MS} = PL_s + 10 n_s \lg\left(\frac{d}{d_{s-1}}\right), \quad d_{s-1} \leqslant d < d_s, \ s \in \{1, 2, \cdots\}$$

其中 PL_s 和 n_s 分别表示距离 d_{s-1} 处的路径损耗和距离范围 (d_{s-1}, d_s) 内的路径损耗指数。多斜率模型由多个损耗指数不同的单斜率模型级联而成，在同时考虑模型准确性和简单性的要求下，往往简化为双斜率模型。

3. 线性距离模型

线性距离模型的数学表达式为

$$PL_{LD} = PL_{fs} + \alpha d$$

其中 α 为衰减常数，单位为 dB/m。此模型主要包括两个部分，第一部分是自由空间路损模型，第二部分则是随着收发端距离线性变化的附加损耗。

2.5.2　衰减因子模型

衰减因子模型可表示为

$$PL = PL_{base} + A_F$$

其中 PL_{base} 可以是前面三种基础模型 PL_{SS}、PL_{MS} 或 PL_{LD} 的任一种，A_F 是衰减因子，用来表示由于墙壁和楼层等不同障碍物造成的额外损耗。如果仅考虑室内单层的情况，衰减因

子 A_F 可以表示为

$$A_\mathrm{F} = \sum_{m=1}^{M} K_m A_m$$

其中 K_m 是第 m 种障碍物的数量，A_m 是此类障碍物的路损衰减因子。如果跨越楼层，则可以考虑使用多墙壁楼层模型（Multi-Wall-and-Floor，MWF），在 MWFK_m 模型中，PL_base 为单斜率模型 PL_SS，而衰减因子 A_F 包含了墙壁和跨楼层所产生的损耗。MWF 模型可表示如下：

$$A_\mathrm{F} = \sum_{p=1}^{P} \sum_{k=1}^{K_p^w} A_{pk}^w + \sum_{q=1}^{Q} \sum_{k=1}^{K_q^f} A_{qk}^f$$

其中 A_{pk}^w 为第 k 个 p 类材质墙壁引起的损耗，A_{qk}^f 为第 k 个 q 类材质楼层引起的损耗，P 为墙壁材质类型的数目，Q 为楼层材质类型的数目，K_p^w 为 p 类材质墙壁的数目，K_q^f 为 q 类材质楼层总数。尽管以上模型能够比对数距离模型更加准确地描述信道，但是需要通过实测的方式获取各损耗参数，这就给信道建模带来了很大的困难。

2.5.3　ITU-R M.2135/3GPP TR36.814 的室内信道模型

ITU-R M.2135 标准是针对 4G 系统候选空口技术进行评估的纲领性文档，为候选无线空口技术定义了一系列的测试环境和部署场景。针对室内热点场景的路径损耗模型如下：

室内热点场景	路径损耗/dB f_c 的单位为 GHz，d 的单位为 m	阴影衰落/dB	适用距离范围
LOS	$PL = 16.9\lg d + 32.8 + 20\lg f_c$	$\sigma = 3$ dB	3 m $< d <$ 100 m
NLOS	$PL = 43.3\lg d + 11.5 + 20\lg f_c$	$\sigma = 4$ dB	10 m $< d <$ 150 m

对应的仿真场景平面图如图 2-19 所示。楼层高度为 6 m，由 16 个 15 m×15 m 的房间以及 120 m×20 m 的大厅组成。两个基站分别位于大厅中部，放置于距左墙 30 m 和 90 m 处。基站天线高度为 3～6 m，移动台天线高度为 1～2.5 m。

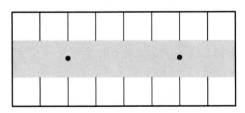

图 2-19　ITU-R M.2135/3GPP TR36.814 室内家用基站仿真场景图

2.5.4　IEEE 802.11n

IEEE 802.11n 针对六类不同的室内环境分别定义了基于双斜率模型的路损模型，分别用 A～F 六个字母标识，包括居住环境、小办公室、典型办公室和空旷空间等。针对每个室内场景分别对视距和非视距传播条件进行区分建模。表 2-4 给出了不同场景下的路损模型参数。

表 2 - 4　IEEE 802.11n 路损模型参数

场景	d_{BP} 分界距离/m	d_{BP} 前路径损耗指数	d_{BP} 后路径损耗指数	LOS 条件下 d_{BP} 前阴影衰落/dB	NLOS 条件下 d_{BP} 后阴影衰落/dB	时延扩展/ns
A	5	2	3.5	3	4	0
B	5	2	3.5	3	4	15
C	5	2	3.5	3	5	30
D	10	2	3.5	3	5	50
E	20	2	3.5	3	6	100
F	30	2	3.5	3	6	150

2.5.5　WINNER Ⅱ 模型

　　WINNER Ⅱ模型于 2007 年发布，支持的场景包括宏小区、微小区、室内到室外、室外到室内以及室内等多种传播环境，频率适用范围是 2～6 GHz，支持信号带宽高达 100 MHz。除此之外，该模型还支持多天线技术、不同天线极化、多用户、多小区以及多跳网络等场景，适用范围极其广泛。其中的室内信道模型主要包括室内办公室和室内热点两个场景。

　　针对室内办公室场景，建议仿真的场景如图 2 - 20 所示。该模型对视距和非视距场景均进行了建模，在图 2 - 20 中，基站(无线接入点 AP)位于走廊，走廊内的终端与基站之间的传播属于视距传播，而房间内的终端与基站之间属于非视距传播，远离走廊基站的房间还要额外考虑由墙壁、楼层引起的损耗。相隔同样垂直距离的楼层损耗被建模为常数，楼层损耗随着楼层的增加而线性增加。室内热点场景则定义为一个开阔的空间，空间的长宽范围从 20 m 到 100 m 不等，室内高度最大为 20 m，例如音乐厅、会议厅等。针对此场景同样考虑了视距和非视距的传播条件。

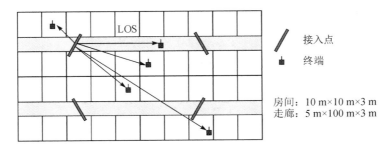

图 2 - 20　WINNER Ⅱ 室内办公室仿真场景图

　　假设距离 d 的单位为米，载波频率 f_{c} 的单位为 GHz，则路径损耗模型可以表示为

$$[\mathrm{PL}](\mathrm{dB}) = A\lg d + B + C\lg \frac{f_{\mathrm{c}}}{5} + X$$

其中系数 A、B 和 C 取决于具体的场景，X 为墙壁或者楼层引起的损耗修正因子，表 2 - 5 详细给出了 WINNER Ⅱ 模型中室内办公室和室内热点场景的模型参数，其中阴影衰落服从对数正态分布，表中同时也给出了阴影衰落的标准差。

表 2 - 5　WINNER Ⅱ 室内模型参数

参数名称	参　数　值	阴影衰落	备　注
室内办公室			
视距	$A=18.7$, $B=46.8$, $C=20$	3 dB	3 m<d<100 m 收发天线高度 1～2.5 m
非视距	$A=36.8$, $B=46.8$, $C=20$ 薄墙损耗：$X=5(n_w-1)$ 厚墙损耗：$X=12(n_w-1)$, n_w 为墙壁数量	4 dB	
楼层损耗	$17+4(n_f-1)$, n_f 为楼层数		AP 与移动台不在同一层时
室内热点			
视距	$A=13.9$, $B=64.4$, $C=20$	3 dB	5 m<d<100 m, AP 天线高度 为 6 m, 用户天线高度为 1.5 m
非视距	$A=37.8$, $B=36.5$, $C=23$	4 dB	

2.5.6　COST 231 Hata

COST 231 Hata 的室内信道包含单斜率模型、线性距离模型和多重墙损模型（Multi-Wall Model，MWM）三种路损模型形式。其中 MWM 与 2.5.2 小节的 MWF 模型十分类似，区别在于两者的墙损和楼层损耗的定义方式不同。MWM 模型定义如下：

$$L=L_{fs}+L_c+\sum_{i=1}^{I}k_{wi}L_{wi}+n^{\left(\frac{n+2}{n+1}-b\right)}L_f \qquad (2-27)$$

其中 L_{fs} 为自由空间的损耗；L_c 为固定损耗，该值是在测量值拟合时计算得到的，通常接近 0；k_{wi} 是第 i 类材质墙壁的数量，L_{wi} 是第 i 类材质的墙壁产生的损耗，I 是墙壁材质类型的总数，在 MWM 模型中考虑了轻质墙壁（如石膏）和承重墙两类墙壁；n 为穿透的楼层数目，L_f 为相邻层的穿透损耗，b 为经验参数。COST231 给出了 1800 MHz 条件下的模型参数为 $b=0.46$、$L_f=18.3$ dB/层、轻质墙壁（如石膏）产生的穿透损耗 $L_{w1}=3.4$ dB，承重墙的损耗 $L_{w2}=6.9$ dB。从（2-27）式可以看出，楼层所引起的附加损耗并不是楼层数目的线性函数，此外，室内大尺度阴影衰落服从标准差为 2.7～5.3 dB 的对数正态分布。

本 章 小 结

本章重点讨论不同频率的无线电波在无线信道中传播后，接收功率在较大距离尺度上的变化情况，尽管由于阴影衰落的存在，接收功率呈现随机性，但是如图 2-16 所示，这种随机性整体变化较慢，接收功率的大致范围可以预测得到。研究大尺度传播损耗可以帮助我们确定应该使用多大的发射功率才能保证正常通信。考察阴影衰落等各种随机传播损耗，可以帮助我们确定发射功率大约需要多少余量才能保证各种场景中大概率正常通信。大尺度传播损耗的定量研究主要用来完成功率预算以及站址规划等。

关于极化的动图可以参考右边链接。

第 3 章 小尺度衰落和多径效应

小尺度衰落是指在短时间或者短距离范围内接收的无线电信号幅度或者相位快速随机变化的现象，这种衰落是由于发射信号经历多条传播路径，以微小的时延差到达接收机相互干涉引起的，对无线通信的性能影响巨大，其衰落的速度和深度通常远远大于阴影衰落，从而导致信号产生严重的失真。上一章讲到，深入理解大尺度路径损耗有助于信号覆盖设计和功率预算，工程上主要通过功率储备来弥补大尺度路径损耗；而小尺度衰落则表现为接收信号功率剧烈起伏，陆地移动通信环境下，衰落速率可以达到每秒 40 次左右，衰落深度可高达 30 dB 以上，通过功率储备或者功率控制来解决小尺度衰落需要付出巨大的代价，得不偿失。小尺度衰落是无线通信技术要解决的核心问题，本书后续章节专门讨论能够对抗小尺度衰落的各种技术。本章首先说明小尺度衰落产生的机理、特性及其对信号的影响。

3.1 小尺度衰落的表现及成因

回顾 2.2.2 小节的地面反射双线模型，图 3-1 给出了发射天线高度为 50 m，接收天线高度为 2 m，载波频率分别为 900 MHz 和 2 GHz 条件下，接收功率随收发天线距离的变化曲线，其中接收功率单位为 dB，以 2 GHz、1 m 处的接收功率为基准。可以看出当收发天线距离处于 10～1000 m 时，接收功率随收发距离不同呈现剧烈的起伏，其根本原因在于直射径与反射径行程差导致的相位差在 $\pm\pi$ 之间不断变化，从而两列电磁波在接收端发生相长或者相消干涉，导致叠加后的信号幅度剧烈涨落。

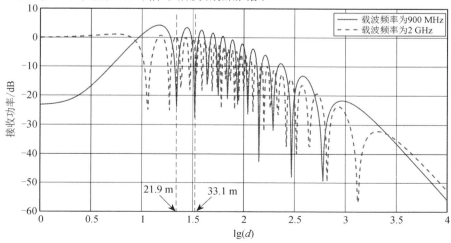

图 3-1 地面双线模型

以 900 MHz 为例，如果接收机处于 21.9 m 至 33.1 m 距离范围内的不同位置，接收功率变化剧烈，最大接收功率与最小接收功率相差约 30 dB（即 1000 倍），接收功率随位置发生涨落的现象称为位置选择性，该现象发生在 12 m 的距离变化，即 40 个波长的级别上。如果接收机是运动的，即使是行人以 3.6 km/h 的速度移动，也意味着在大约 10 s 的时间内接收功率经历 1000 倍的剧烈涨落，如果是 300 km/h 行驶的高铁，则每秒将发生数十次功率的剧烈涨落，接收功率随时间发生涨落的现象称为时间选择性。位置选择性和时间选择性对于移动通信来讲是相互关联的。此外，由图 3-1 还可以发现，由于相位差与载波频率相关，因此同样的接收天线位置，载波频率不同，接收功率也是不同的，图中 21.9 m 处两种载波频率的接收功率相差 20 dB 以上，接收功率随频率发生涨落的现象称为频率选择性。

尽管图 3-1 中，接收功率在距离大于 1000 m 时以 d^{-4} 呈单调衰减，但对于今天的陆地移动通信来说，小区范围往往在数百米的量级上，更何况真实场景的传播路径远不止两条，且随着移动终端位置的变换，多径的组成也会发生变化，因此陆地无线信道或者移动信道中总是存在上述现象。这种短距或者短时发生的信号随机涨落现象称为小尺度衰落，成因主要有二，一是多径传播，多径导致频率选择性；二是运动，运动导致时间选择性。两方面的因素对信号的共同影响导致小尺度衰落，以下结合图 3-2 简要说明小尺度衰落的各种表现。

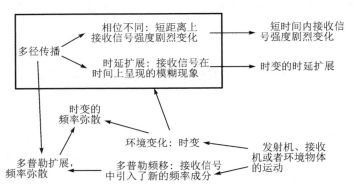

图 3-2　多径衰落的各种表现

收发信机之间往往存在多条传播路径，可能分别经历反射、散射或者绕射等多种传播机制到达接收机。首先，每条传播路径具有不同的传播时延，因此各传播路径到达接收机的早晚不同，如果发射机发射一个持续时间极短的窄脉冲，根据脉冲宽度和每径传播时延不同，则接收机可能收到先后到达的若干独立窄脉冲，也可能收到时域展宽的单个脉冲，这种因为传播时延导致的接收信号时域弥散现象称为时延扩展，如图 3-3 所示。其次，不同路径对信号幅度、相位的

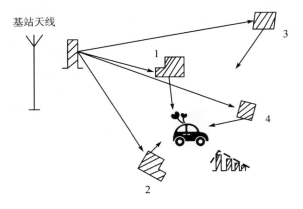

图 3-3　时延扩展

影响也不同，因此先后到达接收机的无线电波分别具有不同的随机幅度、随机相位，这些

无线电波相互干涉叠加，对于传输信号中不同的频率分量来说，分别经历了不同的相移，从而对应的干涉结果都是不同的，有的频率分量上是信号幅度增强的效果，有的是削弱的效果，或者说传输信号中不同的频率分量上信道增益是随机变化的，这个现象称为频率选择性衰落。

如果进一步考虑收发信机之间的相对运动或者环境物体的运动，则来自不同传播路径的接收信号因为入射角度不同，将产生不同的多普勒频移，从而接收到的叠加信号表现出频率域的弥散现象，这种现象称为多普勒扩展。最后，运动将导致传播环境不断变化，从而多径的衰落特性、时延扩展、多普勒扩展都将随时间改变而不断变化，具体来说，接收机位置的微小变化就会引起随机相位的剧烈变化，从而导致合成信号强度随接收机位置变化而产生强烈的随机波动，这种由运动导致的短距离上的信号衰落就是位置选择性衰落或者时间选择性衰落。

总体来看，无线信道或移动无线信道具有时变的衰落特性，是一个线性时变系统。

3.2　无线信道的冲激响应模型

移动无线信道的冲激响应包含了关于信道无线传播最全面、最准确的信息。按照 3.1 节的介绍，无线信道可建模为一个具有时变冲激响应特性的线性滤波器。假设发射信号为：

$$s(t) = \text{Re}\{u(t)e^{j2\pi f_c t}\} = \text{Re}\{u(t)\}\cos(2\pi f_c t) - \text{Im}\{u(t)\}\sin(2\pi f_c t) \quad (3-1)$$

其中 $u(t)$ 是 $s(t)$ 的等效基带信号，接收信号 $r(t)$ 是经多条传播路径到达接收机的叠加信号，假定 t 时刻的路径数目为 $N(t)$，则接收信号为

$$r(t) = \text{Re}\Big\{\sum_{i=0}^{N(t)-1}\alpha_i(t)u(t-\tau_i(t))e^{j[2\pi f_c(t-\tau_i(t))+\varphi_{D_i}(t)]}\Big\}$$
$$= \text{Re}\Big\{\sum_{i=0}^{N(t)-1}\alpha_i(t)u(t-\tau_i(t))e^{j[2\pi f_c t+\varphi_{D_i}(t)-\varphi_i(t)]}\Big\} \quad (3-2)$$

其中 $\alpha_i(t)$ 是 t 时刻第 i 条传播路径的幅度增益，该值主要体现了大尺度上的传播损耗，由于传播机制不同，传播路径可以是直射、散射或者绕射路径，相应的路径损耗计算方法也不同，可根据第 2 章的知识来计算；$\tau_i(t)$ 是 t 时刻第 i 条传播路径的传播时延，$\alpha_i(t)$ 和 $\tau_i(t)$ 均与传播距离有关，相对于载波频率来说是缓慢变化的；$\varphi_{D_i}(t) = \int_0^t 2\pi f_{D_i}(\tau)d\tau$ 是 t 时刻第 i 径上多普勒频移导致的累积相移，这里 $f_{D_i}(t)$ 为 t 时刻第 i 径上的多普勒频移，该值与运动速度和来波方向有关，相对于载波频率来说缓慢变化；$\varphi_i(t) = 2\pi f_c\tau_i(t)$ 为 t 时刻第 i 径的附加相移，由于 f_c 通常都是很大的值，因此即使 $\tau_i(t)$ 只是发生很小的变化，附加相移也会表现出剧烈的随机变化，例如距离增大 3 m，则时延仅仅增加 10 ns，如果载波频率为 2.5 GHz，则相位变化将高达 50 π。剧烈变化的附加相移 $\varphi_i(t)$ 导致各径接收信号之间的相位差剧烈变化，进而剧烈地影响多径信号的相互干涉，是小尺度衰落产生的根源。

根据等效基带原理，可以很容易地去掉载波项，于是可写出接收的等效基带信号为

$$r_b(t) = \sum_{i=0}^{N(t)-1}\alpha_i(t)e^{-j\phi_i(t)}u(t-\tau_i(t)) \quad (3-3)$$

每条传播路径可由 $\alpha_i(t)$、$\phi_i(t)$、$\tau_i(t)$ 三个参量来描述，其中 $\phi_i(t) = \varphi_i(t) - \varphi_{D_i}(t)$，

$\alpha_i(t)\mathrm{e}^{-\mathrm{j}\phi_i(t)}$ 同时描述了第 i 径造成的信号幅度增益和相移,可理解为第 i 径的复增益。结合输入输出,移动无线信道的基带时变冲激响应函数为

$$h_\mathrm{b}(t,\tau) = \sum_{i=0}^{N(t)-1} \alpha_i(t)\mathrm{e}^{-\mathrm{j}\phi_i(t)}\delta(\tau-\tau_i(t)) \qquad (3-4)$$

注意这里的 $h_\mathrm{b}(t,\tau)$ 与时不变系统的冲激响应函数形式不同,有两个时间参数,其中 t 表示接收端观察到脉冲响应的时刻,$t-\tau$ 则是向信道发射冲激脉冲的时刻。$h_\mathrm{b}(t,\tau)$ 表达了 $t-\tau$ 时刻发送的冲激脉冲在 t 时刻的响应。下面首先验证 $u(t)$ 经过时变信道 $h_\mathrm{b}(t,\tau)$ 能够得到 $r_\mathrm{b}(t)$。

$$
\begin{aligned}
u(t) * h_\mathrm{b}(t,\tau) &= \int_{-\infty}^{+\infty} u(t-\tau) h_\mathrm{b}(t,\tau)\mathrm{d}\tau \\
&= \int_{-\infty}^{+\infty} u(t-\tau) \sum_{i=0}^{N(t)-1} \alpha_i(t)\mathrm{e}^{-\mathrm{j}\phi_i(t)}\delta(\tau-\tau_i(t))\mathrm{d}\tau \\
&= \sum_{i=0}^{N(t)-1} \alpha_i(t)\mathrm{e}^{-\mathrm{j}\phi_i(t)} \int_{-\infty}^{+\infty} u(t-\tau)\delta(\tau-\tau_i(t))\mathrm{d}\tau \\
&= \sum_{i=0}^{N(t)-1} \alpha_i(t)\mathrm{e}^{-\mathrm{j}\phi_i(t)} u(t-\tau_i(t)) \\
&= r_\mathrm{b}(t)
\end{aligned}
$$

时变信道冲激响应的形式比较难以理解,难点在于时不变系统的冲激响应是发射视角,也就是说发射一个冲激脉冲能够收到什么;而时变系统的冲激响应则是接收视角,即 t 时刻收到的信号由哪些输入构成,读者需要细细揣摩,以下进一步说明。假定 v 时刻存在 $N(v)$ 条时延为 $\tau_i(v)$,$i \in \{0,1,\cdots,N(v)-1\}$ 的传播路径,假设 $\tau_i(v)$ 互不相等,那么 $v-\tau_j(v)$ 时刻发送的冲激脉冲 $\delta(t-v+\tau_j(v))$ 经过第 j 径传播将于 v 时刻到达接收机,且对应的接收信号为 $\alpha_j(v)\mathrm{e}^{-\mathrm{j}\phi_j(v)}\delta(t-v)$,除第 j 径之外,$\delta(t-v+\tau_j(v))$ 经过其他路径传播,将不会在 v 时刻到达接收机,因而对应的接收信号为 0。不难验证(3-4)式给出的冲激响应能够支持以上说法。进一步来看图 3-4 所示的例子,假设时刻 t_1 的无线信道包含 $N(t_1)=3$ 条传播路径,其幅度、相位和时延分别是 α_i、ϕ_i、τ_i(其中 $i=0,1,2$),则 t_1 时刻能同时收到 $t_1-\tau_i(i=0,1,2)$ 时刻分别发送的冲激脉冲,而收不到其他任何时刻发送的冲激。因此 t_1 时刻的冲激响应为

$$h_\mathrm{b}(t_1,\tau) = \sum_{i=0}^{2} \alpha_i \exp(-\mathrm{j}\phi_i)\delta(\tau-\tau_i)$$

在时刻 t_2,无线信道包含 2 个路径,其幅度、相位和时延分别是 α_i'、ϕ_i'、$\tau_i'(i=0,1)$,则 t_2 时刻能同时收到 $t_2-\tau'_i(i=0,1)$ 时刻分别发送的冲激脉冲,而收不到其他任何时刻发送的冲激脉冲(因为没有相应时延的路径)。t_2 时刻的冲激响应为

$$h_\mathrm{b}(t_2,\tau) = \sum_{i=0}^{1} \alpha_i' \exp(-\mathrm{j}\phi_i')\delta(\tau-\tau_i')$$

因此 $h_\mathrm{b}(t,\tau)$ 中的 t 体现了信道时变(运动),而 τ 则体现了 t 时刻的不同多径时延(多径传播)。对于时不变信道,有 $h_\mathrm{b}(t,\tau)=h_\mathrm{b}(t+T,\tau)$,就是说 $t-\tau$ 时刻发送的冲激在 t 时刻的响应等于 $t+T-\tau$ 时刻发送的冲激在 $t+T$ 时刻的响应。令 $t=-T$,则 $h_\mathrm{b}(t,\tau)=h_\mathrm{b}(0,\tau)=h_\mathrm{b}(\tau)$,这个 $h_\mathrm{b}(\tau)$ 就是时不变信道的标准冲激响应,即 0 时刻发送的冲激在 τ 时刻的响应。因此时不变系统的 $h_\mathrm{b}(\tau)$ 形式可以看作是 $h_\mathrm{b}(t,\tau)$ 形式的特例。

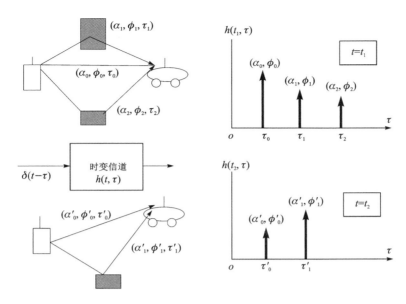

图 3 - 4　对 $h_b(t, \tau)$ 的理解

假定无线传播环境完全静止，收发信机完全静止，环境物体完全静止，则无线信道也将变为时不变系统。此时多径数目为常数，描述每径的参量 $\alpha_i(t)$、$\phi_i(t)$、$\tau_i(t)$ 不随时间改变，相应地，信道冲激响应可以写成如下形式：

$$h_b(\tau) = \sum_{i=0}^{N-1} \alpha_i \mathrm{e}^{-\mathrm{j}\phi_i} \delta(\tau - \tau_i) \tag{3-5}$$

实际上，只要相对于信号来说信道变化缓慢，则在较短的一段时间内，可以使用(3-5)式来描述信道从而简化分析。

当多条传输路径的时延基本相同或者传输中经历了一簇时延基本相同的反射体，由于信号基本同时到达接收机，接收端无法分辨这些路径，假设共有 $M(t)$ 条传播路径的时延 $\tau_i(t) \approx \tau(t)$，则此部分多径对应的接收基带信号为

$$r_b(t) = \sum_{i=0}^{M(t)-1} \alpha_i(t) \mathrm{e}^{-\mathrm{j}\phi_i(t)} u(t - \tau_i(t)) \approx \left[\sum_{i=0}^{M(t)-1} \alpha_i(t) \mathrm{e}^{-\mathrm{j}\phi_i(t)} \right] u(t - \tau(t)) \tag{3-6}$$

由(3-6)式可以看出，由于时延基本相同，这些不可分辨的多径信号分量可以合并为1个时延为 $\tau(t)$ 的单径分量，对应的复增益为(3-6)式中方括号中的部分，即 $M(t)$ 条传播路径的复增益之和。从这个意义上讲，$N(t)$ 可以理解为 t 时刻可分辨多径的数目，每径可能是由单个反射体形成的，也可能是一簇时延基本相同的反/散射体共同形成的，如图 3-5 所示。对于前者来说，幅度增益 $\alpha_i(t)$ 随时间缓慢变化；而对于后者来说，由于对应的复增益是多条不可分辨多径的复增益之和，又因为每径传播时延微小的差异导致附加相移极大的不同，从而总的等效幅度增益随时间快速涨落。

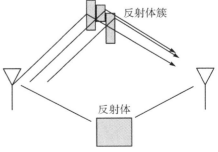

图 3 - 5　单反射体与反射体簇

需要说明的是，路径的可分辨性是一个相对的概念，假定两条传播路径的时延分别为 τ_1 和 τ_2，如果发射信号为冲激脉冲（带宽无限大），则只要 $\tau_1 \neq \tau_2$，接收端就可以分辨；如果发射信号为持续时间 $T \gg |\tau_1 - \tau_2|$ 的矩形脉冲，则可以认为两径不可分辨；特别是如果 $u(t) = 1$，即发射信号为连续的单频载波（带宽为 0），则所有传播路径均不可分辨。从频域上看，发射信号带宽越大，传播路径的可分辨性就越高，反之，传播路径的可分辨性就越低。

最后说明如何获得无线信道的冲激响应。理论上讲，通过穷举 t 时刻所有的传播路径，计算每条传播路径的幅度增益、附加相移和传播时延，就可以获得 $h_b(t, \tau)$，然而这种方式没有可行性，穷举已经很难，更不要说信道还是时变的。因此可以通过信道测量的方式获取 $h_b(t, \tau)$，即向信道发射已知信号，接收机通过对比接收信号与发射信号计算得到 $h_b(t, \tau)$。为了能够获得无线信道完整的多径结构，接收机必须分辨尽可能多的传播路径，根据前面的讨论，发射机必须发射窄脉冲（宽带）信号来测量信道。极端情况下，如果发射冲激脉冲 $\delta(t)$，只要传播时延互不相同，则接收机能够分辨每条传播路径，从而能够测得每条可分辨多径的复增益和时延。但是为了抑制噪声的影响，上述做法需要很大的瞬时发射功率，实现难度较高。因此实际的做法往往是发射高速伪随机序列（等效于连续发送窄脉冲）这样的宽带信号，在接收端可以通过扩频滑动相关原理（参见 7.3.5 小节关于 Rake 接收机的描述）在时域上计算得到 $h_b(t, \tau)$；也可以利用时域卷积对应频域相乘的原理，得到信道的频率响应，然后再通过傅里叶反变换得到 $h_b(t, \tau)$。最后，由于信道是时变的，发射机必须周期性发射测量信号才能获得不同时刻的时变冲激响应。

3.3　信道的描述参数

信道冲激响应可以精确地刻画信道特性，然而分析起来比较复杂，实用中需要更为简化的信道描述参数。如前所述，接收信号是来自多条可分辨路径的信号之和，不同时间的多径数目、每条传播路径的参数，如幅度增益、附加相移等都是不同的，可以看作随机变量，从而接收信号可以看作随机信号。随机信号可以使用上述各随机变量的联合概率密度函数来描述，但是在实际中还是太过复杂，实用中往往使用自相关函数来描述随机信号的特性。

将发射的等效基带信号记为 $x(t)$，接收等效基带信号记为 $y(t)$，则接收信号的自相关函数为

$$R_{yy}(t_1, t_2) = \mathbb{E}\{y(t_1)y^*(t_2)\}$$

无线信道的等效基带冲激响应记为 $h(t, \tau)$，可得：

$$R_{yy}(t_1, t_2) = \mathbb{E}\left\{\int_{-\infty}^{+\infty} x(t_1 - \tau)h(t_1, \tau)\,\mathrm{d}\tau \int_{-\infty}^{+\infty} x^*(t_2 - \tau')h^*(t_2, \tau')\,\mathrm{d}\tau'\right\}$$

$$= \mathbb{E}\left\{\int_{-\infty}^{+\infty}\int_{-\infty}^{+\infty} x(t_1 - \tau)x^*(t_2 - \tau')h(t_1, \tau)h^*(t_2, \tau')\,\mathrm{d}\tau\,\mathrm{d}\tau'\right\}$$

$$= \int_{-\infty}^{+\infty}\int_{-\infty}^{+\infty} \mathbb{E}\{x(t_1 - \tau)x^*(t_2 - \tau')h(t_1, \tau)h^*(t_2, \tau')\}\,\mathrm{d}\tau\,\mathrm{d}\tau'$$

$$= \int_{-\infty}^{+\infty}\int_{-\infty}^{+\infty} \mathbb{E}\{x(t_1 - \tau)x(t_2 - \tau')\}\,\mathbb{E}\{h(t_1, \tau)h^*(t_2, \tau')\}\,\mathrm{d}\tau\,\mathrm{d}\tau'$$

$$= \int_{-\infty}^{+\infty}\int_{-\infty}^{+\infty} R_{xx}(t_1 - \tau, t_2 - \tau')R_h(t_1, t_2, \tau, \tau')\,\mathrm{d}\tau\,\mathrm{d}\tau'$$

上式倒数第二个等号是因为发送信号通常与信道相互独立,因此乘积的期望等于期望的乘积。该式表明在发射信号统计特性已知的前提下,接收信号的自相关函数取决于无线信道的自相关函数 $R_h(t_1, t_2, \tau, \tau') = \mathbb{E}\{h(t_1, \tau)h^*(t_2, \tau')\}$,该函数具有 4 个参数,形式还是比较复杂,可以结合信道的物理特性进一步简化。

通常假设无线信道服从广义平稳不相关散射(Wide-Sense Stationary Uncorrelated Scattering,WSSUS)模型,其中广义平稳是指自相关函数仅仅与时间差有关,而与具体的时间无关,即

$$R_h(t_1, t_2, \tau, \tau') = R_h(t_2 - t_1, \tau, \tau')$$
$$= R_h(\Delta t, \tau, \tau')$$

不相关散射则是指不同时延的两条路径来自不同的散射体,对信道响应的贡献相互独立,即 $R_h(t_1, t_2, \tau, \tau') = R_h(t_1, t_2, \tau)\delta(\tau - \tau')$,也就是说如果 $\tau \neq \tau'$,则信道自相关函数为 0。同时满足广义平稳和不相关散射条件的信道称为 WSSUS 信道,其满足关系 $R_h(t_1, t_2, \tau, \tau') = R_h(\Delta t, \tau)\delta(\tau - \tau')$,也就是说只需要分析 $R_h(\Delta t, \tau)$ 即可,从而大大简化了信道散射的分析过程。

3.3.1　时间色散参数

假设信道满足 WSSUS 条件,定义

$$P(\tau) = R_h(0, \tau) = \mathbb{E}_t\{h(t, \tau)h^*(t, \tau)\}$$
$$= \mathbb{E}_t\{|h(t, \tau)|^2\}$$

为无线信道的功率时延谱(Power Delay Profile,PDP),表示发送冲激脉冲 $\delta(t)$ 条件下给定时延 τ 处的平均多径接收功率,其中下标 t 表示针对所有时间取平均。当满足各态历经假设(统计平均等于时间平均)时,也可以定义如下:

$$P(\tau) = \lim_{T \to \infty} \frac{1}{2T} \int_{-T}^{T} |h(t, \tau)|^2 \mathrm{d}t$$

通过在局部小范围(约数十个波长)连续测量获得大量瞬时信道冲激响应,进而将这些瞬时功率延迟分布取短时或空间平均,即可得到 PDP。图 3-6 给出了一个可能的 PDP,其中各时延处的接收功率都使用最大接收功率进行了归一化,且采用相对时延,即设定第一路径信号到达的时间为 0。

利用 PDP,可以分别计算以下描述信道时间色散的定量参数:

(1)总的平均接收功率,即功率在时间上的积分:

$$P = \int_0^{+\infty} P(\tau)\mathrm{d}\tau \tag{3-7}$$

(2)平均附加时延,即 PDP 的归一化一阶矩:

$$\bar{\tau} = \frac{\int_0^{+\infty} \tau P(\tau)\mathrm{d}\tau}{\int_0^{+\infty} P(\tau)\mathrm{d}\tau} \tag{3-8}$$

由(3-8)式可以看出,在计算平均附加时延时,采用不同时延处的平均接收功率作为加权值,这样更能反映出不同功率延迟分布中信道对信号产生的影响。

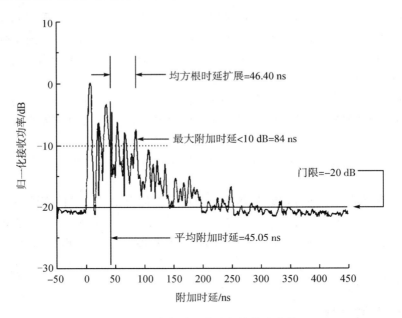

图 3-6　功率时延谱及相关描述参数

（3）均方根（Root Mean Square，RMS）时延扩展 $\sigma_\tau = \sqrt{\overline{\tau^2} - \overline{\tau}^2}$，其中 $\overline{\tau^2}$ 为 PDP 的归一化二阶矩：

$$\overline{\tau^2} = \frac{\displaystyle\int_0^{+\infty} \tau^2 P(\tau)\,\mathrm{d}\tau}{\displaystyle\int_0^{+\infty} P(\tau)\,\mathrm{d}\tau} \tag{3-9}$$

在计算均方根时延扩展时，仍然采用功率作为加权值，原因与平均附加延时相同。

（4）X dB 最大附加时延 τ_X，定义为多径能量衰落到低于最大能量 X dB 处的时延，也就是说 τ_X 之后收到的每条多径功率均小于最大功率减 X dB。图 3-6 中标出了 10 dB 最大附加时延为 84 ns。

上述描述参数从时延域描述了信号经多径传播后的时域弥散程度，因此该类参数称为时间色散参数，图 3-6 中标出了平均附加时延、均方根时延扩展和 10 dB 最大附加时延的具体值。从以上公式可以看出各径时延都使用了对应接收功率并进行了加权，因此功率越强的接收路径，对平均时延扩展和均方根时延扩展的贡献就越大。由于 $P(\tau)$ 总是大于 0，因此可将 $P(\tau)/P$ 看作 τ 服从的概率密度函数，则 $\overline{\tau}$ 和 σ_τ 都可以看作随机变量 τ 在此概率分布下的均值和标准差。

例 3-1　单边指数分布是一种常见的功率时延谱模型：

$$P(\tau) = \frac{1}{\mu}\mathrm{e}^{-\tau/\mu},\ \tau \geqslant 0$$

试推导平均时延扩展与均方根时延扩展的表达式。

解：由（3-7）式很容易推得总平均接收功率为 $P = \displaystyle\int_0^{+\infty} P(\tau)\,\mathrm{d}\tau = 1$。故平均附加时延为

$$\overline{\tau} = \int_0^{+\infty} \tau P(\tau)\,\mathrm{d}\tau = \frac{1}{\mu}\int_0^{+\infty} \tau\,\mathrm{e}^{-\tau/\mu}\,\mathrm{d}\tau = \mu$$

由 (3-9) 式计算 $\overline{\tau^2}$：

$$\overline{\tau^2} = \int_0^{+\infty} \tau^2 P(\tau) \mathrm{d}\tau = \frac{1}{\mu} \int_0^{+\infty} \tau^2 e^{-\tau/\mu} \mathrm{d}\tau = 2\mu^2$$

因此均方根时延扩展 $\sigma_\tau = \sqrt{\overline{\tau^2} - \overline{\tau}^2} = \sqrt{2\mu^2 - \mu^2} = \mu$。

如果在信道测量中使用了宽带信号，则接收机有可能分辨出每条多径，此时 PDP 具有离散形式，即 $P(\tau)$ 仅在 N 个离散时延处的平均接收功率大于 0，在其他时延处均为 0。假设平均接收功率大于 0 对应的时延分别记为 τ_k，$k = \{0, 1, \cdots, N-1\}$，则 (3-7) 式～(3-9) 式应相应修改如下，例 3-3 说明了具体的计算过程。

$$P = \sum_{k=0}^{N-1} P(\tau_k) \tag{3-10}$$

$$\overline{\tau} = \frac{\sum_{k=0}^{N-1} \tau_k P(\tau_k)}{\sum_{k=0}^{N-1} P(\tau_k)} \tag{3-11}$$

$$\overline{\tau^2} = \frac{\sum_{k=0}^{N-1} \tau_k^2 P(\tau_k)}{\sum_{k=0}^{N-1} P(\tau_k)} \tag{3-12}$$

平均附加时延 $\overline{\tau}$ 体现了信道对信号的总体时延，而 RMS 时延扩展 σ_τ 则体现了以 $\overline{\tau}$ 为中心，多径时延的弥散程度。显然环境越复杂，散射体越多，分布越广泛，σ_τ 就越大，其典型值对于室外信道为微秒级，而对于室内信道则为纳秒级。表 3-1 列出了不同环境下的时延扩展典型值。

表 3-1 不同环境下的时延扩展典型值

环境	平均附加时延/μs	对应距离/m	RMS 时延扩展/μs	30 dB 最大附加时延/μs
市区	1.5～2.5	450～750	1.0～3.0	5.0～12
郊区	0.1～2.0	30～600	0.2～2.0	3.0～7.0

在利用 PDP 计算以上参数时，应该规定一个门限值，以便区分噪声与有效的多径分量。实际上上面所有参数的计算都与噪声门限有关。门限设置太低，会把噪声作为多径分量处理，导致时间色散相关参数过大。门限设置太高，则会丢失某些多径分量，导致时间色散相关参数过小。例如图 3-6 中将门限设置为 -20 dB。

3.3.2 相干带宽

对功率延迟分布做傅里叶变换，将得到移动无线信道的平均功率谱密度，从中可以发现无线信道存在频率选择性，主要表现为不同频率的衰落程度不同，该现象由多径传播特性引起。以下通过一个简单的例子建立定性概念。

　　如图 3-7(a)所示，假设某时不变信道的冲激响应为 $h(t)=\delta(t)+r\delta(t-\Delta)$，$r\in\mathbb{R}$，该信道的频域传递函数为 $H(f)=1+re^{j2\pi f\Delta}$，幅频响应为

$$A(f)=|1+re^{j2\pi f\Delta}|=\sqrt{1+2r\cos(2\pi f\Delta)+r^2} \qquad (3-13)$$

对 $A(f)$ 取平方即可得到该信道对不同频率信号的功率增益。$A(f)$ 的曲线如图 3-7(b)所示，从中可以看出随着 f 取值不同，幅度增益在 $|1-r|$ 到 $|1+r|$ 之间变化，当 $f=(2n+1)/(2\Delta)$ 时，幅度增益最小，当 $f=n/\Delta$ 时，幅度增益最大，这两种情况下的最小频差为 $1/(2\Delta)$。当第二径功率极小或者极大，即 r^2 趋近于 0 或者 $r^2\gg1$ 时，最大与最小幅度增益相差不大，幅频响应基本为平的，此时信道基本可以看作单径信道。除了以上两种极端情况，如果两径的功率可比，则不同频率信号对应的接收功率波动较大，给定输入信号，如果 $1/(2\Delta)$ 远大于输入信号带宽，则输入信号中每个频率分量的幅度增益都近似相等；反之，如果 $1/(2\Delta)$ 小于信号带宽，则输入信号中每个频率分量的幅度增益差异较大。具体是哪种情况，取决于第二径时延 Δ 的大小，Δ 越大，功率增益近似相等的频率区间就越窄，两者呈反比关系。对于更为复杂的多径信道，同样存在以上类似现象与关系，分析表明多径信道的均方根时延扩展越大，功率增益近似相等的频率区间就越窄。

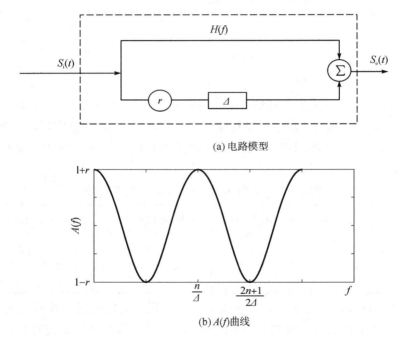

(a) 电路模型

(b) $A(f)$ 曲线

图 3-7　两径模型

　　相干带宽(Coherence Bandwidth)是指一个特定的频率区间，在该范围内信道是平坦的，所有谱分量以几乎相同的增益和线性相位通过信道；相干带宽内任意两个频率分量具有很强的幅度相关性，超出该范围的两个频率分量受信道的影响互相无关，可能相差很大，也可能相差不大。如果要求信道相关度大于 0.9 才认为是相关的话，则相干带宽可近似为

$$B_c\approx\frac{1}{50\sigma_\tau} \qquad (3-14)$$

如果对信道相关度要求放宽至大于 0.5 就认为是相关的，则相干带宽可近似为

$$B_c \approx \frac{1}{5\sigma_\tau} \tag{3-15}$$

在很多通信系统设计时，往往认为(3-14)式定义的相干带宽过于严格，而(3-15)式的定义又过于宽松，工程应用时经常采用以下近似关系：

$$B_c \approx \frac{1}{2\pi\sigma_\tau} \tag{3-16}$$

上面的式子仅仅是估计值，但大体上 B_c 与 σ_τ 之间呈反比关系。时间延迟程度越明显，该信道的相干带宽就越窄。反之相干带宽越宽。

回到图 3-7 所示的两径信道模型，该信道的功率时延谱为 $\delta(t) + r^2\delta(t-\Delta)$，相应的均方根时延扩展为

$$\bar{\tau} = \frac{0\cdot 1 + \Delta\cdot r^2}{1+r^2} = \frac{\Delta\cdot r^2}{1+r^2}, \quad \bar{\tau^2} = \frac{0^2\cdot 1 + \Delta^2\cdot r^2}{1+r^2} = \frac{\Delta^2\cdot r^2}{1+r^2}, \quad \sigma_\tau = \frac{\Delta\cdot |r|}{1+r^2}$$

可以看出给定 r^2，σ_τ 随 Δ 增大；如果 $r^2 \to 0$ 或者 $r^2 \gg 1$，则 $\sigma_\tau \to 0$，基本不存在时间色散，该结果与前面的分析吻合。从而相干带宽为

$$B_c \approx \frac{1}{5\sigma_\tau} = \frac{1+r^2}{5\Delta|r|}$$

可以看出，随着 Δ 的增加，相干带宽降低，意味着幅度增益能够保持平坦的频率范围越来越窄，此外相干带宽还与 r 有关，特别地，当 $r=0$ 时，信道只包含一条传播路径，相干带宽无穷大，随着 $|r|$ 的增加，相干带宽迅速减小，当 $r=\pm 1$ 时，相干带宽为 $0.4/\Delta$，此后随着 $|r|$ 的进一步增加，相干带宽缓慢增加，这是因为第二径功率越来越强，导致均方根时延扩展越来越小的缘故。

3.3.3　多普勒扩展与相干时间

时延扩展和相干带宽是用于描述多径信道时间色散特性的两个参数。多普勒扩展是用于描述信道频域色散的参数，而相干时间则用来描述信道时变特性。

由于收发信机之间的相对运动或者反射/散射物体的运动，不同的传播路径上到达接收机的信号因为入射角度不同，产生不同的多普勒频移，从而接收到的叠加信号表现出频谱展宽的现象。多普勒扩展 B_D 可以用来度量谱展宽的程度，它是一段频率范围，在此范围内接收的多普勒谱有非 0 值，3.5.2 小节详细讨论多普勒谱。这里使用一个简单的例子说明多普勒扩展。假定发送频率为 f_c 的载波信号，如果接收的多径信号来自四面八方，接收信号的频谱在 $f_c - f_m$ 至 $f_c + f_m$ 范围内都可能存在分量，则多普勒扩展为 f_m，其中 $f_m = vf_c/c$ 是最大多普勒频移，与相对运动的速度有关。运动速度越高，多普勒扩展就越大，同时信道环境的变化就越快，因此多普勒扩展是移动无线信道时间变化率的一种量度。如果基带信号带宽远大于 B_D，则在接收机端可忽略多普勒扩展的影响。

当时间足够短时，我们有理由相信无线信道基本保持不变，每条多径分量的路径损耗 $\alpha_i(t)$、传播时延 $\tau_i(t)$ 与多普勒频移 $f_{D_i}(t)$ 都基本不变，可看作常数，从而无线信道可在较短时间内使用线性时不变系统来描述。那么"足够短"的持续时间最长能有多长？对于通信来说，无论从实现还是性能等方面考虑，这个时间越长越好，最好永远是线性时不变系统。相干时间 T_c 就是信道基本保持不变的平均持续时间，换句话说，相干时间是指一段时间间隔，在此间隔内，两个到达信号有很强的幅度相关性。换言之，如果以小于 T_c 的时间间隔

先后发射两个冲激信号，经过信道后的两个冲激响应近似一样，即每条径的功率对应相等，时延也对应相等。

如前所述，多普勒扩展是由运动导致的，而运动实际上能够反映环境或者信道变化的快慢；同时应该很容易理解，信道变化越快，则相干时间越短，反之相干时间越长。因此相干时间与多普勒扩展或者最大多普勒频移是相关的，两者近似呈倒数关系。准确的多普勒扩展 B_D 计算比较复杂，为计算简单起见，往往使用最大多普勒频移 f_m 代替 B_D，则相干时间近似等于 f_m 的倒数，即

$$T_c \approx \frac{1}{f_m} \tag{3-17}$$

若时间相关函数定义为大于 0.5，则相干时间近似为

$$T_c \approx \frac{9}{16\pi f_m} \tag{3-18}$$

(3-17)式过于宽松，(3-18)式则常常过于严格。现代数字通信中，一种普遍的定义方法是将相干时间定义为(3-17)式与(3-18)式的几何平均，即

$$T_c \approx \sqrt{\frac{9}{16\pi f_m^2}} = \frac{0.423}{f_m} \tag{3-19}$$

由相干时间的定义可知，时间间隔大于 T_c 的两个到达信号受信道的影响各不相同。例如，以 60 km/h 速度行驶的汽车，载频为 900 MHz，由(3-18)式可得出 T_c 的保守估计为 3.6 ms。只要发射码元周期小于 T_c，即码元速率大于 $1/T_c = 278$ b/s，则每个码元持续时间内信道基本保持不变，否则将发生由运动导致的失真。采用实用公式(3-19)，$T_c = 8.46$ ms，为避免由于频率色散引起的失真，要求符号速率必须超过 $1/T_c = 119$ b/s。

例 3-2　进行小尺度信道测量需要确定适当的空间取样间隔，以保证相邻取样值之间有很强的时间相关性。假设 $f_c = 1800$ MHz，$v = 50$ m/s，则信道的多普勒扩展是多少？移动 10 m 需要多少个取样？

解：信道的多普勒扩展即最大多普勒频移，为

$$f_m = \frac{v f_c}{c} = \frac{50 \times 1800 \times 10^6}{3 \times 10^8} = 300 \text{ Hz}$$

选取 T_c 的最小值做保守设计，则有

$$T_c = \frac{9}{16\pi f_m} = \frac{9}{16 \times 3.14 \times 300} = 597 \ \mu s$$

由相干时间的概念，取样间隔定为 $T_c/2$，故取样间隔 Δt 为 298.5 μs，在该时间范围内移动台运动 $v\Delta t = 1.49$ cm。因此共需 $\frac{10}{0.015} \approx 667$ 个取样。

3.4　小尺度衰落的分类

如前所述，在无线通信信道中同时存在两种效应，一是由多普勒扩展导致的信号频率色散，一是由多径时延扩展导致的信号时间色散；而不同的通信信号又有不同的带宽。同样的无线信道对不同带宽信号的影响是不同的，根据信道特性和信号带宽的不同对应关系，可以将小尺度衰落分为以下四种类型，如图 3-8 所示。

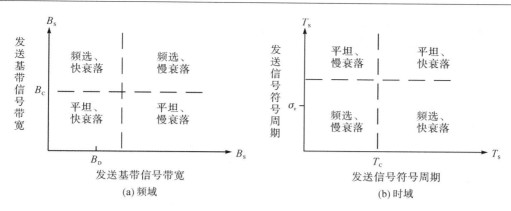

图 3-8　小尺度衰落的类型

具体来说，依据多径时延扩展与信号带宽的相对关系，可以将小尺度衰落分为平坦衰落或频率选择性衰落两种；依据多普勒扩展与信号带宽的相对关系，可以将小尺度衰落分为快衰落或慢衰落两种。图 3-8(a)(b) 两图是一致的，只不过分别从频域和时域两种视角给出了四种衰落的分类方法。理论上虽然可以将信道划为四种类型，但由于快衰落对通信的影响过于严重，当信道处于快衰落时，一般不再关心信道到底是平坦衰落还是频率选择性衰落了。因此，很多文献也认为有三种衰落类型，即平坦衰落、频率选择性衰落和快衰落。

再次强调几个关系，相干带宽 B_c 与均方根时延扩展 σ_τ 成反比关系；多普勒扩展 B_D 与相干时间 T_c 成反比关系；信号带宽 B_s 与码元周期 T_s 成反比关系。即：

$$B_c \propto \frac{1}{\sigma_\tau}; \ T_c \propto \frac{1}{B_D}; \ T_s \propto \frac{1}{B_s}$$

3.4.1　平坦衰落

当 $B_c \gg B_s$ 或者 $\sigma_\tau \ll T_s$ 时，信号经历平坦衰落，注意这两个条件分别是从频域和时域两个角度给出的，由于前面所说的反比关系，两个条件实际上完全等价。

从时域上看，由于均方根时延扩展远小于码元周期，不同延时的各多径分量产生的码间干扰可以忽略不计，主要影响码元自身，即符号内自干扰。由于信道导致的时间色散并不严重，接收信号通常可看作是不可分辨的若干多径分量的叠加。假设发射的等效基带信号为 $u(t)$，t 时刻接收信号由 $N(t)$ 个多径信号构成，这 $N(t)$ 个信号幅值和相位均为统计独立的随机变量，即

$$r(t) = \mathrm{Re} \left\{ \left[\sum_{n=0}^{N(t)} \alpha_n(t) \mathrm{e}^{-\mathrm{j}\phi_n(t)} u(t - \tau_n(t)) \right] \mathrm{e}^{\mathrm{j}2\pi f_c t} \right\} \qquad (3-20)$$

由于 $\sigma_\tau \ll T_s$，故 $u(t - \tau_n(t)) \approx u(t)$，从而可将上式的 $u(t - \tau_n(t))$ 作为公因子提出来，即

$$r(t) = \mathrm{Re} \left\{ \underbrace{\left[\sum_{n=0}^{N(t)} \alpha_n(t) \mathrm{e}^{-\mathrm{j}\phi_n(t)} \right]}_{\text{可等效为与输入无关的单个复系数}} u(t) \mathrm{e}^{\mathrm{j}2\pi f_c t} \right\} \qquad (3-21)$$

因此平坦衰落信道可使用单抽头建模，接收信号等于发射信号乘以某个随机的复系数，换言之，平坦衰落信道表现为随机的幅度增益和随机相移。对于接收机来说，只要知道

该复系数的具体值，就可以很容易地通过简单的除法求得发射信号。

从频域上看，由于信号带宽远小于相干带宽，同一时刻信号的不同频率分量都经历了相近的幅度增益和相移，也就是说，经历了相似的衰落，传输特性相对平坦，信号的频谱形状经过信道后基本不会产生失真，因此得名平坦衰落，平坦衰落信道也称为窄带信道。需要注意的是，尽管在某个瞬间信道传输特性是平坦的，但是由于不可分辨的多径分量相互干涉，信道抽头系数是随机变量；不同时刻的抽头系数不同，信道特性将随时间发生快速变化，因此不同时刻的瞬时接收功率还是会存在剧烈起伏。

3.4.2　频率选择性衰落

当不满足平坦衰落条件，特别是 $B_c < B_s$ 或者 $\sigma_\tau > T_s$ 时，信号经历频率选择性衰落。从时域上看，均方根时延扩展 σ_τ 已经足够大以至于可与码元周期相比，这种情况下时间色散比较严重，接收信号必须看作是可分辨的若干路径信号的叠加。延时不同的各多径分量不仅影响码元自身，还会影响后续码元，从而发生码间干扰 ISI，换言之，每个接收码元都是多个相邻发送码元的加权和。

频率选择性衰落信道必须使用多抽头建模，对于接收机来说，必须详细了解多个码元之间相互的干扰关系以及干扰强度，才有可能正确解得发送码元。事实上，为了消除由频率选择性衰落导致的 ISI，接收机需要使用专门的均衡技术，第 6 章将详细讨论均衡技术。

从频域上看，频率选择性衰落指的是信号带宽大于相干带宽，同一时刻信号的不同频率分量经历不同（不相干）的衰落，某些频率分量可能会经历深衰落，此时信号频谱将发生失真，因此得名频率选择性衰落，频率选择性衰落信道有时也称为宽带信道。

例 3 - 3　计算如图所示的功率延迟分布的平均附加时延、均方根时延扩展及 10 dB 最大附加时延，并计算相关度为 50% 条件下的相干带宽，分别讨论此信道用来传输 AMPS 或者 GSM 业务时是否需要均衡器。

解：注意图中功率增益的单位是 dB，计算时必须首先转换为真值。总的平均接收功率为 $0.01 + 0.1 + 0.1 + 1 = 1.21$，平均附加时延为

$$\bar{\tau} = \frac{0 \times 0.01 + 1 \times 0.1 + 2 \times 0.1 + 5 \times 1}{1.21} = 4.38 \ \mu s$$

$$\bar{\tau^2} = \frac{0^2 \times 0.01 + 1^2 \times 0.1 + 2^2 \times 0.1 + 5^2 \times 1}{1.21} = 21.07 \ \mu s^2$$

可以求得均方根时延扩展为

$$\sigma_\tau = \sqrt{\bar{\tau^2} - \bar{\tau}^2} = \sqrt{21.07 - 4.38^2} = 1.37 \ \mu s$$

由上图可看出 10 dB 最大附加时延为 5 μs，相干带宽为

$$B_c = \frac{1}{5\sigma_\tau} = 146 \ kHz$$

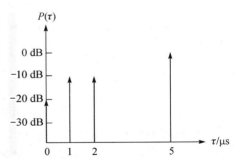

AMPS 为美国的第一代移动通信标准，每路信号工作带宽为 30 kHz，远小于相干带宽，因此经历平坦衰落，无需均衡器。GSM 是最广泛使用的第二代移动通信标准，每路信号工作带宽为 200 kHz，大

于信道相干带宽 146 kHz，因此经历了频率选择性衰落，接收机必须使用均衡技术。

通常，如果 $T_s \leqslant 10\sigma_\tau$，就认为信道是频率选择性衰落信道，否则为平坦衰落信道。由于追求更高的传输速率是目前无线通信系统的必然趋势，因此减小码元周期，增加信号带宽势在必行，从而频率选择性衰落是无线通信要面临的最主要困难，但是构成频率选择性衰落的每条多径分量可以经历平坦衰落，因此对于平坦衰落的研究仍然很有意义。

还有一点需要说明，频率选择性衰落或平坦衰落，取决于信道环境和信号带宽的对比关系，同一个无线信道，相干带宽是确定的，如果用来传输窄带信号，则为平坦衰落信道；而当传输宽带信号时，就变成频率选择性衰落信道，这种情况并不矛盾。

图 3-9 进一步对比说明了频率选择性衰落和平坦衰落对信号的影响，其中(a)图是带宽为 3 MHz 的某原始发射信号功率谱密度，(b)图是经历 ETU 无线信道后接收信号的功率谱密度，(c)图是经历 EPA 无线信道后接收信号的功率谱密度。3.6.1 小节较为详细地介绍了 ETU/EPA 这两个信道模型，这里只需要知道前者的相干带宽约为 200 kHz，后者约为 4.44 MHz。与 3 MHz 的信号带宽相比，可以推得信号在 ETU 信道中经历了频率选择性衰落，从图中可以看到不同的频率分量经历了不同幅度的衰落；而在 EPA 信道中信号则经历了平坦衰落，可以看出接收功率谱与发射功率谱的形状基本相同。

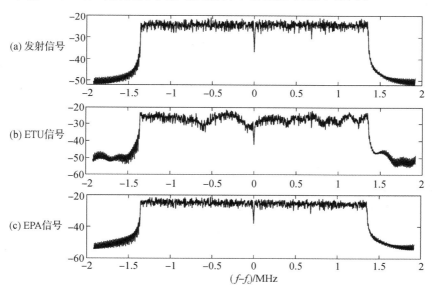

图 3-9　平坦衰落与频率选择性衰落对比

例 3-4　某室内信道的均方根时延扩展 $\sigma_\tau = 50$ ns，则可以忽略 ISI 的最大符号速率为多少？如果室外微小区信道 $\sigma_\tau = 30\ \mu$s，情况又如何？

解：频率选择性衰落信道下将发生不可忽略的码间干扰，当 $T_s > 10\sigma_\tau$ 时信道为平坦衰落，相应的码元速率应该为

$$R_s = \frac{1}{T_s} < \frac{1}{10\sigma_\tau} = 2 \text{ Mb/s}$$

如果为室外微小区信道，则 $R_s < 3.33$ kb/s。室内信道的均方根时延扩展小，因此带来的 ISI 要明显小于室外信道，这也正是室内系统的传输速率通常高于室外系统的原因。为

了提高传输速率，码间干扰在所难免，必须使用均衡等技术来对抗 ISI。

3.4.3　快衰落与慢衰落

当 $B_D \ll B_s$ 或者 $T_c \gg T_s$ 时，信号经历慢衰落，此时信道相干时间远大于码元周期，信道的冲激响应变化率比发送的基带信号变化率低得多，一个码元的传输时间内信道特性基本不变，换言之，在信道保持不变的时间内可以发送多个码元。这是一个不错的特性，因为接收机需要从接收码元中消除信道的影响，必须首先估计信道特性，如果信道变化太快，则信道估计准确度就难以保证，从而接收机也难以保证正常工作。从频域上看，信号多普勒扩展的范围远小于信号的带宽，因此慢衰落对于信号频谱特性的影响不大。

当不满足慢衰落条件，特别是 $B_D > B_s$ 或者 $T_c < T_s$ 时，信号经历快衰落。从时域上看，在一个码元传输期间，信道冲激响应的统计特性已经发生了变化，或者说信道变化速度高于基带信号变化速度；从频域上看，多普勒扩展的程度大于信号的带宽（或两者可比），此时信号经过信道传输后，频率偏移可能超过信号带宽，将发生严重的信号频谱失真。如果信号经历快衰落，一种可能的改善途径是缩短码元周期 T_s，提高码元速率（这正是高速宽带通信所要求的），从而破坏快衰落产生的条件，使信号经历慢衰落。

最后说明一点，快/慢衰落与运动有关，平坦或频率选择性衰落与多径传播有关，两方面的因素组合可能发生四种不同类型的衰落。且四种衰落都与发射信号的特性有关，尽管信道特性往往取决于自然环境，人力无法改变，但是信号特性则是可以人为控制的，通过对信号的仔细设计，可以使信号经历我们期望的衰落类型，例如 OFDM 就是典型的通过增大码元周期，从而将频率选择性衰落转化为平坦衰落的方案。第 8 章将详细讨论 OFDM 的原理。

3.5　平　坦　衰　落

当信道的均方根时延扩展远小于符号周期，或者信号带宽远小于无线信道的相干带宽时，发生平坦衰落，此时，无线信道可使用单抽头建模，且抽头复系数与等效基带信号 $u(t)$ 无关，为了简化分析，可以假定 $u(t)=1$，即发送单频正弦波，则接收的等效基带信号由 $N(t)$ 个多径信号构成，这 $N(t)$ 个信号的幅值和相位都是随机的，且统计独立，可表示为

$$r_b(t) = \sum_{i=0}^{N(t)-1} \alpha_i(t) e^{-j\phi_i(t)} = r_I(t) - jr_Q(t)$$

其中，

$$\phi_i(t) = 2\pi f_c \tau_i(t) - \varphi_{D_i}(t)$$

$$r_I(t) = \sum_i \alpha_i(t) \cos[\phi_i(t)]$$

$$r_Q(t) = \sum_i \alpha_i(t) \sin[\phi_i(t)]$$

由中心极限定理可知，大量独立且方差有限的随机变量之和的分布趋于正态分布。因此 $r_I(t)$ 与 $r_Q(t)$ 近似于服从联合正态分布的随机过程，即 $r(t)$ 的等效基带信号为复高斯随机过程。

在足够短的时间内，幅度 $\alpha_i(t)$、多径时延 $\tau_i(t)$ 和多普勒频移变化足够慢，可以看成是常数，即 $\alpha_i(t) \approx \alpha_i$，$\tau_i(t) \approx \tau_i$，$f_{D_i}(t) \approx f_{D_i}$。第 n 径相移 $\phi_i(t)$ 中的 $2\pi f_c \tau_i$ 这一项比其

它项变化要快得多，因为 f_c 很大，所以多径时延 τ_i 的微小变化就可以导致 $\phi_i(t)$ 发生 2π 以上的剧烈变化，故而 $\phi_i(t)$ 服从在 $[-\pi, \pi]$ 内均匀分布，则有：

$$\mathbb{E}[r_{\mathrm{I}}(t)] = \mathbb{E}\Big[\sum_i \alpha_i \cos\phi_i\Big] = \sum_i \mathbb{E}[\alpha_i]\mathbb{E}[\cos\phi_i] = 0$$

式中第二个等号是由于 α_i 和 ϕ_i 相互独立，第三个等号是由于 ϕ_i 均匀分布。同理可得 $\mathbb{E}[r_{\mathrm{Q}}(t)] = 0$，因此有 $\mathbb{E}[r(t)] = 0$，说明 $r(t)$ 的等效基带信号是零均值复高斯过程。

类似地，可以证明

$$\mathbb{E}[|r_{\mathrm{I}}(t)|^2] = \sum_i \mathbb{E}[\alpha_i^2]\mathbb{E}[\cos^2\phi_i] = \frac{1}{2}\sum_i \mathbb{E}[\alpha_i^2]\mathbb{E}[1 + \cos 2\phi_i] = \frac{1}{2}\sum_i \mathbb{E}[\alpha_i^2]$$

且 $\mathbb{E}[|r_{\mathrm{Q}}(t)|^2] = \mathbb{E}[|r_{\mathrm{I}}(t)|^2]$，说明 $r_{\mathrm{I}}(t)$ 与 $r_{\mathrm{Q}}(t)$ 是服从同一正态分布的高斯过程。

又由于 α_i 和 ϕ_i 相互独立，ϕ_i 和 $\phi_j(i \neq j)$ 相互独立，故有

$$\begin{aligned}
\mathbb{E}[r_{\mathrm{I}}(t)r_{\mathrm{Q}}(t)] &= \mathbb{E}\Big[\sum_n \alpha_n \cos\phi_n(t) \sum_m \alpha_m \sin\phi_m(t)\Big] \\
&= \sum_n \sum_m \mathbb{E}[\alpha_n \alpha_m]\mathbb{E}[\cos\phi_n(t)\sin\phi_m(t)] \\
&= \sum_n \mathbb{E}[\alpha_n^2]\mathbb{E}[\cos\phi_n(t)\sin\phi_n(t)] = 0
\end{aligned}$$

可见 $r_{\mathrm{I}}(t)$ 与 $r_{\mathrm{Q}}(t)$ 互不相关。对于高斯过程来说，不相关与独立是等价的概念，因此 $r_{\mathrm{I}}(t)$ 与 $r_{\mathrm{Q}}(t)$ 两者相互独立。综合以上分析，说明 $r_{\mathrm{I}}(t)$ 与 $r_{\mathrm{Q}}(t)$ 是独立同分布的零均值高斯随机变量。

设 x, y 为两个独立同分布的均值为 0、方差为 σ^2 的高斯随机变量，则联合概率密度函数为

$$p(x, y) = p(x)p(y) = \frac{1}{2\pi\sigma^2}\exp\Big(-\frac{x^2 + y^2}{2\sigma^2}\Big)$$

令 $r = \sqrt{x^2 + y^2}$，$\theta = \arctan(y/x)$，则由雅可比矩阵可得 r 和 θ 的联合概率密度函数为

$$p(r, \theta) = p(x, y) \cdot \begin{vmatrix} \dfrac{\partial x}{\partial r} & \dfrac{\partial x}{\partial \theta} \\ \dfrac{\partial y}{\partial r} & \dfrac{\partial y}{\partial \theta} \end{vmatrix} = p(x, y) \cdot \begin{vmatrix} \cos\theta & -r\sin\theta \\ \sin\theta & r\cos\theta \end{vmatrix} = \frac{r}{2\pi\sigma^2}\exp\Big(-\frac{r^2}{2\sigma^2}\Big)$$

从而可推得

$$p(r) = \int_0^{2\pi} p(r, \theta)\mathrm{d}\theta = \frac{r}{\sigma^2}\exp\Big(-\frac{r^2}{2\sigma^2}\Big),\ 0 \leqslant r \leqslant \infty$$

$$p(\theta) = \int_0^\infty p(r, \theta)\mathrm{d}r = \frac{1}{2\pi},\ 0 \leqslant \theta \leqslant 2\pi$$

因此，r 服从参数为 σ 的瑞利分布，θ 服从 $[0, 2\pi]$ 上的均匀分布。

3.5.1　包络与功率分布

$r_{\mathrm{I}}(t)$ 与 $r_{\mathrm{Q}}(t)$ 均为零均值、方差为 σ^2 的高斯过程，且满足独立同分布条件，因此接收信号的包络 $r(t) = |r_{\mathrm{b}}(t)| = \sqrt{r_{\mathrm{I}}^2(t) + r_{\mathrm{Q}}^2(t)}$ 服从瑞利分布，其概率密度函数如下：

$$p(r) = \frac{r}{\sigma^2}\exp\Big(-\frac{r^2}{2\sigma^2}\Big),\ 0 \leqslant r \leqslant \infty \tag{3-22}$$

图 3-10 给出了瑞利分布的概率密度函数 $p(r)$ 随 r/σ 变化的曲线，可以看出当 $r=\sigma$ 时，$p(r)$ 取最大值 $1/(\sigma\sqrt{e})$。

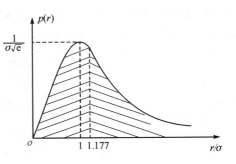

图 3-10　瑞利分布的概率密度函数

关于 $r(t)$ 的其他性质有：

（1）接收信号包络的均值，即平均直流分量为

$$\bar{r} = \mathbb{E}[r] = \int_0^\infty r p(r) \mathrm{d}r = \sqrt{\frac{\pi}{2}} \sigma \approx 1.2533\sigma$$

（2）接收信号包络的均方值与方差为（分别表示接收信号平均功率和平均交流功率）

$$\mathbb{E}[r^2] = \int_0^\infty r^2 p(r) \mathrm{d}r = 2\sigma^2$$

$$\sigma_r^2 = \mathbb{E}[r^2] - \mathbb{E}^2[r] = \left(2 - \frac{\pi}{2}\right)\sigma^2 \approx 0.4292\sigma^2$$

（3）接收信号包络累积分布函数，即接收信号包络不超过 R 的概率为

$$P(R) = \mathrm{Pr}.(r < R) = \int_0^R p(r) \mathrm{d}r = 1 - \exp\left(-\frac{R^2}{2\sigma^2}\right)$$

例如 $P(\sigma) = 1 - \dfrac{1}{\sqrt{e}} = 0.39$，也就是说瞬时接收功率小于平均接收功率一半的概率为 39%，因此接收功率衰落的概率非常大；当 $R = \sqrt{2\ln 2}\,\sigma = 1.177\sigma$（中值）时，$P(R) = 0.5$，此时 $r < 1.177\sigma$ 和 $r > 1.177\sigma$ 的概率各为 50%。

（4）接收信号的瞬时功率，即瑞利分布的平方 $z = r^2$ 服从参数为 $\dfrac{1}{2\sigma^2}$ 的负指数分布：

$$p(z) = \frac{1}{2\sigma^2} e^{-\frac{z}{2\sigma^2}}$$

在前面的推导中，假定所有多径分量都是随机变化的，且在合成信号中所起的作用完全相同，此时合成信号服从复高斯分布，其包络服从瑞利分布。但在实际应用中，可能还存在着另外一种情况，就是在所有多径分量中，有一个多径分量的强度远大于其它多径分量，且相对稳定不变，我们称其为主导路径。这种情况往往出现在收发信机之间存在直射路径时，例如卫星与地面接收机之间的信道。可以证明，存在主导路径时接收信号的包络服从莱斯分布，其概率密度函数为

$$p(r) = \frac{r}{\sigma^2} \exp\left(-\frac{r^2 + A^2}{2\sigma^2}\right) \mathrm{I}_0\left(\frac{Ar}{\sigma^2}\right), \quad 0 \leqslant r \leqslant \infty \tag{3-23}$$

其中 $A > 0$，$\mathrm{I}_0(\cdot)$ 为 0 阶第一类贝塞尔修正函数。A^2 为直射信号的功率，$2\sigma^2$ 是其他非直射分量的平均功率，莱斯因子 $K = A^2/(2\sigma^2)$ 表达了直射径与散射径功率之比，完全确定了莱斯分布。K 反映了信道衰落的严重程度，K 值越小表示衰落越严重，越大表示衰落越轻。当 $K = 0$ 时，莱斯分布退化为瑞利分布，故莱斯分布也称为广义瑞利分布。图 3-11 给出了不同莱斯因子情况下的概率密度函数曲线，可以看出，随着 K 值的增加，概率密度函数曲线右移，表明接收功率大为改善。

瑞利分布和莱斯分布是通过数学方法从所假设的物理信道模型中导出的。不过，有些

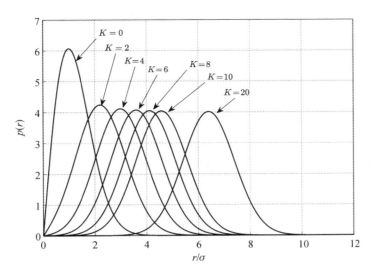

图 3-11　莱斯衰落的概率密度函数

实验数据和这两个分布都不太吻合。因此人们还提出了一个能吻合许多不同实验数据的更为通用的衰落分布，即 Nakagami 分布：

$$p(r) = \frac{2m^m r^{2m-1}}{\Gamma(m)\sigma^{2m}} \exp\left[-\frac{mr^2}{\sigma^2}\right], \ m \geqslant 0.5 \qquad (3-24)$$

式中 $\Gamma(m)$ 为伽马函数。Nakagami 分布有两个参数：平均接收功率 σ^2 和衰落参数 m，$m=1$时，(3-24)式退化为瑞利衰落；令 $m=(K+1)^2/(2K+1)$，则(3-24)式近似于参数为 K的莱斯分布；$m=\infty$代表无衰落，此时接收信号包络 $r=\sigma$ 是一个常数。因此 Nakagami 分布不仅可以表示瑞利和莱斯分布，还能表示其他许多衰落。有些实验数据对应的 m 参数小于 1，这样的 Nakagami 衰落对系统性能造成的恶化比瑞利衰落还要严重。

3.5.2　多普勒谱

　　假定发射单一频率正弦波，如果收发信机位置固定，且周边所有传播环境保持绝对静止，则接收信号将是确定的包络恒定的载波信号，不随时间改变，如果接收机换个位置后继续静止，则接收信号同样为恒包络载波信号，两者的区别在于幅度和相位不同，体现了多径传播导致的位置选择性。然而绝对静止只是理想情况，收发信机相对运动或者环境物体的运动将使信号经历平坦衰落，因此实际接收到的载波信号包络随时间随机变化，一段时间内接收信号包络的起伏可以看作是对载波的随机调制，在频域上体现为由多普勒扩展导致的频谱展宽，本小节具体讨论这种频谱展宽的现象。

　　为分析方便，本小节进一步假定信道环境满足均匀散射模型，注意这是个更严格的假设，真实场景往往并不满足这个假设。在均匀散射模型中，散射体密集分布在各个角度上，如图 3-12 所示，接收信号来

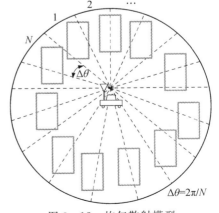

图 3-12　均匀散射模型

自四面八方且相互独立；第 n 径信号入射方向与运动方向的夹角记为 θ_n，由于散射体足够密集，故可以假设 θ_n 服从 $[-\pi, \pi]$ 上的均匀分布。基于该模型，如果总的平均接收功率为 $\overline{P}$，则入射角度区间 $(\theta, \theta+\mathrm{d}\theta)$ 上的接收功率为

$$P' = \frac{\overline{P}}{2\pi}\mathrm{d}\theta$$

由于多普勒频移效应，在这个角度范围内接收到的信号的频率区间为 $[f(\theta), f(\theta+\mathrm{d}\theta)]$，其中 $f(\theta)=f_c+f_m\cos\theta$，$f_m=vf_c/c$ 为最大多普勒频移，v 为接收机运动速度，f_c 为载波频率，由泰勒展开可推得以下近似关系：

$$f(\theta+\mathrm{d}\theta) \approx f(\theta)+f'(\theta)\mathrm{d}\theta = f(\theta)-f_m\sin\theta\mathrm{d}\theta$$

定义接收信号的功率谱密度为 $S(f)$，则频率区间 $[f(\theta), f(\theta+\mathrm{d}\theta)]$ 上的接收功率应为

$$P'' = S(f(\theta))(f(\theta+\mathrm{d}\theta)-f(\theta)) = S(f(\theta))f_m\sin\theta\mathrm{d}\theta$$

由于角度 $\pm\theta$ 能够产生相同的多普勒频移，因此 $P''=2P'$，从而可推得：

$$S(f(\theta))f_m\sin\theta = \frac{\overline{P}}{\pi}$$

又因为 $f_m\sin\theta=\sqrt{f_m^2-(f(\theta)-f_c)^2}$，最终可以推得：

$$S(f) = \frac{\overline{P}}{\pi\sqrt{f_m^2-(f-f_c)^2}}, \quad |f-f_c| \leqslant f_m \qquad (3-25)$$

由 $(3-25)$ 式可以画出 $S(f)$ 的形状如图 $3-13$ 所示，也就是说，均匀散射环境下，发射单频正弦波，接收信号的功率谱密度呈典型的 U 型谱，又称为经典多普勒谱或 Jakes 谱，多普勒功率谱描述了不同多普勒频率处的功率密度，从频域上反映了多普勒扩展，实际上严格的多普勒扩展正是通过多普勒谱计算的（类似于平均时延扩展和均方根时延扩展的计算方式）。图 $3-13$ 中的功率谱密度在 $f=f_c\pm f_m$ 处为无限大，不过谱密度无穷大并不表示接收功率无穷大，只能说明在最大多普勒频移附近的频率范围内接收到的功率在接收总功率中的占比很高，且 $S(f)$ 在整个展宽的频谱上积分得到的接收总功率是有限的，因此并不矛盾。

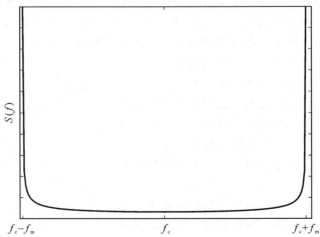

图 $3-13$　均匀散射模型条件下瑞利衰落的多普勒谱

维纳-辛钦定理指出广义平稳随机过程的功率谱密度是其自相关函数的傅里叶变换。因此多普勒功率谱是随机接收信号自相关函数的傅里叶变换，Jakes 谱的这种形状说明不同时刻的接收信号之间是存在相关性的。不同时刻的接收信号幅度之间不存在相关性（或者说不同时刻的接收信号幅度相互独立）的典型例子是 AWGN。

再次强调上述结果是在均匀散射环境下得到的，许多无线信道（例如典型的微蜂窝和室内环境或者天线具有指向性时）并不满足均匀散射模型，那些环境下的多普勒谱与 Jakes 谱有很大的不同，需要另外分析。尽管如此，经典多普勒谱仍然是使用最广泛的模型。

3.5.3　电平通过率与平均衰落时长

电平通过率 $N(R)$ 定义为单位时间内接收信号包络 $r(t)$ 沿负向（或正向）穿过某一电平 R 的次数，电平通过率越高，意味着单位时间发生衰落的次数就越多。计算 $N(R)$ 需要 $r(t)$ 和 $r(t)$ 的时间导数 $\dot{r}(t)$ 的联合分布 $p(r,\dot{r})$。下面我们基于这个联合分布推导 $N(R)$ 的表达式。考虑图 3-14 所示的衰落过程，在时间间隔 $\mathrm{d}t$ 内，信号包络在区间 $(R,R+\mathrm{d}r)$ 内、包络斜率在区间 $(\dot{r},\dot{r}+\mathrm{d}\dot{r})$ 内的平均时间为 $A=p(R,\dot{r})\mathrm{d}r\mathrm{d}\dot{r}\mathrm{d}t$，对于给定的斜率 $\dot{r}$，包络穿过区间 $(R,R+\mathrm{d}r)$ 一次所需的时间为 $B=\mathrm{d}r/\dot{r}$。因此比值 $A/B=\dot{r}p(R,\dot{r})\mathrm{d}\dot{r}\mathrm{d}t$ 是包络 $r(t)$ 在时间间隔 $\mathrm{d}t$ 内以斜率 $\dot{r}$ 穿过区间 $(R,R+\mathrm{d}r)$ 的平均次数。从而在时间间隔 $[0,T]$ 内，包络以区间 $(\dot{r},\dot{r}+\mathrm{d}\dot{r})$ 内的斜率向下通过 R 的平均次数为

$$\int_0^T \dot{r}p(R,\dot{r})\mathrm{d}\dot{r}\mathrm{d}t = T\cdot\dot{r}p(R,\dot{r})\mathrm{d}\dot{r}$$

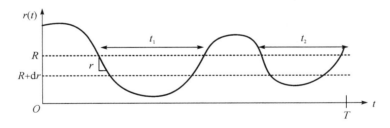

图 3-14　电平通过率计算示意图

进一步可推得，在时间间隔 $[0,T]$ 内，包络以任意负斜率穿过电平 R 的平均次数为

$$T\int_{-\infty}^0 \dot{r}p(R,\dot{r})\mathrm{d}\dot{r}$$

最终，单位时间内包络以任意负斜率穿过电平 R 的平均次数，也即电平通过率为

$$N(R)=\int_{-\infty}^0 \dot{r}p(R,\dot{r})\mathrm{d}\dot{r}$$

如果接收信号包络 $r(t)$ 服从参数为 σ 的瑞利分布，则可推得电平通过率 $N(R)$ 为

$$N(R)=\sqrt{2\pi}\,f_{\mathrm{m}}\rho\mathrm{e}^{-\rho^2} \tag{3-26}$$

其中 f_{m} 是最大多普勒频移，$\rho=\dfrac{R}{\sqrt{\mathbb{E}(r^2)}}=\dfrac{R}{\sqrt{2}\sigma}$，分母是平均接收功率的开方，图 3-15(a) 画出了电平通过率随 ρ 变化的曲线。

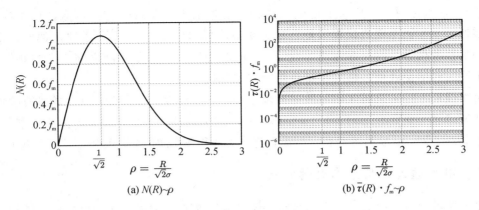

图 3-15　电平通过率与平均衰落时长随 ρ 变化的曲线

由(3-26)式可以发现，随着运动速度的增加，多普勒频移增大，电平通过率增大，反映出信道衰落速率越快。固定 f_m，当 $\rho=1/\sqrt{2}$ 时，$N(R)$ 取到最大值 $1.075f_m$，也就是说将目标功率 R^2 取为平均接收功率的一半时，电平通过率最高，换言之，接收功率常常衰落到平均接收功率的一半以下。假设载波频率为 900 MHz，运动速度为 60 km/h，即最大多普勒频移 $f_m=50$ Hz，则有：

- $\rho=1$，即目标功率 R^2 取为平均接收功率 $2\sigma^2$ 时，$N(R)=46.11$ 次/秒；
- $\rho=1/\sqrt{2}$，即目标功率 R^2 取为平均接收功率的一半 σ^2 时，$N(R)=53.75$ 次/秒；
- $\rho=0.1$，即目标功率 R^2 比平均接收功率低 20 dB 时，$N(R)=12.41$ 次/秒；
- $\rho=0.01$，即目标功率 R^2 比平均接收功率低 40 dB 时，$N(R)=1.25$ 次/秒。

上述结果表明瞬时接收功率低于平均接收功率 3 dB(即一半)的浅衰落经常发生，相比较来说，深衰落则偶尔发生。但总体来看，平坦衰落的功率涨落还是比较剧烈的，其衰落深度可达 20~40 dB，衰落速率可达约 50 次/秒。

平均衰落时长 $\bar{\tau}(R)$ 则定义为接收信号低于某指定电平 R 的平均时长。令 $\tau_i(R)$ 表示时间间隔 $[0,T]$ 内第 i 次衰落到 R 以下的持续时间，对于足够大的 T 有：

$$\bar{\tau}(R)=\frac{1}{N(R)}\frac{1}{T}\sum_i\tau_i(R)\approx\frac{1}{N(R)}\text{Pr.}\left[r\leqslant R\right]$$

若接收信号包络 $z(t)$ 服从参数为 σ 的瑞利分布，则有：

$$\text{Pr.}\left[r\leqslant R\right]=\int_0^R p(r)\mathrm{d}r=1-\exp(-\rho^2)$$

结合(3-26)式可得

$$\bar{\tau}(R)=\frac{\mathrm{e}^{\rho^2}-1}{\rho f_m\sqrt{2\pi}}\tag{3-27}$$

图 3-15(b)画出了平均衰落时长随 ρ 变化的曲线。随着运动速度的增加，多普勒频移增大，平均衰落时长变短，这是因为信道变化越快，它每次停留在给定衰落电平之下的时间也就越短。平均衰落时长能够反映通信中受深衰落影响的比特或者符号个数。假设载波频率为 900 MHz，运动速度为 60 km/h，即最大多普勒频移为 $f_m=50$ Hz，则有：

- $\rho=1$，即目标功率 R^2 取为平均接收功率 $2\sigma^2$ 时，$\bar{\tau}(R)=13.7$ ms；
- $\rho=1/\sqrt{2}$，即目标功率 R^2 取为平均接收功率的一半 σ^2 时，$\bar{\tau}(R)=7.3$ ms；
- $\rho=0.1$，即目标功率 R^2 比平均接收功率低 20 dB 时，$\bar{\tau}(R)=802\ \mu$s；
- $\rho=0.01$，即目标功率 R^2 比平均接收功率低 40 dB 时，$\bar{\tau}(R)=79.8\ \mu$s。

图 3-16(a)给出了某次测试中，单频子载波信号通过瑞利衰落信道后 1 秒内的接收能量波动，其中运动速度为 6 km/h，载波频率为 1800 MHz，最大多普勒频移为 10 Hz。图 3-16(b)则给出了同样的载波频率、运动速度为 60 km/h、最大多普勒频移为 100 Hz 的测试结果。由此图可以说明随着运动速度的增加，衰落加快了，具体表现为同样的目标功率条件下，电平通过率变大，平均衰落时长变短。

例 3-5　假设多普勒频移为 20 Hz，求门限电平 $\rho=0.707$ 时的平均衰落时间。若二进制数字调制传输速率为 50 b/s，瑞利衰落为快衰落还是慢衰落？

解：由(3-27)式计算平均衰落时间：

$$\bar{\tau}=\frac{e^{0.707^2}-1}{0.707\times 20\times\sqrt{2\pi}}=18.3\ \text{ms}$$

当数据速率为 50 b/s，比特周期为 20 ms，比特周期大于平均衰落持续时间，也就是说，1 个比特还未传完，接收功率已经发生衰落了，所以信号经历快衰落。这个例子表明可以通过平均衰落时长来判断衰落的快慢，当然也可以按照 3.4.3 小节的方法来判断。由(3-19)式可计算出相干时间 $T_c=0.423/f_m=21.15$ ms，比特周期与相干时间相当，信号经历快衰落，极容易受到信道变化的影响。

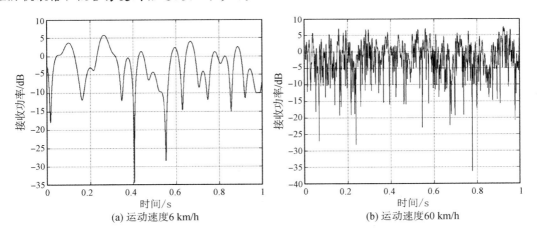

图 3-16　单频载波信号经瑞利衰落信道的接收功率

例 3-6　某话音通信系统，当接收信号功率大于等于平均接收功率的一半时，误码率是可接受的，要求通话质量不可接受的平均持续时间小于 60 ms，求瑞利衰落信道下相应的多普勒频移范围。

解：目标接收功率是平均功率的一半，即 $\rho=\sqrt{0.5}$，要求

$$\bar{\tau}=\frac{e^{0.5}-1}{f_m\sqrt{\pi}}\leqslant 60\ \text{ms}\Rightarrow f_m\geqslant 6.1\ \text{Hz}$$

否则，就可能导致长时间处于深衰落，从而出现突发误码，此时反而要求多普勒频移大一点，尽早离开深衰落状态。针对突发误码的另一种解决思路是交织法。

3.6　衰落信道仿真

3.6.1　抽头时延线模型

在仿真衰落信道时，使用最广泛的是 N 抽头时延线（Tap Delay Line，TDL）瑞利衰落模型。考虑特定的仿真时刻 t，(3-4)式可以写为

$$h(t, \tau) = \sum_{i=1}^{N} c_i(t)\delta(\tau - \tau_i) \qquad (3-28)$$

该模型共有 N 条多径分量，每条多径分量可能由不可分辨的大量传播路径组成，其中首径分量可能还包含主导路径（主要是视距路径）。对于首径分量来说，如果不存在主导路径，则抽头系数 $c_1(t)$ 为零均值复高斯过程，包络 $|c_1(t)|$ 服从瑞利分布；如果存在主导路径，则抽头系数 $c_1(t)$ 为非零均值的复高斯过程，包络 $|c_1(t)|$ 为莱斯分布；其他所有抽头系数 $c_i(t)$ 为零均值复高斯过程，包络 $|c_i(t)|$ 服从瑞利分布。给定 i，不同时刻的 $c_i(t)$ 对应的多普勒谱通常应该具有 Jakes 谱的形式，当然也可以指定其他形状的多普勒谱。多普勒谱规定了抽头系数随时间变化的情况。在大多数情况下 $\tau_1 = 0$，因此存在 LOS 路径时第一个抽头的幅度服从莱斯分布，否则服从瑞利分布。不同的多径分量之间相互独立，且平均接收功率与时间无关。

图 3-17 所示的抽头时延线模型说明了输入信号经过仿真无线多径信道后得到输出信号的过程。

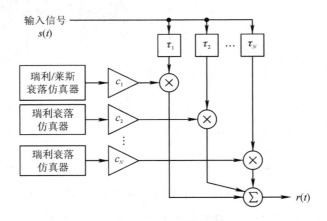

图 3-17　抽头时延线模型

很多信道模型都是以功率时延谱，即时延 τ_i 和各径平均接收功率 $\mathbb{E}\{|c_i(t)|^2\}$ 的形式给出。例如 LTE 中规定了 EPA、ETU 以及 EVA 三种信道模型，分别对应典型的行人、市区以及汽车信道环境，具体的抽头时延和平均接收功率如表 3-2 所示。

表 3 - 2　　LTE 中规定的三种信道模型（来自于 TS36.101 附录 B.2 节）

EPA(Extended Pedestrian A)		ETU(Extended Typical Urban)		EVA(Extended Vehicular A)	
抽头时延/ns	相对功率/dB	抽头时延/ns	相对功率/dB	抽头时延/ns	相对功率/dB
0	0.0	0	−1.0	0	0.0
30	−1.0	50	−1.0	30	−1.5
70	−2.0	120	−1.0	150	−1.4
90	−3.0	200	0.0	310	−3.6
110	−8.0	230	0.0	370	−0.6
190	−17.2	500	0.0	710	−9.1
410	−20.8	1600	−3.0	1090	−7.0
		2300	−5.0	1730	−12.0
		5000	−7.0	2510	−16.9

表 3 - 3 总结了三种信道模型规定的多普勒频移及时间色散方面的描述参数，其中均方根时延扩展可使用（3 - 10）式、（3 - 11）式和（3 - 12）式三个公式计算得到，可以看出行人信道 EPA 的时延扩展最小，ETU 的时延扩展最大，这是因为市内的传播环境最复杂。

表 3 - 3　　LTE 中三种信道模型的其他参数

模型	抽头数目	均方根时延扩展/ns	最大附加时延/ns	最大多普勒频移/Hz
EPA	7	45	410	5
EVA	9	357	2510	5 或 70
ETU	9	991	5000	70 或 300

功率时延谱规定了不同时延上的接收功率，这里的时延可能为任意值，当使用（TDL）模型进行离散仿真时，抽头系数的时间间隔必须与基带数字信号的采样间隔相等，也就是说，假定数字基带信号的采样周期为 T_s，则要求离散信道必须具有如下形式：

$$h_{T_s}(t, \tau) = \sum_n c'_n(t)\delta(\tau - nT_s) \tag{3-29}$$

对比（3 - 28）式和（3 - 29）式，τ_i 不能保证正好是 T_s 的整数倍，从而带来实现上的困难，可以通过重采样解决这一问题。具体来说，不考虑 LOS 路径，将（3 - 28）式的冲激响应看作是连续冲激响应 $\tilde{h}(t, \tau)$ 通过间隔为 Δ 的周期采样得到的。注意这里的 Δ 必须足够小，从而使每个 τ_i 都正好是 Δ 的整数倍，即 $\tau_i = n_i\Delta$，$n_i \in \mathbb{Z}^+$，从而（3 - 28）式可以等价地写为

$$h(t, \tau) = \sum_i c_i(t)\delta(\tau - n_i\Delta)$$

采样频率为 $1/\Delta$，依据奈奎斯特采样理论，上式通过带宽为 $1/(2\Delta)$ 的低通滤波器即可实现离散信号到连续信号的转换，即：

$$\tilde{h}(t, \tau) = \sum_i c_i(t)\mathrm{sinc}\left(\frac{\tau - n_i\Delta}{2\Delta}\right)$$

最后再以 T_s 为间隔对 $\tilde{h}(t, \tau)$ 采样，即可得到希望的(3 - 29)式。根据以上描述，基于 N 抽头瑞利衰落模型，仿真数字基带信号经过信道后的接收信号的具体步骤如下：

(1) 根据平均接收功率生成每个多径分量 $c_i(t)$ 的随机采样，该采样必须服从瑞利或者莱斯分布，且先后生成的样本的多普勒功率谱满足要求；

(2) 基于重采样方法得到与数字基带信号对齐的新抽头模型，即(3 - 29)式；

(3) 将数字基带信号送入新的抽头时延线模型得到经过信道后的每个输出采样。

其中第(2)、(3)两步已经解释清楚了，接下来我们详细讨论第(1)步，即如何实现瑞利衰落的计算机仿真，或者如何计算得到 $c_i(t)$。

3.6.2　瑞利衰落的计算机仿真

如果只是要求输出大量统计独立的服从瑞利衰落的样本，可以很容易地做到，只需不断地生成满足复高斯分布的复数，并取模值即可。无线信道中的瑞利衰落样本必须满足指定的多普勒谱，或者说先后输出的瑞利衰落样本并非相互独立，而是存在相关性的，因此不能简单地使用以上方法。

关于瑞利衰落的计算机仿真，使用最广的是 Clarke 参考模型，Clarke 参考模型的主要实现方法有时域的正弦波叠加法和频域的成型滤波法两种，两种方法各有其优缺点，其中正弦波叠加法由于计算复杂度低，得到了广泛应用。1968 年提出的基于散射的 Clarke 衰落信道模型有以下假设条件：

- 发射天线垂直极化；
- 信号经由大量(N 个)非视距路径(散射)传播到达接收机，基本同时到达接收机；
- 每径信号的附加相位 $\varphi_n = 2\pi f_c \tau_n + \varphi_0$ 服从 $[-\pi, \pi)$ 上的均匀分布，且相互独立；
- 均匀散射：每径信号的入射角完全随机，且相互独立，设第 n 径信号的入射方向与运动方向的夹角为 θ_n，服从 $[-\pi, \pi)$ 上的均匀分布，相应的多普勒频移为 $f_n = f_m \cos\theta_n$；
- 由于不存在 LOS，各散射路径经历相似的传播衰减，故每径信号的平均幅度近似相等($\alpha_n = \alpha$)。

假定发送单频正弦波 $\cos 2\pi f_c t$，也就是说发射的复基带信号 $u(t) = 1$，则接收的射频信号可由多个经历了相似幅度增益 α 以及随机相移 $\phi_n(t)$ 的正弦波叠加求得，由(3 - 21)式，接收复基带信号即瑞利衰落信道的复增益可表示为

$$h_b(t) = \sum_{n=1}^{N} \alpha_n e^{-j\phi_n(t)} = \alpha \sum_{n=1}^{N} \exp[-j(\varphi_n - 2\pi f_m \cos\theta_n t)]$$

根据 3.5 节所述，当 N 较大时 $h_b(t)$ 的包络服从瑞利分布。因此通过随机产生每条路径的随机幅度增益、入射角、相移，然后通过上式即可实现瑞利衰落。根据不同的实现复杂度，可以有以下四种实现方法：

(1) α_n、θ_n、φ_n 均为确定变量，即 Jakes 模型；

(2) α_n、θ_n 为确定变量，φ_n 为随机变量；

(3) α_n 为确定变量，θ_n、φ_n 为随机变量；

(4) α_n、θ_n、φ_n 均为随机变量。

从方法(1)到方法(4)实现复杂度越来越高，其中方法(1)实现 Jakes 仿真模型，这是一种完全确定模型，具体来说，取多径数目 $N = 4N_0 + 2$，实现中通常取 $N_0 = 8$；入射角度分

别为 $\theta_n = 2\pi n / N$，$n \in \{0, 1, \cdots, 4N_0 + 1\}$，方便利用相位对称性简化计算。具体推导比较复杂，这里直接给出计算公式，Jakes 模型输出 $h_b(t) = \sqrt{\overline{P}(2N_0 + 1)}\,\{h_1(t) + jh_Q(t)\}$，其中 $\overline{P}$ 为衰落信道的平均功率增益，$h_1(t)$ 和 $h_Q(t)$ 分别按照以下两式计算：

$$h_1(t) = 2\sum_{n=1}^{N_0} \cos\varphi_n \cos(2\pi f_n t) + \sqrt{2}\cos\varphi_N \cos(2\pi f_m t)$$

$$h_Q(t) = 2\sum_{n=1}^{N_0} \sin\varphi_n \cos(2\pi f_n t) + \sqrt{2}\sin\varphi_N \cos(2\pi f_m t)$$

其中 φ_n 和 φ_N 分别对应第 n 径分量和具有最大多普勒频移的多径分量的附加相移，取值分别为 $\varphi_N = 0$；$\varphi_n = \pi n / (N_0 + 1)$，$n = 1, 2, \cdots, N_0$。Jakes 仿真模型的实现如图 3-18 所示。

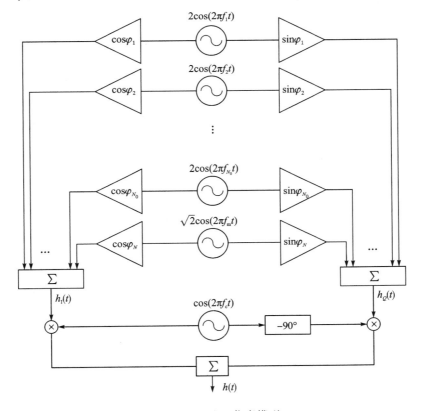

图 3-18　Jakes 仿真模型

　　Jakes 仿真模型的优点是计算复杂度很低，但是全部采用确定值，因此产生的信号非广义平稳且不具各态历经性，其二阶统计特性与 Clarke 参考模型相差较大。基于 Jakes 仿真模型的多种改进方法，均是通过引入随机多普勒频率、随机正弦波初始相位等随机变量来避免确定性，有兴趣的读者可以自行查阅相关参考资料。

　　成形滤波法则是从频域出发，基于 3.5.2 小节的讨论，直接使瑞利衰落样本的多普勒谱服从 Jakes 谱的形状。如图 3-19 所示，具体做法是将高斯白噪声输入成形滤波器来产生指定形状的多普勒功率谱，实部和虚部均是具有特定形状多普勒功率谱的高斯色噪声，因此包络服从瑞利分布。

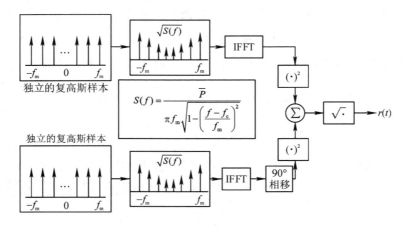

图 3-19　频域成型滤波法实现瑞利衰落

$$S(f) = \frac{\overline{P}}{\pi f_m \sqrt{1 - \left(\dfrac{f - f_c}{f_m}\right)^2}}$$

　　成形滤波法的困难在于，与基带信号速率相比，最大多普勒频移往往很小，因此成形滤波器的带宽很小，从而输出的采样间隔远远大于基带信号，必须执行比例极高的上采样，才能得到与基带信号采样速率相等的抽头系数，这将消耗很多的计算存储资源，不适于大数据量的信道仿真。但是成形滤波器法利用随机噪声产生瑞利衰落，因而能够产生高质量的平坦衰落。

　　Matlab 中实现了上述两种瑞利衰落的生成算法，用户可以选择使用哪一种，同时还可以支持不同的多普勒谱形状。

本 章 小 结

　　本章讨论了多径传播与运动对信号的影响，说明在无线多径传输环境下，信号将经历小尺度衰落，接收功率将剧烈变化，衰落深度可达 30 dB 以上，除此之外，如果信号经历频率选择性衰落，还将导致严重的码间干扰，这些对于通信来说都是非常不利的因素，只有消除了小尺度衰落对于信号传播造成的恶劣影响，才有可能实现可靠有效的无线通信。事实上，无线通信/移动通信中的几乎所有关键技术都是用来对抗小尺度衰落的。

　　为了更加直观地对比频率选择性衰落和平坦衰落的效果，可以运行本书配套 Matlab 代码 Flat_selective_fading.m，也可以通过以下第一个链接直接查看运行结果视频。

　　本章广泛提及的均匀散射模型假定接收机收到的信号来自四面八方，而如果采用定向天线或者方向性很强的天线技术，均匀散射假设显然就不成立了，这就需要研究相应的方向性信道模型。限于篇幅，本书不讨论这些内容，读者可以查阅相关书籍，也可以参考以下第二个链接。关于 Jakes 模型的推导可以参考电子工业出版社出版的《MIMO-OFDM 无线通信技术及 MATLAB 实现》，也可以参考以下第三个链接。

第 4 章　单载波调制技术

调制是对传输信号进行处理，使其能适应信道特性的过程或处理方法，它是无线通信系统中的一个重要模块。一般采用的调制方法是用待传输信号（称之为调制信号）改变载波信号的某个参数，从而把调制信号"搬运"到指定的频率（载波频率）处，使处理后的信号（已调信号）特性与信道特性相适应，能够顺利通过信道进行传输。

来自信源（或经过编码）的调制信号，频谱分量集中在零频率附近，占用的频带称为基本频带，这样的信号称为基带信号或低通信号。已调信号的频谱则集中在载波频率附近，通常在较高的频段，这样的信号又称为频带信号或者带通信号。

根据携带信息的不同，可以将调制分为模拟调制和数字调制两大类型。模拟调制中的调制信号为连续的模拟信息。而当调制信号携带了离散的数字信息时，称为数字调制。当前数字通信已经全面取代模拟通信，数字调制技术也全面取代了模拟调制成为主要的调制方式，因此本章介绍无线通信中常用的单载波数字调制技术。

4.1　概　　述

在现代无线通信系统中普遍采用数字调制技术，这是因为数字调制与模拟调制相比具有许多优点，如更高的频谱效率、更好的抗噪声性能、更强的抗信道损伤的能力、易于进行差错控制以及更好的安全保密性等。传统意义上的调制，指的是将基带信号的频谱搬移到射频载波的过程。在数字通信系统中调制的含义更广，包括从信息比特映射到基带信号以及将基带信号频谱搬移到射频载波的过程，如图 4-1 所示。

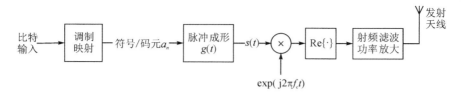

图 4-1　数字调制基本原理

调制映射模块将周期为 T_b 的信息比特序列转换成周期为 T_s 的符号（Symbol，也称为码元）序列$\{a_n\}$，其中 T_b 称为比特周期，$R_b=1/T_b$ 为比特速率，T_s 为符号周期，$R_s=1/T_s$ 为符号速率。每个符号通常为复数，可以取 M 个离散值，从而每个符号可以携带 lb$M$ 个比特的信息，因此有 $T_s=T_b\cdot$lb$M$，$R_b=R_s\cdot$lb$M$ 这两个关系式成立。这里强调一下，符号和码元两个名词表达完全相同的含义，且在不同场合中都得到大量使用，本书中将根据需要任意使用这两个名词中的一个。

符号序列可使用冲激函数来表示，记为 $a(t)=\sum\limits_{n}a_{n}\delta(t-nT_{s})$，傅里叶变换表明 $a(t)$ 占用的带宽无限大，因而不能直接在无线信道上传输。可以采用冲激响应为 $g(t)$ 的脉冲成形滤波器（Pulse Shaping Filter），将 $a(t)$ 转换为适合在无线信道中传输的基带波形 $s(t)=a(t)*g(t)=\sum\limits_{n}a_{n}g(t-nT_{s})$，基带波形 $s(t)$ 进一步通过频谱搬移（又称上变频）、发射滤波及功率放大等模块转换为功率和频谱特性符合要求的射频波形，最后经由天线发射到无线信道中。其中上变频模块只是实现频谱搬移，发射滤波模块则用来抑制谐波等非线性效应导致的频谱失真，因此脉冲成形决定了基带信号的时域波形和频谱形状，实际上也部分决定了调制方案的频谱效率。本章重点讨论调制映射和脉冲成形这两个模块的技术原理。

在衡量数字调制的性能时，常用的主要指标有功率效率和频谱效率。功率效率是指调制技术在有限功率条件下保持数字信息正确传输的能力，该指标反映了调制技术对功率有效利用的能力。在数字调制技术中，误码率是接收信噪比的单调递减函数，信噪比越高误码率就越小，信息传输质量越好。在误码率相同的前提下，不同调制方式对信噪比的要求是不同的。功率效率 η_{P} 通常定义为在特定误码率条件下所要求的接收信噪比，即每比特信号能量与噪声功率谱密度的比值 E_{b}/N_{0}。这个值越小，说明该调制方式的功率效率越高，有效利用功率的能力越强。

频谱效率是指调制技术在有限带宽内传输数据的能力，它反映了对带宽有效利用的能力。通常对于数字信号而言，传输速率越高，码元宽度越小，从而占用带宽越大。当带宽相同时，不同调制技术所能实现的信息传输速率也有不同，也即容纳信息的能力不同。频谱效率 η_{B} 可以表示为在单位带宽内（即 1 Hz）能够实现的信息传输速率，单位为 $(b/s)/Hz$，计算公式如下：

$$\eta_{B}=\frac{R_{b}}{B}\ (b/s)/Hz \tag{4-1}$$

其中，R_{b} 表示每秒传输的比特数，B 表示信号所占用的带宽。η_{B} 越大，说明该调制方式的频谱效率越高，有效传输数据的能力越强。受限于信道中的噪声，频谱效率不能无限大。由香农定理可推得加性高斯白噪声信道条件下，频谱效率的最大值为

$$\eta_{Bmax}=\frac{C}{B}=lb\Big(1+\frac{S}{N}\Big)\ (b/s)/Hz \tag{4-2}$$

其中，C 为信道容量，B 是传输带宽，S/N 为接收信噪比。值得一提的是，信噪比 S/N 正好是 E_{b}/N_{0} 与 η_{B} 的乘积，即：

$$\frac{S}{N}=\frac{E_{b}}{N_{0}}\cdot\frac{R_{b}}{B}=\frac{E_{b}}{N_{0}}\cdot\frac{R_{s}\cdot lbM}{B}=\frac{E_{s}}{N_{0}}\cdot\frac{R_{s}}{B} \tag{4-3}$$

其中，$E_{s}=E_{b}\cdot lbM$ 为符号能量；E_{s}/N_{0} 为符号信噪比；R_{s}/B 是以符号速率衡量的频谱效率，单位是波特/Hz。从而可由（4-2）式推得：

$$\eta_{B}<lb\Big(1+\frac{S}{N}\Big)=lb\Big(1+\frac{E_{b}}{N_{0}}\cdot\eta_{B}\Big)\Rightarrow\frac{E_{b}}{N_{0}}>\frac{2^{\eta_{B}}-1}{\eta_{B}} \tag{4-4}$$

（4-4）式右侧是 η_{B} 的增函数，它随 η_{B} 的增加指数级增大，说明为了获得较高的频谱效率 η_{B}，要求很大的 E_{b}/N_{0}，这意味着必须付出高昂的功率代价。频谱效率和功率效率是相互

矛盾的，在数字通信系统的设计中，经常需要在频谱效率和功率效率之间进行折中。

信号在传输过程中会受到噪声、衰落和干扰等各种信道损伤的影响，而不同的数字调制方式在功率效率、频谱效率、实现复杂度以及抗衰落能力等方面分别具有不同的性能。在无线通信系统中选择调制方式时，通常会考虑以下几个方面的因素：

（1）频谱效率：无线通信系统中，如何在有限的频率资源内实现更高的传输速率，始终是无线通信要解决的主要问题。

（2）功率效率：手持无线终端采用电池供电，功耗受限，因此要求终端上使用的调制方式具有较高的功率效率。

（3）抗干扰、抗噪声能力：由于无线信道传播特性复杂，存在各种噪声和干扰，因此要求调制方式具有较强的抗噪声和抗干扰能力。

（4）抵抗多径衰落的能力：无线信道存在多径传播，从而产生信号衰落，因此要求调制方式具有较强的抗衰落能力。

（5）实现复杂度：终端的成本、体积受限，因此要求调制方式具有低实现复杂度和低成本。

以上这些要求经常是相互矛盾的，彼此影响，不能同时满足。因此无线通信系统在选择调制方式时，应该根据系统需求，折中考虑上述要求，得到一个最佳的权衡结果。例如移动通信系统中下行和上行链路通常会使用不同的调制方案，主要是因为基站侧功率供应有保证，所以人们往往追求更高的频谱效率；但是手机侧功率受限，通常人们更多关注功率的有效利用。

4.2 脉冲成形技术

如前所述，作为基带处理的最后一步，脉冲成形决定了基带信号频谱的形状，且对已调信号的频谱特性有很大的影响。假设脉冲成形滤波器的冲激响应为 $g(t)$，则脉冲成形模块的输出为

$$s(t) = a(t) * g(t) = \sum_n a_n \delta(t - nT_s) * g(t) = \sum_n a_n g(t - nT_s) \qquad (4-5)$$

在具体实现时，脉冲成形往往分为数字脉冲成形和 D/A 转换两个子模块，如图 4-2 所示。其中数字域脉冲成形将速率为 $1/T_s$ 的符号序列转换为采样点序列 $s[n]$，可以通过 FPGA 或者编程完成；然后由 D/A 模块将采样序列 $s[n]$ 转换为模拟基带波形 $s(t)$，D/A 与随后的上变频等模块属于模拟域，在无线通信中，模拟域的技术相对比较稳定，通常可用专用芯片或者通用软件无线电平台来完成。无论工程上如何实现，脉冲成形整体完成的功能就是实现（4-5）式，因此下面的讨论还是围绕（4-5）式展开。

$g(t)$ 的设计应该满足两个要求：第一，在理想信道条件下，接收端必须可以无误地恢复符号；第二，要适应信道的传输要求。以下顺序讨论。

首先来看第一个要求，理想信道条件下噪声为 0 且信道冲激响应 $h(t) = \delta(t)$，则接收信号 $r(t) = s(t)$，为了接收恢复第 k 个符号 a_k，接收机应该在 $t = kT_s$ 处对 $r(t)$ 进行抽样，由（4-5）式可以得到：

$$r(kT_s) = \sum_n a_n g(kT_s - nT_s) = a_k g(0) + \sum_{n \neq k} a_n g(kT_s - nT_s) \qquad (4-6)$$

(4-6)式中$a_k g(0)$是我们需要的有用信息，求和项为其它符号$a_n(n \neq k)$对第k个符号的干扰，即符号间干扰（Inter-Symbol Interference，ISI）。显然，如果不存在 ISI，即(4-6)式第二项为 0，就可以无误地恢复任意第k个符号，要使(4-6)式第二项为 0，$g(t)$应该满足(4-7)式给出的无 ISI 条件。

$$g(kT_s) = \begin{cases} 1, & k = 0 \\ 0, & k \neq 0 \end{cases} \qquad (4-7)$$

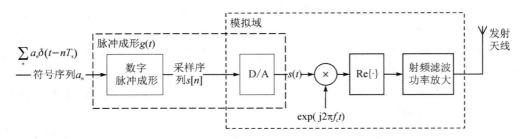

图 4-2　脉冲成形实现原理

实际的通信系统中$h(t) = \delta(t)$并不成立，而且存在噪声$n(t)$，从而(4-6)式变为

$$r(kT_s) = a_k h_g(0) + \sum_{n \neq k} a_n h_g(kT_s - nT_s) + n(kT_s) \qquad (4-8)$$

其中$h_g(t) = h(t) * g(t)$，由于$h(t)$代表实际信道，可能具有随机性和时变性，因此难以在设计时保证(4-8)式的第二项 ISI 为 0。例如无线多径信道，由于频率选择性衰落的影响，多条不同时延的传播路径相互叠加，从而在接收端不同符号之间引起严重的 ISI。这种由信道引发的 ISI 需要通过其它技术加以解决，例如可以通过降低符号速率来避免产生频率选择性衰落，或者使用接收均衡等技术。事实上，现代无线通信系统的大量技术都是用来对抗频率选择性衰落导致的 ISI，第 6 章至第 8 章的技术都可用来解决这一问题。

注意(4-7)式并没有明确规定$g(t)$的形状，只是规定了$g(t)$在特定时刻的取值。能够满足(4-7)式的$g(t)$有很多，例如有线通信系统中常用的矩形脉冲：

$$g(t) = \begin{cases} 1, & |t| < T_s/2 \\ 0, & 其它 \end{cases} \qquad (4-9)$$

又比如宽度为$2T_s$的三角脉冲：

$$g(t) = \begin{cases} 1 + \dfrac{t}{T_s}, & -T_s \leqslant t < 0 \\ 1 - \dfrac{t}{T_s}, & 0 \leqslant t < T_s \\ 0, & 其它 \end{cases} \qquad (4-10)$$

但是这些成形脉冲都不能用于无线通信，因为对应的信号频谱旁瓣太高，带外滚降太慢，不符合无线通信的要求。无线信道频谱是开放的资源，每个用户的通信都要工作在一定频带之内，如果信号在规定的频带之外还有能量，将会形成带外泄露，干扰相邻频带上的通信。为了容纳尽可能多的用户同时通信，信号主瓣宽度应尽可能窄，旁瓣应尽可能低，从而降低带宽占用和带外泄露。

假设信号 $s(t)=\sum\limits_n a_n g(t-nT_s)$，其中 a_n 为实平稳随机序列，均值为 μ_a，方差为 σ_a^2，自相关函数为 $R_a(m-n)=\mathbb{E}[a_m a_n]$，$g(t)$ 为成形脉冲，可以证明随机信号 $s(t)$ 的功率谱密度为

$$P_s(f)=\frac{1}{T_s}\sum_{k=-\infty}^{+\infty}R_a(k)\,e^{-j2\pi fkT_s}\,|G(f)|^2 \tag{4-11}$$

当 a_n 为无记忆随机序列时，有：

$$R_a(k)=\begin{cases}\mu_a^2+\sigma_a^2, & k=0\\ \mu_a^2, & k\neq 0\end{cases} \tag{4-12}$$

将 (4-12) 式代入 (4-11) 式可得：

$$P_s(f)=\frac{\sigma_a^2}{T_s}|G(f)|^2+\frac{\mu_a^2}{T_s^2}\sum_{m=-\infty}^{+\infty}\left|G\left(\frac{m}{T_s}\right)\right|^2\delta\left(f-\frac{m}{T_s}\right) \tag{4-13}$$

上面的推导中使用了一个重要的关系式：

$$\sum_{k=-\infty}^{+\infty}e^{j2\pi fkT_s}=\frac{1}{T_s}\sum_{k=-\infty}^{+\infty}\delta\left(f-\frac{k}{T_s}\right) \tag{4-14}$$

对于双极性不归零码，即 $g(t)$ 采用 (4-9) 式所示的矩形脉冲，输入为无记忆符号序列 $\{a_n=\pm 1\}$，且先验等概，则有 $\mu_a=0$，$\sigma_a=1$，根据 (4-14) 式，可以推得相应的功率谱密度如下：

$$P_s(f)=\frac{\sin^2(\pi fT_s)}{(\pi f)^2 T_s} \tag{4-15}$$

依据 (4-15) 式，图 4-3 画出了相应的功率谱密度函数曲线，其中 (a) 图纵坐标使用线性坐标，(b) 图使用对数坐标。可以看出第一旁瓣的功率谱密度比主瓣仅仅低了大约 13 dB，或者说其约为主瓣高度的 1/20，对于无线通信来说，这个旁瓣的功率谱密度还是过高，主瓣以外的滚降太慢，将会造成较高的带外泄露。因此需要更加适于无线通信的成形脉冲。

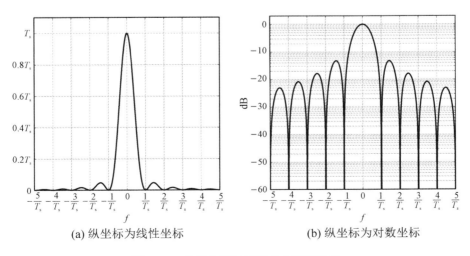

(a) 纵坐标为线性坐标　　　　　　　　　(b) 纵坐标为对数坐标

图 4-3　双极性不归零码的功率谱密度

4.2.1　奈奎斯特第一准则

如前所述，满足无 ISI 条件(4-7)式的 $g(t)$ 有很多，只有那些占用带宽少且带外滚降快的成形脉冲 $g(t)$ 才适合于在无线信道上使用，这就需要进一步考察 $g(t)$ 应该满足的频域特性。要使 $g(t)$ 满足无 ISI 的条件，其频谱应满足什么样的约束呢？ $g(kT_s)$ 可以看作是使用周期为 T_s 的冲激序列 $p(t) = \sum_{n=-\infty}^{+\infty} \delta(t - nT_s)$ 对 $g(t)$ 进行抽样得到的。 我们知道 $p(t)$ 的傅里叶变换为

$$P(f) = \mathscr{F}(p(t)) = \frac{1}{T_s} \sum_{n=-\infty}^{+\infty} \delta\left(f - \frac{n}{T_s}\right) \qquad (4-16)$$

只考虑采样时刻的 $g(t)$，则有

$$\mathscr{F}[g(t)p(t)] = G(f) * P(f) = \frac{1}{T_s} \sum_{n=-\infty}^{+\infty} G\left(f - \frac{n}{T_s}\right) \qquad (4-17)$$

从时域角度来看，结合冲激函数的性质以及 $g(nT_s)$ 的定义(4-7)式，可推得：

$$g(t)p(t) = \sum_{n=-\infty}^{+\infty} g(t)\delta(t - nT_s) = \sum_{n=-\infty}^{+\infty} g(nT_s)\delta(t - nT_s) = \delta(t) \qquad (4-18)$$

(4-18)式的傅里叶变换为 1，结合(4-17)式，可得：

$$\frac{1}{T_s} \sum_{n=-\infty}^{+\infty} G\left(f - \frac{n}{T_s}\right) = 1 \qquad (4-19)$$

(4-19)式的含义是以 $1/T_s$ 为间隔对 $G(f)$ 进行周期延拓，得到的函数叠加结果只要等于常数，即可实现采样时刻无码间串扰。这个条件称为奈奎斯特第一准则，(4-19)式与(4-7)式分别从频域和时域给出了成形脉冲应该满足的无 ISI 条件，两者相互等价，奈奎斯特第一准则又称为抽样点无失真准则。

我们的目标是尽可能降低基带信号的带宽占用，因此希望 $G(f)$ 为低通滤波器，从而只需考虑叠加函数在 $[-1/(2T_s), +1/(2T_s)]$ 的频率范围，将(4-19)式等价地写为

$$G_{eq}(f) = \begin{cases} \sum_{n=-\infty}^{+\infty} G\left(f + \frac{n}{T_s}\right) = T_s, & |f| \leqslant \frac{1}{2T_s} \\ 0, & |f| > \frac{1}{2T_s} \end{cases} \qquad (4-20)$$

满足(4-20)式的低通滤波器 $G(f)$ 有很多，其中 $G(f) = G_{eq}(f)$ 占用带宽最窄，此时 $G(f)$ 是带宽为 $0.5/T_s$ 的理想低通滤波器，相应的时域成形脉冲为

$$g(t) = \mathscr{F}^{-1}[G_{eq}(f)] = \frac{\sin(\pi t/T_s)}{\pi t/T_s} = \mathrm{sinc}\left(\frac{t}{T_s}\right) \qquad (4-21)$$

图 4-4 画出了理想低通滤波器的时域冲激响应和频域传输特性，可以看出，时域冲激响应满足(4-7)式，频域特性满足(4-20)式。

根据(4-6)式和(4-21)式，图 4-5 中的虚线给出了输入符号序列为$\{+1, +1, +1, +1, +1\}$时，脉冲成形模块输出的基带波形，可以看出，尽管由于成形脉冲相互叠加，导致基带波形有起伏，但是在抽样时刻，波形幅度仅取决于当前符号，其它符号对于基带波形幅度的贡献均为 0，从而避免了抽样时刻的 ISI。

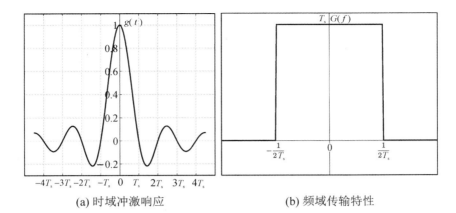

(a) 时域冲激响应　　　　　　　　　　(b) 频域传输特性

图 4 - 4　理想低通成形脉冲

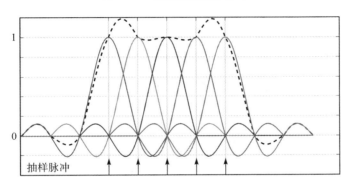

图 4 - 5　理想低通成形脉冲

　　基于奈奎斯特第一准则，当输入符号的传输速率为 $R_s = 1/T_s$ Baud 时，理想低通滤波器具有实现无 ISI 传输的最小基带带宽 $B = 1/2T_s$ Hz，从而基带频谱效率取得理论上的最大值：

$$\mu = \frac{R_s}{B} = 2 \text{ Baud/Hz} \qquad (4-22)$$

　　换言之，在基带带宽为 B 的理想低通信道上，最高码元传输速率为 $2B$ 波特；超过该速率，就会发生 ISI，不能保证理想信道上的无误传输。反之，如果规定传输速率为 R_s 波特，则基带传输信道的带宽至少为 $0.5R_s$ Hz，该值又称为奈奎斯特带宽；小于该带宽，就会发生 ISI，不能保证理想信道上的无误传输。如果是带通传输系统，由于带通信号占用的带宽要加倍，相应的最大频谱效率降为 1 Baud/Hz。注意第一准则与奈奎斯特采样定理在原理上是相通的，给定基带带宽 B Hz，可以实现的最大传信能力是 $2B$ 波特，同时为了避免损失信号中携带的信息，采样速率必须大于 $2B$ Hz。

　　虽然有着最高的频谱效率，但理想低通成形脉冲 $g(t)$ 是无限长的非因果信号，其在负时间上也有能量。这意味着输入信号没来之前，系统已经对其有响应了，这是物理不可实现的。针对这一问题，工程上的做法是截取 $g(t)$ 在时域 $[-mT_s, mT_s]$ 范围内的波形并延迟 mT_s 的时间，从而把无限长的非因果信号转化为物理可实现的有限长的因果信号，如图 4 - 6 所示，图中 $m=4$，使用该信号完成脉冲成形，第 k 个符号的抽样时刻要从 kT_s 改为 $(k+m)T_s$。

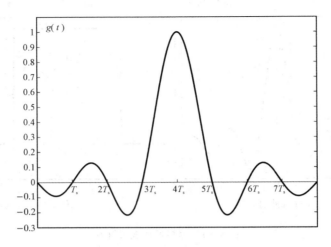

图 4-6　截断并延迟后的成形脉冲

为了尽可能降低时域截断导致的频域扩展，要求成形脉冲在$[-mT_s，mT_s]$范围之外的那部分能量尽可能小。但是理想低通成形脉冲的衰减是$1/t$的量级，尾部摆幅较大，收敛缓慢，需要很大的m才能满足上述要求，而很大的m意味着很大的系统延时。此外，理想低通成形脉冲对接收机抽样时刻的定时要求也非常严格，接收机只有在kT_s时刻采样才能够实现无符号间干扰。如果采样时刻有所偏离，由于衰减慢，则很多符号的干扰会累积起来，造成严重的 ISI，极易导致符号错判。

因此需要冲激响应快速衰减的滤波器。我们知道，时域信号的跳变包含很多的高频成分，造成频域的扩展。由于时频域的对称性，频域跳变也会引起时域扩展。理想滤波器正是因为频域存在跳变，所以时域衰减很慢。在服从奈奎斯特第一准则的前提下，改进思路是采用频域比较平滑的滤波器来加快时域衰减速度，典型的例子是无线通信中普遍采用的升余弦滚降（Raised Cosine Rolloff，RCR）滤波器，其冲激响应为

$$g(t) = \frac{\sin(\pi t / T_s)}{\pi t} \frac{\cos(\alpha \pi t / T_s)}{1 - 4(\alpha t / T_s)^2} \tag{4-23}$$

其中$\alpha \in [0，1]$为滚降因子，当$\alpha = 0$时对应于等效理想低通滤波器。从(4-23)式可以看出这个波形的时域衰减是$1/t^3$量级的，衰减非常快。RCR 滤波器的频域传输函数为

$$G(f) = \begin{cases} 1, & |f| \leqslant \dfrac{1-\alpha}{2T_s} \\ \dfrac{1}{2}\left[1 + \sin\left(\dfrac{\pi}{2\alpha} - \dfrac{\pi T_s}{\alpha}|f|\right)\right], & \dfrac{1-\alpha}{2T_s} \leqslant |f| \leqslant \dfrac{1+\alpha}{2T_s} \\ 0, & |f| \geqslant \dfrac{1+\alpha}{2T_s} \end{cases} \tag{4-24}$$

图 4-7 画出了不同α值的 RCR 滤波器的冲激响应与传输函数，从图中可以看出，α越大，则冲激响应波形在零点附近的斜率越小，过零点衰减越快，通常只需要$2\sim3$个T_s就可以认为衰减到零了，便于降低系统时延，减少抽样判决对定时抖动的敏感度。但是滚降因子α越大，占用的带宽越大，频谱效率越低。实际应用中，需要选取适当的α实现占用带

宽与快速衰减之间的折中。使用 RCR 滤波器，基带频谱效率为

$$\mu = \frac{R_s}{B} = \frac{2}{1+\alpha} \text{Baud/Hz} \tag{4-25}$$

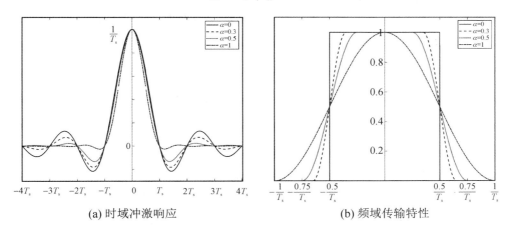

(a) 时域冲激响应　　　　　　　　　　　(b) 频域传输特性

图 4-7　升余弦滚降滤波器的冲激响应与传输函数

图 4-8 给出了同样一段随机符号序列，经过 α 不同的 RCR 脉冲成形滤波器后，得到的输出波形，可以看出 α 取值越大，基带波形的起伏就越小，这是因为 α 越大，$g(t)$ 尾部摆幅的衰减就越快，从而多个波形叠加后，幅度变化的程度就越小。但是无论 α 取值为多少，在每个横坐标刻度对应的抽样时刻，基带波形只有 +1 或者 -1 两种取值，这是因为抽样时刻无 ISI，只有一个符号对波形幅度有贡献。

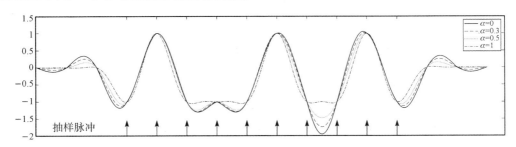

图 4-8　不同 α 条件下 RCR 滤波器输出波形对比

实际工程应用中，经常取频谱特性(4-24)式的平方根构成根升余弦滚降滤波器，发射端放置一个，接收端放置一个，从而保证理想信道条件下，收发两端的总传输特性为满足奈奎斯特第一准则的 RCR 滤波器，同时还能实现匹配滤波以获得最大接收信噪比。注意单个根升余弦滚降滤波器不满足奈奎斯特第一准则，存在 ISI，只有收发两端同时使用，才能保证无 ISI。

4.2.2　奈奎斯特第二准则

理想低通滤波器能够达到最高的频谱效率，但是响应波形尾部摆幅较大，且对抽样时刻的定时要求严格，工程实现时需要截取很长的时间，一方面增加了计算复杂度，另一方面增加了系统时延；引入滚降后，升余弦滚降滤波器减少了对定时精度的要求，复杂度和

系统时延相对降低，但是却增加了带宽，降低了频谱效率。那么能否寻求一种技术，既能使频谱效率达到理论最大值，又能形成尾部衰减迅速的波形，降低对定时精度的要求？答案是肯定的，其思想是允许存在一定的、受控制的 ISI，该 ISI 可以在接收端加以消除。这类系统称为部分响应系统，相应的准则称为奈奎斯特第二准则，也即转换点无失真准则。例如满足以下条件的 $g(t)$ 就服从奈奎斯特第二准则：

$$g(kT_s) = \begin{cases} 1, & k = 0,1 \\ 0, & k \neq 0,1 \end{cases} \tag{4-26}$$

(4-26)式的物理含义是：成形脉冲 $g(t)$ 只有在抽样时刻 $t=0$ 和 $t=T_s$ 处的采样值为 1，其余 kT_s 时刻的采样值均为零。将(4-26)式代入(4-6)式并在 kT_s 时刻抽样可得：

$$r(kT_s) = \sum_n a_n g(kT_s - nT_s) = a_{k-1} + a_k \tag{4-27}$$

这表明理想信道条件下，接收信号在 kT_s 时刻的采样值要受到第 $k-1$ 个符号的干扰，而与其它符号之间不会发生串扰。由于 a_{k-1} 是前一时刻已判决的符号，因而这种串扰是已知的、可控的，可以在接收端消除。这种前后两个码元产生相互干扰的部分响应系统，称为第一类部分响应系统。那么如何构造满足(4-26)式的部分响应波形呢？

$\mathrm{sinc}(t/T_s)$ 的波形尾部摆幅大，但是我们发现相距一个码元间隔的两个 $\mathrm{sinc}(t/T_s)$ 波形的拖尾正好正负相反，利用这样的波形组合可以构成尾部衰减很快的波形。因此用两个间隔为 T_s 的 $\mathrm{sinc}(t/T_s)$ 的合成波形来代替 $\mathrm{sinc}(t/T_s)$，即可产生一种满足奈奎斯特第二准则的波形：

$$g(t) = \mathrm{sinc}\left(\frac{t}{T_s}\right) + \mathrm{sinc}\left(\frac{t-T_s}{T_s}\right)$$

其中

$$\mathrm{sinc}(x) = \frac{\sin(\pi x)}{\pi x} \tag{4-28}$$

利用两个 sinc 函数构造的第一类部分响应波形如图 4-9 所示，它只有在抽样时刻 $t=0$ 和 $t=T_s$ 处采样值为 1，其余 kT_s 时刻的采样值均为零。

对(4-28)式做傅里叶变换可以得到部分响应波形对应的频谱为

$$G(f) = \begin{cases} 2T_s \cos(\pi T_s f)\, \mathrm{e}^{-\mathrm{j}\pi n f T_s}, & |f| \leqslant \dfrac{1}{2T_s} \\ 0, & |f| > \dfrac{1}{2T_s} \end{cases} \tag{4-29}$$

由(4-29)式可以看出其频谱呈缓慢变化的余弦滤波特性，易于实现；且传输带宽为 $1/(2T_s)$，因此频谱效率为 2 Baud/Hz，同样可以达到无 ISI 传输的理论最大值。值得注意的是，$\alpha=1$ 的升余弦滚降滤波器同时满足奈奎斯特第一和第二准则，这是因为其时域波形在所有非零整数倍 T_s 的时刻取值为 0，从而满足第一准则；不仅如此，根据(4-23)式，其时域波形 $g(t)$ 还满足除 $\pm T_s/2$ 时刻之外的其他所有奇数倍的 $T_s/2$ 时刻取值也为 0，也就是说时域波形 $g'(t) = g(t - T_s/2)$ 正好满足(4-26)式所规定的奈奎斯特第二准则，这一点读者可以自行验证。

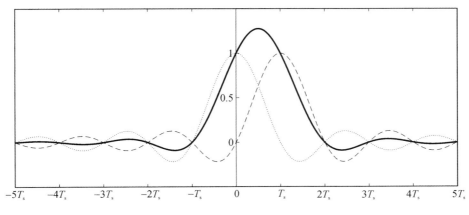

图 4 - 9　第一类部分响应波形示例

设输入的二进制码元取值为 +1 或 -1，当输入的符号序列为 {+1，+1，-1，-1，+1，-1，-1} 时，第一类部分响应系统的输出波形如图 4 - 10 中的粗实线所示，图中细线波形分别对应每个符号的成形脉冲，所有细线叠加后即可得到总的输出波形。可以看出在码元抽样时刻，只有两个相邻码元的成形脉冲幅度对总输出有贡献，其它码元的脉冲幅度均为 0，考虑到码元取值只有 ±1 两种可能，因此抽样时刻输出波形的采样值只有 ±2 和 0 三种可能。

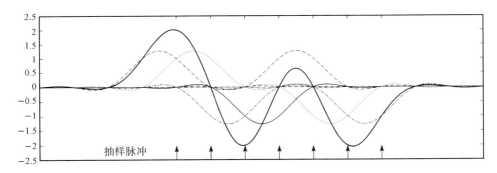

图 4 - 10　部分响应波形的成形脉冲输出

采用部分响应波形，最大的问题在于误码扩散，当某个码元出现判决错误时，后续所有码元都会错判，这是因为相邻码元之间引入了相关性，为了避免这一误码扩散现象，必须使用预编码技术。具体来说，假设输入比特序列为 b_k，则预编码输出比特序列为 $\bar{a}_k = b_k \oplus \bar{a}_{k-1}$，然后将单极性码 $\bar{a}_k$ 转换为双极性码 $a_k = 2\bar{a}_k - 1$ 序列送入部分响应系统，则理想信道下第 k 个接收码元的采样值为 $r_k = a_k + a_{k-1}$，依据表 4 - 1，可以发现预编码解除了相邻码元之间的相关性，直接在采样值 r_k 与输入比特 b_k 之间建立了对应关系，具体的判决准则为：如果采样值 r_k 为 ±2，则判为比特 "0"，如果 r_k 为 0，则判为 "1"。使用预编码技术，如果某个接收码元判决错误，只会出现 1 个比特的差错。采用部分响应波形能够保证最大的频谱效率，代价是增加了发射信号的功率，或者说在相同接收功率的前提下，与奈奎斯特第一准则相比，误码率将会升高。

表 4 - 1　基于预编码的部分响应系统真值表

b_k	$\bar{a}_{k-1}$	$\bar{a}_k = b_k \oplus \bar{a}_{k-1}$	a_{k-1}	a_k	r_k
0	0	0	-1	-1	-2
0	1	1	+1	+1	+2
1	0	1	-1	+1	0
1	1	0	+1	-1	0

第一类部分响应波形在相邻两个码元之间引入了可控的 ISI，实际上可以对其进行推广，在 N 个码元之间引入可控的 ISI，从而得到部分响应的一般形式，即多个 $\mathrm{sinc}(x)$ 波形之和。

$$g(t) = \sum_{n=0}^{N-1} R_n \mathrm{sinc}\left(\frac{t - nT_s}{T_s}\right) \tag{4-30}$$

其中 R_0、R_1、$\cdots$、R_{N-1} 为加权系数，取值为整数。显然不同的 R_n 对应不同的部分响应信号，当 $R_0 = R_1 = 1$，其余系数 $R_n = 0$ 时，就是第一类部分响应波形。(4-30)式的傅里叶变换为

$$G(f) = \begin{cases} T_s \sum_{n=0}^{N-1} R_n \mathrm{e}^{-\mathrm{j}2\pi n f T_s}, & |f| \leqslant \dfrac{1}{2T_s} \\ 0, & |f| > \dfrac{1}{2T_s} \end{cases} \tag{4-31}$$

可见其频谱仅存在于 $(-1/(2T_s), 1/(2T_s))$ 范围内，基带带宽为 $1/(2T_s)$，因此所有的部分响应系统都能实现 2 Baud/Hz 的传输能力。

4.2.3　奈奎斯特第三准则

奈奎斯特第三准则也称为面积无失真准则，若一个码元周期内波形的面积正比于发送脉冲的幅度值，而其它码元发送波形在此码元间隔内的面积为 0，则接收端通过对接收波形在一个码元周期内积分，也可无失真地恢复发射符号。

设 $g(t)$ 为满足奈奎斯特第三准则的基带传输冲激响应，则满足：

$$\int_{kT_s - \frac{T_s}{2}}^{kT_s + \frac{T_s}{2}} g(t)\mathrm{d}t = \begin{cases} 1, & k = 0 \\ 0, & k \neq 0 \end{cases} \tag{4-32}$$

接收端通过对接收波形在第 k 个符号周期内积分，也可无失真地恢复第 k 个发射符号，具体来说，由(4-6)式和(4-32)式，对 $r(t)$ 在第 k 个符号周期内积分可得：

$$\int_{kT_s - \frac{T_s}{2}}^{kT_s + \frac{T_s}{2}} r(t)\mathrm{d}t = \int_{kT_s - \frac{T_s}{2}}^{kT_s + \frac{T_s}{2}} \sum_n a_n g(t - nT_s)\,\mathrm{d}t = \sum_n a_n \int_{kT_s - \frac{T_s}{2}}^{kT_s + \frac{T_s}{2}} g(t - nT_s)\,\mathrm{d}t = a_k \tag{4-33}$$

如果将满足奈奎斯特第一准则的脉冲成形滤波器频域特性记为 $G_1(f)$，满足第三准则的滤波器频域特性记为 $G_3(f)$，则可以证明滤波器 $G_3(f)$ 对矩形脉冲的输出响应满足第一准则。也就是说，可以基于如下关系从第一准则滤波器 $G_1(f)$ 求得第三准则滤波器：

$$G_3(f) = G_1(f) \cdot \frac{\pi f T_s}{\sin \pi f T_s} \tag{4-34}$$

图 4-11 画出了由 RCR 滤波器构成的满足奈奎斯特第三准则的滤波器频域特性。

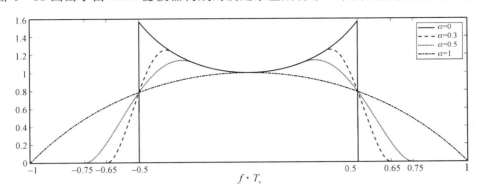

图 4-11　奈奎斯特第三准则滤波器的频域特性

4.3　信号空间分析

在数字通信系统中，由于信道是模拟的，信源发送的离散消息必须首先转换为适合于信道传输的模拟信号，消息与信号之间存在一一对应的关系，由于消息的数目是有限的，因此用来发送的信号波形也是有限的，数字调制模块就是用来将某个离散消息映射为相应的发射信号波形。由于信道的影响，接收信号中包含了各种信道损伤导致的信号失真，接收机需要在有损的情况下判定发端到底发送了哪个消息。直接的做法是，接收机将收到的信号同各个可能的发射信号做比较，找到"最近"或者最相似的那个作为检测结果，以使出错的概率最小。为了判断"远近"，我们需要能够度量信号之间的距离，然而波形之间的距离计算过于复杂。本节介绍信号的空间表示，通过将信号投影到一组基函数，把信号波形和向量表示一一对应起来，从而将问题从无限维的函数空间变换到有限维的向量空间中，进而利用向量空间中的距离概念来度量信号之间的距离，简化计算。信号的空间表示具有很强的通用性，几乎所有的数字调制都可以统一到空间表示的框架之下，方便我们以统一的视角看待各种不同的调制方法。本节不加推导地介绍如何把已调信号表示为向量，如何根据这种向量表示得到最佳的解调方法。随后的几节将用信号空间分析的方法详细分析一些具体的调制方式。

4.3.1　已调信号的空间表示

从本质上讲，数字调制就是将输入的连续信息比特划分为每 L 个比特一组，依据每组 L 个比特的取值，得到 $M = 2^L$ 个可能的码元，所有可能的码元集合记为 $\mathbb{M} = \{m_1, m_2, \cdots, m_M\}$，相应地，从 M 个可能的信号波形中选取一个作为已调信号输出，M 个信号波形构成的集合记为

$$\mathbb{S} = \{s_1(t), s_2(t), \cdots, s_M(t)\}$$

例如采用矩形成形脉冲的二进制相移键控（BPSK）调制方案，符号集合 $\mathbb{M} = \{+1, -1\}$ 包含 $M = 2$ 种可能的发射符号，对应的信号集 $\mathbb{S} = \{s_1(t), s_2(t)\}$ 包含 2 种信号，分别为

$$\begin{cases} s_1(t) = +A\cos 2\pi f_c t, \\ s_2(t) = -A\cos 2\pi f_c t, \end{cases} \quad 0 \leqslant t < T_s \qquad (4-35)$$

BPSK 调制器以每个输入比特为单位，如果输入比特为 0，则首先映射为符号 +1，然后输出 $s_1(t)$，否则输出 $s_2(t)$。如果采用 M 进制调制方案，则 $\mathbb{S}$ 包括 M 种信号波形，每个信号波形携带 $L = \mathrm{lb}M$ 个比特的信息。

将信号进行几何表示的基础是正交基的概念。通过施密特正交化，我们可以把任意 M 个有限能量实信号 $\mathbb{S} = \{s_1(t), s_2(t), \cdots, s_M(t)\}$ 表示为 N 个（$N \leqslant M$）正交基函数 $\{\phi_1(t), \phi_2(t), \cdots, \phi_N(t)\}$ 的线性组合，即

$$s_i(t) = \sum_{j=1}^{N} s_{ij}\phi_j(t), 1 \leqslant i \leqslant M \qquad (4-36)$$

其中 N 个正交基函数满足以下正交条件：

$$\langle \phi_i(t), \phi_j(t) \rangle = \int_0^{T_s} \phi_i(t)\phi_j^*(t)\mathrm{d}t = \begin{cases} 1, & i = j \\ 0, & i \neq j \end{cases} \quad 1 \leqslant i, j \leqslant N \qquad (4-37)$$

(4-37) 式中 $\langle \phi_i(t), \phi_j(t) \rangle$ 为两个函数的内积运算，(4-37) 式的物理含义是每个基函数具有单位能量，不同的基函数之间相互正交，注意式中积分上下限取决于信号持续时间，可能是 $[0, T_s]$，也可能是 $[-\infty, +\infty]$，下文中统一使用后者，但是具体使用时应该具体对待。满足以上条件的基函数集合有很多，例如周期为 T_s/k 的复载波在时间 $[0, T_s]$ 上的信号集合 $\{\sqrt{1/T_s}\exp(\mathrm{j}2\pi kt/T_s), k \in \mathbb{Z}\}$，读者可以自行验证该集合的任意子集均满足 (4-37) 式。又比如在时间 $[-\infty, +\infty]$ 上的信号集合 $\{\mathrm{sinc}(t/T_s - k), k \in \mathbb{Z}\}$。

由 (4-36) 式可以看出，给定基函数向量 $\boldsymbol{\phi} = [\phi_1(t), \phi_2(t), \cdots, \phi_N(t)]^\mathrm{T}$，信号 $s_i(t)$ 可以表示为向量 $\boldsymbol{s}_i = [s_{i1}, s_{i2}, \cdots, s_{iN}]^\mathrm{T}$ 与 $\boldsymbol{\phi}$ 的点积，即 $s_i(t) = \boldsymbol{s}_i^\mathrm{T}\boldsymbol{\phi}$。实际上，在 (4-37) 式的条件下，信号 $s_i(t)$ 与向量 $\boldsymbol{s}_i$ 之间存在一一对应的关系，系数 s_{ij} 等于 $s_i(t)$ 在基函数 $\phi_j(t)$ 上的投影，即

$$s_{ij} = \int_{-\infty}^{+\infty} s_i(t)\phi_j^*(t)\mathrm{d}t \qquad (4-38)$$

我们把基函数 $\{\phi_1(t), \phi_2(t), \cdots, \phi_N(t)\}$ 所有线性组合构成的空间称为信号空间，基函数可以看作构成信号空间的坐标系统，而向量 $\boldsymbol{s}_i$ 可以看作 $s_i(t)$ 在信号空间中的坐标，称为信号星座点。把信号 $s_i(t)$ 用其星座点表示，就叫作信号的空间表示。由于 $\mathbb{S}$ 中每个信号都可以通过星座点 $\boldsymbol{s}_i$ 表示，因此可以在信号空间中画出这些星座点，所有星座点的集合 $\{\boldsymbol{s}_1, \boldsymbol{s}_2, \cdots, \boldsymbol{s}_M\}$ 构成信号星座图。

将信号集 $\mathbb{S}$ 中的元素作为向量空间中的点来进行考察是分析调制方式非常重要的一种方法，通过调制信号的向量空间表示，对各种不同的已调信号进行直观和统一的图形表示，可以得到许多关于调制方案性能的有用信息。例如广泛使用的线性带通调制，$\boldsymbol{\phi} = \{\phi_1(t), \phi_2(t)\}$ 包含 $N = 2$ 个基函数：

$$\begin{cases} \phi_1(t) = Ag(t)\cos(2\pi f_c t) \\ \phi_2(t) = -Ag(t)\sin(2\pi f_c t) \end{cases} \qquad (4-39)$$

其中 $g(t)$ 为成形脉冲，A 为归一化系数，目的是保证基函数满足单位能量的条件。下面证明基函数满足 (4-37) 式的要求。

1. 任意基函数满足单位能量条件

将 $g(t)$ 的傅里叶变换记为 $G(f)=\mathscr{F}\{g(t)\}$，则函数 $\phi_1(t)$ 的能量可推导如下：

$$\int_{-\infty}^{+\infty}\phi_1^2(t)\mathrm{d}t=\int_{-\infty}^{+\infty}\left[g(t)\cos2\pi f_ct\right]^2\mathrm{d}t=\int_{-\infty}^{+\infty}\left[\mathscr{F}\{g(t)\cos2\pi f_ct\}\right]^2\mathrm{d}f$$

$$=\frac{1}{4}\int_{-\infty}^{+\infty}\left[G(f-f_c)+G(f+f_c)\right]^2\mathrm{d}f$$

上式第二个等号是因为连续傅里叶变换的帕斯瓦尔定理，由于成形脉冲 $g(t)$ 为低通滤波器，其能量是有限的，因此上式等于某个有限的常数 K，通过给 $g(t)$ 乘以归一化系数 $A=\sqrt{1/K}$ 即可保证上式的最终结果为 1。同理可证 $\phi_2(t)$ 满足单位能量条件。

2. 不同基函数之间满足相互正交条件

令 $X(f)=\mathscr{F}\{g^2(t)\}$，可以推得：

$$\int_{-\infty}^{+\infty}\phi_1(t)\phi_2^*(t)\mathrm{d}t=\int_{-\infty}^{+\infty}-g^2(t)\cos(2\pi f_ct)\sin(2\pi f_ct)\mathrm{d}t$$

$$=-\frac{1}{2}\int_{-\infty}^{+\infty}g^2(t)\sin(4\pi f_ct)\mathrm{d}t$$

$$=\frac{1}{2}\mathscr{F}\{g^2(t)\sin(4\pi f_ct)\}\big|_{f=0}$$

$$=-0.25\mathrm{j}\left[X(2f_c)-X(-2f_c)\right]$$

成形脉冲 $g(t)$ 具有低通特性，$g^2(t)$ 同样具有低通特性，因此 $\pm2f_c$ 必然远远落在 $X(f)$ 的通带范围之外，则有 $X(2f_c)\approx X(-2f_c)\approx0$，从而上式近似为 0，满足正交条件。

以上述两个基函数为基础构成的信号空间为二维平面，线性带通调制信号集 $\mathbb{S}$ 为该信号空间的子集，任意信号 $s_i(t)\in\mathbb{S}$ 都可以表示为

$$s_i(t)=s_{i1}\phi_1(t)+s_{i2}\phi_2(t)=s_{i1}Ag(t)\cos(2\pi f_ct)-s_{i2}Ag(t)\sin(2\pi f_ct) \qquad (4-40)$$

其中系数 s_{i1}、s_{i2} 又分别称为同相分量和正交分量，二者合起来构成 $s_i(t)$ 的向量表示，即 $\boldsymbol{s}_i=[s_{i1},s_{i2}]^\mathrm{T}$。由于信号空间为二维平面，因此用图形表示向量 $\boldsymbol{s}_i$ 非常直观。例如 $M=8$ 的八进制移相键控信号（8 PSK），如果采用宽度为 T_s 的矩形成形脉冲，则相应的基函数为

$$\begin{cases}\phi_1(t)=\sqrt{\dfrac{2}{T_s}}\cos\omega_ct \\[2mm] \phi_2(t)=-\sqrt{\dfrac{2}{T_s}}\sin\omega_ct\end{cases} \qquad 0<t<T_s \qquad (4-41)$$

其中系数 $\sqrt{2/T_s}$ 用来归一化基函数的能量。8 PSK 信号集 $\mathbb{S}$ 中可能的信号波形为

$$s_i(t)=\sqrt{2\frac{E_s}{T_s}}\cos\left(\omega_ct+(i-1)\frac{\pi}{4}\right),\ i=1,2,\cdots,8$$

$$=\sqrt{2\frac{E_s}{T_s}}\cos\left((i-1)\frac{\pi}{4}\right)\cos\omega_ct-\sqrt{2\frac{E_s}{T_s}}\sin\left((i-1)\frac{\pi}{4}\right)\sin\omega_ct$$

$$=\sqrt{E_s}\cos\left((i-1)\frac{\pi}{4}\right)\phi_1(t)+\sqrt{E_s}\sin\left((i-1)\frac{\pi}{4}\right)\phi_2(t) \qquad (4-42)$$

其中 E_s 为每个符号的能量。因此 $s_i(t)$ 对应的星座点为

$$s_i = \left[\sqrt{E_s} \cos\left[(i-1)\frac{\pi}{4}\right], \quad \sqrt{E_s} \sin\left[(i-1)\frac{\pi}{4}\right]\right]^T, i = 1, 2, \cdots, 8 \quad (4-43)$$

将所有 8 个可能的 s_i 绘制在二维平面上，就得到 8 PSK 调制的星座图，如图 4 - 12 所示。在具体实现时，发送端以每 3 个比特为单位，依据其 8 种可能的组合按照(4 - 43)式得到星座点，然后基于(4 - 42)式得到发射信号。

通过将 $\mathbb{S}$ 中每个信号表示为星座点或向量，能够避免复杂的积分运算，从而极大地简化计算和分析，具体来说，很容易证明以下两个性质：

(1) 信号 $s_i(t)$ 的能量正好等于其对应星座点（向量）的长度的平方。

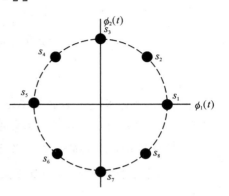

图 4 - 12　8 PSK 星座图

$$\int_{-\infty}^{+\infty} |s_i(t)|^2 \mathrm{d}t = \sum_{j=1}^{N} |s_{ij}|^2 = \|s_i\|^2$$

$$(4-44)$$

(2) 两个信号 $s_i(t)$ 与 $s_j(t)$ 的误差信号的能量正好等于对应星座点 s_i 和 s_j 之间距离的平方。

$$\sqrt{\int_{-\infty}^{+\infty} |s_i(t) - s_k(t)|^2 \mathrm{d}t} = \sqrt{\sum_{j=1}^{N} |s_{ij} - s_{kj}|^2} = \|s_i - s_k\| \quad (4-45)$$

通过将信号投影到一组基函数，就能在信号波形和向量表示之间建立一一对应的等价关系。这样，问题就从无限维的函数空间转到了有限维的向量空间，进而利用向量空间中的距离来度量信号之间的距离，可避免复杂的积分运算，极大地降低运算复杂度，便于数字化处理。总之，通过等效基带原理我们可以消去载波对于分析的影响，通过信号的几何表示，我们可以进一步同时消去脉冲成形和载波，直接基于星座点来理解和分析调制性能。

4.3.2　AWGN 信道下接收信号的空间表示

假定发送信号对应的星座点为 s_i，AWGN 信道条件下接收信号为 $r(t) = s_i(t) + n(t)$，$0 \leqslant t < T_s$，我们需要根据 $r(t)$ 确定 $[0, T_s]$ 时间内发送了哪个星座点 s_i。基于信号的空间表示，$s_i(t)$ 可以等价地表示为星座点或向量 s_i，接下来说明通过同样的基函数集合，$n(t)$ 也可以等价地表示为噪声向量 n，进而接收信号 $r(t)$ 可以等价地表示为接收向量 $r = s_i + n$，方便我们在有限维的向量空间中研究发送信号的估计问题。

发送信号集合 $\mathbb{S}$ 中每个信号都经过了仔细的设计，因此都可以精确地表示为基函数的线性组合，而噪声则是我们无法控制的随机过程，不可能正好是这些基函数的线性组合，因此噪声信号 $n(t)$ 可以表示为

$$n(t) = \sum_{j=1}^{N} n_j \phi_j(t) + \tilde{n}(t) = n^T \phi + \tilde{n}(t) \quad (4-46)$$

其中 $n = [n_1, n_2, \cdots, n_N]^T$ 为随机向量，并且有 $n_j = \int_{-\infty}^{+\infty} n(t) \phi_j^*(t) \mathrm{d}t$。也就是说，$n(t)$

由基函数的某种线性组合 $\sum\limits_{j} n_j \phi_j(t)$ 与"剩余"噪声 $\tilde{n}(t)$ 两部分组成，其中前者属于信号空间，后者 $\tilde{n}(t)$ 则与信号空间正交，在信号空间上的投影为 0，或者说 $\tilde{n}(t)$ 在信号空间中任何一个基函数 $\phi_j(t)$ 上的投影均为 0。

接下来暂时忽略 $\tilde{n}(t)$，讨论随机向量 $\boldsymbol{n}$ 的分布，其每个元素 n_j 可以计算如下：

$$n_j = \int_{-\infty}^{+\infty} n(t) \phi_j^*(t) \mathrm{d}t = \lim_{\Delta t \to 0} \sum_m n(m\Delta t) \phi_j^*(m\Delta t) \Delta t \qquad (4-47)$$

由于 $n(t)$ 为高斯随机过程，故 $n(m\Delta t)$ 为高斯随机变量；又因为 $n(t)$ 为白噪声，故对于任意 $i \neq k$ 都有 $n(i\Delta t)$ 与 $n(k\Delta t)$ 相互独立。(4-47)式说明 n_j 可看作无穷项独立同分布高斯随机变量 $n(m\Delta t)$ 的加权和。我们知道任意两个相互独立的高斯随机变量之和仍然服从高斯分布，具体来说，假定两个高斯随机变量 $X \sim \mathcal{N}(\mu_1, \sigma_1^2)$ 和 $Y \sim \mathcal{N}(\mu_2, \sigma_2^2)$ 相互独立，则随机变量 $Z = aX + bY$ 服从高斯分布 $\mathcal{N}(a\mu_1 + b\mu_2, a^2\sigma_1^2 + b^2\sigma_2^2)$。因此 n_j 也服从高斯分布，进一步地，由于 $\mathbb{E}[n(m\Delta t)] = 0, \forall m$，容易推得 $\mathbb{E}[n_j] = 0$，因此 $\boldsymbol{n}$ 中每个元素 n_j 都服从零均值高斯分布。又因为

$$\begin{aligned}
\mathbb{E}[n_j n_k^*] &= \mathbb{E}\left[\int_{-\infty}^{+\infty} n(t) \phi_j^*(t) \mathrm{d}t \int_{-\infty}^{+\infty} n^*(t) \phi_k(t) \mathrm{d}t\right] \\
&= \mathbb{E}\left[\int_{-\infty}^{+\infty} \int_{-\infty}^{+\infty} n(u) \phi_j^*(u) n^*(v) \phi_k(v) \mathrm{d}u \mathrm{d}v\right] \\
&= \int_{-\infty}^{+\infty} \int_{-\infty}^{+\infty} \mathbb{E}[n(u)n^*(v)] \phi_j^*(u) \phi_k(v) \mathrm{d}u \mathrm{d}v \\
&= \frac{N_0}{2} \int_{-\infty}^{+\infty} \int_{-\infty}^{+\infty} \delta(u-v) \phi_j^*(u) \phi_k(v) \mathrm{d}u \mathrm{d}v \\
&= \frac{N_0}{2} \int_{-\infty}^{+\infty} \phi_j^*(u) \phi_k(u) \mathrm{d}u \\
&= \begin{cases} N_0/2, & j = k \\ 0, & j \neq k \end{cases}
\end{aligned} \qquad (4-48)$$

由(4-48)式可知 $\boldsymbol{n}$ 中不同的元素互不相关，任意 n_j 的方差为 $N_0/2$。对于高斯分布来说互不相关等价于相互独立，故 N 维随机向量 $\boldsymbol{n}$ 中的每个元素相互独立，其联合概率密度函数为 N 个一维高斯分布的乘积：

$$p(\boldsymbol{n}) = \prod_{j=1}^{N} p(n_j) = \frac{1}{(\pi N_0)^{N/2}} \exp\left[-\frac{1}{N_0} \sum_{j=1}^{N} n_j^2\right] \qquad (4-49)$$

基于噪声信号的空间表示，可以将接收信号表示为

$$\begin{aligned}
r(t) &= s_i(t) + n(t) = \sum_j s_{ij} \phi_j(t) + \sum_j n_j \phi_j(t) + \tilde{n}(t) \\
&= \sum_j (s_{ij} + n_j) \phi_j(t) + \tilde{n}(t) \\
&= \sum_j r_j \phi_j(t) + \tilde{n}(t) = \boldsymbol{r}^{\mathrm{T}} \boldsymbol{\phi} + \tilde{n}(t)
\end{aligned} \qquad (4-50)$$

也就是说 $r(t)$ 等于接收向量 $\boldsymbol{r} = [r_1, r_2, \cdots, r_N]^{\mathrm{T}}$ 与基函数向量 $\boldsymbol{\phi}$ 的点积 $\boldsymbol{r}^{\mathrm{T}} \boldsymbol{\phi}$ 加上剩余噪声 $\tilde{n}(t)$，而 $\tilde{n}(t)$ 垂直于信号空间，其大小对于信号空间中的 $\boldsymbol{s}_i$ 没有影响，对于信号检测来说是统计无关量，可以丢弃，从而接收向量可以无损地等价表示为 $\boldsymbol{r} = \boldsymbol{s}_i + \boldsymbol{n}$，其中 $r_j =$

$\int_{-\infty}^{+\infty} r(t)\phi_j^*(t)\mathrm{d}t$，图 4-13 给出了接收端根据 $r(t)$ 计算接收向量 $\boldsymbol{r}$ 的结构框图。注意为了实现这一过程，接收机本地生成的基函数 $\phi_j(t)$ 必须与接收信号保持同步关系。由于通常的基函数都包含载波，因此要求接收机生成与接收信号同频同相的相干载波，因此图 4-13 中的接收机为相干解调接收机。

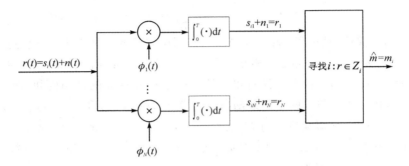

图 4-13　基于信号空间表示的相干解调接收机

接下来在给定发送星座点 $\boldsymbol{s}_i$ 的条件下考察 $\boldsymbol{r}$ 的分布，噪声向量中 N 个元素 $\{n_j\}$ 为独立同分布的零均值高斯随机变量，从而 $\boldsymbol{r}=[r_1, r_2, \cdots, r_N]^\mathrm{T}$ 也是相互独立的 N 维高斯随机向量，又因为 $r_j = s_{ij} + n_j$，所以在发送星座点 $\boldsymbol{s}_i$ 的条件下有 $r_j \sim \mathcal{N}(s_{ij}, N_0/2)$。综上，在发送星座点为 $\boldsymbol{s}_i$ 的条件下，$\boldsymbol{r}$ 的条件分布可表示为

$$p(\boldsymbol{r} \mid \boldsymbol{s}_i) = \prod_{j=1}^{N} p(r_j \mid s_{ij}) = \frac{1}{(\pi N_0)^{N/2}} \exp\left[-\frac{1}{N_0} \sum_{j=1}^{N} (r_j - s_{ij})^2 \right] \qquad (4-51)$$

4.3.3　AWGN 信道下的接收机设计

在接收信号为 $r(t)$ 的条件下，接收机要输出发送符号的估计值 $\hat{m}$，假定发送符号为 m_i，如果 $\hat{m} \neq m_i$ 则接收端发生一次错误的符号检测，显然，接收机应尽可能降低符号检测的错误概率，使 $p_e = p(\hat{m} \neq m_i \mid r(t))$ 最小或者 $p(\hat{m} = m_i \mid r(t))$ 最大。由于符号和信号星座点之间一一对应，等效于接收机输出能使 $p(s_i(t) \mid r(t))$ 最大的那个 $s_i(t)$。

基于信号的空间表示，接收机的设计目标可以重新描述如下：对于给定的接收向量 $\boldsymbol{r}$，最佳接收机输出的星座点 $\hat{\boldsymbol{s}}$ 应满足最大后验概率（Maximum A Posteriori，MAP）判决准则：

$$\hat{\boldsymbol{s}} = \underset{i \in \{1, 2, \cdots, M\}}{\mathrm{argmax}}\ p(\boldsymbol{s}_i \mid \boldsymbol{r}) \qquad (4-52)$$

也就是说，如果接收机输出了 $\boldsymbol{s}_i$，则应该有 $p(\boldsymbol{s}_i \mid \boldsymbol{r}) > p(\boldsymbol{s}_j \mid \boldsymbol{r})$，$\forall j \neq i$，据此将信号空间划分为互不重叠的 M 个判决域（decision region），记为 $Z_1, Z_2, \cdots, Z_M$。Z_i 表示星座点 $\boldsymbol{s}_i$ 的判决域：

$$Z_i = \{\boldsymbol{r}: p(\boldsymbol{s}_i \mid \boldsymbol{r}) > p(\boldsymbol{s}_j \mid \boldsymbol{r}), \ \forall j \neq i\} \qquad (4-53)$$

接收机首先由 $r(t)$ 计算接收向量 $\boldsymbol{r}$，找到 $\boldsymbol{r}$ 所属的判决域 Z_i，进而判决输出 $\boldsymbol{s}_i$，若存在某点 $\boldsymbol{r}$ 使得 $p(\boldsymbol{s}_i \mid \boldsymbol{r}) = p(\boldsymbol{s}_j \mid \boldsymbol{r})$，则可将其任意判决为 $\boldsymbol{s}_i$ 或者 $\boldsymbol{s}_j$。例如图 4-14 中，一个二维信号空间划分成四个判决域 Z_1、Z_2、Z_3、Z_4，与之对应的星座点是 $\boldsymbol{s}_1$、$\boldsymbol{s}_2$、$\boldsymbol{s}_3$、$\boldsymbol{s}_4$，如果接收向量 $\boldsymbol{r}$ 处在区域 Z_1 中，则接收机将输出星座点 $\boldsymbol{s}_1$ 作为对接收向量 $\boldsymbol{r}$ 的最佳估计。

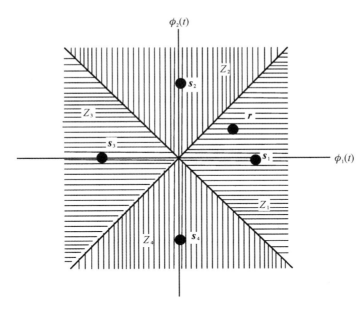

图 4 - 14　判决域

接下来讨论判决域的设计。后验概率计算往往难以直接计算，因此由贝叶斯公式：

$$p(s_i \mid r) = \frac{p(r \mid s_i)\, p(s_i)}{p(r)} \tag{4-54}$$

(4 - 52)式可以改写为

$$\operatorname*{argmax}_{i \in \{1, 2, \cdots, M\}} p(s_i \mid r) = \operatorname*{argmax}_{i \in \{1, 2, \cdots, M\}} \frac{p(r \mid s_i)\, p(s_i)}{p(r)} = \operatorname*{argmax}_{i \in \{1, 2, \cdots, M\}} p(r \mid s_i)\, p(s_i) \tag{4-55}$$

(4 - 55)式最后一个等号是因为接收星座点 r 是已知的确定值，其概率为某个常数，对最终判决没有影响。假设发送端等概率地发送 M 个星座点中的某一个，即 $p(s_i) = 1/M$ 为常数，则 MAP 判决准则可以简化为最大似然（Maximum Likelihood, ML）判决准则：

$$\operatorname*{argmax}_{i \in \{1, 2, \cdots, M\}} p(r \mid s_i)\, p(s_i) = \operatorname*{argmax}_{i \in \{1, 2, \cdots, M\}} p(r \mid s_i) \tag{4-56}$$

其中 $p(r \mid s_i)$ 为似然函数，AWGN 条件下可表示为(4 - 51)式。基于(4 - 51)式，在给定接收向量 r 条件下，最大似然接收机输出能使似然函数 $p(r \mid s_i)$ 最大的 s_i，为了分析方便，通常对(4 - 51)式取对数，定义对数似然函数如下：

$$\ln p(r \mid s_i) = \ln \frac{1}{(\pi N_0)^{N/2}} - \frac{1}{N_0} \sum_{j=1}^{N} (r_j - s_{ij})^2 \tag{4-57}$$

由于对数函数是增函数，所以最大化 $p(r \mid s_i)$ 相当于使(4 - 57)式最大，其中第一项为常数，对于判决没有影响，因此有：

$$\operatorname*{argmax}_{i} p(r \mid s_i) = \operatorname*{argmax}_{i} \ln p(r \mid s_i) = \operatorname*{argmin}_{i} \sum_{j=1}^{N} (r_j - s_{ij})^2$$

$$= \operatorname*{argmin}_{i} \| r - s_i \|^2 \tag{4-58}$$

(4 - 58)式最右侧也称为最小二乘（Least Square, LS）准则，该式表明 AWGN 信道条件下，ML 判决准则等价于 LS 准则，即接收机的判决输出只取决于接收向量 r 与各发送星

座点s_i之间的距离。或者说，与接收向量r最近的星座点s_i能够使似然函数$p(r|s_i)$取得最大值。据此可以重新定义判决域如下：

$$Z_i = \{r : \|r - s_i\| < \|r - s_j\|,\ \forall j \neq i\} \tag{4-59}$$

对比(4-53)式和(4-59)式，可以看出后者将接收判决问题从复杂的概率计算转换为简单的几何计算，从而大大降低了计算复杂度。具体来说，通过图4-13从$r(t)$计算得到接收向量r，然后看其落在哪个星座点的判决域，就判决为哪个星座点。例如图4-14所示的判决域，从几何角度结合(4-59)式来看非常容易理解。

注意(4-53)和(4-59)两式等价的前提是发送符号等概出现，此时 ML/LS 准则接收机可使错判概率最小。但若发送消息并非等概出现，那么 ML 接收机并非最佳接收机，要使不等概条件下的错判概率最小，需要根据发射符号的概率分布对判决域进行修正。

4.3.4　AWGN 信道下的误码率估计

假定发送等概率，下面针对最大似然接收机讨论 AWGN 信道下的误码率估算。首先来看最简单的一种情况，忽略其它星座点，将发送s_i且接收r但是误判为s_j这一事件记为e_{ij}，该事件的概率为p_{ij}。根据最小二乘准则，发生这种误判的原因是接收向量$r = s_i + n$落到了s_j的判决域，如图4-15所示。简单的几何分析即可看出，误判的原因可以进一步归结为噪声$n(t)$在s_i和s_j两点连线上的投影n_{ij}超过了两点距离$d_{ij} = \|s_j - s_i\|$的一半，因此该事件发生的概率为

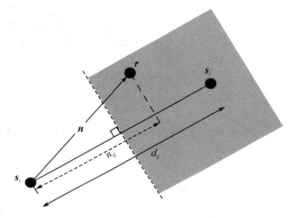

图4-15　p_{ij} 计算示意图

$$p_{ij} = \text{Pr.}\,(r \in Z_j \mid r = s_i + n) = \text{Pr.}\left(n_{ij} > \frac{d_{ij}}{2}\right) \tag{4-60}$$

由(4-48)式可知，功率谱密度为$N_0/2$的高斯白噪声在信号空间中任何方向上的投影均服从零均值高斯分布且方差为$N_0/2$，因此有：

$$p_{ij} = \text{Pr.}\left(n_{ij} > \frac{d_{ij}}{2}\right) = \frac{1}{\sqrt{\pi N_0}} \int_{\frac{d_{ij}}{2}}^{\infty} \exp\left(-\frac{x^2}{N_0}\right) \mathrm{d}x = Q\left(\frac{d_{ij}}{\sqrt{2N_0}}\right) \tag{4-61}$$

其中$Q(z)$定义为标准正态分布随机变量X大于指定值z的概率：

$$Q(z) = \text{Pr.}\,(X > z) = \frac{1}{\sqrt{2\pi}} \int_z^{\infty} \exp\left(-\frac{x^2}{2}\right) \mathrm{d}x = \frac{1}{2}\text{erfc}\left(\frac{z}{\sqrt{2}}\right) \tag{4-62}$$

$Q(z)$无法解析计算，但是可以通过数值计算方法或者查表得到，此外当$z \gg 0$时（通常$z > 4$即可），$Q(z)$有比较紧的闭式上界：

$$Q(z) \leqslant \frac{1}{z\sqrt{2\pi}} e^{-z^2/2} \tag{4-63}$$

注意(4-61)式结论的前提条件是忽略其它星座点。对于M个星座点的调制方案，考虑所有可能的星座点，将发送s_i接收r后发生误判这一事件记为e_i，使用事件e_{ij}表示发送s_i条件下发生了现象$\|r - s_j\| < \|r - s_i\|$，注意$e_{ij}$并不意味着会被误判为$s_j$，因为有可能存

在另一个星座点s_k满足$\|r-s_k\|<\|r-s_j\|<\|r-s_i\|$。事件$e_i$意味着$r$落到了$Z_i$之外，也就是说必将发生$\{e_{ij}, \forall j\neq i\}$之中的某个事件，即

$$e_i = \bigcup_{j=1, j\neq i}^{M} e_{ij} \qquad (4-64)$$

(4-61)式给出了e_{ij}发生的概率，相应地，事件e_i的发生概率为

$$\mathrm{Pr.}(e_i) = \mathrm{Pr.}\left(\bigcup_{j=1, j\neq i}^{M} e_{ij}\right) \leqslant \sum_{j=1, j\neq i}^{M} \mathrm{Pr.}(e_{ij}) = \sum_{j=1, j\neq i}^{M} Q\left(\frac{d_{ij}}{\sqrt{2N_0}}\right) \qquad (4-65)$$

最后，总的误码率P_e为

$$P_e = \sum_{i=1}^{M} \mathrm{Pr.}(e_i)\mathrm{Pr.}\{发送 s_i\} \leqslant \sum_{i=1}^{M} \sum_{j=1, j\neq i}^{M} Q\left(\frac{d_{ij}}{\sqrt{2N_0}}\right)\mathrm{Pr.}\{发送 s_i\} \qquad (4-66)$$

在发送等概率的条件下，上式可简化为

$$P_e \leqslant \frac{1}{M} \sum_{i=1}^{M} \sum_{j=1, j\neq i}^{M} Q\left(\frac{d_{ij}}{\sqrt{2N_0}}\right) \qquad (4-67)$$

例 4-1　某二维星座图的四个星座点是$s_1=(A, 0)$，$s_2=(0, A)$，$s_3=(-A, 0)$，$s_4=(0, -A)$，设$A=4\sqrt{N_0}$，试求出该星座图的最小距离，并估算误码率上界。

解：此星座图如图 4-14 所示，圆的半径为A。由于对称性，只需考虑其中一个星座点的错误率，假设考虑星座点s_1，易知星座点间的最小距离为$\sqrt{2}A$。

$$\mathrm{Pr.}(e_1) \leqslant \sum_{j=2}^{4} Q\left(\frac{d_{1j}}{\sqrt{2N_0}}\right) = 2Q\left(\frac{\sqrt{2}A}{\sqrt{2N_0}}\right) + Q\left(\frac{2A}{\sqrt{2N_0}}\right)$$

$$= 2Q(4) + Q(4\sqrt{2}) = 3.1679 \times 10^{-5}$$

因此总的误码率上界为

$$P_e \leqslant \frac{1}{4} \sum_{i=1}^{4} \mathrm{Pr.}(e_i) = 3.1679 \times 10^{-5}$$

注意P_e是误码率，对于$M>2$的情形每个码元包含$\mathrm{lb}M$比特，每个码元差错可能对应若干比特的差错，由于判决域相近的差错更容易发生，所以在调制映射模块中，应该仔细设计比特到星座点的映射，尽可能保证在发生邻近判决域的差错时只出现 1 比特错误，格雷码是可以保证这一要求的常用映射。对于信噪比较高的情况，基本上只发生邻近判决域的差错，如果这类差错只对应 1 比特的差错，则误比特率可近似为$P_b \approx P_e / \mathrm{lb}M$。

4.4　线性调制技术

数字调制主要分为幅度/相位调制和频率调制两类，其中幅度/相位调制也称线性调制，已调信号频谱是基带信号频谱的线性搬移。而频率调制通过瞬时频率来携带信息，已调信号频谱与基带信号频谱相比，除了频谱搬移以外还有新的频率分量，频率调制的已调信号包络一般是恒定的，因此又称为非线性调制或恒包络调制。

一般来说，线性调制比非线性调制具有更好的频谱效率，但是需要使用价格昂贵、功率效率差的线性放大器，对线性调制使用非线性放大器会导致旁瓣再生，可能引起严重的邻道干扰，从而丧失了线性调制在频谱效率上的优势。目前已有一些方法来克服线性调制的这些缺点，如数字预失真技术等。非线性调制则具有更好的功率效率，其恒包络特性允

许使用价格便宜、功率效率高的非线性放大器，且具有良好的抗信道衰落的能力。选择线性调制还是非线性调制就是在前者的频率效率和后者的功率效率以及抵抗信道衰落的能力之间进行选择。本节主要讨论线性调制。

4.4.1　多进制相位调制（MPSK）

M 进制移相键控调制（M Phase Shift Keying，MPSK）是一大类调制方案的总称，其中 $M=2$ 称为 BPSK，$M=4$ 称为 QPSK，$M=8$ 即为 8 PSK。BPSK 调制中每个码元携带 1 比特信息，QPSK 调制中每个码元携带 2 比特信息，8 PSK 中为 3 比特信息，M 越大每个码元携带的比特数就越多。本节首先给出 MPSK 的总体模型，由于 BPSK 和 QPSK 获得了广泛的应用，随后的小节分别详细讨论 BPSK 和 QPSK。

MPSK 的主要思路是使用载波的不同相位来承载 M 种可能的发射符号，每个符号 m_i 都对应唯一的相位 φ_i，由于相位取值范围为 $[0, 2\pi]$，因此 MPSK 已调信号可表示为

$$
\begin{aligned}
s_i(t) &= \sqrt{\frac{2E_s}{T_s}}\, g(t) \cos\left[\omega_c t + (i-1)\frac{2\pi}{M}\right], \quad 1 \leqslant i \leqslant M \\
&= \sqrt{\frac{2E_s}{T_s}} \cos\left[(i-1)\frac{2\pi}{M}\right] g(t) \cos(2\pi f_c t) - \sqrt{\frac{2E_s}{T_s}} \sin\left[(i-1)\frac{2\pi}{M}\right] g(t) \sin(2\pi f_c t) \\
&= I_i \phi_1(t) + Q_i \phi_2(t)
\end{aligned}
\tag{4-68}
$$

其中 $g(t)$ 为成形脉冲，基于已调信号的空间表示，MPSK 有两个基函数，分别是 $\phi_1(t) = \sqrt{2T_s}\, g(t) \cos\omega_c t$ 和 $\phi_2(t) = -\sqrt{2T_s}\, g(t) \sin\omega_c t$，以这两个基函数为基础构成的信号空间为二维平面，任意一种特定调制技术的星座图均位于该二维平面上，$s_i(t)$ 对应的星座点可以表示为二维向量 $\boldsymbol{s}_i = [I_i, Q_i]^T$，其中 $I_i = \sqrt{E_s} \cos[(i-1)2\pi/M]$ 称为同相（In-phase）分量，$Q_i = \sqrt{E_s} \sin[(i-1)2\pi/M]$ 称为正交（Quadratic）分量，$E_s = \text{lb}M \cdot E_b$ 为每个星座点对应的波形能量，M 个星座点均匀分布在半径为 $\sqrt{E_s}$ 的圆上，相邻两个星座点的相位差为 $2\pi/M$，例如图 4-12 所示的 8 PSK 星座图。不同的 MPSK 体现为从比特映射到 $\boldsymbol{s}_i$ 的过程不同，图 4-16 给出了基于（4-68）式的 IQ 调制器原理框图。

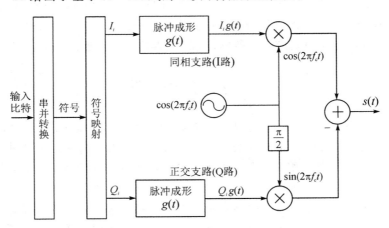

图 4-16　IQ 调制原理

MPSK 调制技术的频谱效率主要取决于 M 的取值和成形脉冲 $g(t)$，因为 $R_b = \text{lb}M \cdot R_s$，

所以 M 越大，同等比特速率 R_b（单位 b/s）条件下的符号速率 R_s 就越低，所需的通信带宽就越少。成形脉冲 $g(t)$ 则决定了单位时间内每赫兹带宽能够承载的符号，假设采用滚降系数为 α 的升余弦滤波器作为成形脉冲，则已调信号的频谱效率为

$$\eta = \frac{1}{1+\alpha}\text{Baud/Hz} = \frac{\text{lb}M}{1+\alpha}\ (\text{b/s})/\text{Hz} \qquad (4-69)$$

可以看出，频谱效率随着 M 的增加呈对数规律增加。作为代价，同等平均发射功率的前提下，M 越大则星座图越密集，星座点之间的距离就越小。对 MPSK 的星座图做简单的几何分析，可得星座点间的最小距离为 $2\sqrt{E_s}\sin(\pi/M)$，该值随 M 的增加而减小。由 4.3.4 小节可知误码率随着星座点距离的降低而增加，因此 M 越大，调制技术的误码性能就越差。如果为了增加频谱效率而增加 M，同时还希望维持误码率不变，就必须维持星座点之间的最小距离。要做到这一点，必须增大每个星座点的向量长度，也就是必须付出功率的代价。表 4-2 给出了使用矩形成形脉冲的 MPSK 信号在 M 取不同值时的频谱效率和功率效率，其中信号带宽定义为已调信号功率谱的主瓣宽度，功率效率则是 AWGN 条件下为达到 10^{-6} 误比特率所需要的比特信噪比，从表中可以看出随着 M 的增加，MPSK 的功率效率下降了。

表 4-2 MPSK 信号的频谱效率和功率效率（定义 B 为矩形成形脉冲的主瓣宽度）

M	2	4	8	16	32	64
$\eta_B = R_s/B$	0.5	1	1.5	2	2.5	3
$E_b/N_0(\text{BER}=10^{-6})$	10.5	10.5	14	18.5	23.4	28.5

4.4.2 二进制移相键控（BPSK）

二进制移相键控（Binary Phase Shift Keying，BPSK）是最简单的 PSK，根据发送的二进制码元 $a_n = +1$ 或 -1，在两个相差 π 的载波相位中选择一个作为输出。如（4-70）式所示，BPSK 只有一个基函数 $\phi_1(t) = \sqrt{2/T_b}\,g(t)\cos2\pi f_c t$，其中 T_b 为比特周期，E_b 为比特能量。

$$s_{\text{BPSK}}(t) = \begin{cases} \sqrt{E_b}\,\phi_1(t), & a_n = +1 \\ -\sqrt{E_b}\,\phi_1(t), & a_n = -1 \end{cases} \qquad (4-70)$$

因为基函数只有一个，所以 BPSK 星座如图 4-17 所示，两个星座点位于同一个坐标轴上。从图中可以看出，两个星座点之间的距离 $d = 2\sqrt{E_b}$，因此发送等概率与 AWGN 信道条件下，由（4-61）式可知误码率为 $Q(\sqrt{2\gamma})$，其中 $\gamma = E_b/N_0$ 为接收比特信噪比，由（4-63）式可知，当 γ 较高时，误码率可近似为 $1/[(2\sqrt{\pi\gamma})\mathrm{e}^{-\gamma}]$。

图 4-17 BPSK 星座图

BPSK 调制中成形脉冲 $g(t)$ 可以是矩形脉冲、升余弦脉冲等。当采用矩形脉冲时，BPSK 信号包络恒定；当选用升余弦脉冲时，则 BPSK 信号不再具有恒包络的性质。BPSK

信号的功率谱密度函数如图 4-18 所示，可以看到采用矩形脉冲时，BPSK 主瓣宽度是比特速率 R_b 的两倍，当采用升余弦滚降滤波器时主瓣宽度减小，旁瓣衰落幅度加快，可见脉冲成形可以改善 BPSK 信号的频谱特性。

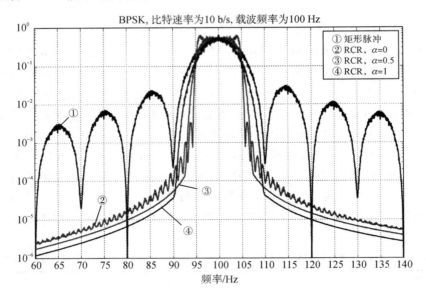

图 4-18　BPSK 功率谱密度曲线

BPSK 信号必须采用相干解调器进行接收，接收机原理如图 4-19 所示。接收到的已调信号和提取的相干载波相乘，经低通滤波器后抽样判决恢复数字码元，判决规则很简单，若 $x(t)>0$ 则判决为 $+1$，否则判决为 -1。

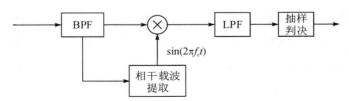

图 4-19　BPSK 信号相干解调原理

由图 4-18 中还可以看出，在 BPSK 频谱中不含有载波分量，因此在缺乏参考的情况下，解调器从接收信号中提取的相干载波可能存在 π 的相位差，从而导致解调器反向工作，接收码元全部反相。解决上述相干载波相位模糊问题的途径有两个，一是为解码器提供参考，例如每帧采用确定的比特序列作为起始，接收端可以据此找到正确的相干载波。第二种方法是采用差分移相键控（DPSK），利用相邻码元载波相位的变化来表示输入比特，发送端将输入的二进制码元首先经过差分编码然后再进行 BPSK 调制。

DPSK 信号可以采用相干解调和差分非相干解调，当采用相干解调时，相当于普通的 BPSK 相干解调后级联一个差分解码模块，分析表明 BPSK 相干解调输出的任何连续 n 个误判比特（假设该事件发生的概率记为 P_n）都将导致差分解码模块的最终输出发生 2 比特差错，因此 DPSK 相干解调的误比特率为 $P'_b = \sum_{n=1}^{\infty} 2P_n$，又因为连续 n 个误判意味着这 n 个比特的两端均为正确判决的比特，则有 $P_n = (1 - P_b)^2 P_b^n$，其中 $P_b = Q(\sqrt{2\gamma})$ 为 BPSK 相干解调误比特率。最终可以推得 DPSK 相干解调的误比特率为

$$P_b' = \sum_{n=1}^{\infty} 2P_n = 2\sum_n^{\infty} (1 - P_b)^2 P_b^n = 2(1 - P_b)P_b = 2(1 - Q(\sqrt{2\gamma}))Q(\sqrt{2\gamma})$$

采用差分非相干解调时，由于无需提取相干载波，从而降低了接收机的复杂度，但是误比特率降为 $0.5\mathrm{e}^{-\gamma}$，也就是说功率效率下降了。图 4 - 20 为 DPSK 信号非相干解调的原理框图。

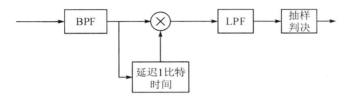

图 4 - 20 DPSK 信号差分非相干解调原理

4.4.3 四相移相键控(QPSK)

QPSK(Quadrature Phase Shift Keying)将输入比特序列每两个一组转换成四进制符号，然后利用载波的四个不同相位，例如(0, π/2, π, 3π/2)，表示输入的四种符号，其星座图如图 4 - 21(a)所示。工程上还经常使用图 4 - 21(b)所示的星座图，两者性能相同，使用后者主要是因为其判决域正好是坐标系的四个象限，与前者相比判决更简单。前者的判决域是图 4 - 14。

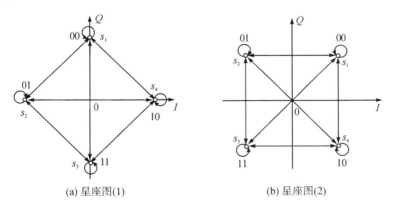

(a) 星座图(1) (b) 星座图(2)

图 4 - 21 QPSK 调制星座图

QPSK 中每个符号携带 2 比特信息，因此同等比特速率和相同成形脉冲的条件下，QPSK 的符号周期是 BPSK 符号周期的 2 倍，从而 QPSK 占用带宽是 BPSK 的一半，也就是说 QPSK 的频谱效率是 BPSK 的二倍。图 4 - 22 画出了使用矩形成形脉冲时 QPSK 和 BPSK 信号的功率谱密度函数，其中图 4 - 22(a)纵轴使用线性坐标，图 4 - 22(b)使用对数坐标。可以看出两者的功率谱形状相同，区别在于 QPSK 信号的主瓣宽度等于比特速率 R_b，是 BPSK 信号的一半。注意图 4 - 22 只画出了载波频率右侧的一半频谱。

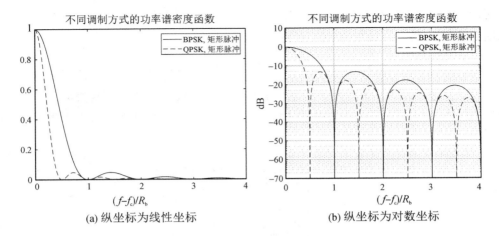

图 4-22　QPSK 信号的功率谱密度

如图 4-21 所示，为了尽可能降低误比特率，QPSK 通常采用格雷码映射，分别将比特序列 00、01、10 和 11 映射到星座点 s_1、s_2、s_4 和 s_3。以发射 s_1 为例，在接收端可能错判为 s_2、s_3 或 s_4，但是星座点距离越近，发生差错的概率就越高，因此错判为 s_2 或 s_4 的概率大于错判为 s_3 的概率，使用格雷码，前两种错判将导致 1 比特的差错，而最后一种错判将导致 2 比特的错误。如果采用普通的二进制映射，将比特序列 00、01、10 和 11 映射到星座点 s_1、s_2、s_3 和 s_4，则发射 s_1 错判为 s_4 这种情况将导致 2 比特的错误，错判为 s_3 的情况将导致 1 比特的错误。对比两种映射方法可以发现，在相同误符号率的情况下，格雷码能够得到更低的误比特率。格雷码的这种映射方法将差异小的比特序列映射为距离近的星座点，从而尽可能降低误比特率，是一种非常实用的调制映射技术。

接下来说明 QPSK 的误比特率，I 路和 Q 路可看作是两个 BPSK 调制叠加，因此 I 路和 Q 路各自的误比特率为

$$P_b = Q\left(\sqrt{2\frac{E_b}{N_0}}\right) = Q\left(\sqrt{\frac{E_s}{N_0}}\right) \qquad (4-71)$$

因此总的误比特率为任一路出现误比特的概率，即 $P_s = 1 - (1-P_b)^2 = 2P_b - P_b^2$，高信噪比时有 $P_b^2 \approx 0$，所有误判几乎都发生在相邻星座点之间，又因为使用格雷码映射，每个符号差错对应 1 比特错误，故 QPSK 误比特率约为 $P_s/2 = P_b$，也就是说 AWGN 条件下 QPSK 与 BPSK 的误比特率基本相同，并且 QPSK 频谱效率还是 BPSK 的 2 倍。特别是无线信道条件下，QPSK 的误码性能优于 BPSK，这是因为在同等比特速率条件下，QPSK 的码元宽度是 BPSK 的二倍，从而在抵抗由多径传播导致的 ISI 方面更具优势。正是因为 QPSK 在功率效率和频谱效率两方面的优势，其在无线通信中获得了特别广泛的应用。

QPSK 信号的调制器和解调器原理如图 4-23 所示，输入的二进制码元串/并变换与格雷码映射后分成 I、Q 两路，分别用正交载波 $\cos\omega_c t$ 与 $\sin\omega_c t$ 进行 BPSK 调制，两路 BPSK 信号之和即为 QPSK 已调信号。QPSK 解调器如图 4-24 所示，将已调 QPSK 信号分为两路，分别用载波 $\cos\omega_c t$ 与 $\sin\omega_c t$ 进行相干解调，恢复两路 BPSK 信号的基带码元，经并/串变换后输出，即可得到传输的码元信息。

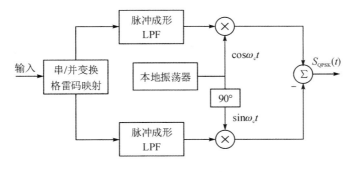

图 4 - 23　QPSK 调制器

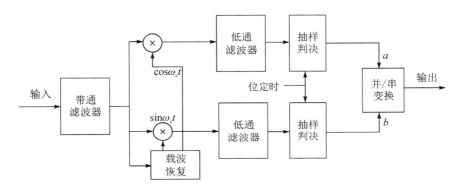

图 4 - 24　QPSK 相干解调原理

与 BPSK 类似，QPSK 信号采用相干解调时，相干载波可能会有 π/2 的相位模糊，从而导致恢复的码元错误。解决方法与 BPSK 相同，可采用差分移相键控 DQPSK 代替绝对移相键控，令相邻码元载波相位的变化与输入码元一一对应，避免相干载波相位误差的影响，即使相干载波有相位偏差，载波的相对相位变化关系保持不变，因此可以正确解调。

4.4.4　交错四相移相键控(OQPSK)

当采用矩形脉冲时，QPSK 信号包络恒定。当采用升余弦滚降滤波器作为成形脉冲时，不同滚降因子条件下 QPSK 信号的时域波形如图 4 - 25(a)所示。可以看出 QPSK 信号不再具有恒包络的性质，且包络起伏剧烈，存在过零点，这就要求使用成本高且功率效率低的线性放大器。之所以会有这么大的包络起伏，原因在于相邻两个码元的星座点可能出现 I、Q 两路极性正好都取反，码元转换时刻发生 π 相移的信号，从而导致波形过零。

这样的信号经过低成本的非线性放大器，将会产生较大的失真，进而导致信号旁瓣再生和频谱扩展，丧失 QPSK 的频谱效率优势。可以采用交错四相移相键控 OQPSK 技术来改进 QPSK 信号的包络，以支持更高效的非线性放大器。OQPSK 调制器的原理如图 4 - 26(a)所示。在 Q 支路加入一个比特的时间延迟，即 $T_b = T_s/2$，将 QPSK 中两个支路的码流在时间上错开半个码元周期，避免发生两支路码元极性同时翻转的现象。相邻码元星座点的跳变关系如图 4 - 26(b)所示，可以看出 OQPSK 信号中相邻符号的相位跳变只可能是 0、±π/2，不会像图 4 - 21(b)那样出现 π 的相位跳变。对比图 4 - 25(a)和(b)可以看出，经过脉冲成形后的 OQPSK 信号不会有包络过零点，与 QPSK 信号相比大大减小了包络起伏。

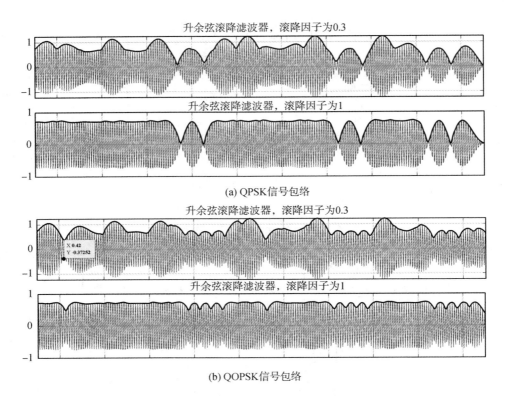

(a) QPSK信号包络

(b) QOPSK信号包络

图 4 - 25　同样的输入符号条件下 QPSK/OQPSK 信号包络对比

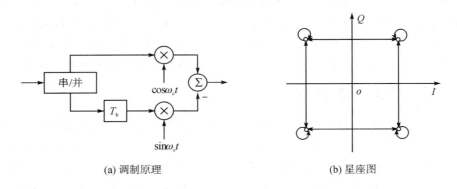

(a) 调制原理　　　　　　　　　　　　　(b) 星座图

图 4 - 26　OQPSK 原理和星座跳变关系

　　在线性放大时，OQPSK 与 QPSK 信号具有相同的频谱特征，但是在非线性放大时，OQPSK 具有更高的频谱效率，因为其最大相位跳变为 ±π/2，更加平滑的包络起伏使得OQPSK 信号在经过非线性放大器后不易再生旁瓣，从而在无线通信系统中获得了广泛的使用。例如采用 CDMA 技术的第二代移动通信系统 IS - 95 中，下行链路使用 QPSK 调制，而上行链路则采用了 OQPSK 调制。

4.4.5　π/4 四相移相键控(π/4 QPSK)

　　π/4 QPSK 也是一种四相移相键控调制，其最大相位跳变量为 ±3π/4，介于 QPSK 的

π 和 OQPSK 的 $\pm\pi/2$ 之间。由于避免了 π 的相位跳变，已调信号包络不会有过零点。通常 $\pi/4$ QPSK 采用差分移相键控的方法来实现，也即利用载波相位的变化来表示输入的码元信息，这样即使恢复的相干载波存在相位模糊，依然能够采用差分检测技术正确恢复信息。

$\pi/4$ QPSK 的星座图包含八个星座点，分成两组，如图 4-27(a) 和 (b) 所示，其中四个圆形星座点一组，四个方形星座点一组，两组星座点构成相位偏移了 $\pi/4$ 的两套 QPSK 星座。调制映射时，两组星座点交替选择使用，从而相邻两个码元之间所有可能的跳变关系如图 4-27(c) 所示，从中可以看出任意一个圆形星座点只能根据当前输入码元的取值跳变到某个方形星座点上，同样，任意一个方形星座点也只能根据输入码元跳变到四个圆形星座点中的某一个上。也就是说，当前码元的星座点不仅取决于当前时刻的码元输入，还要取决于前一时刻的星座点。需要强调的是，虽然这种调制方式有八个星座点，但已调信号的相位跳变量只有 $\pm\pi/4$ 和 $\pm3\pi/4$ 四种可能，对应于输入的四进制码元，因此属于 4 PSK 调制。

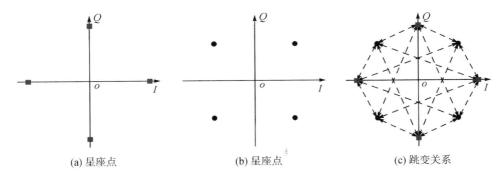

(a) 星座点   (b) 星座点   (c) 跳变关系

图 4-27 $\pi/4$ QPSK 信号星座图与相位跳变关系

依据以上描述，第 k 个码元对应的载波相位记为 θ_k，则有 $\theta_k = \theta_{k-1} + \Delta\theta_k$，$\Delta\theta_k$ 为相邻码元的相位变化，取决于当前时刻的码元输入。$\pi/4$ QPSK 信号可以表示为

$$s(t) = \cos(\omega_c t + \theta_k) = \cos\theta_k \cos\omega_c t - \sin\theta_k \sin\omega_c t = I_k \cos\omega_c t - Q_k \sin\omega_c t \quad (4-72)$$

将 $\theta_k = \theta_{k-1} + \Delta\theta_k$ 代入 (4-72) 式可得：

$$\begin{cases} I_k = \cos(\theta_{k-1} + \Delta\theta_k) = I_{k-1}\cos\Delta\theta_k - Q_{k-1}\sin\Delta\theta_k \\ Q_k = \sin(\theta_{k-1} + \Delta\theta_k) = Q_{k-1}\cos\Delta\theta_k + I_{k-1}\sin\Delta\theta_k \end{cases} \quad (4-73)$$

可以看出，两个支路信号 I_k 和 Q_k 的取值不仅与相位变化量 $\Delta\theta_k$ 有关，还与其前一个时刻的 I_{k-1} 和 Q_{k-1} 有关。其中 $\Delta\theta_k$ 与当前码元的具体取值一一对应，假设它们之间的对应关系如表 4-3 的前两列所示，则表中后两列给出了相应的 $\cos\Delta\theta_k$ 和 $\sin\Delta\theta_k$ 取值。

表 4-3 $\pi/4$ QPSK 的相位跳变关系

码元 (S_I, S_Q)	$\Delta\theta_k$	$\cos\Delta\theta_k$	$\sin\Delta\theta_k$
$(+1, +1)$	$\pi/4$	$1/\sqrt{2}$	$1/\sqrt{2}$
$(-1, +1)$	$3\pi/4$	$-1/\sqrt{2}$	$1/\sqrt{2}$
$(-1, -1)$	$-3\pi/4$	$-1/\sqrt{2}$	$-1/\sqrt{2}$
$(+1, -1)$	$-\pi/4$	$1/\sqrt{2}$	$-1/\sqrt{2}$

$\pi/4$ QPSK 调制原理如图 4-28 所示，首先将输入的信息比特经过串/并变换得到

（S_I，S_Q），然后通过差分相位编码模块，按照表 4-3 和（4-73）式的递推关系确定两个支路的信号 I_k 和 Q_k，对 I_k 和 Q_k 进行正交幅度调制再求和即可得到 $\pi/4$ QPSK 信号。为了改善已调信号频谱，减少频带占用，可以对 I 支路和 Q 支路信号采用升余弦滚降滤波器进行脉冲成形。

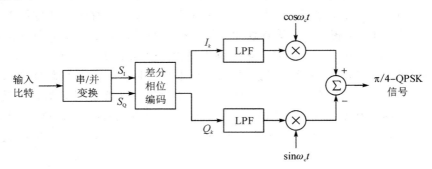

图 4-28　$\pi/4$ QPSK 调制原理框图

由于 $\pi/4$ QPSK 信号是差分移相键控信号，既可采用相干解调，也可采用非相关解调。为了降低对相干载波同步误差的要求，适应移动通信环境的要求，同时也便于硬件实现，通常采用非相干的差分检测来实现解调。图 4-29 给出了一种基带差分检测器的原理框图，需要注意的是，在解调中虽然使用了本地生成的载波信号，但并不要求其是相干载波，也就是说，本地载波信号只需和接收信号的载波同频即可，无需相位同步。

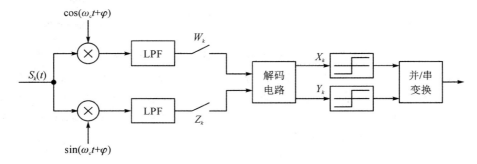

图 4-29　$\pi/4$ QPSK 基带差分检测原理

假定本地生成的载波相位为任意值 φ，接收已调信号 $s(t) = \cos(\omega_c t + \theta_k)$ 分别和本地同频载波 $\cos(\omega_c t + \varphi)$ 及 $\sin(\omega_c t + \varphi)$ 相乘，经过低通滤波器后的抽样输出为

$$\begin{cases} W_k = \dfrac{1}{2}\cos(\theta_k - \varphi) \\[2mm] Z_k = \dfrac{1}{2}\sin(\theta_k - \varphi) \end{cases} \tag{4-74}$$

解码电路的运算规则与输出为

$$\begin{cases} X_k = W_k W_{k-1} + Z_k Z_{k-1} = \dfrac{1}{4}\cos\Delta\theta_k \\[2mm] Y_k = Z_k W_{k-1} - W_k Z_{k-1} = \dfrac{1}{4}\sin\Delta\theta_k \end{cases} \tag{4-75}$$

从（4-75）式可以看出，本地载波与接收信号的相位误差对解调没有影响，解调后的两

个支路信号 X_k 和 Y_k 只是相位跳变量 $\Delta\theta_k$ 的函数，因此与输入的信息比特一一对应，根据表 4-3，可以确定判决规则如下：

$$\begin{cases} X_k > 0 \text{ 则 } S_\mathrm{I} \text{ 判为 } +1，\text{否则判为 } -1 \\ Y_k > 0 \text{ 则 } S_\mathrm{Q} \text{ 判为 } +1，\text{否则判为 } -1 \end{cases} \quad (4-76)$$

据此判决规则对 X_k 和 Y_k 进行判决，即可恢复信息比特 S_I 和 S_Q，完成 $\pi/4$ QPSK 信号解调。表 4-4 示例说明了 $\pi/4$ QPSK 的基带差分检测过程，其中假定接收信号的载波初始相位 $\theta_0 = 0$，本地载波初始相位为 $\varphi = \pi/4$，$W_0 = 1/\sqrt{2}$，$Z_0 = -1/\sqrt{2}$，并且假定信号经历理想信道传输，读者可以结合 (4-74) 式至 (4-76) 式自行验证。

表 4-4　$\pi/4$ QPSK 基带差分检测示例

k	发送端			接收端				
	符号 a_k	$\Delta\theta_k$	$\theta_k = \theta_{k-1} + \Delta\theta_k$	W_k	Z_k	X_k	Y_k	符号 r_k
1	$(-1, -1)$	$-3\pi/4$	$-3\pi/4$	-1	0	$-1/\sqrt{2}$	$-1/\sqrt{2}$	$(-1, -1)$
2	$(+1, -1)$	$-\pi/4$	$-\pi$	$-1/\sqrt{2}$	$1/\sqrt{2}$	$1/\sqrt{2}$	$-1/\sqrt{2}$	$(+1, -1)$
3	$(+1, +1)$	$\pi/4$	$-3\pi/4$	-1	0	$1/\sqrt{2}$	$1/\sqrt{2}$	$(+1, +1)$

$\pi/4$ QPSK 信号的解调也可以采用中频差分检测技术实现，直接利用当前码元和前一码元的相位跳变量获得解调输出，原理如图 4-30 所示。

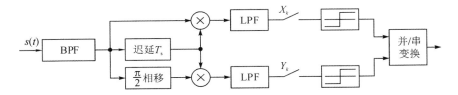

图 4-30　$\pi/4$ QPSK 信号的中频差分解调

接收信号 $s(t) = \cos(\omega_c t + \theta_k)$ 延迟一个码元得到延时信号 $\cos[\omega_c(t - T_s) + \theta_{k-1}]$，两个支路相乘的输出信号分别为

$$\begin{cases} \cos(\omega_c t + \theta_k)\cos[\omega_c(t - T_s) + \theta_{k-1}] \\ \sin(\omega_c t + \theta_k)\cos[\omega_c(t - T_s) + \theta_{k-1}] \end{cases} \quad (4-77)$$

通常接收机选取的中频频率满足 $\omega_c T_s = 2n\pi$，则低通滤波器后的抽样输出为

$$\begin{cases} X_k = \dfrac{1}{2}\cos(\theta_k - \theta_{k-1}) = \dfrac{1}{2}\cos\Delta\theta_k \\ Y_k = \dfrac{1}{2}\sin(\theta_k - \theta_{k-1}) = \dfrac{1}{2}\sin\Delta\theta_k \end{cases} \quad (4-78)$$

可见解调后的两个支路信号 X_k 和 Y_k 是相位跳变量 $\Delta\theta_k$ 的函数，依据 (4-76) 式给出的判决规则对 X_k 和 Y_k 进行判决，即可恢复信息比特 S_I 和 S_Q。

4.4.6　正交振幅调制 (QAM)

MPSK 只利用了载波的一个自由度，即相位来传输信息，为了进一步改善多进制调制的性能，可以同时利用载波的相位和幅度传输信息，这类方法称为 M 进制正交幅度调制 (M-Quadratic Amplitude Modulation，MQAM)。在信号点平均功率相同的前提下，

MQAM 调制比 MPSK 传输的信息比特更多，从而进一步提高了功率效率。MQAM 信号的一般表达式为

$$s_i(t) = \sqrt{E_{\min}}\, a_i \phi_1(t) + \sqrt{E_{\min}}\, b_i \phi_2(t),\ 0 \leqslant t \leqslant T_s,\ i = 1,\, 2,\, \cdots,\, M \quad (4-79)$$

其中基函数为 $\phi_1(t) = \sqrt{2/T_s}\, g(t) \cos 2\pi f_c t$ 和 $\phi_2(t) = \sqrt{2/T_s}\, g(t) \sin 2\pi f_c t$，$E_{\min}$ 是幅度最小的信号能量，$s_i(t)$ 对应的星座点为 $s_i = \left[a_i \sqrt{E_{\min}},\ b_i \sqrt{E_{\min}} \right]^{\mathrm{T}}$，其中 $(a_i,\ b_i)$ 由输入信号决定，表示星座点在星座图中的位置。通过改变 a_i、b_i 的值，就能改变星座点在信号空间的分布，从而改变星座图的结构，即进制数相同的条件下，MQAM 可以具有不同的星座结构。在实现 MQAM 调制时常用的星座图结构有星形结构和方形结构。采用方形星座结构的 MQAM 调制，$(a_i,\ b_i)$ 由 $(4-80)$ 式中的矩阵给出，其中 $L = \sqrt{M}$，M 必须是某个整数的平方。

$$(a_i,\ b_i) = \begin{bmatrix} (-L+1,\, L-1) & (-L+3,\, L-1) & \cdots & (L-1,\, L-1) \\ (-L+1,\, L-3) & (-L+3,\, L-3) & \cdots & (L-1,\, L-3) \\ \vdots & \vdots & \vdots & \vdots \\ (-L+1,\, -L+1) & (-L+3,\, -L+1) & \cdots & (L-1,\, -L+1) \end{bmatrix}$$
$$(4-80)$$

以 $M=16$ 为例，图 $4-31$ 给出了方形结构和星形结构下各星座点的 a_i 和 b_i 的取值。从图中可以看出，星形 16QAM 只有两个振幅值，8 种相位值；而方形 16QAM 则有三种振幅值，12 种相位值。不同的星座图对应不同的功率效率，实用中需要综合考虑。

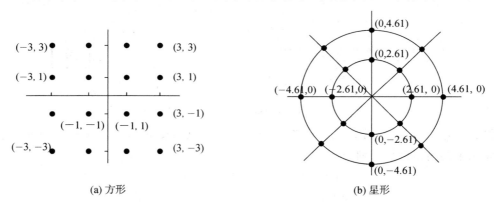

(a) 方形　　　　　　　　　　(b) 星形

图 4-31　QAM 星座图的方形结构与星形结构

下面简要分析 MPSK 和 MQAM 的功率效率。16QAM 和 16PSK 两种调制方案星座如图 $4-32$ 所示。容易算出最大振幅为 A 的前提下，16PSK 与 16QAM 的最小星座点间距离分别为

$$\begin{cases} d_{\text{min-PSK}} = 2A \sin\left(\dfrac{\pi}{16}\right) = 0.39A \\[2mm] d_{\text{min-QAM}} = \dfrac{\sqrt{2}\, A}{3} = 0.47A \end{cases} \quad (4-81)$$

发送符号等概的条件下，容易求得两个星座图的平均功率分别为

$$\begin{cases} P_{\text{avg-PSK}} = A^2 \\ P_{\text{avg-QAM}} = 0.56A^2 \end{cases} \quad (4-82)$$

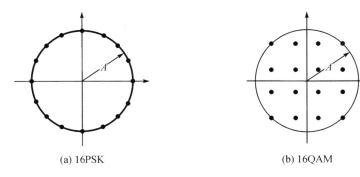

(a) 16PSK　　　　　　　　　　　　(b) 16QAM

图 4 - 32　16PSK 与 16QAM 星座图

在这种情况下，16QAM 的最小星座点距离比 16QPSK 大，但平均发射功率还小，可见，16QAM 的功率效率明显高于 16QPSK。若要求两个星座图对应的平均发射功率相同，则可以推得 $d_{\text{min-QAM}} \approx 1.6 d_{\text{min-PSK}}$。这说明在平均功率相同的前提下，16QAM 的星座点分布更分散，星座点之间的距离更大，从而能够获得比 16PSK 更小的误码率。

更一般地，同样的 M 和同样的成形脉冲条件下，MPSK 和 MQAM 具有相同的符号速率和相同的频谱效率，但是 MQAM 能够达到更低的误码率，功率效率优于 MPSK，所以多进制调制通常采用 MQAM，而不采用 MPSK，这一点由表 4 - 2 和表 4 - 5 的对比也可以看出。表 4 - 5 列出了采用方形星座的 QAM 信号在不同 M 值时的频谱效率和功率效率，其中假设脉冲成形选用滚降因子为 0 的理想成形脉冲。无线通信系统中，由于无线信道的衰落特性，接收信号幅度将存在剧烈的随机起伏，为了恢复 QAM 信号幅度中携带的信息，发送端必须使用导频信号，接收端则需根据导频信号完成信道均衡，补偿幅度损失和符号间干扰，具体内容可参考第 6 章的介绍。

表 4 - 5　QAM 信号的频谱效率和功率效率(方形星座)

M	4	16	64	256	1024	4096
$\eta_{\text{B}} = R_{\text{b}}B/[(\text{b/s})/\text{Hz}]$	1	2	3	4	5	6
$E_{\text{b}}/N_{0}(\text{BER}=10^{-6})$	10.5	15	18.5	24	28	33.5

4.5　恒 包 络 调 制

频率调制通过载波的频率携带信息，已调信号具有恒定包络，可以采用功率效率高的非线性放大器。同时，由于恒包络信号的包络中不包含有用信息，因此对信道的幅度失真不敏感，能很好地抵抗随机噪声和瑞利衰落引起的信号波动，此外恒包络调制信号的带外辐射可以做到很低。恒包络调制的缺点是作为一种非线性调制，其占用带宽大，频谱效率低。

4.5.1　二进制移频键控(BFSK)

二进制移频键控(BFSK)调制中，载波频率随输入的信息比特 $a_n = +1$ 或 $a_n = -1$ 在两个频率点 $f_1 = f_c + \Delta f$ 和 $f_2 = f_c - \Delta f$ 间变化。BFSK 信号可以表示为

$$s(t) = \begin{cases} \sqrt{2\dfrac{E_b}{T_b}} \cos 2\pi(f_c + \Delta f)t, & a_n = +1 \\ \sqrt{2\dfrac{E_b}{T_b}} \cos 2\pi(f_c - \Delta f)t, & a_n = -1 \end{cases} \qquad (4-83)$$

BFSK 信号也可以使用空间表示，其基函数分别是 $\phi_1(t) = \sqrt{2/T_b}\cos 2\pi(f_c + \Delta f)t$ 和 $\phi_2(t) = \sqrt{2/T_b}\cos 2\pi(f_c - \Delta f)t$，相应的两个信号星座点分别是 $(\sqrt{E_b}, 0)$ 和 $(0, \sqrt{E_b})$，两个星座点之间的距离为 $\sqrt{2E_b}$，从而可由 (4-61) 式推得 AWGN 信道中 BFSK 相干解调的误比特率为 $Q(\sqrt{\gamma})$，其中 $\gamma = E_b/N_0$ 为接收比特信噪比。

(4-83) 式对应的 BFSK 信号可能存在码元转换时刻相位不连续的问题，而不连续的相位导致的相位跳变将会增加已调信号的高频分量，从而造成频谱扩展和带外泄露，因此在无线通信系统中一般不采用这种 BFSK 信号。更常用的是连续相位移频键控（Continuous-Phase Frequency-Shift Keying，CPFSK）调制，CPFSK 信号的产生方法与模拟调频类似，用数字基带信号 $m(t)$ 去调制单频载波以消除相位不连续。CPFSK 已调信号可表示为

$$s(t) = \sqrt{2\frac{E_b}{T_b}} \cos\left[2\pi f_c t + \theta(t)\right] = \sqrt{2\frac{E_b}{T_b}} \cos\left[2\pi f_c t + 2\pi k_f \int_{-\infty}^{t} m(\tau)\,\mathrm{d}\tau\right] \qquad (4-84)$$

其中 $m(t) = \sum_k a_k g(t - kT_b)$，$g(t)$ 通常是宽度为 T_b 的矩形脉冲。尽管基带信号波形 $m(t)$ 在码元转换时刻可能不连续，但相位函数 $\theta(t)$ 与 $m(t)$ 的积分成比例变化（其比例系数为 $2\pi k_f$），因而是连续的。

由于 BFSK 是非线性调制，确定它的频谱范围比较困难，令 B_s 为基带信号 $m(t)$ 的带宽，则已调信号的带宽 B_{2FSK} 通常可以由如下卡森公式算出：

$$B_{2FSK} = 2\Delta f + 2B_s \qquad (4-85)$$

定义调制指数为 $h = 2\Delta f/R_b$，如果 $g(t)$ 采用矩形脉冲，则 BFSK 可以看作是两路中心频率分别为 $f_c + \Delta f$ 和 $f_c - \Delta f$ 的 ASK 信号的叠加，两个 ASK 信号的主瓣宽度均为 $2/T_b$，当仅考虑主瓣宽度时 BFSK 已调信号带宽为 $2\Delta f + 2/T_b = (h+2)R_b$。为了尽可能降低 BFSK 的带宽占用，显然应该尽可能降低调制指数 h，4.5.2 小节说明 h 存在最小值，如果低于最小值，FSK 将不能正常工作。

BFSK 信号可以使用相干解调，其原理如图 4-33 所示，两个支路分别通过相干载波提取频率分量为 f_1 和 f_2 的信号，判决器在上支路的幅度大于下支路时输出为 1，否则输出 -1。

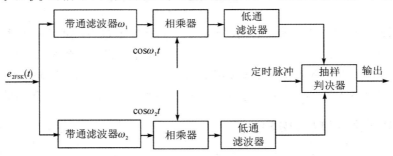

图 4-33　BFSK 相干解调接收机

与 BPSK 信号不同，BFSK 信号也可以采用非相干解调，不需要提取相干载波，非相干解调的原理如图 4-34 所示，判决规则与相干解调相同。当使用非相干解调时，两个载波 f_1 和 f_2 的差值 $2\Delta f$ 必须足够大以便滤波器能够分离两个频率的信号，对于(4-83)式对应的 BFSK，$2\Delta f$ 至少应大于 $2/T_b$。

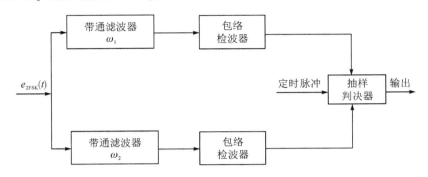

图 4-34　BFSK 非相干解调接收机

4.5.2　最小移频键控(MSK)

最小移频键控(Minimum Shift Keying，MSK)是载波间隔最小的 CPFSK，具有包络恒定、频谱利用率高以及误码率低等优点，非常适合在无线移动通信系统中使用。MSK 的技术特点有二，一是尽可能降低两个载波的频率间隔以最小化带宽占用，二是码元转换时刻相位连续以降低信号的带外泄露。

如前所述，BFSK 的两个基函数分别是 $\phi_1(t)=\sqrt{2/T_b}\cos2\pi(f_c+\Delta f)t$ 和 $\phi_2(t)=\sqrt{2/T_b}\cos2\pi(f_c-\Delta f)t$，只要两个基函数满足正交条件(4-37)式，就可以基于图 4-13 获得接收信号的空间表示。基于(4-37)式，两个频率正交应该满足

$$\int_0^{T_b}\cos\left[2\pi(f_c+\Delta f)t\right]\cos\left[2\pi(f_c-\Delta f)t\right]\mathrm{d}t=0 \qquad (4-86)$$

化简得：

$$\frac{\sin(4\pi f_c T_b)}{4\pi f_c T_b}+\frac{\sin(4\pi\Delta f T_b)}{4\pi\Delta f T_b}=0 \qquad (4-87)$$

因为载波频率通常满足 $f_c\gg1/T_b$，所以上式第一项约等于 0。为使上式第二项为零，可以推出 $\Delta f=m/(4T_b)$，也就是说频率偏移 Δf 应为码元速率四分之一的整数倍，MSK 要求占用带宽最小，因此 MSK 中 $\Delta f=1/(4T_b)$，从而两个载波频率间隔为 $2\Delta f=1/(2T_b)$，即调制指数 $h=2\Delta f/R_b=0.5$，这是 FSK 能够达到的最小的调制指数，也是 MSK 名字的由来。

此外，MSK 为连续相位调制，为使码元转换时刻相位连续，将 MSK 信号表示为

$$s_k(t)=\cos\left[\omega_c t+\theta_k(t)\right]=\cos(\omega_c t+a_k\Delta\omega t+\varphi_k)，kT_b\leqslant t<(k+1)T_b \tag{}$$
$$(4-88)$$

其中输入信息比特 $a_k=\pm1$，$\theta_k(t)=a_k\Delta\omega t+\varphi_k$ 为第 k 个码元的相位函数，φ_k 为保持相位连续加入的附加相位，它在一个码元期间保持不变。$\theta_k(t)$ 应该满足：

$$\theta_{k-1}(kT_b)=\theta_k(kT_b)\Rightarrow a_{k-1}\Delta\omega kT_b+\varphi_{k-1}=a_k\Delta\omega kT_b+\varphi_k \qquad (4-89)$$

将 $\Delta f = 1/4T_b$ 代入(4-89)式，注意到 a_k 只有 ± 1 两种可能的取值，当 $a_k \neq a_{k-1}$ 时 $a_{k-1} - a_k$ 只有 ± 2 两种可能的取值，由上式可化简得到

$$\varphi_k = \varphi_{k-1} + (a_{k-1} - a_k)\frac{k\pi}{2} = \begin{cases} \varphi_{k-1}, & a_k = a_{k-1} \\ \varphi_{k-1} \pm k\pi, & a_k \neq a_{k-1} \end{cases} \qquad (4-90)$$

(4-90)式表明，MSK 信号第 k 个码元的附加相位 φ_k 不仅与当前码元 a_k 的取值有关，还与前一码元 a_{k-1} 的取值以及附加相位 φ_{k-1} 有关。也就是说，为保持 MSK 信号的相位连续性，在相邻两个码元相同时，附加相位 φ_k 保持不变；而当相邻码元改变时，附加相位 φ_k 的变化量为 $\pm k\pi$，如果初始相位 φ_0 为 0，则有 $\varphi_k = \pm k\pi$。任意时刻相位函数 $\theta_k(t)$ 可以表示为

$$\theta_k(t) = 2\pi a_k \Delta f t + \varphi_k = \frac{\pi a_k}{2T_b}t + \varphi_k \qquad (4-91)$$

由上式可以看出第 k 个比特的相位函数 $\theta_k(t)$ 是斜率为 $\pi a_k/(2T_b)$ 且截距为 φ_k 的直线，且在一个比特周期内的相位变化量为 $a_k\pi/2$，如果 $a_k = +1$，则 $\theta_k(t)$ 在一个比特周期内线性增加 $\pi/2$，否则线性减少 $\pi/2$。多个比特周期的 $\theta_k(t)$ 构成折线。结合(4-90)式，图 4-35(a)给出了相位函数 $\theta_k(t)$ 所有可能的轨迹，(b)图则给出了输入某个比特序列时的相位函数 $\theta_k(t)$ 的轨迹，注意 φ_k 是 $[kT_b, (k+1)T_b]$ 时间内相位轨迹 $\theta_k(t)$ 延长线与纵轴的交点。例如图中 $k=2$ 时 $a_k = +1$，$\varphi_k = -2\pi$，随后输入的比特 $a_3 = -1$，由(4-90)式可得 $\varphi_3 = -2\pi + 3\pi = \pi$。

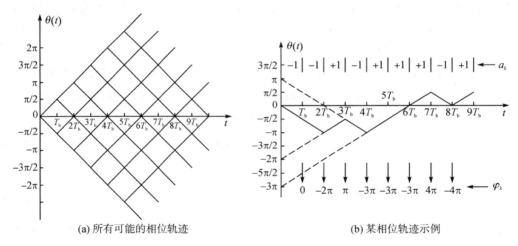

(a) 所有可能的相位轨迹   (b) 某相位轨迹示例

图 4-35 MSK 信号的相位轨迹

MSK 的特殊性还表现在其可以看作一种使用了特殊脉冲成形的 OQPSK 调制，以下具体说明。从 MSK 信号的一般表示(4-88)式，以及 $\Delta f = 1/(4T_b)$ 可推得：

$$s_k(t) = \cos\left(\frac{a_k\pi}{2T_b}t + \varphi_k\right)\cos(\omega_c t) - \sin\left(\frac{a_k\pi}{2T_b}t + \varphi_k\right)\sin(\omega_c t) \qquad (4-92)$$

由于 $\varphi_k = \pm k\pi$ 从而有 $\sin\varphi_k = 0$，又 $a_k = \pm 1$ 且 $\cos(\cdot)$ 故为偶函数，故上式第一项系数可简化为

$$\cos\left(\frac{a_k\pi}{2T_b}t + \varphi_k\right) = \cos\varphi_k\cos\left(\frac{a_k\pi t}{2T_b}\right) - \sin\varphi_k\sin\left(\frac{a_k\pi t}{2T_b}\right) = \cos\varphi_k\cos\left(\frac{\pi t}{2T_b}\right) \qquad (4-93)$$

同理，上式第二项系数可简化为

$$\sin\left(\frac{a_k\pi}{2T_b}t+\varphi_k\right)=\cos\varphi_k\sin\left(\frac{a_k\pi t}{2T_b}\right)+\sin\varphi_k\cos\left(\frac{a_k\pi t}{2T_b}\right)=a_k\cos\varphi_k\sin\left(\frac{\pi t}{2T_b}\right) \quad (4-94)$$

令 $I_k=\cos\varphi_k=\pm1$ 为同相支路，$Q_k=a_k\cos\varphi_k=\pm1$ 为正交支路，可以得到：

$$s_k(t)=I_k\cos\left(\frac{\pi t}{2T_b}\right)\cos(\omega_c t)-Q_k\sin\left(\frac{\pi t}{2T_b}\right)\sin(\omega_c t) \quad (4-95)$$

(4-95)式表明，MSK 可以看作一种特殊的正交调制，其同相支路和正交支路分别使用了不同的成形脉冲，前者为 $\cos(\pi t/(2T_b))$，而后者为 $\sin(\pi t/(2T_b))$。

接下来进一步推导 I_k 的取值情况，由(4-90)式可推得：

$$\begin{aligned}I_k&=\cos\varphi_k=\cos\left[\varphi_{k-1}+(a_{k-1}-a_k)\frac{k\pi}{2}\right]\\&=I_{k-1}\cos\left[(a_{k-1}-a_k)\frac{k\pi}{2}\right]\\&=\begin{cases}-I_{k-1},&a_k\neq a_{k-1}\text{ 且 }k\text{ 为奇数}\\I_{k-1},&\text{其它}\end{cases}\end{aligned} \quad (4-96)$$

类似的方式可以推导 Q_k 的取值，考虑到 a_k 只有 ±1 两种可能的取值，从而必然有 $a_{k-1}\cdot a_{k-1}=1$，并且当 $a_k\neq a_{k-1}$ 时必然有 $a_k\cdot a_{k-1}=-1$，则可推得：

$$\begin{aligned}Q_k&=a_k\cos\varphi_k=a_k\cos\left[\varphi_{k-1}+(a_{k-1}-a_k)\frac{k\pi}{2}\right]\\&=(a_k\cdot a_{k-1})\cdot a_{k-1}\cos\left[\varphi_{k-1}+(a_{k-1}-a_k)\frac{k\pi}{2}\right]\\&=(a_k\cdot a_{k-1})Q_{k-1}\cos\left[(a_{k-1}-a_k)\frac{k\pi}{2}\right]\\&=\begin{cases}-Q_{k-1},&a_k\neq a_{k-1}\text{ 且 }k\text{ 为偶数}\\Q_{k-1},&\text{其它}\end{cases}\end{aligned} \quad (4-97)$$

综合(4-96)式和(4-97)式，可以发现仅当 $a_k\neq a_{k-1}$ 时，同相支路 I 和正交支路 Q 才可能改变符号，且同相支路和正交支路改变符号的时间错开一个比特。参考 OQPSK 信号产生原理，MSK 可以理解为一种特殊形式的 OQPSK 调制。(4-96)式和(4-97)式可以等效地写为

$$\begin{cases}I_{2m}=I_{2m-1}\\I_{2m+1}=(a_{2m+1}\cdot a_{2m})I_{2m}=\prod_{k=0}^{2m+1}a_k\end{cases}$$

$$\begin{cases}Q_{2m+1}=Q_{2m}\\Q_{2m}=(a_{2m}\cdot a_{2m-1})Q_{2m-1}=\prod_{k=0}^{2m}a_k\end{cases} \quad (4-98)$$

图 4-36 给出了 MSK 调制器的原理框图，依据(4-98)式，输入的信息码元 a_k 经过连乘运算后得到 $d_k=d_{k-1}\cdot a_k$，将输出序列 $\{d_k\}$ 的奇数比特作为 I_k 分配到同相支路，偶数比特作为 Q_k 分配到正交支路，之后依据(4-95)式，分别用 $\cos\left(\frac{\pi t}{2T_b}\right)$ 和 $\sin\left(\frac{\pi t}{2T_b}\right)$ 实现类似脉冲成形的效果，最后分别与同相载波和正交载波相乘，两个支路信号之差即为输出的

已调 MSK 信号。图 4 - 37 给出了 MSK 调制器中各个信号波形的一个示例，读者可以对比图 4 - 36 来理解。

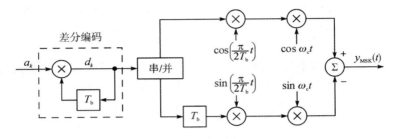

图 4 - 36　MSK 调制器原理

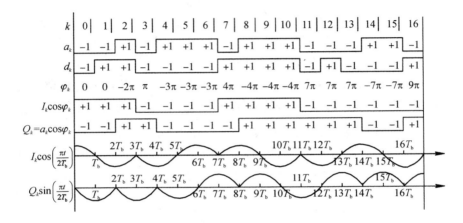

图 4 - 37　MSK 调制器中各点信号波形示例

图 4 - 38 说明了 MSK 信号相干解调的原理，解调过程由相干载波提取和相干解调两部分组成。此外由于 MSK 信号属于频率调制信号，所以也可以采用鉴频器解调。

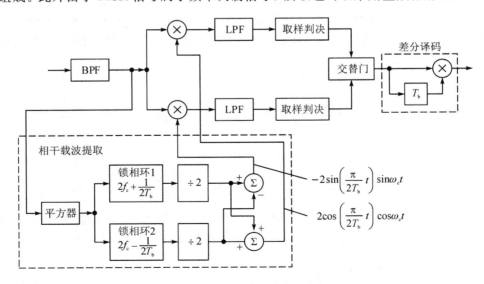

图 4 - 38　MSK 信号的相干解调

为了保证相位连续，MSK 在相邻比特之间引入了相位的相关性，最终可以证明 MSK 的功率谱密度函数为

$$P(f) = \frac{16}{\pi^2}\left[\frac{\cos\left[2\pi(f+f_c)T_b\right]}{1-16(f+f_c)^2 T_b^2}\right]^2 + \frac{16}{\pi^2}\left[\frac{\cos\left[2\pi(f-f_c)T_b\right]}{1-16(f-f_c)^2 T_b^2}\right]^2 \quad (4-99)$$

图 4-39 画出了 MSK 信号的功率谱密度，同时画出了同等比特速率条件下采用矩形成形脉冲的 QPSK 和 BPSK 功率谱密度作为比较。从图中可以看出 MSK 信号频谱的带外滚降速度比 BPSK/QPSK 快，计算表明 MSK 频谱的第一旁瓣比主瓣低 20 多 dB。MSK 信号的主瓣宽度为 $1.5R_b$，如果只考虑主瓣宽度，则 MSK 信号的频谱效率为 $2/3(b/s)/Hz$，而 BPSK 和 QPSK 的频谱效率分别为 $0.5(b/s)/Hz$ 和 $1(b/s)/Hz$，MSK 的频谱效率优于 BPSK。如果考虑 99% 功率带宽，则 MSK 信号的带宽为 $1.2R_b$，而采用矩形脉冲的 QPSK 信号为 $8R_b$，相应的频谱效率分别为 $0.83(b/s)/Hz$ 和 $0.125(b/s)/Hz$，MSK 的频谱效率甚至优于 QPSK。

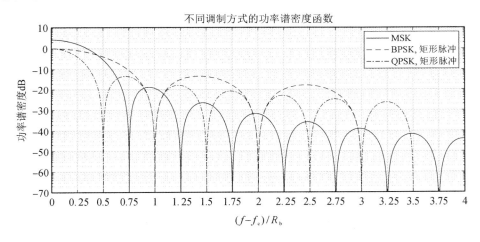

图 4-39　MSK 信号的功率谱密度

可以证明 AWGN 信道条件下，MSK 相干解调的误比特率为 $P_e \approx Q\left(\sqrt{1.7E_b/N_0}\right)$，略高于 BPSK。

4.5.3　高斯最小移频键控(GMSK)

MSK 已调信号包络恒定，相位连续，且功率谱带外衰减比较快，但是在移动通信中，对信号带外辐射功率的限制非常严格，甚至要求衰减到 60 dB 以上，MSK 信号仍不能满足这样的要求。针对这个问题，在 MSK 的基础上提出了高斯最小移频键控(Gaussian filtered MSK，GMSK)调制。GMSK 平滑了 MSK 的相位曲线，大大降低了功率谱旁瓣，能够满足移动通信对邻道辐射的严格要求，在第二代数字移动通信系统 GSM 中就采用了 GMSK 调制方式。

令 $m(t) = \sum_k a_k g(t-kT_b)$，$g(t)$ 是 $[0, T_b]$ 时间内高度为 1 的矩形脉冲，初始相位 $\varphi_0 = 0$，则 MSK 信号还可以表示为

$$s(t) = \sqrt{\frac{2E_b}{T_b}}\cos\left[2\pi f_c t + \frac{\pi}{2T_b}\int_0^t m(\tau)d\tau\right], \quad t > 0 \quad (4-100)$$

这说明 MSK 信号可由 FM 调制器来产生，但由于输入的二进制非归零脉冲序列 $m(t)$ 具有较宽的频谱，从而导致已调信号的带外衰减较慢。如果将 $m(t)$ 首先经过预调制滤波器进行平滑滤波后再送入 FM 调制，必然会改善已调信号的带外衰减特性，当低通平滑滤波器采用高斯低通预调制滤波器时就得到了 GMSK 调制，图 4-40 说明了 GMSK 信号的生成。

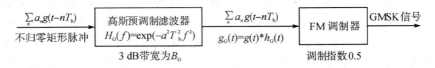

图 4-40 GMSK 信号生成原理

高斯低通滤波器的冲激响应与频域特性为

$$h_G(t) = \frac{\sqrt{\pi}}{\alpha T_b} \exp\left(-\frac{\pi^2 t^2}{\alpha^2 T_b^2}\right) \qquad (4-101)$$

$$H_G(f) = \exp(-\alpha^2 T_b^2 f^2)$$

其中 α 是与高斯滤波器的 3 dB 带宽 B_G 有关的参数，满足如下关系：

$$B_G = \frac{\sqrt{\ln 2}}{\sqrt{2}\,\alpha T_b} = \frac{0.5887}{\alpha T_b} \qquad (4-102)$$

高斯滤波器的冲激响应完全由 B_G 和 T_b 确定，因此可以用归一化 3 dB 带宽 $B_G T_b$ 来定义高斯滤波器，图 4-41 给出了 $B_G T_b$ 取不同值时 $h_G(t)$ 的形状。可以看出随着 $B_G T_b$ 的增加，冲激响应越来越尖锐，当 $B_G T_b = +\infty$ 时 $h_G(t)$ 退化为冲激函数，等效为全通网络。无论 $B_G T_b$ 多大，$h_G(t)$ 对应的脉冲面积总是为 1，即 $\int_t h_G(t)\mathrm{d}t = 1$。需要注意的是，高斯滤波器不满足奈奎斯特第一准则，码元序列经过该滤波器将会发生 ISI，并且 $B_G T_b$ 越小，ISI 越严重。

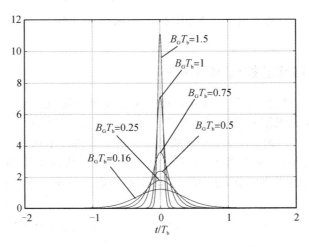

图 4-41 高斯滤波器的时域冲激响应

当输入宽度为 T_b、高度为 1 的矩形脉冲时，高斯滤波器的脉冲响应为

$$g_G(t) = \int_{t-T_b/2}^{t+T_b/2} h_G(\tau)\mathrm{d}\tau = Q\left[\frac{2\pi B_G}{\sqrt{\ln 2}}\left(t-\frac{T_b}{2}\right)\right] - Q\left[\frac{2\pi B_G}{\sqrt{\ln 2}}\left(t+\frac{T_b}{2}\right)\right] \quad (4-103)$$

图 4-42 画出了 $B_G T_b$ 取不同值时，高斯滤波器的矩形脉冲响应。$B_G T_b = \infty$ 时高斯滤波器为冲激函数，故矩形脉冲响应仍为矩形脉冲。

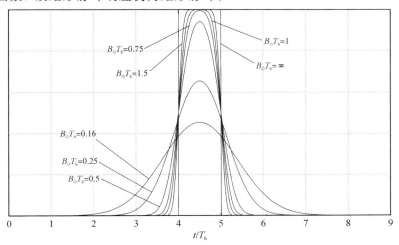

图 4-42　高斯滤波器的时域脉冲响应

可以看出宽度为 T_b 的矩形脉冲经过高斯滤波器后，输出的脉冲展宽了，$B_G T_b$ 越小，则展宽的程度越高，码间串扰越严重。当 $B_G T_b \approx 0.25$ 时，输出脉冲宽度 $\approx 4T_b$。最后可以证明，无论 $B_G T_b$ 取何值，$g(t)$ 波形的面积总是为固定的某个常数。

图 4-43 说明了 MSK 和 GMSK 相位轨迹 $\theta(t) = \int_0^t m(\tau)\mathrm{d}\tau$ 的区别，MSK 中 $m(\tau)$ 为双极性不归零脉冲序列，因此积分后得到了折线，而 GMSK 中相位轨迹是 $m(\tau)$ 经过高斯滤波输出波形的积分，对比两者可以看出，GMSK 通过高斯滤波器引入可控的 ISI 平滑了相位路径，相位函数不仅是连续变化的，而且是平滑变化的，消除了 MSK 在码元转换时刻的相位转折点，从而改善了频谱特性。图 4-44 进一步给出了 $B_G T_b$ 取不同值时 GMSK 信号的相位轨迹。

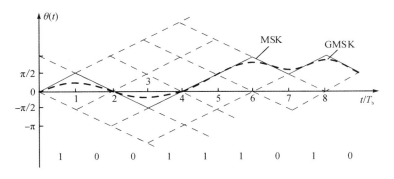

图 4-43　MSK 与 GMSK 相位轨迹对比

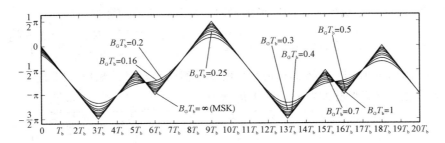

图 4 - 44　$B_G T_b$ 取不同值时的 GMSK 相位轨迹对比

图 4 - 45 画出了 $B_G T_b$ 取不同值时 GMSK 信号的功率谱，$B_G T_b = \infty$ 时相当于 MSK 信号的功率谱，从图中可以看出 $B_G T_b$ 越小，旁瓣的衰减越快，GSMK 信号的带宽明显小于 MSK 信号，表 4 - 6 给出了不同功率百分比条件下的 GMSK 信号射频带宽。

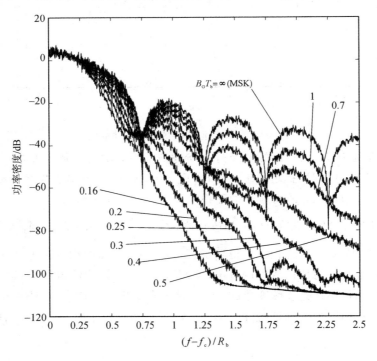

图 4 - 45　GMSK 信号的功率谱密度

表 4 - 6　GMSK 在给定百分比功率下占用的 RF 带宽（基于 $R_b = 1/T_b$ 的归一化值）

$B_G T_b$	90％功率	99％功率	99.9％功率	99.99％功率
0.2	0.52	0.79	0.99	1.22
0.25	0.57	0.86	1.09	1.37
0.5	0.69	1.04	1.33	2.08
∞(MSK)	0.78	1.20	2.76	6.00

码间串扰会引起误码性能的下降，AWGN 条件下 GMSK 的误码率为

$$P_e \approx Q\left(\sqrt{2\,\frac{\gamma E_b}{N_0}}\right) \tag{4-104}$$

其中 γ 是与 $B_G T_b$ 相关的常数，当 $B_G T_b = 0.25$ 时 $\gamma \approx 0.68$，当 $B_G T_b = \infty$ 时，即对于 MSK 有 $\gamma \approx 0.85$。因此 $B_G T_b = 0.25$ 的 GMSK，其误码性能比 MSK 下降 1 dB，这是因为高斯脉冲成形引入了码间串扰 ISI，虽然这种 ISI 对于接收端是已知的，可以看作是某种部分响应系统，但是与奈奎斯特第一准则相比，其误码性能还是下降了。随着 $B_G T_b$ 的减小，ISI 越来越严重，相应的误码率将越来越高。

由图 4-45 可以看出，GMSK 信号在一码元周期内的相位增量，不再固定为 $\pm \pi/2$，而是随着输入序列的不同而不同。但是无论 $B_G T_b$ 取何值，如果传输 +1，则相位在码元周期内总是呈单调增加趋势，否则单调下降。可以根据这一特点结合前后码元的相关性进行解调判决，图 4-46 给出了基于上述原理的延迟差分检测电路。

图 4-46　GMSK 信号的延迟差分检测

接收信号经过带通滤波器 BPF 后得到 $R(t)\cos[\omega_c t + \theta(t)]$，迟延并且相移之后的输出为 $R(t-T_b)\sin[\omega_c(t-T_b) + \theta(t-T_b)]$，当 $\omega_c T_b = 2k\pi$ 时，LPF 的输出为 $y(t) = 0.5R(t)R(t-T_b)\sin[\theta(t) - \theta(t-T_b)]$。由于 $R(t)$ 和 $R(t-T_b)$ 为信号包络，恒为正值，因此可以利用抽样时刻 t' 处相邻符号相差进行判决，即 $y(t') > 0$ 判为 +1，否则判为 -1。

4.5.4　多进制频移键控（MFSK）

对于 $M > 2$ 的情形，可使用 MFSK，通过更多的频率分量携带更多的信息，符号 a_i 的已调信号可表示为

$$s_i(t) = \sum_j s_{ij}\phi_j(t) = \sqrt{E_s}\,\phi_i(t) = \sqrt{2\,\frac{E_s}{T_s}}\cos(2\pi f_i t),\ i=1,2,\cdots,M \tag{4-105}$$

其中基函数 $\phi_j(t) = \sqrt{2/T_s}\cos(2\pi f_j t)$ 对应不同频率的载波，注意在 MFSK 中基函数的数目 $N = M$。为满足基函数的正交条件，不同载波的最小频率间隔为

$$\Delta f = \min_{i \neq j} |f_i - f_j| = \frac{1}{2T_s} \tag{4-106}$$

载波频率间隔取 Δf 的整数倍，即可得到 MFSK 的一般表达式：

$$s_m(t) = \sqrt{2\,\frac{E_s}{T_s}}\cos\left[2\pi f_c t + \frac{m\pi}{T_s}t\right],\ 0 \leqslant t \leqslant T_s,\ m=1,2,\cdots,M \tag{4-107}$$

表 4-7 列出了 MFSK 信号的频谱效率和功率效率，可以发现，与 MPSK 和 MQAM 正好相反，MFSK 的频谱效率随 M 的增加而降低，而功率效率却随着 M 的增加而提高。这是因为 MFSK 中的每个基函数都对应着一份带宽占用，占用带宽随 M 线性增长，而携带比特数随 M 呈对数增长，从而总体的频谱效率随 M 的增加而降低。可以证明 MFSK 的频谱效率为

$$\eta_{\mathrm{B}} = \frac{2\mathrm{lb}M}{M+3} \ (\mathrm{b/s})/\mathrm{Hz} \tag{4-108}$$

功率效率方面，容易看出 M 个不同码元各自对应的星座点为 $s_1 = (\sqrt{E_s}, 0, \cdots, 0)$，$s_2 = (0, \sqrt{E_s}, \cdots, 0)$，$\cdots$，$s_M = (0, 0, \cdots, \sqrt{E_s})$，无论 M 取何值，任意两个星座点之间的距离固定为 $\sqrt{2E_s}$，M 增加并不会减小星座点距离，因而不会造成误码率显著下降；另一方面，由于 MFSK 为恒包络调制，无论 M 取何值，符号能量 E_s 都相等，这意味着 M 越大比特能量越低。综合两方面的因素，MFSK 的功率效率随着 M 的增加而提高。MFSK 的误码率约为

$$p_{\mathrm{e}} \leqslant (M-1)Q\left(\sqrt{\mathrm{lb}M \cdot \frac{E_{\mathrm{b}}}{N_0}}\right) \tag{4-109}$$

表 4 - 7　MFSK 信号的频谱效率和功率效率

M	4	8	16	32	64
$\eta_{\mathrm{B}} = R_{\mathrm{b}}/B/[(\mathrm{b/s})/\mathrm{Hz}]$	0.57	0.55	0.42	0.29	0.18
$E_{\mathrm{b}}/N_0(\mathrm{BER}=10^{-6})$	10.8	9.3	8.2	7.5	6.9

由于 MFSK 为恒包络调制，因此可以使用成本较低的非线性放大器。MFSK 中使用不同频率作为基函数，每个码元都只在一个基函数上传递信息，能够保证恒包络性质，但同时每个基函数并未得到充分利用；而 MPSK/MQAM 则是利用同一频率相互正交的两个相位作为基函数，这就启发我们同时利用载波频率和相位作为基函数来传递信息。实际上 OFDM 就是基于这一思路，在多个频率上同时传递信息，每个频率（子载波）上再分别使用 MPSK 或 MQAM 等正交调制方式，相当于增加了信号空间的维数，从而获得较高的频谱效率。

4.6　无线信道中的调制性能

无线信道存在多径效应和多普勒扩展，对于调制方案的性能有着严重的影响。例如平坦衰落导致接收功率剧烈起伏，接收信噪比随机变化，这就导致误码情况不断变化，特别是深衰落期间，过低的接收信噪比会导致连续的比特差错，甚至可能导致通信中断。此外，频率选择性衰落会引起码间干扰 ISI，造成接收信号的"背景"误码，即存在一个不会随着信噪比的提高而降低的最低误码率。由运动引起的多普勒扩展可能破坏不同基函数之间的正交性，同样产生"背景"误码。在无线信道中衡量调制性能的指标主要有两个：一个是平均误码率或误比特率，另一个是通信中断率，即瞬时信噪比低于给定门限值的概率。本节分别讨论平坦衰落和频率选择性衰落对数字调制性能的影响。由于无线通信中基本上都是慢衰落，因此本节只考虑慢衰落的情形。

4.6.1　平坦衰落信道中的调制性能

发射信号 $s(t)$ 经历平坦衰落信道后会发生乘性变化，其接收信号可以表示为

$$r(t) = \alpha(t)\exp[-\mathrm{j}\theta(t)]s(t) + n(t), \ 0 \leqslant t \leqslant T_{\mathrm{s}} \tag{4-110}$$

其中 $\alpha(t)$ 是信道的随机幅度增益，$\theta(t)$ 是信道的随机相移，$n(t)$ 是加性高斯噪声。由于只

考虑慢衰落，因此平坦衰落信道的变化比信号的变化慢，可以假设 $\alpha(t)$ 和 $\theta(t)$ 在一个符号周期内是不变的，则(4-110)式可以简化为

$$r(t) = \alpha e^{-j\theta} s(t) + n(t), \quad 0 \leqslant t \leqslant T_s \tag{4-111}$$

假定每比特的发射能量为 E_b，高斯白噪声的单边功率谱密度为 N_0，经历无线信道传输后，接收功率随空间和时间随机变化，故瞬时接收信噪比 $\gamma = \alpha^2 E_b / N_0$ 为服从某种概率分布 $p(\gamma)$ 的随机变量，从而误码率随空间和时间随机变化，通常使用平均误码率来衡量调制性能。

$$P_e = \int_0^\infty P_e(\gamma) p(\gamma) \mathrm{d}\gamma \tag{4-112}$$

其中 $P_e(\gamma)$ 是 AWGN 信道中信噪比为 γ 条件下调制方案的误码概率。对于瑞利衰落信道，假设 α 服从参数为 σ 的瑞利分布，则 α^2 服从负指数分布，且均值为 $\overline{\alpha^2} = 2\sigma^2$，相应的平均接收比特信噪比为 $\Gamma = 2\sigma^2 E_b / N_0$，则有：

$$p(\gamma) = \frac{1}{\Gamma} \exp\left(-\frac{\gamma}{\Gamma}\right) \tag{4-113}$$

联合(4-112)式和(4-113)式，就可以计算瑞利衰落信道中的平均误码率。例如AWGN 条件下，BPSK 相干解调的误码率为 $Q(\sqrt{2\gamma})$，则瑞利信道中 BPSK 的平均误比特率为

$$
\begin{aligned}
P_e &= \int_0^\infty Q(\sqrt{2\gamma}) p(\gamma) \mathrm{d}\gamma = \int_0^\infty \frac{1}{\Gamma} \exp\left(-\frac{\gamma}{\Gamma}\right) \int_{\sqrt{2\gamma}}^\infty \frac{\exp(-z^2/2)}{\sqrt{2\pi}} \mathrm{d}z \, \mathrm{d}\gamma \\
&= \int_0^\infty \frac{\exp(-z^2/2)}{\sqrt{2\pi}} \int_0^{z^2/2} \frac{1}{\Gamma} \exp\left(-\frac{\gamma}{\Gamma}\right) \mathrm{d}\gamma \, \mathrm{d}z \\
&= \int_0^\infty \frac{\exp(-z^2/2)}{\sqrt{2\pi}} \left[1 - \exp\left(-\frac{z^2}{2\Gamma}\right)\right] \mathrm{d}z \\
&= \int_0^\infty \frac{\exp(-z^2/2)}{\sqrt{2\pi}} \mathrm{d}z - \frac{1}{\sqrt{2\pi}} \int_0^\infty \exp\left[-\frac{(1+\Gamma)z^2}{2\Gamma}\right] \mathrm{d}z \\
&= \frac{1}{2}\left(1 - \sqrt{\frac{\Gamma}{1+\Gamma}}\right)
\end{aligned}
\tag{4-114}
$$

(4-114)式第四行第一项是标准正态分布在正半轴的积分，因此结果为 $1/2$，第二项可以通过定义 $z = \sqrt{\Gamma/(1+\Gamma)} x$ 变量代换得到结果 $0.5\sqrt{\Gamma/(1+\Gamma)}$。如果平均信噪比 Γ 较高，(4-114)式泰勒展开后忽略高阶项可得误码率近似为 $\dfrac{1}{4\Gamma}$。

类似的方法可以推得瑞利信道中 BFSK 相干解调的平均误比特率为

$$P_e = \frac{1}{2}\left[1 - \sqrt{\frac{\Gamma}{2+\Gamma}}\right] \approx \frac{1}{2\Gamma} \tag{4-115}$$

瑞利信道中 GMSK 相干解调的平均误比特率为

$$P_e = \frac{1}{2}\left(1 - \sqrt{\frac{\delta\Gamma}{1+\delta\Gamma}}\right) \approx \frac{1}{4\delta\Gamma}$$

其中

$$\delta \approx \begin{cases} 0.68, & B_G T_b = 0.25 \\ 0.85, & B_G T_b = \infty (\text{MSK}) \end{cases} \tag{4-116}$$

图 4-47 给出了 AWGN 与瑞利衰落信道下不同调制性能的误码率曲线，总体来看，瑞利衰落条件下不同调制方案的误码率和平均信噪比呈倒数关系，而 AWGN 条件下，误码率随信噪比的增加呈指数下降趋势。例如为使 BPSK 相干解调的误码率达到 10^{-3}，AWGN信道大约需要 6.8 dB 左右的比特信噪比，而瑞利衰落信道则需要大约 24 dB 的比特信噪比，远远大于 AWGN 信道中所需要的信噪比。

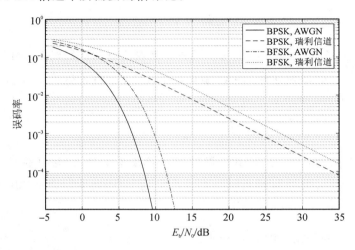

图 4-47　AWGN 与瑞利衰落信道下不同调制方案的误码率曲线

与 AWGN 相比，平坦衰落信道中的误码性能极大地下降了。不仅如此，平坦衰落信道中的瞬时信噪比可能极低，以至于瞬时误码率达到 0.5，特别是深衰落的情况下，将导致一连串的码元误判，出现突发差错，无法正常通信。假定 γ_0 是维持通信所需的最小信噪比，则中断率定义为

$$P_{\text{out}} = \text{Pr.} \{\gamma \leqslant \gamma_0\} = \int_0^{\gamma_0} p(\gamma) d\gamma \tag{4-117}$$

γ_0 的取值与业务相关，例如数字话音业务中，误比特率低于 10^{-3} 时话音质量可接受，如果使用 BPSK 调制和相干解调技术，要求比特信噪比大于 7 dB，为此可以设定 $\gamma_0 = 7$ dB。将（4-113）式代入（4-117）式，可得瑞利衰落信道的中断率为

$$P_{\text{out}} = \int_0^{\gamma_0} \frac{1}{\Gamma} \exp\left(-\frac{\gamma}{\Gamma}\right) d\gamma = 1 - \exp\left(-\frac{\gamma_0}{\Gamma}\right) \tag{4-118}$$

平坦衰落信道下，提高发射功率虽然可以降低误码率，但是要付出巨大的功率代价，因而可行性不高。差错控制编码和下一章讨论的分集技术能够以较小的代价显著改善误码率，避免深度衰落的影响，获得了非常广泛的使用。

4.6.2　频率选择性衰落信道中的调制性能

频率选择性衰落会导致符号间干扰，其它时刻的码元通过不同时延的多径对当前时刻的码元形成干扰，从而造成一定概率的误判。提高发送功率同样提高了 ISI 的强度，不能消除 ISI 导致的误码，因此 ISI 会造成背景误码。码间干扰造成的背景误码与调制方式及码间

干扰的特性有关，而码间干扰的特性又和信道特性及发送的符号速率有关，所以频率选择性衰落信道中的调制性能问题很难用解析的方法进行分析，而需要依靠计算机仿真来获得。研究表明，均方根时延扩展对于背景误码率的影响比功率时延谱形状对误码率的影响要大，此外脉冲成形对于背景误码率的影响也很大，升余弦滤波器的滚降系数从 0 增加到 1 时，背景误码率下降一个数量级。

　　针对 BPSK、QPSK、OQPSK 和 MSK 四种调制方式，前人研究了背景误码率和归一化均方根时延扩展 $d = \sigma_\tau / T_s$ 的关系。总体来看，背景误码率随着均方根时延扩展的增加而升高，同样的，均方根时延扩展和同等比特速率条件下，按照背景误码率从高到低的顺序排列，顺序为 BPSK、MSK、OQPSK 和 QPSK，主要原因是 BPSK 的码元周期最小，因而 ISI 最严重；与 BPSK 相比，QPSK 码元周期加倍，降低了 ISI 的影响，因而背景误码率最低；MSK（可看作特殊的 OQPSK）与 OQPSK 两者在半个码元周期时刻可能出现某个支路极性翻转，性能介于 BPSK 和 QPSK 之间。此外还得到了背景误码率的上界 $P_{\text{floor}} \leqslant d^2$，$0.02 \leqslant d \leqslant 0.1$。这个上界说明码间干扰将使通信速率受到严重的限制。例如典型城市环境中的均方根时延扩展大约是 $\sigma_\tau = 2.5\ \mu s$，即使按 10^{-2} 的背景误码率计算，也需要 $d \leqslant 0.1$，即 $\sigma_\tau \leqslant 0.1 T_s$，相应的通信速率为 $1/T_s \leqslant 0.1/\sigma_\tau = 40\ \text{kBaud}$，这个速率不能满足高速数据业务的要求。

　　现代无线通信系统对于通信速率的要求越来越高，频率选择性衰落是每个无线通信系统必须面对的问题，第 6 章到第 8 章介绍的技术都能有效对抗或者抑制 ISI，从而打破背景误码率造成的速率屏障。

本 章 小 结

　　本章讨论若干单载波数字调制技术，这些调制技术不仅在工程上获得了广泛实用，同时也是扩频调制、OFDM 调制的技术基础，在很多场合下，也被称为基本调制技术。掌握和理解这些基本调制方法对于理解本书后续内容至关重要。

　　关于基带信号功率谱密度公式的推导，可参考以下链接。

第 5 章　抗衰落技术——分集与交织

　　无线电传播环境会对其中传输的无线信号产生各种不利的影响，如果直接使用接收信号来解调，则可能会导致通信系统的性能严重恶化，甚至无法进行正常通信。由第2 章和第 3 章的内容可知，无线信道对信号的影响可以分为大尺度衰落和小尺度衰落两大类。对于大尺度衰落，典型的衰落类型为阴影衰落，它会导致接收信号的信噪比产生慢速变化，从而对无线覆盖产生不利影响。针对大尺度衰落的特点，常用的措施是引入功率储备为信号衰落留出余量，或者使用功率控制技术在发现衰落的时候自动增大发射功率，从而保证在考虑阴影衰落后，小区的覆盖率仍能够达到系统设计的要求。对于小尺度衰落，虽然也可以通过使用功率储备或者功率控制来进行补偿，但是这样做的代价是非常大的。第 3 章指出，小尺度衰落反映的是短距离（几倍波长）或者短时间内接收信号强度的变化情况。经历小尺度衰落的信号强度变动范围可能达到 $30 \sim 40\text{dB}$，这意味着接收信号功率可能会有 $1000 \sim 10000$ 倍的涨落。针对这样剧烈的波动，简单地增大发射功率（即功率储备）不仅会造成大量的功率浪费，而且为增大功率所付出的体积、重量及成本等代价也是实际通信系统难以承受的。

　　实际的无线通信系统中，通常会利用小尺度衰落在短距离、短时间上的快速波动这个特点而采用各种信号处理技术来缓解小尺度衰落造成的不利影响，其中包括对抗平坦衰落的分集技术、对抗频率选择性衰落的均衡技术以及对抗慢衰落的交织技术等。本章重点讨论分集与交织技术，对于频率选择性衰落，应该首先使用下一章讨论均衡技术消除码间干扰后，再使用本章的分集技术来改善接收信噪比。

5.1　分集原理

　　分集是对抗平坦衰落对信号产生的不利影响的最有效的一项技术。更严格地讲，本章讨论微分集技术。与微分集相对应的一个概念为宏分集，宏分集用于对抗阴影衰落，具体做法是由多个位于不同地理位置的基站同时为同一个移动台提供服务，由于移动台同时处于多个基站信号阴影区的概率很小，从而可以有效地消除由阴影衰落所造成的影响。除非特别说明，后续讨论中使用的分集概念指的都是微分集。

　　为了理解分集技术的原理，我们首先来看图 5-1。图中画出了两路接收信号，分别称为信号支路 1 和信号支路 2，这两路信号来自于接收端距离足够远的两部天线，它们对应的是同一个发送信号。由于两部接收天线的距离足够远，因此可以假定这两路接收信号所经历的小尺度衰落是不相关的。假设以 -15 dB 作为深度衰落的门限，则由图 5-1 可以看出，在给定的观察时间内，信号支路 1 经历了三次深度衰落，信号支路 2 经历了 1 次深度衰落，但是由于两个支路信号经历的衰落特性相互独立，它们没有同时发生深度衰落。如果我们简单地选择信噪比高即幅度大的那个信号用于解调，也将获得比单支路接收信号更好的平均接收信噪比，从而提高接收性能。我们可以通过例 5 - 1 更好地理解分集技术的原理。

例 5 - 1　假设某个无线通信系统经历的小尺度衰落导致其接收信号在 10% 的时间内处于深度衰落，此时解调器输出的误比特率达到 0.5，系统无法正确解调。其余 90% 的非深度衰落时间内正常解调的误比特率为 10^{-6}。首先计算该通信系统的平均误比特率为

$$0.1 \times 0.5 + 0.9 \times 10^{-6} = 0.0500009 \approx 0.05$$

针对同一个发送信号，若接收端可以获得经历了相互独立的衰落的两个接收信号，并且总是使用两个接收信号中具有较高的信噪比的那个信号，则只需要其中有一个接收信号未处于深度衰落即可正常解调，只有当两个接收信号同时处于深度衰落时才会导致解调误比特率达到 0.5。此时，该通信系统处于深度衰落的概率为 $0.1 \times 0.1 = 0.01$，除此之外的情况下解调器都能够正常解调，即正常解调的概率为 0.99。从而可以计算此时系统的平均误比特率为

$$0.01 \times 0.5 + 0.99 \times 10^{-6} = 0.00500099 \approx 0.005$$

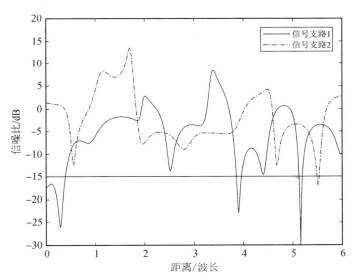

图 5 - 1　两路经历了独立衰落的接收信号

比较本例两种情况下的误比特率可以看出，通过利用两路经历了相互独立衰落的接收信号，可以将系统的误比特率降低一个数量级。原因在于两个接收信号同时经历深度衰落的概率远低于其中一个接收信号经历深度衰落的概率。

分集的英文为"Diversity"，直译为多样性，实际上分集技术就是利用了信道衰落的多样性，使接收机获得同一发射信号的多个衰落情况不同的接收副本，进而充分利用多份副本信号来改善接收信噪比，达到抗衰落的目的。图 5 - 1 中的两路接收信号经历了相互独立的衰落，这就为我们利用信道衰落的多样性提供了可能。为了保证信道衰落的多样性，要求各个接收信号经历的衰落相互独立。在实际中往往难以保证这种独立性，但是只要各个接收信号经历的衰落是高度不相关的，同样可以获得近似独立的效果。中文文献中用"分集"作为英文"Diversity"的翻译，实际上隐含了分集的两个步骤，即"分"和"集"两步。这里的"分"是指获取有效的接收副本，也称分集支路，"集"则是指对分集支路的有效合并，其

目的是获得一个优于各分集支路的合并信号用于后续的解调。下面两节将对分集技术的"分"和"集"进行详细的介绍。

5.2　分集支路的获取

"分集"的"分"是指获得多个支路的信号，对这些信号的要求有二，一是携带相同的信息；二是经历的信道衰落相互独立。

两个支路信号之间的相关程度可以用相关系数来表征，相关系数可以针对复信号来计算，也可以针对复信号的包络进行计算。显然，对于分集合并，用包络的相关系数分析更为合适。若两个支路的信号包络分别为 x 和 y，则其相关系数为

$$\rho_{xy} = \frac{\mathbb{E}\{x \cdot y\} - \mathbb{E}\{x\} \cdot \mathbb{E}\{y\}}{\sqrt{(\mathbb{E}\{x^2\} - \mathbb{E}\{x\}^2) \cdot (\mathbb{E}\{y^2\} - \mathbb{E}\{y\}^2)}} \tag{5-1}$$

如果 x 和 y 统计独立，则有 $\mathbb{E}\{x \cdot y\} = \mathbb{E}\{x\} \cdot \mathbb{E}\{y\}$，因此 $\rho_{xy} = 0$，对应于相关系数的最小值；当 x 和 y 完全相同时，有 $\mathbb{E}\{x \cdot y\} = \mathbb{E}\{x^2\} = \mathbb{E}\{y^2\}$，从而可得 $\rho_{xy} = 1$，对应于相关系数的最大值。相关系数 ρ_{xy} 用来表征信号 x 和 y 的相似程度，取值在 0 到 1 之间，ρ_{xy} 越大表明相似程度越大。在工程实践中，当两个变量的相关系数低于某一个门限时，可以近似地认为两个信号不相关，这个门限通常可以取 0.5 或 0.7。

如果满足三个条件：① 功率延迟分布呈指数规律衰减，② 入射信号呈散射状分布且不存在视距分量，③ 收发天线都使用全向天线，则可由(5-1)式推得相关系数表达式如下：

$$\rho_{xy}(\Delta t, \Delta f) = \frac{J_0^2(2\pi f_m \Delta t)}{1 + (2\pi \Delta f)^2 \sigma_\tau^2} \tag{5-2}$$

其中 Δt 和 Δf 分别为两个分集支路信号的时间间隔和频率间隔，函数 $J_0(\cdot)$ 为零阶第一类贝塞尔函数，$f_m = v/\lambda$ 为最大多普勒频移，σ_τ 为均方根时延扩展。对(5-2)式分别取 $\Delta t = 0$ 和 $\Delta f = 0$，可以得到相关系数与 Δf 和 Δt 各自的关系，其结果分别如图 5-2(a)、(b)所示。可以看出相关系数随着 Δf 的增加而降低，这表明两个信号的频率间隔越远，其相关程度就越低。随着 Δt 的增加，相关系数的值会出现波动，但是从总体趋势来看，两个信号的时间间隔越远，其相关程度就越低。

将 $f_m = v/\lambda$ 代入(5-2)式并令 $\Delta z = v\Delta t$，则可以得到关于位置差 Δz 的相关系数表达式如下：

$$\rho_{xy}(\Delta z, \Delta f) = \frac{J_0^2(2\pi \Delta z/\lambda)}{1 + (2\pi \Delta f)^2 \sigma_\tau^2} \tag{5-3}$$

基于(5-2)式和(5-3)式，可以得到三种获取分集支路信号的方法，即在不同的时刻发送信号、在不同的载频上传输信号以及在不同的空间位置接收信号，只要其时间间隔、频率间隔或距离间隔能够保证(5-2)式或(5-3)式小于相关系数门限即可。上述三种获取分集支路信号的方式分别称为时间分集、频率分集以及空间分集。除此之外，常用的分集方式还有极化分集和角度分集。

以上五种方式都是以直接的方式获取分集支路信号，因此也被称为显分集。与显分集对应的为隐分集，即不同的分集支路信号是以隐含的方式获取的。后续我们将看到，频率分集和时间分集经常会以隐分集的形式出现。

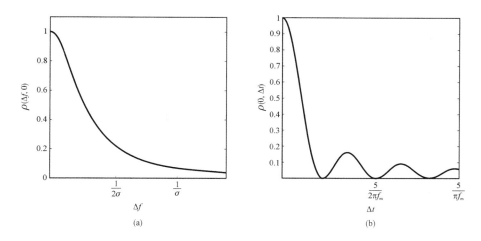

图 5-2　幅度相关系数与频率差和时间差之间的关系

5.2.1　空间分集

通过空间中多部具有一定空间间隔的天线同时接收信号来获取分集支路信号，这种做法称为接收天线分集。通过在发射端采用多部具有一定空间间隔的天线发射信号，这种技术称为发射天线分集。本章中重点讨论接收天线分集，发射天线分集将在 9.2.2 小节进行详细介绍。

在接收天线分集中，分集支路的获取不需要在发射端增加任何额外的信号处理，也无需更多的发射功率和带宽，因此成为一种应用最为广泛的分集方式。为了获取足够独立的分集支路信号，多个接收天线的间隔必须满足一定的要求，我们把能够保证分集支路信号足够独立性的最小天线间隔称为相干距离。需要注意的是相干距离的大小取决于相关系数门限 ρ_T。在(5-3)式中取 $\Delta f=0$，并设定相关系数门限为 $\rho_T=0.5$，可以算出天线间距至少需要满足 $\Delta z \geqslant \lambda/4$ 的条件。

(5-3)式的前提条件是要求接收信号呈散射状分布，这个条件对于移动台侧是成立的，因此在移动台处可以采用上述 $\Delta z \geqslant \lambda/4$ 的条件作为相干距离。但是对于基站侧，该条件不再满足，此时信道中的相互作用体集中在移动台周围，都从移动台的方向入射。因此基站侧的相干距离要比移动台处大得多。若要在基站侧使用接收天线分集，就需要比移动台更大的天线间距。此外，实际测量表明，天线高度和空间相关性之间存在很强的耦合，较大的天线高度意味着较大的相干距离。通常，在郊区环境下的基站中，10λ 到 20λ 的间隔就能够达到 $\rho \geqslant 0.5$ 的要求。

(5-3)式还要求收发天线都使用全向天线，但是在陆地移动通信系统中，特别是划分了扇区的移动通信系统中，往往更多使用的是方向性天线。对于方向性天线的情况，多径信号被限定在视距(LOS)路径附近的一个有限的角度内，与前面的情况类似，这也意味着需要更大的天线间隔以保证所获取的分集支路信号之间的独立性。

5.2.2　频率分集

通过在不同的载波频率上传输相同的窄带信号就可以实现频率分集，其中载波之间必须保证足够的间隔以确保不同载频上的接收信号所经历的衰落是统计独立的，这个间隔可以由(5-2)式在一定的相关系数门限条件 ρ_T 下求得。基于第 3 章小尺度衰落信道的内容，这里的最小频率间隔即为相干带宽 B_c。

以显分集的方式进行频率分集需要在多个载频上传输相同的信息，这会导致频谱效率的降低，因此工程中频率分集往往以隐分集的形式出现，例如第 7 章的扩频技术通常被认为能够提供频率分集的效果，这一点在第 7 章会进一步讨论。

5.2.3　时间分集

时间分集通过在不同的时间传输相同的信号来实现分集。与频率分集的情况类似，同样可以由(5-2)式得到一个最小的时间间隔，以保证不同时间的接收信号所经历的衰落是统计独立的，该时间间隔即为信道的相干时间 T_c。

与频率分集类似，实际应用中，时间分集也经常以隐分集的形式出现，例如通信中常用的自动请求重传 ARQ 机制，当传输出错时，发端重新发送出错的数据，由于两次数据发送的间隔超过了相关时间，因此相当于提供了时间分集。此外，信道编码和交织技术也是以隐含的方式来实现时间分集的，交织技术将在 5.4 节进行介绍。

5.2.4　极化分集

极化分集可以看作空间分集的特例，它使用两个具有不同极化方向的发射天线或接收天线，天线的极化方向可以是垂直极化或水平极化，分别用于接收信号中的垂直极化的无线电波和水平极化的无线电波。研究表明，无论发射信号中两种不同极化方向的电波的功率占比是多少，在经过多径传播后，接收信号中两种极化方向的电波的平均功率占比趋近于相同，即各占 50%，并且在多径传播环境中，由于两个极化方向上的散射角是随机的，因此在两个极化方向上收到的信号同时发生深度衰落的概率是极低的，也就是说，不同极化方向上接收信号经历的衰落可以看作是统计独立的。因此，可以将两个不同极化方向的天线上的接收信号作为支路信号，从而实现分集。由于极化分集利用了不同极化的电磁波所具有的不相关衰落特性，因而对不同极化的天线间的距离没有要求。此外，无论是线极化还是圆极化，都只有两种极化方向，因此最多只能获得两个分集支路。

5.2.5　角度分集

角度分集利用了无线通信信道中大量存在的多径传播效应，通常，无线电波通过若干不同的路径，并以不同的角度到达接收端，而接收端可以利用多个具有尖锐方向性的接收天线，分离出来自不同方向的信号分量，由于不同传播路径的特征相互独立，这些信号分量具有相互独立的衰落特性，因而可以实现角度分集。

5.3　分集合并算法

"分集"的"集"是指对信道衰落互不相关的多个分集支路信号进行合并，合并的目的是得到优于各个分集支路信号、信噪比大大改善的合并信号。对各个分集支路信号进行合并的算法有多种，本节首先给出合并的通用模型，然后再讨论具体的合并算法。不失一般性，后续的讨论均基于空间分集。

5.3.1　通用模型

如图 5-3 所示,假设发射信号为 $s(t)$,共有 M 条接收支路,每个支路上的接收信号都经历了相互独立的平坦衰落 $h_k e^{j\theta_k}$,合并就是对 M 个分集支路信号进行加权求和,加权因子为复数,可表示为 $w_k = a_k e^{-j\hat{\theta}_k}$,其中 a_k 用于对 k 支路接收信号的幅度进行调整,相位 $\hat{\theta}_k$ 用于对 k 支路接收信号的相位进行调整,从而 M 个分集支路的合并信号为

$$r_\Sigma(t) = \sum_{k=1}^M a_k e^{-j\hat{\theta}_k} h_k e^{j\theta_k} s(t) = s(t) \sum_{k=1}^M a_k h_k e^{j(\theta_k - \hat{\theta}_k)} \qquad (5-4)$$

定义

$$w_\Sigma = \sum_{k=1}^M a_k h_k e^{j(\theta_k - \hat{\theta}_k)} \qquad (5-5)$$

则可将合并信号表示为发送信号 $s(t)$ 与一个复系数的乘积:

$$r_\Sigma(t) = w_\Sigma \cdot s(t) \qquad (5-6)$$

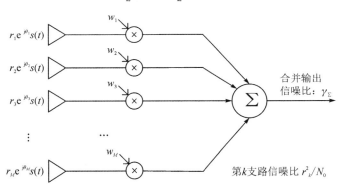

图 5-3　合并算法通用模型

最后将合并信号 $r_\Sigma(t)$ 送给解调器以恢复发送信号 $s(t)$。为了获得信噪比大为改善的合并信号,要保证各个支路信号同相相加,即要求 $\hat{\theta}_k = \theta_k$。如果各支路信号在合并的时候相位不同,则合并反而会造成类似多径衰落的效果。例如两个支路信号的相位相差 π,则两个信号极性相反,直接合并反而会造成合成信号能量的降低。如果各个支路的加权因子 a_k 中只有一个为非零值,则每个时刻只会有一条支路的信号被送给解调器,这种情况下,不需要进行信号相位的调整,可以直接设定 $w_k = a_k$ 为实数。若加权因子 w_k 中有不止一个取非零值,则必须对非零权重的支路进行相位调整以保证同相叠加。在同相叠加的前提下,M 个分集支路对应的幅度加权因子 a_k 取不同的值,能够得到不同的合并算法。本节具体讨论不同的合并算法,并相应分析合并性能。

首先说明性能分析的前提假设,为简单起见,下文省略时间记号 t,将发送信号 $s(t)$ 直接简写为 s,各支路接收信号 $r_k(t)$ 简写为 r_k,将合并信号 $r_\Sigma(t)$ 简写为 r_Σ。由于各支路经历了随机的信号衰落,假设各支路的接收信号包络 $r_k = |h_k e^{j\theta_k} s|$ 为独立同分布(independent and identically distributed,i.i.d.)的随机变量,均服从参数为 σ 的瑞利分布,从而可以很容易地推得各支路接收信号的功率也为 i.i.d. 随机变量,均服从平均接收功率为 $2\sigma^2$ 的负

指数分布。假设各支路上的接收噪声为 i.i.d. 加性高斯白噪声，均值为 0，平均功率为 N_0，且与接收信号相互独立，由于接收分集的各天线相距很近，所以以噪声功率相等这个假设在多数情况下都是成立的。接收机收到 M 个支路信号用于合并。根据以上描述，各支路瞬时接收信噪比 $\gamma_k = r_k^2/N_0$ 为 i.i.d. 随机变量，服从参数为 $\bar{\Gamma}$ 的负指数分布，其中 $\bar{\gamma} = 2\sigma^2/N_0$ 为支路平均信噪比，γ_k 服从的概率密度函数记为 $p_{\gamma_k}(\gamma)$，则有：

$$p_{\gamma_k}(\gamma) = \frac{1}{\bar{\gamma}} e^{-\gamma/\bar{\gamma}} \tag{5-7}$$

合并信号 $r_\Sigma(t)$ 的瞬时信噪比记为 γ_Σ，其概率密度函数记为 $p_{\gamma_\Sigma}(\gamma)$，该函数与分集支路的数量、各分集支路的衰落分布情况以及合并算法等因素有关。基于合并信号瞬时信噪比 γ_Σ 及其概率密度函数 $p_{\gamma_\Sigma}(\gamma)$，可以进一步定义平均信噪比 $\bar{\gamma}_\Sigma$、通信中断概率 P_{out} 和平均误码率 $\overline{P_s}$ 三个定量指标如下：

$$\left.\begin{aligned}
\bar{\gamma}_\Sigma &= \mathbb{E}[\gamma_\Sigma] = \int_0^{+\infty} \gamma \cdot p_{\gamma_\Sigma}(\gamma) \mathrm{d}\gamma \\
P_{\text{out}} &= p(\gamma_\Sigma \leqslant \gamma_0) = \int_0^{\gamma_0} p_{\gamma_\Sigma}(\gamma) \mathrm{d}\gamma \\
\overline{P_s} &= \int_0^\infty P_s(\gamma) p_{\gamma_\Sigma}(\gamma) \mathrm{d}\gamma
\end{aligned}\right\} \tag{5-8}$$

其中 $P_s(\gamma)$ 表示 AWGN 信道下，某种调制方式在信噪比为 γ 时的误码率，γ_0 为通信中断的信噪比门限。由合并信号的平均信噪比以及支路信号平均信噪比可以引出阵列增益（Array Gain）或信噪比改善因子的定义：

$$G_\Sigma = \frac{\bar{\gamma}_\Sigma}{\bar{\gamma}} \tag{5-9}$$

以下分别讨论不同的合并算法，并使用上述四个指标分析各自的合并性能。

5.3.2　选择合并

选择合并是一种最简单、最易于理解的合并算法，实际上在例 5-1 的计算过程中就假设使用了选择合并的方式。对于选择合并，在每个时刻都会选择多个分集支路信号中具有最高瞬时信噪比的那个支路作为合并信号输出，因此图 5-3 中的 M 个权值只有具有最高的瞬时信噪比的那一项取非零值，其它的权值都为 0。

由于选择合并在每个时刻只会选择一个分集支路信号作为输出，因此需要在多个分集支路信号之间不断地进行切换来获得合并输出。可以只使用一个接收机，该接收机的输入信号实际上是在多个天线上获得的接收信号之间不断地进行切换的。

为了实现选择合并，需要对每个分集支路的接收信干噪比 SINR 进行连续的实时监测。在实际中，为了降低实时监测的实现复杂度，可以使用每个分集支路的接收功率或接收信号强度指示器（Received Signal Strength Indicator，RSSI）的输出作为选择分集支路的依据，即每时每刻都选择具有最大 RSSI 值的分集支路。这种做法可以将 M 个相对比较复杂的 SINR 监测器替换为相对简单的 RSSI 传感器，其结构如图 5-4 所示。使用 RSSI 传感器代替 SINR 监测，能够降低分集接收机的复杂度，但当信道上存在严重干扰时，这种方式可能导致接收机错误地选择 RSSI 更高但 SINR 较低的支路，反而降低了解调性能。

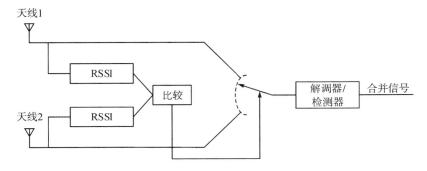

图 5-4 基于接收信号强度指示的选择分集

由于分集支路的信号相互独立，因此可容易地推得选择合并条件下合并信号的信噪比 γ_Σ 的累积分布函数 $P_{\gamma_\Sigma}(\gamma)$，可以表示为

$$P_{\gamma_\Sigma}(\gamma) = \text{Pr.}\,(\gamma_\Sigma < \gamma) = \text{Pr.}\,(\max_k \gamma_k < \gamma) = \prod_{k=1}^{M} \text{Pr.}\,(\gamma_k < \gamma) \qquad (5-10)$$

由(5-7)式可以得到第 k 支路瞬时信噪比 γ_k 小于 γ 的概率为

$$\text{Pr.}\,(\gamma_k \leqslant \gamma) = 1 - e^{-\gamma/\bar{\gamma}} \qquad (5-11)$$

将(5-11)式代入(5-10)式即可得到 γ_Σ 的累积分布函数为

$$P_{\gamma_\Sigma}(\gamma) = \prod_{k=1}^{M} \text{Pr.}\,(\gamma_k < \gamma) = \prod_{k=1}^{M} (1 - e^{-\gamma/\bar{\gamma}}) = (1 - e^{-\gamma/\bar{\gamma}})^M \qquad (5-12)$$

(5-12)式对 γ 求导即可得到 γ_Σ 的概率密度函数：

$$p_{\gamma_\Sigma}(\gamma) = \frac{M}{\bar{\gamma}} \left[1 - e^{-\gamma/\bar{\gamma}} \right]^{M-1} e^{-\gamma/\bar{\gamma}} \qquad (5-13)$$

由 γ_Σ 的概率密度函数可以得到选择合并信号的平均信噪比，也即 γ_Σ 的数学期望：

$$\bar{\gamma}_\Sigma = \int_0^{+\infty} \gamma p_{\gamma_\Sigma}(\gamma)\mathrm{d}\gamma = \int_0^{+\infty} \frac{\gamma M}{\bar{\gamma}} \left[1 - e^{-\gamma/\bar{\gamma}} \right]^{M-1} e^{-\gamma/\bar{\gamma}} \mathrm{d}\gamma = \bar{\gamma} \cdot \sum_{k=1}^{M} \frac{1}{k} \qquad (5-14)$$

因此，选择合并的阵列增益为

$$G_\Sigma = \frac{\bar{\gamma}_\Sigma}{\bar{\gamma}} = \sum_{k=1}^{M} \frac{1}{k} \qquad (5-15)$$

(5-15)式为一个调和级数，因此信噪比改善因子会随着分集支路数目 M 的增加而不断增大，但是这种增大并不是线性的。从平均信噪比角度来看，分集支路从 1 增加到 2 所获得的增益是最大的；随着 M 的增大，$1/M$ 逐渐减小，平均信噪比的改善也逐渐减小。

由(5-12)式可以直接得到中断概率的表达式，即：

$$P_{\text{out}} = P_{\gamma_\Sigma}(\gamma_0) = (1 - e^{-\gamma_0/\bar{\gamma}})^M \qquad (5-16)$$

(5-16)式表明选择合并后的中断概率是各分集支路中断概率的乘积，考虑到中断概率都是小于 1 的值，因此选择合并后的中断概率必然小于各个支路的中断概率。由(5-16)式还可以看出选择合并的中断概率随着分集支路数呈指数降低。图 5-5 说明了分集支路数 M 分别为 1、2、3、4、10、20 六种情况下中断概率 P_{out} 与 $\bar{\gamma}/\gamma_0$ 之间的关系。从图中可以看出，在 10^{-4} 中断概率下，分集支路数目由 1 增加到 2 获得的增益是最大的，达到了 20 dB。进一步增大分集支路数，中断概率会不断降低，但是所获得的增益是逐渐减少的，这个结果与(5-15)式随 M 增加的变化规律是一致的。

例 5-2 计算瑞利衰落信道下，采用选择合并的 BPSK 相干解调在误符号率为 10^{-3} 时的中断概率，设定分集支路数目为 1、2 以及 3 路，且各个分集支路具有相同的平均信噪比 $\bar{\gamma}=15$ dB。

解：对 BPSK 相干解调，误码率为 10^{-3} 时对应的信噪比为 7 dB，从而有 $\gamma_0=7$ dB，将其与 $\bar{\gamma}=15$ dB 代入(5-16)式即可得到当 $M=1$、$M=2$ 以及 $M=3$ 时的中断概率分别为 $P_{out}=0.1466$、$P_{out}=0.0215$ 和 $P_{out}=0.0031$。

由例 5-2 可以看出，在分集支路较少的情况下，每增加一个分集支路，中断概率大约能够降低一个数量级。

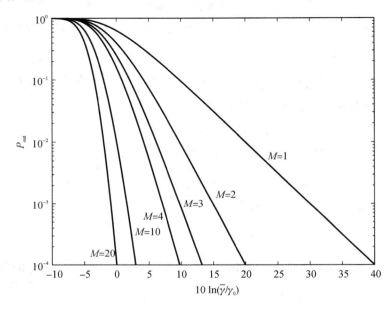

图 5-5 瑞利衰落信道下选择合并的中断概率

基于 γ_Σ 的概率密度函数 $p_{\gamma_\Sigma}(\gamma)$，只需要知道某种调制方式在 AWGN 信道下的符号差错概率即可计算选择合并后的平均误码率。以 BPSK 相干解调为例，其在 AWGN 信道中的误码率为 $P_s(\gamma)=Q(\sqrt{2\gamma})$，结合(5-8)式和(5-13)式可以得到选择合并的平均误码率为

$$\bar{P}_s = \int_0^{+\infty} \frac{M}{\bar{\gamma}} Q(\sqrt{2\gamma}) \left[1-e^{-\gamma/\bar{\gamma}}\right]^{M-1} e^{-\gamma/\bar{\gamma}} d\gamma \tag{5-17}$$

可见，平均误符号率(即误码率) $\bar{P}_s$ 是支路平均信噪比 $\bar{\gamma}$ 的函数。图 5-6 给出了不同分集支路数目 M 条件下，由(5-17)式通过数值计算得到的 $\bar{P}_s$ 与 $\bar{\gamma}$ 的关系。

从图 5-6 中可以看出，随着 M 的增加，平均误码率曲线的斜率增加了，从而在同样的支路平均接收信噪比 $\bar{\gamma}$ 条件下，使用选择合并的平均误码率显著优于无分集的情况，这正是分集增益的体现。与分集增益不同，阵列增益仅仅表现为接收平均信噪比的改善，不足以说明分集带来的好处，例如 $M=1$ 无分集的情况下。即使是 100 倍的信噪比改善，平均接收信噪比从 10 dB 改善为 30 dB，平均接收误码率也仅仅从 4.54×10^{-2} 下降为 5×10^{-4}，而采用

$M=4$ 的选择合并，在平均接收信噪比为 10 dB 时，平均误码率已经下降为 1.4×10^{-4}。

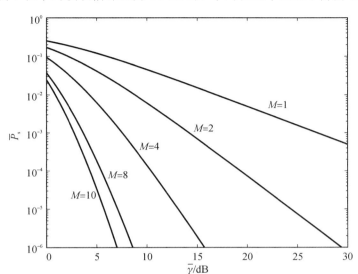

图 5-6　瑞利衰落信道下选择合并的平均误符号率

需要注意以上结论都是基于各个支路具有相同平均信噪比的假设得到的，当各支路的平均信噪比不一致时，选择分集的性能将会降低。

上述选择合并算法以接收信号强度为依据进行支路选择，要求为每部天线设置一个 RSSI 传感器，这增加了系统的复杂度。实际上选择合并有多种形式，一种更加简单的选择合并方式为门限合并，也称为开关合并、扫描合并或者切停合并。

在门限合并方式下，需要设定一个信噪比门限 γ_T，然后以一定的顺序对所有的分集支路进行扫描，当扫描到某个分集支路信号的信噪比大于等于门限 γ_T 时，这个分集支路信号就作为最终的合并输出信号，直到该支路信号的信噪比低于门限 γ_T，此时需要重新启动扫描以找到下一个满足信噪比门限的支路信号。基于这种合并算法的一个实例如图 5-7 所示，可以看出，在门限合并方式下，每个时刻合并器输出的信号并不像选择合并那样，总是各个支路中信噪比最高的那个，因此其性能低于选择合并。特别是时刻 t_1 处所示的最后一次切换，此时支路一信号的信噪比降到了门限以下，因此启动扫描。由于只有支路二信号可用，故只能停留在支路二上，即使此时支路二比支路一的信噪比还要低。

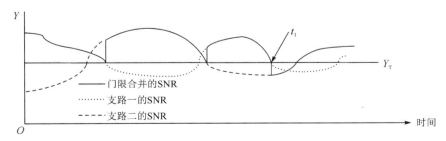

图 5-7　门限合并示例

基于门限合并的分集接收机结构如图 5-8 所示，与图 5-4 所示的选择合并接收机相比，显然切停合并具有更低的成本，因为省略了各分集支路上的 RSSI 传感器。

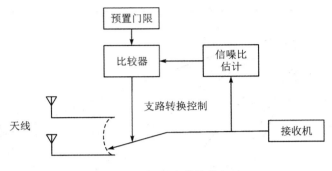

图 5-8　门限合并接收机

5.3.3　最大比合并

对于选择合并和门限合并，合并算法在每个时刻只会选择多个分集支路信号中的一个作为输出，实际上并没有对各个支路信号的相加操作。最大比合并与前面两种合并方式不同，其合并输出为各个分集支路信号的加权和，且输出信噪比是所有合并方式中最大的。下面首先说明为使输出信噪比最大，各支路加权系数应该如何选取。最大比合并要求各支路同相加权，因此假设各个支路都能够实现理想的相位估计，即 $\hat{\theta}_k = \theta_k$，代入（5-4）式得到合并信号为

$$r_\Sigma = \sum_{k=1}^{M} a_k r_k \tag{5-18}$$

由于噪声与信号无关，因此合并信号中总的噪声功率为

$$N_\Sigma = \sum_{k=1}^{M} a_k^2 N_0 \tag{5-19}$$

由此可以得到合并信号的信噪比为

$$\gamma_\Sigma = \frac{r_\Sigma^2}{N_\Sigma} = \frac{\left(\sum\limits_{k=1}^{M} a_k r_k\right)^2}{\sum\limits_{k=1}^{M} a_k^2 N_0} \tag{5-20}$$

最大比合并就是找到使得（5-20）式取得最大值的最优权值系数 $\{a_k : 1 \leqslant k < M\}$。为了得到最优的权值，需要引入柯西-许瓦茨不等式。

柯西-许瓦茨不等式：若 $\{x_k : 1 \leqslant k \leqslant n\}$ 和 $\{y_k : 1 \leqslant k \leqslant n\}$ 为任意实数，则有

$$\left(\sum_{k=1}^{n} x_k y_k\right)^2 \leqslant \left(\sum_{k=1}^{n} x_k^2\right)\left(\sum_{k=1}^{n} y_k^2\right) \tag{5-21}$$

当且仅当存在一个常实数 C 使得对于每一个 $k = 1, 2, \cdots, n$，都有 $y_k = Cx_k$ 时等号成立。

对（5-20）式的分子应用柯西-许瓦茨不等式，令 $x_k = r_k$，$y_k = a_k$，结合（5-21）式可得：

$$\left(\sum_{k=1}^{M} a_k r_k\right)^2 \leqslant \left(\sum_{k=1}^{M} a_k^2\right)\left(\sum_{k=1}^{M} r_k^2\right) \tag{5-22}$$

将(5-21)式代入(5-20)式,可得:

$$\gamma_{\Sigma} = \frac{\left(\sum_{k=1}^{M} a_k r_k\right)^2}{\sum_{k=1}^{M} a_k^2 N_0} \leqslant \frac{\left(\sum_{k=1}^{M} a_k^2\right)\left(\sum_{k=1}^{M} r_k^2\right)}{N_0 \cdot \sum_{k=1}^{M} a_k^2} = \sum_{k=1}^{M} \frac{r_k^2}{N_0} = \sum_{k=1}^{M} \gamma_k \qquad (5-23)$$

(5-23)式表明,合并信号瞬时信噪比的最大值为各支路瞬时信噪比之和,且取得最大值的条件是对所有支路都满足 $a_k = C r_k$(C 为任意常系数)。也就是说,各支路的加权系数取各支路接收信号包络放大同样的倍数,就能使合并信号的信噪比最大,相应的合并方式称为最大比合并。由于 AWGN 的功率谱密度为常数,因此信号带宽内的噪声功率 N_0 也为常数,从而进一步还可以推得:

$$a_k = K r_k = C \sqrt{N_0} \cdot \frac{r_k}{\sqrt{N_0}} = K \sqrt{\gamma_k} \qquad (5-24)$$

其中从(5-24)式可以看出,第 k 个支路的加权系数由该支路的瞬时信噪比 γ_k 决定,γ_k 越高,相应的加权系数就越大。最大比合并不仅需要估计各支路上经历的信道相移,还要实时估计各支路信号的瞬时信噪比,因此是一种复杂度较高的合并方式。

假设各支路信号具有相同的平均信噪比 $\bar{\gamma}$,对(5-23)式两边求期望可以得到:

$$\bar{\gamma}_{\Sigma} = \sum_{k=1}^{M} \bar{\gamma}_k = M\bar{\gamma} \qquad (5-25)$$

可以看出,信噪比改善随着分集支路数目 M 的增加而线性增大,容易推得最大比合并的阵列增益为

$$G_{\Sigma} = \frac{\bar{\gamma}_{\Sigma}}{\bar{\gamma}} = M \qquad (5-26)$$

对比(5-15)式可见,最大比合并带来的信噪比改善明显优于选择合并,需要付出的代价则是接收机复杂度的提升,包括对多个支路信号的同步、瞬时信噪比估计、加权值计算及相位调整等。

当各支路的瑞利衰落满足独立同分布且各支路具有相同的平均信噪比 $\bar{\gamma}$ 时,可推得合并信号的概率密度函数为

$$p_{\gamma_{\Sigma}}(\gamma) = \frac{1}{(M-1)!} \frac{\gamma^{M-1}}{\bar{\gamma}^M} e^{-\gamma/\bar{\gamma}} \qquad (5-27)$$

由(5-27)式可以计算给定信噪比门限 γ_0 下的中断概率为

$$P_{\text{out}}(\gamma_0) = \text{Pr.}(\gamma_{\Sigma} \leqslant \gamma_0) = \int_0^{\gamma_0} p_{\gamma_{\Sigma}}(\gamma) = 1 - e^{-\gamma_0/\bar{\gamma}} \sum_{k=1}^{M} \frac{(\gamma_0/\bar{\gamma})^{k-1}}{(k-1)!} \qquad (5-28)$$

将(5-27)式代入(5-8)式即可得到最大比合并条件下,BPSK 相干解调的平均误码率为

$$\begin{aligned}
\bar{P}_s &= \int_0^{+\infty} Q(\sqrt{2\gamma}) \frac{1}{(M-1)!} \frac{\gamma^{M-1}}{\bar{\gamma}^M} e^{-\frac{\gamma}{\bar{\gamma}}} d\gamma \\
&= \left(\frac{1-\Gamma}{2}\right)^M \sum_{k=0}^{M-1} C_{m-1+k}^k \left(\frac{1+\Gamma}{2}\right)^k
\end{aligned} \qquad (5-29)$$

其中 $\Gamma = \sqrt{\bar{\gamma}/(1+\bar{\gamma})}$。基于(5-28)式和(5-29)式可以绘制瑞利衰落信道中采用最大比合

并的中断概率 $P_{out}(\gamma_0)$ 和平均误码率 $\bar{P}_s$ 两个性能指标与 $\bar{\gamma}$ 之间的关系,分别如图 5 - 9 和图 5 - 10 所示。与选择合并的性能相比,最大比合并随支路数目 M 的增加所获得的增益更加显著,其性能优于选择合并。

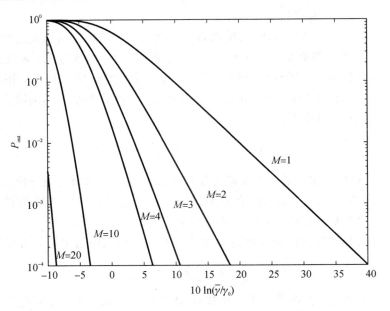

图 5 - 9　瑞利衰落信道下最大比合并的中断概率

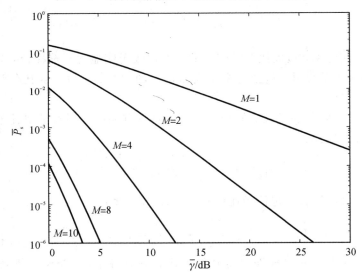

图 5 - 10　瑞利衰落信道下最大比合并的平均误码率

5.3.4　等增益合并

当(5 - 4)式中加权因子的模值都相同时,即为等增益合并。等增益合并在每个时刻输出的合并信号是各个分集支路信号的线性叠加,因此需要调整各个支路信号的相位以保证同相叠加，即满足 $w_k = \mathrm{e}^{-\mathrm{j}\hat{\theta}_k}$。与最大比合并相比，等增益合并无需对每个支路信号的瞬时信噪比进行评估以获得支路权重，实施更加简单，在工程上应用非常广泛。但与选择合并相比，它需要估算每个支路的附加相位，因此其复杂度比选择合并要大。

等增益合并下，合并信号的瞬时信噪比可表示为

$$\gamma_\Sigma = \frac{\left(\sum_{k=1}^{M} r_k\right)^2}{MN} \tag{5-30}$$

若各支路服从独立同分布的瑞利衰落，具有相同的平均信噪比 $\bar{\gamma}$，可以证明合并信号的平均信噪比为

$$\bar{\gamma}_\Sigma = \bar{\gamma}\left[1 + (M-1)\frac{\pi}{4}\right] \tag{5-31}$$

从而可得等增益合并的阵列增益为

$$G_\Sigma = \frac{\bar{\gamma}_\Sigma}{\bar{\gamma}} = 1 + (M-1)\frac{\pi}{4} \tag{5-32}$$

与(5-26)式对比可以看出，等增益合并的信噪比改善与最大比合并一样，都与分集重数 M 呈线性关系，但其斜率为 $\pi/4$，而最大比合并为 1，因此等增益合并的性能比最大比合并差，但优于选择合并。

不同 M 的情况下，等增益合并的中断概率与平均误符号率分析涉及大量复杂的推导且无闭式解，本教材中将不再详细说明，有兴趣的读者可以查阅参考文献[12]。以下仅给出 $M = 2$，即两个分集支路的相关结果。

设 $\gamma_R = \gamma_0/\bar{\gamma}$，则 $M = 2$ 时等增益合并信号的中断概率为

$$P_{\text{out}}(\gamma_0) = 1 - \mathrm{e}^{-2\gamma_R} - \sqrt{\pi\gamma_R}\,\mathrm{e}^{-\gamma_R}\left(1 - 2Q\left(\sqrt{2\gamma_R}\right)\right) \tag{5-33}$$

对于 BPSK 调制，$M = 2$ 时等增益合并信号的平均误码率为

$$\bar{P}_s = 0.5\left(1 - \sqrt{1 - \left(\frac{1}{1+\bar{\gamma}}\right)^2}\right) \tag{5-34}$$

5.4 交　织

在衰落信道下，接收信号的幅度会发生波动，甚至产生深度衰落。即使采用分集技术，也只能降低发生深度衰落的概率，难以从根本上避免深度衰落的出现。一旦经历了深度衰落，则在深度衰落的持续期间接收信噪比将严重下降，从而导致解调译码出现连续的错误，这种连续的错误称为突发错误。深衰落的持续时间越长，一次突发错误中误判符号就越多。此外，由于短时强干扰的出现，也会导致突发错误，这里我们不再赘述。

与突发错误对应的另一种错误类型称为随机差错，随机差错通常由信道中的噪声引起，呈现随机分布的特征，出现连续错误的概率较低。

实际的通信系统经常难以避免在接收端出现误码，因此引入纠错技术是保证系统性能的一种有效措施。纠错编码(也称为信道编码)通过在发送端对待发送的数据比特加入一定的冗余，从而使得接收端能够在一定程度上进行纠错和检错。关于纠错编码的内容不在本书的讨论范围内，感兴趣的读者可以参阅相关的经典著作。但是大多数纠错编码都是针对

随机误码设计的，只有部分码型具有纠正突发误码的能力，例如 RS 码、多元 LDPC 码等。因此，除非专门采用纠正突发错误的信道编码，否则将难以应对衰落信道下的突发误码。

例 5 - 3　考虑以(7，4)汉明码作为纠错编码方案，解调器输出端误比特率为 0.1 的情况。对于随机差错，由于错误比特随机分布在解调后的整个比特序列中，因此平均每 10 个比特中会出现 1 个错误比特，(7，4)汉明码的码长小于 10，因此平均每个码字内出现的错误比特数目不会超过 1 个。由于(7，4)汉明码可以纠正 1 比特，在平均意义上每个码字内的错误比特都可以被纠正，从而可以实现无差错传输。若错误类型为突发误码，则解调后的错误会表现为连续若干个比特的错误，此时，一旦在一个码字长度内出现超过两个比特的错误就会导致译码失败，最终无法保证无差错传输。

由例 5 - 3 可以看出，在衰落信道下，由深度衰落导致的突发错误是造成误码的主要因素。只要我们能够将突发错误打散，变突发错误为随机错误，就可以借助信道编码来进一步纠正随机错误，从而提高通信系统的性能。交织技术就是一种能够实现上述目的的技术，它通过发送端的交织处理和接收端的解交织(简称解织)处理，可以在不额外增加任何冗余的前提下将信道衰落引起的突发错误分散为零星的随机错误。交织处理和解交织处理分别可以通过交织器和解交织器来实现，它们在通信系统中的位置如图 5 - 11 所示，这种具有信道编译码和交织器解交织器的系统，能够有效地对抗由深度衰落引起的突发错误。特别需要强调的是，发射端必须首先进行信道编码再进行交织，而接收端则必须在信道译码之前首先解交织。这是因为将突发错误打散为随机错误的过程必须在信道译码之前完成，这样信道译码才能更好地纠正随机错误，因此解交织需要在译码之前进行；在发射端，交织必须在信道编码之后进行，以保证经过交织和解交织之后能够完全恢复原来的比特顺序。

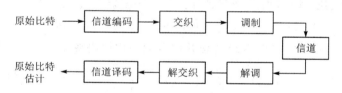

图 5 - 11　交织与解交织处理在通信系统中的位置

交织器和解交织器通常具有相同的结构，因此我们后续重点介绍交织器。交织器的类型有两种，即分组交织和卷积交织。

对分组交织，交织器的原理为：将发送数据分为一定长度的多个数据块，这样的一个数据块称为交织块，其长度称为交织长度；在一个交织块内，通过对数据符号的次序按照一定规则进行重组，即可完成交织；在接收端，按照相反的规则恢复数据符号的原有次序即可完成解交织。

分组交织的一种最常见的实现方式为行列交织器，其结构如图 5 - 12 所示，交织器和解交织器都由一个 d 行 n 列的数据存储器构成。在发送端，发送比特按照先列后行的顺序写入，再按照先行后列的顺序读出，这样就完成了交织；在接收端，接收数据先按照先行后列的次序写入存储器，再按照先列后行的次序读出，这样就完成了解交织。图 5 - 12 中假设 $d=7$，经信道传输后编号为 1、8、15 的三个数据发生了错误，即发生了连续 3 比特的差错；在接收端经过解交织之后，3 个比特的连续错误被打散开来，此时接收端的交织矩阵中每一列中最多只会发生 1 个比特的错误。如果采用(7，4)汉明码，1 比特的错误在其纠错能力范围之内，因此可以实现有效的纠错。

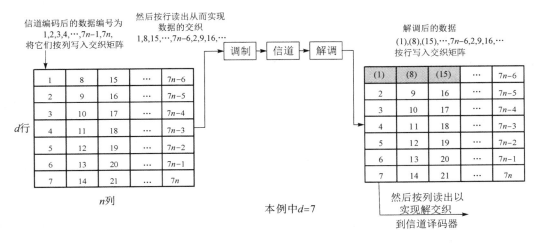

图 5 - 12　行列交织的工作原理

　　实际使用时，交织矩阵行数 d 的选取与系统所采用的信道编码方案有关，可以选取为信道编码的码字长度，例如图 5 - 12 中采用 (7,4) 汉明码且选取 $d = 7$；交织矩阵的列数 n（也称为交织深度）与突发错误持续时间和信道编码的纠错能力有关，一般来讲，突发错误持续时间越长，n 值应该选取得越大，以保证交织对突发错误的分散能力；信道编码的纠错能力越强，n 值可以相应取小一些，即使不能充分打散突发错误，也可以依靠信道编码的纠错能力来正确恢复数据。实际上交织对突发错误的分散作用，也可以理解为通过交织使得每个纠错编码块内各个比特经历的信道衰落是不相关的，这样其差错情况就是独立的，从而不会出现突发误码。从这个角度出发，令 T_b 为比特周期，如果不考虑信道编码的纠错能力，则交织深度对应的比特持续时间应该大于信道的相关时间 T_c，即

$$nT_b \geqslant T_c \tag{5 - 35}$$

　　卷积交织则是一种可连续工作的交织方式，数据不需要分组，适合与卷积信道编码方案配合工作。典型的卷积交织的实现方法如图 5 - 13 所示，假设 n 为交织深度，b 为交织宽度。则卷积交织器将输入的数据序列按比特轮流送入 n 个移位寄存器支路，第 i 个支路的寄存器长度为 $(i-1)b$；在交织器的输出端，轮流将各支路的当前比特取出即得到了交织后的比特序列。在接收端，对上述步骤逆序执行即可恢复出交织前的比特序列，完成解交织。

图 5 - 13　卷积交织器和解交织器的工作原理

交织处理虽然不会引入冗余比特，但是不管是分组交织还是卷积交织都会带来处理时延。对于分组交织器，当最后一列第一个比特写入后才能开始"按行读出"，所以确切的交织器延迟为 $[d(n-1)+1] \times T_b$；类似地，解交织器的延迟为 $[n(d-1)+1] \times T_b$。交织器和解织器引入的总的时延为 $[2nd-(n+d)+2] \times T_b \approx 2nd T_b$，它与交织存储器的规模即交织长度 nd 成正比。对于卷积交织器，在发射端，第一个比特可以直接输出，因此可以看做没有时延；在接收端，第一个比特需要经过 $(n-1)b$ 个比特周期的时延才能输出，所以交织与解交织引入的总时延是 $(n-1)b \times T_b$。时延对于语音等实时业务是非常重要的系统指标，因此需要注意控制交织长度。

本 章 小 结

针对小尺度衰落中的平坦衰落情况，本章讨论了两种应对措施，即分集和交织。分集技术通过获取多个关于同一个发送数据的、经历了不相关衰落的接收信号并进行合并来改善接收信号的信噪比，从而提高接收性能。不同的合并算法中，选择合并的实现最简单，性能改善最小，而最大比合并实现最复杂，所能获得的性能改善也相应最大。此外，本章所讨论的空间分集实际上是多天线技术的一个特例。第 9 章将对多天线技术进行详细的介绍。

交织技术则是通过将由于深度衰落导致的突发差错打散为随机差错，进而采用纠错编码技术进行纠错。分集和交织的最终目的都是为了降低误码率，其区别在于分集是通过提高合并信号的信噪比来尽量避免出现误码，而交织则是在由深度衰落导致的突发误码出现后的处理技术，用于辅助纠错码进行纠错。

第 6 章 抗衰落技术——均衡

频率选择性衰落信道条件下，由于多条传播路径具有较大的均方根时延扩展（与符号周期可比），不同传播路径之间的相对时延不能忽略，这将造成严重的符号间干扰（ISI），进而导致较高的背景误码率。这一问题无法通过提高信号功率来解决，提高功率反而会提高干扰的强度；也无法通过选择成形脉冲来解决，因为 ISI 是信道引入的。针对上述问题有多种解决途径，其一是直面现实，想办法在 ISI 已经发生的前提下消除其影响，具体的技术就是本章要讨论的均衡技术；其二是在发射信号上下功夫，破坏频率选择性衰落发生的条件或者充分利用频率选择性衰落，对应的代表性技术分别是多载波调制和扩频调制，这两项技术将在后续章节详细介绍。

本章讨论均衡技术，均衡可以在射频、中频或基带部分完成，综合考虑成本、体积、功耗等因素，加上软件无线电平台成本的大幅下降以及计算能力的大幅上升，目前多数接收机的工作都在基带上完成，因此我们重点讨论数字基带域上的信号均衡技术。

6.1 均衡的位置与功能

考虑如图 6-1 所示的点到点无线通信系统等效基带模型，待传符号 $s[k]$ 首先经过脉冲成形滤波器 $h_T(t)$ 来改善频谱形状，然后在等效基带冲激响应为 $h_C(t)$ 的无线信道上传输，由于无线信道的频率选择性衰落，信号会发生 ISI。换言之，输入信息 $s(t) = \sum_k s[k]\delta(t - kT_s)$ 首先经历了组合信道 $h(t) = h_T(t) * h_C(t)$，然后叠加单边功率谱密度为 N_0 的等效低通高斯白噪声 $n(t)$，接收信号 $r(t)$ 首先经过接收滤波器 $h_R(t)$ 得到 $y(t)$，以符号周期 T_s 为间隔对 $y(t)$ 抽样得到离散序列 $y[k]$，最后判决得到输出符号 $\hat{s}[k]$。

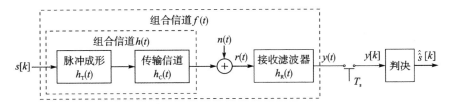

图 6-1 点到点无线通信的基带等效模型

为了消除无线信道 $h_C(t)$ 引入的 ISI，组合信道 $f(t) = h(t) * h_R(t)$ 应该满足无 ISI 条件，根据 4.2.1 小节的讲述，$f(t)$ 的傅里叶变换 $F(f)$ 的折叠谱应该为矩形，即

$$\sum_k F\left(f - \frac{k}{T_s}\right) = 1 \qquad (6-1)$$

在具体实现时，可以基于匹配滤波器原理，要求 $h_R(t)$ 与 $h(t)$ 匹配，即 $h_R(t) = h^*(T_s - t)$ 以使抽样时刻的信噪比最大，在无线信道 $h_C(t)$ 已知的前提下，选择合适的成形脉冲 $h_T(t)$ 使（6-1）式成立就可以消除或抑制信道 ISI。然而这种做法的困难在于无线信道的时变性，$h_T(t)$ 和 $h_R(t)$ 都必须随着信道变化相应改变，特别是动态改变 $h_T(t)$ 要求发送端必须知道 $h_C(t)$ 的变化规律。但是对于发射机而言，获得 $h_C(t)$ 是很困难的，需要付出额外代价，因此这种做法不可取。

另一种做法则是发送端提前选定成形脉冲 $h_T(t)$，无需了解信道 $h_C(t)$，然后设计 $h_R(t)$ 使（6-1）式成立。为了适应时变的无线信道，该方案要求在接收端相应改变 $h_R(t)$。基于这种做法的进一步改进如图 6-2 所示，具体来说就是将接收滤波器 $h_R(t)$ 分为两部分。其中第一部分为模拟域上固定且易于实现的 $h'_R(t)$，它的作用是消除 $h_T(t)$ 导致的 ISI。由于 $h_T(t)$ 是提前选定的，因此 $h_R(t)$ 也是确定不变的，例如 $h_T(t)$ 和 $h'_R(t)$ 均选取为平方根升余弦滚降滤波器。第二部分为抽样后数字域上的时变滤波器，即数字均衡器 $h_{eq}[k]$，专门用来消除由信道引起的 ISI。由于信道是时变的，因此 $h_{eq}[k]$ 必须随信号变化而变化。两者的组合特性满足（6-1）式，保证均衡器的输出无 ISI。在图 6-2 中，我们将固定的 $h'_R(t)$ 也并入组合信道 $h(t)$ 中，从而 $h(t)$ 与 $h_{eq}[k]$ 的总特性满足无 ISI 条件。

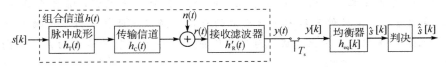

图 6-2　点到点无线通信的数字均衡

我们的目标是设计数字均衡器来消除或者抑制 ISI，在离散域分析更方便。为此，在图 6-2 基础上，将抽样操作也并入组合信道，记为 $h[k]$，图 6-3 给出了离散域的等效模型。

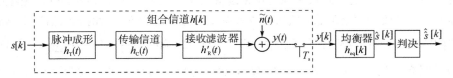

图 6-3　点到点无线通信的离散模型

对比图 6-2 和图 6-3 可以看出，高斯白噪声 $n(t)$ 经过接收滤波器 $h'_R(t)$ 后的输出为 $\tilde{n}(t)$，要特别注意 $\tilde{n}(t)$ 通常不再是白噪声，而是"有色"噪声，不同时刻的噪声样本之间存在相关性。在图 6-3 中，组合信道 $h[k]$ 的输入是周期为 T_s 的符号序列，输出是以 T_s 为间隔的采样序列 $y[k]$，即

$$y[k] = s[k] * h[k] + \tilde{n}[k] = s[k]h[0] + \sum_{n \neq k} s[k]h[n-k] + \tilde{n}[k] \qquad (6-2)$$

由（6-2）式可以看出，接收到的符号由三项构成，第一项是期望接收的符号，第二项是 ISI，第三项为有色噪声 $\tilde{n}(t)$ 在 kT_s 时刻的抽样。对于多径衰落信道，频率选择性越严重，第二项 ISI 就越严重，必须通过均衡来加以消除。均衡技术要解决的是信号估计问题，而信号估计理论的许多成果都以白噪声为前提，然而 $\tilde{n}[k]$ 是有色噪声，因此在均衡器之前首先插入噪声白化数字滤波器 $h_W[k]$，将有色噪声 $\tilde{n}[k]$ 转换为高斯白噪声，即去除噪声样本之间的相关性，从而便于直接使用信号估计理论，如图 6-4 所示。此外，由于 $\tilde{n}[k]$ 是

$n(t)$ 经过确定的 $h'_R(t)$ 然后抽样得到的，因此 $h_W[k]$ 也是确定的，可提前设计好，具体方法可以参考相关资料及 6.4.1 小节。

图 6-4　点到点无线通信的离散模型（含噪声白化滤波器）

将 $h[k]$ 和 $h_W[k]$ 进一步组合记为 $g[k]$，将白化后的噪声记为 $z[k]$，就得到图 6-5。

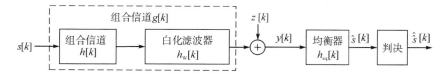

图 6-5　点到点无线通信的离散模型（最终版本）

注意图 6-5 与图 6-4 中的 $y[k]$ 不同，前者是由后者经历白化滤波后得到的。有一点容易引起误解，噪声在接收端首先经历 $h_R(t)$ 变成有色噪声，然后再使用 $h_W[k]$ 转换为白噪声序列，看起来似乎有些多余，实际上并非如此。结合图 6-3，接收信号首先经过模拟滤波器 $h'_R(t)$，这一步能够改善抽样时刻的信噪比，滤波输出以 T_s 为间隔抽样，但是要注意 $h'_R(t)$ 输出基带信号的带宽可能大于 $0.5/T_s$，依据采样定理，上述以 T_s 为间隔的抽样过程将使 $h'_R(t)$ 输出频谱以 $1/T_s$ 为间隔周期延拓，很有可能得到混叠谱，然后才在数字域进行白化处理，也就是说白化滤波器与 $h'_R(t)$ 并非严格互逆。进一步地，正是因为这一步采样过程可能引入的频谱混叠，所以均衡过程不能完全抵消衰落信道导致的失真，如果希望精确抵消信道失真，可以提高采样速率进而使用分数间隔均衡技术来解决。

基于图 6-5，均衡技术最终要解决的问题是以某种最优准则设计均衡器 $h_{eq}[k]$，利用接收序列 $y[k]$ 得到 $s[k]$ 的估计值 $\hat{s}[k] = y[k] * h_{eq}[k]$，其中：

$$y[k] = s[k] * g[k] + z[k] = \sum_n s[n]g[k-n] + z[k] \qquad (6-3)$$

完整的均衡技术包含信道估计（Channel Estimation）与信道补偿（Channel Compensation）两个过程。其中信道补偿是在 $g[k]$ 已知的条件下设计并使用 $h_{eq}[k]$ 来去除或抑制 $y[k]$ 中存在的大量 ISI，弥补信道对信号造成的损伤；信道估计的目的则是估计出信道的抽头系数，即 $g[k]$ 的具体表达式。如前所述，$g[k]$ 由 $h_T(t)$、$h_C(t)$、$h'_R(t)$ 和 $h_W[k]$ 四部分组成，其中只有 $h_C(t)$ 是未知的，需要估计，其余都是提前设计好的确定滤波器，但是具体实现时直接估计 $g[k]$ 往往更方便。为实现信道估计的目的，通常需要发射机周期性地发送一段收发双方已知的训练序列作为 $s[k]$，帮助接收机准确估计 $g[k]$。简单来说，信道补偿利用 $y[k]$ 和 $g[k]$ 估计 $s[k]$，而信道估计则是利用 $y[k]$ 和 $s[k]$ 估计 $g[k]$。

实际的无线通信系统中，应该首先完成信道估计，然后才能进行信道补偿，但是由于无线信道具有时变性，因此必须周期性地交替完成信道估计和信道补偿两个过程，这个周期不应超出信道相干时间，以免信道补偿过程中使用的 $g[k]$ 与真实信道特性偏差过大，从而导致估计得到的 $\hat{s}[k]$ 误差过大。为了与其他书籍和技术资料保持一致，后续内容中我们也将单独的信道补偿称作均衡，将信道估计与信道补偿联合称作自适应均衡。以下首先讨论信道补偿过程，6.5 节和 6.6 节详细讨论信道估计。

6.2　最大似然序列估计

最大似然序列估计是理论上最优的信道补偿技术。假定组合信道 $g[k]$ 已知，由 (6-3) 式可知 $y[k] = \sum_{n} s[n]g[k-n] + z[k]$，其中 $z[k]$ 为高斯白噪声，方差为 $N_0/2$，无线通信系统中的数据往往以帧为单位传输，不妨假设发射符号序列 $s[k]$ 的长度为 N_s，离散的复基带 ISI 组合信道冲激响应 $g[k]$ 的长度为 N_g，则均衡器的输入序列 $y[k]$ 和噪声抽样序列 $z[k]$ 的长度均为 $N_y = N_s + N_g - 1$，四者均可表示为复数列向量，依据矩阵表示习惯，向量使用小写黑斜体表示，矩阵使用大写黑斜体表示，如下：

$$s = \begin{bmatrix} s[0] \\ s[1] \\ \vdots \\ s[N_s-1] \end{bmatrix}, \, g = \begin{bmatrix} g[0] \\ g[1] \\ \vdots \\ g[N_g-1] \end{bmatrix}, \, z = \begin{bmatrix} z[0] \\ z[1] \\ \vdots \\ z[N_y-1] \end{bmatrix}, \, y = \begin{bmatrix} y[0] \\ y[1] \\ \vdots \\ y[N_y-1] \end{bmatrix}$$

$$(6-4)$$

给定离散信道冲激响应向量 g，则发射向量为 s 的条件下接收到向量 y 的条件概率，即似然函数为

$$\mathrm{Pr.}[y \mid s] = \mathrm{Pr.}[z = y - g * s] = \prod_{k=0}^{N_y-1} \mathrm{Pr.}\left(z[k] = \left[y[k] - \sum_{n} s[n]g[k-n]\right]\right)$$

$$= \prod_{k=0}^{N_y-1} \frac{1}{\sqrt{\pi N_0}} \exp\left[-\frac{1}{N_0}\left|y[k] - \sum_{n} s[n]g[k-n]\right|^2\right] \qquad (6-5)$$

给定冲激响应向量 g 和接收向量 y，接收机可以使用最大似然（Maximum Likelihood，ML）准则估计得到发送向量 $\hat{s}$，即 $\hat{s}$ 应该使似然函数 $\mathrm{Pr.}[y|s]$ 或其对数 $\ln\mathrm{Pr.}[y|s]$ 最大，从而完成均衡。由于 s 仅出现在指数项上，因此采用对数似然函数的最大化准则为

$$\hat{s} = \operatorname*{argmax}_{s} \ln\mathrm{Pr.}[y \mid s] = \operatorname*{argmin}_{s} \sum_{k=0}^{N_y-1}\left|y[k] - \sum_{n} s[n]g[k-n]\right|^2 \qquad (6-6)$$

上式右侧又称为最小二乘（Least Square，LS）准则，因此当随机白噪声服从复高斯分布时，ML 准则等价于 LS 准则。基于最小二乘准则，使用最大似然序列估计（Maximum Likelihood Sequence Estimation，MLSE）的接收机需要遍历所有可能的发送向量 s，针对每个 s，计算其经过信道 g 后的结果，然后与接收序列 y 计算欧氏距离，选出距离最小的 s，即为估计结果 $\hat{s}$。显然这种做法的复杂度极高，假设每个发送符号都有 M 个可能，长度为 N_s 的发送向量一共有 M^{N_s} 个，穷举的复杂度为指数级。尽管可以使用维特比算法来降低 MLSE 的复杂度，但是维特比均衡的复杂度还是随信道时延扩展呈指数增长，因此需要寻求更简单的均衡算法。

6.3　信　道　均　衡

本节使用矩阵形式来讨论均衡问题，这么做的好处主要在于最终的结论十分简洁，其

次也是因为设备计算能力的大大提高，在基带部分结合一些快速算法使用矩阵运算完成信道均衡，也变得相对容易。再次强调，本节假定信道向量 $\boldsymbol{g}$ 是已知的，6.5 节和 6.6 节将专门详细讨论如何求得信道向量。依据 $\boldsymbol{g}$ 可以很容易地写出以下 $N_y \times N_s$ 维信道矩阵 $\boldsymbol{G}$：

$$\boldsymbol{G} = \begin{bmatrix} g[0] & & & \\ g[1] & g[0] & & \\ \vdots & g[1] & \ddots & \\ g[N_g-1] & \vdots & \ddots & g[0] \\ & g[N_g-1] & \ddots & g[1] \\ & & \ddots & \vdots \\ & & & g[N_g-1] \end{bmatrix} \tag{6-7}$$

信道矩阵 $\boldsymbol{G}$ 是一个托普利兹（Toeplitz）矩阵，其特点是从左上角到右下角的同一条主斜线上每个元素都相等。不难验证，(6-3)式可以重新表示如下：

$$\boldsymbol{y} = \boldsymbol{G}\boldsymbol{s} + \boldsymbol{z} \tag{6-8}$$

这里 $\boldsymbol{y}$、$\boldsymbol{G}$ 是已知的，$\boldsymbol{s}$ 是待求解的。如果噪声为 0，则(6-8)式对应的方程组有 N_s 个变量，N_y 个方程，且 $N_y \geqslant N_s$，又因为矩阵 $\boldsymbol{G}$ 的各列显然构成一个线性无关组，根据矩阵理论，矩阵的行秩等于列秩，即 $\mathrm{rank}(\boldsymbol{G}) = N_s$，正好等于变量的数目，可以通过求解方程组得到确定解 $\boldsymbol{s}$。然而(6-8)式中存在噪声，因此无法简单地求解方程组。注意这里的 $\boldsymbol{G}$ 并非方阵，不能简单地利用 $\boldsymbol{G}^{-1}\boldsymbol{y}$ 来计算 $\boldsymbol{s}$。将 $\boldsymbol{G}$ 截断为方阵同样不可取，因为这么做将损失 $\boldsymbol{G}$ 的部分信息，不能充分利用接收向量 $\boldsymbol{y}$。

6.3.1　迫零均衡

(6-8)式是一个典型的多元线性回归问题，针对此类问题，有**高斯-马尔可夫定理**：

如果随机噪声满足零均值、同方差且互不相关三个条件，即

$$\mathbb{E}[\boldsymbol{z}] = 0, \ \mathrm{Var}[\boldsymbol{z}] = \mathbb{E}[\boldsymbol{z}\boldsymbol{z}^H] = \sigma^2 \boldsymbol{I}_{N_y}$$

其中 $\boldsymbol{I}_n$ 表示 n 阶单位阵，则 $\boldsymbol{s}$ 的最优线性无偏估计（Best Linear Unbiased Estimator，BLUE），就是普通最小二乘法估计。

注意这里并不要求噪声服从复高斯分布，高斯-马尔可夫定理是最小二乘理论中最重要的理论结果，该定理说明了采用平方形式的最小二乘算法的最优性。根据上述定理，$\boldsymbol{s}$ 的最优估计 $\hat{\boldsymbol{s}}$ 应该满足(6-9)式给出的最小二乘准则。

$$\hat{\boldsymbol{s}} = \min_{\boldsymbol{s}} J = \min_{\boldsymbol{s}} \| \boldsymbol{y} - \boldsymbol{G}\boldsymbol{s} \|^2 \tag{6-9}$$

为使 J 最小，对 $\boldsymbol{s}$ 的每个元素计算 $\partial J / \partial s[i]$ 并令其为 0，就可以计算得到 $\hat{\boldsymbol{s}}$。这个计算比较繁杂，这里直接给出结果，完整的证明可以参看 6.4.2 小节。注意我们使用上标 H 表示共轭转置，使用上标 T 表示矩阵转置，使用上标 * 表示矩阵的共轭，则最小二乘准则的估计值为

$$\hat{\boldsymbol{s}}_{\mathrm{ZF}} = \boldsymbol{H}_{\mathrm{eq}}\boldsymbol{y} = (\boldsymbol{G}^H\boldsymbol{G})^{-1}\boldsymbol{G}^H\boldsymbol{y} \tag{6-10}$$

其中 $\boldsymbol{G}^H\boldsymbol{G}$ 是 $N_s \times N_s$ 共轭对称方阵且满秩，因而逆矩阵存在。$\boldsymbol{H}_{\mathrm{eq}} = (\boldsymbol{G}^H\boldsymbol{G})^{-1}\boldsymbol{G}^H$ 是一个 $N_s \times N_y$ 维矩阵，结合(6-8)式和(6-10)式可得

$$\hat{\boldsymbol{s}}_{\mathrm{ZF}} = \boldsymbol{s} + (\boldsymbol{G}^H\boldsymbol{G})^{-1}\boldsymbol{G}^H\boldsymbol{z} \tag{6-11}$$

可以看出，估计结果是原始信号加上了一个噪声项，(6-11)式第一项中所有信道造成

的 ISI 都消除了，也就是说符号间干扰被逼迫为 0，因此该算法又叫迫零（Zero Force，ZF）均衡。当然精确实现迫零的前提条件是 G 要估计准确。由于叠加了随机噪声，$\hat{s}_{ZF}$ 是一个随机向量，很容易证明 $\mathbb{E}[\hat{s}_{ZF}]=s$，满足这一性质的估计称为 s 的无偏估计；又由于 $\hat{s}_{ZF}$ 是通过均衡矩阵 H_{eq} 乘以接收向量 y 得到的，因此 $\hat{s}_{ZF}$ 还是线性估计。根据高斯-马尔可夫定理，$\hat{s}_{ZF}$ 是 s 的最优线性无偏估计。

6.3.2 MMSE 均衡

迫零均衡将发射信号看作未知的确定量，在计算时也不考虑噪声的统计特性，只是用到了观测数据和信道矩阵。如果将发射信号看作随机向量，且知道信号和噪声的统计特性，那么我们可以做到更好。假定发射向量 s 和噪声向量 z 的元素都服从零均值复高斯分布，平均功率分别为 σ_s^2 和 σ_z^2，且相互独立，构造均方误差（Mean Square Error，MSE）损失函数如下：

$$J=\mathbb{E}[\|s-\hat{s}\|^2]=\mathbb{E}[\|s-H_{eq}y\|^2] \tag{6-12}$$

求解估计值 $\hat{s}$ 使 J 最小，即为最小均方误差（Minimum Mean Square Error，MMSE）均衡。可以证明 MMSE 均衡矩阵如（6-13）式所示，相应地 MMSE 估计值为 $\hat{s}_{MMSE}=H_{eq}y$。

$$H_{eq}=\left(G^HG+\frac{\sigma_z^2}{\sigma_s^2}I_{N_s}\right)^{-1}G^H \tag{6-13}$$

其中 I_{N_s} 为 N_s 阶单位阵，从结果上看，相当于将 ZF 均衡中 G^HG 的主对角线元素都增加了 σ_z^2/σ_s^2。由（6-8）式和（6-13）式可以推得：

$$\mathbb{E}[\hat{s}_{MMSE}]=\left(G^HG+\frac{\sigma_z^2}{\sigma_s^2}I_{N_s}\right)^{-1}G^HG\,\mathbb{E}[s]\neq\mathbb{E}[s]$$

这表明 MMSE 估计是有偏估计。为了比较两种均衡方式的性能，以下分别给出两者各自能达到的均方误差 MSE，具体的证明过程可以参考 6.4 节。

$$J_{ZF}=\mathbb{E}[\|s-\hat{s}_{ZF}\|^2]=\sum_{i=1}^{N_s}\frac{\sigma_z^2}{\lambda_i}$$

$$J_{MMSE}=\mathbb{E}[\|s-\hat{s}_{MMSE}\|^2]=\sum_{i=1}^{N_s}\frac{\sigma_z^2}{\lambda_i+\sigma_z^2/\sigma_s^2} \tag{6-14}$$

其中 $\{\lambda_i,\ i=1,2,\cdots,N_s\}$ 为 N_s 阶方阵 G^HG 所有特征值构成的集合。由于 $(G^HG)^H=G^HG$，因此 G^HG 是厄米特矩阵（Hermitian Matrix，也译作埃尔米特矩阵或自共轭矩阵），厄米特矩阵的性质之一是所有特征值均为实数。进一步还可以证明 G^HG 是正定矩阵，也就是说，G^HG 的所有特征值均为正实数，因此 J_{ZF} 与 J_{MMSE} 均大于 0。由（6-14）式可以看出 $J_{MMSE}<J_{ZF}$，这表明 MMSE 均衡的性能优于 ZF 均衡。假设信道条件很好，G^HG 的每个特征值都是比较大的实数，以至于相对来说 σ_z^2/σ_s^2 可以忽略不计，那么 MMSE 估计误差与 ZF 估计误差近似相等；反之，当信道条件很差时，G^HG 的某些特征值很小，则对于 ZF 均衡来说，对应误差项 σ_z^2/λ_i 将会非常大，也就是说噪声被大大增强了，而 MMSE 均衡，由于分母中存在 σ_z^2/σ_s^2 这一项，对应误差并不会太大。换言之，迫零均衡尽管能够完全消除 ISI，但存在噪声增强的问题；MMSE 均衡虽然不能完全消除 ISI，但能够有效避免噪声增强的问题。当然，要使用 MMSE 均衡，必须了解噪声的统计特性，准确估计出噪声功率，这就意味着额外的复杂度。

例 6-1 假定组合 ISI 信道特性为 $g[k]=\delta[k]+0.5\delta[k-1]$，发射向量 s 和噪声向量

z 的元素都服从零均值复高斯分布，平均功率分别为 $\sigma_s^2 = 1$ 和 $\sigma_z^2 = 0.1$，且相互独立。计算 ZF 均衡和 MMSE 均衡两个方式各自的均衡矩阵及其 MSE。

解：假定 $N_s = 2$，则可以写出 ISI 信道矩阵 $\boldsymbol{G}$ 及 $\boldsymbol{G}^H \boldsymbol{G}$ 如下：

$$\boldsymbol{G} = \begin{bmatrix} 1 & 0 \\ 0.5 & 1 \\ 0 & 0.5 \end{bmatrix}, \quad \boldsymbol{G}^H \boldsymbol{G} = \begin{bmatrix} 1.25 & 0.5 \\ 0.5 & 1.25 \end{bmatrix}$$

则 ZF 均衡矩阵为

$$\boldsymbol{H}_{eq} = (\boldsymbol{G}^H \boldsymbol{G})^{-1} \boldsymbol{G}^H = \begin{bmatrix} 0.9524 & 0.0952 & -0.1905 \\ -0.3810 & 0.7619 & 0.4762 \end{bmatrix}$$

$\sigma_z^2 / \sigma_s^2 = 0.1$，MMSE 均衡矩阵为

$$\boldsymbol{H}_{eq} = (\boldsymbol{G}^H \boldsymbol{G} + 0.1 \cdot \boldsymbol{I}_{N_s})^{-1} \boldsymbol{G}^H = \begin{bmatrix} 0.8585 & 0.1113 & -0.1590 \\ -0.3810 & 0.6995 & 0.4293 \end{bmatrix}$$

2 阶方阵 $\boldsymbol{G}^H \boldsymbol{G}$ 的两个特征值分别为 $\lambda_1 = 1.75$，$\lambda_2 = 0.75$。代入 (6-14) 式可得：

$$J_{ZF} = \sum_{i=1}^{N_s} \frac{0.1}{\lambda_i} = 0.1905, \quad J_{MMSE} = \sum_{i=1}^{N_s} \frac{0.1}{\lambda_i + 0.1} = 0.1717$$

图 6-6 给出了 ZF 均衡与 MMSE 均衡的误码率仿真性能，其中组合 ISI 信道的冲激响应向量为 $\boldsymbol{g} = [0.8770, -0.4385, 0.1754, 0.0526, 0.0702, 0.0088]^T$，使用 BPSK 调制，从中可以看出 MMSE 均衡的误码率性能优于 ZF 均衡。

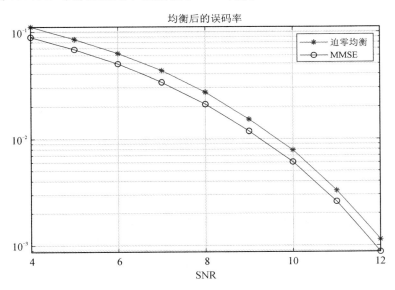

图 6-6　ZF/MMSE 均衡性能

6.4　信道均衡的证明

本节详细证明 6.3 节关于均衡矩阵及 MSE 性能的有关结论，其中涉及了较多矩阵及矩阵求导的相关理论，可能会有一定难度和广度，供学有余力或者感兴趣的读者参考查阅。如果目前学习有困难，暂时跳过也不影响对均衡技术的整体理解和把握。

6.4.1　$G^H G$ 的性质

在证明过程中，$N_s \times N_s$ 阶方阵 $G^H G$ 将会反复出现，有必要了解其性质与物理意义。

首先不加证明地介绍厄米特矩阵相关知识和结论。若 n 阶方阵 $A \in \mathbb{C}^{n \times n}$ 的共轭转置矩阵等于它本身，即 $A^H = A$，则 A 是**厄米特矩阵**（Hermitian Matrix）或自共轭矩阵，厄米特矩阵是实对称矩阵在复数域的推广。厄米特矩阵可以对角化：

$$A = Q \Lambda Q^H$$

其中 $\Lambda = \mathrm{diag}(\lambda_1(A), \lambda_2(A), \cdots, \lambda_n(A))$ 是 A 所有特征值构成的对角阵，Q 为特征向量构成的矩阵，且为酉矩阵，即 $Q^{-1} = Q^H$，厄米特矩阵的所有特征值均为实数。进一步地，设 n 阶方阵 $A \in \mathbb{C}^{n \times n}$ 为厄米特，如果对任意非零复向量 $x \in \mathbb{C}^{n \times 1}$，都有二次型 $x^H A x \geqslant 0$，则称 A 是**半正定阵**（positive semi-definite matrix）；如果 $x^H A x > 0$，则 A 是**正定阵**（positive definite matrix）。半正定阵的所有特征值均为非负实数，正定阵的所有特征值均为正实数。

根据以上定义，容易推得 $(G^H G)^H = G^H G$，所以 $G^H G$ 是厄米特矩阵，实际上它还是正定厄米特矩阵，以下简单证明其正定性质。

（1）$G^H G$ 是半正定矩阵。任意 N_s 维非零复数向量 s，Gs 为 N_y 维向量，则二次型 $s^H G^H G s = (Gs)^H (Gs) = \|Gs\|^2 \geqslant 0$，根据定义可知 $G^H G$ 是半正定的，也就是说其所有特征值均非负。

（2）$G^H G$ 可逆。由(6-7)式可知 G 的各列构成线性无关组，因此列满秩，即 $\mathrm{rank}(G) = N_s$；又因为 $\mathrm{rank}(G^H G) = \mathrm{rank}(G) = N_s$，因此 $G^H G$ 满秩，从而可逆，即其不存在为 0 的特征值。

结合性质(1)和(2)，可知 $G^H G$ 是正定厄米特矩阵，其每个特征值均为正实数，记为 $\lambda_i(G^H G) \in \mathbb{R}^+$，$\forall i \in \{1, 2, \cdots, N_s\}$。则 $G^H G$ 可以特征值分解为 $Q \Lambda Q^H$。

除了特征值分解，矩阵还可以使用奇异值分解（Singular Value Decomposition，SVD），一个 $m \times n$ 矩阵 A，无论其是否为方阵，无论其为实矩阵或复矩阵，都可以分解为 $A = U \Sigma V^H$，其中 Σ 为 $m \times n$ 矩阵，除了主对角线上的元素以外全为 0，主对角线上的每个元素 σ_i 都称为 A 的奇异值，U 为 $m \times m$ 矩阵，V 为 $n \times n$ 矩阵，且 U、V 均为酉阵，即 $U^{-1} = U^H$，$V^{-1} = V^H$。因此 G 可以奇异值分解为 $G = U \Sigma V^H$，则有 $G^H G = V \Sigma^H U^H U \Sigma V^H = V \Sigma^H \Sigma V^H$，与特征值分解对应来看，可以知道 $Q = V$，$\Lambda = \Sigma^H \Sigma$，每个奇异值 σ_i 的平方等于 $G^H G$ 的特征值 λ_i。

综上所述，$G = U \Sigma Q^H$，其中 U 为 $N_y \times N_y$ 阶矩阵，Q 为 $N_s \times N_s$ 阶矩阵，Σ 为 $N_y \times N_s$ 阶矩阵，因为 $N_y = N_s + N_g - 1 > N_s$，所以 Σ 是一个高矩阵，且具有如下形式：

$$\Sigma = \begin{pmatrix} \Sigma_{N_s \times N_s} \\ \mathbf{0}_{(N_y - N_s) \times N_s} \end{pmatrix}, \text{ 其中 } \Sigma_{N_s \times N_s} = \mathrm{diag}(\sigma_1, \cdots, \sigma_{N_s}) = \begin{pmatrix} \sigma_1 & & & \\ & \sigma_2 & & \\ & & \ddots & \\ & & & \sigma_{N_s} \end{pmatrix}$$

并且有 $\Lambda = \Sigma^H \Sigma = \mathrm{diag}(\sigma_1^2, \cdots, \sigma_{N_s}^2) = \mathrm{diag}(\lambda_1(G^H G), \cdots, \lambda_{N_s}(G^H G))$。

最后来说明矩阵 $G^H G$ 的物理含义，依据(6-7)式，$G^H G$ 具有如下形式：

$$\boldsymbol{G}^{\mathrm{H}}\boldsymbol{G} = \begin{bmatrix} R_{\mathrm{g}}[0] & R_{\mathrm{g}}[-1] & \cdots & R_{\mathrm{g}}[-N_{\mathrm{s}}+1] \\ R_{\mathrm{g}}[1] & R_{\mathrm{g}}[0] & \ddots & R_{\mathrm{g}}[-N_{\mathrm{s}}+2] \\ \vdots & \ddots & \ddots & \vdots \\ R_{\mathrm{g}}[N_{\mathrm{s}}-1] & R_{\mathrm{g}}[N_{\mathrm{s}}-2] & \cdots & R_{\mathrm{g}}[0] \end{bmatrix}$$

其中

$$R_{\mathrm{g}}[n] = \begin{cases} \sum_{k=0}^{N_{\mathrm{g}}-n-1} g^*(k)\,g(k+n) & 0 \leqslant n < N_{\mathrm{g}} \\ R_{\mathrm{g}}^*[-n] & -N_{\mathrm{g}} < n < 0 \\ 0 & \text{其他} \end{cases}$$

因此，$\boldsymbol{G}^{\mathrm{H}}\boldsymbol{G}$ 是序列 $g[0]$，$\cdots$，$g[N_{\mathrm{g}}-1]$ 的自相关矩阵，可通过自相关序列 $R_{\mathrm{g}}[n]$，$-N_{\mathrm{g}} < n < N_{\mathrm{g}}$ 构建托普利兹矩阵得到。随着矩阵阶数 N_{s} 的增加，其特征值的分布趋近于 $R_{\mathrm{g}}[n]$ 的傅里叶变换，也就是序列 $g[0]$，$\cdots$，$g[N_{\mathrm{g}}-1]$ 的功率谱密度的分布[1]。

自相关矩阵也可用于设计 6.1 节中的噪声白化滤波器，设有均值为零的非白的随机信号列向量 $\boldsymbol{x}$，其自相关矩阵为 $\boldsymbol{R}_x = \mathbb{E}[\boldsymbol{x}\boldsymbol{x}^{\mathrm{H}}] \neq \boldsymbol{I}$，如前所述 $\boldsymbol{R}_x$ 是厄米特矩阵，且是非负定的（所有特征值都大于或等于 0）。现在寻找一个线性变换 $\boldsymbol{B}$（也就是白化矩阵）对 $\boldsymbol{x}$ 进行变换，即 $\boldsymbol{y} = \boldsymbol{B}\boldsymbol{x}$，使得 $\boldsymbol{R}_y = \boldsymbol{B}\mathbb{E}[\boldsymbol{x}\boldsymbol{x}^{\mathrm{H}}]\boldsymbol{B}^{\mathrm{H}} = \boldsymbol{I}$，即 $\boldsymbol{y}$ 的各分量是不相关的，$\mathbb{E}[y_i y_j] = \delta_{ij}$，从而得到白化的随机信号 $\boldsymbol{y}$。由 $\boldsymbol{R}_x$ 的性质可知，其存在特征值分解：

$$\boldsymbol{R}_x = \boldsymbol{Q}\boldsymbol{\Lambda}\boldsymbol{Q}^{\mathrm{H}}$$

令 $\boldsymbol{B} = \boldsymbol{\Lambda}^{-1/2}\boldsymbol{Q}^{\mathrm{H}}$，则有

$$\boldsymbol{R}_y = \boldsymbol{\Lambda}^{-1/2}\boldsymbol{Q}^{\mathrm{H}}\boldsymbol{Q}\boldsymbol{\Lambda}\boldsymbol{Q}^{\mathrm{H}}(\boldsymbol{\Lambda}^{-1/2}\boldsymbol{Q}^{\mathrm{H}})^{\mathrm{H}} = \boldsymbol{I}$$

因此，通过矩阵 $\boldsymbol{B}$ 线性变换后，$\boldsymbol{y}$ 的各个分量变得不相关了。此外白化矩阵不唯一，容易推得，任何矩阵 $\boldsymbol{U}\boldsymbol{B}$（$\boldsymbol{U}$ 为酉阵）也是白化矩阵。以上是有色噪声自相关矩阵已知条件下的白化方法，结合脉冲成形滤波器还可以直接推导无需自相关矩阵的更直接的噪声白化方法。

6.4.2　ZF 均衡的证明

希望找到 s 的最优估计 $\hat{s}$，能够使二乘函数 $J = \|\boldsymbol{y} - \boldsymbol{G}\boldsymbol{s}\|^2$ 最小，首先展开 J：

$$J = \|\boldsymbol{y} - \boldsymbol{G}\boldsymbol{s}\|^2 = (\boldsymbol{y} - \boldsymbol{G}\boldsymbol{s})^{\mathrm{H}}(\boldsymbol{y} - \boldsymbol{G}\boldsymbol{s}) = \boldsymbol{y}^{\mathrm{H}}\boldsymbol{y} - \boldsymbol{y}^{\mathrm{H}}\boldsymbol{G}\boldsymbol{s} - \boldsymbol{s}^{\mathrm{H}}\boldsymbol{G}^{\mathrm{H}}\boldsymbol{y} + \boldsymbol{s}^{\mathrm{H}}\boldsymbol{G}^{\mathrm{H}}\boldsymbol{G}\boldsymbol{s} \tag{6-15}$$

为使 J 达到最小，可以对 s 的每个元素计算 $\dfrac{\partial J}{\partial s[i]}$ 并令其为 0，最后计算得到 $\hat{s}$。计算比较复杂，这里直接利用矩阵导数理论，计算 $\dfrac{\partial J}{\partial s}$ 并令其为 0 来计算 $\hat{s}$。根据《Complex-Valued Matrix Derivatives：With Applications in Signal Processing and Communications》中表 4.2 已有结论：

$$\frac{\partial \boldsymbol{x}^{\mathrm{H}}\boldsymbol{a}}{\partial \boldsymbol{x}} = 0, \quad \frac{\partial \boldsymbol{x}^{\mathrm{H}}\boldsymbol{B}\boldsymbol{x}}{\partial \boldsymbol{x}} = \boldsymbol{x}^{\mathrm{H}}\boldsymbol{B}$$

对 (6-15) 式右侧每一项求关于 s 的导数，则有：

---

[1]　https://www2.eecs.berkeley.edu/Pubs/TechRpts/2006/EECS-2006-90.pdf

$$\frac{\partial J}{\partial s} = 0 - \boldsymbol{y}^H \boldsymbol{G} - 0 + \boldsymbol{s}^H \boldsymbol{G}^H \boldsymbol{G}$$

令上式为 0，可得 $\hat{\boldsymbol{s}}^H \boldsymbol{G}^H \boldsymbol{G} = \boldsymbol{y}^H \boldsymbol{G}$，两侧同取共轭转置，因此有

$$\boldsymbol{G}^H \boldsymbol{G} \hat{\boldsymbol{s}} = \boldsymbol{G}^H \boldsymbol{y}$$

又因为 $\boldsymbol{G}^H \boldsymbol{G}$ 可逆，最终可得：

$$\hat{\boldsymbol{s}} = (\boldsymbol{G}^H \boldsymbol{G})^{-1} \boldsymbol{G}^H \boldsymbol{y} = \boldsymbol{H}_{eq} \boldsymbol{y}$$

为了简单起见，本节中我们省略均衡矩阵 $\boldsymbol{H}_{eq}$ 的下标。接下来证明 ZF 均衡的 MSE 性能。在证明之前，首先需要介绍一个重要的方阵运算符—迹（Trace）。

> 对于 N 阶方阵 $\boldsymbol{X}$ 来说，其主对角线上所有元素之和称为 $\boldsymbol{X}$ 的迹，记为
>
> $$\mathrm{Tr}(\boldsymbol{X}) = \sum_{i=1}^{N} x_{ii}$$
>
> 例如 $\mathrm{Tr}(\boldsymbol{G}^H \boldsymbol{G}) = N_s R_g[0] = N_s \sum_i |g[i]|^2$，其物理含义是 N_s 倍的序列总能量。迹具有以下几个优良的性质：
>
> (1) $\mathrm{Tr}(\boldsymbol{X}) = \mathrm{Tr}(\boldsymbol{X}^H)$；
>
> (2) $\mathrm{Tr}(k\boldsymbol{X}) = k\mathrm{Tr}(\boldsymbol{X})$；
>
> (3) $\mathrm{Tr}(\boldsymbol{X} + \boldsymbol{Y}) = \mathrm{Tr}(\boldsymbol{X}) + \mathrm{Tr}(\boldsymbol{Y})$；
>
> (4) $\mathrm{Tr}(\boldsymbol{X} \cdot \boldsymbol{Y}) = \mathrm{Tr}(\boldsymbol{Y} \cdot \boldsymbol{X})$；
>
> (5) 方阵的迹等于其所有特征值之和。
>
> 其中性质(4)不要求 $\boldsymbol{X}$ 和 $\boldsymbol{Y}$ 为方阵，只要两者相乘为方阵即可；根据性质(4)还可以得出一个推论，矩阵乘积和其任何循环置换的乘积有相同的迹，也称为**迹的循环性质**。例如三个矩阵 $\boldsymbol{A}$、$\boldsymbol{B}$、$\boldsymbol{C}$，则有 $\mathrm{Tr}(\boldsymbol{ABC}) = \mathrm{Tr}(\boldsymbol{CAB}) = \mathrm{Tr}(\boldsymbol{BCA})$。

结合(6-11)式和(6-12)式，可知 ZF 均衡对应的 MSE 为

$$
\begin{aligned}
J_{ZF} &= \mathbb{E}[\|\boldsymbol{s} - \hat{\boldsymbol{s}}\|^2] = \mathbb{E}[\|\boldsymbol{Hz}\|^2] = \mathbb{E}[\mathrm{Tr}(\|\boldsymbol{Hz}\|^2)] \\
&= \mathbb{E}[\mathrm{Tr}(\boldsymbol{z}^H \boldsymbol{H}^H \boldsymbol{Hz})] = \mathbb{E}[\mathrm{Tr}(\boldsymbol{H}^H \boldsymbol{Hzz}^H)] = \mathrm{Tr}(\boldsymbol{H}^H \boldsymbol{H} \mathbb{E}[\boldsymbol{zz}^H]) \\
&= \mathrm{Tr}(\boldsymbol{H}^H \boldsymbol{H} \cdot \sigma_z^2 \boldsymbol{I}_{N_y}) = \sigma_z^2 \mathrm{Tr}(\boldsymbol{H}^H \boldsymbol{H}) \\
&= \sigma_z^2 \mathrm{Tr}[\boldsymbol{G}(\boldsymbol{G}^H \boldsymbol{G})^{-1} (\boldsymbol{G}^H \boldsymbol{G})^{-1} \boldsymbol{G}^H] \\
&= \sigma_z^2 \mathrm{Tr}[(\boldsymbol{G}^H \boldsymbol{G})^{-1} (\boldsymbol{G}^H \boldsymbol{G})^{-1} \boldsymbol{G}^H \boldsymbol{G}] \\
&= \sigma_z^2 \mathrm{Tr}[(\boldsymbol{G}^H \boldsymbol{G})^{-1}]
\end{aligned}
$$

上式第二行第一个等号是因为 $\|\boldsymbol{Hz}\|^2$ 是标量，可以看作 1 阶方阵，迹等于其本身；第三行第一个等号利用了迹的循环性质；第四行第一个等号是因为复高斯白噪声的性质；第五行第一个等号也是利用了迹的循环性质。

因为 $\boldsymbol{G}^H \boldsymbol{G}$ 是正定矩阵，可对其进行特征分解 $\boldsymbol{G}^H \boldsymbol{G} = \boldsymbol{Q\Lambda Q}^H$。上式可进一步推导如下：

$$J_{ZF} = \sigma_z^2 \mathrm{Tr}[(\boldsymbol{G}^H \boldsymbol{G})^{-1}] = \sigma_z^2 \mathrm{Tr}[(\boldsymbol{Q\Lambda Q}^H)^{-1}] = \sigma_z^2 \mathrm{Tr}[\boldsymbol{Q\Lambda}^{-1} \boldsymbol{Q}^H]$$

其中 $\boldsymbol{\Lambda}^{-1} = \mathrm{diag}\left[\dfrac{1}{\lambda_1(\boldsymbol{G}^H \boldsymbol{G})}, \cdots, \dfrac{1}{\lambda_{N_s}(\boldsymbol{G}^H \boldsymbol{G})}\right]$，是 $(\boldsymbol{G}^H \boldsymbol{G})^{-1}$ 的所有特征值构成的对角阵；又因为方阵的迹等于其所有特征值之和，故有：

$$J_{ZF} = \sigma_z^2 \sum_{i=1}^{N_s} \frac{1}{\lambda_i(\boldsymbol{G}^H \boldsymbol{G})}$$

6.4.3　MMSE 均衡的证明

在 MMSE 均衡中，求解均衡矩阵 $\boldsymbol{H}$ 使 MSE 损失函数最小。损失函数可以展开如下：

$$
\begin{aligned}
J &= \mathbb{E}\big[\|\boldsymbol{s}-\hat{\boldsymbol{s}}\|^2\big] = \mathbb{E}\big[\|\boldsymbol{s}-\boldsymbol{Hy}\|^2\big] \\
&= \mathbb{E}\big[(\boldsymbol{s}-\boldsymbol{Hy})^H(\boldsymbol{s}-\boldsymbol{Hy})\big] && \text{标量的迹就是其本身} \\
&= \mathbb{E}\{\mathrm{Tr}[(\boldsymbol{s}-\boldsymbol{Hy})^H(\boldsymbol{s}-\boldsymbol{Hy})]\} \\
&= \mathbb{E}\{\mathrm{Tr}[\boldsymbol{s}^H\boldsymbol{s}-\boldsymbol{s}^H\boldsymbol{Hy}-\boldsymbol{y}^H\boldsymbol{H}^H\boldsymbol{s}+\boldsymbol{y}^H\boldsymbol{H}^H\boldsymbol{Hy}]\} \\
&= \mathrm{Tr}\{\mathbb{E}[\boldsymbol{s}^H\boldsymbol{s}-\boldsymbol{s}^H\boldsymbol{Hy}-\boldsymbol{y}^H\boldsymbol{H}^H\boldsymbol{s}+\boldsymbol{y}^H\boldsymbol{H}^H\boldsymbol{Hy}]\} && \text{每项都是标量} \\
&= N_s\sigma_s^2 - \mathrm{Tr}\{\mathbb{E}[\boldsymbol{s}^H\boldsymbol{Hy}]\} - \mathrm{Tr}\{\mathbb{E}[\boldsymbol{y}^H\boldsymbol{H}^H\boldsymbol{s}]\} + \mathrm{Tr}\{\mathbb{E}[\boldsymbol{y}^H\boldsymbol{H}^H\boldsymbol{Hy}]\} && \mathbb{E}[\boldsymbol{s}^H\boldsymbol{s}]=N_s\sigma_s^2 \\
&= N_s\sigma_s^2 - \mathrm{Tr}\{\boldsymbol{H}\mathbb{E}[\boldsymbol{ys}^H]\} - \mathrm{Tr}\{\mathbb{E}[\boldsymbol{sy}^H]\boldsymbol{H}^H\} + \mathrm{Tr}\{\boldsymbol{H}\mathbb{E}[\boldsymbol{yy}^H]\boldsymbol{H}^H\} && \text{迹的循环性质}
\end{aligned}
$$

$$(6-16)$$

为求得使 J 达到最小的 $\boldsymbol{H}$，令

$$\frac{\partial J}{\partial \boldsymbol{H}} = 0$$

根据《Complex-Valued Matrix Derivatives：With Applications in Signal Processing and Communications》中表 4.3 已有的结论：

$$\frac{\partial \mathrm{Tr}(\boldsymbol{XAX}^H\boldsymbol{B})}{\partial \boldsymbol{X}} = \boldsymbol{B}^T\boldsymbol{X}^*\boldsymbol{A}^T, \quad \frac{\partial \mathrm{Tr}(\boldsymbol{a}^H\boldsymbol{X}^H\boldsymbol{b})}{\partial \boldsymbol{X}} = \boldsymbol{0}, \quad \frac{\partial \mathrm{Tr}(\boldsymbol{a}^H\boldsymbol{Xb})}{\partial \boldsymbol{X}} = \boldsymbol{a}^*\boldsymbol{b}^T$$

可得：

$$\frac{\mathrm{d}J}{\mathrm{d}\boldsymbol{H}} = 0 - (\mathbb{E}[\boldsymbol{ys}^H])^T - 0 + \boldsymbol{H}^*(\mathbb{E}[\boldsymbol{yy}^H])^T = 0 \Rightarrow \boldsymbol{H}^*(\mathbb{E}[\boldsymbol{yy}^H])^T = (\mathbb{E}[\boldsymbol{ys}^H])^T$$

上式取共轭，等式仍然成立，从而可推得：

$$\boldsymbol{H}\mathbb{E}[\boldsymbol{yy}^H] = \mathbb{E}[\boldsymbol{sy}^H] \tag{6-17}$$

因为信号向量与噪声向量相互独立，且均值为 0，所以有 $\mathbb{E}[\boldsymbol{sz}^H]=\mathbb{E}[\boldsymbol{zs}^H]=0$，利用这一结果可以推出 $\mathbb{E}[\boldsymbol{yy}^H]$ 与 $\mathbb{E}[\boldsymbol{sy}^H]$ 如下：

$$
\begin{cases}
\begin{aligned}
\mathbb{E}[\boldsymbol{yy}^H] &= \mathbb{E}[(\boldsymbol{Gs}+\boldsymbol{z})(\boldsymbol{Gs}+\boldsymbol{z})^H] \\
&= \mathbb{E}[\boldsymbol{Gss}^H\boldsymbol{G}^H + \boldsymbol{Gsz}^H + \boldsymbol{zs}^H\boldsymbol{G}^H + \boldsymbol{zz}^H] \\
&= \boldsymbol{G}\mathbb{E}[\boldsymbol{ss}^H]\boldsymbol{G}^H + \boldsymbol{G}\mathbb{E}[\boldsymbol{sz}^H] + \mathbb{E}[\boldsymbol{zs}^H]\boldsymbol{G}^H + \mathbb{E}[\boldsymbol{zz}^H] \\
&= \boldsymbol{G}\mathbb{E}[\boldsymbol{ss}^H]\boldsymbol{G}^H + \mathbb{E}[\boldsymbol{zz}^H] \\
&= \sigma_s^2\boldsymbol{GG}^H + \sigma_z^2\boldsymbol{I}_{N_y}
\end{aligned} \\
\mathbb{E}[\boldsymbol{sy}^H] = \mathbb{E}[\boldsymbol{s}(\boldsymbol{Gs}+\boldsymbol{z})^H] = \sigma_s^2\boldsymbol{G}^H \\
\mathbb{E}[\boldsymbol{ys}^H] = \mathbb{E}[(\boldsymbol{Gs}+\boldsymbol{z})\boldsymbol{s}^H] = \sigma_s^2\boldsymbol{G}
\end{cases} \tag{6-18}
$$

令 $\varepsilon = \sigma_z^2/\sigma_s^2$，$\boldsymbol{E}=\boldsymbol{I}_{N_y}$，将 (6-18) 式代入 (6-17) 式可得：

$$\boldsymbol{H} = \boldsymbol{G}^H(\boldsymbol{GG}^H + \varepsilon\boldsymbol{E})^{-1} \tag{6-19}$$

注意 (6-19) 式与 (6-13) 式看起来虽然不同，但实际上两者是相等的。为了证明这一点，可以利用 6.4.1 小节介绍的矩阵奇异值分解，$\boldsymbol{G}=\boldsymbol{U\Sigma Q}^H$，则有：

$$G^H(GG^H + \varepsilon E)^{-1} = Q\Sigma^H U^H (U\Sigma Q^H Q\Sigma^H U^H + \varepsilon E)^{-1}$$
$$= Q\Sigma^H U^H (U\Sigma\Sigma^H U^H + \varepsilon E)^{-1}$$
$$= Q\Sigma^H U^H (U(\Sigma\Sigma^H + \varepsilon E)U^H)^{-1}$$
$$= Q\Sigma^H U^H U(\Sigma\Sigma^H + \varepsilon E)^{-1} U^H$$
$$= Q\Sigma^H (\Sigma\Sigma^H + \varepsilon E)^{-1} U^H$$

再来看(6-13)式：

$$(G^H G + \varepsilon I_{N_s})^{-1} G^H = (Q\Lambda Q^H + \varepsilon I_{N_s})^{-1} Q\Sigma^H U^H = [Q(\Lambda + \varepsilon I_{N_s})Q^H]^{-1} Q\Sigma^H U^H$$
$$= Q(\Lambda + \varepsilon I_{N_s})^{-1} Q^H Q\Sigma^H U^H$$
$$= Q(\Lambda + \varepsilon I_{N_s})^{-1} \Sigma^H U^H$$

对比两式，只要证明$(\Lambda + \varepsilon I_{N_s})^{-1}\Sigma^H = (\Sigma^H\Sigma + \varepsilon I_{N_s})^{-1}\Sigma^H = \Sigma^H(\Sigma\Sigma^H + \varepsilon E)^{-1}$即可。容易推得：

$$(\Lambda + \varepsilon I_{N_s})^{-1}\Sigma^H = \mathrm{diag}\left(\frac{1}{\lambda_1 + \varepsilon}, \cdots, \frac{1}{\lambda_{N_s} + \varepsilon}\right)\Sigma^H$$
$$= \left[\mathrm{diag}\left(\frac{\sqrt{\lambda_1}}{\lambda_1 + \varepsilon}, \frac{\sqrt{\lambda_2}}{\lambda_2 + \varepsilon}, \cdots, \frac{\sqrt{\lambda_{N_s}}}{\lambda_{N_s} + \varepsilon}\right) \middle| \mathbf{0}_{N_s \times (N_y - N_s)}\right]$$

根据Σ的特点，可以分块矩阵形式写出$\Sigma\Sigma^H$：

$$\Sigma\Sigma^H = \begin{pmatrix} \Sigma^H\Sigma & \mathbf{0}_{N_s \times (N_y - N_s)} \\ \mathbf{0}_{(N_y - N_s) \times N_s} & \mathbf{0}_{(N_y - N_s) \times (N_y - N_s)} \end{pmatrix} = \begin{pmatrix} \Lambda & \mathbf{0}_{N_s \times (N_y - N_s)} \\ \mathbf{0}_{(N_y - N_s) \times N_s} & \mathbf{0}_{(N_y - N_s) \times (N_y - N_s)} \end{pmatrix}$$

从而有：

$$\Sigma^H(\Sigma\Sigma^H + \varepsilon E)^{-1} = \Sigma^H \mathrm{diag}\left(\frac{1}{\lambda_1 + \varepsilon}, \cdots, \frac{1}{\lambda_{N_s} + \varepsilon}, \frac{1}{\varepsilon}, \cdots, \frac{1}{\varepsilon}\right)$$
$$= \left[\mathrm{diag}\left(\frac{\sqrt{\lambda_1}}{\lambda_1 + \varepsilon}, \frac{\sqrt{\lambda_2}}{\lambda_2 + \varepsilon}, \cdots, \frac{\sqrt{\lambda_{N_s}}}{\lambda_{N_s} + \varepsilon}\right) \middle| \mathbf{0}_{N_s \times (N_y - N_s)}\right]$$
$$= (\Lambda + \varepsilon I_{N_s})^{-1}\Sigma^H$$

可见(6-19)式与(6-13)式的两种形式是等价的。尽管(6-19)的推导更自然，但我们选择使用(6-13)式，一方面是因其与 ZF 均衡矩阵的相似性，另一方面，(6-13)式对N_s阶方阵求逆，而(6-19)式需要对N_y阶方阵求逆，前者的复杂度更低。

最后我们证明 MMSE 均衡对应的 MSE 性能。将(6-18)式代入(6-16)式给出的损失函数，可得：

$$J = N_s\sigma_s^2 - \mathrm{Tr}\{H\mathbb{E}[\boldsymbol{y}\boldsymbol{s}^H]\} - \mathrm{Tr}\{\mathbb{E}[\boldsymbol{s}\boldsymbol{y}^H]H^H\} + \mathrm{Tr}\{H^H H\mathbb{E}[\boldsymbol{y}\boldsymbol{y}^H]\}$$
$$= N_s\sigma_s^2 - \mathrm{Tr}[\sigma_s^2 HG] - \mathrm{Tr}[\sigma_s^2 G^H H^H] + \mathrm{Tr}[H^H H(\sigma_s^2 GG^H + \sigma_z^2 I_{N_y})] \qquad (6-20)$$

利用迹的循环性质，结合(6-19)式，(6-20)式第四项可以推导如下：

$$\mathrm{Tr}[H^H H(\sigma_s^2 GG^H + \sigma_z^2 I_{N_y})] = \mathrm{Tr}[H(\sigma_s^2 GG^H + \sigma_z^2 I_{N_y})H^H]$$
$$= \mathrm{Tr}[G^H(GG^H + \varepsilon I_{N_y})^{-1}(\sigma_s^2 GG^H + \sigma_z^2 I_{N_y})H^H]$$
$$= \mathrm{Tr}[\sigma_s^2 G^H H^H]$$

上式结合(6-13)式并将其代入(6-20)式得到：

$$J = N_s\sigma_s^2 - \mathrm{Tr}[\sigma_s^2 HG] = N_s\sigma_s^2 - \mathrm{Tr}[\sigma_s^2 (G^H G + \varepsilon I_{N_s})^{-1} G^H G] \qquad (6-21)$$

进一步根据 6.4.1 小节可知 $G^{H}G = Q\Lambda Q^{H}$，则有：

$$(G^{H}G + \varepsilon I_{N_s})^{-1}G^{H}G = [Q(\Lambda + \varepsilon I_{N_s})Q^{H}]^{-1} \cdot Q\Lambda Q^{H}$$
$$= Q(\Lambda + \varepsilon I_{N_s})^{-1}Q^{H}Q\Lambda Q^{H} = Q(\Lambda + \varepsilon I_{N_s})^{-1}\Lambda Q^{H}$$

上式表明，矩阵 $(G^{H}G + \varepsilon I_{N_s})^{-1}G^{H}G$ 的特征值为 $(\Lambda + \varepsilon I_{N_s})^{-1}\Lambda$ 在主对角线上的元素，由于矩阵的迹等于其所有特征值之和，故而有：

$$\mathrm{Tr}[(G^{H}G + \varepsilon I_{N_s})^{-1}G^{H}G] = \mathrm{Tr}[(\Lambda + \varepsilon I_{N_s})^{-1}\Lambda] = \sum_{i=1}^{N_s}\frac{\lambda_i(G^{H}G)}{\lambda_i(G^{H}G) + \varepsilon}$$

最后代入(6-21)式，可得：

$$J = \sigma_s^2\left[N_s - \sum_{i=1}^{N_s}\frac{\lambda_i(G^{H}G)}{\lambda_i(G^{H}G) + \varepsilon}\right] = \sigma_s^2\sum_{i=1}^{N_s}\frac{\varepsilon}{\lambda_i(G^{H}G) + \varepsilon}$$
$$= \sum_{i=1}^{N_s}\frac{\sigma_z^2}{\lambda_i(G^{H}G) + \sigma_z^2/\sigma_s^2}$$

对比 6.4.2 节的结论，可以很容易地看出 MMSE 均衡对应的 MSE 小于 ZF 均衡，因而可以取得更好的性能。

6.5　信道估计

无论是迫零均衡还是 MMSE 均衡，都要求 ISI 组合信道矩阵 G 已知。但是要做到这一点，实际的系统中往往要付出额外的代价，通过周期性发送收发两端已知的一段信号，接收机在拥有接收信号和发射信号两方面知识的情况下，可以利用信道估计技术估计出信道的抽头系数，即 $g[k]$ 的具体表达式。以下首先讨论如何基于已知信号完成信道估计，然后讨论这个已知信号的具体形式。(6-8)式可以重新改写为信号矩阵与信道向量的相乘形式，具体如下：

$$y = Sg + z \tag{6-22}$$

其中 y、g、z 的含义和形式与(6-4)式相同，S 为 $N_y \times N_g$ 维信号矩阵，形式如下：

$$S = \begin{pmatrix} s[0] & & & \\ s[1] & s[0] & & \\ \vdots & s[1] & \ddots & \\ s[N_s-1] & \vdots & \ddots & s[0] \\ & s[N_s-1] & \ddots & s[1] \\ & & \ddots & \vdots \\ & & & s[N_s-1] \end{pmatrix} \tag{6-23}$$

这里 g 就是我们需要估计的信道。(6-22)式与(6-8)式的形式完全相同，y 为接收信号，S 为事先约定好的发射信号，两者都是接收端已知的，因此可直接利用 6.3 节的 MMSE/ZF 均衡算法完成信道估计。注意由于噪声的存在，我们只能得到 g 的估计值，而非 g 的真值。收发两端约定的用于信道估计的信号称为训练序列、导频(Pilot)或参考信号(Reference Signal)。

由于无线信道的时变特性，往往需要周期性地发射导频，接收机则周期性地执行信道估计，用于一段时间内业务数据的均衡或信道补偿。为保证信道估计的准确性，导频发送间隔应小于信道的相干时间，也就是说，当信道特性变化时，应当对信道重新估计，以跟踪信道的变化。图 6-7 给出了第二代移动通信系统标准 GSM 中采用的时隙结构，GSM 采用

TDMA 多址方式，不同的用户占用不同的时隙，每个时隙包含 26 bit 的训练序列，用来帮助接收机完成信道估计，进而利用信道估计结果完成时隙中训练序列前后共 116 bit 数据的信道补偿。注意图中训练序列位于两个数据块之间，从而使得训练序列与待均衡的数据块在时间上尽可能接近，最大限度地维护信道估计的时间相关性。

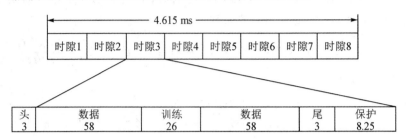

图 6 - 7　GSM 时隙中的训练序列

6.6　导 频 设 计

使用导频信号将引入开销，从这个角度来说，我们希望开销越少越好，导频在发射信号中占的比例越少越好。但同时我们也希望信道估计越准确越好，只有准确的信道估计才能保证信道补偿的性能。对于均衡问题来说，组合信道矩阵 $\boldsymbol{G}$ 由传播环境决定，我们无法改变；然而在信道估计问题中导频信号则是我们可以控制的，接下来讨论如何选取导频信号来达到准确信道估计的目的。假定采用迫零算法完成信道估计，结合（6 - 10）式可得：

$$\hat{\boldsymbol{g}} = (\boldsymbol{S}^{\mathrm{H}}\boldsymbol{S})^{-1}\boldsymbol{S}^{\mathrm{H}}\boldsymbol{y}$$

参考（6 - 14）式，这种估计方式导致的均方误差为

$$\mathbb{E}\big[\|\hat{\boldsymbol{g}} - \boldsymbol{g}\|^2\big] = \sigma_z^2 \mathrm{Tr}\big[(\boldsymbol{S}^{\mathrm{H}}\boldsymbol{S})^{-1}\big] = \sigma_z^2 \sum_{i=1}^{N_g} \frac{1}{\lambda_i(\boldsymbol{S}^{\mathrm{H}}\boldsymbol{S})}$$

由于噪声功率基本为固定值，因此为了尽可能降低信道估计的误差，必须仔细选取导频信号，保证 $\mathrm{Tr}\big[(\boldsymbol{S}^{\mathrm{H}}\boldsymbol{S})^{-1}\big]$ 尽可能小。依据算术-几何平均不等式，假设 x_1、x_2、$\cdots$、x_n 均为正数，则其算术平均大于等于几何平均。

$$\frac{1}{n}\sum_{i=1}^{n} x_i \geqslant \sqrt[n]{\prod_{i=1}^{n} x_i}, \text{当且仅当 } x_1 = x_2 = \cdots = x_n \text{ 时等式成立}$$

因此有：

$$\mathrm{Tr}\big[(\boldsymbol{S}^{\mathrm{H}}\boldsymbol{S})^{-1}\big] = \sum_{i=1}^{N_g} \frac{1}{\lambda_i(\boldsymbol{S}^{\mathrm{H}}\boldsymbol{S})} \geqslant N_g \Big(\prod_{i=1}^{N_g} \frac{1}{\lambda_i(\boldsymbol{S}^{\mathrm{H}}\boldsymbol{S})}\Big)^{\frac{1}{N_g}}$$

也就是说，如果我们设计的导频信号 $\boldsymbol{S}$ 能使得每个 $\lambda_i(\boldsymbol{S}^{\mathrm{H}}\boldsymbol{S})$ 都相等，假设为 λ，则 $\mathrm{Tr}\big[(\boldsymbol{S}^{\mathrm{H}}\boldsymbol{S})^{-1}\big]$ 可以取得最小值 N_g/λ；在此前提下，λ 越大，信道估计的均方误差就越小。

结合（6 - 23）式给出的 $\boldsymbol{S}$ 的形式，我们知道 $\boldsymbol{S}^{\mathrm{H}}\boldsymbol{S}$ 的主对角线上元素都相等，均为 $\sum_{i=0}^{N_s-1} |s[i]|^2$，其物理含义正好是导频信号的能量。前面已经指出，$\boldsymbol{S}^{\mathrm{H}}\boldsymbol{S}$ 的所有特征值应该相等，又因为迹的性质，主对角线上元素之和等于特征值之和，因此要求 $\lambda = \sum_{i=0}^{N_s-1} |s[i]|^2$，换言之，理想

的 $\boldsymbol{S}$ 应该满足 $\boldsymbol{S}^{\mathrm{H}}\boldsymbol{S}=\lambda\boldsymbol{I}$。

综合以上所有要点，导频 $\boldsymbol{S}$ 的设计应该满足：

(1) $\boldsymbol{S}^{\mathrm{H}}\boldsymbol{S}$ 的所有特征值应尽可能相等；

(2) λ 尽可能大，即导频信号能量尽可能强，这可以通过增加导频信号长度来实现。

以下通过几个例子进一步说明导频设计。假定由于发射功率的限制，导频序列中的每个符号的最大值不超过 1。从减少开销的角度，导频信号长度 $N_{\mathrm{s}}=1$ 最好，即 $s[0]=1$，此时 $\boldsymbol{S}$ 为 $N_{\mathrm{g}}\times N_{\mathrm{g}}$ 方阵，即 $\boldsymbol{S}=\boldsymbol{I}_{N_{\mathrm{g}}}$，其所有特征值均为 1，$\mathrm{Tr}[(\boldsymbol{S}^{\mathrm{H}}\boldsymbol{S})^{-1}]=N_{\mathrm{g}}$，ZF 估计引入的均方误差为 $N_{\mathrm{g}}\sigma_{\mathrm{z}}^{2}$，也就是说，信道时延扩展 N_{g} 越大则估计误差就越大。

假设 $N_{\mathrm{g}}=2$，则导频信号长度为 1 的情况下估计误差为 $2\sigma_{\mathrm{z}}^{2}$。为了进一步提高估计精度，可以考虑增加导频信号的长度。假定选取长度为 4 的全 1 序列，即 $s=[1, 1, 1, 1]^{\mathrm{T}}$，则有：

$$\boldsymbol{S}=\begin{pmatrix}1 & 0 \\ 1 & 1 \\ 1 & 1 \\ 1 & 1 \\ 0 & 1\end{pmatrix},\ \boldsymbol{S}^{\mathrm{H}}\boldsymbol{S}=\begin{pmatrix}4 & 3 \\ 3 & 4\end{pmatrix}\Rightarrow\lambda=1,7\Rightarrow\text{估计误差为}\left(1+\frac{1}{7}\right)\sigma_{\mathrm{z}}^{2}=1.14\sigma_{\mathrm{z}}^{2}$$

如果导频序列改为 $s=[1, 1, -1, 1]^{\mathrm{T}}$，则有：

$$\boldsymbol{S}=\begin{pmatrix}1 & 0 \\ 1 & 1 \\ -1 & 1 \\ 1 & -1 \\ 0 & 1\end{pmatrix},\ \boldsymbol{S}^{\mathrm{H}}\boldsymbol{S}=\begin{pmatrix}4 & -1 \\ -1 & 4\end{pmatrix}\Rightarrow\lambda=3,5\rightarrow J=\left(\frac{1}{3}+\frac{1}{5}\right)\sigma_{\mathrm{z}}^{2}=0.53\sigma_{\mathrm{z}}^{2}$$

进一步优化导频为 $s=[1, 1, -0.5, 1]^{\mathrm{T}}$，则有：

$$\boldsymbol{S}=\begin{pmatrix}1 & 0 \\ 1 & 1 \\ -0.5 & 1 \\ 1 & -0.5 \\ 0 & 1\end{pmatrix},\ \boldsymbol{S}^{\mathrm{H}}\boldsymbol{S}=\begin{pmatrix}3.25 & 0 \\ 0 & 3.25\end{pmatrix}\Rightarrow\lambda=3.25, 3.25\rightarrow J=0.615\sigma_{\mathrm{z}}^{2}$$

尽管数值上来看经过最后一次优化后估计误差变大了，但是其根本原因在于导频信号能量降低了。为此，可以按比例整体提高导频信号幅度，保证其总能量为 4，则 J 会降为 $0.5\sigma_{\mathrm{z}}^{2}$，具体如下：

$$\boldsymbol{S}=\begin{pmatrix}1.1094 & 0 \\ 1.1094 & 1.1094 \\ -0.5547 & 1.1094 \\ 1.1094 & -0.5547 \\ 0 & 1.1094\end{pmatrix},\ \boldsymbol{S}^{\mathrm{H}}\boldsymbol{S}=\begin{pmatrix}4 & 0 \\ 0 & 4\end{pmatrix}\Rightarrow\lambda=4, 4\rightarrow J=0.5\sigma_{\mathrm{z}}^{2}$$

实际上 $\boldsymbol{S}^{\mathrm{H}}\boldsymbol{S}$ 描述了导频信号的自相关特性，自相关函数越尖锐，则非对角线元素的绝对值就越低，从而 $\boldsymbol{S}^{\mathrm{H}}\boldsymbol{S}$ 的特征值就越来越趋同，相应地，$\mathrm{Tr}[(\boldsymbol{S}^{\mathrm{H}}\boldsymbol{S})^{-1}]$ 就越小，估计精度也就越来越高。利用导频信号优良的自相关特性，还可以用来获得定时同步。第 7 章将专门讨论具有尖锐自相关特性的信号。

6.7　其他均衡方法

6.7.1　横向滤波自适应均衡

上述 ZF/MMSE 均衡算法以整块数据为单位，使用矩阵求逆来直接算出均衡矩阵，均衡算法一次性输出整块数据作为所有符号的估计，但是矩阵求逆的复杂度较高，为 $\mathcal{O}(n^3)$ 量级。仔细研究可以发现，ZF/MMSE 均衡给出的均衡矩阵均为托普利兹矩阵，其每列都包含相同的信息，只不过存在相对移位，这提示我们可以通过横向滤波器或向量运算的方法来实现均衡，从而降低复杂度。

使用横向线性滤波器，即有限冲激响应（Finite Impulse Response，FIR）滤波器对接收到的符号序列进行滤波处理，每次仅输出单个符号，从数学上看，等价于均衡向量与接收向量的点积。具体来说，假定接收机在 k 时刻使用 $N+1$ 阶横向滤波器抽头系数向量，记为 $\boldsymbol{w}_k=[w_k[0],\cdots,w_k[N]]^{\mathrm{T}}$，$k$ 时刻参与计算的接收符号向量为 $\boldsymbol{y}_k=[y[k],y[k-1],\cdots,y[k-N]]^{\mathrm{T}}$，则 k 时刻的均衡输出为 $\boldsymbol{w}_k^{\mathrm{T}}\boldsymbol{y}_k$，注意这是一个标量。

在无线信道中使用横向滤波器来消除 ISI 的过程又称自适应均衡。在自适应均衡中，训练和跟踪两个阶段交替出现。如图 6-8 所示，在训练阶段，发送端同样需要周期性发送训练序列，但是不需要估计组合信道 $\boldsymbol{g}$，而是利用训练序列直接计算调整横向滤波器抽头系数 $\boldsymbol{w}$。在跟踪阶段，则是使用横向滤波器抽头系数 $\boldsymbol{w}$ 对接收信号进行滤波，消除 ISI，这个运算非常简单，也就是通常意义上的均衡。以下重点讨论训练阶段横向滤波器抽头系数 $\boldsymbol{w}$ 的调整方法。

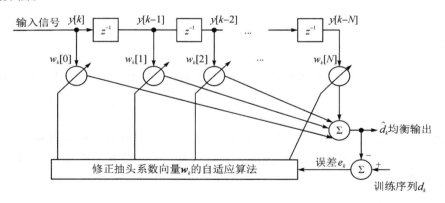

图 6-8　横向滤波自适应均衡

在训练阶段，自适应均衡算法根据 k 时刻的接收序列 $\boldsymbol{y}_k$ 来更新 $k+1$ 时刻的抽头系数向量 $\boldsymbol{w}_{k+1}$。假设采用 MMSE 用准则，则 $\boldsymbol{w}_{k+1}$ 应使训练序列第 k 个符号 d_k 和均衡输出 $\hat{d}_k=\boldsymbol{w}_{k+1}^{\mathrm{T}}\boldsymbol{y}_k$ 之间的均方误差最小，由数字信号处理的知识可知，使均方误差最小化的 $\boldsymbol{w}_{k+1}$ 可通过维纳滤波获得：

$$\boldsymbol{w}_{k+1}=\boldsymbol{R}_k^{-1}\cdot\boldsymbol{p}_k$$

其中 $\boldsymbol{p}_k=d_k\boldsymbol{y}_k$，并且

$$\boldsymbol{R}_k = \begin{bmatrix} |y_k|^2 & y_k y_{k-1}^* & \cdots & y_k y_{k-N}^* \\ y_{k-1} y_k^* & |y_{k-1}|^2 & \cdots & y_{k-1} y_{k-N}^* \\ \vdots & \ddots & \ddots & \vdots \\ y_{k-N} y_k^* & y_{k-N} y_{k-1}^* & \cdots & |y_{k-N}|^2 \end{bmatrix}$$

上述算法在每个码元时刻通过矩阵求逆计算得到新的抽头系数向量，复杂度较高，但这一算法的收敛速度非常快，对于 $N+1$ 抽头的均衡器，收敛时间大约为 $N+1$ 个符号周期。

可以使用迭代式算法进一步降低自适应均衡的复杂度，其特点是通过逐步迭代，对抽头系数向量逐步微调，进而逐渐获得均衡滤波器的最优抽头系数。广泛使用的迭代式算法有最小均方（Least Mean Squares，LMS）算法和递归最小二乘（Recursive Least Squares，RLS）算法，其基本原理都是利用信号估计误差的负梯度信息来调整均衡器抽头系数，使估计误差逐步降低。例如 LMS 算法按照下面的公式不断调节抽头系数向量：

$$\boldsymbol{w}_{k+1} = \boldsymbol{w}_k + \Delta \cdot e_k \cdot \boldsymbol{y}_k$$

其中 $e_k = d_k - \hat{d}_k$ 为训练序列第 k 个符号的均衡值和真实值之间的误差，Δ 为抽头系数的更新步长，该值决定算法的收敛速度和稳定性。如果 Δ 取值过小，则收敛速度非常慢，而如果 Δ 取值过大有可能导致算法不稳定，甚至无法收敛。LMS 算法复杂度很低，每次迭代仅需 $2N+1$ 次乘法运算，但是为避免算法发散，通常选取较小的 Δ 值，因此算法收敛非常慢，甚至跟不上信道时变速度，仅适合于慢速衰落。针对衰落速率较快的无线信道，可以考虑使用 RLS 算法（又称卡尔曼算法），该算法定义了新的误差度量函数，具体的调节算法如下：

$$\boldsymbol{w}_{k+1} = \boldsymbol{w}_k + \boldsymbol{\Delta}_n \cdot e(n+1, n)$$

其中 $e(n+1, n) = d_{n+1} - \boldsymbol{w}_n^T \cdot \boldsymbol{y}_{n+1}$，注意上式中 $\boldsymbol{\Delta}_n$ 为向量，每个码元时刻都要重新计算，该向量能够以不同的更新步长对每个抽头系数单独进行调节，因此收敛速度快，跟踪性能好，但是 $\boldsymbol{\Delta}_n$ 涉及矩阵求逆运算，每次迭代运算量为 $2.5N^2 + 4.5N$，复杂度较高。

6.7.2　判决反馈均衡

判决反馈均衡（Decision Feedback Equalizer，DFE）类似于无限冲激响应（Infinite Impulse Response，IIR）滤波器，只不过 DFE 中包含判决模块，引入了非线性处理。在同样的信道条件下，DFE 比 6.7.1 小节介绍的横向滤波均衡所需的抽头系数要少得多，运算效率高。DFE 包括前馈滤波器 $W(z)$ 和反馈滤波器 $V(z)$ 两组横向线性滤波器，如图 6-9 所示。前馈滤波器的输入是接收序列，反馈滤波器的输入是判决序列 $\{\hat{d}[k]\}$。其基本思路是利用已判决的符号序列通过反馈滤波器 $V(z)$ 来模拟前馈滤波器 $W(z)$ 和组合信道 $F(z)$ 卷积后的 ISI，并从接收序列中减掉该 ISI 后再完成后续符号的判决，换言之，反馈滤波器的作用是近似信道的频率响应，而不是对其进行反转，所以不存在噪声增强（参见 6.3.2 小节）的问题。当信道的频谱有很多深衰落点时，判决反馈均衡的性能一般比线性均衡好很多。可以证明，DFE 的最小均方误差通常要比线性均衡器低得多。

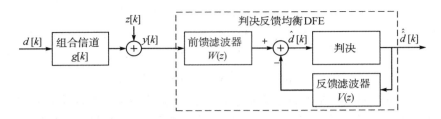

图 6 - 9　判决反馈均衡

当 $\hat{\hat{d}}[k] \neq d[k]$，即 DFE 中存在反馈误差时，通过反馈路径减掉的 ISI 并非与 d_k 对应的真正的 ISI，从而可能在后续判决中出现错误扩散，因此在低信噪比时，误码传播将严重降低 DFE 的性能。如果允许在反馈路径上引入延时，可借助信道译码来解决这一问题。

6.7.3　分数间隔均衡

图 6 - 1 到图 6 - 5 中，接收机均是以符号周期 T_s 为间隔对信号进行采样后使用均衡算法来去除或者抑制 ISI，实际上，由于脉冲成形的作用，基带信号带宽极有可能大于 $0.5/T_s$，为了避免频谱混叠，采样速率应该大于两倍的基带信号带宽，也就是采样间隔应该小于 T_s。此外，由于实现困难，接收滤波器 $h_R(t)$ 也往往仅与 $h_T(t)$ 匹配，但这并非最佳的做法。

分数间隔均衡器将采样速率提高到至少为奈奎斯特速率，从而能够在数字域将匹配滤波和均衡合并实现，对于采样时刻的误差也不敏感，因此具有更好的性能；特别是匹配时变无线信道的数字域匹配滤波，与模拟滤波器相比更容易实现。当然，由于提高了采样速率，算法复杂度也会相应提高。

本 章 小 结

均衡是接收端使用的技术，其目标是消除由频率选择性衰落导致的码间干扰，可以在时域或者频域完成，本章讨论了时域均衡，频域均衡的内容在第 8 章介绍。

本章重点讨论了矩阵形式的均衡原理，具体来说将均衡分为信道估计和信道补偿两个步骤来完成，前者需要明确计算出组合信道矩阵 $\boldsymbol{G}$，后者则由 $\boldsymbol{G}$ 计算出均衡矩阵 $\boldsymbol{H}$，进而利用 $\boldsymbol{H}$ 执行矩阵乘法来消除 ISI，注意这一步输出的是码元向量，用于判决。而横向滤波器形式的均衡，则并不需要明确计算信道特性，其思路是周期性利用训练序列直接推算应该使用的滤波器抽头系数向量 w，然后利用 w 针对接收码元序列进行 FIR 滤波以消除 ISI，最后顺序输出一个一个的码元（即码元标量）用于判决。

6.4 节大量使用了矩阵求导方面的现有理论，这方面的知识可以参考书籍《Complex Valued Matrix Derivatives：With Applications in Signal Processing and Communications》，也可以参考以下链接。

第 7 章　扩　频　调　制

　　扩频(Spread Spectrum，SS)调制技术最早来源于二战期间军事应用的需要，最初的目的是在有敌方干扰的情况下实现保密通信。军用无线通信在战场使用中有两个突出的问题：其一是容易受到敌方的恶意干扰，其二则是可能被敌方拦截窃听。扩频调制具有固有的抗窄带干扰的特性，并且其信号频谱可以隐藏在噪声之中或者在很大的频率范围上随机跳变，具有较好的保密性。基于上述两个特点，扩频调制在军事通信中获得了极为广泛的应用。此外扩频调制还能充分利用无线信道的多径传播效应，从而在频率选择性衰落信道条件下获得优良的性能。

　　扩频调制技术在民用移动通信中同样也具有广泛且成功的应用，第三代移动通信的三个主要标准的空中接口都采用了码分多址(Code Division Muliple Access，CDMA)技术，其基础就是本章要讨论的其中一种扩频技术——直接序列扩频技术。

　　扩频调制有多种形式，主要包括直接序列扩频(Direct Sequence Spread Spectrum，DSSS)、跳频扩频(Frequency Hopping Spread Spectrum，FHSS)以及跳时扩频(Time Hopping Spread Spectrum，THSS)等。这些不同形式的扩频技术可以单独使用，也可以相互结合形成新的混合扩频技术，例如 FHSS 和 DSSS 结合的扩频方式等。

7.1　为什么要扩频

　　不论采用何种扩频形式，扩频调制都可以看作是在某种常规调制的输出信号基础上使用扩展频谱技术对其进一步处理，且输出信号带宽远远大于传输信息所必需的带宽。根据第 4 章的内容，我们知道频谱效率是一个通信系统的重要指标，通信系统总是希望在一定的带宽内传输更多的信息。如果从频谱效率的角度来看扩频通信，则必然会产生这样的疑问：扩频信号的带宽远大于基带信号的带宽，其频谱效率相对于非扩频信号来说必然大大降低，为什么还要进行扩频呢？

　　例 7 - 1　对比 BPSK、MSK 调制以及 IS95 CDMA 系统采用直接序列扩频调制之间的频谱效率。

　　(1) 采用矩形脉冲的 BPSK 已调信号带宽是比特速率的 2 倍，其频谱效率 $\eta=1/2(\text{b/s})/\text{Hz}$；

　　(2) MSK 调制的已调信号带宽是比特速率的 1.5 倍，其频谱效率 $\eta=2/3(\text{b/s})/\text{Hz}$；

　　(3) IS95 CDMA 系统采用直接序列扩频技术，其发送信号带宽为 1.25 MHz，能够传输的比特速率为 19.2 kb/s。二者之间约 65 倍的关系，从而有频谱效率 $\eta=1/65(\text{b/s})/\text{Hz}$。

　　比较例 7-1 的三种调制方式可以看出,非扩频调制下,射频信号带宽通常为符号速率(当采用二进制符号时,符号速率等于比特速率)的若干倍,频谱效率并不会比 $1(b/s)/Hz$ 小太多;而扩频调制中,发送信号的带宽可能达到符号速率的几十甚至上百倍,因此其频谱效率将远远小于 $1(b/s)/Hz$。通常来讲,频谱效率降低到 $1/65(b/s)/Hz$ 的水平对于带宽资源日益紧张的公共移动通信是难以接受的。另一方面,公共移动通信系统的工作频段都是专门分配的授权频段,一般不会有大的系统外干扰,因此并不需要用到扩频通信的抗干扰特性。此外,扩频通信的抗截获性能在公共移动通信网络中也难有用武之地。

　　综合上述分析,似乎难以为扩频技术在移动通信中广泛而成功的应用找到原因。

　　对于上述问题,需要明确公共移动通信系统是典型的多用户通信系统。在多用户扩频通信系统中,不同的用户信号可以采用相互不同的规律被扩展到同一段频谱之上,实现多用户同时通信,这些不同的扩展规律相互正交或准正交,接收端可以区分具有特定扩展规律的数据,从而能够从总的接收信号中分离出感兴趣的用户信号。因此在多用户扩频通信系统中,考虑所有用户的总频谱效率时,应用扩频技术并不一定会导致总频谱效率的降低,相反,通过充分发挥扩频技术的优势,总频谱效率在特定情况下还会有所增加。此外,在多用户通信系统中使用扩频调制技术,还能够获得软容量及软切换等方面的优势(相关内容在第 10 章中介绍),因此扩频技术特别适用于多用户通信系统,也正是因为这个原因,从第三代移动通信开始扩频技术获得了广泛的应用。

7.2　伪随机序列

　　不论采用何种扩频方式,都需要使用一个序列进行扩频和解扩。为了保证扩频通信系统的保密性、抗干扰性等,往往要求这个序列具有良好的随机性和相关性。我们知道,随机的白噪声序列具有非常良好的自相关性和互相关性,因此特别适合用在扩频通信中。遗憾的是,白噪声序列具有无限长度和不可复制性,而在扩频通信中则要求收发双方同步地使用相同的序列进行扩频和解扩,因此白噪声序列并不能在扩频中直接应用。

　　由此我们很容易想到,采用一个有限长度的、可重复产生的序列来代替白噪声序列,在选择这个有限长度的序列时,为了仍然能够保证扩频通信的保密性、抗干扰性等,这个序列的随机性和相关性应该"逼近"白噪声。正是由于这个原因,我们把这种序列称为伪随机序列(Pseudorandom Noise,PN)。

　　伪随机序列往往具有以下特性:序列中 +1 和 -1 的数目大致相同;同一个序列的不同循环移位版本之间具有较低的相关性;不同的序列之间的互相关性也较低。伪随机序列的这些特性与真正的随机序列非常相似。除了上述特性,在多用户扩频通信系统中,还需要考虑伪随机序列族中包含的序列数量问题。序列族中包含的伪随机序列数足够大,才能够允许足够多的用户在相同的频段上同时工作,从而保证系统容量和总的频谱效率。

　　常用的伪随机序列很多,比如 m 序列、M 序列及 Gold 序列等,不同的序列具有不同的特性,适用于不同的应用场合,同时,还可以把不同的伪随机序列组合起来,得到不同特性的新的伪随机序列。其中二进制 m 序列具有优良的自相关特性和易于生成的特点,因此，在现代扩频通信中应用最广泛。本节将以 m 序列为例，对伪随机序列的生成原理及其特性进行分析。

7.2.1　m 序列的生成

　　m 序列是最长线性移位寄存器序列的简称。顾名思义，m 序列是由多级移位寄存器或者延迟元件通过线性反馈所能产生的最长的码序列。所谓线性反馈是指由模 2 加组成的反馈逻辑，其结构如图 7-1 所示，相应的数学表示为

$$\sum_{i=0}^{n} a_i x^i = 1 + a_1 x^1 + \cdots + a_n x^n \qquad (7-1)$$

其中 n 为移位寄存器的级数；x^i 表示第 i 级移位寄存器的状态，取值为 1 或者 0；a_i 表示第 i 级移位寄存器的输出值是否参与反馈，$a_i = 1$ 表示参与反馈，$a_i = 0$ 表示不参与反馈，其中 a_n 和 a_0 恒等于 1，$a_n = 1$ 说明末级移位寄存器的状态必须参与反馈，$a_0 = 1$ 的含义是：参与反馈的各寄存器状态模 2 加后，作为第一级移位寄存器的输入。每一次时钟上升沿都将触发移位寄存器的状态向下一级移动，第 n 级移位寄存器的状态 x^n 随时钟变化就构成了 m 序列，可以看出 m 序列的生成方式非常简单。m 序列是由 n 级移位寄存器所能产生的最长的码序列。我们知道，n 级移位寄存器共有 2^n 个可能的状态，但其中有一个是全零状态，这种情况下所有移位寄存器的状态将恒为零，从而输出始终为 0，必须去除掉。因此 m 序列的最大长度为 $2^n - 1$，即其周期为 $L = 2^n - 1$。

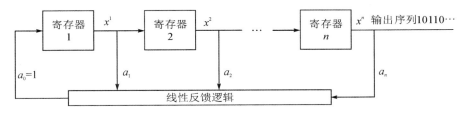

图 7-1　线性反馈移位寄存器生成 m 序列

　　例 7-2　设移位寄存器级数为 $n = 3$，移位寄存器的初始状态为 001，反馈逻辑由多项式 $x^3 + x + 1$ 确定，计算该移位寄存器输出的 m 序列。

　　解：本例对应的 m 序列生成电路如图 7-2 所示，设寄存器状态由高位到低位分别表示为 R_1、R_2、R_3，则根据生成多项式可知反馈值为 $R_1 + R_3$，输出序列值为 R_3。记录时钟上升沿的移位寄存器状态、反馈运算结果以及输出的序列值，结果如表 7-1 所示，可以看出移位寄存器状态在第 7 个时钟回到了 001 状态，从此开始循环，因此其周期为 7，对应的输出序列为 1001110，3 级移位寄存器生成的 m 序列的周期应该是 $2^3 - 1 = 7$，两者正好是吻合的。

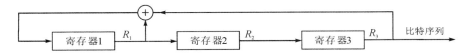

图 7-2　长度为 7 的 m 序列生成器

表 7－1　m 序列产生过程

时钟上升沿序号	寄存器状态 R_1、R_2、R_3	反馈值	输出比特
0	001	1	1
1	100	1	0
2	110	1	0
3	111	0	1
4	011	1	1
5	101	0	1
6	010	0	0
7	001	1	1

如前所述，要想生成 m 序列，a_n 和 a_0 必须等于 1。$a_1 \sim a_{n-1}$ 取不同的组合，就可以构成不同的 m 序列，但并非任意的组合都能产生 m 序列，只有符合本原多项式（本原多项式的内容可参考有关书籍）条件的反馈逻辑才能产生 m 序列。表 7－2 给出了 n 取不同值时，部分能够产生 m 序列的反馈系数的具体值，不同的反馈系数能够生成不同的 m 序列。例如以 7 级 m 序列反馈系数 $C_i = (211)_8$ 为例，首先将八进制的系数转化为二进制的系数即 $a_i = (10001001)_2$，则各级反馈系数分别为 $a_0 = a_4 = a_7 = 1$ 以及 $a_1 = a_2 = a_3 = a_5 = a_6 = 0$，由此就很容易地构造出相应的 m 序列发生器。

表 7－2　不同长度 m 序列的部分反馈系数表

级数 n	周期 L	反馈系数 C_i（八进制）
3	7	13
4	15	23
5	31	45，67，75
6	63	103，147，155
7	127	203，211，217，235，277，313，325，345，367
8	255	435，453，537，543，545，551，703，747
9	511	1021，1055，1131，1157，1167，1175
10	1023	2011，2033，2157，2443，2745，3471
11	2047	4005，4445，5023，5263，6211，7363
12	4095	10123，11417，12515，13505，14127，15053
13	8191	20033，23261，24622，30741，32535，37505
14	16383	42103，51761，55753，60153，71147，67401
15	32767	100003，110013，120265，133663，142305
16	65535	210013，233303，307572，311405，347433
17	131071	400011，411335，444257，527427，646775

7.2.2 m 序列的特性

相关性是衡量伪随机序列性能的重要参数。给定 ± 1 构成的两个 L 长序列 $\{x_i, 0 \leqslant i \leqslant L-1\}$ 和 $\{y_i, 0 \leqslant i \leqslant L-1\}$，则两个序列的归一化周期互相关函数（也称为互相关系数）为

$$\rho_{xy}(\tau) = \frac{1}{L} \sum_{i=0}^{L-1} x_i \cdot y_{\mathrm{mod}(i+\tau, L)} \tag{7-2}$$

(7-2)式中，$\mathrm{mod}(i+\tau, L)$ 表示 $i+\tau$ 对周期 L 取模，其中 τ 为整数且有 $0 \leqslant \tau < L$。$\rho_{xy}(\tau)$ 的取值在 -1 到 $+1$ 之间，表征序列 $\{x_i\}$ 与循环移位 τ 后的序列 $\{y_{i+\tau}\}$ 之间的相关性。当 $x_i = y_i$ 时，$\rho_{xy}(\tau) = \rho_{xx}(\tau)$ 为归一化周期自相关函数或自相关系数。

对于伪随机序列来说，理想的自相关特性为 $\rho_{xx}(\tau)$ 在 $\tau = 0$ 时取得最大值 1，在 $\tau \neq 0$ 时取值为 0，即具有单峰（或者二值）特性。AWGN 就具有理想的自相关特性。针对例 7-2 生成的 m 序列，图 7-3 画出了其自相关系数随 τ 不同的变化情况，注意在计算自相关系数之前，需要先将二进制 m 序列转换为双极性不归零码，即将 $\{0,1\}$ 表示转换为 $\{+1, -1\}$ 表示。

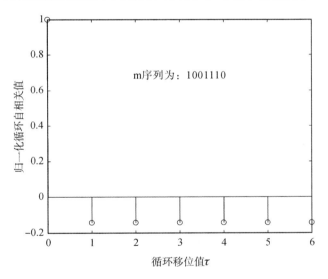

图 7-3 长度为 7 的 m 序列的自相关函数

从图 7-3 可以看出，该 m 序列的自相关特性优良，序列与其自身在相位完全对齐，即 $\tau = 0$ 的情况下具有最大的相关系数 1；该序列与其它相移序列之间的相关值比较小，等于 $-1/7$。可以证明，这一规律是具有普遍性的，长度为 L 的 m 序列的自相关系数可以表示为

$$\rho_{xx}(\tau) = \begin{cases} 1, & \tau = 0 \\ -1/L, & \tau \neq 0 \end{cases} \tag{7-3}$$

从本章后续的内容可以知道，m 序列优良的自相关特性能够为实现多址和利用多径创造条件。虽然 m 序列具有良好的自相关特性，但是由不同反馈系数生成的相同长度的 m 序列之间的互相关特性却不尽如人意。如图 7-4 所示，长度为 31 的两个不同 m 序列之间在

相互对齐的情况下互相关系数可能高达 0.35，这一点在多址应用时是难以满足要求的。此外，表 7-3 给出了不同长度 m 序列的最大互相关系数，可以看出 m 序列的最大互相关系数大都在 0.3 以上，在多址应用时通常希望多个伪随机序列之间相互正交或者准正交，也就是说希望不同伪随机序列之间的互相关系数为 0 或者足够小，0.3 以上的互相关系数离准正交的要求相差太远了，但是以 m 序列为基础可以构造出互相关特性较好的其他伪随机序列，例如 Gold 序列。

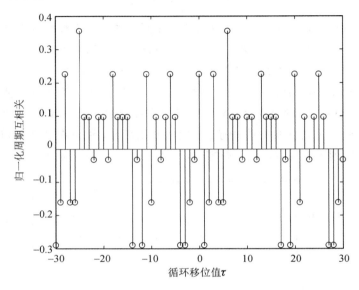

图 7-4　m 序列的互相关特性

此外，m 序列的数目有限，n 级移位寄存器可以构成的 m 序列个数为 $\phi(2^n-1)/n$，其中 $\phi(x)$ 为欧拉函数，即小于 x 且与 x 互质的整数(包括 1)个数，例如小于 15 且与 15 互质的整数为 $\{1,2,4,7,8,11,13,14\}$，共 8 个，故 4 级移位寄存器可以构成的 m 序列只有 $\phi(15)/4=2$ 个。这一点也影响了 m 序列在多址技术中的直接应用。

表 7-3　m 序列与 Gold 序列的序列数目与互相关性能对比

n	m 序列			Gold 序列		
	序列数目	互相关峰值	最大互相关系数	序列数目	互相关峰值	最大互相关系数
3	2	5	0.71	9	5	0.71
4	2	9	0.6	17	9	0.6
5	6	11	0.35	33	9	0.29
6	6	23	0.36	65	17	0.27
7	18	41	0.32	129	17	0.13
8	16	95	0.37	257	33	0.13
9	48	113	0.22	513	33	0.06
10	60	383	0.37	1025	65	0.06
11	175	287	0.14	2049	65	0.03
12	144	1407	0.34	4097	129	0.03

7.2.3　基于 m 序列构造的其它序列

　　实际的扩频通信中使用的伪随机序列除了 m 序列，还会用到一些由 m 序列衍生的伪随机序列，这些序列中最著名的是 Gold 序列，还有能够应用于跳频通信的 L-G 模型序列。

　　Gold 序列是由两个相同长度但是不同反馈系数产生的 m 序列优选对通过模 2 相加得到的。Gold 码的自相关性不如 m 序列，具有三值自相关特性；但是其互相关性要比 m 序列好。Gold 序列相对于 m 序列的最大优势在于通过选择不同的 m 序列优选对以及设定不同的相对相移，可以产生大量具有准正交特性的序列，有利于大量用户同时工作，从而提高频谱效率。表 7-3 对比了 n 取不同值时 m 序列族与 Gold 序列族的序列数目与互相关性能，例如 $n=10$ 时，m 序列和 Gold 序列的长度均为 $L=1023$，但 m 序列族中只有 60 个可用 m 序列，这 60 个序列的互相关峰值为 383，相应的最大互相关系数为 $383/L=0.37$；而 Gold 序列族中则有 1025 个可用序列，互相关峰值为 65，相应的最大互相关系数仅为 $65/L=0.06$。

　　Lempel-Greenberger 模型（简称 L-G 模型）基于 n 级 m 序列发生器，以发生器的 r 个相邻级（$r \leqslant n$）与某个长度为 r 的序列逐项模 2 加后获得输出序列，其结构如图 7-5 所示，从 m 序列的 n 级寄存器中选择最高的 r 位，也即 $\{c_n, c_{n-1}, \cdots, c_{n-r+1}\}$，并将 $\{c_n, c_{n-1}, \cdots, c_{n-r+1}\}$ 与序列 $\{v_0, v_1, \cdots, v_{r-1}\}$ 模 2 加就可以得到最终的 L-G 模型序列 $\{u_0, u_1, \cdots, u_{r-1}\}$。L-G 模型序列具有优良的汉明相关性能（汉明相关的定义在 7.4.4 小节中给出），各序列的汉明自相关值为 $2^{n-r}-1$，任意两个序列之间的汉明互相关值为 2^{n-r}。基于一个 m 序列，可以构造出 2^r 个 L-G 模型序列，可供 2^r 个用户使用。L-G 模型序列主要在跳频通信中用作跳频序列。

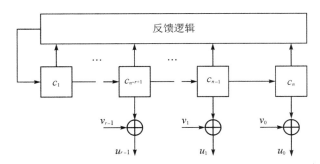

图 7-5　Lempel-Greenberger 模型

7.3　直接序列扩频

　　直接序列扩频（Direct Sequence Spread Spectrum，DSSS）简称直扩，是一种应用最为广泛的扩频技术，除第三代移动通信和军事抗干扰通信中的应用外，卫星导航定位系统也以直接序列扩频为核心技术。DSSS 技术的理论依据来源于香农的信息论。我们知道，AWGN连续信道的信道容量为

$$C = B \times \mathrm{lb}\left(1 + \frac{S}{N}\right) \tag{7-4}$$

其中 B 为信道带宽，S 为信号功率，N 为噪声平均功率。由(7-4)式可以看出，如果信道容量 C 不变，则信号带宽 B 和信噪比 S/N 之间是可以互换的。也就是说，通过增加信号带宽，可以在较低的信噪比情况下，以相同的信息速率来可靠地传输信息，甚至在信号被噪声淹没的情况下仍然有可能保持可靠的通信。扩频调制技术正是基于上述原理，通过扩大信号带宽来换取信噪比上的好处。

本节将对 DSSS 技术及其应用进行详细的说明。大多数直接序列扩频的基带信号都基于 BPSK 调制产生，因此 DSSS 调制技术也称为 DSSS/BPSK 调制，后续的分析都基于 DSSS/BPSK 调制。

7.3.1 扩频序列

在 DSSS/BPSK 调制中，通过将 BPSK 已调信号与一个伪随机序列相乘实现扩频，在 DSSS 的上下文中，这个伪随机序列也称为扩频序列，例如 m 序列就可以作为扩频序列使用。需要注意的是，为了方便后续的相乘操作，二进制序列在用作扩频序列之前首先需要进行 BPSK 星座映射，即由 $\{0, 1\}$ 表示转换为 ± 1 表示，记为 $\{c_k, 0 \leqslant k \leqslant L-1\}$，将扩频序列表示为连续信号：

$$c(t) = \sum_{k=-\infty}^{+\infty} c_{\mathrm{mod}(k, L)} \, p(t - kT_c) \tag{7-5}$$

其中 T_c 为扩频序列中每个符号 c_k 的持续时间，为了与基带数据符号区别，通常将扩频序列的符号称为码片(Chip)，T_c 称为码片周期，$R_c = 1/T_c$ 称为码片速率。(7-5)式中 $p(t)$ 为成形脉冲，通常采用宽度为 T_c 的矩形脉冲：

$$p(t) = \begin{cases} 1, & 0 \leqslant t \leqslant T_c \\ 0, & t > T_c \end{cases} \tag{7-6}$$

注意(7-5)式给出的连续扩频序列信号 $c(t)$ 是周期为 $L \cdot T_c$ 的周期函数，定义其自相关函数如下：

$$R(\tau) = \frac{1}{T_s} \int_0^{LT_c} c(t) c(t - \tau) \, \mathrm{d}t \tag{7-7}$$

在例 7-2 生成的 m 序列的基础上，使用(7-5)式得到连续扩频序列信号，并基于(7-7)式计算可以得到如图 7-6 所示的自相关函数。从图 7-6 中可以看出，时延为 0 时自相关系数取得最大值 1；对于所有延时大于一个码片周期的情况，自相关系数都为 $-1/7$；而对位于 $-T_c$ 和 T_c 之间的时延，自相关系数从正负两个方向由最大的 1 线性减小到 $-1/7$。可以看出，对图 7-6 在 $\tau = nT_c$ 处采样即可得到图 7-3 的结果。与(7-3)式对应的，可以推得由 m 序列构造的连续扩频序列信号 $c(t)$ 的自相关函数如下：

$$R_m(\tau) = \begin{cases} 1 - \dfrac{|\tau|(1 + 1/L)}{T_c}, & |\tau| \leqslant T_c \\ -1/L, & |\tau| > T_c \end{cases} \tag{7-8}$$

理想的自相关函数应该满足 $R(\tau) = \delta(\tau)$，这里 $\delta(\tau)$ 为单位冲激响应函数。虽然难以找到严格的具有理想自相关特性的伪随机序列，但是(7-8)式给出的自相关特性已经比较

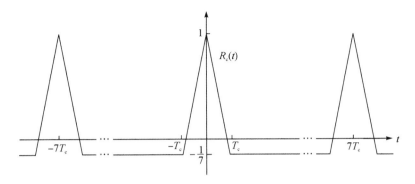

图 7 - 6 长度为 7 的 m 序列构造的扩频序列的自相关函数

接近于理想的自相关特性了,这也是我们采用 m 序列作为扩频序列的一个主要原因。

实际中使用的扩频序列不一定都是 m 序列,常用的扩频序列还包括 Gold 序列、Walsh 序列等。但是不管使用哪种序列进行扩频,都需要该序列具有类似图 7 - 6 的尖锐的自相关峰值的特性。下一节将利用扩频序列的自相关特性给出扩频和解扩的整个过程。

7.3.2 直接序列扩频调制

图 7 - 7 给出了完整的直接序列扩频调制发射与接收原理框图,下面结合该图详细说明直接序列扩频信号的产生与接收。

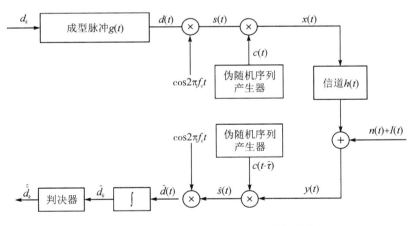

图 7 - 7 直接序列扩频信号的发射与接收

直接序列扩频调制通过将常规调制方法输出的已调信号 $s(t)$ 与连续扩频序列信号 $c(t)$ 相乘完成频谱扩展,其中 $c(t)$ 的定义如(7 - 5)式所示,假设常规调制方法采用 BPSK 调制,载波频率为 f_c,则 BPSK 已调信号 $s(t)$ 可表示为

$$s(t) = d(t)\cos(2\pi f_c t) \qquad (7-9)$$

其中 $d(t)$ 为脉冲成形后的基带信号,可表示为

$$d(t) = \sum_{k=-\infty}^{+\infty} d_k g(t - kT_s) \qquad (7-10)$$

其中 d_k 为待传数据符号,可能的取值为 ± 1,T_s 为符号周期,$g(t)$ 为成形脉冲,通常采用矩形脉冲,则 $s(t)$ 的主瓣带宽为 $2R_s = 2/T_s$。用扩频序列 $c(t)$ 对 $s(t)$ 进行直接序列扩频,

得到的扩频输出信号为

$$x(t) = c(t)d(t)\cos(2\pi f_c t) \tag{7-11}$$

定义 $M = T_s/T_c$ 为扩频因子，也就是说，每个符号都包含 M 个码片。由于 $T_c \ll T_s$，因此码片速率 $R_c = 1/T_c$ 远高于符号速率 $R_s = 1/T_s$，从而扩频后的信号 $x(t)$ 占用的带宽远大于 BPSK 已调信号带宽，若码片序列也采用矩形脉冲，则 $x(t)$ 的主瓣带宽为 $W_{ss} = 2R_c = 2/T_c$，与 BPSK 已调信号相比，扩频信号带宽正好扩大为 M 倍，即

$$\frac{W_{ss}}{2R_s} = \frac{2/T_c}{2/T_s} = \frac{T_s}{T_c} = M \tag{7-12}$$

在后续讨论中，我们均假设扩频因子 $M = L$，即每个数据符号都使用长度为 L 的完整扩频序列进行频谱扩展，很多扩频通信系统都满足这个假设。对于 $M < L$ 情况下的扩频技术，这种技术也称为非周期扩频，本书不做讨论，有兴趣的读者可以进一步查阅相关文献。

工程上通常先将 $d(t)$ 与 $c(t)$ 相乘完成扩频，再与载波 $\cos(2\pi f_c t)$ 相乘完成上变频，其结果仍然是 (7-11) 式。这样做的好处对于数字信号来讲是显而易见的，基带信号 $d(t)$ 相对于 BPSK 已调信号 $s(t)$ 具有更低的采样速率，因此更容易实时处理。

扩频信号 $x(t)$ 经过冲激响应为 $h(t)$ 的信道，还会受到噪声 $n(t)$ 和窄带干扰信号 $I(t)$ 的影响，假设 $n(t)$ 和 $I(t)$ 都是加性的，则接收信号可表示为

$$y(t) = x(t) * h(t) + n(t) + I(t) \tag{7-13}$$

下面结合图 7-7 讨论接收处理流程，首先对接收信号 $y(t)$ 进行解扩，具体来说，使用本地产生的扩频序列 $c(t - \hat{\tau})$ 与接收信号 $y(t)$ 相乘，$c(t - \hat{\tau})$ 与发射端采用的 $c(t)$ 的区别仅仅在于延时 $\hat{\tau}$，$\hat{\tau}$ 为信道时延的估计值。则解扩后的信号为

$$\hat{s}(t) = c(t - \hat{\tau})y(t) = c(t - \hat{\tau})[x(t) * h(t)] + c(t - \hat{\tau})n(t) + c(t - \hat{\tau})I(t) \tag{7-14}$$

将 (7-11) 式代入 (7-14) 式可得：

$$\hat{s}(t) = c(t - \hat{\tau})[c(t)d(t)\cos(2\pi f_c t) * h(t)] + c(t - \hat{\tau})n(t) + c(t - \hat{\tau})I(t) \tag{7-15}$$

为了简化问题，假设 $h(t) = \delta(t - \tau)$，其中 τ 为信道时延，忽略噪声和干扰，且令 $\hat{\tau} = \tau + \Delta\tau$，则 (7-15) 式可以简化为

$$\hat{s}(t) = c(t - \tau - \Delta\tau)c(t - \tau)d(t - \tau)\cos(2\pi f_c(t - \tau)) \tag{7-16}$$

解扩的目的是消除扩频信号对 BPSK 已调信号的影响，从 (7-16) 式中恢复出 $s(t)$。考虑到 $c(t)$ 的取值只可能为 ± 1，故当 $\Delta\tau = 0$ 时有 $c(t - \tau - \Delta\tau)c(t - \tau) = 1$，将此结果代入 (7-16) 式可得：

$$\hat{s}(t) = d(t - \tau)\cos(2\pi f_c(t - \tau)) = s(t - \tau) \tag{7-17}$$

(7-17) 式说明当 $\Delta\tau = 0$，即准确估计信道时延的条件下，可以从接收信号中完全消除扩频序列的影响，恢复出 BPSK 已调信号 $s(t)$，从而实现正确的解扩。进而使用 BPSK 相干解调即可恢复发送的符号。

如果 $\Delta\tau \neq 0$ 又会怎样呢？由图 7-7 可以看出接收机首先使用 $c(t - \hat{\tau})$ 对接收信号进行解扩得到 $\hat{s}(t)$，进而将 $\hat{s}(t)$ 与本地载波相乘完成下变频得到 $\hat{d}(t)$，最后将 $\hat{d}(t)$ 在一个符号周期内进行积分得到解调符号 $\hat{d}_k$ 用于后续判决。依据以上过程，为不失一般性，令信道时延 $\tau = 0$，则 $\hat{d}_k$ 可表示为

$$\hat{d}_k = \frac{1}{T_s} \int_{kT_s}^{(k+1)T_s} c(t - \Delta\tau) c(t) d(t) \cos^2(2\pi f_c(t)) \, dt$$

$$= \frac{1}{2} d_k \frac{1}{T_s} \int_{kT_s}^{kT_s + MT_c} c(t - \Delta\tau) c(t) dt \qquad (7-18)$$

$$= \frac{1}{2} R(\Delta\tau) d_k$$

其中第二个等号忽略了二倍频的高频分量的影响，因为高频分量可以通过滤波器滤除。若扩频序列 $c(t)$ 具有理想的自相关特性，即 $R(\tau) = \delta(\tau)$，则可知当 $\Delta\tau \neq 0$ 时，$R(\Delta\tau) = 0$，无法正确解调，解调结果为零；当 $\Delta\tau = 0$ 时，$R(\Delta\tau) = 1$，(7-18)式即为发送符号，从而实现了正确的解扩与解调。如果采用的扩频序列为 m 序列，具有(7-8)式所示的自相关特性，可以分三种情况进行讨论：

（1）当 $\Delta\tau = 0$ 时，$R(\Delta\tau) = 1$，则解调符号 $\hat{d}_k = d_k$，可实现正确解扩并完成后续解调；

（2）当 $|\Delta\tau| \geqslant T_c$ 时，$R(\Delta\tau) = -1/M$，则 $\hat{d}_k = -d_k/M$，无法实现正确的解扩，最终解调后符号的幅度仅仅是 $\Delta\tau = 0$ 情况的 $1/M$；

（3）当 $|\Delta\tau| < T_c$ 时，随 $\Delta\tau$ 绝对值的增加，$R(\Delta\tau)$ 逐渐从 1 线性降低到 $-1/M$，最终解调后符号幅度介于前两种情况之间。

在采用 m 序列作为扩频序列的情况下，如果接收端能够精确估计信道时延，就能获得最优的解扩和解调结果，随着时延估计误差的增大，造成的自相关损失逐渐增加，当时延估计误差超过一个码片周期，自相关损失稳定在某个常数，且扩频因子 M 越大，得到的 $\hat{d}_k$ 幅度就越小，从而图 7-7 中判决器的输入信噪比就越小，误码率就越高。也就是说，为了保证解调性能，接收端必须尽可能准确估计信道时延，实现扩频码的同步。7.3.3 小节将对扩频码同步进行详细的说明。

基于以上分析，可以看出 DSSS 对多径具有抑制作用。若接收信号中包含有多个路径的信号，扩频接收机只需要对其中具有最大能量的路径（称为主路径）进行时延估计并对此路径的信号进行解扩。其它传播路径相对主路径都具有不同的延时，可看作是相对主路径的时延估计误差，只要相对延时超过一个码片周期，则相应传播路径上接收信号的解扩结果在幅度上有 $1/M$ 的抑制。通常 DSSS 系统具有较大的扩频因子 M，故主路径之外的其他多径信号对主路径的干扰足够低。实际上，直接序列扩频不仅可以实现对多径信号的抑制，更可以通过分离多径信号再进行合并实现对多径信号的有效利用，7.3.5 小节将更加详细地分析这一点。

正确解扩和解调的前提是接收端使用的扩频序列必须与发送端使用的扩频序列相同。如果收发两端使用的扩频序列不同，则这两个扩频序列之间难以保证尖锐的自相关特性，因此也无法实现正确的解扩。通过选取合适的多个扩频序列，并利用其相互之间较弱的相关特性，可以实现多个用户在相同的载频下同时进行通信的功能，也即直接序列扩频多址，也称为码分多址（Code Division Multiple Access，CDMA），对其更详细的介绍在 7.3.6 小节给出。

最后，在实际的通信系统中，总是存在噪声或干扰的影响，因此需要对解调后得到的估计值 $\hat{d}_k$ 进行判决以得到最终的估计结果 $\hat{\hat{d}}_k$。判决过程如下：

$$\hat{\hat{d}}_k = \begin{cases} 1, & \hat{d}_k \geqslant 0 \\ -1, & \hat{d}_k < 0 \end{cases} \qquad (7-19)$$

结合图 7 - 7，DSSS/BPSK 在扩频与解扩流程中各个阶段的信号可以用图 7 - 8 进行简单的示意，图中假设信道响应为单位冲激响应且没有考虑噪声和干扰的影响，数据符号周期 T_s 为码片周期 T_c 的 3 倍，也即扩频因子 $M = 3$，发送功率为 P。图 7 - 8 中假设信道时延为 $T_c/2$，即接收到的扩频信号 $y(t)$ 相对于发送的扩频信号 $x(t)$ 有 $T_c/2$ 的时延，若接收端能够获得正确的同步，即 $\hat{\tau} = \tau = T_c/2$，则能够实现正确解扩，恢复出发端的已调信号估计信号 $\hat{s}(t)$，并进行后续的解调过程。

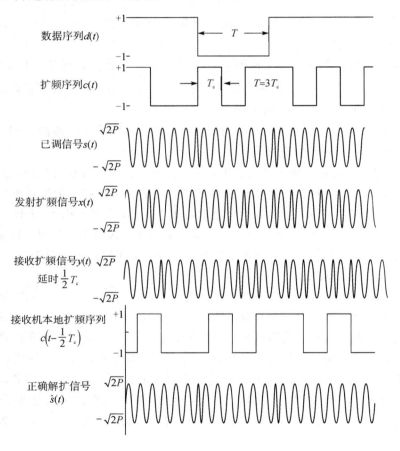

图 7 - 8　扩频与解扩过程中的时域信号波形

与图 7 - 8 对应的频域情况如图 7 - 9 所示，容易证明扩频前后信号的功率是保持不变的。可以看出扩频前的 BPSK 已调信号带宽较窄，带宽为 $2/T_s$；对应的归一化后的功率谱密度为 1.5。扩频之后得到的 DSSS/BPSK 信号带宽被扩展了 3 倍，即 $2/T_c = 6/T_s$。相应地，扩频信号的功率谱密度也降低为原来的 1/3。如果我们不断地增大扩频因子 M，则随着扩频信号带宽的不断增大，其功率谱密度也会随之进一步降低，直到扩频信号的功率谱密度降低到噪声功率谱密度之下。此时，我们已经无法从频谱上直接观察到发射的扩频信号，从而能够实现一定意义上的隐蔽通信，并降低信号的截获概率。扩频信号的一个重要的应用领域就是低截获概率通信。

解扩过程中，信号的频谱变化与图 7 - 9 刚好相反，解扩后的信号恢复了原来较窄的带宽，并且功率谱密度也相应提高，也就是说，即使扩频信号淹没在噪声之中，仍然可以通过解扩操作从噪声中将扩频信号提取出来。事实上，这正是扩频序列尖锐的自相关特性在频域上的体现。这个特点可以被用来对抗窄带干扰，在 7.3.4 小节将详细进行介绍。

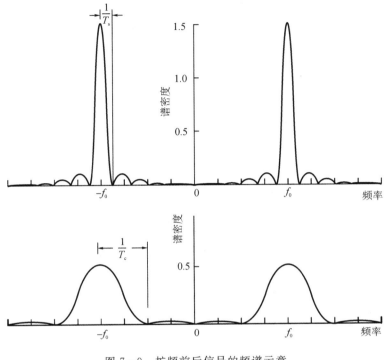

图 7 - 9　扩频前后信号的频谱示意

7.3.3　扩频序列同步

DSSS 信号接收机需要实现三项同步任务，即扩频序列同步、载波同步以及位定时同步，其中后两者与一般的非扩频通信系统中的同步类似，可以采用相同的原理实现。本节主要对扩频序列同步进行介绍。

扩频序列同步在很多文献中也被称为 PN 码同步或伪随机序列同步。由 7.3.2 小节分析可知，完成对信道时延 $\hat{\tau}$ 的准确估计即可实现扩频序列同步，具体过程可分为捕获和跟踪两个阶段。

捕获阶段主要确定是否收到有效的扩频信号并获取粗同步，粗同步的误差绝对值小于一个码片周期。由 (7 - 18) 式及扩频序列的自相关特性可知：当 $\hat{\tau} = \tau$ 时，自相关值取得最大值，从而能够得到幅度最大的相关输出；当 $\hat{\tau} \neq \tau$ 时，自相关值迅速衰减，特别是扩频因子 M 越大，这种衰减就越大，相关输出的信号远小于 $\hat{\tau} = \tau$ 时的相关输出。如果我们在接收端利用具有不同时延（也即不同的相位）的扩频序列分别与接收信号进行相关运算，这些扩频序列之间的时延差的调整步距为一个码片周期 T_c，则输出端具有最大能量时，即获得了扩频序列时延的粗同步估计，记为 $\hat{\tau}_0$。

在进行扩频序列粗同步捕获时可以串行实现也可以并行实现。串行捕获实现的电路结构如图 7 - 10 所示，图中积分清洗器对带通滤波器的输出在 MT_c 间隔内进行积分（即进行相关运算）。然后将积分值与预设的门限值进行比较，若积分值大于预设的门限值，则认为已获得扩频粗同步，然后停止捕获，进入跟踪状态；否则，将积分器清零（故称积分清洗），同时调整本地扩频序列的时钟使其提前或退后一个码片周期，然后重新进行捕获。并行捕获的实现电路如图 7 - 11 所示，需要 M 个相关器并行工作，只需要一个码片周期即可完成捕获。串行捕获方案电路简单，但捕获时间较长；并行捕获方案可以实现快速捕获，但电路复杂。

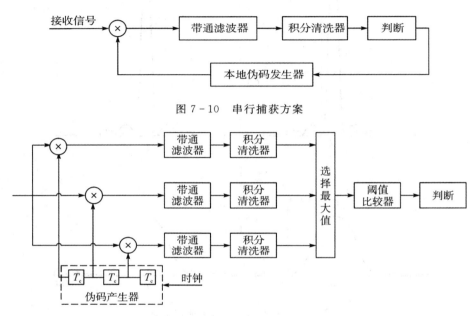

图 7 - 10　串行捕获方案

图 7 - 11　并行捕获方案

在数字扩频通信系统中，应用更加广泛的是基于滑动相关的捕获方案，其结构如图7 - 12 所示，它不但能实现扩频同步，同时还能在一定程度上实现位同步。接收信号与本地PN 码进行滑动相关，并搜索相关器输出的峰值，对峰值进行门限判决以确定当前接收序列与本地 PN 码相位是否同步，从而实现扩频序列的捕获。该方案与并行捕获的不同之处在于，并行捕获方案需要在本地生成多个不同相移的扩频序列，而在滑动相关方案中，本地只需要一个扩频序列，通过将接收信号依次滑动通过相关器，实现扩频序列搜索的功能。为了提高扩频序列捕获的精度，可以首先对接收信号过采样，然后再做滑动相关，注意参与相关运算的本地扩频序列也需要进行过采样，以保证本地序列的采样速率与接收信号的采样速率相等，同步的精度为过采样倍数的倒数。

当接收端完成扩频序列的捕获后，还需要进一步对粗同步得到的估计值 $\hat{\tau}_c$ 进行校正，以获得精确的同步，这个过程称为码同步跟踪。码同步跟踪主要有两种方法，一种是延迟锁相环（DLL）跟踪法，另一种是 τ -抖动环跟踪法（TDL）。下面以 DLL 为例说明同步跟踪原理，根据锁相环理论，要使相位锁定，必须要能检测和纠正相位误差。所以要实现对扩频序列的跟踪，关键是要能正确检测出本地序列和接收序列之间的相位误差，相应调节本地序列相位，从而达到跟踪的目的。

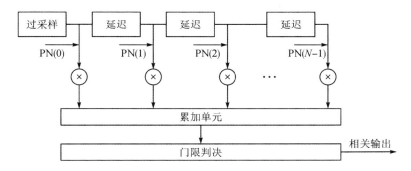

图 7 - 12　滑动相关捕获方案

　　延迟锁相跟踪环的结构如图 7 - 13 所示。它将接收的扩频信号分别与超前 1/2 码片和滞后 1/2 码片的两路本地 PN 码进行相关运算，经低通滤波后相减，输出的信号差就是环路的误差信号。误差信号通过压控振荡器调整本地时钟的频率，使本地扩频序列发生器的输出与接收到的扩频序列最终实现频率和相位的一致。图 7 - 13 中，PN_+ 和 PN_- 分别表示超前和滞后 1/2 码片的扩频序列；超前、滞后两个支路的低通滤波器的输出分别为超前累积量 P_E 和滞后累积量 P_L；两者相减产生误差控制信号 $\varepsilon = P_E - P_L$。整个环路的工作原理与锁相环类似，这里不再赘述。

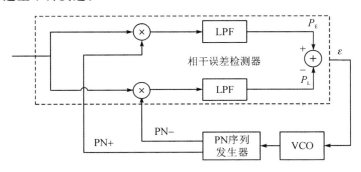

图 7 - 13　延迟锁相跟踪环

7.3.4　抗干扰原理

　　直接序列扩频在军事应用中的一个突出优势是其具有抗窄带干扰的能力。这里的窄带干扰是指干扰信号的带宽与直扩信号的带宽相比更窄，通常可以假定窄带干扰信号的带宽与扩频前的基带信号带宽在同一个数量级。当扩频系统和窄带系统工作在相同频率范围时，扩频系统将主要受这种窄带干扰的影响。

　　图 7 - 14 从频域角度形象地说明了扩频信号的抗干扰原理。理解图 7 - 14 的关键在于，我们需要认识到发射端的扩频和接收端的解扩虽然名称不同，但是其执行的操作是相同的，即将信号与本地的扩频序列进行相乘。接收信号中包含了有用扩频信号和窄带干扰信号，接收端的解扩处理将使有用扩频信号恢复到带宽较窄的 BPSK 已调信号的带宽上，但是对窄带干扰信号来说，则相当于对其进行了扩频处理，从而将干扰信号的带宽扩展为原来的 M 倍，功率谱密度降低为原来的 1/M，将扩展后的干扰信号通过 BPSK 解调器时，积分器或者等效的窄带滤波器将会滤除大部分位于 BPSK 已调信号带宽之外的干扰信号能

量，干扰功率大约减小为原来的 $1/M$，也就是说窄带干扰信号得到了大幅抑制，且扩频因子 M 越大，干扰抑制的能力就越强。

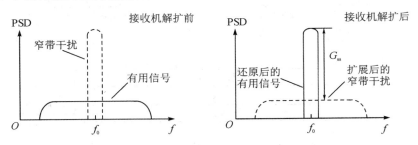

图 7 - 14　解扩前后信号与干扰的关系

仅考虑主瓣带宽，可认为 BPSK 已调信号带宽为 $2R_b$，令扩频后信号带宽为 W_{ss}，接收扩频信号的功率为 S，干扰信号的功率为 J，则带宽 W_{ss} 内的接收信干比为 S/J，假定已经获得扩频序列同步，可以正确解扩，则经过解扩相关运算后，信号功率仍为 S，而对干扰信号的解扩运算等效于扩频运算，从而干扰信号的功率谱密度降低为 J/W_{ss}，经带宽为 $2R_b$ 的滤波器后，干扰功率为 $J' = 2R_b \cdot J/W_{ss}$，因此解扩后的信干比为

$$\frac{S}{J'} = \frac{S}{2R_b \cdot J/W_{ss}} = \frac{S}{J} \cdot \frac{W_{ss}}{2R_b} = \frac{S}{J} \cdot M$$

对于 DSSS 来说有 $W_{ss} \gg R_b$，因此上式表明，解扩操作能够大幅改善接收信干比，即具有扩频处理增益 $G_{ss} = M$，正好等于扩频因子。扩频处理增益的概念对任何一种扩频通信方式都是成立的，不仅限于直接序列扩频。

7.3.5　抗衰落与 RAKE 接收

前面几小节的分析都假设为高斯白噪声信道，若信道为多径衰落信道，则(7 - 13)式中的信道冲激响应可表示为

$$h(t) = \sum_{u=0}^{U-1} h_u \delta(t - uT_c) \tag{7 - 20}$$

其中 U 为信道冲激响应的长度。这里假设信道响应为因果关系的。$\{h_u, 0 \leqslant u \leqslant U-1\}$ 为信道在时延 uT_c 处的响应，将(7 - 20)式代入(7 - 13)式可得

$$y(t) = \sum_{u=0}^{U-1} h_u x(t - uT_c) + n(t) + I(t) \tag{7 - 21}$$

此时，可以在接收端设置 U 个相关器用于解扩，这 U 个相关器采用相同扩频序列的不同循环移位序列，即第 u 个相关器采用的扩频序列为 $c(t - uT_c)$。为了分析方便，忽略(7 - 21)式中的噪声项和干扰项，结合(7 - 18)式，针对第 k 个符号，第 u 个相关器的输出为

$$\hat{d}_{u,k} = \frac{1}{T_s} \int_{kT_s + uT_c}^{(k+1)T_s + uT_c} c(t - uT_c) y(t) \mathrm{d}t = \frac{1}{T_s} \int_{kT_s}^{(k+1)T_s} c(t) \sum_{v=0}^{U-1} h_v x(t + uT_c - vT_c) \mathrm{d}t$$

$$= \frac{1}{T_s} \int_{kT_s}^{(k+1)T_s} h_u c(t) x(t) \mathrm{d}t + \frac{1}{T_s} \sum_{v=0, v \neq u}^{U-1} h_v \int_{kT_s}^{(k+1)T_s} c(t) x(t + (u-v)T_c) \mathrm{d}t$$

$$\approx \frac{1}{2} R(0) h_u d_k + P_{u,k} \tag{7 - 22}$$

其中 $P_{u,k}$ 是除时延 uT_c 之外的其他多径对第 u 个相关器的影响，由于积分区间是基于第 u 个相关器的符号定时的，因此对其它延时的多径信号的积分不是在一个完整的符号周期进行的，故只能近似地给出其表达式：

$$P_{u,k} \approx \sum_{v=0, v\neq u}^{U-1} h_v R(|u-v|T_c) d_k \qquad (7-23)$$

若扩频序列具有理想的自相关特性，则对所有的 $j\neq i$ 都有 $R(|u-v|T_c)=0$，即 $P_{u,k}\approx 0$，从而有

$$\hat{d}_{u,k} \approx \frac{1}{2} R(0) h_u d_k \qquad (7-24)$$

可以看出，第 u 个相关器的输出可以看做对应于时延 uT_c 处多径信号的解扩和解调结果。即使采用的扩频序列不具有理想的自相关特性，其自相关函数在时延差不为零处的相关值相对于 $R(0)$ 也有较大衰减，对 m 序列来说，当时延差大于一个码片周期时，该衰减值为 $1/M$，从而当扩频因子 M 较大时可以忽略其他多径信号的影响。

DSSS 使用了比符号周期小得多的码片周期，同样的多径传播环境中，码片间干扰肯定比符号间干扰严重得多，这直觉上加剧了 DSSS 信号经历的频率选择性衰落，但是上述分析表明，通过扩频序列优良的自相关特性，接收机可以提取特定时延传播路径上到达的接收信号，与该路径相对时延超过码片周期的多径接收信号都得到了较大的抑制，从而有效地降低了码间干扰或者频率选择性衰落的影响，因此 DSSS 具有抵抗多径衰落的能力。从频域上看，相对于 BPSK 已调信号来说，扩频信号的带宽大大增加，相当于将 BPSK 已调信号带宽上携带的信息分摊到更大的带宽上，不同频率分量将可能受到不同的频率选择性衰落，也就是说在频率域上，独立衰落的多样性大大增加了。第 5 章已经指出，多样性就意味着分集的可能性，因此就有可能利用这种多样性来获取增益。从这个意义上看，DSSS 能够提供频率分集的效果，利用这个效果来改善接收信号的技术就是 RAKE 接收机。

RAKE 接收机的结构如图 7-15 所示，通过前述的 U 个相关器，能够提取出对应多径时延处的多径信号，从而实现对多径信号的分离。分离出的 U 个多径信号对应于同一个发送信号，但是经历了不同的传播路径和独立的衰落，因此可以将其看作是多个分集支路的信号，进而采用第 5 章给出的各种合并算法进行合并，就可以提升解调性能。为了强调这种多径分离的效果，有的文献也将其称为多径分集。图 7-15 中，各个相关器的输出乘以加权因子 $\{\alpha_u = a_u \mathrm{e}^{-j\hat{\theta}_u}, 0\leqslant u\leqslant U-1\}$ 后进行同相累加，然后对合并信号 $\hat{s}_\Sigma(t)$ 进行解调得到判决信号 $\hat{d}_k$。这里的加权因子可以基于选择合并、等增益合并或最大比合并等算法得到。此外，实际信道中往往并不是在每一个相关器处都能够得到有效的解调信号，因为在此处可能并没有有效的多径信号到达，其响应 $h_u=0$。基于此，在 RAKE 接收机之前需要对多径信号在不同时延上的分布进行准确的估计，并在相应的时延位置处设置对应的相关器，这样既可以降低复杂度又可以保证解调性能。

通过上述分析可以看出，RAKE 接收设置了 U 个相关器用于对 U 个不同时延的多径分量进行分离，其时延间隔大于一个码片周期 T_c，因此 RAKE 接收机可分离的多径的最小时延差即为一个码片周期 T_c。此外，本地最多可设置 M 个相关器，因此当 $U>M$ 时，多径时延大于 MT_c 的多径信号会进入相邻符号，导致其相关结果与相邻符号的相关结果出现混叠，从而无法实现对所有多径信号的有效分离。

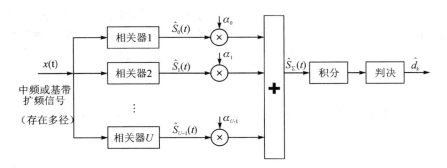

图 7 - 15　RAKE 接收机结构

7.3.6　码分多址

　　基于直接序列扩频还可以实现多址，即码分多址（Code Division Multiple Access，CDMA）。CDMA 利用一组特定的扩频序列分别对不同的用户信息进行扩频，并且允许不同用户的信息叠加在一起同时传输，占用相同的工作带宽，在接收端利用不同扩频序列之间较小的互相关特性对用户进行区分，从而达到多址的目的。这样的一组扩频序列称为扩频序列族，理想的扩频序列族除了要求各个序列具有理想的自相关特性外，还要求各个序列之间的互相关为零，也即扩频序列之间是正交的。兼具理想的自相关特性和理想的互相关特性的扩频序列族并不好找，而且往往会"顾此失彼"。但是，在进行多址应用时，我们更看重的是互相关特性。在实际的 CDMA 系统中使用的扩频序列族往往不具有理想的互相关特性，即不是正交序列，更多的扩频序列族是准正交的，其互相关系数不等于 0 但是接近于 0。

　　虽然对每个用户来讲扩频信号都占用了很大的带宽，但是由于使用不同扩频序列调制的信号可以占用相同的带宽，并且仍然能够在接收端被分离出来，因此在多用户使用的情况下，CDMA 技术具有较高的频谱效率。实际上，第 10 章指出，使用准正交扩频序列的CDMA 系统可以支持较多的用户同时通信，但是用户之间会产生互相干扰，尽管可以共享信道的用户总数没有硬性限制，但是如果太多用户同时访问该信道，则所有用户的性能都会降低。

　　对于多用户工作的 CDMA 系统，假设有 K 个用户同时通信，接收机希望从中分离出用户 k 的信息，则这个用户 k 的有用信号将受到其他 $K-1$ 个用户扩频信号的干扰，在接收端使用用户 k 的扩频码对接收信号执行相关操作，将其他每个用户 $i(i \neq k)$ 对用户 k 的干扰记为 $I_{i,k}$，则总的干扰为

$$I_i = \sum_{i=1, \, i \neq k}^{K} I_{i,k} \tag{7-25}$$

　　根据中心极限定理，这 $K-1$ 个干扰的总和将趋向于高斯分布，因此可以将总干扰 I_i 用一个高斯随机变量近似表示，从而可以得到 CDMA 系统的误符号率约为

$$P_e \approx Q\left(\sqrt{\dfrac{1}{\dfrac{K-1}{3M} + \dfrac{N_0}{2E_b}}}\right) \tag{7-26}$$

其中 E_b/N_0 为比特信噪比。对于单个用户（$K=1$）的情况，(7-26)式简化为 BPSK 相干解

调的误符号率表达式。对于不考虑噪声项 n_i 的干扰受限情况，E_b/N_0 趋向于无穷，则 (7-26)式可简化为

$$P_e = Q\left(\sqrt{\frac{3M}{K-1}}\right) \tag{7-27}$$

在(7-27)式中，如果增加用户数量，则误符号率 P_e 将增大，反之如果减少用户数量，则误符号率将会降低。由此，CDMA 系统可以通过降低对服务质量 P_e 的要求来增加总的容纳用户数量，这就是 CDMA 特有的"软容量"特性。第 10 章将会对 CDMA 系统容量进行更加深入的讨论。

7.4 跳 频 扩 频

跳频扩频(Frequency Hopping Spread Spectrum，FHSS)是指发射信号的带宽不变，但发射的载波频率受伪随机序列的控制，在远大于信号带宽的频带内，按一定规律随机跳变的技术。跳频技术最早应用于军事通信中，是一种有效的保密通信手段，并具有良好的抗窄带干扰能力。在民用领域，跳频通信也被应用在蓝牙、GSM 等通信系统中。

7.4.1 跳频原理

首先说明 FHSS 的基本工作原理，在发射端首先采用某种数字调制映射得到基带信号，同时利用跳频序列控制频率合成器，在不同的时隙内产生频率跳变的载波信号，再用跳变的载波信号对基带信号进行上变频。在接收端，本地跳频序列控制频率合成器，使本振信号频率与发送方具有相同的跳变规律。利用跳变的本振信号对接收到的跳频信号进行下变频，获得解跳后的基带信号，进而经数字解调恢复发送数据。

图 7-16 给出了 FHSS 收发信机的结构框图，其中跳频同步模块的作用是实现本地跳频序列与接收信号中跳频序列之间的同步，从而保证收发两端的频率跳变是同步的。跳频同步是跳频通信的一项关键技术，将在 7.4.2 小节中做进一步说明。

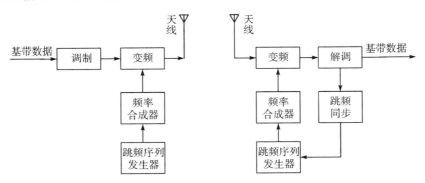

图 7-16 跳频扩频通信系统原理图

FHSS 中频率的跳变规律由跳频序列决定，跳频序列决定了跳频通信系统的保密性能，在跳频通信中具有重要的作用，具体内容将在 7.4.4 小节中进行说明。跳频信号在每个载频上的持续发射时间，称为跳频周期或跳频驻留时间，记做 T_h；跳频周期的倒数为跳频速率，表示跳频信号每秒钟载频跳变的次数，记作 $v_h = 1/T_h$，单位为 hops/s。依据跳频周期

T_h 与符号周期 T_s 之间的相对大小，可以将跳频技术分为快跳频和慢跳频两种。对于 $T_h < T_s$ 的快跳频系统，通常有 $T_s = NT_h$，即在每个符号传输期间会经历 N 次频率跳变；而对于 $T_h > T_s$ 的慢跳频系统，在每个符号周期内载频会保持不变，一般有 $T_h = NT_s$，即在每个频率的驻留时间上能够传输 N 个符号，这样的 N 个数据符号构成了一跳数据。

快跳频在每个符号周期内都会发生多次载频的变化，显然只要相邻两次跳频的载频间隔大于信道的相干带宽，就是一种频率分集，接收机就能够更好地利用频率分集改善符号的传输效果，但同时也给接收端跳频同步带来了极大的困难。慢跳频中，载波频率的跳变具有一定的频率分集的效果（这种具有分集效果但又不是真正分集的现象，常称为隐分集），实际的跳频通信系统多为慢跳频系统，而对保密性和抗干扰性要求很高的系统才会采用快跳频。与非跳频的窄带通信方式相比，跳频扩频技术具有如下主要特点：

（1）抗干扰能力强。在电子战中，跳频扩频是一种抗干扰能力较强的无线电通信技术，能有效对抗定频干扰，也具有固有的抵抗窄带干扰的能力；只要跳变的频隙数目足够多，跳变范围足够宽，就能较好地抵抗宽频带阻塞式干扰；只要跳变速率足够高，就能有效地躲避频率跟踪式干扰。注意在抗窄带干扰方面，DSSS 技术的做法是在所有时刻都降低干扰的功率谱密度，降低的程度为扩频因子；而 FHSS 的做法则仅在正好跳到干扰频率时受到满功率的干扰，其他时刻不受干扰，平均干扰时间在通信总时间中的占比为跳频序列长度的倒数。

（2）具有多址组网能力。利用跳频序列的正交性，可构成跳频多址系统，共享频谱资源。多个用户可以同时在相同的频率范围内进行跳频通信，只要它们的跳频图案（跳频变换的规律）相互正交（或者准正交）即可。

（3）具有一定的抗衰落能力。载波频率的快速跳变，具有频率隐分集的作用，只要频率跳变间隔大于衰落信道的相干带宽，并且跳频驻留时间（时隙宽度）又很短的话，系统就不会长时间工作在深度衰落的频道上，因此跳频通信系统具有一定的抗衰落能力。

（4）易于与窄带通信系统兼容。从宏观看，跳频通信系统是一种宽带系统，从微观看，它又是一种瞬时窄带系统；跳频通信系统可以使用固定频率工作，因此，能与普通电台互通信息；普通电台加装抗干扰的跳频模块，也可以变成跳频电台。此外，在通信过程中，定频电台和跳频电台也可以同时工作在一个通信网内。

（5）具有一定的保密能力。载波频率快速跳变，使得敌方难以截获信息；即使部分载波频率被截获，由于跳频序列的伪随机性，敌方也无法预测跳频电台将要跳变到哪一频率。

7.4.2　跳频同步

为了实现跳频电台之间的正常通信，收发双方电台必须在同一时间跳变到同一频率上。由于频率跳变具有伪随机性，存在着频率和时间的不确定性。时间的不确定性可以通过收发双方达成跳速和跳频起止时刻的一致来消除，当然对于数字跳频系统还要实现位定时同步。频率的不确定性则要通过收发双方达成跳频序列和跳频图案的一致以及载波同步过程来消除。跳频同步的过程实际上就是逐步消除这些不确定性的过程。由于这里的位定时同步和载波同步与一般的窄带通信系统的原理相同，因此后续的跳频同步仅指跳频序列的同步。

1. 对跳频同步的要求

跳频同步的性能不仅关系到跳频通信系统的性能，而且直接关系到跳频通信系统是否能够正常工作，因此对跳频同步有以下一些要求：

（1）跳频同步建立的时间要快；

（2）跳频同步系统自身要有较强的抗干扰能力；

（3）跳频同步信号要有较强的隐蔽性和反侦察能力。

2. 跳频同步方法

实现跳频同步的方法主要有同步字头法、参考时钟法及自同步法三种，以下简要说明。

（1）同步字头法。在建立通信前首先传送携有同步信息的数据帧，利用收到的同步信息来实现同步。若跳频序列周期很长，采用其它方法会使同步时间过长时，此方法为一种较好的解决办法。设跳频通信系统的频点数为 N，取其中的 $m(1<m<N)$ 个频率用于传输同步字头信息，如接收端采用滑动相关捕获法，则其搜索时间为搜索整个频率集时间的 m/N，m 越小，则搜索时间越短。同步字头法具有同步搜索快、容易实现、同步可靠等特点，在实际中获得了广泛的应用。但是这种方法的主要缺点是，一旦同步字头受到干扰，整个系统将无法工作。在使用这种方法时，应设法提高同步字头的抗干扰性与隐蔽性。

（2）参考时钟法。这种方法用高精度的时钟实时控制收发双方的跳频图案，即实时控制收发双方频率合成器的频率跳变。由于产生频率跳变的方法是相同的，唯一不知道的是时间。若收发双方都保持时间一致，且通信距离已知，则可保证跳频图案的同步。这种方法减少了收发双方跳频序列相位的不确定性，同步快、准确、保密性好，缺点是难以产生并播发高精度的时钟信号。目前的各种全球定位系统的时钟能够满足该要求，其对所有的定位用户一致，且时间精度非常高，因此用全球定位系统生成定时信息来实现跳频同步是一种很好的同步方法。这种方法的缺点在于，整个跳频通信系统的正常工作决定于全球定位系统发送的定时信号，一旦定时信号被干扰，则系统就无法正常工作，因此对于军事通信来说，这种方法目前还应用得较少。

（3）自同步法。这种方法可直接从接收到的跳频信号中自动提取同步信息，不需同步头，可节省功率，且有较强的抗干扰能力和组网灵活的优点。但其同步时间较长，因而主要用于对同步时间要求不太高的系统。

7.4.3　跳频多址

跳频扩频也可实现多址，不同的用户采用相互正交（或准正交）的跳频序列来进行跳频，这些用户可以同时工作在相同的频带内，而不会产生相互干扰，或者相互之间的干扰能够被控制在一定的程度之内。关于跳频多址的原理可以用图 7-17 来说明，其中黑色块表示用户 1 的载频跳变规律，灰色块表示用户 2 的载频跳变规律，横坐标表示时隙号，纵坐标表示载频号。可以看出，虽然从宏观来看，两个用户共用了整个 11 个跳频时隙与 11 个载频构成二维时频资源，但在每个跳频时隙内，两个用户不会工作于相同的窄带频点上，因此两者之间不会产生干扰。基于同样的考虑，我们还可以在这个二维时频块内再进一步增加用户数，只要保证这些用户不会在同一个跳频时隙工作于同一个载频即可。

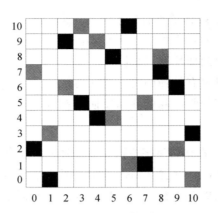

图 7 - 17　两个用户的跳频多址示意

在实际的跳频通信系统中，往往会发生两个用户在同一个跳频时隙工作于相同载频上的情况，把这种情况称为频隙碰撞，或简称为碰撞。频隙碰撞在实际的跳频通信系统中是难以避免的，系统设计时只需要保证由频隙碰撞导致的干扰在系统能够承受的水平之内即可，这种类型的干扰也属于多址干扰。日常生活中广泛使用的蓝牙就是通过跳频多址实现多用户同时通信的。

7.4.4　跳频序列

控制载频跳变规律的伪随机序列称为跳频序列。跳频序列编码与跳频通信体制的研究同时开始于 20 世纪 60 年代中期，迄今已有近 60 年的历史。在跳频序列控制下，载波频率跳变的规律称为跳频图样或跳频图案。跳频图案有两种表示方法：一种是时频矩阵表示法，如图 7 - 17 所示，这种方法形象直观，通常在表述跳频通信原理或阐述概念时使用；另一种是序列表示法，用符号或数字表示，通常在研究时使用，图 7 - 17 黑色块所对应的序列可表示为{2, 0, 9, 5, 4, 8, 10, 1, 7, 6, 3}。

在跳频多址系统中，对跳频序列族的要求与一般的用于直扩系统的伪随机序列族的要求是不同的。相对于序列之间的周期自相关函数，跳频通信系统的设计者更关心的是两个序列之间是否会发生碰撞（指两个发射用户的跳频序列同时跳变到相同的频率上）以及碰撞的次数或概率有多少，这个指标可以用汉明相关来衡量。设跳频通信系统有 q 个频隙可供跳频，形成频隙集合 $\mathbb{A} = \{f_0, f_1, \cdots, f_{q-1}\}$，长度为 L 的某个跳频序列可表示为

$$\mathcal{S}_v = \{s_v(0), s_v(1), \cdots, s_v(j), \cdots, s_v(L-1)\}, s_v(j) \in \mathbb{A} \qquad (7-28)$$

设跳频多址系统里共有 N 个用户，每个用户采用彼此不同的跳频序列，将 N 个用户使用的跳频序列集合记为

$$\mathbb{S} = \{\mathcal{S}_u \mid 0 \leqslant u < N\} \qquad (7-29)$$

频隙集合 $\mathbb{A}$ 上长度为 L 的两个跳频序列 $\mathcal{S}_u$ 和 $\mathcal{S}_v$，$\mathcal{S}_u$、$\mathcal{S}_v \in \mathbb{S}$，在相对时延为 τ 的条件下的周期汉明相关定义为

$$H_{uv}(\tau) = \sum_{j=0}^{L-1} h\left[s_u(j), s_v(\mathrm{mod}(j+\tau, L))\right], 0 \leqslant \tau \leqslant L-1 \qquad (7-30)$$

其中

$$h[x, y] = \begin{cases} 1, & x = y \\ 0, & x \neq y \end{cases} \tag{7-31}$$

由上述定义，$H_{uv}(\tau)$ 表示两个跳频序列 $\mathcal{S}_u$ 和 $\mathcal{S}_v$ 在相对时延为 τ 时，在一个序列周期里发生频隙碰撞的次数，也即两个序列的正交性。显然，$H_{uv}(\tau)$ 越小，两个跳频序列之间的碰撞次数就越小，两个用户之间的相互干扰也就越小。

经典的跳频序列构造算法大都是在有限域的理论基础之上使用移位寄存器来产生伪随机序列，例如 7.2.3 小节中介绍的 L-G 模型。这些算法由于有着比较满意的数学工具——有限域理论，因此研究得比较充分，关于跳频序列性能的研究也大都是基于这些方法的。近年来，随着对跳频通信保密性能要求的提高，又提出了一些长周期的、具有较大复杂度的跳频序列生成方法，并在实际中获得了广泛的应用。这其中最具代表性的就是混沌跳频序列和基于分组加密算法的跳频序列，但对这两种算法的性能研究却无法借助有效的数学工具，而只能用统计的方法测试其性能。

7.5 跳 时 扩 频

跳时扩频也称为跳时脉冲无线电，其基本思想是把长度为 T_s 的数据符号通过持续时间为 $T_c \ll T_s$ 的一段脉冲序列发送出去，发射机以持续时间为 T_s 的帧为单位，并在每帧内发送一个与数据符号对应的脉冲，脉冲在一帧时间内的具体位置由伪随机序列确定。控制脉冲位置的伪随机序列称为跳时序列。一个跳时扩频信号的实例如图 7-18 所示。

图 7-18 跳时扩频信号实例

与符号周期 T_s 相比，由于跳时信号采用比 T_s 窄得多的时隙发送信号，相对于非跳时信号说来，信号的频谱也就展宽了。图 7-19 是跳时系统的原理框图。在发送端，输入的数据先存储起来，由伪码发生器产生的跳时序列去控制通-断开关，经基带调制和射频调制后发射。在接收端，当接收机的伪码发生器与发端同步时，所需信号就能每次按时通过开关

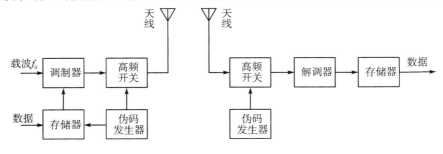

图 7-19 跳时扩频原理框图

进入解调器。解调后的数据首先经过一个缓冲存储器,以便恢复原来的传输速率,不间断地传输数据,提供给用户均匀的数据流。只要收发两端在时间上严格同步进行,就能正确地恢复原始数据。

跳时也可以看成是一种时分系统,所不同的地方在于它不是在一帧中固定分配一定位置的时片,而是由扩频码序列控制的按一定规律跳变位置的时片。跳时系统的处理增益等于一帧中所分的时片数。

跳时系统也可用于实现多址,但当同一信道中有许多跳时信号工作时,某一时隙可能有几个信号同时使用从而相互冲突。因此,跳时系统也和跳频系统一样,也需要设计具有较小的汉明互相关值的跳时序列族来构成跳时多址。

本 章 小 结

扩频调制是一大类技术的总称,具体包括直接序列扩频、跳频扩频、跳时扩频以及这些技术的不同组合。通过将信号的带宽进行扩展,可以获得抗干扰、抗多径以及多址应用等多方面的好处。实际上,扩频技术的应用远不止本章中给出的内容,其应用范围非常广泛。在以我国的北斗系统和美国的 GPS(Global Positioning System)为代表的全球导航卫星系统(Global Navigation Satellite System,GNSS)中,都是基于直接序列扩频信号实现距离的测量并用于定位解算的。在现代军用电台中,跳频技术是一项最为有效的抗干扰、抗截获的保密通信手段,从低频端的短波电台,到频率更高的超短波电台,直到工作在微波频段的联合战术分配系统(Joint Tactical Information Distribution System,JTIDS)都广泛采用了跳频技术来保证抗干扰、抗截获能力。关于这些内容,感兴趣的读者可以参考 GNSS 以及 JTIDS 相关的资料。

第 8 章 多 载 波 调 制

伴随人类社会经济和生活水平的大幅提高，必然出现无线宽带化、宽带无线化的用户需求。如果使用第 4 章讨论的调制技术来实现宽带无线通信系统的话，符号周期将非常小，信号会经历极为严重的频率选择性衰落，发生非常严重的 ISI，例如使用 QPSK 实现 20MBaud 的数据通信，符号周期为 50 ns，假定无线信道的均方根时延扩展为 5 μs，则前后产生 ISI 的符号可能超过 200 个，使用第 6 章介绍的时域均衡技术消除 ISI，矩阵求逆的复杂度将非常高，针对上述问题的一种解决方案是使用多载波调制。

多载波调制是一大类调制技术的总称，其基本思想是将需要发送的高速比特流经过串并转换分为多个低速的子比特流，再分别调制到不同的子载波（或者子信道）上进行传输。这种做法的好处是每个子载波上传输的都是低速数据流，即子载波上的信号带宽小于无线信道的相干带宽，因此每个子载波都将经历平坦衰落，码间干扰 ISI 的程度都非常轻，从而避免了复杂的时域均衡过程，实际上多载波系统通常使用复杂度不高的频域均衡技术。特别地，正交频分复用（Orthogonal Frequency Division Modulation，OFDM）是多载波调制中最具代表性的技术，其优点包括具有较高的频谱效率，可以使用数字方式高效率地实现以及非常适合与多天线技术结合，组成 MIMO 或者大规模 MIMO，实现传输速率进一步提升。

早在 20 世纪 50 年代末至 60 年代初多载波调制技术的思想就已经被提出来了，大约从 1990 年起，多载波调制技术开始应用于各种有线及无线通信中，包括欧洲的数字音频和数字视频广播 DAB/DVB，采用离散多音调制（Discrete Multi-Tone，DMT）的数字用户环路（Digital Subscriber Loop，DSL）等。今天，OFDM 技术的应用极为广泛，与我们的日常生活息息相关，无线局域网 WLAN、第四代移动通信系统 LTE-Advanced 和第五代移动通信系统 NR 的物理层都采用了 OFDM 技术。本章重点讨论 OFDM 技术。

8.1 多载波调制原理

多载波调制能够有效对抗频率选择性衰落，其原理是将信号占用的宽频带划分为若干并行的窄频带，每个窄频带都称为一个子载波，子载波的带宽均小于信道的相干带宽，这样每个子载波都经历平坦衰落，从时域上看，由于带宽窄，每个子载波上的符号速率较低，符号周期远大于信道时延扩展，从而每个子载波都不会产生明显的 ISI。读者应该特别留意多载波调制和扩频调制对抗频率选择性衰落的机理，扩频调制通过扩频序列来扩展信号频谱，虽然频率选择性衰落更加严重，但是却可以通过扩频序列尖锐的自相关特性分离出不同的多径信号，进而加以利用；而多载波调制则是破坏了高速信号传输时频率选择性衰落的产生条件。

按照以上描述，多载波调制最简单的做法是将总带宽 B 平均地划分为 N 个子载波，每个子载波传输一路信号，其带宽为 $B_N = B/N$，这里应该选取合适的 N 以使 B_N 远小于信道相干带宽 B_c，每个子载波分别进行线性调制，从而形成多个并行的线性调制子系统。据此可以很容易地画出图 8-1 所示的多载波发射机框图。N 个子载波同时传输信息，发射机发出的第 k 个符号可以表示为

$$s_k(t) = \mathrm{Re}\Big[\sum_{n=0}^{N-1} S_k[n] g(t - kT_s) \mathrm{e}^{\mathrm{j}2\pi f_n t}\Big], \quad kT_s \leqslant t < (k+1)T_s \qquad (8-1)$$

其中 $g(t)$ 为成形脉冲，$S_k[n]$ 表示第 n 个子载波上传输的第 k 个复数符号，可以采用 QAM/PSK 等方式生成，注意这里不同子载波上的调制阶数可以相同，也可以不同。多载波调制的一个符号 $\boldsymbol{S}_k = \{S_k[0], \cdots, S_k[N-1]\}$ 由 N 个子载波上同时传输的符号 $S_k[n]$ 组合而成，应该特别注意其与单载波调制符号的区别，类似于向量和标量的区别。为不失一般性，后文将省略下标 k。为了便于横向对比，下文中符号速率指单位时间内所有子载波上共同传输的 QAM/PSK 符号数目，同样的符号周期条件下，多载波调制的符号速率是单载波调制的 N 倍。

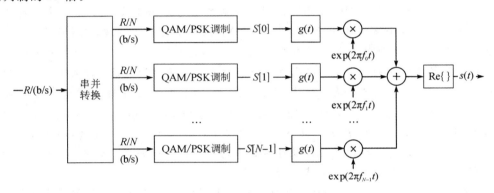

图 8-1　多载波调制发射机

例 8-1　城市环境的无线信道的均方根时延扩展为 $10~\mu s$，假定使用滚降系数 $\alpha = 1$ 的升余弦成形脉冲，实现 $500~\text{kBaud}$ 数据通信，计算单载波和多载波系统的符号周期、带宽占用及频谱效率。

解：采用单载波调制，符号速率为 $R_s = 500~\text{kBaud}$，符号周期为 $T_s = 1/R_s = 2~\mu s$，占用带宽应为

$$B = R_s(1+\alpha) = 1~\text{MHz}$$

频谱效率为 $R_s/B = 0.5~\text{Baud/Hz}$。

如果采用多载波调制方案，信道均方根时延扩展为 $10~\mu s$，为保证每个子载波经历平坦衰落，取符号周期 $T_s = 0.2~\text{ms} \gg 10~\mu s$，由于符号周期扩大为单载波符号周期的 100 倍，因此使用 $N = 100$ 个子载波的多载波调制方案，每个子载波的波特率为 $5~\text{kBaud}$，占用带宽为

$$B_N = \frac{1+\alpha}{T_s} = 10~\text{kHz}$$

100 个子载波总带宽为 $1~\text{MHz}$，因此频谱效率也为 $0.5~\text{Baud/Hz}$，相应频谱如图 8-2 所示。

工程实现中，由于成形脉冲无法做到时域无限，加上滤波器特性不完美，子载波之间还需要增加保护间隔。假设增加的保护间隔宽度为 ϵ/T_s，则每个子信道的占用带宽为

$(1+\alpha+\varepsilon)/T_s$，进而可推得频谱效率为 $1/(1+\alpha+\varepsilon)$Baud/Hz。但总体来看，多载波调制与单载波调制的频谱效率相差不大。

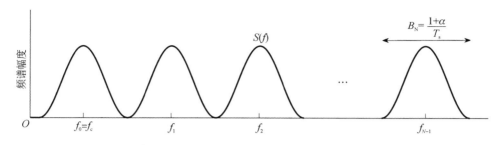

图 8-2　多载波调制信号频谱

结合图 8-1，图 8-3 说明了最基本的多载波调制接收机结构，其中假定信号只经历了 AWGN 信道。在接收端，首先使用 N 个窄带滤波器分别滤出各个子载波的信号，然后针对每路信号使用常规的解调方法得到 N 路并行的子比特流，最后并串转换后合并得到解调比特流。这一方案最大的困难在于需要使用 N 路滤波器和 N 路解调单元，显然这样将导致较大的体积、功耗与成本，N 越大代价就越大。

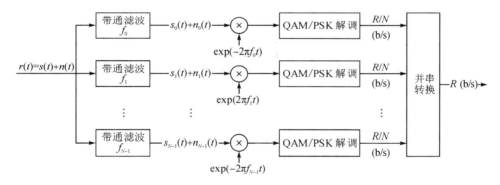

图 8-3　多载波调制接收机

例 8-2　一个 128 子载波的多载波系统，符号周期 $T_s=0.2$ ms$\gg\sigma_\tau$，因此每个子载波的 ISI 非常小，每个子载波采用滚降系数为 1 的升余弦成形脉冲。子载波之间额外使用 ε/T_s 宽度的保护间隔，假定 $\varepsilon=0.1$，请问系统总带宽是多少？

解：每个子载波带宽为 $(1+\alpha+\varepsilon)/T_s$，因此总带宽为

$$B=\frac{N(1+\alpha+\varepsilon)}{T_s}=\frac{128(1+1+0.1)}{0.0002}=1.344 \text{ MHz}$$

每个子载波的符号速率为 $1/0.2$ ms$=5$ kBaud，则总的频谱效率为

$$\frac{128\times5000}{B}=\frac{1}{2.1}=0.476 \text{ Baud/Hz}$$

8.2　OFDM 基本原理

上一节指出，多载波调制的频谱效率与单载波调制相近，此外，基于滤波器实现的多载波调制接收机存在成本较高的困难。事实上，OFDM 使用了巧妙的思路，一方面可以获

得更高的频谱效率，另一方面还能避免大量使用滤波器带来的成本，本节首先讨论频谱效率问题。

8.2.1　频谱效率提升——重叠子载波

图 8-3 中使用滤波器的主要目的是分离出每个子载波的信号，实际上只要各子载波相互正交，我们就可以通过正交原理分离出每个子载波的信号。(8-1)式可以进一步改写如下：

$$s(t) = \text{Re}\Big[\sum_{n=0}^{N-1} S[n] g(t) e^{j2\pi f_n t}\Big] = \text{Re}\Big[\sum_{n=0}^{N-1} S[n] \phi_n(t)\Big] \tag{8-2}$$

其中 $\phi_n(t) = g(t) e^{j2\pi f_n t}$，(8-2)式的含义是 $s(t)$ 可以看作是 $\{\phi_n(t), 0 \leqslant n < N\}$ 的线性组合。由第 4 章可知，只要不同的 $\phi_n(t)$ 满足(8-3)式所示的正交条件：

$$\langle \phi_m(t), \phi_n(t)\rangle = \int_0^{T_s} \phi_m(t)\phi_n^*(t)\mathrm{d}t = \begin{cases} 1, & m=n \\ 0, & m \neq n \end{cases} \tag{8-3}$$

$\{\phi_n(t), 0 \leqslant n < N\}$ 就可以构成 N 维正交基元信号，从而可以使用(8-4)式很容易地得到第 n 个子载波上传输的符号

$$S[n] = \langle s(t), \phi_n(t)\rangle = \int_0^{T_s} s(t)\phi_n^*(t)\mathrm{d}t \tag{8-4}$$

第 4 章已经指出，只要我们能够保证各子载波正交，那么 $\{g(t)e^{j2\pi f_n t}, n=0, 1, \cdots, N-1\}$ 就可以近似为一组正交基函数，下面就来推导子载波的正交条件：

$$\frac{1}{T_s}\int_0^{T_s} e^{j2\pi f_m t} \cdot e^{-j2\pi f_n t}\mathrm{d}t = \int_0^{T_s} e^{j2\pi(f_m - f_n)t}\mathrm{d}t$$

$$= \frac{e^{j2\pi(f_m - f_n)T_s} - 1}{j2\pi(f_m - f_n)} = 0, \; m \neq n$$

当 $f_m \neq f_n$ 时，要满足正交性就要求分子为 0，即 $e^{j2\pi(f_m - f_n)T_s} = 1$，从而可推得 $f_m - f_n$ 必须为 $1/T_s$ 的整数倍。因此相邻两个子载波的间隔 Δf 应满足：

$$\Delta f = \frac{1}{T_s} \tag{8-5}$$

从而第 n 路子载波的频率应为 $f_n = f_0 + n \cdot \Delta f$。任意两个子载波频率差都是 $1/T_s$ 的整数倍，并且相互正交。同时还可以看出，对于每个子载波来讲，其带宽为 $2/T_s$，即相邻子载波有 50% 的频谱重叠。(8-5)式是 OFDM 的一个核心公式，请读者务必牢牢记住。

例 8-3　在例 8-1 条件下，允许子载波频谱重叠，重新计算多载波系统的带宽占用及频谱效率。

解：在例 8-1 中使用多载波调制，为保证每个子载波经历平坦衰落，取符号周期为 0.2 ms，共 $N=100$ 个子载波。允许子载波可重叠，则子载波间隔 $\Delta f = 1/T_s = 5\ \text{kHz}$；也就是说尽管单路子载波的带宽还是 $(1+\alpha)/T_s = 10\ \text{kHz}$，但是子载波间隔降为了 5 kHz，子载波之间是相互重叠的，从而总的带宽占用为

$$B = \frac{N+\alpha}{T_s} = (N+\alpha)\Delta f = 505\ \text{kHz}$$

因此频谱效率为 500 kBaud/505 kHz=0.99 Baud/Hz。图 8-4 给出了重叠子载波方式的多载波调制信号频谱。

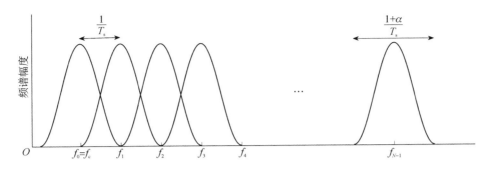

图 8-4 重叠子信道的多载波调制信号频谱

前一节的多载波调制方案中，每路子载波之间需要保护间隔，其目的是滤除相邻子信道之间的相互干扰，从而有效分离出每路子信道的信号。而本节方案中子载波相互重叠，因此不再需要保护间隔，滚降因子 α 和归一化保护间隔 ε 对总带宽的影响仅限于整个频谱最两端的子载波，而且多载波调制中 T_s 较大，因此 $(\alpha+\varepsilon)/T_s$ 相对较小。显然子载波频谱重叠的做法能够极大地降低多载波调制系统的带宽占用，容易推得重叠子载波系统占用的带宽为

$$B = \frac{N+\alpha+\varepsilon}{T_s} \approx \frac{N}{T_s} \tag{8-6}$$

例 8-4 在例 8-2 条件下计算重叠子信道的多载波调制方式占用的带宽。

解： 重叠子信道系统占用的总带宽为

$$B = \frac{N+\alpha+\varepsilon}{T_s} = \frac{128+1+0.1}{0.0002} = 645.5 \text{ kHz}$$

可见此方式占用带宽是例 8-2 的一半。每个子信道的符号速率为 $1/0.2$ ms$=5$ kBaud，则总的频谱效率为

$$\frac{128 \times 5000}{B} = 0.99 \text{ Baud/Hz}$$

无论 α 等于多少，时域脉冲都具有较长的拖尾，经历无线多径信道传输后，非常容易造成多载波调制符号间的相互干扰，特别是每个多载波调制符号都包含了大量的子载波符号，这些符号间干扰就会非常复杂。考虑到矩形脉冲本身没有时域拖尾，经历多径信道后，产生的符号间干扰情况就会相对简单。因此在OFDM中一般使用实现最简单的时域矩形脉冲，其已调信号可以表示为(8-7)式，与(8-1)式不同，这里将最中间的子载波当作中心频率 f_c，这种习惯表示更加符合我们对中心频率的理解。

$$s(t) = \text{Re}\left[\sum_{n=-\frac{N}{2}}^{\frac{N}{2}-1} S[n] e^{j2\pi\left(f_c+\frac{n}{T_s}\right)t}\right], \quad 0 \leqslant t < T_s \tag{8-7}$$

由于时域上采用了矩形脉冲，每个子信道的频谱形状为 sinc 函数，不同子信道的频谱相互重叠，如图 8-5 所示，在图中箭头指示的频率位置只有一个子载波频谱为非零值，其他子载波在该频率的贡献均为 0，这正是子载波相互正交的体现。不过在箭头之外的其他频率位置，我们可以看到不同子载波的频谱相互叠加干扰，这就意味着如果收发两端存在频偏，不同子载波将不再正交，从而产生子载波之间的相互干扰，因此 OFDM 信号对频偏比较敏感，8.6.2 小节将进一步讨论这个问题。

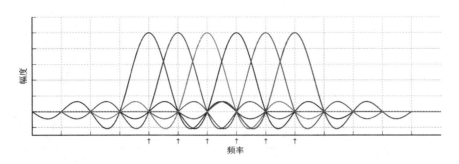

图 8-5　OFDM 子载波频谱(假定各子载波传输相同的符号)

　　OFDM 信号的功率谱为 N 个子载波的功率谱之和,图 8-6 给出了 $N=16$ 的 OFDM 功率谱,其中假定各子载波的功率相同,图中的虚线曲线为第一子载波的功率谱密度。从图中可以看出 OFDM 功率谱近似为矩形,主瓣宽度为 $(N+2)\Delta f\approx N\cdot\Delta f$,每个旁瓣的宽度为 Δf,且 OFDM 功率谱会随着 N 的增加逼近理想带通滤波特性。此外从图中还可以看出 OFDM 功率谱的旁瓣衰减速度低于单个子载波的旁瓣衰减,8 个旁瓣才降到大约 -30 dB;好在每个旁瓣的宽度 Δf 与 OFDM 矩形谱的主瓣宽度 $N\cdot\Delta f$ 相比占比极小,总体来看适当增加保护间隔,就可以保证旁瓣足够低。例如 20 MHz 带宽的 LTE 信号,使用 1200 个子载波,占用带宽为 18 MHz,两端各留出了约 67 个旁瓣(即 1 MHz)的保护间隔,足以保证极低的带外泄露。从另一方面看,在总带宽不变的情况下,随着 N 的增大,Δf 会变得更窄,从而带外滚降速率也会大幅度加快。

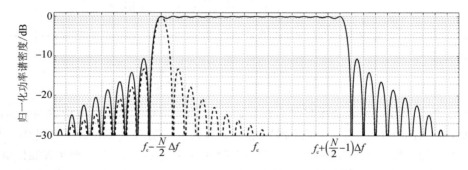

图 8-6　OFDM 信号的功率谱密度

　　真实的 OFDM 信号为随机信号,各子载波上功率随机变化,图 8-7 给出了 3 MHz 带宽的 LTE 信号某个时刻真实的功率谱,该信号占用了 180 个子载波(2.7 MHz 带宽),可以看出功率谱的形状类似矩形。

　　频谱效率方面,假设 $m\Delta f$ 为频谱单侧留出的保护间隔,N 个子载波每秒可传输 $N/T_s=N\Delta f$ 个 QAM/PSK 符号,占用带宽为 $(N+2+2m)\Delta f$,则频谱效率为 $N/(N+2+2m)$ Baud/Hz,该值随 N 的增加趋近于 1 Baud/Hz,即趋近于信号传输的理论上限。因此 OFDM 信号具有较高的频谱效率,这是它能够被选为 4G/5G 空口调制方案的重要原因。

　　当然,OFDM 信号确实存在旁瓣衰减过慢的问题,针对这个问题的一个解决办法是对 OFDM 时域信号进行加窗处理,令每个 OFDM 符号在符号周期边缘的幅度值逐渐过渡为 0,从而抑制信号中存在的高频分量,使旁瓣功率谱密度加速下降。有兴趣的读者可以参考其他文献获取更深入的信息。

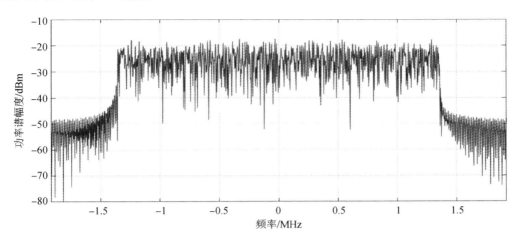

图 8 - 7　LTE 信号的功率谱

根据(8 - 7)式可以很容易地写出 OFDM 的等效复基带信号：

$$s(t) = \sum_{n=-N/2}^{N/2-1} S[n] \mathrm{e}^{\mathrm{j}2\pi\frac{n}{T_s}t} = \sum_{n=-N/2}^{N/2-1} S[n] \mathrm{e}^{\mathrm{j}2\pi n\Delta ft} \tag{8-8}$$

其中 $\{\mathrm{e}^{\mathrm{j}2\pi n\Delta ft}, n = -N/2, 1-N/2, \cdots, N/2-1\}$ 构成 $s(t)$ 的 N 个基元信号，换言之，可以利用正交原理从 $s(t)$ 中提取任意子载波上传输的 QAM/PSK 符号：

$$S[n] = \langle s(t), \mathrm{e}^{\mathrm{j}2\pi n\Delta ft} \rangle = \int_0^{T_s} s(t) \mathrm{e}^{-\mathrm{j}2\pi n\Delta ft} \mathrm{d}t, \quad -\frac{N}{2} \leqslant n < \frac{N}{2} \tag{8-9}$$

根据(8 - 8)式和(8 - 9)公式，图 8 - 8 给出了 OFDM 的收发信机框图，可以看出接收端无需使用大量的窄带滤波器。事实上由于子载波频谱相互重叠，也无法再使用滤波器来分离每个子载波，图 8 - 3 的接收机将不能正常工作。此外，图 8 - 8 中发射端首先执行 QAM/PSK 调

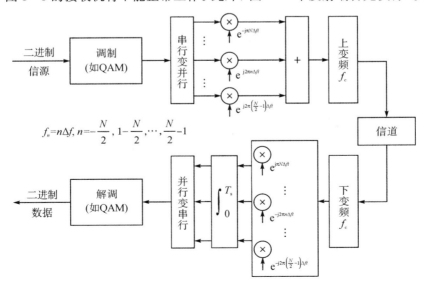

图 8 - 8　重叠子载波系统的收发信机

制，然后才分配到各子载波上，实际上也可以首先将比特流分配到各子载波，然后分别执行 QAM/PSK 星座映射，这种做法可以在不同子载波上使用不同调制阶数的 QAM 调制。

为加深理解，我们进一步举例说明 OFDM 信号的生成。假设符号周期 $T_s = 0.1$ s，则子载波间隔 $\Delta f = 10$ Hz；4 个子载波同时传输，各子载波上传输的符号及相应的波形表达式如表 8-1 所示，其中的后两列依据（8-8）式计算得出。图 8-9(a) 和图 8-9(b) 分别画出了每个子载波在一个符号周期内的实部和虚部波形，以及 OFDM 复基带信号 $s(t)$ 的实部和虚部波形（数值上等于各子载波实部和虚部波形的叠加），图 8-9(c) 画出了该 OFDM 符号对应的已调信号波形 $\text{Re}[s(t)e^{j2\pi f_c t}]$，其中载波频率为 $f_c = 400$ Hz。读者可以自行验证各子载波之间的正交性。

表 8-1 OFDM 符号各子载波的波形表达式示例

n	$S[n]$	$\text{Re}\{S[n]e^{j2\pi n\Delta ft}\}$	$\text{Im}\{S[n]e^{j2\pi n\Delta ft}\}$
-2	$\sqrt{2}/2 + j\sqrt{2}/2$	$\cos(4\pi\Delta ft - \pi/4)$	$-\sin(4\pi\Delta ft - \pi/4)$
-1	$\sqrt{2}/2 - j\sqrt{2}/2$	$\cos(2\pi\Delta ft + \pi/4)$	$-\sin(2\pi\Delta ft + \pi/4)$
0	$-\sqrt{2}/2 - j\sqrt{2}/2$	$\cos(3\pi/4)$	$-\sin(3\pi/4)$
1	$-\sqrt{2}/2 + j\sqrt{2}/2$	$\cos(2\pi\Delta ft + 3\pi/4)$	$\sin(2\pi\Delta ft + 3\pi/4)$

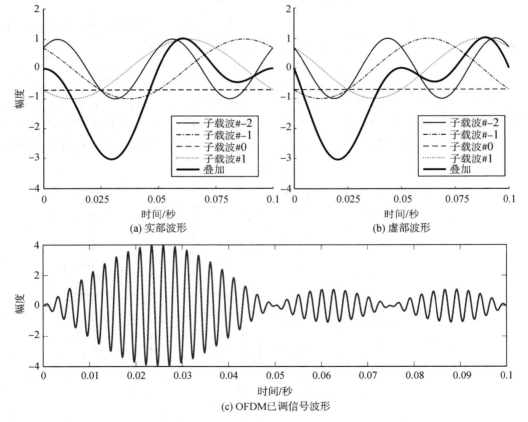

(a) 实部波形　　　　　　　　　　(b) 虚部波形

(c) OFDM已调信号波形

图 8-9　OFDM 信号生成

8.2.2 消除符号间干扰——循环前缀

OFDM 还采取了进一步的举措，避免在 OFDM 符号之间产生 ISI，具体来说就是在 OFDM 符号之间插入时域保护间隔，通过增加时间上的冗余，彻底去除 ISI 的影响。图 8-10 说明了同一个 OFDM 符号经过多条不同时延的传播路径先后到达接收机的情况，可以看出，只要保护间隔的长度大于信道的最大时延扩展，那么最晚到达接收机的 OFDM 符号都不会影响到下一个 OFDM 符号，这表现在图中♯1 OFDM 符号所有延时副本都会在图中粗实线对应的时刻之前全部到达接收机，从而不会对♯2 OFDM 符号的解调造成任何影响。

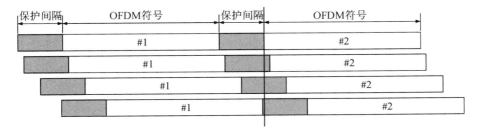

图 8-10 OFDM 的保护间隔

从避免 ISI 的角度来说，保护间隔的长度应大于信道的最大时延扩展。当然这种做法引入了开销，降低了有效数据传输的时间，保护间隔的长度越大，开销就越大，频谱效率下降也就越多，因此保护间隔的选取不宜过大，够用即可。

关于保护间隔的内容，比较容易想到的是在保护间隔时间内传输全 0，这样还能节省发射功率，但是这种做法将会破坏每个 OFDM 符号内各子载波的正交性，造成子载波间干扰（Inter-carrier Interference，ICI）。我们以 OFDM 符号中的 m、n 两个子载波 $s_m(t) = S[m]e^{j2\pi m\Delta ft}$ 和 $s_n(t) = S[n]e^{j2\pi n\Delta ft}$ 为研究对象，假设噪声为 0，多径数目为 2，则接收机将收到两个子载波经历两条传播路径后的叠加信号，若第二径信号相对时延为 τ，则接收信号可以表示为

$$r(t) = s_m(t) + s_n(t) + s_m(t-\tau) + s_n(t-\tau) \tag{8-10}$$

如图 8-11 所示，假定接收机同步于首径，我们感兴趣的是解调窗口，即图中 OFDM 符号对应的时间区间内的信号。

如果要从接收信号中提取出子载波 m 上传递的信息，可以对接收符号执行内积运算 $\langle r(t), \phi_m(t)\rangle$，即 (8-10) 式中每一项与 $\phi_m(t) = e^{j2\pi m\Delta ft}$ 的内积运算结果之和。第一项内积可以得到 $S[m]$，第二项内积结果为 0，因为两个子载波是相互正交的；重点看后两项，从图中可以看出，对于延时路径来说，保护间隔的一部分进入了解调窗口，从而影响了内积运算的积分区间，从而有：

$$\begin{cases} \langle s_m(t-\tau), \phi_m(t)\rangle = \int_\tau^{T_s} S[m]e^{j2\pi m\Delta f(t-\tau)}e^{-j2\pi m\Delta ft}\,dt = S[m](T_s - \tau)e^{-j2\pi m\Delta f\tau} \\ \langle s_n(t-\tau), \phi_m(t)\rangle = S[n]e^{-j2\pi n\Delta f\tau}\int_\tau^{T_s} e^{j2\pi(n-m)\Delta ft}\,dt \end{cases} \tag{8-11}$$

（8-11）式表明，（8-10）式第三项与 $\phi_m(t)$ 内积结果是 $S[m]$ 的相位旋转；特别注意（8-10）式第四项与 $\phi_m(t)$ 的内积结果并不为零，因为

$$\int_{\tau}^{T_s} e^{j2\pi(n-m)\Delta ft} dt \neq 0$$

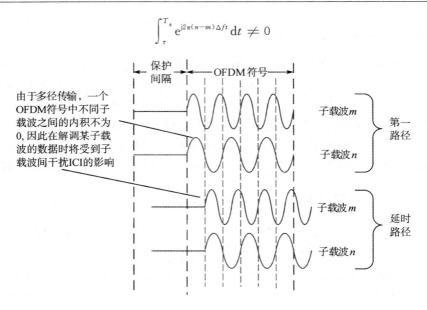

图 8-11　全 0 保护间隔导致子载波间干扰 ICI

四项内积结果之和里包含了 $S[n]$ 的信息，换言之，在提取子载波 m 上传输的信息时，混杂了子载波 n 的相关信息，这就是子载波间干扰 ICI，子载波越多，ICI 就越严重。造成上述问题的原因是符号周期内（或者说积分区间内），延时路径上子载波的正交性被破坏了，而保证正交性的必要条件是参与内积运算的各方必须包含整数个波形周期。例如子载波 m 的载波周期为 T_s/m，符号周期 T_s 内正好有 m 个子载波波形周期。

为了避免出现上述 ICI 问题，OFDM 的保护间隔时间内并非填充全 0，而是填充 OFDM 信号的尾部，具体来说，将 OFDM 符号最后一部分复制并粘贴到 OFDM 符号前面的保护间隔中，这种做法称为循环前缀（Cyclic Prefix，CP）。图 8-11 使用 CP 后的效果如图 8-12 所示，可以看出即使存在路径时延，保护间隔移入解调窗口的部分正好保证了积

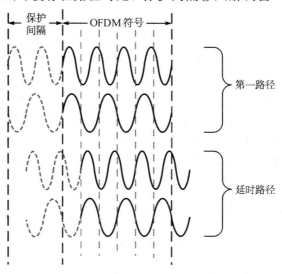

图 8-12　循环前缀避免子载波间干扰 ICI

分区间内参与内积各方的整数个波形周期，从而维持了子载波之间的正交性，即

$$\langle s_n(t-\tau), \phi_m(t)\rangle = S[n]e^{-j2\pi n\Delta\tau}\int_0^{T_s}e^{j2\pi(n-m)\Delta ft}\,dt = 0$$

如前所述，CP 的长度应该大于信道的最大时延扩展，例如 LTE 中为了适应不同的传播环境，规定了三种 CP 长度，这三种 CP 长度大约为 5 μs、17 μs 和 33 μs，分别适用于城市环境小区、更大的小区和多媒体广播多播（Multimedia Broadcast Multicast Services，MBMS）业务。此外，为了降低 CP 引入的开销，显然我们希望 OFDM 符号周期越长越好，但是 OFDM 符号周期不能超过信道相干时间，而且越长的符号周期意味着越小的子载波间隔，更容易受到频偏的影响。因此符号周期与 CP 长度的选取需要折中考虑多种因素。

8.3 OFDM 的 DFT 实现

上一节指出，OFDM 通过重叠的正交子载波保证了较高的频谱效率，通过正交原理避免了接收机侧大量的窄带滤波器，降低了设备的成本与功耗，通过保护间隔避免了 OFDM 符号间的干扰，通过循环前缀避免了子载波间的干扰。本节讨论在数字域生成 OFDM 复基带信号的方法，进一步说明 OFDM 具有实现起来非常简单的优势。

如前所述，OFDM 的等效基带信号为 $s(t)=\sum_{n=-N/2}^{N/2-1}S[n]e^{j2\pi n\Delta ft}$，不考虑带外泄露，可以认为基带信号频谱范围是 $[-N/2, N/2-1]\cdot\Delta f$。 依据采样定理，可按照 $N\Delta f$ 的采样速率对 $s(t)$ 抽样，即采样周期为 T_s/N，一个 OFDM 符号周期内可采得 N 个样点，则有：

$$s[m] = s\left(\frac{mT_s}{N}\right) = \sum_{n=-N/2}^{N/2-1}S[n]\exp\left(j\frac{2\pi n}{T_s}\cdot\frac{mT_s}{N}\right) = \sum_{n=-N/2}^{N/2-1}S[n]\exp\left(j\frac{2\pi nm}{N}\right)$$

$$= \sum_{n=0}^{N/2-1}S[n]\exp\left(j\frac{2\pi nm}{N}\right) + \sum_{n=N/2}^{N-1}S[n-N]\exp\left(j\frac{2\pi(n-N)m}{N}\right)$$

$$= \sum_{n=0}^{N/2-1}S[n]\exp\left(j\frac{2\pi nm}{N}\right) + \sum_{n=N/2}^{N-1}S[n-N]\exp\left(j\frac{2\pi nm}{N}\right)$$

$$= \sum_{n=0}^{N-1}\widetilde{S}[n]\exp\left(j\frac{2\pi nm}{N}\right) = N\cdot \text{IDFT}\{\widetilde{S}[n]\} \quad 0\leqslant m < N \quad (8-12)$$

其中 $\widetilde{S}[n]$ 的构造方式为将 $S[n]$ 在负数子载波上传输的符号向右平移 N 个子载波，在 Matlab 中可通过调用 ifftshift 函数实现这一操作，fftshift 函数则用来从 $\widetilde{S}[n]$ 变换得到 $S[n]$：

$$\widetilde{S}[n] = \begin{cases} S[n] & 0\leqslant n < N/2 \\ S[n-N] & N/2\leqslant n < N \end{cases} \quad (8-13)$$

(8-12)式最后一行表明 $s[m]$ 正好是 $\widetilde{S}[n]$ 的 IDFT，与 IDFT 的数学定义仅仅差了一个系数。而 IDFT 还可以通过快速傅里叶变换（FFT）实现，FFT 能够将运算复杂度从 IDFT 的 N^2 降低到 $N\text{lb}N$，无论是软件实现或者 FPGA 实现效率都很高，非常适合于数字实现。在数字域上实现循环前缀更是容易，简单的复制粘贴即可。在接收端通过对应执行 DFT 就可以将时域样点变换为子载波上传输的符号。

图 8-13 给出了基于 DFT 结构的 OFDM 收发信机框图。在发射端，首先利用(8-13)

式对各子载波上传输的 QAM/PSK 符号变换得到 $\tilde{S}[n]$，$0\leqslant n<N$；然后执行 IDFT 得到 OFDM 符号的时域采样序列 $s[m]$，$0\leqslant m<N$；最后将 $s[m]$ 序列的最后 N_{CP} 个采样拷贝至 $s[m]$ 的前面，构成长度为 $N+N_{CP}$ 的采样序列，经 D/A 后即为 OFDM 复基带连续信号 $s(t)$。在接收端，假定已经找到了正确的 OFDM 符号边界（即符号同步），则首先去除循环前缀，然后执行 DFT 从时域采样序列变换为频域序列，进而执行（8-13）式的逆变换即可得到各子载波上传输的符号序列。这里关于接收流程的描述都假设接收机已经处理好了复杂的同步和均衡问题。

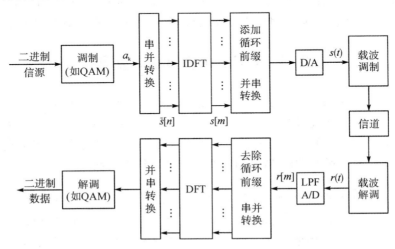

图 8-13　基于 DFT 的 OFDM 收发信机

从图 8-13 可以看出，大部分工作都是在数字域完成的。随着 FPGA 以及嵌入式设备计算能力的大幅提升，完全可以在数字域完成绝大多数基带信号生成与处理功能，这将有助于提升通信射频模块的通用化，能够极大地降低设备成本。

本节开始有一个极其重要的假设，即没有考虑带外泄露；而由图 8-6 可知 OFDM 信号的带外滚降比较慢。工程实现中，往往将 N 设置为 2 的整数次幂，便于高效执行 IFFT/FFT，同时又在频谱两端设置较多的全零子载波，即这些子载波上发射功率为 0，不传输任何信息，仅仅用来容纳带外滚降；实际用来传输信息的子载波数小于 N，这样的话以 $N\Delta f$ 的采样频率对 OFDM 时域基带信号进行采样就不会造成频谱混叠。例如 IEEE 802.11a 无线局域网标准中，将 20 MHz 的带宽分为 64 个子载波，子载波间隔为 312.5 kHz，在频谱两端各留了 6 个全零子载波。换言之，在发射端，有效数据占用了中间的 52 个子载波，但是两端各需补 6 个 0，然后执行 64 点的高效 IFFT。

从时域上看，循环前缀与 OFDM 符号交替出现，从频域上看，每个 OFDM 符号表现为多个正交子载波上同时传输的 QAM/PSK 符号，DFT 是将两者联系在一起的纽带。许多文献或者技术规范将 OFDM 抽象化为图 8-14 所示的资源格，每一列为 N 个方格，每个方格称为一个资源单元（Resource Element，RE），用于存放 N 个子载波上的 QAM/PSK 符号，经 IDFT 后得到长度为 N 的 OFDM 符号，时域上先后出现的 OFDM 符号沿水平方向顺序铺开就构成了资源格。

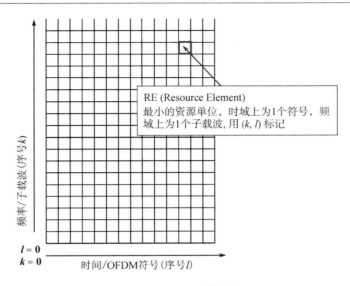

图 8-14　OFDM 资源格

8.4　OFDM 系统设计

OFDM 的基本参数有带宽、比特率及保护间隔等，这些参数的选择需要折中考虑多项要求，按照无码间串扰传输要求，保护间隔的时间长度应为信道均方根时延扩展的 2～4 倍，为了尽可能降低保护间隔引入的开销，OFDM 符号长度应远大于保护间隔；另一方面，OFDM 符号周期不能任意大，周期越大，则子载波间隔就越小，实现复杂度也就相应增加，后面还会看到，子载波间隔越小，对频偏就越敏感，而且更多的子载波也会加剧峰均比。

例 8-5　信道均方根时延扩展为 200 ns，设计 OFDM 参数，满足 18 MHz 以下带宽传输时的有效业务速率大于 25 Mb/s。

解：CP 长度通常取时延扩展的 2～4 倍，因此取 CP 长度为 200×4＝800 ns；为降低 CP 引入的开销，码元周期通常取保护间隔的 5～8 倍，则 $T_s＝0.8×5＝4\ \mu s$。子载波间隔为

$$\Delta f = \frac{1}{T_s} = \frac{1}{4\ \mu s} = 250\ \text{kHz}$$

每个 OFDM 符号＋CP 占用总时长为 4.8 μs，根据要求，每个 OFDM 符号应传输 25 Mb/s×4.8 μs＝120 bit 的信息。考虑如下两种方案：

- 方案一：若编码码率为 3/4，用 QPSK 调制，则每个 OFDM 符号每个子载波上可传输 1.5 bit 信息，为传输 120 bit 需子载波 120/1.5＝80 个，从而总的带宽占用为 80×250 kHz＝20 MHz＞18 MHz，不满足要求。

- 方案二：若编码码率为 1/2，用 16QAM 调制，则每个 OFDM 符号每个子载波上可传输 2 bit 信息，为传输 120 bit 需子载波 120/2＝60 个，从而总的带宽占用为 60×250 kHz＝15 MHz，满足要求。

例 8-6　一个 OFDM 系统，分配的带宽为 1.4 MHz，实际使用 72 个子载波，子载波间隔为 15 kHz，每 7 个 OFDM 符号构成一个时长为 0.5 ms 的帧，每帧的第一个 OFDM 符

号对应的循环前缀长度为 5.2 μs，其他符号的循环前缀长度相同，假设每个子载波使用 16QAM 调制方式，计算每个 OFDM 符号周期、循环前缀开销、系统数据传输速率以及频谱效率。

解：OFDM 符号周期为子载波间隔的倒数，因此有：

$$T_s = \frac{1}{\Delta f} = \frac{1}{15 \times 10^3} = 66.67 \ \mu s$$

每帧 7 个 OFDM 符号，总时长为 0.5 ms，其中循环前缀部分的总时长为

$$500 \ \mu s - 7 \times T_s = 33.31 \ \mu s$$

循环前缀开销为 33.31 μs/500 μs=6.66%。

每个子载波使用 16QAM 调制，则每个 OFDM 符号 72 个子载波可同时传输 288 bit，每帧 7 个 OFDM 符号，每秒 2000 帧，因此数据传输速率为

$$R_b = 2000 \times 7 \times 288 = 4.032 \ \text{Mb/s}$$

72 个子载波对应的频谱主瓣宽度约为 72×15 kHz=1.08 MHz，考虑带外滚降，占用带宽为 1.4 MHz，频谱效率为

$$\frac{R_b}{B} = \frac{4.032 \ \text{Mb/s}}{1.4 \ \text{MHz}} = 2.88 \ \text{(b/s)/Hz}$$

可以在两端各增补 28 个子载波，然后利用 128 点 IFFT/FFT 来实现 OFDM 调制和解调，按照这种做法，一个 OFDM 符号使用 128 个采样来表示，则采样周期为 $T_s/128=0.52 \ \mu$s，即采样速率为 1.92 Ms/s；每帧第一个 OFDM 符号的循环前缀长度为 5.2 μs，即 10 个采样点的时间长度；不难验算，其他 OFDM 符号的循环前缀均为 9 个采样点，因此每帧总的采样点数为 10+9×6+128×7=960 个。

8.5　OFDM 频域均衡

如图 8-15 所示，尽管 OFDM 的每个子载波经历平坦衰落，但是不同的子载波的衰落深度不同，某些子载波可能经历深衰落，从而造成这些子载波较高的误码率。

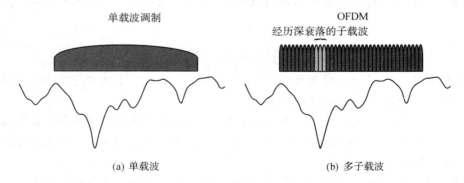

(a) 单载波　　　　　　　　　　(b) 多子载波

图 8-15　不同子载波衰落深度不同

从时域上看，OFDM 符号之间不存在 ISI，但是如果将单个 OFDM 符号及其 CP 看作一组发送的样值序列，那么该序列内部仍然会经历频率选择性衰落，进而产生严重的样值间干扰。理论上还是可以沿用第 6 章的均衡技术来消除这些样值间干扰，但实际上存在着

计算复杂度方面的困难,下面首先说明本节要用到的记号,然后进一步指出面临的困难及对策。

　　假定 N 个子载波的 OFDM 符号周期为 T_s,以 T_s/N 为周期采样得到数字 OFDM 符号的采样序列,记为向量 $s=(s[0], s[1], \cdots, s[N-1])^T$,假定循环前缀的长度为 μ,则其循环前缀 $\{s[N-\mu], \cdots, s[N-1]\}$ 是符号序列 s 的后 μ 个值,将循环前缀增加到 s 的前面,可得长度为 $N+\mu$ 的新序列 $\tilde{s}=(\tilde{s}[-\mu], \cdots, \tilde{s}[-1], \tilde{s}[0], \cdots, \tilde{s}[N-1])^T$,其中 $\tilde{s}[n]=s[n]_N=s[n \bmod N]$,如图 8-16 所示。$\tilde{s}$ 实际上是 s 以 N 为周期的延拓序列截取了 $-\mu \leqslant n < N$ 这一段得到的。无线信道的离散冲激响应记为向量 $h=(h[0], h[1], \cdots, h[N_h-1])^T$,$N_h$ 为信道响应的抽头数目,注意为了避免 OFDM 符号间干扰,CP 长度 μ 应大于信道抽头数 N_h,为了分析方便,我们可以通过在 h 的尾部追加若干个 0 值将其扩充为 μ 维向量,即 $h=(h[0], h[1], \cdots, h[\mu-1])^T$。

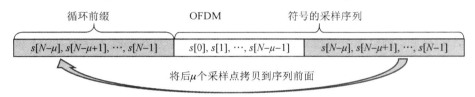

$$s[N-\mu], s[N-\mu+1], \cdots, s[N-1] \quad\quad s[0], s[1], \cdots, s[N-\mu-1] \quad\quad s[N-\mu], s[N-\mu+1], \cdots, s[N-1]$$

将后 μ 个采样点拷贝到序列前面

图 8-16　长度为 μ 的循环前缀

　　信道输入向量为 $\tilde{s}$,信道输出向量记为 $\tilde{r}=(r[-\mu], \cdots, r[-1], r[0], \cdots, r[N+\mu-1])^T$,根据向量 h 构造信道矩阵 H,维度为 $(N+2\mu-1)\times(N+\mu)$,则有 $\tilde{r}=H\tilde{s}+z$,其中 z 为噪声向量。使用第 6 章的迫零均衡技术,均衡输出为 $\hat{s}=(H^H H)^{-1}H^H \tilde{r}$。因此 $H^H H$ 的维度为 $(N+\mu)\times(N+\mu)$,两个矩阵相乘的复杂度为 $\mathcal{O}((N+\mu)^2(N+2\mu-1))$,矩阵求逆的复杂度为 $\mathcal{O}((N+\mu)^3)$,$H^H \tilde{r}$ 的复杂度为 $\mathcal{O}((N+\mu)(N+2\mu-1))$,为了避免循环前缀引入过大的开销,通常满足 $N \gg \mu$,故总的复杂度约为 $\mathcal{O}(N^3)$。实用的系统中 N 都比较大,例如 IEEE 802.11a 中 $N=64$,$\mu=16$,20 MHz 带宽的 LTE 信号中 $N=2048$,$\mu=144$ 或 160,因此矩阵乘法和求逆的复杂度将非常高,有必要寻求更快速的均衡算法。

　　上面的做法试图通过均衡恢复 $\tilde{s}$,没有考虑输入向量 $\tilde{s}$ 中存在的信息冗余,实际上无需恢复其中的循环前缀,只要能恢复 s 即可。图 8-17 说明了多个 OFDM 符号经过信道到达接收机的情况,可以看出,针对每个 OFDM 符号,接收信号 $\tilde{r}$ 的前 μ 个样值和尾部 μ 个样值分别受到前后相邻两个 OFDM 符号的 ISI 影响,故丢弃不用,而且丢弃的这些样值并不会损失信息。因此实际用于解调的接收序列是 $r[n]$,$0 \leqslant n < N$。

　　不考虑噪声,容易推得:

$$r[n]=\sum_{k=0}^{\mu}h[k]\cdot\tilde{s}[n-k]=\sum_{k=0}^{\mu}h[k]\cdot s[n-k]_N$$
$$=h[n]\circledast s[n], \quad 0 \leqslant n < N \tag{8-14}$$

上式说明通过增加循环前缀,在 $0 \leqslant n < N$ 时间内信道输出的 $r[n]$ 将线性卷积转化为了循环卷积,我们知道两个序列在时域上循环卷积,频域上对应两个序列 DFT 后相乘,即

$$R[k]=\mathrm{DFT}\{h[n]\circledast s[n]\}=H[k]S[k], \quad 0 \leqslant k < N$$

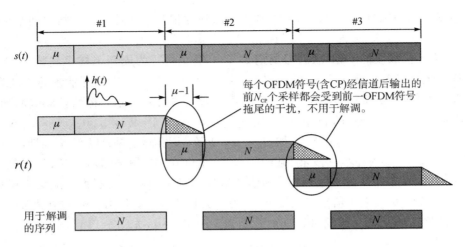

图 8-17　去除循环前缀后再解调

若 $h[n]$ 已知，则可通过信道输出 $r[n]$，$0 \leqslant n < N$ 恢复得到输入序列 $s[n]$，$0 \leqslant n < N$：

$$s[n] = \text{IDFT}\left\{\frac{R[k]}{H[k]}\right\} = \text{IDFT}\left\{\frac{\text{DFT}\{r[n]\}}{\text{DFT}\{h[n]\}}\right\} \qquad (8-15)$$

针对上式有四点说明，第一，只能恢复出 $\tilde{s}$ 中时间为 $0 \leqslant n < N$ 的部分，不过这并不是问题，循环前缀本来就是信息冗余，无需恢复；第二，结合 FFT/IFFT，FFT 的复杂度仅为 $\mathcal{O}(N\text{lb}N)$，上式需要两次 N 点 FFT，N 次除法和一次 N 点 IFFT，总的复杂度为 $\mathcal{O}(N\text{lb}N)$，与迫零均衡的 $\mathcal{O}(N^3)$ 相比，复杂度大大下降；第三，实际上真正需要恢复的是 $S[k]$，所以 $(8-15)$ 式中的 $IDFT$ 不需要；加上接收端本来也要做 DFT，$(8-15)$ 式分子上的 DFT 并非额外增加的操作，因此复杂度可以进一步下降；第四，由于这种做法是在频域去除信道的频率选择性，故又称频域均衡，而第 6 章的做法称为时域均衡。

为进一步加深理解，下面以矩阵的形式重新解释上述过程，将噪声考虑在内，$(8-14)$ 式可改写如下：

$$\boldsymbol{r} = \widetilde{\boldsymbol{H}}\boldsymbol{s} + \boldsymbol{z} \qquad (8-16)$$

其中

$$\widetilde{\boldsymbol{H}} = \begin{bmatrix} h[0] & 0 & \cdots & 0 & \cdots & h[2] & h[1] \\ h[1] & h[0] & \cdots & 0 & \cdots & h[3] & h[2] \\ \vdots & \ddots & \ddots & \vdots & \ddots & \vdots & \vdots \\ h[\mu-1] & h[\mu-2] & \cdots & h[0] & 0 & \cdots & 0 \\ \vdots & \ddots & \ddots & \ddots & \ddots & \vdots & \vdots \\ 0 & \cdots & h[\mu-1] & h[\mu-2] & \cdots & h[0] & 0 \\ 0 & \cdots & 0 & h[\mu-1] & \cdots & h[1] & h[0] \end{bmatrix}$$

注意这里 $\boldsymbol{r}$ 和 $\boldsymbol{s}$ 均为 N 长向量，$\widetilde{\boldsymbol{H}}$ 是 $N \times N$ 方阵，而且还是循环矩阵，由于我们在输出丢弃了存在 OFDM 符号间干扰的部分，加上循环前缀的使用，从而将前面的信道矩阵 $\boldsymbol{H}$ 变成这里的循环方阵。循环矩阵有一个非常吸引人的性质，即可使用傅里叶变换矩阵将其对角化：

$$\widetilde{\boldsymbol{H}} = \boldsymbol{W}^{\text{H}}\boldsymbol{\Lambda}\boldsymbol{W}$$

其中 $\boldsymbol{\Lambda}$ 为对角阵，且对角元素正好是信道冲激响应 $\boldsymbol{h}$ 的傅里叶变换，即 $\boldsymbol{\Lambda}=\mathrm{diag}(H[0]$, $H[1]$，$\cdots$，$H[N-1])$，$\boldsymbol{W}$ 为 DFT 矩阵，令 $W_N^{m\times n}=\mathrm{e}^{-\mathrm{j}2\pi(m\times n)/N}$，则 $\boldsymbol{W}$ 可写为

$$
\boldsymbol{W}=\frac{1}{\sqrt{N}}\begin{bmatrix}1 & 1 & 1 & \cdots & 1 \\ 1 & W_N^{1\times1} & W_N^{1\times2} & \cdots & W_N^{1\times(N-1)} \\ \vdots & \vdots & \vdots & \cdots & \vdots \\ 1 & W_N^{(N-1)\times1} & W_N^{(N-1)\times2} & \cdots & W_N^{(N-1)\times(N-1)}\end{bmatrix}
$$

很容易验证 DFT 矩阵与向量 $\boldsymbol{s}$ 的乘积 $\boldsymbol{Ws}$ 就是序列 $\boldsymbol{s}$ 的 N 点 DFT，$\boldsymbol{W}^{\mathrm{H}}$ 为 IDFT 矩阵，且有 $\boldsymbol{W}$ 与 $\boldsymbol{W}^{\mathrm{H}}$ 互为逆阵。从而

$$\boldsymbol{r}=\widetilde{\boldsymbol{H}}\boldsymbol{s}+\boldsymbol{z}=\boldsymbol{W}^{\mathrm{H}}\boldsymbol{\Lambda}\boldsymbol{W}\boldsymbol{s}+\boldsymbol{z}$$

由于接收端收到数据会首先做 DFT 变换，所以上式左右同乘以 DFT 矩阵，即得

$$\boldsymbol{y}=\boldsymbol{Wr}=\boldsymbol{WW}^{\mathrm{H}}\boldsymbol{\Lambda}\boldsymbol{Ws}+\boldsymbol{Wz}=\boldsymbol{\Lambda}\boldsymbol{Ws}+\boldsymbol{Wz} \tag{8-17}$$

(8-17)式左侧 $\boldsymbol{Wr}$ 是 $\boldsymbol{r}$ 的 DFT 变换，正好是 OFDM 各子载波上接收到的经过信道衰落后的 QAM/PSK 符号，记为 $\boldsymbol{y}=(R[0],R[1],\cdots,R[N-1])$；右侧 $\boldsymbol{Ws}$ 是 $\boldsymbol{s}$ 的 DFT 变换，正好是 OFDM 各子载波上传输的 QAM/PSK 符号，记为 $\boldsymbol{x}=(S[0],S[1],\cdots,S[N-1])$，因为习惯使用黑体大写字母来表示矩阵，黑体小写字母来表示向量，所以这里选用记号 $\boldsymbol{y}$、$\boldsymbol{x}$ 分别表示 $\boldsymbol{r}$、$\boldsymbol{s}$ 的 DFT 变换，而没有使用 $\boldsymbol{R}$ 和 $\boldsymbol{S}$ 来表示。从而有：

$$\boldsymbol{y}=\boldsymbol{\Lambda}\boldsymbol{x}+\boldsymbol{Wz}$$

借助迫零均衡的结论，$\boldsymbol{x}$ 的最小二乘估计为

$$\hat{\boldsymbol{x}}=(\boldsymbol{\Lambda}^{\mathrm{H}}\boldsymbol{\Lambda})^{-1}\boldsymbol{\Lambda}^{\mathrm{H}}\boldsymbol{y}=\boldsymbol{\Lambda}^{-1}\boldsymbol{y}$$

$\boldsymbol{\Lambda}$ 为对角阵，求逆极为简单，如果写成分量的形式，就得到(8-18)式：

$$S[k]=\frac{R[k]}{H[k]}, \quad 0\leqslant k<N \tag{8-18}$$

可以看出该式与(8-15)式是一致的。同理可以写出 $\boldsymbol{x}$ 的 MMSE 估计为

$$\hat{\boldsymbol{x}}=\left(\boldsymbol{\Lambda}^{\mathrm{H}}\boldsymbol{\Lambda}+\frac{1}{\mathrm{SNR}}\boldsymbol{I}\right)^{-1}\boldsymbol{\Lambda}^{\mathrm{H}}\boldsymbol{y}$$

接下来的问题就是如何获得矩阵 $\boldsymbol{\Lambda}$，或者说如何估计无线信道的频域响应$(H[0]$, $H[1]$，$\cdots$，$H[N-1])$。根据(8-15)式或(8-18)式，可以很容易地推得：

$$H[k]=\frac{R[k]}{S[k]}, \quad 0\leqslant k<N$$

具体思路与第 6 章类似，通过在 OFDM 信号的时域和频域周期性发送训练序列(也叫导频或者参考信号)来帮助接收端完成信道估计。可以在 OFDM 资源格的时域和频域进行导频插入，图 8-18 给出了三种典型的导频结构，图中使用灰色方格传输导频信号，白色方格传输业务数据。

块状导频结构如图 8-18(a)所示，周期性地在时域特定符号上插入导频，这种结构适应于慢衰落的无线信道，即在相邻两个导频周期内，信道可视为不变，由于导频包含了所有子载波，可以获得每个子载波上的信道特性，因此这种导频结构对频率选择性衰落不敏感，获得了导频位置的信道特性之后，其他时频位置的信道特性可通过插值的方法来获得。

梳状导频如图 8-18(b)所示，适用于快速变化、相干时间比较小的无线信道。利用梳状导频对信道估计时，只能获得部分子载波的信道响应，但是可以获得这些子载波在所有

时刻的信道响应，需要进一步在频域插值得到整个带宽的信道特征。因此要求信道具有较弱的频率选择性。IEEE 802.11a 使用了这种导频格式，这是因为室内信道的时延扩展较小，相干带宽较大，频率选择性衰落不是特别严重。

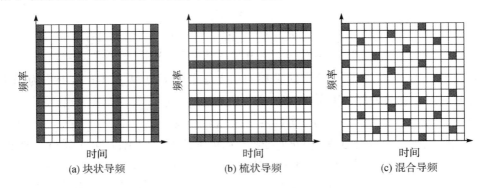

| (a) 块状导频 | (b) 梳状导频 | (c) 混合导频 |

图 8-18　OFDM 的导频结构

　　混合导频如图 8-18(c)所示，这种导频结构兼顾了信号快变和频率选择性衰落，在水平方向上导频的时域周期应小于相干时间，垂直方向上导频的频域间隔应小于相干带宽，无论哪个方向，导频距离要足够近才能追踪到信道的变化，可是距离过近则会浪费很多频谱资源，过远则无法准确估计信道特性。LTE 中使用了这种导频结构。

　　最后讨论导频信号的选取，6.6 节讨论的原则在这里仍然适用，只是这里使用了频域均衡，因此应该选取那些自相关特性优良的序列作为导频，依据某种导频结构，将其安排在不同OFDM 符号的不同子载波上即可，例如 LTE 使用自相关特性优良的 m 序列作为导频信号。

8.6　OFDM 的挑战及对策

8.6.1　峰均比

　　与单载波调制相比，多载波调制是由多个子载波信号叠加而成的，因此可能产生较大的峰值功率，从而造成较高的峰均比(peak-to-average power ratio，PAPR)。PAPR 是通信系统的一个重要指标，低峰均比可以使功放高效工作，而高峰均比则要求较大的回退才能保证信号的线性放大。典型的功放幅度特性如图8-19 所示，如果输入信号进入了放大器的非线性区域，则信号会产生非线性失真和频谱扩展，表现为明显的带外高频谐波分量及带内信号畸变。因此一般要求功放工作在线性区以保证信号不失真，所以信号峰值必须限制在线性区，但同时也希望峰值尽量接近均值，使功放能够最大效率地工作。

　　连续时间信号的峰均比定义为一段时间内峰值功率与平均功率之比，即

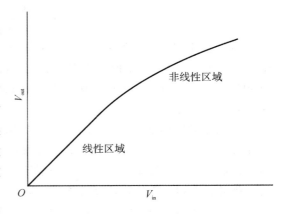

图 8-19　典型功放的放大特性

$$\mathrm{PAPR} = \frac{\max_t |x(t)|^2}{\mathbb{E}_t[|x(t)|^2]}$$

例如幅度为常数的直流信号峰均比为 0 dB，正弦波的峰均比为 3 dB。离散序列的峰均比定义为一段区间内序列最大值的平方与其均方值之比，即

$$\mathrm{PAPR} = \frac{\max_n |x[n]|^2}{\mathbb{E}_n[|x[n]|^2]}$$

该值基本反映了序列对应的连续信号的峰均比，考虑 IFFT 输出的 OFDM 时域样值信号：

$$x[n] = \frac{1}{\sqrt{N}} \sum_{i=0}^{N-1} X[i] \mathrm{e}^{\frac{\mathrm{j}2\pi i n}{N}}$$

$x[n]$ 的实部和虚部都是和式，则根据中心极限定理，当 N 足够大，$x[n]$ 可看作是零均值的复高斯随机变量，$x[n]$ 幅度的平方 $|x[n]|^2$ 服从参数为 σ_n^2 的负指数分布，其中 $\sigma_n^2 = \mathbb{E}_n[|x[n]|^2]$，则峰均比大于某个门限 ξ，即最大幅度的平方超过 $\xi\sigma_n^2$ 的概率，也就是 N 长序列 $|x[n]|^2$ 任意元素超过 $\xi\sigma_n^2$ 的概率为

$$p(\mathrm{PAPR} \geqslant \xi) = 1 - \prod_{n=0}^{N-1} \mathrm{Pr.}(|x[n]|^2 < \xi\sigma_n^2) = 1 - \left(\int_0^{\xi\sigma_n^2} \frac{1}{\sigma_n^2} \mathrm{e}^{-\frac{z}{\sigma_n^2}} \mathrm{d}z\right)^N = 1 - (1 - \mathrm{e}^{-\xi})^N$$

上式表明尽管高峰均比是小概率事件，但是随着子载波数目 N 的增加，高 PAPR 的概率会增加，例如 128 子载波条件下 PAPR 超过 10 dB（$\xi = 10$）的概率为 0.0058，256 子载波条件下的概率提高为 0.0116。对于 N 个子载波的 OFDM 调制，当 N 个子载波的信号都以相同的相位叠加时，所得到的峰值功率就会是平均功率的 N 倍，所以 N 个子载波的最大峰均比为 N，128 子载波条件下的最大峰均比可达 21 dB。虽然 N 路子载波全部同相相加的概率几乎为 0，但 PAPR 毕竟随着子载波的增加而增大，因此，尽管更大的符号周期可以抵消 CP 引入的开销，但是更大的符号周期意味着更小的子载波间隔，同样的总带宽下就意味着更多的子载波，而这将会导致严重的 PAPR 问题。

针对 OFDM 信号 PAPR 峰均比过大的问题，最直接的对策就是选用大动态范围的功放，但是显然这种做法会使功放效率大大降低，绝大部分能量都白白地转化为热能浪费掉了。在移动通信系统的基站中，功放消耗的能量比其他任何组件都要多，因此上述做法将极大地提高运营商的运营成本。必须采用一定的技术来降低 PAPR，使发射机中的功放高效工作，提高系统的整体性能。针对 PAPR 问题，目前主要的对策有以下三类：

1. 信号预畸变技术

信号预畸变技术通常与所要传输的具体信息无关，只是针对波形的处理，包括数字预失真（Digital Pre-Distortion，DPD）技术、削峰（Crest Factor Reduction，CFR）技术等。其中 DPD 技术通过在数字域预先对信号进行处理，从而补偿功放对信号的非线性失真，假设功放输出信号与输入信号的关系可表示成 $y(t) = f(x(t))$，则 DPD 技术的目的则在于寻找某一函数 $g(\cdot)$ 使得 $y(t) = f(g(x(t))) = Kx(t)$。DPD 输出的数字信号经由 D/A 到功放，总体将呈现线性放大的效果，这种做法的好处是可以充分利用高性能的数字域信号处理算法以取得良好的线性化效果，且具有良好的自适应性。削峰技术则是主动降低信号的峰值，会对信号的质量有一定的影响，但比信号进入功放非线性区带来的负面影响要小得

多,可能的做法有硬限幅、峰值加窗或者峰值抵消等。DPD 和 CFR 技术已经成为实用 OFDM 无线通信系统中最基本的通用构建模块,两者往往结合使用。

2. 编码类技术

编码类技术限制可用于传输的信号码字集合,避免使用能够产生大峰值功率信号的编码图样,从而完全避开了信号峰值。这种做法增加了信息冗余,降低了信息传输速率。

3. 概率类技术

概率类技术并不着眼于降低信号幅度的最大值,而是降低峰值出现的概率,具体来说:

$$X_n = A_n \cdot S_n + B_n, \quad 0 \leqslant n < N$$

其中,S_n 为各子载波上待传的原始 QAM/PSK 符号,X_n 为变换后的符号,该类方法的目的就是要寻找 N 点向量 $\{A_n\}/\{B_n\}$,从而降低 OFDM 时域序列 $x = \mathrm{IFFT}(X)$ 具有高峰值功率的概率。由于这类方法对原始数据进行了运算和处理,往往需要额外传输 $\{A_n, B_n\}$ 相关的信息辅助接收端解码,因此增加了信令开销。

8.6.2 同步

如图 8-20 所示,为保证 OFDM 符号的正确接收和解调,要求接收端必须实现多种同步,包括严格的载波同步(以保证收发两端载波频率一致)、样值同步(以保证收发两端抽样频率一致)和符号同步(以保证接收端找到正确的 DFT 起点)。

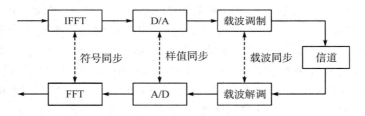

图 8-20　OFDM 接收机中的同步

首先来看载波同步。在单载波系统中,载波频率的偏移只会对接收信号造成一定的幅度衰减和相位旋转;而对于 OFDM 系统来说,载波频偏不仅会导致上述问题,还会导致特有的子载波间干扰(ICI)问题。如图 8-21 所示,对于 OFDM 系统来说,区分各个子信道的

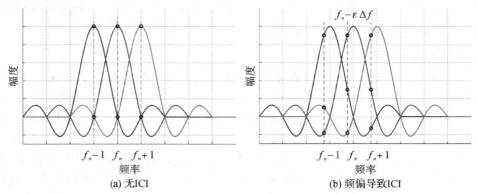

(a) 无ICI　　　　　　　　　　　(b) 频偏导致ICI

图 8-21　OFDM 载波同步

方法是利用各个子载波之间严格的正交性，即每个子载波在所有其他子载波频率处的响应为 0，如图 8 - 21(a)所示，如果收发两端的载波频率存在偏差 $\varepsilon\Delta f$，则上述正交性不再成立，不同子载波之间将会相互影响，从而产生 ICI，如图 8 - 21(b)所示。

不考虑传输的数据符号，则 OFDM 基带信号中子载波 n 上的子信号可表示为

$$x_n(t) = e^{j2\pi n t T_s}$$

由于收发两端振荡器不匹配、多普勒频移等原因，假定收发两端的频偏为 $\varepsilon\Delta f$，为分析方便，不考虑信道衰减、时散和噪声，则子载波 $n+m$ 上的接收信号可表示为

$$x_{n+m}(t) = e^{\frac{j2\pi(n+m+\varepsilon)t}{T_s}}$$

那么在解调子载波 n 时将受到来自子载波 $n+m$ 的干扰，具体来说，两个子载波之间的 ICI 就是两者的内积

$$I_m(\varepsilon) = \int_0^{T_s} x_n(t) x_{n+m}^*(t)\mathrm{d}t = \frac{T_s(1 - e^{-j2\pi(\varepsilon+m)})}{j2\pi(m+\varepsilon)}$$
$$= \frac{T_s \sin(\pi\varepsilon)}{\pi(m+\varepsilon)} e^{-j\pi(m+\varepsilon)}$$

当没有频偏时两个子载波之间无干扰，即 $I_m(0) = 0$。 由于其他所有子载波都会干扰子载波 n，故子载波 n 上总的 ICI 功率为 $\mathrm{ICI} = \sum_{m\neq 0} |I_m(\varepsilon)|^2$，当 ε 较小时可推得：

$$P_{\mathrm{ICI}} = \sum_{m\neq 0} |I_m(\varepsilon)|^2 \approx C_0 \cdot (T_s\varepsilon)^2$$

其中 C_0 是常数，上式表明 P_{ICI} 随归一化频偏 ε 的平方增大，也就是说，给定频偏，如果子载波间隔越小，ε 就越大，从而 ICI 就越严重。除了峰均比随子载波数 N 增大外，从 ICI 的角度讲，固定总带宽前提下，N 也不宜过大，因为 N 越大则子载波间隔就越小，从而 ICI 就越严重。频偏估计与补偿是 OFDM 接收机的关键模块，其中频偏估计分为整数倍频偏估计 ε_i 和小数倍频偏估计 ε_f，小数倍频偏估计进一步还分为粗频偏估计和细频偏估计，这些子模块相互配合，尽可能准确地估计出 $\varepsilon = \varepsilon_i + \varepsilon_f$。一旦估计出 ε_i 和 ε_f，就可以很容易地对接收信号进行频偏补偿，具体做法读者可以查阅有关参考资料。

接收机通过符号同步从接收信号中找到正确的 FFT 窗口，针对 FFT 窗口内的数据执行 FFT，进而完成频域均衡和解调。如果估计的符号位置与正确的 FFT 窗口位置不符，有两种可能，如图 8 - 22 所示。

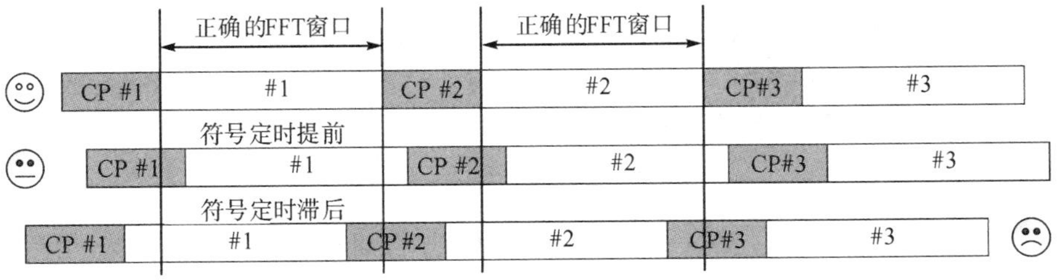

图 8 - 22　OFDM 符号同步

第一种情况是符号同步提前，此时符号同步位于当前 OFDM 符号的循环前缀内，落到 FFT 窗口内的仍然是完整的 OFDM 符号，只是带了一个循环移位，各子载波之间的正交性基本不受影响，从频域上看，每个子载波上传输的子符号都会发生相位旋转，且旋转角

度与符号定时偏移成比例，利用训练序列可以很容易地在频域估计出旋转的相角并加以补偿。第二种情况是符号同步滞后，此时 FFT 窗口内包含当前 OFDM 符号的一部分和下一OFDM 符号的一部分，相当于引入了严重的符号间干扰，FFT 的结果将是完全错误的，从而导致较大的误码率，此种情况是接收机必须避免的。

由于估计误差、噪声干扰、收发两端采样时钟不匹配等原因导致的采样频率偏差，同样也会导致接收信号幅度衰减/相位畸变和 ICI，在时间上还会出现若干个 OFDM 符号后漂移一个采样点，进而影响符号同步的现象。实用中可以通过周期性地发射训练序列帮助接收机同时找到符号同步和样值同步。

8.7 DFTS-OFDM

由于多个子载波相互叠加，OFDM 信号具有峰均比过大的问题，针对该问题的其中一种对策是 DFT 扩展（DFT Spread）的 OFDM 技术，即 DFTS-OFDM 技术，4G/5G 移动通信系统的上行链路采用了这一技术，概括来讲，是因其具有以下三个优点：

- 具有较低的峰均比，非常适合在对耗电要求苛刻的手持终端上使用。
- 接收端可以使用低复杂度的频域均衡。
- 可用于实现非常灵活的多址方式。

DFTS-OFDM 的基本原理如图 8-23 所示。与图 8-13 对比可知，DFTS-OFDM 与常规 OFDM 的区别在于图中的阴影部分，发射端首先做 M 点 DFT，之后才是 OFDM 的标准处理，即 N 点 IDFT，其中 $M \leqslant N$，M 的含义稍后讨论。

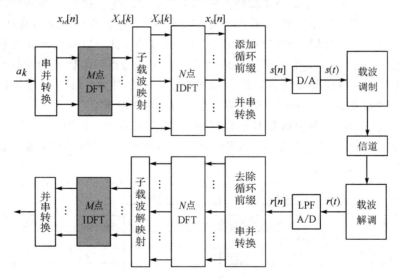

图 8-23　DFTS-OFDM 收发原理

等待发送的 QAM 调制符号序列每 M 个为一组记为 $x_M[n]$，其 DFT 记为

$$X_M[k] = \frac{1}{\sqrt{M}} \sum_{n=0}^{M-1} x_M[n] \exp\left(-\mathrm{j} \frac{2\pi kn}{M}\right), \ k = 0, 1, \cdots, M-1 \qquad (8-19)$$

然后将 DFT 输出的 $X_M[k]$ 按照某种方案映射到 N 个子载波上得到 N 长序列 $X_N[k]$，

由于 $M \leqslant N$，部分子载波需要补零，之后执行普通 OFDM 处理，即 IDFT 输出 $x_N[n]$、插入 CP 等。

显然如果 $M = N$，则 DFT/IDFT 相互抵消，等效于 M 个调制符号添加 CP 后直接输出。如果 $M < N$，通常有集中式和分布式两种子载波映射方案，如图 8-24 所示，本节重点讨论集中式方案。

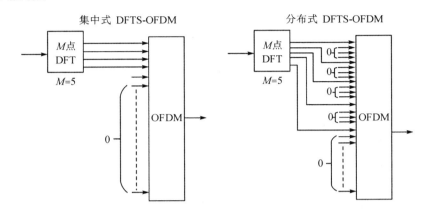

图 8-24 子载波映射方案

为了说明 DFTS-OFDM 能够带来的好处，首先花一点篇幅介绍基础知识。序列 $s[n]$，$0 \leqslant n < M$ 的离散时间傅里叶变换（DTFT）为

$$S(f) = \sum_{n=0}^{M-1} s[n] \mathrm{e}^{-\mathrm{j}2\pi fn}$$

其中 $S(f)$ 是周期为 1 的周期函数，$s[n]$ 的离散傅里叶变换（DFT）可看作是 $S(f)(0 \leqslant f < 1)$ 在 $f = k/M$ 处的采样，即

$$S[k] = \sum_{n=0}^{M-1} s[n] \mathrm{e}^{-\mathrm{j}2\pi\frac{kn}{M}} = S(f)\big|_{f=k/M}$$

同理，不考虑具体是时域还是频域，仅仅考虑简单的序列变换，$s[n]$ 的 IDFT 可以看作是 $S(-f) = S^*(f)$ 在 k/M 处的采样。

如果在序列 $s[n]$ 后追加 $N-M$ 个 0，将其变为 N 长序列 $s_1(n)$，则其 DTFT 不变，推导如下：

$$S_1(f) = \sum_{n=0}^{N-1} s_1[n] \mathrm{e}^{-\mathrm{j}2\pi fn} = \sum_{n=0}^{M-1} s[n] \mathrm{e}^{-\mathrm{j}2\pi fn} = S(f)$$

相应地 $s_1(n)$ 的 N 点 DFT 记为 $S_1[k]$，可看作是 $S(f)$ 在 k/N 处的采样。

如果在序列 $s[n]$ 前追加 $N-M$ 个 0，使其变为 N 长序列 $s_2(n)$，则其 DTFT 为 $S(f)$ 的相位旋转，推导如下：

$$S_2(f) = \sum_{n=0}^{N-1} s_2[n] \mathrm{e}^{-\mathrm{j}2\pi fn} = \sum_{n=N-M}^{N-1} s[n-N+M] \mathrm{e}^{-\mathrm{j}2\pi fn}$$

$$= \sum_{n=0}^{M-1} s[n] \mathrm{e}^{-\mathrm{j}2\pi f(n+M-N)} = \mathrm{e}^{-\mathrm{j}2\pi f(M-N)} S(f)$$

相应地，$s_2(n)$ 的 N 点 DFT 记为 $S_2[k]$，可看作是 $S(f)$ 相位旋转后在 k/N 处的采样。

令 $\Delta = \lceil N/M \rceil$，在序列 $s[n]$ 相邻两点之间均匀插入 $\Delta-1$ 个 0，使其变为 N 长序列 $s_3(n)$，则其 DTFT 为 f 域上的尺度收缩，计算如下：

$$S_3(f) = \sum_{n=0}^{N-1} s_3[n] e^{-j2\pi fn} = \sum_{n=0}^{M-1} s[n] e^{-j2\pi fn\Delta} = S(f \cdot \Delta)$$

相应地 $s_3(n)$ 的 N 点 DFT 记为 $S_3[k]$，可看作是 $S(f)$ 在 $k \cdot \Delta/N$ 处的采样，由于 $k \cdot \Delta/N$ 的取值范围为 $0 \sim \Delta$，因此相当于 $S(f)$ 重复了 Δ 次。

基于以上讨论，将 (8-19) 式中 $X_M[k]$ 的 DTFT 记为 $\hat{X}(f)$，$X_M[k]$ 的 M 点 IDFT 为 $x_M[n]$，可看作是 $\hat{X}^*(f)$ 在 n/M 处的采样，根据子载波映射位置的不同，在 $X_M[k]$ 的前面补 L 个零，序列尾部补 $N-M-L$ 个零将其变为 N 长序列 $X_N(k)$，其 N 点 IDFT $x_N[n]$ 是 $e^{j2\pi fL}\hat{X}^*(f)$ 在 n/N 处的采样，在给定 L 的前提下，$e^{j2\pi fL}\hat{X}^*(f)$ 与 $\hat{X}^*(f)$ 包含了相同的信息，只不过 $x_N[n]$ 的采样比 $x_M[n]$ 更稠密，因此本质上 $x_N[n]$ 和 $x_M[n]$ 包含了同样的信息，可以将 $x_N[n]$ 看作是 $x_M[n]$ 对应连续信号的过采样。特别是如果 $N=M\Delta$ 为 M 的整数倍，容易发现 $x_N[m\Delta]=x_M[m]$，而 $x_N[m\Delta]$ 与 $x_N[(m+1)\Delta]$ 之间的序列值为序列 $x_M[n]$ 的某种线性插值。如图 8-25 所示，图中的 *0 和 *1 就是 x_0 和 x_1 插值后的结果，其他 *2～*7 类似。分布式映射方案中 $x_N[n]$ 则可看作是 $x_M[n]$ 的某种重复。无论是哪种映射方案，$x_M[n]$ 为某种 QAM 调制映射后的输出符号，其峰均比基本上是固定的，相应地 $x_N[n]$ 的峰均比与 $x_M[n]$ 相同，与 N 和 M 的取值无关，也就是与使用子载波数目的多少无关；而普通 OFDM 符号使用的子载波越多，峰均比就越大。因此这种做法有效地改善了峰均比。

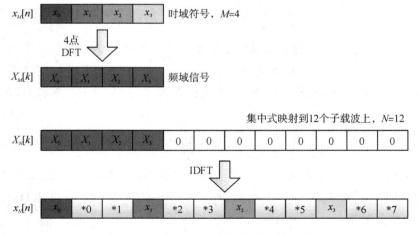

图 8-25　DFTS-OFDM 时域信号关系

实际上 DFTS-OFDM 发射端输出的数字基带为 $x_N[n]$，其频谱特性就是 $X_N[k]$，采用集中映射方案，相当于频域上占用 M 个连续的子载波，如图 8-25 所示，OFDM 符号持续时间内连续传输的 $x_N[n]$ 是 M 个调制符号 $x_M[n]$ 的某种变形，完全可以看成是在带宽为 $M \cdot \Delta f$ 的单载波上顺序传输了 M 个调制符号，其中 M 的大小灵活可变，意味着带宽灵活可变；子载波映射时的起始位置灵活可变，意味着在 N 个子载波构成的总带宽中的位置灵活可变。因此可用于实现非常灵活的多址方式，即单载波频分多址（Single Carrier Frequency Divided Multiple Access，SC-FDMA），不同用户可以灵活占用不同位置的不同带宽，且峰均比不高，提高了功放效率，因此特别适合在手持终端这种对耗电要求苛刻的设备上使用。如图 8-26 所示，注意 FDMA 中每个用户占用固定带宽，而 SC-FDMA 则可通过改变 M 来灵活改变占用的带宽。实际上分布式的子载波映射方案也可用于实现灵活的多址，称为交织（Interleaved）FDMA，由于每用户 M 个调制符号对应的频谱分布在整个带宽上，IFDMA 可以实现频率分集。关于多址方式第 10 章还要详细讨论。

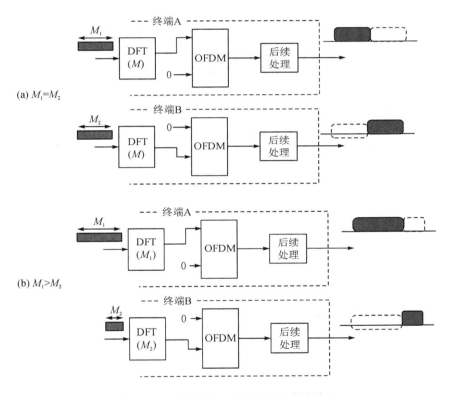

图 8-26 SC-FDMA 实现灵活的带宽分配

最后由于使用了 OFDM 的处理方式，因此仍然存在循环前缀，根据 8.5 节的讨论，CP 可以使得频域均衡非常容易实现，从而避免了时域均衡随带宽增加而增加的复杂度。当然，使用 CP 会引入开销，传统的单载波调制技术中没有使用 CP 的原因是开销太大不可忍受，而 DFTS-OFDM 则是将 M 个 QAM 调制符号绑在一起形成时长为 $1/\Delta f$ 的 OFDM 符号后再使用 CP，这样显然降低了开销。

8.8 OFDM 改进

在 5G 标准尚未选定空口调制方案（业界术语为空口波形）之前，学术界和工业界曾提出了大量候选调制方案，这些方案基本上都是在 OFDM 基础上提出的改进方案，其中最著名的有滤波器组多载波(Filter Bank Multi-Carrier，FBMC)、通用滤波器多载波(Universal Filter Multi-Carrier，UFMC)和广义频分复用(Generalized Frequency Division Multiplexing，GFDM)等。最终 5G 空口波形还是选择了 OFDM，主要还是因为其实现简单、易于和 MIMO 技术结合两个重要优势。OFDM 在 4G/5G 中的应用可以参阅第 12 章和第 13 章。

　　针对 OFDM 带外衰减缓慢以及循环前缀导致的频谱效率问题，FBMC 采用一组滤波器对多载波信号的每个子载波进行滤波，换取了更低的带外功率泄露，实际上是在时域采用了非矩形的成形脉冲，从而使频谱呈现类似图 8-4 的效果，将旁瓣压得很小，但是这种做法以实现复杂度提升为代价。此外，由于 FBMC 改善了频谱形状，因此无需保证所有子载波的正交性，而是使用偏移正交调制(OQAM)保证相邻子载波正交，FMBC 不再需要使用 CP 来对抗 ISI 和 ICI，进一步提高了频谱效率。不过，使用 OQAM 造成了 FBMC 与多天线技术 MIMO 结合上的困难(主要是在信道估计的时候造成污染)。在 MIMO 技术成为绝对主流技术的当今，FBMC 这一缺点是致命的。

　　FBMC 以子载波为单位进行脉冲成形，特别是由于符号周期较长，改善频谱需要时域无限的成形脉冲，即使截断也存在较大的时域拖尾，这引入了较高的复杂度；UFMC 则是以子带(即一组连续子载波)为单位进行脉冲成形，来降低带外泄露，提高频谱效率，同时还可以使用循环前缀，以保证其易于和 MIMO 技术相结合。

　　GFDM 则是一种由 OFDM 衍生出来的非正交多载波调制技术，它以 K 个子载波 M 个子符号构成的数据块为单位进行滤波处理，使用 CP 保护整个数据块，而 OFDM 则使用 CP 保护每个 OFDM 符号，因此 GFDM 的频谱效率更高，此外 GFDM 还支持每个子载波灵活选择脉冲成形滤波器，在很大程度上降低了带外泄露。

本 章 小 结

　　OFDM 在现代无线通信系统中得到了极为广泛的使用，与我们每天生活密切相关的 4G/5G 移动通信系统和无线 WiFi，其物理层技术都采用了 OFDM。这主要是因为 OFDM 的数字实现简单，且非常易于和多天线技术相结合，从而获得很高的频谱效率，很好地契合了整个世界对于宽带通信的需求。此外，OFDM 的 DFT 实现也具有很高的灵活性，例如可以将不可用的频率范围对应的部分子载波置 0，使用可用的频率范围对应的子载波来传输数据，从而将若干零碎的频率利用起来，4G/5G 就使用了这个做法。

　　OFDM 在无线通信中的重要地位不言而喻，作为通信专业的学生或者从业人员，读者应该对 OFDM 有最基本的了解，否则将缺乏针对新一代移动通信技术开展研究的基础。

第 9 章　多天线技术

多天线技术是指通过在发射端、接收端或收发两端利用多部天线进行接收和发送，从而获得性能增益的技术。多天线技术的核心不在于天线，而在于如何对多个天线上发送和接收的信号进行处理。由于多天线技术可以在不增加频谱占用的情况下极大地提高无线通信系统的容量，自 20 世纪 90 年代以来多天线技术在学术界和工程界都获得了广泛且持久的关注，并取得了丰硕的研究成果与应用成果。特别是，多天线技术可以非常容易地与 OFDM 技术相结合，5G 之所以能够获得高达 30(b/s)/Hz 的下行频谱效率，就是凭借多天线技术与 OFDM 技术的结合来实现的。

在第 5 章中介绍的接收天线分集仅仅是多天线技术的一个特例，实际上多天线技术有空间分集、空间复用及波束赋形三种应用形式，本章重点针对这三种应用形式讨论多天线技术。

9.1　多天线技术概述

无线通信系统中，根据收发两端天线的数量不同，可以有四种不同的配置，如图 9 - 1 所示，图中每个箭头都表示对应两根天线之间所有信号路径的组合，包括视距信号以及由于周围环境的反射、散射和折射产生的大量多径信号。为了简洁起见，图 9 - 1 中只画出了两部天线，实际的天线数目可以是更大的值。

图 9 - 1(a)为一般的单天线系统，其收发都只有一部天线，因此称为单入单出（Single In Single Out，SISO）系统。注意这里的"输入"和"输出"都是针对无线信道来讲的，发射机通过天线将其信号"输入"到无线信道中，然后同时将这些信号组合从无线信道"输出"到接收机中。图 9 - 1(b)中，发射端有一部天线进行发射，接收端有多部天线同时进行接收。对信道来讲，其输入只有一个信号，对应每个接收天线都有一个不同的输出，因此称为单入多出（Single Input Multiple Output，SIMO）系统，第 5 章中介绍的空间分集技术就是一种 SIMO 技术，通过在接收端合并多个接收信号以获得空间分集增益。图 9 - 1(c)是在发射端由多部天线同时发射信号，在接收端只用一部天线进行接收，因此该系统被称为多入单出（Multiple input Single Output，MISO）系统。图 9 - 1(d)是更加一般的情况，其在发射端和接收端都配置有多个天线，因此可以统称为多入多出（Multiple input Multiple Output，MIMO）系统。SIMO 系统、MISO 系统以及 MIMO 系统都采用了多部天线，因此都属于多天线技术。

通过在发射端和（或）接收端放置多部天线，多天线技术能够利用信号处理技术获得信噪比或者传输速率方面的改善。这些改善可以分别使用阵列增益、分集增益和复用增益来描述。其中阵列增益主要是指采用某种技术后在平均信噪比上获得的增益。分集增益通常定义为发送天线到接收天线间具有独立衰落的传播路径数目,也就是第 5 章中提到的分集支路数目 M,分集增益通常体现为改善了接收信噪比的概率分布,进而改善了误码性能。复用增益定义为可以同时传输的独立数据流数目,也称为"自由度"。例如采用等增益合并的 4 天线接收分集同时只能传输 1 路数据,其阵列增益为 $7\pi/4$,分集增益为 4,而复用增益则为 1。

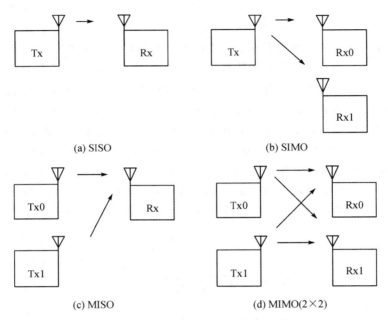

(a) SISO　　　　　　　　　　(b) SIMO

(c) MISO　　　　　　　　　　(d) MIMO(2×2)

图 9 - 1　四种不同的收发两端天线配置情况

　　一般来说,多天线技术有三种使用方式。第一类通过空间分集来提高功率效率,主要的技术包括接收分集、发射分集、空时编码(Space-Time Coding,STC)等。此类技术获得性能改善的根源在于空间衰落特性的多样性,改善程度可以使用阵列增益和分集增益来定量描述;第二类被称为空间复用,也即一般意义下的 MIMO,MIMO 技术利用空间衰落的独立性由不同天线传输相互独立的数据流,在不增加频谱占用的情况下成倍地提升数据传输速率,此类技术通过引入复用增益获得性能改善。第三类多天线技术称为波束赋形(Beamforming),其在发射机或接收机中充分利用信道信息建立波束赋形矩阵,形成具有指向性的窄波束,改变不同方向上的发射或者接收能量分配,从而实现接收功率的改善,主要表现为阵列增益的改善。本章详细介绍以上三类多天线技术,后续内容中统一以 N_T 表示发射天线的数目,N_R 表示接收天线的数目。

　　最后需要明确的是,多天线技术通常都要求平坦衰落信道,这也是多天线技术能够更好地与 ODFM 技术结合使用的核心原因,OFDM 调制能够将频率选择性衰落信道等效转换为频域上多个并行的平坦衰落子信道,从而能够在这些子信道上直接采用各种多天线技术。

9.2　空　间　分　集

　　第 5 章介绍的分集技术中,空间分集是通过多天线获得分集支路信号的一种方式。在本章中，空间分集的概念被进一步扩展，用来描述一大类通过在发射端或接收端利用多部天线获得空间分集增益的多天线技术。为了获得尽可能大的空间分集增益，要求各个收发天线对之间的信道衰落是不相关的。

9.2.1　接收天线分集

第 5 章中我们在接收端采用多部间隔一定距离的天线，获得同一发射信号的多个接收副本，并对接收信号进行合并以获得空间分集增益，其中的合并方法有选择合并、最大比合并以及等增益合并等，各种合并算法可以统一使用以下的通用向量模型来表示：

$$r_\Sigma = \sum_{i=1}^{N_R} w_i r_i = \boldsymbol{w}^H \boldsymbol{r} \tag{9-1}$$

其中，$\boldsymbol{w} = (w_1, w_2, \cdots, w_{N_R})^T$ 为合并算法的加权复向量，$\boldsymbol{r} = (r_1, r_2, \cdots, r_{N_R})^T$ 为 N_R 个接收天线上接收信号构成的接收复向量，r_Σ 为合并信号。对于选择合并，$\boldsymbol{w}$ 中只有瞬时信噪比最高的那个支路的加权因子为 1，其它支路的加权因子都为 0。对于最大比合并和等增益合并，加权因子是一个复数，除了具有幅度加权的作用，还需要完成对各个支路信号的相位调整，以实现同相合并。对于最大比合并，各支路加权因子模值的平方与该支路瞬时信噪比成正比。对于等增益合并，所有加权因子的模值全为 1。

上述合并方法的目的都是获得更好的合并信号信噪比，以对抗平坦衰落的影响，其前提都是各支路信号除信道衰落之外只受到白噪声的影响。然而许多情况下，特别是蜂窝移动通信这样的多用户通信系统中，接收信号还要受到系统内其它发射机的干扰。如果接收信号中包含了强度大致相等的大量干扰信号，则总的干扰将表现出与白噪声类似的特性，也即干扰被"白化"了，可以当作白噪声来处理，此时最大比合并等方法仍然是有效的。但是，如果系统中存在若干主要干扰源，则前述的合并算法性能将会恶化，因为这些合并算法的目的都是获得更高的信噪比，并没有对干扰进行针对性的处理。实际上，在选择加权系数的时候，可以针对干扰信号的特性进行优化，也即选择适当的加权系数以抑制干扰，这种合并方法称为干扰抑制合并（Interference Rejection Combining，IRC）。

首先考虑只有一个干扰源的情况，忽略时间符号 t，设发送码元为 s，则 N_R 个接收天线上接收到的码元可表示为

$$\boldsymbol{r} = (r_1, r_2, \cdots, r_{N_R})^T = \boldsymbol{h} s + \boldsymbol{h}_1 s_1 + \boldsymbol{n} \tag{9-2}$$

其中，s_1 为干扰信号，$\boldsymbol{h} = (h_1, h_2, \cdots, h_{N_R})^T$ 和 $\boldsymbol{h}_1 = (h_{1,1}, h_{1,2}, \cdots, h_{1,N_R})^T$ 分别为 N_R 个接收天线上与有用信号和干扰信号对应的信道衰落，其取值都为复数。设 $\boldsymbol{w} = (w_1, w_2, \cdots, w_{N_R})^H$ 为接收端的合并权值向量，则合并信号可以表示为

$$r_\Sigma = \sum_{i=1}^{N_R} w_i r_i = \boldsymbol{w}^H \boldsymbol{h} s + \boldsymbol{w}^H \boldsymbol{h}_1 s_1 + \boldsymbol{w}^H \boldsymbol{n} \tag{9-3}$$

为了消除干扰信号的影响，干扰抑制合并方式将选择合适的 $\boldsymbol{w}$ 使得（9-4）式成立。

$$\boldsymbol{w}^H \boldsymbol{h}_1 = 0 \tag{9-4}$$

（9-4）式为 N_R 元一次方程，通常有 $N_R - 1$ 个非零解，这些解都可以用来消除干扰信号 s_1。换言之，N_R 个接收天线提供了可用于消除干扰的 $N_R - 1$ 个自由度，从而可以利用这些自由度抑制更多的干扰。

现在考虑有 N_I 个干扰源的情况，则（9-2）式可重写为

$$r =(r_1, r_2, \cdots, r_{N_R})^T = hs + \sum_{i=1}^{N_I} h_{I,i} s_{I,i} + n \qquad (9-5)$$

其中，$s_{I,i}$ 表示第 i 个干扰信号，$h_{I,i}$ 表示第 i 个干扰信号的信道增益列向量，从而可以选择合适的 w 以使得

$$w^H [h_{I,1}, h_{I,2}, \cdots, h_{I,N_I}] = 0 \qquad (9-6)$$

(9-6)式为 N_R 元一次方程组，其中方程的个数为 N_I，只要 N_I 不超过 N_R-1 即可求解得到所需的权值 w。由这种方法获得的权值 w 能够完全消除干扰信号的影响，但是这里并没有考虑噪声的影响。与迫零均衡类似，这种方法在消除干扰的同时，可能会造成合并信号中的噪声被放大，从而使得合并性能下降。与 MMSE 均衡算法类似，也可以采用最小均方误差准则来求解权值 w，以使得(9-7)式所示的均方误差 J 最小化，其中 $\hat{s}$ 为对发送码元 s 的估计。

$$J = \mathbb{E}[|\hat{s} - s|^2] \qquad (9-7)$$

总的来说，接收天线分集技术在接收端采用多部天线来获取空间分集，进而对多个天线上接收到的信号进行合并，合并的方法包括第 5 章介绍的选择合并、最大比合并、等增益合并以及本节介绍的干扰抑制合并。前三种合并算法的目的都是为了获得信噪比的增益，干扰抑制合并则以抑制干扰为主要目标，也即获得信干比方面的增益。

9.2.2　发射天线分集

接收天线分集可以方便地应用于移动通信的上行链路，但是在下行链路中，由于移动台，特别是手持设备受到体积、成本等因素的限制，往往难以保证多天线之间的距离，从而使得多部天线的接收信号经历相互独立的衰落这一要求难以保证，造成接收天线分集的性能不够理想。在这种情况下，可以考虑利用基站处放置多部天线来实现分集效果，这种做法称为发射天线分集，简称为发射分集，其结构如图 9-2 所示。

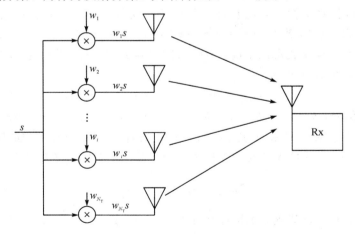

图 9-2　发射分集系统结构

令 s 为待发送的原始信息，第 i 个发射天线上发射的信号为 $w_i s$，即每个天线上的发射信号为原始信息 s 的加权，加权值 w_i 称为支路权值，$w=(w_1, w_2, \cdots, w_{N_R})^H$ 为发射端采用的加权向量。设第 i 个发射天线到接收天线之间的信道衰落为 h_i，则接收信号为各个发射天线经过信道衰落后的叠加，可以表示为

$$r_\Sigma = \sum_{i=1}^{N_T} r_i = \sum_{i=1}^{N_T} h_i w_i s = \boldsymbol{w}^H \boldsymbol{h} s \qquad (9-8)$$

若发射端已知信道信息 $h_i = |h_i| \mathrm{e}^{j\theta_i}$，则可以设置 $w_i = a_i \mathrm{e}^{-j\hat{\theta}_i}$，其中 a_i 用于对各个支路信号的幅度进行调整，相位 $\hat{\theta}_i$ 用于对各个支路信号的相位进行调整，以保证各支路信号在接收端同相累加，理想情况下应该满足 $\hat{\theta}_i = \theta_i$。不同的合并方案对应 w_i 不同的取值。对比(9-1)式可知，接收与发射分集从数学上具有相同的形式，从而我们可以说发射分集等价于使用相同合并方案的接收分集技术。

在前面的分析中我们假设发射端已知信道信息，具体来说，对于等增益合并，只要求发端已知信道衰落的相位信息；对于选择合并，发端只需要知道信道衰落的幅度信息；对于最大比合并，则需要知道信道衰落的幅度和相位信息。实际上这一点从因果关系来讲是不可实现的，但是针对具体的应用场景，可以有特定的实现方式。一种实现方式是在接收端利用训练序列对信道衰落进行估计，并将估计的结果通过反馈信道传输给发射端。这种通过反馈信道传输信道信息的方式要求反馈传输的时延在信道的相干时间之内，从而保证接收端估计得到的信道信息反馈到发射端后依然是有效的，而且这种做法额外引入了大量的信令开销。另外一种方式则利用了收发两个信道的互易性，假定收发两个方向上信道的传输特性相同，从而利用容易得到的接收信道衰落特性来直接决定其发射加权向量。收发信道的互易性在采用时分双工(参见第 10 章)的蜂窝通信系统中很容易保证，因为上下行链路采用的是相同载频且上下行传输的间隔很短。

如果发射机不能得到有关信道特性的信息，则需要适当地设计发射信号，以便在接收机处实现分集效果。信道信息未知情况下实现发射分集主要有两种方案，即时延分集和空时编码。时延分集通过人为地引入信号在时间上的扩展，从而获得人为的分集效果。空时编码则是在不同时间向两根发射天线发送由相同的用户数据编码得到的发送数据，从而提高成功恢复所需数据的概率。

9.2.3 时延分集

时延分集系统的结构如图 9-3 所示，发射端的 N_T 个天线对同一个发送信号分别施加不同的时延 τ_i 后发出，其中 $\tau_1 = 0$，即第一个发射天线的时延为 0。这种发射方式可以看作是对信号人为地引入了时延扩展，也即引入了人为的码间干扰。

当接收机具有理想的均衡器或者采用能够有效对抗码间串扰的调制方式(如 OFDM)时，如果每条路径上信号经历的衰落相互独立，则多径传播造成的时延扩展对接收实际上是有利的，因为可以在接收端获得分集的效果。当信道不具有显著的时间扩散效应时，信号经历平坦衰落，由于信号的各个频率分量经历的衰落的影响是相似的，因此一旦产生深度衰落，则整个接收信号的能量都会严重衰减，从而无法正确解调。通过引入时延分集，在间隔足够大的多副天线上人为引入多个时延不同的多径信号，这些多径信号分别经历了独立衰落，在接收端这些多径信号同时经历深度衰落的概率远远低于其中任何一个信号经历深度衰落的概率。从频域上看，时延分集使得接收信号在其传输带宽内发生了人为的频率选择性衰落，也就是说，整个工作带宽全部出现深度衰落的概率被降低了，从而获得了某种频率分集的效果。当然，由于在发射端人为引入了码间干扰，接收机必须能够有效地解

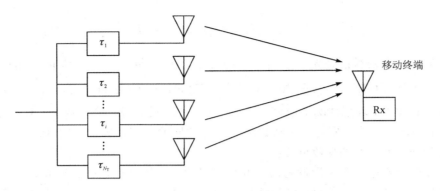

图 9 - 3　时延分集系统结构

决由此带来的 ISI 问题，对时延分集信号的接收与一般的多径衰落信号的接收完全相同，可以基于插入的训练序列进行均衡或者采用 OFDM 这样的能够对抗码间串扰的调制方式。

由以上分析可知，时延分集要求各个发射天线到接收天线的信道衰落是不相关的，因此需要多个发射天线之间具有足够大的空间间隔。此外，图 9 - 3 中的各个发射天线的时延 τ_i 的选取需要使得接收信号获得足够的频率选择特性，但总的时延又不能够太大导致复杂的均衡器或 OFDM 系统下更大的循环前缀开销。最后，时延分集对发射天线的数目没有特别的要求，从 2 个天线到更多的 N_T 个天线，其原理与结构都是类似的。时延分集的一个优点在于发射端的处理对于接收端是透明的，不论发射端有多少个发射天线以及如何进行时延，接收端收到的信号只是具有不同的时延扩展而已，基本的处理方法是不变的。这一特点使得时延分集可以在不修改无线通信协议的前提下，方便地应用于各种不同的无线通信系统中。

对于基于数据块传输的无线通信系统，如 OFDM 系统，可以用循环时延分集。循环时延分集与时延分集类似，其主要区别在于循环时延分集按块操作，并在不同的天线上对数据进行循环移位而不是线性延迟。对于 OFDM 传输，时域信号的循环移位对应于频域信号（即 OFDM 各子载波上携带符号）的相移，不同子载波上的相移是不同的，因此，类似于时延分集，这将产生人为的频率选择性，从而获得频率分集。关于循环时延分集，书末所给参考文献[1]从波束赋形角度对其进行了分析，指出循环时延分集实际上是频域的随机波束赋形，但是由于其波束非常窄，因此其性能较差，有兴趣的读者可以参考该文献。

9.2.4　空时编码

传统的信道编码通过在时间维度上增加冗余信息来改善信噪比，以获得一定的编码增益。空时编码则是多天线传输方案，其将调制符号编码后映射到时间域和空间（发射天线）域两个维度上并进行发射，以获得空间分集增益和附加的编码增益。最早提出的空时编码为空时网格编码（Space-Time Trellis Coding，STTC），随后又提出了空时分组编码（Space-Time Block Coding，STBC）。这些码字的最佳解码复杂度往往随着天线数量的增加呈指数级增大，设计这些码字本身就是一个复杂的问题，这一内容不在本节的讨论范围之内。本节中将针对两天线发射、单天线接收这样的简单场景引入著名的 Alamouti 编码作为空时编码的实例进行讨论。

采用 Alamouti 编码的多天线传输系统如图 9 - 4 所示。与发射分集和时延分集不同，在 Alamouti 编码中，各个天线上传输的数据符号不再是相同的，而是由一定的编码规则得到的。Alamouti 编码将发送的数据符号每两个构成一组，然后将这两个数据符号同时送到两部发射天线进行发射。当然，如果只是这样将两个数据符号同时发送，则接收端只采用一部天线是无法正确分辨出这两个数据符号的，Alamouti 编码中将这两个符号进行一定的变换后再在两部发射天线上重新发送一次，具体的编码方式如图 9 - 4 所示。

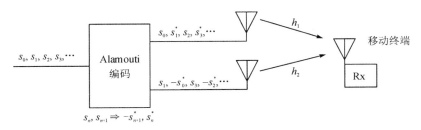

图 9 - 4 Alamouti 编码系统

设两个连续的数据符号为 s_{2i} 和 s_{2i+1}，在第 $2i$ 个符号周期两部发射天线上发射的数据符号分别为 s_{2i} 和 s_{2i+1}，在第 $2i+1$ 个符号周期发送的数据符号为 s_{2i+1}^* 和 $-s_{2i}^*$。假设在符号周期 $2i$ 和 $2i+1$ 时间内，两部发射天线到接收天线的信道特性不变（这个假定通常是成立的），分别为 $h_{1,i}$ 和 $h_{2,i}$，则这两个符号周期的接收信号为 r_{2i} 和 r_{2i+1}，它们可以表示为

$$\begin{cases} r_{2i} = h_{1,i} s_{2i} + h_{2,i} s_{2i+1} + n_{2i} \\ r_{2i+1} = h_{1,i} s_{2i+1}^* - h_{2,i} s_{2i}^* + n_{2i+1} \end{cases} \tag{9-9}$$

其中，n_{2i} 和 n_{2i+1} 为高斯白噪声。从(9-9)式可以看出，考虑变换后的符号，则两个数据符号 s_{2i} 和 s_{2i+1} 分别都经历了两个信道特性 $h_{1,i}$ 和 $h_{2,i}$，从而获得了空间分集。在 Alamouti 编码下，通常将(9-9)式的第二个方程改写为共轭形式，并将这两个方程写成矩阵形式如下：

$$\boldsymbol{r}_i = \begin{bmatrix} r_{2i} \\ r_{2i+1}^* \end{bmatrix} = \begin{bmatrix} h_{1,i} & h_{2,i} \\ -h_{2,i}^* & h_{1,i}^* \end{bmatrix} \begin{bmatrix} s_{2i} \\ s_{2i+1} \end{bmatrix} + \begin{bmatrix} n_{2i} \\ n_{2i+1}^* \end{bmatrix} \tag{9-10}$$

定义信道矩阵为

$$\boldsymbol{H}_i = \begin{bmatrix} h_{1,i} & h_{2,i} \\ -h_{2,i}^* & h_{1,i}^* \end{bmatrix} \tag{9-11}$$

则可以将(9-10)式写成更加简洁的形式：

$$\boldsymbol{r}_i = \boldsymbol{H}_i \boldsymbol{s}_i + \boldsymbol{n}_i \tag{9-12}$$

其中，$\boldsymbol{s}_i = [s_{2i}, s_{2i+1}]^T$ 和 $\boldsymbol{n}_i = [n_{2i}, n_{2i+1}^*]^T$ 分别为发送数据符号向量和噪声向量。容易验证 $\boldsymbol{H}_i \boldsymbol{H}_i^H = (|h_{1,i}|^2 + |h_{2,i}|^2) \boldsymbol{I}_{2\times2}$，其中 $\boldsymbol{I}_{2\times2}$ 为 2 阶单位阵，从而可知 $\boldsymbol{H}_i$ 可逆且有：

$$\boldsymbol{H}_i^{-1} = \frac{\boldsymbol{H}_i^H}{|h_{1,i}|^2 + |h_{2,i}|^2} \tag{9-13}$$

因此可以从接收符号 r_{2i} 和 r_{2i+1} 中无干扰地恢复出两个发送的数据符号 s_{2i} 和 s_{2i+1}，恢复的过程即为对接收向量 $\boldsymbol{r}_i$ 乘以矩阵 $\boldsymbol{W} = \boldsymbol{H}_i^{-1}$：

$$\hat{\boldsymbol{s}}_i = \boldsymbol{W} \boldsymbol{r}_i = \boldsymbol{H}_i^{-1} \boldsymbol{r}_i = \boldsymbol{H}_i^{-1} \boldsymbol{H}_i \boldsymbol{s}_i + \boldsymbol{H}_i^{-1} \boldsymbol{n}_i = \boldsymbol{s}_i + \boldsymbol{H}_i^{-1} \boldsymbol{n}_i \tag{9-14}$$

其中 $\hat{\boldsymbol{s}}_i = [\hat{s}_{2i}, \hat{s}_{2i+1}]^T$ 为估计得到的符号向量。忽略噪声，由于(9-14)式中的矩阵只有 2 阶，可以直接给出其求解过程如下：

$$\hat{s}_{2i} = \frac{h_{1,i}^* r_{2i} - h_{2,i} r_{2i+1}^*}{|h_{1,i}|^2 + |h_{2,i}|^2} \tag{9-15a}$$

$$\hat{s}_{2i+1} = \frac{h_{2,i}^* r_{2i} + h_{1,i} r_{2i+1}^*}{|h_{1,i}|^2 + |h_{2,i}|^2} \qquad (9-15b)$$

可以证明，如果两个发射天线上信号的发射功率都为 S，噪声功率为 N，则 Alamouti 解码后的信噪比为

$$\gamma = (|h_{1,i}|^2 + |h_{2,i}|^2)\frac{S}{N} \qquad (9-16)$$

因此 Alamouti 编码能够获得的阵列增益为 $|h_{1,i}|^2 + |h_{2,i}|^2$。

由于图 9-4 所示的两天线空时编码在两个符号周期的时间发射了两个有效数据符号，因此其编码码率为 1，平均每个符号周期发送一个数据符号，与单天线的频谱效率相同。空时编码方案也可以扩展到两个以上的天线，然而研究表明，在 PSK 或 QAM 等线性调制方式下，只有两天线配置可以获得编码码率为 1 且没有任何符号间干扰的空时编码方案，也即正交时空码。在多于两个天线的情况下，只存在编码码率小于 1 的无码间干扰的正交空时编码，编码码率小于 1 表明引入了额外的冗余，从而降低了频谱效率。

9.3　空　间　复　用

上一节介绍空间分集时，对仅在发射端或者接收端使用多部天线的情况进行了说明，当收发两端同时使用多部天线时，仍然可以进行类似处理以进一步改善信噪比，获得额外的空间分集增益。另一方面，在收发两端都有多个天线的情况下，也有可能利用空间衰落的独立性构造独立的并行子信道，从而更有效地利用部分子信道上的高信噪比/信干比获得更高的数据速率，这种多天线技术被称为空间复用。空间复用也经常被称为 MIMO，尽管 MIMO 在严格意义上可以表示所有类型的多天线系统，但在本节中，MIMO 主要指空间复用技术。此外，本章介绍的 MIMO 系统都基于窄带假设，即信号带宽远小于信道的相干带宽，也即信道衰落类型为平坦衰落。如果是经历频率选择性衰落的宽带信号，可以结合 OFDM 技术将其转换为多个并行的具有平坦衰落特性的子信道后再应用本节方法。

通过同时在收发两端使用多部天线，MIMO 系统可以显著提高无线传输的数据速率，而无需增加信号所占用的带宽。在 MIMO 系统中，速率提升的代价是多部天线上需要增加的发射功率、部署多部天线的成本、额外的空间需求（尤其是在小型手持设备上）以及多维信号处理带来的复杂性等。

9.3.1　一个简单的空间复用实例

首先从收发都为两天线的简单实例开始，如图 9-5 所示，这种系统通常被称为 2×2 MIMO 系统。该 MIMO 系统传输的信号为窄带信号，且信道衰落在一定时间间隔内保持不变，用 h_{ji} 表示从第 i 个发射天线到第 j 个接收天线的信道衰落，这里 i、j 取 1 或 2。设两部发射天线上发送的信号分别为 x_1 和 x_2，两部接收天线上接收到的信号分别为 y_1 和 y_2，不考虑噪声，则可以得到下面的方程组：

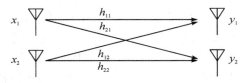

图 9-5　2×2 MIMO 系统

$$\begin{cases} y_1 = h_{11}x_1 + h_{12}x_2 \\ y_2 = h_{21}x_1 + h_{22}x_2 \end{cases} \tag{9-17}$$

（9-17）式所示的二元一次方程组可以直接求解得到：

$$\begin{cases} x_1 = \dfrac{h_{22}y_1 - h_{12}y_2}{h_{11}h_{22} - h_{12}h_{21}} \\ x_2 = -\dfrac{h_{21}y_1 - h_{11}y_2}{h_{11}h_{22} - h_{12}h_{21}} \end{cases} \tag{9-18}$$

为保证正确恢复数据，要求 $h_{11}h_{22} - h_{12}h_{21} \neq 0$。如果将（9-17）式表示为如下矩阵形式：

$$y = Hx \tag{9-19}$$

其中 $x = [x_1, x_2]^T$，$y = [y_1, y_2]^T$，并有信道矩阵：

$$H = \begin{bmatrix} h_{11} & h_{12} \\ h_{21} & h_{22} \end{bmatrix} \tag{9-20}$$

当满足 $\det(H) = h_{11}h_{22} - h_{12}h_{21} \neq 0$ 时，即可求得 $x = H^{-1}y$。由矩阵论相关知识可以知道，只要矩阵 H 的行或列相互线性无关，即可满足行列式不为零。矩阵 H 的两行之间线性无关的含义为：从发射天线 1 到两个接收天线的信道衰落与发射天线 2 到两个接收天线的信道衰落是不相关的。H 的两列线性无关的含义是：两个发射天线到接收天线 1 的信道与两个发射天线到接收天线 2 的信道衰落是不相关的。也就是说，H 满秩的条件为天线之间的信道衰落不相关。

通过上述实例可以看出，对于 2×2 的天线配置，当天线之间的信道衰落不相关时，可以同时在两个发射天线上分别传输不同的数据，并在接收端通过两部天线的接收信号恢复出原始发送信号，此时在没有增加带宽占用的情况下将数据传输速率提升了一倍，从而频谱效率提升了一倍。如果继续在收发两端增加天线的数目，是否能够继续提升数据传输速率从而提高频谱效率呢？后续内容将回答这个问题。

9.3.2　MIMO 系统模型

首先引入图 9-6 所示的 MIMO 系统，该系统具有 N_T 部发射天线和 N_R 部接收天线，传输的信号为窄带信号，传输方式为点到点传输。假定信道衰落在一定时间间隔内保持不变，用 h_{ji} 表示从第 i 个发射天线到第 j 个接收天线的信道衰落，这里 $i \in [1, N_T]$，$j \in [1, N_R]$。

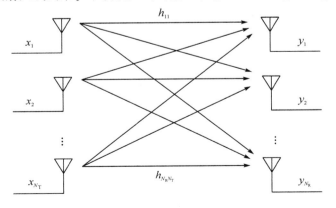

图 9-6　$N_T \times N_R$ MIMO 系统

设发送信号为 x_i，$i \in \{1, 2, \cdots, N_T\}$，接收信号为 y_j，$j \in \{1, 2, \cdots, N_R\}$，图 9-6 所示的 MIMO 系统可以用矩阵形式表示为

$$
\begin{bmatrix} y_1 \\ y_2 \\ \vdots \\ y_{N_R} \end{bmatrix} = \begin{bmatrix} h_{11} & h_{12} & \cdots & h_{1N_T} \\ h_{21} & h_{22} & \cdots & h_{2N_T} \\ \vdots & \vdots & \ddots & \vdots \\ h_{N_{R1}} & h_{N_{R2}} & \cdots & h_{N_R N_T} \end{bmatrix} \begin{bmatrix} x_1 \\ x_2 \\ \vdots \\ x_{N_T} \end{bmatrix} + \begin{bmatrix} n_1 \\ n_2 \\ \vdots \\ n_{N_R} \end{bmatrix} \tag{9-21}
$$

其中，$n_j (j \in \{1, 2, \cdots, N_R\})$ 为第 j 个天线上的加性高斯白噪声。也可以将 (9-21) 式表示为如下更简洁的形式：

$$
\boldsymbol{y} = \boldsymbol{H}\boldsymbol{x} + \boldsymbol{n} \tag{9-22}
$$

其中，$\boldsymbol{y}$ 为 N_R 维接收列向量，$\boldsymbol{x}$ 为 N_T 维发射列向量，$\boldsymbol{n}$ 为 N_R 维加性高斯白噪声列向量，$\boldsymbol{H}$ 为 $N_R \times N_T$ 维信道矩阵，并假设 $\boldsymbol{H}$ 中的信道衰落值都服从瑞利分布。为了简洁起见，我们在 $\boldsymbol{y}$、$\boldsymbol{x}$、$\boldsymbol{n}$ 以及 $\boldsymbol{H}$ 中忽略了表示时间的角标（实际上这些变量表示的都是随机过程）。

9.3.3　MIMO 信道的并行分解

为了对图 9-6 所示的 MIMO 系统有更加深刻的认识，引入矩阵的奇异值分解（Singular Value Decomposition，SVD）技术，一个 $m \times n$ 矩阵 $\boldsymbol{A}$，无论其是否为方阵，无论其为实矩阵或复矩阵，都可以分解为 $\boldsymbol{A} = \boldsymbol{U}\boldsymbol{\Sigma}\boldsymbol{V}^H$，其中 $\boldsymbol{\Sigma}$ 为 $m \times n$ 阶实矩阵，除了主对角线上的元素以外全为 0，主对角线上的每个元素 λ_i 都称为 $\boldsymbol{A}$ 的奇异值，$\boldsymbol{U}$ 为 $m \times m$ 矩阵，$\boldsymbol{V}$ 为 $n \times n$ 矩阵，且 $\boldsymbol{U}$、$\boldsymbol{V}$ 均为酉阵，即 $\boldsymbol{U}^{-1} = \boldsymbol{U}^H$，$\boldsymbol{V}^{-1} = \boldsymbol{V}^H$。依据以上描述，可以将信道矩阵 $\boldsymbol{H}$ 进行如下分解：

$$
\boldsymbol{H} = \boldsymbol{U}\boldsymbol{\Sigma}\boldsymbol{V}^H \tag{9-23}
$$

其中，$\boldsymbol{U}$ 和 $\boldsymbol{V}$ 分别是 $N_R \times N_R$ 和 $N_T \times N_T$ 维酉矩阵，即 $\boldsymbol{U}\boldsymbol{U}^H = \boldsymbol{I}_{N_R}$，$\boldsymbol{V}\boldsymbol{V}^H = \boldsymbol{I}_{N_T}$，$N_R \times N_T$ 维矩阵 $\boldsymbol{\Sigma}$ 在主对角线上的元素为 $\boldsymbol{H}$ 的奇异值，除此以外其它元素都为 0。以下针对 $\boldsymbol{H}$ 是否满秩分别讨论，本节讨论 $\boldsymbol{H}$ 满秩的情况，下一节讨论不满秩的情况。

若 $\boldsymbol{H}$ 满秩，则其非零奇异值的数目为

$$
N_L = \min(N_T, N_R) \tag{9-24}
$$

将 $\boldsymbol{H}$ 的 N_L 个奇异值按照从大到小的顺序排列，记为 $\{\lambda_i, i \in [1, N_L]\}$，则当 $N_T < N_R$ 时，有 $N_L = N_T$，且 $\boldsymbol{\Sigma}$ 具有如下形式：

$$
\boldsymbol{\Sigma} = \begin{bmatrix} \lambda_1 & 0 & \cdots & 0 \\ 0 & \lambda_2 & \cdots & 0 \\ \vdots & \vdots & \ddots & \vdots \\ 0 & 0 & 0 & \lambda_{N_L} \\ 0 & 0 & \cdots & 0 \\ \vdots & \vdots & \ddots & \vdots \\ 0 & 0 & \cdots & 0 \end{bmatrix} \tag{9-25}
$$

当 $N_T > N_R$ 时，有 $N_L = N_R$，且 $\boldsymbol{\Sigma}$ 具有如下形式：

$$\boldsymbol{\Sigma} = \begin{bmatrix} \lambda_1 & 0 & \cdots & 0 & 0 & \cdots & 0 \\ 0 & \lambda_2 & \cdots & 0 & 0 & \cdots & 0 \\ \vdots & \vdots & \ddots & 0 & \vdots & \ddots & \vdots \\ 0 & 0 & \cdots & \lambda_{N_L} & 0 & \cdots & 0 \end{bmatrix} \tag{9-26}$$

当 $N_T = N_R$ 时，$\boldsymbol{\Sigma}$ 为方阵。

为了确定矩阵 $\boldsymbol{U}$ 和 $\boldsymbol{V}$，需要用到信道矩阵 $\boldsymbol{H}$ 的相关矩阵 $\boldsymbol{R}_{hh}$：

$$\boldsymbol{R}_{hh} = \boldsymbol{H}\boldsymbol{H}^H \tag{9-27}$$

将(9-23)式代入(9-27)式可得

$$\boldsymbol{R}_{hh} = \boldsymbol{U}\boldsymbol{\Sigma}\boldsymbol{V}^H\boldsymbol{V}\boldsymbol{\Sigma}^H\boldsymbol{U}^H = \boldsymbol{U}\boldsymbol{\Sigma}\boldsymbol{\Sigma}^H\boldsymbol{U}^H = \boldsymbol{U}\boldsymbol{\Delta}\boldsymbol{U}^H \tag{9-28}$$

其中 $\boldsymbol{\Delta}$ 为 $N_R \times N_R$ 维方阵，当 $N_T < N_R$ 时具有如下形式：

$$\boldsymbol{\Delta} = \begin{bmatrix} \lambda_1^2 & 0 & \cdots & 0 & \cdots & 0 \\ 0 & \lambda_2^2 & \cdots & 0 & \ddots & 0 \\ \vdots & \vdots & \ddots & \vdots & & \vdots \\ 0 & 0 & \cdots & \lambda_{N_L}^2 & 0 & 0 \\ \vdots & \vdots & \ddots & \vdots & \ddots & \vdots \\ 0 & 0 & \cdots & 0 & \cdots & 0 \end{bmatrix} \tag{9-29}$$

当 $N_T \geqslant N_R$ 时具有如下形式：

$$\boldsymbol{\Delta} = \begin{bmatrix} \lambda_1^2 & 0 & \cdots & 0 \\ 0 & \lambda_2^2 & \cdots & 0 \\ \vdots & \vdots & \ddots & \vdots \\ 0 & 0 & \cdots & \lambda_{N_L}^2 \end{bmatrix} \tag{9-30}$$

(9-28)式实际上是矩阵 $\boldsymbol{R}_{hh}$ 的特征值分解，矩阵 $\boldsymbol{U}$ 的前 N_L 列由 $\boldsymbol{R}_{hh}$ 的 N_L 个特征向量构成，其余列我们并不关心，因为在进行 $\boldsymbol{U}\boldsymbol{\Sigma}$ 计算时，这些列都会被乘以 0 向量。类似地可以得到如下的结果：

$$\boldsymbol{R}_{hh}^H = \boldsymbol{H}^H\boldsymbol{H} = \boldsymbol{V}\boldsymbol{\Sigma}^H\boldsymbol{U}^H\boldsymbol{U}\boldsymbol{\Sigma}\boldsymbol{V}^H = \boldsymbol{V}\boldsymbol{\Sigma}^H\boldsymbol{\Sigma}\boldsymbol{V}^H = \boldsymbol{V}\boldsymbol{\Delta}'\boldsymbol{V}^H \tag{9-31}$$

其中 $\boldsymbol{\Delta}' = \boldsymbol{\Sigma}^H\boldsymbol{\Sigma}$。从而有矩阵 $\boldsymbol{V}$ 的前 N_L 列由 $\boldsymbol{R}_{hh}^H$ 的 N_L 个特征向量构成，其余列我们同样不关心。也就是说，由于 $\boldsymbol{\Sigma}$ 中存在零向量，从而矩阵 $\boldsymbol{U}$ 和 $\boldsymbol{V}$ 中部分列向量的具体值我们并不关心，因此可对(9-23)式中的矩阵重新定义如下：

(1) $\boldsymbol{\Sigma}$ 压缩为 $N_L \times N_L$ 维对角方阵，对角线上的元素为信道矩阵 $\boldsymbol{H}$ 的 N_L 个奇异值；

(2) $\boldsymbol{U}$ 压缩为 $N_R \times N_L$ 维矩阵，由 $\boldsymbol{R}_{hh}$ 的前 N_L 个特征列向量构成；

(3) $\boldsymbol{V}$ 压缩为 $N_T \times N_L$ 维矩阵，由 $\boldsymbol{R}_{hh}^H$ 的前 N_L 个特征列向量构成。

以后用到的矩阵 $\boldsymbol{\Sigma}$、$\boldsymbol{U}$ 和 $\boldsymbol{V}$ 都采用 $\boldsymbol{\Sigma}$ 为 $N_L \times N_L$ 维方阵的定义，此时，将(9-23)式代入(9-22)式可以得到：

$$\boldsymbol{y} = \boldsymbol{U}\boldsymbol{\Sigma}\boldsymbol{V}^H\boldsymbol{x} + \boldsymbol{n} \tag{9-32}$$

若发射端已知信道信息 $\boldsymbol{H}$，就可以依据 $\boldsymbol{H}$ 的 SVD 分解进行预编码，具体来说，将待发送的 N_L 维数据向量 $\tilde{\boldsymbol{x}} = [\tilde{x}_1, \ \tilde{x}_2, \ \cdots, \ \tilde{x}_{N_L}]^T$ 左乘矩阵 $\boldsymbol{V}$ 得到发送的信号向量 $\boldsymbol{x}$，也即预编码过程为

$$\boldsymbol{x} = \boldsymbol{V}\tilde{\boldsymbol{x}} \tag{9-33}$$

　　实际发送信号为经过上述预编码运算后的 x，从而接收向量为

$$y = U\Sigma V^{\mathrm{H}}V\tilde{x} + n = U\Sigma\tilde{x} + n \tag{9-34}$$

　　由于接收端也已知信道信息，则可以对接收信号向量 y 左乘矩阵 U^{H} 得到：

$$\tilde{y} = U^{\mathrm{H}}y = U^{\mathrm{H}}U\Sigma\tilde{x} + U^{\mathrm{H}}n = \Sigma\tilde{x} + U^{\mathrm{H}}n = \Sigma\tilde{x} + \tilde{n} \tag{9-35}$$

其中 $\tilde{n} = U^{\mathrm{H}}n$。$(9-35)$ 式中矩阵 Σ 为 N_{L} 维对角阵，因此其与原始信号向量 $\tilde{x}$ 的乘积相当于给 $\tilde{x}$ 的每个分量乘以一个独立的衰落因子 λ_i，即：

$$\tilde{y}_i = \lambda_i\tilde{x}_i + \tilde{n}_i, \ i \in \{1, 2, \cdots, N_{\mathrm{L}}\} \tag{9-36}$$

　　上述分解可用图 $9-7$ 表示，一个 $N_{\mathrm{T}} \times N_{\mathrm{R}}$ 的 MIMO 信道被分解为 N_{L} 个独立互不干扰的子信道，也即 N_{L} 个正交的子信道。由于矩阵 U 和 V 及其共轭转置都为酉矩阵，因此从 $\tilde{x}$ 到 x 以及从 y 到 $\tilde{y}$ 的变换不会改变信号的能量，从 n 到 $\tilde{n}$ 的变换不会改变噪声能量，也不会改变噪声的分布情况，也即 $\tilde{n}$ 和 n 具有相同的分布。

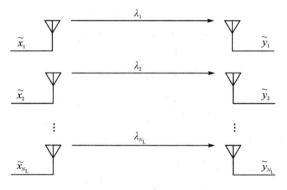

图 $9-7$　MIMO 信道的并行分解

　　由上述 MIMO 信道的并行分解可以看出，分解后的并行子信道共有 N_{L} 个，即最多可以同时传输 N_{L} 个并行的数据，这也是原始数据向量 $\tilde{x}$ 的维数。实际应用当中，$\tilde{x}$ 的维数 N_x 可能小于 N_{L}，此时可以将 Σ 进一步压缩为 N_x 维对角阵，对角线上的元素为 H 的前 N_x 个最大奇异值，U 和 V 也相应压缩，由 R_{hh} 和 $R_{\mathrm{hh}}^{\mathrm{H}}$ 中对应于最大 N_x 个特征值的特征向量构成。观察 $(9-36)$ 式，各个并行子信道具有不同的增益 λ_i，当 λ_i 过小时，对应的子信道的信噪比将难以支持有效的数据传输，因此无法使用全部 N_{L} 个并行子信道，只能采用更小的 N_x。实际上，λ_i 取值的大小可由自相关矩阵 R_{hh} 的条件数来反映，在 L2 范数下，条件数为

$$\mathrm{cond}(R_{\mathrm{hh}}) = \frac{\lambda_1^2}{\lambda_{N_{\mathrm{L}}}^2} \tag{9-37}$$

R_{hh} 的条件数越大则其对应的特征值之间的差距就越大，各子信道之间的信噪比差异就越大，不利于并行传输。为了充分利用所有的并行子信道，我们希望 R_{hh} 的条件数越小越好。

9.3.4　MIMO 预编码

　　在上一节中，我们假设信道矩阵 H 是满秩的，如果信道矩阵不是满秩的，则其非零奇异值的数目为

$$r = \mathrm{rank}(H) < N_{\mathrm{L}} \tag{9-38}$$

　　此时 $(9-23)$ 式中的矩阵定义需要重新设定：

（1）$\boldsymbol{\Sigma}$ 压缩为 $r \times r$ 维对角方阵，对角线上的元素为信道矩阵 $\boldsymbol{H}$ 的 r 个奇异值；

（2）$\boldsymbol{U}$ 压缩为 $N_R \times r$ 维矩阵，由 $\boldsymbol{R}_{hh}$ 的前 r 个特征列向量构成；

（3）$\boldsymbol{V}$ 压缩为 $N_T \times r$ 维矩阵，由 $\boldsymbol{R}_{hh}^H$ 的前 r 个特征列向量构成。

假设收发两端都已知信道信息，信道矩阵 $\boldsymbol{H}$ 不满秩情况下仍然可以直接基于 $\boldsymbol{H}$ 的 SVD 分解完成预编码和解码，如图 9-8 所示。在发射端按照（9-33）式用矩阵 $\boldsymbol{V}$ 对待发送的数据向量 $\tilde{\boldsymbol{x}}$ 进行预编码，实现从 r 个原始数据到 N_T 个发射天线的映射；在接收端，对接收信号 $\boldsymbol{y}$ 按照（9-35）式用矩阵 $\boldsymbol{U}^H$ 进行接收处理。通过发射端的预编码和接收端的处理，将 $N_T \times N_R$ 的 MIMO 信道转换成为 r 个独立的并行子信道，从而可以对各个子信道分别进行调制解调和编译码处理，实现空间复用。

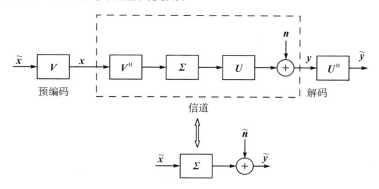

图 9-8 MIMO 预编码与 MIMO 解码

在实际的无线通信系统中，发射端对信道信息的认知往往需要通过反馈或者利用反向信道的测量结果。由于时延的影响，这些方式获得的信道信息经常是不够准确的，因此在工程上经常采用的一种通用方法是由接收机估计信道并从一组可用的预编码矩阵（预编码码本）中确定合适的预编码矩阵，然后将有关所选预编码矩阵的信息反馈给发射机用于预编码。

基于上述考虑，在实际中预编码矩阵难以与信道矩阵完全匹配，因此在多个并行子信道的信号之间始终会存在一些残留干扰。对于这些残留的干扰，可以在 MIMO 接收机中进行进一步处理来消除其影响。设发射端预编码采用的矩阵为从码本中选择的矩阵 $\boldsymbol{M}$，则对于 MIMO 接收机，其接收过程即求解以下方程

$$\boldsymbol{y} = \boldsymbol{HM}\tilde{\boldsymbol{x}} + \boldsymbol{n} \tag{9-39}$$

对于 MIMO 接收机来说，$\boldsymbol{M}$ 是已知的，$\boldsymbol{H}$ 可以通过信道估计来获得，（9-39）式与第 6 章要求解的均衡问题形式一致，因此可采用第 6 章介绍的迫零或 MMSE 等算法完成信号恢复。

9.3.5 MIMO 信道容量

在图 9-7 中，假设独立的并行子信道数为 N_L，各个子信道上具有相同的噪声功率谱密度 N_0，则此 MIMO 信道的容量就是这些并行子信道的容量之和，即

$$C = B \sum_{i=1}^{N_L} \text{lb}\left(1 + \frac{\lambda_i^2 P_i}{N_0 B}\right) \tag{9-40}$$

其中，B 为信号带宽，P_i 为各个子信道上的发射功率，假设发射端总的发射功率约束为 P，即

$$\sum_{i=1}^{N_L} P_i \leqslant P \tag{9-41}$$

首先考虑最简单的情况，各子信道上平均分配功率，即

$$P_i = \frac{P}{N_L}, \quad i \in \{1, 2, \cdots, N_L\} \tag{9-42}$$

则相应的 MIMO 信道容量为

$$C = B \sum_{i=1}^{N_L} \text{lb} \left(1 + \frac{\lambda_i^2 P}{N_0 B N_L}\right) \tag{9-43}$$

若允许将总功率 P 在各子信道之间任意分配，则可能达到的最大 MIMO 信道容量可以通过求解以下优化问题获得：

$$C = \max_{P_i} B \sum_{i=1}^{N_L} \text{lb} \left(1 + \frac{\lambda_i^2 P_i}{N_0 B}\right) \qquad \text{s.t.} : \sum_{i=1}^{N_L} P_i \leqslant P \tag{9-44}$$

(9-44)式所示的最优化问题可以通过注水原理来解决。设 $\{P_i^* : i \in [1, N_L]\}$ 为最优的功率分配方案，根据注水原理有

$$P_i^* = \begin{cases} \mu - \dfrac{N_0}{\lambda_i^2}, & \mu \lambda_i^2 > N_0 \\ 0, & \mu \lambda_i^2 \leqslant N_0 \end{cases} \tag{9-45}$$

其中参数 μ 用于满足(9-41)式的功率约束，即通过设定合适的 μ 保证并行子信道的总功率不超过设定的总的发射功率 P。注水原理可以通过图 9-9 形象地理解。多个并行子信道构成了一系列的台阶，每个台阶的高度用 N_0 / λ_i^2 表示，N_0 / λ_i^2 的取值越大表示该子信道的信噪比越低，因此应该分配到更小的功率。最终功率分配的过程就像在这一系列台阶上进行注水，注水的总量就是总的发射功率 P。注水后形成了一个水平面，该水平面的高度就是 μ，注水的结果为：当台阶高度 N_0 / λ_i^2 小于水平面高度 μ 时，该子信道(台阶)能够被分配到的功率为水平面高度 μ 减去台阶的高度，即 $P_i^* = \mu - N_0 / \lambda_i^2$；当台阶高度 N_0 / λ_i^2 大于水平面高度 μ 时，该子信道(台阶)将不会被分配任何功率，也就是说不使用该子信道。

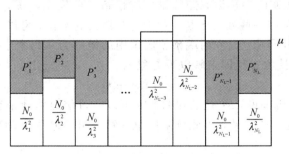

图 9-9　注水原理示意

在上述注水过程中，μ 的取值非常重要，取值过小则大量的子信道上分配的功率为 0，对子信道的利用率过低；取值过大则可能使得并行子信道的功率值和超过总功率约束 P。因此，在实际中需要根据信道条件和总功率 P 对 μ 的取值进行仔细考虑。考虑(9-45)式的功率分配之后，MIMO 信道容量为

$$C = B \sum_{i=1}^{N_L} \text{lb} \left(1 + \frac{\lambda_i^2 P_i^*}{N_0 B}\right) \tag{9-46}$$

9.4 波束赋形

波束赋形(Beamforming)技术来源于军事应用中的相控阵雷达,通过使用多部间隔较近(通常设定为半个波长)的天线形成具有一定指向性的波束来改善无线传输性能。图 9-10 给出了一个两天线配置的基站在有波束赋形和无波束赋形情况下的实例。

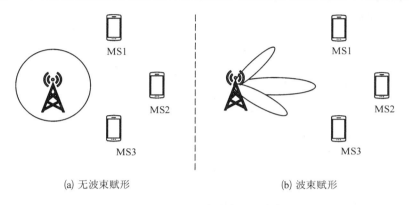

(a) 无波束赋形   (b) 波束赋形

图 9-10 两天线波束赋形实例

对于图 9-10(a)所示的无波束赋形的情况,基站在所有方向上辐射的能量几乎相同,天线周围的三个移动台将接收几乎具有相同的信号强度的信号,但是有大量未定向到这些移动台的能量被浪费了。对于图 9-10(b)所示发射波束赋形,可以针对三个不同方向的移动台产生对应的能量集中的波束,从而提高各个用户的接收信噪比。波束赋形还可以应用于接收端,将接收天线的波束对准接收信号的方向,实现空域滤波。

9.4.1 基本原理

在 MIMO 预编码系统中,要求发射端了解信道信息以便了解信道矩阵的秩,进而知道能够同时传输的独立子信道数目,相应执行预编码操作。然而在很多情况下,例如第 10 章中讲到的频分双工方式,发射端获取信道矩阵需要付出极大的代价,再考虑到信道时变性,要使发射端实时获得当前信道矩阵基本是不可能的。另一种做法则是由接收端向其指明信道的秩以及应该采用的预编码矩阵,同样需要付出信令方面的代价。

波束赋形假定发射端完全不了解信道矩阵,通过在多天线上调节权重,调节发射或者接收天线的方向图,实现能量集中,从而提高接收信噪比和信息传输速率,获得赋形增益。进一步还可以通过多天线同时产生多个不同方向的波束,在空间域区分不同的用户,使用相同的频率同时与不同方向上的多个用户通信,也能提高频谱效率,这种技术称为空分多址(Space Division Multiple Access,SDMA)技术。

当发射端不了解信道矩阵时,关于信道的秩 r 最安全的假设就是 $r=1$。结合(9-33)、(9-34)及(9-35)式,当 $r=1$ 时,$\tilde{x}$ 中只有一个元素,记为 x;矩阵 Σ 退化为一个标量,记为 $\Sigma=\lambda_1$,U 为 N_R 维列向量,V 为 N_T 维列向量,分别为 R_{hh} 和 R_{hh}^H 中最大特征值对应的特征向量;从而信道矩阵 $H=U\Sigma V^H=\lambda_1 UV^H$ 是一个秩为 1 的矩阵。在发射端相应地使用预编码向量 $c=V$ 将发送信号 x 映射到 N_T 个发射天线上,得到发射列向量 cx,经过信道

传输后，接收列向量为

$$\boldsymbol{y} = \boldsymbol{Hc}x + \boldsymbol{n} = \lambda_1 \boldsymbol{U}x + \boldsymbol{n} \tag{9-47}$$

上述过程如图 9-11 所示。在接收端对接收向量左乘 $\boldsymbol{U}^{\mathrm{H}}$，即可恢复信号 x，即

$$\tilde{y} = \boldsymbol{U}^{\mathrm{H}}\boldsymbol{y} = \lambda_1 \boldsymbol{U}^{\mathrm{H}}\boldsymbol{U}x + \boldsymbol{U}^{\mathrm{H}}\boldsymbol{n} = \lambda_1 x + \tilde{n} \tag{9-48}$$

其中 $\tilde{n} = \boldsymbol{U}^{\mathrm{H}}\boldsymbol{n}$ 为标量。基于以上过程，波束赋形通过仔细设计 $\boldsymbol{U}$ 或者 $\boldsymbol{V}$ 使得信号发射或接收具有方向性。其中发射波束赋形主要关注 $\boldsymbol{V}$ 的设计以及预编码，接收波束赋形则主要关注 $\boldsymbol{U}$ 的设计以及接收处理。

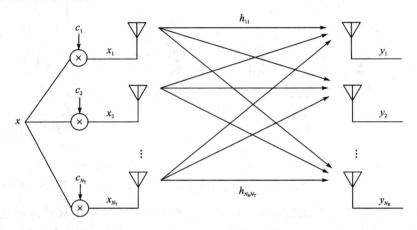

图 9-11　波束赋形系统

波束赋形的应用可以分为两种情况，分别为多副天线上信道衰落为强相关的情况和弱相关的情况。信道强相关通常对应于天线间距离较小的天线配置。在这种情况下，除了与方向有关的相位差之外，不同天线与特定接收机之间的信道衰落基本相同。通过对不同天线上发射的信号施加不同的相移，可以获得具有不同指向性的发射波束，这种波束赋形技术也被称为经典的波束赋形。信道强相关情况下的波束赋形，只对各个发射天线的相位进行调整，因此赋形向量 c 中的元素都是模为 1 的复数。需要注意的是，信道强相关情况下，虽然波束赋形技术可以改善接收信噪比，但是无法获得空间分集增益，也就是说不能改善接收信噪比的概率分布，无法获得类似于图 5-10 那样改善误码率曲线斜率的效果。

与信道强相关情况相对应，信道弱相关意味着采样天线间距离较大的天线配置或者采用不同极化方向的天线配置等。弱相关情况下，不同天线上的衰落情况不同，波束赋形对每个天线上传输的信号除了进行相位上的调整之外，还要进行幅度上的调整，此时的赋形向量 c 的元素为具有不同幅度的复数。信道弱相关情况下的波束赋形实际上包含了 9.2.1 小节和 9.2.2 小节中所述的各种分集合并方案，此时天线距离足够远以至于各天线上的衰落相互独立。例如干扰抑制合并可以看作是通过波束赋形抑制了干扰源方向上的信号。

由于空间分集已经在 9.2 节讨论过了，因此本节主要介绍强相关情况下的波束赋形，特别是 MISO 形式的发射波束赋形技术和 SIMO 形式的接收波束赋形技术。

9.4.2　发射波束赋形

在 MISO 发射波束赋形中，假设多部发射天线等距排列构成天线阵列，天线之间的间距为 d。若符合远场假设，收发天线之间的距离远大于天线间隔 d，则可以认为到达接收天

线的无线电波是平面波,收发天线的连接线与发射天线阵列法线方向之间有一个夹角,称其为波达方向,记为 θ。图 9-12 说明了天线阵列与波达方向的概念。需要注意的是,波达方向只表明信号传输方向与天线阵列的法向之间的夹角,并不限于接收还是发射。

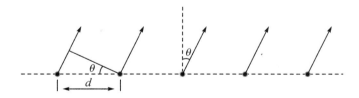

图 9-12　天线阵列与波达方向

由于信道强相关,相邻发射天线与接收天线之间的信道差异仅仅表现为微小的传播行程差导致的相位差 $\Delta\varphi$。从图 9-12 可以看出,相邻天线之间信号传播的路程差为 $d\sin\theta$,当信号带宽远小于载波频率 f 时,也即满足窄带假设时,可以得出相邻天线发射的信号在接收端的相位差为

$$\Delta\varphi = \frac{2\pi f}{c} d\sin\theta \tag{9-49}$$

其中 c 为电磁波传播速度。设图 9-12 中左边第一个发射天线与接收天线之间的平坦衰落为 h_1,则天线阵列上各天线构成的信道响应向量可以表示为

$$\boldsymbol{h} = [h_1, \ h_1 \mathrm{e}^{-\mathrm{j}\Delta\varphi}, \ \cdots, \ h_1 \mathrm{e}^{-\mathrm{j}(N_\mathrm{T}-1)\Delta\varphi}]^\mathrm{T} = h_1 \cdot \boldsymbol{a} \tag{9-50}$$

其中列向量 $\boldsymbol{a} = [1, \ \mathrm{e}^{-\mathrm{j}\Delta\varphi}, \ \cdots, \ \mathrm{e}^{-\mathrm{j}(N_\mathrm{T}-1)\Delta\varphi}]^\mathrm{T}$ 为 N_T 维赋形向量。由于只有一副接收天线,故信道矩阵 $\boldsymbol{H}$ 退化为 N_T 维行向量,即 $\boldsymbol{H} = \boldsymbol{h}^\mathrm{T} = h_1 \boldsymbol{a}^\mathrm{T}$。对 $\boldsymbol{H}$ 进行 SVD 分解 $\boldsymbol{H} = \boldsymbol{U\Sigma V}^\mathrm{H}$,可得 $\boldsymbol{U} = 1$,即退化为标量,$\boldsymbol{\Sigma} = \lambda_1$ 也退化为标量,$\boldsymbol{V}$ 为 N_T 维列向量,且有:

$$\boldsymbol{V}^\mathrm{H} = \frac{1}{\lambda_1} \boldsymbol{h}^\mathrm{T} = \frac{h_1}{\lambda_1} \boldsymbol{a}^\mathrm{T} \tag{9-51}$$

由 SVD 分解可知,$\boldsymbol{V}$ 必须满足 $\boldsymbol{V}^\mathrm{H}\boldsymbol{V} = 1$,从而可推得:

$$\lambda_1 = |h_1| \cdot \sqrt{N_\mathrm{T}} \tag{9-52}$$

相应地,发射端的预编码矩阵为

$$\boldsymbol{c} = \boldsymbol{V} = \frac{1}{\sqrt{N_\mathrm{T}}} \boldsymbol{a}^* \tag{9-53}$$

其中上标 $*$ 表示取共轭。可以看出发射端无需知道信道信息 h_1 即可实施波束赋形,使用不同 $\Delta\varphi$ 构成的赋形向量对应着不同的波达方向 θ,换言之,通过选取不同的 $\Delta\varphi$ 构造赋形向量 $\boldsymbol{a}$,就可以使发射波束指向相应的角度。从而接收信号可以表示为

$$y = \boldsymbol{Hc}x + n = h_1 \boldsymbol{a}^\mathrm{T} \frac{1}{\sqrt{N_\mathrm{T}}} \boldsymbol{a}^* x + n = \sqrt{N_\mathrm{T}} h_1 x + n \tag{9-54}$$

(9-54)式的推导中用到了等式 $\boldsymbol{a}^\mathrm{T}\boldsymbol{a}^* = N_\mathrm{T}$,结合赋形向量 $\boldsymbol{a}$ 的定义可以很容易地验证该性质。由(9-54)式可以看出,采用 N_T 个天线的发射波束赋形可以在接收端获得 $\sqrt{N_\mathrm{T}}$ 的幅度增益,换算为功率增益即为 N_T,这个增益是由波束赋形引入的阵列增益,也称波束赋形增益。

如果在波达方向 θ' 存在另一个接收机,为了方便对比性能,假设第一个发射天线到该

接收机的信道衰落也为 h_1，则对该接收机来说，赋形向量为 $\boldsymbol{b} = [1, \mathrm{e}^{-\mathrm{j}\Delta\psi}, \cdots,$ $\mathrm{e}^{-\mathrm{j}(N_T-1)\Delta\psi}]^{\mathrm{T}}$，其中 $\Delta\psi = 2\pi f d(\sin\theta')/c$，相应的接收信号为

$$y' = \boldsymbol{H}'\boldsymbol{c}x + n = h_1\boldsymbol{b}^{\mathrm{T}}\frac{1}{\sqrt{N_T}}\boldsymbol{a}^*x + n = \frac{\boldsymbol{b}^{\mathrm{T}}\boldsymbol{a}^*}{\sqrt{N_T}}h_1x + n \qquad (9-55)$$

对该接收机来说，波束赋形增益为 $|\boldsymbol{b}^{\mathrm{T}}\boldsymbol{a}^*|^2/N_T$。据此可以计算出任意波达方向上的波束赋形增益，将波束赋形增益表示为波达方向的函数即可得到波束赋形的方向图，可以证明当 $\boldsymbol{b}=\boldsymbol{a}$，即接收机波达方向为 θ 时，波束赋形增益取得最大值 N_T。换言之，发射端通过预编码向量 $\boldsymbol{c}$ 形成了指向波达方向 θ 的波束，不同的预编码向量可以使发射波束指向任意角度，这也正是波束赋形的含义。图 9-13 给出了两个不同预编码向量对应的方向图，假设发射端采用间距为 $\lambda/2$ 的四个天线阵元组成的均匀线性阵列，图中实线所示方向图对应的预编码向量为 $\boldsymbol{c}_1 = [1, 1, 1, 1]^{\mathrm{T}}$，可以看出该向量将使得 0°和 180°方向上的信号增益最大；虚线则给出了预编码向量为 $\boldsymbol{c}_2 = [1, -1, 1, -1]^{\mathrm{T}}$ 时的方向图，其在 90°和 270°方向上的信号增益最大，且波束宽度比采用赋形向量 $\boldsymbol{c}_1$ 时更宽。

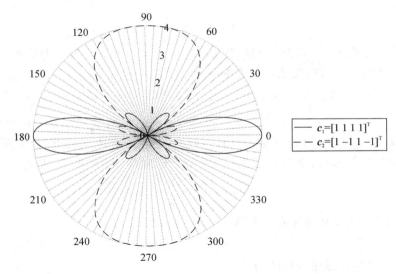

图 9-13　四元均匀线性阵列方向图

图 9-13 说明，通过调整赋形向量 $\boldsymbol{c}$，不仅可以获得不同的波束指向，还可以获得不同的波束宽度，注意这个过程不需要修改任何硬件电路与天线设计，只需修改预编码向量即可。

9.4.3　接收波束赋形

在接收端进行 SIMO 波束赋形时，发射天线数目为 1，接收天线数目为 N_R，与发射波束赋形类似，令波达方向为 θ，$\boldsymbol{a} = [1, \mathrm{e}^{-\mathrm{j}\Delta\varphi}, \cdots, \mathrm{e}^{-\mathrm{j}(N_R-1)\Delta\varphi}]^{\mathrm{T}}$ 为接收赋形向量，从而可以将 $N_R\times1$ 维信道矩阵 $\boldsymbol{H}$ 写为 $\boldsymbol{H}=h_1\boldsymbol{a}$，对 $\boldsymbol{H}$ 进行 SVD 分解 $\boldsymbol{H}=\boldsymbol{U}\boldsymbol{\Sigma}\boldsymbol{V}^{\mathrm{H}}$，可得 $\boldsymbol{\Sigma}=\lambda_1$ 退化为标量，$\boldsymbol{V}=1$ 退化为标量，$\boldsymbol{U}$ 为 N_R 维列向量，且有：

$$\boldsymbol{U} = \frac{h_1}{\lambda_1}\boldsymbol{a} \qquad (9-56)$$

由于 U 必须满足 $U^H U = 1$，且有 $a^H a = N_R$，可推得 $\lambda_1 = |h_1| \sqrt{N_R}$，从而有：

$$U^H = \frac{h_1^*}{|h_1| \sqrt{N_R}} a^H \tag{9-57}$$

由于 $V = 1$，故发射端无需执行预编码操作，直接发射标量符号 x 即可。此时接收向量可表示为

$$y = Hx + n = h_1 a x + n \tag{9-58}$$

对接收向量 y 左乘 U^H 即可恢复发射信号：

$$\hat{x} = U^H y = \frac{h_1^*}{|h_1| \sqrt{N_R}} a^H h_1 a x + \frac{h_1^*}{|h_1| \sqrt{N_R}} a^H n = |h_1| \sqrt{N_R} x + \frac{h_1^*}{|h_1| \sqrt{N_R}} a^H n \tag{9-59}$$

现在考察(9-59)式中的噪声项 $a^H n$，其物理含义是 N_R 个白噪声样本经过不同相移后求和，由于 N_R 个白噪声样本相互独立，假设白噪声平均功率为 σ^2，则噪声项 $a^H n$ 的平均功率为 $N_R \sigma^2$，又因为噪声项系数 $h_1^*/(|h_1| \sqrt{N_R})$ 引入的幅度增益为 $1/\sqrt{N_R}$，折算成功率增益为 $1/N_R$，因此(9-59)式的噪声功率仍为 σ^2，而与 SISO 相比，有用信号的功率提高为原来的 N_R 倍，因此估计信号 $\hat{x}$ 的信噪比提升为原来的 N_R 倍，波束赋形增益为 N_R，这一结果与发射波束赋形是一致的。

假设来波方向与接收天线阵列的法向夹角为 θ'，相邻天线上接收信号的相位差为 $\Delta \psi = 2\pi f d (\sin\theta')/c$，则此时的信道矩阵为 $H = h_1 b = [1, e^{-j\Delta\psi}, \cdots, e^{-j(N_R-1)\Delta\psi}]^T$，而接收端仍然使用(9-57)式所示的 U^H 来恢复信号，则信噪比改善将会下降，这一点读者可以自行验证。换言之，接收机只在特定方向上获得较大的赋形增益，其它方向上的接收信号增益可以很小，从而抑制来自其他方向上的来波信号，这正是接收波束赋形的含义。与发射波束赋形一样，接收波束赋形技术中只需简单地修改 U 就可以调整接收波束的指向，从而避免了机械动态调节天线方向或者精细天线设计导致的巨额成本，但相应的计算成本会有所增加。

最后要说明的是，尽管以上分析假定了 MISO 或者 SIMO，但实际上发射波束赋形通过预编码向量来调节波束指向，与接收端是否使用多天线无关；接收波束赋形则使用 U^H 来恢复特定波束指向的信号，与发射端无关。实际上两者可以结合使用，分别调节发射波束和接收波束，如果接收波束最大增益方向正好指向发射波束的最大增益方向，可以获得更大的赋形增益，例如由于毫米波的传输损耗太大，为了保证足够的信号覆盖，当 5G 工作在毫米波频率时就使用了这种技术。

9.5 多用户 MIMO

前面各节主要讨论了点对点多天线通信系统，没有考虑多用户之间的多天线系统。在实际的蜂窝移动通信系统中，往往需要一个基站同时和多个移动台进行通信，因此，有关点对多点的多用户 MIMO(Multi-User Multiple Input Multiple Output，MU-MIMO)系统的研究逐渐发展起来。

多用户 MIMO 是指在无线通信系统里，一个基站同时服务于多个移动终端，并充分利

用天线的空域资源与多个用户同时进行通信。多用户 MIMO 与单用户 MIMO 的区别主要在于：在多用户 MIMO 系统中，用户组的数据占用相同的时频资源，即用户组的数据在相同的子载波上传输。因此，多用户 MIMO 能有效提高系统吞吐量。但随之而来的问题是多用户 MIMO 系统中如何消除用户之间的共信道干扰。关于多用户 MIMO 的详细内容不在本书讨论的范围之内，有兴趣的读者可以参考相关文献。

本 章 小 结

多天线技术是近年来最前沿的无线通信技术之一，具有多种应用形式，能够明显提升传输性能，特别是多天线技术与 OFDM 相结合，通过空间复用提供的并行独立子信道，可以极大地提高频谱效率，例如 5G 移动通信系统中的下行频谱效率峰值可达 $30(b/s)/Hz$；通过波束赋形可以改善覆盖，实现空分多址，也可以提高多用户的总频谱效率。多天线技术性能提升的代价是更大的功率消耗。由香农公式可知，在总带宽不变的情况下提高频谱效率的唯一途径是提升信噪比。不论何种多天线技术，在发射端使用多副天线往往意味着发射功率的大幅增加，本质上等同于提高了信噪比，这一点与香农公式是一致的。此外，引入多天线技术必然会提高发射机或接收机的实现复杂度，如何以低复杂度和低成本的方式实现收发信机，是多天线技术研究的一个核心问题。

关于多天线技术，可以顺序扫码阅读以下补充材料（《MIMO 技术杂谈》）。

第 10 章　多址技术

　　基于点到点无线通信系统，可以进一步构建更为实用的多用户无线通信系统，移动通信网络、无线局域网都是典型的多用户通信系统。多址技术是多用户通信系统的关键技术之一，其核心就是让多个用户能够在给定的通信资源下同时通信。多址技术总体上可以分为两大类，一类是有中心的集中控制，一类是无中心的分布式控制（也称为随机多址）。本章主要讨论有中心的集中控制多址技术，这种多址方式的主要特点是单点对多点，其中的"单点"通常称为基站、中心站或者接入点，"多点"是多个通信节点的集合，其中的每个通信节点称为用户或者移动台。下一章将进一步讨论多点对多点的多用户无线通信，即多个基站如何配合工作为更加广大区域内的大量用户提供通信服务。

　　在多用户通信系统中，由于无线信道是开放空间，距离相近的多点如果同时在相同的频率上发送信息，就有可能相互干扰，造成传输冲突碰撞，无法正常工作。因此多点通信必须保证系统的有序性，也就是说，系统的时间、频率、空间及功率等通信资源在分配给不同的用户使用时，要按照一定的规则来进行。由于多个用户共享有限的资源，如何保证多个用户公平有效地使用通信资源，尽可能避免多用户之间的相互影响，是多址（Multiple Access，MA）技术要解决的核心问题。简单来说，多址技术不仅要满足多用户都能正常通信的要求，还要尽可能优化地分配有限的通信资源，在一定频谱资源的条件下，使系统能够容纳的用户数尽可能多或传输速率尽可能高。

10.1　多址技术概述

　　如前所述，多址技术的实现方式主要有两大类，即受控的集中式多址和分布式随机多址。集中式多址存在一个集中式的协调机构（即基站或接入点）来管理和分配通信资源，用户必须首先向基站提出通信请求，获得基站授权后才能使用相应的通信资源。显然这种方式需要较高的信令成本，但是由于多用户之间可以无冲突地使用通信资源，易于保证通信质量，因此特别适用于连续的、且对实时性要求较高的业务，移动通信运营商多采用此类多址方式。分布式随机多址则无需协调机构来统一管理，每个用户基于本地知识自主使用通信资源。由于用户对通信资源的占用具有一定程度的随机性，因此极有可能出现多个用户同时使用相同的通信资源，从而导致相互冲突干扰，出现不能正常通信的情况。但是产生冲突的各方可以通过某种协调机制，从而在冲突发生后自主解决冲突所产生的问题，保证通信的有序进行。随机多址的典型技术有 ALOHA、时隙 ALOHA、载波侦听多址接入（Carrier Sensing Multiple Access，CSMA）等。这种允许冲突的多址方式适用于突发的、对传输实时性要求不高的业务。随机多址方式还有系统成本较低，组网快速的特点，因此经常还用于一些临时或者突发通信的场合，例如 Ad hoc 无线自组织网。

选用什么样的多址方式取决于通信系统的应用环境和要求，无论哪种多址方式，其核心议题都是在通信资源有限的条件下努力容纳更多的用户和业务，提高通信系统的容量。本章只讨论受控的集中式多址技术，分布式随机多址方式可以查阅计算机通信网方面的相关书籍。

10.1.1　上行链路和下行链路

在集中式多址方案中，基本的通信模式为一个基站为多个移动台提供通信服务，当一个用户需要使用信道资源时，由系统为其分配相应的资源供其通信，当通信结束后，需要释放该用户占用的信道资源，从而可被后续其他有通信需求的用户使用。根据多用户位于接收端还是发射端，可以将通信链路分为下行链路和上行链路两种类型，如图 10 - 1 所示。

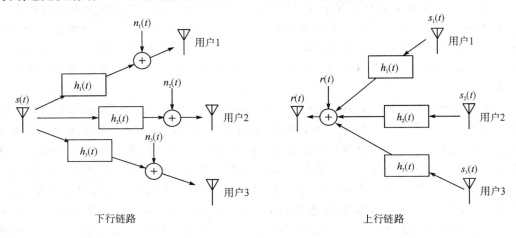

下行链路　　　　　　　　　　　　　　　上行链路

图 10 - 1　下行链路与上行链路

下行链路实现单点到多点的通信，也称前向链路，是从基站到其覆盖范围下若干用户的通信，或者说到达所有用户接收机的信号都来自于同一个下行发射机。假设基站希望向用户 k 发送的信号记为 $s_k(t)$，则基站总的发射信号是发给所有 K 个用户的信号总和，即 $s(t) = \sum_{k=1}^{K} s_k(t)$，总和信号 $s(t)$ 分别经由不同的无线信道到达每个用户，假设基站与用户 k 之间的信道使用 $h_k(t)$ 来描述，则用户 k 的接收信号可以表示为 $r_k(t) = s(t) * h_k(t) + n_k(t)$，也就是说，有用信号 $s_k(t)$ 与其他干扰信号 $s_j(t)$，$j \neq k$ 经历了相同的信道 $h_k(t)$ 到达了用户 k 的接收天线，相应地，用户 k 的接收机必须从 $r_k(t)$ 中抑制干扰信号的影响，提取出用户信号 $s_k(t)$ 或者 $s_k(t)$ 上携带的码元。由于所有用户信号都从基站发送，因此不同用户信号之间是同步的。无线电广播、无线电视、卫星到地面站以及移动通信中由基站到移动台的通信链路都属于下行链路。

与下行链路相反，上行链路完成多点到单点的通信，也称为反向链路。由于各用户的发射机所处位置可能不同，距离基站的远近不同，因此不同用户的信号到达基站分别经历了不同的传播时延和信道特性。具体来说，多个用户各自发射信号 $s_k(t)$，分别经历不同的信道 $h_k(t)$，它们在基站的接收天线处叠加在一起，接收信号可以表示为 $r(t) =$

$\sum\limits_{k=1}^{K} s_k(t) * h_k(t) + n(t)$，基站接收机必须能够从 $r(t)$ 分离出每个用户的信号 $s_k(t)$ 或者 $s_k(t)$ 上携带的码元。在上行链路中，不同用户的信号来自于不同的发射机，为了保证基站能正确接收，通常要求用户之间保持同步，各发射机必须协同工作，而这将付出信令上的开销。地面站到卫星、移动通信系统中由移动台到基站的通信链路都是典型的上行链路。

10.1.2 双工方式

通信系统的双工方式，一般可以分为单工通信、半双工通信和全双工通信三种。

单工通信是指通信双方中，一方只能进行发送，另一方只能进行接收，也即通信发生在一个发射机和一个接收机之间。单工通信的典型例子是寻呼系统。在寻呼系统中，寻呼终端只具有接收寻呼信息的功能，而不能发送任何信息。

半双工通信是指通信双方都可以进行发射或者接收，但是对任意一方来讲，发射和接收不是同时进行，而是交替进行的。这种工作方式类似于人与人之间的交谈方式，因此对讲机就普遍采用了半双工的通信方式。在对讲机中，用户可以通过按下或者松开对讲机上的通话按键来控制对讲机处于发射或接收状态，这个按键被称为 PTT(Push To Talk)。在无线通信中，实现半双工通信时，既可以采用同频半双工方式，也可以采用异频半双工方式。所谓同频半双工，指的是发送和接收工作在相同的频道上，而异频半双工发送和接收则工作在不同的频道上。异频半双工多用于一点对多点的通信场合，比如指挥调度系统等。

全双工通信是指通信双方中的任何一方，都可以同时进行发送和接收。在无线通信环境下，传统的全双工通信方式主要有两种，即频分双工(Frequency Division Duplexing，FDD)和时分双工(Time Division Duplexing，TDD)。实际上，在某些场合下，码分双工和同频全双工也是可行的，在此不做具体介绍，有兴趣的读者可参考有关书籍。

FDD 利用不同的频率范围(一般称为频道)来区分发送和接收信道，也就是说发送和接收分别在不同的频道上进行。图 10-2 给出了 FDD 通信的移动台一方，其发送和接收所处的频道。实际上通信的基站一方的发送和接收频道应该和图 10-2 刚好相反，这样才能正确地实现全双工通信。在采用 FDD 的集中式多址技术中，通常下行频率高于上行频率。之所以如此设置，是因为基站的发射功率通常大于移动台的发射功率，由大尺度传播模型可知频率越低，无线信号的路径损耗越小，因此上行链路采用更低的频率有利于移动台节省电能。

图 10-2 频分双工 FDD 示意图(移动台)

为了减小通信设备的体积，在 FDD 中收发往往共用一副天线。但直接把收发单元连接到一副天线上显然是不行的，因为在无线通信环境下，发送信号的功率远远大于接收信号，如果大功率的发射信号进入接收机的话，会导致工作在微小信号的接收电路出现功率阻塞甚至烧毁的现象。因此，需要在收发单元和天线之间插入双工器来解决这个问题。双工器是一种特殊的双向三端滤波器，既要将天线接收到的微弱信号有效地耦合到接收机，又要将较大功率的发射信号有效地馈送到天线上去，同时还要求经由双工器泄露到接收机的发射功率特别低才行，即保证收发之间足够的隔离度。这个隔离度要求，一般在 100 dB 以上。为了保证收发之间的隔离度，同时降低对收发滤波器的要求，收发频道之间要有足够的频率间隔，在超短波波段，这个间隔一般在 45 MHz 左右。因为足够大的频率间隔，能够使发射信号的旁瓣落到接收频道内的能量自然衰减到很小，从而降低对双工器的设计要求，降低射频设备的复杂性。此外，收发频率间隔通常大于相干带宽，收发频道的衰落特性是相互独立的，因此只能在接收端完成信道估计。而发送方要获得信道特性的话，需要通过接收方反馈才能实现。

与 FDD 不同，TDD 利用不同的时间来区分发送和接收信号。如图 10-3 所示，在 TDD 中收发信机一般工作在相同的频道上，但它们在不同的时刻进行发送和接收，也就是说，通信双方在相同的频率下交替地进行发送与接收。每一个发送或者接收时刻称为一个时隙，对于一个通信终端来讲，其收发时隙是周期性交替进行的。为了降低对通信双方同步精度的要求，同时避免发送和接收之间的相互影响，接收和发送的时间应互不重叠，并应保留一定的时间间隔。也就是说，时隙的宽度等于发送或者接收的时间长度加上保护时间间隔。

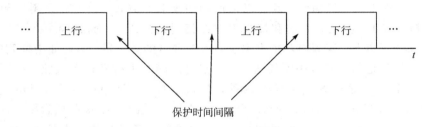

图 10-3　时分双工 TDD 示意图

这里特别需要注意 TDD 和半双工的差别。对于 TDD 来讲，虽然信道传输时发送和接收是交替进行的，但对于发送者和接收者来讲，其发送信号和接收信号是连续不断地进行传输的。也就是说，对于发送方来讲，需要把其"低速"的发送信号先缓存下来，当其发送时隙到达时，再以"高速"的方式将其发送出去；而对于接收方来讲，在其接收时隙接收到"高速"信号后，也需要先将其缓存下来，然后再以"低速"的方式将其递交给后续接收模块。这样，对于发送方和接收方来讲，其实际感觉是收发是同时进行的。

由于 TDD 是在相同的频道上完成收与发的，且收发之间的时间间隔非常短，一般都小于信道的相干时间，因此，收发信道的衰落特性具有一致性，即在一个方向上完成的信道测量，可以作为另一个方向的信道估计，这个性质也称为信道互易性。其次，TDD 系统中，收发信机在共用天线时，不需要采用双向三端滤波器的双工器，而是直接用一个双向开关即可。最后，在使用 TDD 的集中式多址技术中，还可以根据具体业务的特点灵活地调整上下行链路占用的时间，从而更加有效地利用传输带宽。例如，对于上下行业务对称的语音通信，可以设置上下行链路占据的时长比例一致，如图 10-4(a) 所示；对于通过网页浏览这样的下行数据量大于上行数据量的业务，则可以增大下行链路占用比例，如图10-4(b)所示；极端情况下，如视频播放等业务，则可以进一步地降低上行链路占用的时长，如图10-4(c)所示。

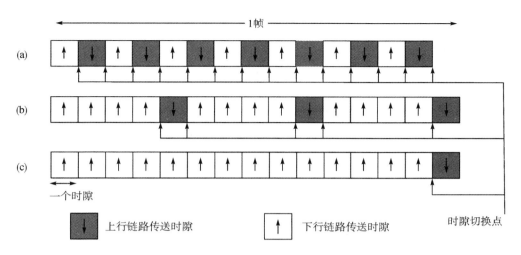

图 10-4　上下行信道时长分配与业务的适配关系

10.1.3　多址技术分类

多用户通信系统中，许多用户共享有限的通信资源，通过多址技术将通信资源分配给不同的用户使用，具体的通信资源不同，对应的多址技术也不同。频分多址（Frequency Division Multiple Access，FDMA）将不同的频率分配给不同的用户，各个用户使用不同的频率同时通信；时分多址（Time Division Multiple Access，TDMA）将不同的时隙分配给不同的用户，各个用户使用同一频率上的不同时隙顺序通信；码分多址（Code Division Multiple Access，CDMA）将不同的扩频码序列分配给不同的用户，各个用户同时使用相同的频率，依靠扩频码序列区分彼此。这三种多址方式既可单独使用，也可混合使用，而且在无线通信网中通常混合使用，例如 GSM 移动通信系统使用 FDMA/TDMA 混合多址技术，将可用频率资源以 200 kHz 为单位分为一个一个的频道，每个频道进一步划分为 8 个时隙，用户在通信中使用的通信资源为某个频道上的某个时隙。除以上三种基本的多址技术以外，随着 OFDM 及大规模多天线技术的使用，进一步出现了空分多址（Spatial Division Multiple Access，SDMA）、正交频分多址（Orthogonal Frequency Division Multiple Access，OFDMA）以及非正交多址（Non-Orthgonal Multiple Access，NOMA）等多种新型多址技术。本章随后的小节将集中讨论 FDMA、TDMA、CDMA 、OFDMA 和 SDMA 多址方式，而 NOMA 方面的内容，有兴趣的读者可以参考有关书籍。

后续讨论中经常会用到频道和信道两个容易混淆的概念，这里特别澄清一下，通常将多用户通信系统中可以分配给用户使用的通信资源称为信道，而频道则是特定的一段频率范围。不同的多址技术中，信道所指代的通信资源可能不同，但频道的概念却是不变的。例如 FDMA 中的信道就是频道，TDMA 中的信道为时隙，CDMA 中的信道为扩频码，而 OFDMA 中的信道则为子载波。

通常使用用户容量和信道容量两个指标来衡量不同多址技术的性能，其中用户容量是指单位带宽下可以同时服务的用户数，而信道容量则是指单位带宽下无差错传输的最高信息速率。由香农公式可知，AWGN 信道条件下单个用户的信道容量为

$$C_b = B\,\text{lb}\left(1 + \frac{S}{N}\right) \tag{10-1}$$

其中，C_b 表示单个用户的信道容量，单位为 b/s；B 表示信道带宽，单位为 Hz；S 表示信号功率，单位为 W；N 为噪声功率，单位也是 W。可以将（10-1）式改写为以数字信噪比 $\gamma = E_b/N_0$ 表示的信道容量，这里 E_b 表示单位比特的能量，N_0 表示噪声功率谱密度，两者的单位都为 J。根据定义，有 $S = E_b/T_b = E_b R_b$，又因为 C_b 即最大的信息速率，因此有 $S = E_b C_b$。另一方面，对于噪声功率，也有 $N = N_0 B$，从而可以得到归一化的信道容量公式：

$$C = \frac{C_b}{B} = \text{lb}(1 + \gamma C) \tag{10-2}$$

本章后续将基于（10-2）式讨论 AWGN 信道条件下各种多址方式的信道容量。对于衰落信道下各种多址方式的信道容量分析可以参考相关的文献，本书中不再进行讨论。

需要额外强调的是，本章的容量分析仅考虑了单个基站。而广泛使用的蜂窝通信系统是由多个基站覆盖的多个小区构成的，因此在进行容量分析的时候需要考虑多个小区之间产生的干扰，这方面的分析将在 11.4 节中给出。由于分析的前提条件不同（也即是否考虑小区间干扰），本章中关于多址方式容量分析的结果可能会与下一章有所不同，在应用时需要根据实际情况进行分析。

10.2　频分多址（FDMA）

频分多址是指将系统的频谱资源划分为若干个等间隔的频道（也称信道）供不同的用户使用。如图 10-5 所示，每个用户分配一个频道，不同用户占用的频道不同，同一时刻一个频道只能供一个用户使用。频道之间一般设有保护频段，以减少由多普勒扩展、滤波特性不理想或者带外辐射不理想造成相邻频道干扰。

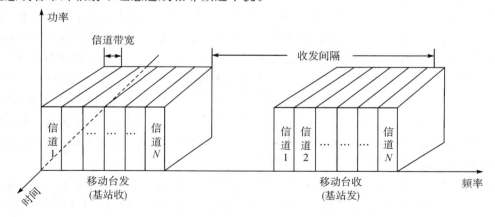

图 10-5　FDMA 示意图

绝大多数的频分多址系统采用 FDD 方式实现全双工通信，上行链路和下行链路的频率不同，接收和发送通常共用一部天线，因此采用频分多址时需使用双工器。为了避免同一个通信节点上发射功率对接收机造成过大干扰，上下行频率之间通常需要较大的收发保护间隔。例如工作在 800 MHz 频段的第一代模拟蜂窝通信系统 AMPS 系统，其下行链路的载波频率位于 869～894 MHz 之间，上行链路的载波位于 824～849 MHz 之间，收发频率间隔为 45 MHz。上下行链路的总带宽都为 25 MHz，可提供 832 对带宽为 30 kHz 的双工信道。由于移动台的发射频率范围（即上行频段）与接收频率范围（即下行频段）不同，因此移动台之间不能直接传输信息，需要基站中转，两个移动台相互通信需要占用两对双工信道（4 个频道）。

在 FDMA 系统中，系统总的频谱资源划分成等间隔的频道，每个频道服务一个用户，因此 FDMA 系统的用户容量，即其能够同时服务的用户数为 $m=B/B_k$，其中 B_k 为单个用户的通信带宽。通过改进调制技术、减少每个用户信号的传输速率，以及通过减少已调信号带外辐射、降低频道间的保护间隔等手段，均可减小每个频道的宽度，从而达到增大用户容量的目的。以下对频分多址的信道容量进行分析。

首先计算出单个用户带宽 $B_k=B/m$ 内的噪声功率，有 $N=N_0(B/m)$。发射功率仍然为 S，此时有：

$$\frac{S}{N}=\frac{E_b \cdot C_{b,k}}{N_0 \cdot (B/m)}=\gamma m C_k \tag{10-3}$$

其中，$C_{b,k}$ 为单个用户的信道容量，C_k 为单个用户的归一化信道容量（$C_{b,k}/B$）。将（10-3）式代入（10-1）式可得单个用户的归一化信道容量为

$$C_k=\frac{1}{m}\text{lb}(1+\gamma m C_k) \tag{10-4}$$

进而可以得到整个带宽 B 上的 FDMA 系统的信道容量为

$$C_{\text{FDMA}}=mC_k=\text{lb}(1+\gamma C_{\text{FDMA}}) \tag{10-5}$$

上述结论与（10-2）式的结论相同。需要注意的是，当用户数量增加时，总的信道容量并不会改变，但是单个用户的信道容量将会降低，这是因为给每个用户分配的带宽减小了。

频分多址是最基本的多址方式，也是最早使用的多址方式之一，第一代模拟蜂窝系统大多采用了频分多址。而在数字通信系统中，频分多址方式极少单独采用，通常是和其它的多址方式结合使用，比如 FDMA/TDMA，将频率资源分成较宽的频道，每个频道再按照时间划分成若干时隙，形成混合多址方式。

使用频分多址的第一代模拟蜂窝通信系统的特点主要包括：

（1）通常带宽较窄（25～30 kHz），每个频道只能传输一个用户的业务。

（2）用户分配 FDMA 信道后，即使没有话音传输，信道也不能被其他用户使用。

（3）移动台和基站在建立通信链路后，连续不断发射信号，由于传输不间断，故同步开销小。

（4）传输速率低，符号周期通常远大于多径时延扩展，码间干扰不明显，信号经历平坦衰落，一般不需要采用均衡技术。

（5）由于基站同时在多个频道上发送多个用户的信号，因此具有较大的峰均比，当采用非线性放大器时，易产生互调干扰。

10.3 时分多址(TDMA)

TDMA 将时间作为通信资源来区分信道，具体来说，TDMA 系统将时间分割成周期性的帧，每一帧再分割成若干个时隙，无论帧或时隙在时间上都是互不重叠的，不同帧中相同序号的时隙组成一个个信道，分配给不同的用户使用。在这种多址方式下，所有用户

占用相同的频率(或频道)，但是使用不同的时隙进行通信，如图 10-6 所示。每帧的时隙 k 构成信道 k，分配了该信道的用户，固定地占用每帧的第 k 个时隙传输信息。

不同 TDMA 通信系统所采用的帧长度和帧结构是不一样的，由于 TDMA 会引起附加延迟，且延迟的大小与帧长有关，所以，一般情况下，帧长不宜设置过大。典型的帧长在几毫秒到几十毫秒之间，每一帧的时

图 10-6　时分多址示意图

隙数也是不同的，取决于调制方式、有效带宽和每路信号的传输速率等因素。例如 GSM 系统的帧长为 4.6 ms，每帧 8 个时隙；欧洲数字无绳电话标准 DECT 系统的帧长为 10 ms，每帧 24 个时隙；日本数字无绳电话标准 PACS 系统的帧长为 2.5 ms，每帧 8 个时隙。

TDMA 系统的双工方式可以采用 FDD，也可以采用 TDD。在 FDD 方式中，上行链路和下行链路的帧分别在不同的频率上传输，如图 10-7(a)所示。用户 A 的上行链路占用上行频率的时隙 0 传输，下行链路占用下行频率的时隙 0 传输。在 TDD 方式中，时间划分成上行帧(用于移动台发送)和下行帧(用于移动台接收)两部分，上/下行帧工作在相同的频率上，上/下行帧再进一步分成若干时隙，其具体的组织方式又有两种，分别如图 10-7(b)和图 10-7(c)所示。图 10-7(b)中，不同用户的上行帧和下行帧被分别组织在一起，每个用户接收到下行帧信号后，需要延迟一定的时隙后再发送其对应的上行帧。在图 10-7(c)所示的结构中，每个用户的上下行帧被组织在一起，不同用户的信息交替接收和发送。

时分多址系统中，假设有 s 个时隙，则其用户容量 $m=s$，即能够为 m 个用户同时提供服务。每个用户的信号都占用全部带宽 B，但是由于非连续工作，每个用户仅占用频道整个时间长度的 $1/m$。为了保证单位比特具有相同的功率，则相对于 FDMA 中单用户发射功率 S，TDMA 中每个用户的瞬时发射功率需要提高为 mS。从而，单个用户对带宽 B 归一化的信道容量为

$$C_k = \frac{1}{m} \mathrm{lb}(1 + \gamma m C_k) \qquad (10-6)$$

最终可以得到总的归一化容量为

$$C_{\mathrm{TDMA}} = m C_k = \mathrm{lb}(1 + \gamma C_{\mathrm{TDMA}}) \qquad (10-7)$$

对比(10-5)式和(10-7)式可以看出，TDMA 系统的信道容量与 FDMA 系统的信道容量是完全相同的，但前提是发射功率要维持在 mS 的水平上，这对于 m 较大的系统通常是难以达到的。从这个意义上来讲，TDMA 系统的信道容量低于 FDMA 系统。然而在多小区的蜂窝网环境中，TDMA 系统的容量远远大于 FDMA，具体原因将在 11.4.2 小节详细论述。

时分多址系统的特点主要有：

(1) 由于用户仅在特定时隙发送信息，因此移动台的发送是不连续的。这个特点能够有效降低移动台的电量消耗，因为可以在非工作时隙(大多数时间)关闭移动台的发射机电源。

(2) 由于用户仅在特定时隙接收信息，因此移动台的接收也是不连续的，这个特点在移动通信系统中非常有用。因为移动台可以在空闲期间监测其他相邻基站的信号质量，利于实现移动台辅助的过区切换，从而极大地提升系统用户容量。下一章专门讨论该问题。

（3）即使在 FDD 方式下，只要上下行时隙错开一段时间，发射和接收无需同时进行，这样就可以在收发共用一副天线时使用单刀双掷电子开关来代替双工器，从而减小设备的成本和体积。

（4）每个用户只能在给定的时隙发送和接收信息，而且每个时隙采用的是突发的传输方式，因此每个时隙均需进行同步和信道估计，系统开销较大。

（5）由于一个频道要传输多个用户的信息，因此传输速率通常较高，占用带宽较大，符号周期通常小于多径时延扩展，更容易受到频率选择性衰落的影响，码间串扰严重，接收机需要使用均衡器来消除 ISI。

（6）可以根据用户的业务不同，为其分配不同数目的时隙，将多个时隙捆绑在一起为用户提供按需使用带宽的服务，从而实现变速率通信。

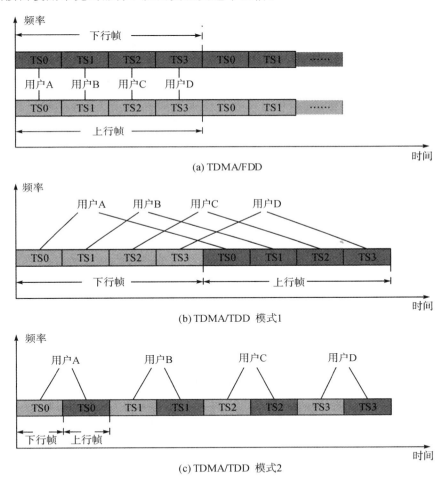

图 10-7 TDMA 的频分双工与时分双工

10.3.1 时隙结构设计

由于多用户分时共享同一个频道，每个用户只在给定的时隙发送和接收，这就要求多用户之间互不干扰，并且还要求接收机能够正确找到目标用户对应的通信时隙，进而正确解调。

为了满足以上要求，必须仔细设计 TDMA 时隙结构，具体来说，需考虑下面几个主要问题：

（1）随路信令信息的传输。在每个时隙中，专门划出部分比特用于随路信令信息的传输。

（2）多径传播的影响。由于一个频道要传输多个用户的信息，因此传输速率通常较高，占用带宽较大，符号周期通常小于多径时延扩展，更容易受到频率选择性衰落的影响，码间干扰 ISI 严重，接收机必须使用均衡器消除 ISI，为此需要在时隙中插入自适应均衡器所需的训练序列；由于信道通常是时变的，因此需要周期性插入训练序列，通常训练序列的周期要小于信道的相关时间。

（3）多用户间上行同步。上行链路的每个时隙中要留出一定的保护间隔（不传输任何信号），即每个时隙传输信息的时间要小于时隙长度。设置保护间隔是为了避免上行用户时隙碰撞，实现多用户之间的上行同步。10.3.2 小节将对保护间隔进行详细的说明。

（4）接收机的定时同步。每个时隙中都要传输同步序列，以帮助接收机获得载波同步和位定时同步。同步序列和训练序列可以分开传输，也可以合二为一。

典型的 TDMA 时隙结构如图 10-8 所示。TDMA 的发射机不连续传输，由于天线为有记忆器件（一般为感性器件），所以需要在时隙中设置一定的功率上升和功率下降时间，为发射机的打开和关闭设置保护时间。前置序列、中置序列以及后置序列都是对接收端已知的冗余数据，用作载波同步、位同步及训练序列等。保护间隔是一段空闲时间，在其中不传输任何数据，用于保证各个时隙之间的正交性不被破坏（即互不重叠）。最后，数据字段为实际传输的有效载荷，也即业务数据。在时隙结构设计时，需要尽可能增大数据部分所占的比重，以提高频谱效率。

图 10-8　TDMA 时隙结构

在实际的 TDMA 时隙设计中，根据其所需要执行的功能的不同，前置序列、中置序列、后置序列以及数据这四个字段有可能都会出现，也可能是只出现其中的一个、两个或者三个。例如在进行业务数据传输的时隙中，可能只需要一个中置序列进行信道均衡即可；但是在一个用于初始同步的时隙中，整个时隙的数据可能都被用于前置序列，以获得更好的初始同步性能；在用于载波同步或位同步调整的时隙中，则有可能四个字段都会出现。

最后，在上行链路中，不同的移动台之间可能存在着定时偏差，且由于不同的移动台与基站的距离不同，其传输的信号到达基站时的传输延迟也会不同，因此，上行链路的相邻时隙可能会发生碰撞，导致基站无法正确接收。保护间隔的作用就是为了解决这个问题而设置的，具体内容在下一节详细讨论。

10.3.2　保护间隔与时间提前量

由 TDMA 系统的原理可以看出，其实现的关键是所有用户必须实现时间同步，即必须具有相同的时间基准来控制其在规定的时刻实现发送和接收信息。只有这样，不同时隙或者信道才不会产生相互干扰。如果时间同步出现偏差，则相邻的时隙就可能产生时间上的重叠，从而导致相互影响而不能正常工作。

对于下行链路来讲，由于发送给移动台的信息都是由基站发送的，所以其时间同步不是问题。但对于上行链路，由于各个移动台是独立发送的，因此，移动台在发送信息之前，首先必须进行时间同步。移动台的时间同步方法很多，比如可以通过给每个移动台都设置一个同步的高精度时钟或者通过专门的时钟信号（例如 GPS 信号）来实现同步。在很多系统中，为了降低移动台的成本，一般都采用主从同步的方式实现移动台的时间同步，即所有移动台通过从下行链路的信号中捕获时间基准来实现时间同步。

但在移动通信中，移动台与基站的距离是不同的，同时由于电波传播延迟的存在，移动台从下行链路获得的时间基准就会存在着不同的误差。假设某移动台与基站的距离为 d，则该移动台从下行链路获得的时间基准相对于基站时间基准来说，至少有 d/c（c 为电波传播速率，也就是光速）的延迟。同时，当移动台按照其获得的时间基准，在规定的时隙中发送信号，则该信号在到达基站时，又会产生 d/c 的延迟。由此可以看出，采用这种方式实现移动台同步时，每个移动台发送的信号在到达基站时，相对于规定的时刻会有 $2d/c$ 的延迟。

假设基站的最大覆盖半径为 R，则移动台与基站之间的距离将会在 $0 \sim R$ 之间随机变化，因此不同移动台发送的信号在到达基站时，会有不同的时间偏差，偏差范围为 $0 \sim 2R/c$。在这种情况下，为了保证相邻的时隙之间不会产生相互影响，则在时隙中必须设置宽度至少为 $2R/c$ 的保护间隔。也就是说，时隙的时间宽度应该比一个时隙内有效信息的时间宽度再加大 $2R/c$，这样的话，无论每个移动台距离基站有多远，同步误差都不会导致其发送的信息在到达基站时超出其规定的时隙的时间范围，从而不会对其它时隙产生影响。

下面以 GSM 系统为例，说明保护间隔的必要性及其选取原则。GSM 系统是一个 TDMA/FDD 系统，系统向用户在两个频率上提供 1 对业务时隙，即上下行链路分别工作在不同频率的频道上。无论是上行链路还是下行链路，都将所分配的频道划分成周期性的帧，每个帧再划分成若干个时隙，供不同的移动台使用。GSM 系统规定，下行和上行链路上相同编号的时隙之间错开 3 个时隙的时间宽度。如图 10 - 9 所示，f_{c1} 和 f_{c2} 分别表示下行和上行链路所使用的频道的中心频率。系统在上行和下行链路中提供编号相同的一对时隙给某个用户使用。假如给某个用户分配的信道为 T0，这就是说，基站在下行链路的 0 号时隙向某个用户发送数据，在上行链路的 0 号时隙接收该用户的信息。移动台的发送和接收与基站刚好相反。通过这种做法，移动台实际的发送和接收虽然工作在相同的时隙上，但并不是同时进行的，因此当收发共用一幅天线时，可以省去双工器的使用（代之以时间控制开关即可），降低成本的同时也避免了移动台发射信号对接收信号的干扰。

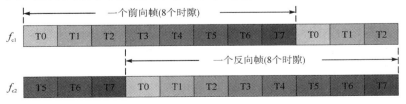

图 10 - 9　GSM 系统上下行时隙

现在考虑工作在相邻时隙上的两个移动台，假设移动台 1 工作在 T0 时隙，距离基站较远，具有较大的传播时延 τ_1；移动台 2 工作在 T1 时隙，位于基站附近，具有很小的传播时延 $\tau_2 < \tau_1$。移动台 1 在收到基站发送的下行时隙 T0 后，延时 3 个时隙后发送其对应的上行时隙 T0；移动台 2 同样在收到基站发送的下行时隙 T1 后，延时 3 个时隙后发送其对应的上行时隙 T1。两个移动台分别发送的上行时隙还要再次经历各自的传播时延到达基站，因此如果把基站发送下行时隙 T0 的时刻记为 t_0，发送下行时隙 T1 的时刻记为 $t_1 = t_0 + t_s$，这里 t_s 为每个时隙的持续时长，则其接收到上行时隙 T0 和 T1 的时刻分别为 $t_0 + 3t_s + 2\tau_1$ 和 $t_0 + 4t_s + 2\tau_2$。我们把 $t_0 + 3t_s$ 和 $t_0 + 4t_s$ 定义为基站预期接收上行时隙 T0 和 T1 的时刻，则其接收到上行时隙 T0 和 T1 的实际时刻比预期时刻分别晚了 $2\tau_1$ 和 $2\tau_2$。由于 $\tau_1 > \tau_2$，因此，在基站处上行时隙 T0 的结束时刻 $t_0 + 4t_s + 2\tau_1$ 大于上行时隙 T1 的起始时刻 $t_0 + 4t_s + 2\tau_2$，也就是说在基站实际收到的上行时隙 T0 和 T1 在时间上有重叠，重叠的时间长度为 $2\tau_1 - 2\tau_2$，存在相互碰撞，从而破坏了时隙之间的正交性。上述过程如图 10-10 所示。解决这个问题的方法是在上行时隙的末尾设置保护间隔，保护间隔内不发送任何信息，这样即使用户的时隙有交叠，只要交叠部分落在保护间隔内，就不会影响信号的接收。

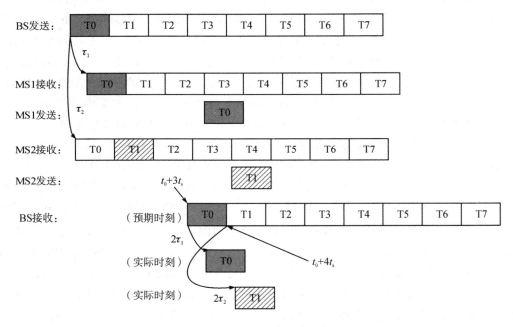

图 10-10　上行时隙碰撞的产生

由以上分析可知，为了避免相邻时隙碰撞，保护间隔的长度应该大于 $2\tau_1 - 2\tau_2$，即大于两个移动台与基站之间的往返时延差。考虑最坏的情况，工作在相邻两个时隙的移动台分别位于小区边缘和小区中心，此时往返时延差最大，保护间隔的时间长度应该不小于这个最大的往返时延差，如图 10-10 所示。若小区半径为 R，则保护间隔的时间长度为 $GP = 2R/c$，其中 c 为光速。以比特为单位表示的保护间隔长度为 $GP = (2R/c)/T_b$，其中 T_b 为比特周期。

例 10-1　GSM 系统中规定最大小区半径为 35 km，比特周期为 3.69 μs，计算 GSM 系统需要设置的保护间隔的大小（用比特表示）。

解：每比特持续时间为 $3.69\ \mu$s，根据保护间隔的计算公式有：

$$\text{GP}=\frac{2\times 35000/3\times 10^{8}}{3.69\times 10^{-6}}\approx 63\ \text{bit}$$

对于 TDMA 系统来说，保护间隔内不传输信息，但是占用了传输时间，相当于给系统增加了额外开销。GSM 中每个时隙包含 156.25 bit，持续时长为 576.92 μs，若设置 63 bit 的保护间隔，则仅仅保护间隔的开销就将近 50％！为了减少开销，提高传输效率，TDMA 系统还可以使用时间提前量（Time Advance，TA）机制。要实现这一点，关键是要预估出每个移动台和基站的距离，根据估计出的距离就可以计算出电波传播的延迟，然后让移动台提前发送其信息，就可以减小甚至消除上行链路信号达到基站的误差。通过这种技术，可以大幅度减小保护间隔的开销，减小的程度与距离（或者传播延迟）的估算精度有关。

参考图 10 - 10，假如移动台 1 能够准确估算电波传播的延迟 τ_{1}，则移动台 1 不是在 $t_{0}+3t_{s}+\tau_{1}$ 时刻开始发送其信息，而是提前到 $t_{0}+3t_{s}-\tau_{1}$ 时刻，即比原先的发送时刻提前了 $2\tau_{1}$ 的时间发送，如图 10 - 11 所示，则该信息到达基站时，刚好为 $t_{0}+3t_{s}$ 时刻，和规定的到达时刻完全相同，这样，就不需要设置保护间隔了。

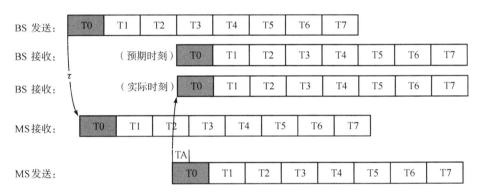

图 10 - 11　时间提前量 TA 示意图

引入时间提前量虽然在理论上可以保证上行时隙之间的正交性，但在实际应用中，移动台与基站的距离或者电波传播延迟的估计并不能达到百分之百的准确，因此，还需要根据估计的精度设置一定的保护间隔。例如在 GSM 系统中，除了随机接入时隙外，其它业务信道时隙的保护间隔长度都只有 8.25 bit，持续时间为 30.46 μs，此时由保护间隔引入的开销约为 5％。

最后，移动台与基站之间的距离估计通常是在基站上完成的，为使基站能够估计移动台的距离或者传播时延，通常都由移动台按照 TA＝0 的方式在特定时刻发送某种具有尖锐自相关特性的序列。由于 TA＝0，因此该序列到达基站的实际时刻比预期时刻推后了一个往返时延，使用类似 7.3.3 小节介绍的扩频序列同步技术，即可在基站侧估计出该移动台的时延。上述过程称为随机接入（Random Access，RA），随机接入的目的是获得时间提前量，完成终端到基站的上行同步，即终端发出的数据正好在预期时刻到达基站接收机。

RA 过程应用非常广泛，不仅仅局限于 TDMA 系统。在几乎所有移动通信系统中，终端如果需要发送数据，都必须首先完成随机接入这一标准流程，实现多用户之间的上行同步。

10.4　码分多址(CDMA)

CDMA 技术基于直接序列扩频调制,所有用户同时工作在相同的载波频率上,不同的用户使用不同的扩频码序列分别进行扩频调制,这些扩频码序列相互正交或者准正交。在接收端,只有采用完全相同的扩频码序列且时间完全同步才能够正确地接收到发送端发给它的信号,而发送给其它接收机的信号,由于扩频码序列间的相关性则被部分或完全抑制掉了。

如图 10-12 所示,在 CDMA 通信系统中,不同用户的传输信号不是靠频率或时间来区分的,而是用各不相同的扩频序列来区分的。如果从频域或时域来观察,多个 CDMA 信号在这两个维度上是完全重叠的,接收机必须使用相关器从叠加信号中选出其中使用预定扩频码序列的信号。

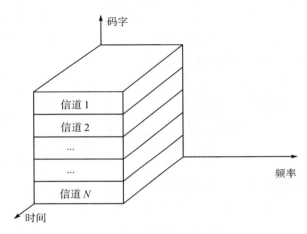

图 10-12　码分多址示意图

在 CDMA 蜂窝通信系统中,为了实现双工通信,下行链路和上行链路可以使用不同的频道,即频分双工 FDD;也可以使用不同的时间,即时分双工 TDD。例如欧洲提出的 3G 标准 WCDMA 和北美提出的 3G 标准 CDMA 200 都采用 FDD 方式,而我国提出的 3G 标准 TD-SCDMA 则采用了 TDD 方式。

10.4.1　扩频码序列

在 7.3 节的直接序列扩频中,我们采用 m 序列作为扩频序列,因为 m 序列具有理想的自相关特性,但是不同 m 序列之间的互相关特性较差,难以满足多址应用的需求。在 CDMA 系统中,扩频序列除了需要具备良好的自相关特性外,还需具备以下两个条件:

(1)序列族中不同序列之间具有良好的互相关特性,即要求接近于零的互相关值;

(2)序列族中应该包含足够数量的序列分配给用户使用,从而保证用户容量。

实际上,兼具理想的自相关特性和互相关特性且具有大量序列的单一类型的伪随机序列是不存在的,此时可以考虑采用复合序列。

在进行多址应用时,我们更看重的是互相关特性,因为它直接反映了不同信道之间的相互干扰情况。因此通常采用具有理想互相关特性(即完全正交)的序列族作为 CDMA 系统的扩频序列。

　　Walsh 序列族就是一种具有理想互相关特性的正交序列族,不同阶数的 Walsh 序列族可由哈达玛(Hadamard)矩阵得到,n 阶哈达玛矩阵为 $2^n \times 2^n$ 维矩阵,其定义通常以递归方式给出:

$$\boldsymbol{H}_{\mathrm{had}}^{(n)} = \begin{pmatrix} \boldsymbol{H}_{\mathrm{had}}^{(n-1)} & \boldsymbol{H}_{\mathrm{had}}^{(n-1)} \\ \boldsymbol{H}_{\mathrm{had}}^{(n-1)} & -\boldsymbol{H}_{\mathrm{had}}^{(n-1)} \end{pmatrix} \qquad (10-8)$$

并且有:

$$\boldsymbol{H}_{\mathrm{had}}^{(1)} = \begin{pmatrix} 1 & 1 \\ 1 & -1 \end{pmatrix} \qquad (10-9)$$

　　哈达玛矩阵的每一列对应于 Walsh 序列族中的一个序列,因此 Walsh 序列的长度总是 2 的幂次,n 阶哈达玛矩阵可以生成 2^n 个 Walsh 序列,每个 Walsh 序列的长度均为 $N = 2^n$。例如 2 阶哈达玛矩阵对应长度为 4 的 Walsh 序列,即

$$\boldsymbol{H}_{\mathrm{had}}^{(2)} = \begin{pmatrix} \boldsymbol{H}_{\mathrm{had}}^{(1)} & \boldsymbol{H}_{\mathrm{had}}^{(1)} \\ \boldsymbol{H}_{\mathrm{had}}^{(1)} & -\boldsymbol{H}_{\mathrm{had}}^{(1)} \end{pmatrix} = \begin{pmatrix} 1 & 1 & 1 & 1 \\ 1 & -1 & 1 & -1 \\ 1 & 1 & -1 & -1 \\ 1 & -1 & -1 & 1 \end{pmatrix} \qquad (10-10)$$

　　取 $\boldsymbol{H}_{\mathrm{had}}^{(2)}$ 的每一列就可以得到 4 个长度为 4 的 Walsh 序列,可以很容易地验证所有 Walsh 序列的互相关值均为 0,也就是说,长度相同的不同 Walsh 序列之间相互正交。

　　虽然 Walsh 序列具有最佳的互相关性能,且具有足够多的序列,但严格来说,Walsh 序列不是伪随机序列,其自相关特性很差,以(10-10)式的第一列对应的 Walsh 序列为例,由于其值为全 1,实际上没有任何扩频效果,因此对应不同的循环移位值,自相关值都为 1,也就没有自相关峰值。因此工程应用中,其扩频的性能很差。为了解决这个问题,通常会将 Walsh 序列与一个具有较好的自相关性能的序列相乘后作为扩频和多址的序列。

　　例如第二代移动通信系统标准中的 IS-95,就采用了这种复合序列扩频的做法,其下行链路将长度为 64 的 Walsh 序列与周期为 $2^{41}-1$ 的 m 序列结合使用,从而构成 64 路下行信道。具体来说,首先用 64 个不同的 Walsh 序列对不同下行信道的数据进行 64 倍的扩频,然后把扩频后的每个信道再用一个与信道等速率的 m 序列进行扰乱。这样,不同的信道之间既具有良好的正交性,同时,每个信道的扩频还具有随机性。这种做法也可以理解为使用了一个由 Walsh 序列和 m 序列构成的复合序列进行扩频。设 N 长 Walsh 序列记为 $\boldsymbol{s}_{\mathrm{w}} = \{s_{\mathrm{w},i} \mid 0 \leqslant i < N\}$,$N$ 长 m 序列记为 $\boldsymbol{s}_{\mathrm{m}} = \{s_{\mathrm{m},i} \mid 0 \leqslant i < N\}$,则复合序列 $\boldsymbol{s} = \{s_i \mid 0 \leqslant i < N\}$ 的构成方式为

$$s_i = \mathrm{mod}(s_{\mathrm{w},i} + s_{\mathrm{m},i}, 2)$$

　　实际上,IS-95 系统中采用的这种复合序列不再具有完全正交性,而是准正交的。在 CDMA 系统中,也可以使用其它的具有准正交特性的扩频序列族,例如 Gold 序列等。

10.4.2　多址干扰与远近效应

　　FDMA 方式中,不同的用户占用不同的频率资源,可以通过滤波器分离出每个用户的信号;TDMA 方式中,不同的用户占用不同的时隙,只要能够实现正确的帧同步,可以很容易通过数字电路或者程序从时间上分离出每个用户的信号。理论上,FDMA 或 TDMA

系统中，不同的信道之间是不存在干扰的。然而在 CDMA 系统中，为了保证足够的扩频码个数，不同信道采用的扩频序列是准正交的，这样不同的信道之间就会产生 CDMA 特有的多址干扰（Multiple Access Interference，MAI）。

具体来说，CDMA 系统中所有用户使用相同的频率，多个用户各自发送的直扩信号叠加在一起进入基站接收机。当基站需要从中解调任意一个用户的信息时，除了所希望的有用信号外，还收到了其他用户的信号，且不同用户使用的扩频码序列不是完全正交的，因此解扩时，就不能把它们完全抑制，从而会对该用户信号造成干扰。这种由于采用码分多址技术而引入的用户间干扰称为 MAI。图 10-13 说明了上行链路上多址干扰的情况，要注意下行链路同样存在多址干扰。

图 10-13　多址干扰示意图

当使用准正交的扩频序列时，多址干扰是 CDMA 系统的固有干扰。显然，多址干扰的强弱与扩频码的正交性有关，同时还与干扰的强度有关。正是由于这个原因，使得"远近效应"成为 CDMA 系统上行链路中的一个非常突出的问题。假设不同的移动台发射功率相等，在整个工作过程中保持不变，由于移动台在小区内的位置是随机变化的，某个移动台在某一时刻可能处于小区边缘，但其他时刻又可能靠近基站。如果移动台的发射机功率按照最大通信距离设计，则某个移动台驶近基站时，它的信号就会变强，对于基站接收机来讲，能够从接收信号中更好地检出该移动台的信号，但同时必然会对其它距离基站比较远的移动台的信号产生非常严重的干扰，不利于基站检出其他移动台的信号。这就是"远近效应"，靠近基站的移动台的信号很好，但远离基站的移动台的信号很差。为了解决这个问题，可以采用功率控制技术或者多用户检测技术。

1. 功率控制

功率控制是指控制基站或者移动台的发射功率，使其信号在到达接收机时刚好满足通信质量的信干比要求。过大的功率不会显著提高接收信号的质量，反而会对其他用户形成不必要的干扰。

按照功率控制的目标和方向，功率控制可以分为反向功率控制和正向功率控制。反向功率控制也称上行链路功率控制，其主要目标是使任意位置的移动台发出的信号在到达基站接收机时，都具有相同的电平，而且刚好达到满足通信质量要求的信干比门限，这样能够保证所有移动台具有相同的信号质量，同时还都能满足信干比的要求。正向功率控制也称下行链路功率控制，其目标是在保证本小区移动台的信号质量的前提下，对其它小区下行链路上的多址干扰最小化。

关于功率控制的类型，按照移动台和基站是否同时参与，可将其分为开环功率控制和闭环功率控制两大类。

（1）开环功率控制不需要接收机参与反馈，发射机直接按照某种策略对其发射功率进行控制即可。一般采用的方法是，根据接收到的对方的信号质量，判断其与对方的距离，从而调整其发射功率。但是在 FDD 双工方式中，上行和下行链路的信道衰落情况并不一定相关，此时实施开环功率控制的精度不会很高，只能起到粗略控制的作用。

（2）闭环功率控制则需要接收机的参与和反馈，它的原理是接收方根据接收到的信号质量好坏,通过额外的链路向发送方进行反馈,发送方根据反馈信息对其发射功率进行调整。闭环功率控制的优点是控制精确,但需要额外的信令信道来实现信息反馈。

在移动通信系统中,一般上行链路采用闭环功率控制,以便移动台能有最小的功率消耗,而下行链路则多采用开环功率控制,以减小信令的开销。

2. 多用户检测

在使用 Rake 接收机解出目标用户的信息时,我们假定干扰不存在,即对其他用户造成的干扰视而不见,这种做法消极对待多址干扰,在多址干扰较为严重的情况下解调性能难以保证。实际上,每个用户使用的扩频码对于基站来说都是已知的,基站可以利用这一点同时解调所有用户的信息,即多用户检测。多用户检测可以在充分考虑多用户之间相互干扰的基础上,解出每个用户发送的扩频信号,因而在 CDMA 移动通信系统的基站侧特别有用。限于篇幅,本书不展开讨论,有兴趣的读者可以查阅其他相关文献。

10.4.3　码分多址的容量

在分析 FDMA 和 TDMA 系统的信道容量时,由于只考虑单个小区,因此各个用户之间是完全正交的,也即用户之间无干扰;但是在 CDMA 系统中,通常采用准正交的扩频序列进行扩频,因此在进行信道容量分析时需要考虑多址干扰的影响。

假设 CDMA 系统中 m 个用户的信号同时占用整个带宽 B,且每个用户的平均发射功率均为 S,单个用户 i 的可达速率记为 R_i,由香农公式,m 个用户的总的可达速率为

$$R = \sum_{i=1}^{m} R_i \leqslant B \operatorname{lb}\left(1 + \frac{mS}{N}\right) \tag{10-11}$$

假设用户 i 接收到的多址干扰功率为 I_i,则其可达速率满足:

$$R_i \leqslant B \operatorname{lb}\left(1 + \frac{S}{I_i + N}\right) \tag{10-12}$$

接收端在针对目标用户信号进行解扩时,由于各个用户采用的扩频序列之间的准正交性,导致其他用户的干扰不能够被完全消除,从而造成对目标用户的干扰。在这种情况下,$m-1$ 个非目标用户信号都会对目标用户产生干扰。假设系统具有理想的功率控制,则针对每个目标用户的多址干扰功率为 $(m-1)S$,从而每个目标用户的接收信干噪比可表示为

$$\mathrm{SINR} = \frac{S}{(m-1)S + N} \tag{10-13}$$

当用户数量较大时,整个系统受限于干扰,可忽略噪声的影响,从而其信干噪比(简称信干比)可简化为

$$\mathrm{SIR} = \frac{1}{m-1} \tag{10-14}$$

又因为信干比 SIR 可表示为

$$\mathrm{SIR} = \frac{S}{I} = \frac{E_b}{I_0} \cdot \frac{R_b}{B} \tag{10-15}$$

其中 E_b 为比特能量,I_0 为干扰的功率谱密度,E_b/I_0 为满足特定误码率要求的接收门限比特信干比,R_b 为信息速率。结合 (10-14) 式和 (10-15) 式可推得 CDMA 系统的用户数为

$$m = 1 + \frac{B/R_b}{E_b/I_0} \approx \frac{B/R_b}{E_b/I_0} \tag{10-16}$$

当扩频因子较大时(10 - 16)式最后的近似是成立的。由(10 - 16)式可以看出,CDMA系统的容量由接收机的门限比特信干比 E_b/I_0 直接决定。接收机所要求的 E_b/I_0 越小,越能够容忍更多的干扰,则 CDMA 系统的用户容量越大;反之容量就越小。也就是说,CDMA 系统的用户容量没有硬性限制,只要改进接收机技术,降低要求的 E_b/I_0,就可以容纳更多的用户,这种软容量特性是 CDMA 系统的一个重要特点。FDMA、TDMA 系统则对用户容量存在硬性限制,m 个频道或时隙最多只能为 m 个用户提供服务。

接下来讨论信道容量,依据(10 - 13)式,单个用户的信道容量为

$$C_b = B \,\mathrm{lb}\left(1 + \frac{S}{N + (m-1)S}\right) \tag{10 - 17}$$

单个用户的归一化信道容量为

$$C_k = \mathrm{lb}\left(1 + \frac{\gamma C_k}{1 + (m-1)\gamma C_k}\right) \tag{10 - 18}$$

最终可得 CDMA 系统总的归一化信道容量为

$$C_{\mathrm{CDMA}} = mC_k = m\,\mathrm{lb}\left(1 + \frac{\gamma C_{\mathrm{CDMA}}}{m + (m-1)\gamma C_{\mathrm{CDMA}}}\right) \tag{10 - 19}$$

基于(10 - 18)式,图 10 - 14 画出了不同用户数条件下,CDMA 系统中单个用户的归一化信道容量曲线,作为对比,图 10 - 14 中还画出了 FDMA 和 TDMA 系统下单个用户的归一化信道容量曲线。从图中可以看出,$m=1$ 时 FDMA、TDMA 和 CDMA 具有相同的归一化信道容量。此外,由于存在多址干扰,在 $m=2$、3、4、5 的情况下,CDMA 系统的单用户归一化信道容量低于 FDMA 和 TDMA 系统,从而总的归一信道容量也低于 FDMA 和 TDMA 系统。

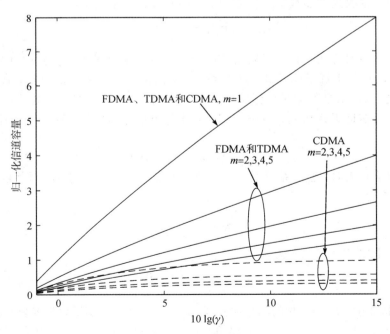

图 10 - 14　FDMA、TDMA 和 CDMA 系统单用户的归一化信道容量比较

例 10-2 IS-95 是基于 CDMA 的第二代数字移动通信系统，除去保护间隔，频道带宽为 $B=1.2288\,\text{MHz}$，基带信号速率为 $R=9.6\,\text{kb/s}$，忽略噪声，若要求解扩后的比特信干比 E_b/I_0 不低于 10 dB，计算每个小区能够服务的用户数，并与 FDMA 情况相比较，假设 FDMA 系统中使用 BPSK 调制和滚降系数为 1 的升余弦脉冲成形滤波器。

解： 由(10-16)式，IS-95 中每个小区能够服务的用户数为

$$m=1+\frac{B/R}{E_b/I_0}=1+\frac{1.2288\times\dfrac{10^6}{9600}}{10}=13.8$$

同样带宽条件下，FDMA 系统中使用 BPSK 调制和滚降系数为 1 的升余弦脉冲成形滤波器，则每个用户占用带宽为 19.2 kHz，故每小区能够容纳的用户数为

$$\frac{1.2288\times10^6}{19200}=64$$

可见 FDMA 的用户容量远高于 CDMA 系统。下一章讨论基于蜂窝的多小区制 CDMA 系统，结合部分提高容量的技术，可以显著提高 CDMA 系统的用户容量。

10.4.4 码分多址的特点

与 FDMA 和 TDMA 不同，CDMA 有着许多独特的性质，正是这些独特的性质，使得 CDMA 成为第三代移动通信系统的技术基石。

CDMA 的主要特点可以概括如下：

(1) 多址干扰和远近效应。CDMA 系统中特有的多址干扰很容易产生远近效应，从而导致远处的有用信号可能受近处干扰信号的严重影响。解决这个问题的最简单有效的方法是功率控制技术，功率控制是 CDMA 系统得以商用的核心关键技术之一。

(2) 软容量。CDMA 系统的全部用户共享一个无线信道，完全依靠扩频码来区分每一个用户信号，系统可容纳的用户数量主要受限于多址干扰。多址干扰的强度与干扰信号的强弱有关，也与同时工作的用户数有关。随着用户数量的增加，每个用户受到的干扰逐渐增加，传输信号质量逐渐下降，直到下降到不足以维持正常通信为止。也就是说码分多址系统的容量没有硬限制，可以在一定的范围内浮动。因此当系统重载运行时，再增加少数用户只会引起话音质量的轻微下降（或者说信干比稍微降低），而不会出现没有可用信道分配的现象。

(3) 软切换。CDMA 蜂窝系统具有"软切换"功能，即在越区切换的起始阶段，由原小区的基站与新小区的基站同时为越区的移动台服务，直到该移动台与新基站之间建立起可靠的通信链路后，原基站才中断它和该移动台的联系。CDMA 蜂窝系统中，所有的基站都是完全工作在相同的频道下的，因此，就具备了实现软切换的条件。软切换功能既可以保证越区切换成功的概率，又可以利用两个基站的分集效果提高越区切换时的通信质量。有关软切换的内容在下一章专门讨论。

(4) 抗衰落。CDMA 蜂窝系统以扩频技术为基础，因而它具有扩频通信系统所固有的优点，如抗干扰、抗多径衰落等。另外还可以使用 RAKE 接收机充分利用多径信号以提高接收信号质量。

10.5　空分多址(SDMA)

1. SDMA 的信道划分

空分多址(Space Division Multiple Access，SDMA)的基础是具有尖锐方向性且方向可以灵活变动的定向天线，通过利用这种定向天线的方向性来区分信道，实现信道在空间上的划分，例如使用 9.4 节的自适应阵列天线的波束赋形技术实现多个具有不同指向且方向性尖锐的波束，每个波束代表一个信道，如图 10-15(b)所示。这些波束由于具有尖锐的方向性，因此互不干扰或者干扰很小，从而基站能够使用相同的频率与不同用户实现同时通信。相比于图 10-15(a)的全向覆盖，SDMA 中不同的空间信道可以使用完全相同的频率、时间以及扩频码等通信资源。

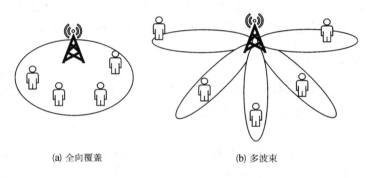

(a) 全向覆盖　　　　　　　　　　(b) 多波束

图 10-15　空分多址示意图

若采用自适应阵列天线实现空分多址，可在不同的用户方向上形成不同的波束，理想情况下，自适应天线具有极窄的波束和快速的跟踪速度，可为小区内每个用户提供不同指向的波束。然而精确分辨每个用户的空间角度需要很大的天线阵列，这对于具体实现带来了一定的困难。

2. SDMA 的特点

SDMA 可以从多方面改善通信系统的性能，减少干扰和多径衰落，提高频谱利用率，其主要特点如下：

(1) 减小干扰。SDMA 技术具有空间滤波器的作用，将信号辐射限制在某个较小的角度内，减少了在其它方向上的干扰。

(2) 减少时延扩展和多径衰落。时延扩展是由多径传播引起的，使用 SDMA 后，在期望信号方向上形成定向波束，抑制了其他方向上的多径信号，从而消除了部分多径时延分量，降低了小尺度衰落的强度，在某些空旷的传播环境中，甚至可以消除多径衰落。

(3) 增加用户容量。SDMA 可以在有限频谱内支持更多的用户，从而成倍提高用户容量和频谱效率。

10.6　正交频分多址接入(OFDMA)

正交频分复用(OFDM)能够很好地对抗无线信道中的频率选择性衰落,获得很高的频谱利用率,非常适用于无线宽带信道下的高速数据传输。同时,这种技术也可以用作多址方式。正交频分多址接入(OFDMA)技术将一系列正交的子载波看作是信道,进而将不同的子载波分配给不同的用户即可实现多址。在 OFDMA 中,能够按照业务需求、信道状态及用户分布等多种因素,在不同的时刻给用户分配不同的子载波,从而实现极为灵活的资源分配策略,按需配置系统资源。在 OFDMA 中,根据子载波分配方法不同,可以分为子信道 OFDMA 和跳频 OFDMA。

10.6.1　子信道 OFDMA

子信道 OFDMA 将整个 OFDM 系统的带宽分成若干子信道,每个子信道包括一组子载波,不同的子信道可以分配给不同的用户使用,一个用户可以占用多个子信道。OFDM 子载波可以按连续子载波分配法、规律间隔子载波分配法和随机间隔子载波分配法三种方式组成子信道,以下分别说明。

在连续子载波分配法中,子信道由相邻的若干个连续子载波构成,如图 10 - 16 所示,其中图 10 - 16(a)为下行链路的情况,图 10 - 16(b)为上行链路的情况。这种做法的好处是简单,同时也简化了信道估计,因为相邻的子载波具有相关性。其不足之处是有可能给某个用户分配的子信道中的多数子载波都刚好处于深度衰落状态,难以保证该用户的通信质量。考虑到用户位置的随机性,每个用户在不同子信道上的衰落情况都是不同的,因此基站在分配子信道资源时,应该进行自适应调度,保证子信道尽可能被对应信道条件较优的用户使用,以获得较高的传输速率。为此,基站需要了解所有用户在不同子信道上的信道特性,以便优化子信道信道分配。如果用户的信道特性发生变化,则子信道分配方案也要随之调整。

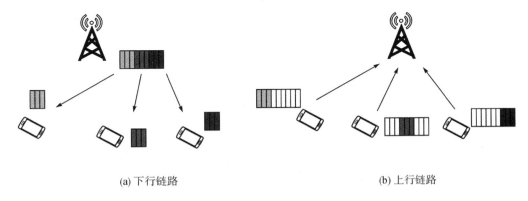

(a) 下行链路　　　　　　　　　　　　　　　　(b) 上行链路

图 10 - 16　连续子载波分配示意图

在规律间隔子载波分配中,子信道由规律间隔的一组子载波构成,如图 10 - 17 所示,其中,图 10 - 17(a)为下行链路的情况,图 10 - 17(b)为上行链路的情况。假设子信道中的相邻的子载波间隔为 n,则子载波集合 $\{1, n+1, 2n+1, \cdots\}$ 构成一个子信道,子载波集合

{2，n+2，2n+2，…}构成另一个子信道，以此类推，从而整个工作带宽分为 n 个子信道可供 n 个用户同时通信。由于每个用户在工作带宽内使用分散的子载波，如果这些子载波间隔超过了相干带宽，则同时深度衰落的概率就会很小，可以在一定程度上获得频率分集效果。无论用户使用哪个子信道，通信质量都不会相差太大，因此基站无需了解每个用户的信道状态，也不需要实现自适应调度，给每个用户总是分配相同的子信道即可。

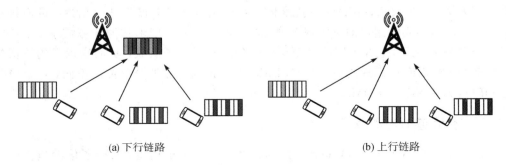

(a) 下行链路   (b) 上行链路

图 10 - 17　规律间隔子载波分配示意图

上述这两种子载波分配方法足以实现小区内的多址，但实现小区间多址却有一定的问题。因为各小区根据本小区的用户信道特性变化情况进行调度，使用的子载波资源难免会冲突，随之导致小区间干扰。考虑到小区间干扰的影响，可以采用随机间隔子载波分配方案，分配给用户的子信道具有随机的子载波间隔。这种做法和规律间隔子载波分配一样，不需要了解所有用户的信道特性，也不需要实现自适应调度，且具有良好的相邻小区间干扰特性，相邻小区使用不同的伪随机序列，产生不同子载波间隔的子信道，从而随机化小区间干扰。

10.6.2　跳频 OFDMA

子信道 OFDMA 中，用户的子载波分配相对固定，即某个用户在相当长的时间内使用指定的子载波组，具体的时长由频域调度的周期而定。而在跳频 OFDMA 中，分配给一个用户的子载波资源快速变化。在每个时隙内，用户在所有子载波中抽取若干子载波使用，同一时隙中，不同用户选用不同的子载波组；在不同的时隙内，各用户使用的子载波组也随之变化，如图 10 - 18 所示。

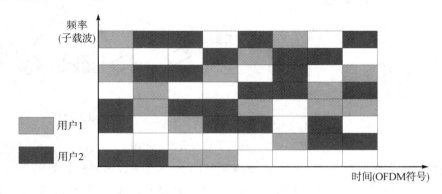

图 10 - 18　跳频 OFDMA

这种子载波的选择通常不依赖信道条件而定，而是随机抽取。在下一个时隙，无论信道是否发生变化，各用户都跳到另一组子载波发送，但用户使用的子载波仍不冲突。跳频的周期可能比子信道 OFDMA 的调度周期短得多，最短可为 OFDM 符号长度。使用这种子载波分配策略，在小区内部各用户仍然正交，并可获得频率分集的效果。在小区之间不需进行协调，使用的子载波可能冲突，但快速跳频机制可以将这些干扰在时域和频域分散开来，大大降低干扰的危害。在负载较轻的系统中，跳频 OFDMA 可以简单而有效地抑制小区间干扰。

总之，OFDMA 系统可动态地把可用时频资源分配给需要的用户，实现非常灵活的分配，容易优化利用系统资源。

本 章 小 结

本章主要对移动通信中采用的多址技术进行了讨论，包括频分多址、时分多址、码分多址、空分多址以及正交频分多址，分别在从第一代模拟蜂窝通信系统到现在的第五代蜂窝通信系统中获得了应用。表 10-1 给出了前三种多址方式的单小区用户容量和总归一化信道容量，并给出其在各代蜂窝通信系统中的应用情况的说明，表中各参数的含义在本章相应各节中已经给出，这里不再赘述。

表 10-1 多址方式小结

多址方式	单小区用户容量	总归一化信道容量	应 用
FDMA	$m = B/B_k$	$C_{FDMA} = \mathrm{lb}(1 + \gamma C_{FDMA})$	1G 系统：AMPS
TDMA	$m = s$	$C_{TDMA} = \mathrm{lb}(1 + \gamma C_{FDMA})$	2G 系统：GSM，USDC 等
CDMA	$m = 1 + \dfrac{B/R_b}{E_b/I_0}$	$C_{CDMA} = m\,\mathrm{lb}\left(1 + \dfrac{\gamma C_{CDMA}}{m + (m-1)\gamma C_{CDMA}}\right)$	2G 系统：IS-95 3G 系统：WCDMA、 CDMA 2000、TD-SCDMA

第 11 章　蜂窝通信基础

　　公共陆地移动通信系统通常又称为蜂窝通信系统，蜂窝的命名来源于其采用的正六边形的小区形状。移动通信网络的发展始终围绕着增大系统容量的目标展开，而增大系统容量往往都要落实到降低系统中的干扰水平上，因此本章将讨论蜂窝移动通信系统的基本组成、核心思想、系统干扰和系统容量等，并重点关注蜂窝移动通信网络中干扰和系统容量的关系。本章的大部分内容都是基于最基础的频分多址（FDMA）方式进行分析的，其它更加复杂的多址方式已经在第 10 章做了说明。

11.1　移动通信网络概述

　　任何一个基于蜂窝组网技术的移动通信网络，都至少由无线接入网（Radio Access Network，RAN）和核心网（Core Network，CN）两大部分组成。基站与基站构成的网络称为 RAN，基站与用户终端（User Equipment，UE）之间的通信接口称为空中接口，RAN 的主要任务是通过空中接口向 UE 提供无线接入服务，例如 GSM、LTE 都是典型的 RAN 技术。为了给每个 UE 提供无缝覆盖和无中断服务，实现 UE 到网内或网外其他用户的端到端通信，所有基站必须相互协同配合，这就需要使用 CN 将所有基站管理起来。CN 包括若干控制面/用户面实体，其功能包括认证、计费、移动性管理、会话管理等。多个 RAN 可以通过同一个 CN 实现互联互通，CN 与 RAN 之间的连接称为回传（Backhaul）。回传通常是通过有线承载网完成的，但是对于恶劣环境或者应急抢险场景，也可以使用微波链路等无线方式实现回传。从第一代的模拟蜂窝通信系统发展到今天的第五代移动通信系统，虽然网络功能越来越丰富，性能越来越强大，但是上述的基本网络结构则并无太大变化。

11.1.1　实例——GSM 网络结构

　　图 11-1 所示为第二代蜂窝移动通信系统 GSM 的网络结构，其中包含三个最基本的实体，即移动台（Mobile Station，MS）、基站（Base Station，BS）和移动交换中心（Mobile Switching Center，MSC）。

　　移动台，也即 UE，是能够与基站进行全双工无线通信的通信终端，包括收发器、天线和控制电路等组成部分。在移动数据业务普及之前，移动台的功能比较单一，主要完成简单的语音通信业务，因此也称为移动电话。随着移动通信的不断发展，支持的业务类型越来越多，更多类型的移动终端不断浮现，例如智能手机、智能手表和各类物联网终端等。

　　基站通过空中接口和移动台进行无线通信，将移动台接入网络，并为其提供业务信息的中转服务。在图 11-1 中，每个基站的无线覆盖区域称为一个小区，小区的实际覆盖范围受基站发射功率以及小区内电波传播环境等因素的影响。在 GSM 网络中，基站有时也被称为基站子系统(Base station subsystem，BSS)，通常 BSS 由两个功能单元构成：

（1）基站收发信机(Base Transceiver Station，BTS)。BTS 由具有无线信号发射和接收功能的收发信机构成，为小区提供无线覆盖。

（2）基站控制器(Base Station Controller，BSC)。BSC 对一个或多个 BTS 进行管理，并将其与移动交换中心 MSC 进行连接，BSC 可以与 BTS 位于同一地点，也可以独立地安装于不同的位置。

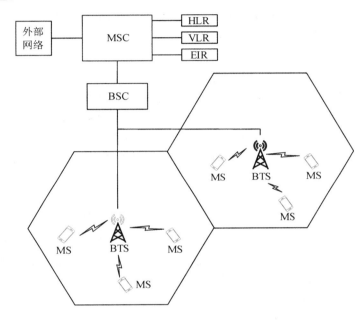

图 11-1　第二代蜂窝移动通信系统网络结构

随着技术的发展，BSS 的形态不断演化，使用的名词和功能也不断变化。例如在第三代移动通信系统 WCDMA 中，BSS 改名为无线网络子系统 RNS，每个 RNS 由一个无线网络控制器 RNC 和若干基站 NodeB 组成，功能分别与 BSC 和 BTS 相对应。在 4G LTE 网络体系中，将 BTS/BSC 合并后称为 eNB。5G 移动通信系统中，将基站子系统改称为 gNB，同时又将基站子系统从逻辑上分为集中式单元 CU 和分布式单元 DU，其功能与 BSC 和 BTS 类似。虽然名词不断变化，但完成的逻辑功能是相似的。

MSC 是 GSM 核心网的主要网元，通过控制和协调多个 BSC，为用户通话提供自动转接，实现呼叫管理和路由控制功能。通常一个 MSC 能够服务用户数的典型值约为 10 万个，并能同时处理多达 5000 个通话。MSC 可以通过网关与其它外部网络相连接，从而实现跨网络的通信。常见的外部网络包括公共交换电话网(PSTN)以及其他运营商的蜂窝移动通信网络等，从而实现移动用户与固定电话用户之间以及不同运营商的移动用户之间的通信。

此外，核心网中还包括归属位置寄存器(Home Location Register，HLR)、来访位置寄存器(Vistor Location Register，VLR)和设备识别寄存器(Equipment Identity Register，EIR)等网元，限于篇幅，本文不做介绍，有兴趣的读者可以参考有关书籍。

11.1.2　接口规范、协议与功能

如前所述，RAN/CN 包含若干功能实体，利用这些功能实体进行网络部署时，为了相互交换信息，有关功能实体之间通过不同的接口实现信息与功能交互。在一个移动通信网络中，这些接口的功能必须明确规定并建立统一的标准，这就是所谓的接口规范。接口往往使用协议栈的方式来规范，不同的移动通信网络在不同的接口上具有不同的协议栈。只要遵守接口规范，无论哪个厂家生产的设备都可以用来组网，而不必限制这些设备在开发和生产中采用何种技术。在诸多接口当中，基站与 UE 之间的接口，即空中接口是人们最为关注的接口之一，因为系统的性能和容量在很大程度上受到空中接口的制约。一个系统中的空口协议至少包含 OSI/ISO 七层协议中的最低三层：

（1）物理层。物理层用于为上层提供可靠的无线传输链路，可以用数据传输速率和误码率来衡量物理层的性能。物理层位于协议参考模型的最低层，承载全部上层应用，它所含技术种类繁多（包括调制技术、编码技术、双工方式以及射频实现等），且复杂度高。可以说本书前面的大部分内容都是用来构建可靠空中接口的物理层核心技术，物理层技术的发展就是移动通信系统发展的标志。例如 3G 使用的关键物理层技术为 CDMA，而 4G/5G 则全部使用 OFDM。

（2）数据链路层。数据链路层通常可以分为媒体访问控制（Medium Access Control，MAC）子层和链路接入控制（Link Access Control，LAC）子层两部分。

（a）MAC 子层。MAC 子层是上层协议与物理层之间的桥梁，主要负责逻辑信道与传输信道间的映射以及物理资源的管理，其核心内容就是第 10 章讨论的多址技术。

（b）LAC 子层。LAC 子层负责执行逻辑信道连接所必需的功能，例如协议数据分段、连接建立、维护和释放等。

（3）网络层。网络层包含处理呼叫控制、移动性管理和无线资源管理的功能。通常，网络层独立于所采用的无线传输技术。

不论使用何种多址方式，空中接口提供的信道都可以分为两大类，即业务信道和控制信道。业务信道用来传输实际的业务信息，包括语音信息和数据信息等。控制信道用来传输控制信息，协调网络的工作，并完成管理功能。根据信息传输是由基站到移动台还是由移动台到基站，还可以进一步将业务信道分为前向业务信道和反向业务信道。同样的，控制信道也可分为前向控制信道和反向控制信道。

移动通信系统的重要功能还包括连接管理、无线资源管理以及移动性管理等。

1. 连接管理以实现话音呼叫或业务通信

无论何时，当某一移动用户向另一移动用户或有线用户发起呼叫，或者某一有线用户呼叫移动用户时，移动通信网络要为用户呼叫配置所需的控制信道和业务信道，指定或控制发射机的功率，进行设备和用户的识别和鉴权，完成多段逻辑链路的连接和交换，最终在主呼用户和被呼用户之间建立起通信链路，提供通信服务。

2. 移动性管理以实现移动用户的无中断服务

当移动用户从一个位置区漫游（即随机地移动到自己注册的服务区以外）到另一个位置区时，网络中的有关功能实体要对 UE 的位置信息进行登记、修改或删除，保证 UE 随时可

以被寻呼到。如果移动台在通信过程中越区，网络要在不中断当前通信的前提下，控制该移动台进行越区切换，其中包括判定新的服务基站、指配新的频率或信道等操作。

3. 无线资源管理以实现资源的高效使用

无线资源管理的目标是在保证通信质量的条件下，合理高效地分配通信资源，尽可能提高通信系统的频谱利用率和通信容量。例如根据当前业务强度及各用户的信道质量等因素，决定是否给某用户分配资源以及分配多少资源。

本章重点讨论蜂窝组网的基本组成和基础原理，包括频率复用、同频干扰与系统容量以及移动性管理的原理性知识。由于连接管理和资源管理并非移动通信网络的独有功能，因此本书不予讨论，想了解这两部分内容的读者可以查阅计算机通信网相关的书籍。

11.2　频率的空间复用

蜂窝移动通信系统之所以能够在有限的频带范围内容纳大量的用户，其根源在于引入了频率的空间复用。顾名思义，频率的空间复用就是在一个通信系统中的不同空间区域对同一组频率进行重复使用，简称频率复用(Frequency Reuse)。显而易见的是，对频率的重复使用可以获得系统容量的增益；另一方面，重复使用相同的频率会在系统内产生同频道干扰，因此频率复用需要遵循一定的规则。频率复用是蜂窝移动通信系统的核心思想，也是其能够取得如此成功的关键因素。本节将介绍频率复用的相关知识。

11.2.1　大区制与小区制

早期的公共移动电话系统采用大区制，通过单个基站实现整个服务区(可以是一个城市)的无线覆盖。大区制公共移动通信系统的优点是网络建设比较简单，在一个服务区中只架设一座基站即可服务所有用户。但也正是由于大区制系统采用单个基站覆盖整个服务区域，要求基站具有较大的发射功率以实现对服务区的有效覆盖；同时，考虑到覆盖区中的高大建筑物对信号传播的阴影效应，通常需要将基站架设在比较高的位置，比如山巅或者高塔顶部等。虽然大区制系统的建设相对简单，成本也较低，但是却有着致命的缺点，那就是覆盖区域会受到发射功率和天线高度的限制，且用户容量极为有限。以 20 世纪 50 年代到 60 年代美国改进的移动电话系统(IMTS)为例，该系统使用单个大功率的发射机和高架基站覆盖超过 50 km 的范围，提供全双工话音通信服务，具有自动拨号、自动中继等功能。然而该系统能够用于话音业务的信道数只有 12 个，只能同时为 12 个用户提供服务，系统大约能容纳 500 多个用户，与纽约市的 1000 万人口相比，该系统的用户容量只能用杯水车薪来形容。

为了扩大网络的覆盖区域，同时向更多的用户提供移动电话服务，贝尔实验室和其它的通信公司一起，提出了频率空间复用的概念，其基本思想是把整个服务区域划分成若干小的区域(即小区)，每个小区都架设一个基站，并由其负责为该小区内的移动用户提供通信服务。距离足够远的小区可以工作在相同的频率上，从而提高了频谱利用率，增大了系统的用户容量。这样的移动通信系统被称为小区制系统。后续章节将指出，采用正六边形小区来无缝覆盖服务区域是最优的，大量的正六边形小区组合在一起就类似于蜂窝的形状，因此小区制系统也称为蜂窝移动通信系统。与大区制系统相比，小区制系统中每个基站的覆盖范围较小，因此降低了对基站发射功率和天线高度的要求。由于引入了频率复用技术，小区制系统具有比大区制系统大得多的系统容量和覆盖范围。

11.2.2　小区与区群

对于小区制陆地移动通信系统来讲，由于小区众多，为了降低设计成本，在系统设计时，一般会忽略地形地物的影响，把整个服务区域看作是一个平面，每个小区都应具有相同的形状和相同的大小，所有小区组合起来，应能无重叠、无缝隙地对整个服务区域进行覆盖。实际部署之后，如果个别小区不能满足实际环境的要求，再单独对其进行调整。下面基于这种思路来讨论小区制系统的设计。

首先考虑每个小区内的情况。对于每个小区，由于其服务的移动台在小区中的位置是随机的，且可能会不断变换，因此，基站最好采用全向天线，且架设在小区的中心位置。这样，在不考虑地形地物的影响的情况下，每个基站的无线覆盖区域为圆形。使用相同半径的圆形小区来对平面进行无缝覆盖时，这些圆形区域必然存在着一定的重叠，此时可以把重叠区域一分为二划分给不同的小区。在这种情况下，如果还要求所有的小区具有完全相同的形状，同时还能无缝隙、无重叠地对整个平面区域进行覆盖的话，则小区的形状只能采用三种形状，即正三角形、正方形和正六边形，如图 11-2 所示。

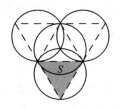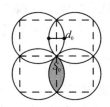

图 11-2　三种可能的小区形状

假设所有小区半径 R 相同，即从小区中心到小区顶点的距离相同，也就是说给定基站发射功率，不管小区采用哪种形状，在距离基站最远的地方，移动台都能获得相同的信号质量。表 11-1 中对这三种小区形状进行了分析比较，比较的主要指标有小区面积 S、相邻小区之间的距离 d、相邻小区的重叠区宽度 d_0 以及重叠区域的面积 S_0。从中可以看出，在小区半径 R 一定的情况下，正六边形小区具有最大的小区面积和邻区距离，并具有最小的交叠区宽度和面积，说明在覆盖相同服务区域的情况下，正六边形小区所需要的基站个数最少。可见，正六边形是平面覆盖下最优的一种小区形状。

表 11-1　三种小区形状的比较

小区形状	等边三角形	正方形	正六边形
小区面积 S	$(3\sqrt{3}/4)R^2$	$2R^2$	$(3\sqrt{3}/2)R^2$
邻区距离 d	R	$\sqrt{2}R$	$\sqrt{3}R$
交叠区宽度 d_0	R	$0.59R$	$0.27R$
交叠区面积 S_0	$1.2\pi R^2$	$0.73\pi R^2$	$0.35\pi R^2$

在选定正六边形作为小区形状之后，接下来考虑相邻小区的频率分配和频率复用的问题。频率复用的最大问题是同频干扰，如图 11-3 所示，如果两个小区中的基站 A 和 B 在分别为移动台 U_A 和 U_B 提供服务时，采用了相同的频率，则对于 U_A 来说有用的信号对于 U_B 就是干扰，反之亦然。也就是说，移动台 U_A 不仅能收到来自 A 的有用信号，还会收到来自 B 的同频干扰信号。同样，移动台 U_B 不仅收到来自 B 的有用信号，还会收到来自 A 的同频干扰信号。同频干扰在小区边缘最严重，因为移动台位于小区

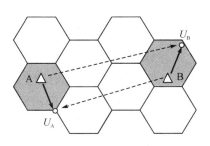

图 11-3 同频干扰示意图

边缘时有用信号的强度最弱，而来自于同频小区的干扰最强。如果同频干扰过于严重，则移动台可能由于过低的信干比而无法正常工作。

注意同频干扰无法通过滤波器滤除，为了避免同频干扰对接收机的影响，通常可以考虑增大有用信号的发射功率，或者减小干扰信号的接收功率两种做法。但在小区制系统中，加大有用信号的发射功率，显然不能解决问题。例如提高基站 A 的发射功率确实能提高 U_A 收到的有用信号功率并增加 U_A 的接收信干比，但此时移动台 U_B 收到的干扰功率也增大了，从而影响了 U_B 的正常工作。如果 B 基站也加大发射功率，则 U_A 的信干比又会下降。因此小区制系统中只能采用降低同频干扰接收功率的做法，相邻小区使用不同的频率资源，只有距离足够远的小区才使用相同的频率，由于距离足够远，同频干扰信号到达接收机时足够微弱，因此接收机正常工作所需的信干比能够得到保证，这种做法获得了广泛的应用。具体来说，以若干相互邻接的小区为一组，称为区群或者小区簇，区群中小区的数目 N 称为区群大小，且区群内每个小区使用不同的频率资源，但区群内的所有小区合起来使用系统的全部频率资源。换言之，将整个移动通信系统可用的频率资源平均分为 N 组，分配给区群内的 N 个小区，每个小区分得一组频率资源。不同区群内使用相同频率资源的小区互为同频小区。只要区群足够大，同频小区之间保持一定距离，就能利用传播路径损耗随收发信机距离指数下降的特点，将同频干扰限定在系统可以接受的水平，即满足接收机正常工作的最低信干比要求。

如前所述，区群由若干个相互邻接的小区构成，这里的"相互邻接"是指区群中任意一个小区都至少与区群中另外两个小区存在公共边。以图 11-4 为例，图 11-4(a) 中的三个小区可以构成大小为 N=3 的区群，图 11-4(b) 中的三个小区则无法构成区群，因为其上下两个小区都只和中间的那个小区有邻边，而和其它的小区没有邻边。

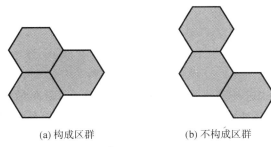

(a) 构成区群   (b) 不构成区群

图 11-4 区群的构成

11.2.3　区群大小与同频复用距离

在蜂窝系统规划和设计时，为了降低系统设计成本，要求区群内所有的小区具有相同的形状和面积，且能无缝隙、无重叠地覆盖整个服务区域，并且要求每个小区与每个相邻区群内的同频道小区之间的距离都相等。为满足上述要求，区群的大小 N 的取值和区群形状必须满足一定的约束，本节专门讨论这一问题。

根据对数距离路径损耗模型，同频小区之间的距离决定了其相互之间的干扰水平，因此需要对同频小区之间的距离进行讨论，更确切地讲，需要讨论同频小区之间的最小距离，这个距离就被定义为同频复用距离。

为了便于计算同频复用距离，首先介绍如图 11-5 所示的 UV 坐标系，其原点位于一个小区的中心，两条轴分别沿着该小区两个相邻边的垂线方向，分别定义为 U 轴和 V 轴，UV 正半轴夹角为 60°。这样定义坐标系的好处在于，U 轴和 V 轴都会穿过一个个小区的中心，由于相邻小区中心的距离为 $\sqrt{3}R$，故每个小区中心的 UV 坐标正好是 $\sqrt{3}R$ 的整数倍，其中 R 为小区半径，例如图中 $u_1=\sqrt{3}R$，$v_1=2\sqrt{3}R$，$u_2=3\sqrt{3}R$，$v_2=-\sqrt{3}R$。在图 11-5 的 UV 坐标系中，假设任意两个小区的中心坐标分别为 $(u_1,\ v_1)$ 和 $(u_2,\ v_2)$，则其距离为

$$d=\sqrt{3R^2\left[(u_1-u_2)^2+(v_1-v_2)^2-2(u_2-u_1)(v_1-v_2)\cos(60°)\right]} \quad (11-1)$$

定义 $i=u_1-u_2$ 和 $j=v_1-v_2$，则可以将 (11-1) 式简化为

$$d^2=3R^2(i^2+ij+j^2) \quad \forall i,j\in\mathbb{Z} \quad (11-2)$$

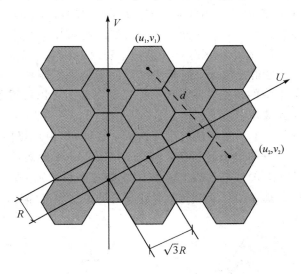

图 11-5　UV 坐标系

接下来基于 (11-2) 式进一步推导同频复用距离 D，即距离最近的两个同频小区之间的距离。为了在整个服务区域中保证同频小区均匀分布，并且考虑到区群由若干相互邻接的小区构成，因此可以将每个区群等效为面积相同的正六边形，从而将相邻的多个区群等效为相邻的多个正六边形，如图 11-6 所示。

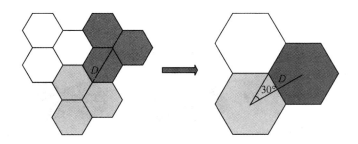

图 11-6 区群的等效正六边形表示

结合图 11-6，可以发现同频复用距离 D 正好是相邻两个等效正六边形区域的中心距离，则等效正六边形的半径为

$$R_e = \frac{D}{2\cos 30°} = \frac{D}{\sqrt{3}} \qquad (11-3)$$

相应地，等效正六边形区域面积 A_e 为

$$A_e = \frac{3\sqrt{3}}{2} \times R_e^2 = \frac{3\sqrt{3}}{2} \times \left(\frac{D}{\sqrt{3}}\right)^2 = \frac{\sqrt{3}}{2} D^2 = \frac{3\sqrt{3}}{2} R^2 (i^2 + ij + j^2) \qquad (11-4)$$

又因为单个小区的面积 A 为 $(3\sqrt{3}/2)R^2$，因此每个区群包含的小区数目 N 为

$$N = \frac{A_e}{A} = i^2 + ij + j^2 \qquad (11-5)$$

(11-5)式规定了蜂窝系统允许的区群大小的取值，注意其中 i、j 取整数，但不能同时为 0。由(11-5)式可以得到表 11-2 所示的区群大小 N 的取值。

表 11-2 区群大小 N 的取值

j \ i	0	1	2	3	4
0	不允许	1	4	9	16
1	1	3	7	13	21
2	4	7	12	19	28
3	9	13	19	27	37
4	16	21	28	37	48

一旦区群大小确定了，遵循 11.2.2 小节中给出的相互邻接的要求，相应的区群的形状也就确定了。图 11-7 给出了 $N=3$、4、7、12 时的区群形状的示意，可以看出区群形状是趋于对称、紧致的，小区内不同的填充图案表示它们分别使用不同的频率资源。

在蜂窝系统规划和设计时，通常是已知区群大小 N 来确定同频复用距离 D，因此需要将 D 表示为 N 的函数，结合(11-2)式和(11-5)式可得：

$$D = \sqrt{3N} R \qquad (11-6)$$

由(11-6)式可以看出 N 越大则同频复用距离越大，这也意味着同频小区之间的相互干扰越小，关于这方面的内容，将在 11.3.1 小节进行详细分析。

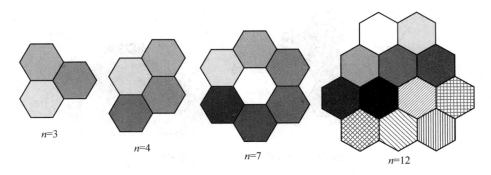

图 11-7　$N=3$、4、7、12 时的区群形状

11.2.4　同频小区的位置与分布

当区群大小 N 确定以后，不仅可以确定区群形状，还可以确定同频小区的位置。具体确定同频小区的位置有两种方法。

第一种方法就是在图 11-5 的 UV 坐标系下，在当前小区所在的区群的周围填充相同的区群，然后在这些区群中找到与当前小区在区群中具有对应位置的小区，这些小区就是当前小区的同频小区。可以证明有 6 个区群和当前小区所在的区群相邻，从而可以从中找到 6 个当前小区的同频小区来，这 6 个同频小区中心的坐标分别为 (i,j)、$(-j,i+j)$、$(-i-j,i)$、$(-i,-j)$、$(j,-i-j)$ 和 $(i+j,-i)$。依据以上说明，图 11-8(a) 给出了 $i=1$、$j=2$ 情况下的同频小区分布，其中当前小区及其同频小区以阴影表示。

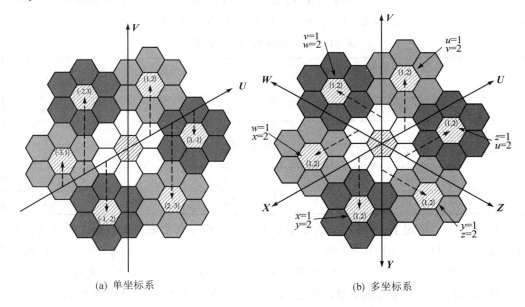

(a) 单坐标系　　　　　　　　　　(b) 多坐标系

图 11-8　同频小区的位置

前面的方法稍显繁杂，更简单的方法可以通过坐标系的变换获得，在图 11-8(b) 中，除了原来的 U 轴和 V 轴之外，又沿着当前小区的其他四个边的垂线方向确定了四个坐标轴，即 W 轴、X 轴、Y 轴、Z 轴。我们将任意两个相邻的坐标轴确定为一个"UV"坐标系，

这样可以形成：UV、VW、WX、XY、YZ 及 ZU 共六个坐标系。在每个坐标系下都按照坐标 (i,j) 确定出一个相邻同频道小区的位置，六个坐标系就可以得到的六个相邻的同频小区。对比前一种方法可以看出，两种方法找到的 6 个同频小区是完全一致的。

实际服务区域中的区群远不止图 11-8 中显示的 7 个，可以证明同频小区是分层排布的，无论区群大小 N 取何值，第 1 层共 6 个同频小区，第 2 层共 12 个，……第 n 层共 $6n$ 个。各层同频小区分布在以原始小区中心为中心的同心圆上，同心圆半径顺次为 D、$2D$、…、nD。虽然同频小区有多层，但是随着层数的增加，对应层的同频小区到当前小区的距离逐渐增大，相互之间的干扰也会降低，因此后续在讨论同频小区之间的干扰时通常只考虑第一层的 6 个同频小区。

11.3　系　统　干　扰

蜂窝系统会受到来自系统内外的各种形式的干扰，这些干扰对蜂窝网的通信性能会产生一定的影响。对语音传输来说，干扰会导致语音信号的质量降低，表现为背景噪声的提高或话音的断续现象等。对数据业务来说，干扰则会导致误码率的上升。当系统具有自动请求重传机制时，误码的增加将会导致通信时延增大，进而影响到业务传输的实时性。对于控制信令的传输，干扰可能会导致信令信息传输出错，从而造成呼叫遗漏或者阻塞。

蜂窝网中的干扰主要可以分为两类：一类是系统外部产生的干扰，包括其它通信系统的信号产生的干扰、天电干扰、环境噪声等；另一类来源于蜂窝系统自身，包括同频干扰、邻频干扰和互调干扰。对于系统外部的干扰，一般可以通过加大信号的发射功率来解决，但对于系统内部产生的干扰，这种方法往往无效，例如，11.2.2 小节中指出，由频率复用导致的同频道干扰，无法通过加大信号发射功率来解决。因此需要对系统中的干扰进行仔细的评估，并尽可能地降低其影响。

蜂窝网通常使用授权频谱，所以受到其它通信系统的干扰相对较小，多数情况下可忽略不计。对天电干扰和环境噪声等产生的外部干扰，和其它无线系统的干扰情况类似，我们在此也不予考虑。本节主要讨论蜂窝网系统内部产生的各种干扰以及其解决办法。

11.3.1　同频干扰

蜂窝网中的同频干扰就是由同频小区中使用相同频率组的用户之间产生的干扰。同频干扰直接来源于频率复用，并且其干扰水平又在很大程度上决定了蜂窝系统所能服务的用户数量，因此同频干扰是蜂窝系统中最重要的干扰类型。同频干扰的水平与同频复用距离有关，由(11-6)式可知，区群大小 N 越大，则同频复用距离越大，从而同频干扰越小；反之，区群大小 N 越小，则同频复用距离越小，从而同频干扰越大。

下面进一步定量分析同频干扰强度与区群大小之间的关系，首先引入信干比（Signal-to-Interference Ratio，SIR）的概念。SIR 定义为信号功率与干扰功率之间的比值。对于同频干扰，信干比可以更加明确地表示为蜂窝网内特定接收机接收的有用信号功率和同频干扰信号的功率的比值，常简记作 S/I。在一个半径为 R 的小区中，假设所有相邻小区的基站均位于小区中心且发射功率相同，不考虑阴影衰落的影响，则位于小区边缘的移动台具有最差的信干比。只要能够使最差情况下的信干比满足接收机正常工作的要求，就能够保证小区内所有用户的正常工作。因此，我们只需估算小区边缘处移动台的接收信干比，也即估算最差的信干比即可。

对于正六边形小区，最差情况发生在小区六个顶点处的移动台上。设位于小区边缘处的移动台接收到当前小区的信号功率为 S，假设该小区附近共有 U 个同频小区，接收到第 i 个同频小区的干扰功率记为 I_i，则可以将信干比表示为

$$\frac{S}{I} = \frac{S}{\sum_{i=1}^{U} I_i} \qquad (11-7)$$

由 2.3.1 小节的对数距离路径损耗模型知，距离发射天线 d 处的平均接收功率为

$$P_r = P_0 \left(\frac{d}{d_0}\right)^{-n} \qquad (11-8)$$

其中 P_0 是参考点处的接收功率，该点与发射天线有一个较小的距离 d_0，n 是路径损耗指数，传播损耗模型如果取地面反射双线模型时 $n=4$。设所有小区的传播情况相同，所有基站的发射功率均为 P_t，移动台距当前基站的距离为 d，距第 i 个同频小区的距离为 d_i，则有 $S = P_t (d/d_0)^{-n}$ 和 $I_i = P_t (d_i/d_0)^{-n}$，代入(11-7)式可得：

$$\frac{S}{I} = \frac{P_t (d/d_0)^{-n}}{\sum_{i=1}^{U} P_t (d_i/d_0)^{-n}} = \frac{d^{-n}}{\sum_{i=1}^{U} d_i^{-n}} \qquad (11-9)$$

若只考虑第一层的 6 个同频小区，则 $U=6$，且近似地认为这 6 个同频小区与移动台的距离都为同频复用距离 D，由(11-6)式可推得信干比为

$$\frac{S}{I} = \frac{R^{-n}}{6 D^{-n}} = \frac{1}{6} \left(\frac{D}{R}\right)^n = \frac{1}{6} (\sqrt{3N})^n \qquad (11-10)$$

该式表明，区群中的小区数 N 越多，移动台的接收信干比就越高，从而通信质量就越好；反之，通信质量就越差。若取 $n=4$，则有：

$$\frac{S}{I} = \frac{1}{6} (\sqrt{3N})^4 = \frac{3}{2} N^2 \qquad (11-11)$$

将(11-11)式转换为分贝值表示，有：

$$\left[\frac{S}{I}\right] (\text{dB}) = 10 \lg \frac{S}{I} = 1.76 + 20 \lg N \qquad (11-12)$$

实际情况并没有前面分析的那么简单，六个同频小区与移动台的距离并不完全相同。如图 11-9 所示，六个同频小区与移动台之间的距离分别约为两个 $D+R$、两个 D 和两个 $D-R$。将这六个距离代入(11-9)式可以得到更加精确的信干比估计：

$$\frac{S}{I} = \frac{R^{-n}}{2(D+R)^{-n} + 2D^{-n} + 2(D-R)^{-n}}$$
$$= \frac{1}{2(\sqrt{3N}+1)^{-n} + 2(\sqrt{3N})^{-n} + 2(\sqrt{3N}-1)^{-n}} \qquad (11-13)$$

在某些情况下，可能需要更精确地对信干比进行估算，此时还需要考虑更远的同频道小区所产生的干扰。

对于移动通信网络来讲，当物理层方案(特别是调制制度)选定以后，接收机就会有一个最小信干比的要求，这个要求通常称为射频防护比。只有估算得到的信干比大于射频防

护比，接收机输出信号的质量才有可能得到保证。根据前面的分析我们知道，蜂窝网中接收信干比又与区群的大小 N 有关，也就是说，为了满足射频防护比的要求，必须限定区群大小 N 可取的最小值。

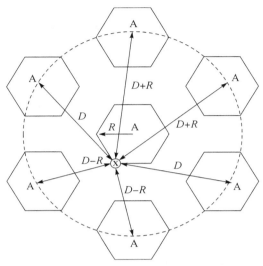

图 11 - 9　最差信干比的精确计算

例 11 - 1　第一代模拟蜂窝移动通信系统 AMPS 系统的接收机正常工作需要的射频防护比为 18 dB，分别用(11 - 10)式和(11 - 13)式计算满足上述要求的最小的 N，设路径损耗指数为 $n=4$。

解：(1) 粗略地估算。

直接用(11 - 12)式计算所需的最小的 N：

$$N \geqslant 10^{\frac{18-1.76}{20}} \approx 6.49$$

根据(11 - 5)式的要求可知在粗略估计下，最小的 N 为 7。

(2) 较为精确地估算。

利用粗略估算的结果 $N=7$，对应的 $\sqrt{3N} \approx 4.58$，代入(11 - 13)式可得最差信干比为

$$\left[\frac{S}{I}\right](\text{dB}) = \frac{1}{2 \times 5.58^{-4} + 2 \times 4.58^{-4} + 2 \times 3.58^{-4}} \approx 53.24 = 17.26 \text{ dB}$$

该最差信干比不满足 18 dB 的信干比要求，因此需要取下一个可用的 N，即取 $N=9$，此时 $\sqrt{3N} \approx 5.20$ 计算信干比得到

$$\left[\frac{S}{I}\right](\text{dB}) = \frac{1}{2 \times 6.20^{-4} + 2 \times 5.20^{-4} + 2 \times 4.20^{-4}} \approx 95.09 = 19.78 \text{ dB}$$

该最差信干比大于 18 dB 的要求，因此最小的 N 为 9。

通过例 11 - 1 的计算可以看出，对 AMPS 系统来说，虽然 $N=7$ 在粗略的估计下是可用的，但是在更加精确的估计下，$N=7$ 时的最差信干比只有 17.26 dB，不满足 18 dB 的要求。如果我们仍然取 $N=7$，则在实际中确实存在信干比不满足要求的概率，尽管发生这种情况的概率很低。如果采用更大的 N，即取 $N=9$，则 9 个小区瓜分所有的频率资源，每个小区可供使用的频率资源相比 $N=7$ 减少了。因此运营商必须根据实际需要权衡选择是使

用较高的 N 值来改善接收信干比，还是使用较小的 N 值来使每个小区获得更多的可用频率资源。

11.3.2　邻频干扰

邻频干扰是工作在相邻频率的用户之间产生的干扰。由于移动通信中通常将可用频谱划分为多个频道，因此邻频干扰也称为邻道干扰。邻频干扰的产生机制如图 11-10 所示，相邻频道 $k+1$ 上的信号的部分能量落入了频道 k 中，从而对频道 k 上的信号接收产生了干扰。同理，频道 k 上信号的部分能量也会干扰到频道 $k+1$ 上信号的接收。实际中，还可能由于接收机滤波器特性不够理想，从而引入额外的相邻频道的信号能量，造成更多的邻频干扰。

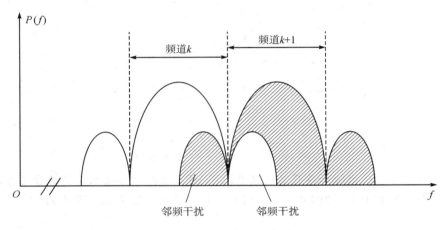

图 11-10　邻频干扰的产生机理

图 11-10 中两个频道上的信号幅度是相同的，因此其产生的邻频干扰相对较小。如果这两个信号之间的幅度具有较大的差异，则会导致更严重的邻频干扰，甚至相邻频道的干扰能量会高于当前频道信号的能量。这种现象在实际的移动通信中是很有可能发生的。例如一个小区内有两个工作在相邻频道的移动台，移动台 A 距离基站很远，移动台 B 则位于基站附近；如果这两个移动台以相同的功率发射信号，则两者发射的信号在到达基站时功率将有很大的差别，甚至会导致基站在接收移动台 A 的信号时，移动台 B 所产生的邻频干扰信号比有用信号还强，从而产生严重的远近效应。

对于邻频干扰的抑制可以通过收发双方共同进行。在发送方可以采用频谱效率更高的脉冲成形技术，降低已调信号的带外能量。移动通信通常要求已调信号频谱的带外滚降在 60 dB 以上。在接收方，则可采用高 Q 值的接收滤波器，尽量滤除相邻频道的干扰。此外，还可以通过加大相邻频道之间的保护带来降低邻频的干扰，但这种方法会降低频谱的利用率。

在蜂窝网中，还可以考虑在系统层面抑制邻频干扰，即在对区群内的各个小区进行频率分配时，每个小区不要分配相邻的频道，这样就可以在很大程度上避免邻频干扰的产生。从降低邻频干扰的角度出发，蜂窝系统中可以采用两种频道分配策略，即固定频道分配和动态频道分配。固定频道分配是指系统拥有的频道资源（如载频或频道）采用某种方式进行划分以后，各频道组被固定地分配到区群内各个小区上去。一旦分配完毕，一般情况下，各小区只固定使用分配到本小区的那组频道。若小区内暂时没有空闲频道，呼叫将被阻塞（被叫用户无法接通或主叫用户发起的呼叫无法拨出）。而在动态频道分配下，频道不是固定地分配给每个小区,而是将全部频道构成"频道池",由系统统一管理。呼叫发生时由基站向系统申请频道。动态频道分配能够提高频率利用率和用户容量,但是其控制复杂、网络开销大。下面举例说明一种可以减小邻频干扰影响的固定频道分配方案。

例 11 - 2 假定系统为 FDMA/FDD 系统,总共有 21 对双工信道(频道),按照载频由低到高的递增顺序依次编号为 1 号、2 号、……、20 号、21 号频道。假定区群大小为 $N=7$,试确定避免同一个小区内出现邻道干扰的频道分配方案。

解:考虑在区群内平均分配信道数,则 $N=7$ 的区群中每个小区分到 3 对信道,由于小区范围有限,因此单个小区内不应出现在邻道工作的设备,相反却应当使彼此间的信道间隔尽可能大。这样我们可以将信道分为 7 组,即 A、B、C、D、E、F、G 组,如表 11-3 所示。

表 11 - 3 信道组分配

信道组	信道号	信道组	信道号
A	1、8、15	E	5、12、19
B	2、9、16	F	6、13、20
C	3、10、17	G	7、14、21
D	4、11、18		

11.3.3 互调干扰

互调干扰是指信号传输过程中由非线性电路产生的新的组合频率的信号所导致的干扰。例如,当两个或者多个不同频率的信号同时输入到非线性电路时会产生很多谐波和组合频率分量,这些频率分量如果和有用信号的频率相同或接近,就会产生干扰。假设输入信号记为 u,输出信号记为 v,非线性器件的输入输出关系一般可表示为

$$v(u) = a_0 + a_1 u + a_2 u^2 + a_3 u^3 + \cdots = \sum_{n=0}^{\infty} a_n u^n \tag{11-14}$$

从该式可以看出,对于非线性器件,虽然输入为一个信号,但输出为各次谐波信号的总和。其中 $n=0$ 项称为直流项,一般不会对输出产生影响;$n=1$ 项和输入信号相同,它一般就是要得到的信号,称为有用项;而所有 $n>1$ 的项一般是不需要的项,也称为失真项或者干扰项。

假设输入为两个单一频率的信号,同时作用于该非线性器件,即

$$u = u_A + u_B = A\cos\omega_A t + B\cos\omega_B t \tag{11-15}$$

则失真项可表示为

$$I = \sum_{n=2}^{\infty} a_n (u_A + u_B)^n = \sum_{n=2}^{\infty} I_n \tag{11-16}$$

(11-16)式中 $n=2$ 的项展开后得到:

$$I_2 = a_2(u_A + u_B)^2 = a_2(u_A^2 + u_B^2 + 2u_A u_B) \tag{11-17}$$

根据三角函数的倍角公式,可知 I_2 中包含的频率分量有 $2\omega_A$、$2\omega_B$、$\omega_A + \omega_B$ 和 $\omega_A - \omega_B$。由于 ω_A 和 ω_B 通常相差不会太大,因此 I_2 中产生的频率都与原始输入信号的载频 ω_A 和 ω_B 差异较大,不易产生干扰。

(11-16)式中 $n=3$ 的项展开后得到:

$$I_3 = a_3(u_A + u_B)^3 = a_3(u_A^3 + u_B^3 + 3u_A^2 u_B + 3u_A u_B^2) \tag{11-18}$$

同样地，根据三角函数公式，可知 I_3 中包含的新的频率分量有 $3\omega_A$、$3\omega_B$、$2\omega_A + \omega_B$、$\omega_A + 2\omega_B$、$|2\omega_A - \omega_B|$ 和 $|\omega_A - 2\omega_B|$。其中 $|2\omega_A - \omega_B|$ 和 $|\omega_A - 2\omega_B|$ 这两个频率与原始输入信号的载频 ω_A 和 ω_B 相近，容易对它们产生干扰，这种干扰，由于是由三阶失真项产生的，故称为三阶互调干扰。

同样，$n = 5, 7 \cdots$ 等项也会产生一些与 ω_A 和 ω_B 相近的组合频率，称为 5 阶、7 阶互调干扰。但是由于它们的幅度较小，一般可以忽略不计。

在移动通信系统中，由于基站的所有频道的发射机都在基站中，它们的位置很近，因此，在下行链路中极容易产生互调干扰。在这种情况下，为了避免三阶互调干扰的影响，为小区分配频道资源时，应合理地为每个小区选择其所用的频道组ℙ，使其中任意两个或三个频道产生的三阶互调干扰都不在该频率组中，即满足：

$$f_x = f_i + f_j - f_k \notin \mathbb{P} \quad \forall f_i、f_j、f_k \in \mathbb{P} \tag{11-19}$$

或

$$f_x = 2f_i - f_k \notin \mathbb{P} \quad \forall f_i、f_k \in \mathbb{P} \tag{11-20}$$

同时满足(11-19)式和(11-20)式的频道组称为相容频道组，为小区分配相容频道组可以避免在小区内产生三阶互调干扰。

11.4 系统容量

蜂窝系统的服务能力可以使用系统容量(或用户容量)和业务容量两个指标来衡量，其中系统容量通常定义为系统在单位面积上可同时服务的用户数，单位为"用户/平方公里"，计算较为简单，只需要用单位面积的小区数目乘以每个小区可同时服务的用户数即可，对于 FDMA 系统来说，每个小区可同时服务的用户数就等于为该小区分配的频道数。而业务容量定义为给定频道数以及规定服务质量的前提下，系统在单位面积上可提供的总话务量，单位是 Erlang/km² (Erlang 是话务量的单位：爱尔兰)。一般地，单位面积上频道数越多，在规定的服务质量要求下，单位面积上可提供的总话务量越大。业务容量的计算要用到中继理论(话务量理论)，比较复杂。限于篇幅，本节只讨论系统容量的计算。

11.4.1 系统容量与干扰

以 FDMA 蜂窝系统为例，在小区半径一定的前提下，系统容量由每个小区可以使用的频道数决定，因此每个小区分配到的频道数越多，系统容量就越大。每个小区可以使用的频道数为

$$m = \frac{T}{N} \tag{11-21}$$

其中 T 为蜂窝系统总的频道数，N 为区群大小。可以看出，N 越小，每个小区分配的频道数目就越多。从提高系统容量的角度，N 越小越好。但是 N 不能任意小，由 11.3.1 小节的分析与(11-10)式可知同频干扰的水平与 $D/R = \sqrt{3N}$ 有关，因而与区群大小 N 的取值有关。区群越大，同频干扰越小；反之，区群越小，同频干扰越大，而过大的同频干扰将导致各用户无法正常通信。总之，同频干扰是系统容量的关键性制约因素，蜂窝系统的设计就

是在控制干扰水平的前提下，尽可能地采用小的区群，以获得更大的系统容量。

例 11 - 3　某蜂窝系统移动台进行了技术改进，使得其接收机正常工作所需的射频防护比由 15 dB 降低到了 12 dB。求改进前后蜂窝系统最小的区群大小。假设损耗指数为 $n=4$，第一层中有六个同频小区，并且它们与移动台之间的距离都相同。若系统提供的总的频道数为 56 个，则两种情况下每个小区分配的频道数各为多少？

解：(1) 射频防护比要求为 15 dB 的情况：依据(11-12)式，为保证同频干扰水平，区群大小 N 需要满足：

$$N \geqslant 10^{\frac{15-1.76}{20}} \approx 4.59$$

根据(11-5)式的要求可知，最小的区群大小应取值为 $N=7$。则每小区分配的频道数为 $m=56/7=8$。

(2) 射频防护比要求为 12 dB 的情况，使用同样的方法可算出区群大小 N 需要满足：

$$N \geqslant 10^{\frac{12-1.76}{20}} \approx 3.25$$

最小的区群大小应取值为 $N=4$，每个小区分配的频道数为 $m=56/4=14$。

从例 11-3 可以看出，蜂窝系统容量提升的一种方法就是通过改进接收机的性能，使得移动台可以工作在更低的信干比下，从而允许采用更小的 N 以获得更大的系统容量。

上述关于蜂窝系统容量的分析适用于频分多址和时分多址，因为这两种多址方式下，系统容量与可用的频率以及频率复用方案密切相关，因此也称 FDMA 和 TDMA 是同频干扰受限系统。对于 CDMA 的情况，由于可以采用完全频率复用，此时系统容量主要受多址干扰水平的影响，因此也称码分多址是多址干扰受限系统。总而言之，无论哪种多址系统，都是干扰受限系统，以下分别对其进行详细的分析。

11.4.2　同频干扰受限条件下的系统容量

设一个 FDMA/TDMA 蜂窝无线通信系统的总可用带宽为 B_t，每频道带宽为 B_c，每个频道又分为 s 个时隙，对于纯 FDMA 系统来说有 $s=1$，否则 s 的取值由系统的时隙划分决定。从而可以得到该系统的系统容量为

$$M = L \cdot m = L \cdot \frac{sB_t}{B_c N} \tag{11-22}$$

其中 L 为每平方公里容纳的小区数，m 为每小区可同时服务的用户数目。对于给定的小区大小，L 是确定的，此时系统容量取决于 m。由例 11-3 可知，区群大小 N 受限于移动台正常工作所需的射频防护比 γ_T。由(11-10)式可知最差情况下，移动台的接收信干比为

$$\frac{S}{I} = \frac{1}{6}(\sqrt{3N})^n \tag{11-23}$$

该值必须大于等于射频防护比 γ_T 才能保证移动台正常工作，即

$$\gamma_T \leqslant \frac{1}{6}(\sqrt{3N})^n \tag{11-24}$$

由(11-24)式可以得到对区群大小 N 的限制：

$$N \geqslant \frac{1}{3}(6\gamma_T)^{2/n} \tag{11-25}$$

为了获得最大的系统容量，对(11-25)式取等号并代入(11-22)式即可得到该蜂窝系统的系统容量为

$$M = L \cdot \frac{3sB_t}{B_c (6\gamma_T)^{2/n}} \tag{11-26}$$

注意上述推导没有考虑由(11-5)式给出的区群大小取值的约束。为了满足(11-5)式的要求，实际的系统容量不会超过(11-26)式给出的结果。当 $n=4$ 时，有：

$$M = L \cdot \frac{sB_t}{B_c \sqrt{\frac{2}{3}\gamma_T}} \tag{11-27}$$

以第一代模拟蜂窝通信系统 AMPS 作为频分多址的例子，其下行(上行)链路总带宽为 $B_t = 25$ MHz，用户信道带宽为 $B_c = 30$ kHz，接收机正常工作所需的射频防护比为 $(S/I)_{\min} = 18$ dB。由 11.3.1 小节的计算可知，对 AMPS 系统可取的最小区群大小为 $N=7$，从而每小区可服务用户数为

$$m = \frac{B_t}{B_c N} = \frac{25 \times 10^6}{30 \times 10^3 \times 7} \approx 119 \text{ 无线信道/小区}$$

对于时分多址系统，以第二代蜂窝通信系统 USDC(United States Digital Cellular)为例，其下行(上行)链路总带宽也是 $B_t = 25$ MHz，划分为若干频道，每频道带宽为 $B_c = 30$ kHz，每个频道再划分为 3 个时隙，即 $s=3$，接收机正常工作所需的射频防护比为 $(S/I)_{\min} = 12$ dB。由例 11-3 的计算可知，对 USDC 系统可取的最小的区群大小为 $N=4$，从而每小区可服务用户数为

$$m = \frac{sB_t}{B_c N} = \frac{3 \times 25 \times 10^6}{30 \times 10^3 \times 4} \approx 625 \text{ 无线信道/小区}$$

由以上分析可以看出，USDC 系统相对于 AMPS 系统获得了 5 倍以上的容量增益，但是需要指出的是，这里的容量增益与采用的多址方式无关，而是由以下两个因素决定的：

(1) USDC 采用了话音编码和数字调制技术，从而降低了每路话音信号所需占用的带宽：在 30 kHz 带宽上可以以时分的方式承载三路话音信号，而采用模拟调制的 AMPS 则只能在 30 kHz 的信道上承载一路话音信号。

(2) USDC 采用了数字信号处理技术和纠错编码技术，提高了系统的抗噪声、抗多径以及抗衰落性能，从而可以工作在更低的信噪比上。相对于 AMPS 系统 18 dB 的射频防护比，USDC 的要求降低了 6 dB。对信干比要求的降低允许系统采用更小的区群大小 N，从而获得更大的系统容量。

如果仅仅分析多址方式，而不考虑其它因素的话，时分多址与频分多址系统的容量从理论上讲是相近的，甚至 10.3 节的分析表明频分多址还要优于时分多址。

例 11-4 一个数字 FDMA 系统，分配给系统的总带宽为 $B_t = 25$ MHz，用户信道带宽为 $B_c = 10$ kHz，射频防护比为 $(S/I)_{\min} = 12$ dB。求该系统的系统容量。

解： 由例 11-3 的计算可知，对该系统可取的最小的区群大小为 $N=4$，从而有系统容量为

$$m = \frac{B_t}{B_c N} = \frac{25 \times 10^6}{10 \times 10^3 \times 4} \approx 625 \text{ 无线信道/小区}$$

比较例 11-4 的 FDMA 系统与基于 TDMA 的 USDC 系统，两者在采用相同的数字通信技术后，具有完全相同的系统容量。

　　但是,采用 TDMA 的实用蜂窝通信网络的系统容量通常都远高于只采用 FDMA 的模拟蜂窝网络,除了数字通信技术带来的增益之外,还有一个非常重要的原因,那就是 TD-MA 蜂窝网络中移动台不需要连续接收,也就有机会对相邻小区的信号质量进行测量。这种做法使得移动台辅助的过区切换技术(参见 11.7.2 小节)成为可能,其过区切换的速度要比 FDMA 蜂窝网络快得多,从而 TDMA 蜂窝网络允许的最小小区半径要远远小于 FDMA。TDMA 网络允许的最小小区半径的典型值为 0.5 km,而 FDMA 系统允许的最小小区半径的典型值为 2 km,这表明前者在单位面积上部署的小区数目将远远大于后者,自然可以获得远高于后者的系统容量。

11.4.3　多址干扰受限条件下的系统容量

　　令 $\gamma_T = E_b/I_0$ 为接收机的比特信干比门限,W 为扩频信号带宽,R_b 为信息速率,10.4.3 小节指出,单小区条件下的 CDMA 系统用户容量可以表示为

$$m \approx \frac{W/R_b}{\gamma_T} \tag{11-28}$$

　　CDMA 系统的容量是多址干扰受限的,在给定接收机解调门限的前提下,只要能够降低每个用户信号造成的多址干扰,就能允许更多的用户接入,从而增大 CDMA 系统的用户容量。本节基于上述结果,进一步分析多小区条件下的 CDMA 系统用户容量。

　　CDMA 蜂窝通信系统全部采用同频组网,即区群大小为 1,所有的小区都使用相同的频率,因此每个小区中每个正在通信的用户都将对本小区其他用户以及其他小区的所有用户造成多址干扰,只不过随着位置的不同,干扰的强弱有所不同。可以肯定,与单小区情况相比,多小区 CDMA 系统的多址干扰更加严重,因此,多小区条件下,每个小区能够同时服务的用户数必将进一步减少。以下分别从上行和下行两个方向具体分析用户容量。

　　首先来看下行的情况,如图 11-11 所示,假设每个小区能够同时服务的最大用户数为 m,各基站各自向其覆盖小区内的 m 个用户同时发送功率相等的信号。这种情况下,由于所有基站都使用相同的频率,因此,每个用户除了收到来自本小区的 1 份有用信号,还将收到来自本小区的 $m-1$ 份干扰,以及其它每个小区的 m 份干扰。对于本小区来讲,无论用户在什么位置,有用信号和干扰信号的比值是不变的,但当用户越靠近小区的边缘,邻近小区的干扰就越强,而有用信号的强度却越弱。可见对用户来说,最不利的接收位置是处于三个小区交界的地方,该处用户的接收信干比最低。假设用户 x 处于小区边缘,路径损耗指数为 n,小区半径为 r,基站向每个用户发射信号的功率均为 S,则用户 x 接收到的有用信号功率为 Sr^{-n},只考虑距离用户 x 最近的 11 个小区,干扰功率分析如下:

　　• 本小区的 $m-1$ 份干扰信号,干扰功率为 $(m-1)Sr^{-n}$;

　　• 两个 I 型小区中心的基站与用户 x 的距离为 r,干扰功率为 $2mSr^{-n}$;

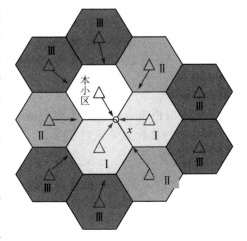

图 11-11　多小区条件下的下行多址干扰

- 三个 II 型小区与用户 x 的距离为 $2r$，干扰功率为 $3mS(2r)^{-n}$；
- 六个 III 型小区与用户 x 的距离为 $2.63r$，干扰功率为 $6mS(2.63r)^{-n}$。

最终可给出用户 x 的信干比为

$$\frac{S}{I} = \frac{Sr^{-n}}{(m-1)Sr^{-n}+2mSr^{-n}+3mS(2r)^{-n}+6mS(2.63r)^{-n}} \approx \frac{1}{3.3m} \quad (11-29)$$

为使用户能够获得满意的通信质量，给定解调所需的比特信干比门限 γ_T，结合 $(10-17)$ 式，可以推得每小区可同时服务的最大用户数为

$$m \approx \frac{0.3}{\gamma_T} \cdot \frac{W}{R_b} \quad (11-30)$$

进一步考虑下行链路功控，通过调节基站向每个用户的发送功率，尽可能降低多址干扰，同时保证每用户的接收 SIR 都能满足解调要求，则用户处于小区交界处接收到的干扰功率大约可降低一半，从而每小区同时服务的最大用户数为

$$m \approx \frac{0.6}{\gamma_T} \cdot \frac{W}{R_b} \quad (11-31)$$

接下来考虑上行链路，注意由于远近效应的存在，上行链路必须进行功率控制。也就是说，小区内任何位置的用户都要自动调整其发射功率，以保证其信号功率在基站处基本相等，刚好满足解调要求。上行多址干扰的情况如图 $11-12$ 所示，基站 y 需要解调某个用户的信号时，收到来自目标用户的 1 份有用信号和本小区其他 $m-1$ 的用户的干扰信号，以及来自第一层相邻 6 个小区共 $6m$ 个用户的干扰信号、来自第二层相邻 12 个小区共 $12m$ 个用户的干扰信号等，由于相邻小区不同用户的位置不同，到达基站 y 的功率强弱不同，计算非常困难。

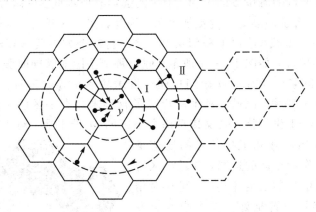

图 11-12　多小区条件下的上行多址干扰

因此可以把来自某邻近小区中所有用户的干扰等效成由其基站发射来的干扰，因而小区 y 的基站的接收载干比可表示为

$$\frac{S}{I} = \frac{1}{(m-1)+6m\eta_1+12m\eta_2+18m\eta_3+\cdots} \approx \frac{1}{m} \cdot \frac{1}{1+6\eta_1+12\eta_2+\cdots} \quad (11-32)$$

其中 η_1、η_2 是分别对应于图 $11-12$ 中环 I、II 的干扰比例常数。通过采用数值计算或仿真技术，可以得到 $m \approx \left(\dfrac{0.65}{\gamma_T}\right) \cdot \dfrac{W}{R_b}$。

综合上下行两方面的结果，可以得出多小区 CDMA 系统中每个小区的用户容量约为

$$m \approx \frac{0.6}{\gamma_{\mathrm{T}}} \cdot \frac{W}{R_{\mathrm{b}}} \tag{11-33}$$

对比(11-28)式和(11-33)式可以发现，与单小区系统容量(10-16)式相比，多小区条件下 CDMA 也具有类似频率复用的效果，可以近似理解为每个小区使用了全部可用资源的 60%，或者可以近似认为多小区 CDMA 具有 $F=1/0.6=5/3$ 的区群大小。

对比(11-27)式和(11-33)式可以发现，两类系统的共同点是都可以通过降低信干比门限要求来提升用户容量，不同之处在于前者的用户容量与 $\gamma_{\mathrm{T}}^{-1/2}$ 成正比，而后者与 γ_{T}^{-1} 成正比，也就是说，信干比门限要求同等下降的情况下，CDMA 系统的容量增益要高于 FDMA 或 TDMA 系统的容量增益。11.5.3 节具体讨论如何提升 CDMA 系统的容量。

11.5　提高系统容量的方法

蜂窝系统基于频率复用原理，相对于大区制系统大大提升了系统容量。但是随着无线服务需求的提高，分配给每个小区的信道数最终变得不足以支持所要达到的用户数，那么还可以从哪些角度出发进一步提升系统容量呢？

蜂窝移动通信技术发展的历史表明：更多的频谱资源、更高的频谱效率和更强的频率复用是蜂窝系统容量和网络关键性能提升的三大主要途径，但这三大方面所涉及的技术研发和工程代价成本是不同的。

决定蜂窝系统容量的最根本因素是频谱资源，为了获得更多的可用频谱资源，人类不断开发新的通信频段，在 5G 中已经开始使用毫米波频段实现高速通信，未来的 6G 还将开发太赫兹频段的频谱。更高的频段拥有更大的带宽，能够有效提高系统容量，然而如何应对高频段更大的路径损耗以保证良好的网络覆盖是一个关键问题。

在可用带宽无法持续增加的前提下，如果更有效的对已有的频谱资源进行利用，也能提升蜂窝系统的容量。例如，在 11.4.2 小节中对 AMPS 系统与 USDC 系统的比较中可以看出，通过采用话音编码和数字调制技术，同样的 30 kHz 带宽下，USDC 可以承载 3 路话音，而 AMPS 只能承载 1 路话音，从而获得系统容量方面的增益。从第 9 章的内容可知，多天线技术可以成倍地提升频谱效率，因此在 5G 中，频谱效率提升的一个重要方向就是采用更加先进的多天线技术。

提升系统容量的第三条途径是更加充分的频率复用。由(11-22)式可知，系统容量为单位面积小区数目 L 乘以每小区能提供的信道数目 m，因此可以通过提升 L 或 m 来提高系统容量。显然 L 与小区面积成反比，即 $L \propto 1/R^2$，由(11-22)式还可以看出，m 与区群大小 N 成反比，即 $m \propto 1/N$，从而有：

$$L \cdot m \propto \frac{1}{R^2} \cdot \frac{1}{N} \tag{11-34}$$

可见带宽受限条件下，为了提高系统容量，需要降低 $N \cdot R^2$，相应的手段包括：① N 不变的条件下减小 R，对应的技术是小区分裂；② 小区半径 R 不变的条件下减小 N，由 (11-25)式，改进技术允许接收机容忍更强的干扰，即降低 γ_{T}，就可以减小 N，例 11-4 已经讨论过这一点，不再赘述。此外(11-25)式中前面的系数 1/3 是因为通常认为同频小区有 6 个，实际上划分扇区技术可以降低同频小区的数量，从而降低了该式的系数，也可以达到提高系统容量的目的。以下分别解释小区分裂和划分扇区两种方法。

11.5.1　小区分裂

更小的小区半径对应于更小的小区面积，单位面积的小区数就会增加，从而获得更大的系统容量。小区分裂通过减小半径将原小区变为多个更小的小区，实现容量提高。

图 11-13 给出了一个小区分裂的实例。假设分裂前的覆盖区域如图 11-13(a)所示，小区半径为 R。随着该区域用户密度增大，小区无法为区域内的所有用户提供服务，因此需要进行小区分裂。小区分裂的结果如图 11-13(b)所示，每个小区的半径都缩小为原来的一半，也即小区分裂后每个小区的面积变为原来的 1/4，从而整个覆盖区域需要 4 倍数目的小区才能够完全覆盖，也即原来由 1 个区群构成的覆盖却变为由 4 个区群完成覆盖。4 倍的区群数目对应于 4 倍的频率复用，从而在这个覆盖区上系统容量增大了 4 倍。

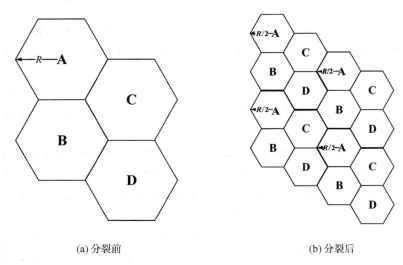

(a) 分裂前　　　　　　　　　　　　　　　(b) 分裂后

图 11-13　小区分裂实例

对于半径更小的新小区，为了保证小区之间的干扰水平不变，需要降低基站的发射功率，新的发射功率应该保证新小区边缘处的接收功率与原小区边缘处的接收功率保持一致。设旧小区基站的发射功率为 $P_{t,o}$，其边缘处的接收功率为 $P_{r,o}$，新小区基站的发射功率为 $P_{t,n}$，其边缘处的接收功率为 $P_{r,n}$，对于图 11-13 的情况，有：

$$P_{r,o} \propto P_{t,o} R^{-n}$$
$$P_{r,n} \propto P_{t,n} (R/2)^{-n} \tag{11-35}$$

其中 n 为路径损耗指数。若 $n=4$，则由新旧小区边缘处的接收功率相同的条件可得：

$$P_{t,n} = \frac{P_{t,o}}{16} \tag{11-36}$$

也就是说，在实施半径减半的小区分裂后，每个小区的基站发射功率需要降低到原来的 1/16，也即降低 12 dB。

小区分裂无需改变蜂窝系统频率复用方案，无需对蜂窝系统的基本特性进行任何的升级，且小区分裂的过程可以按照一定的计划分步骤实施，是一种常用的提高系统容量的方法。在实际应用中，小区分裂通常不是同时对全部旧小区都实施的，而是根据各个区域的用户密度以及业务量的增长情况针对部分小区实施小区分裂。(11 - 36)式表明,分裂后出现的面积更小的新小区应该使用较低的发射功率,然而在新旧两种小区的过渡区域,如果旧小区使用较大的发射功率,新小区使用较小的发射功率,则新的小区将受到旧小区过大的同频干扰,从而无法正常工作。因此,通常的做法是将系统的所有频道资源分成两组,一组适应面积较小的新小区的复用需求,使用较低的发射功率;另一组适应面积较大的旧小区的复用需求,使用较高的发射功率,从而避免了两类小区之间复杂的同频干扰。两个频道组中的频道数目取决于分裂的进程情况,在分裂过程的最初阶段,在小功率的组里频道数会少一些。然而,随着需求的增长,小功率组需要更多的频道。这种分裂过程一直持续到该区域内的所有频道都用于小功率的组中。此时,小区分裂覆盖整个服务区域。

11.5.2　划分扇区

在上一节中,小区分裂通过减小小区半径,在不改变蜂窝系统频率复用方案的前提下增加了系统容量。与之相对应的,通过降低区群大小 N 也可以直接获得系统容量的增大,但是受同频干扰的影响,N 值不能随意减小。在接收机性能不变的前提下,如果能够降低同频干扰水平,就有可能采用更小的 N,从而获得更大的系统容量。

通过使用定向天线代替全向天线可以有效降低同频干扰。由于每个定向天线的辐射区域为一个特定的扇形区域,因此将这种方法称为划分扇区或者裂向。通过划分扇区并使用定向天线,每个小区将只接收同频小区中的一部分小区的干扰,也即降低了同频干扰源的数目,从而降低了总的同频干扰。图 11 - 14 说明了使用 120°定向天线的三扇区配置的蜂窝系统的同频干扰情况。可以看出,在划分了扇区之后,第一层的 6 个同频小区中,只有 2 个同频小区对应的相同扇区的基站的发射信号能够进入当前小区的当前扇区并构成同频干扰。因此,同频干扰源降低为划分扇区之前的1/3,从而总的同频干扰也降低为原来的1/3。下面通过一个例子来说明划分扇区后信道容量增大的效果。

例 11 - 5　对于图 11 - 14 所示的 120°扇区划分,要求满足 18 dB 的信干比,区群大小 N 应如何选取?

解:由(11 - 11)式,未划分扇区时(基站使用全向天线)有

$$\frac{S}{I} = \frac{3}{2}N^2$$

划分 3 扇区后,干扰减小为 2 个,则

$$\frac{S}{I} = 3 \times \frac{3}{2}N^2 = \frac{9}{2}N^2$$

将上式转换为分贝值并令其大于等于 18 dB,有

$$\frac{S}{I}(\text{dB}) = 6.53 + 20\lg N \geqslant 18$$

从而得到要满足 18 dB 的信干比要求,N 的最小值为 4。

通过图 11 - 14 并结合例 11 - 1 可以看出,通过划分 3 扇区,蜂窝系统的区群大小 N 从 7 降低为 4,从而获得 7/4 倍的系统容量增益。因此通过划分扇区来降低同频干扰,可以允许采用更小的 N 以获得更大的系统容量。

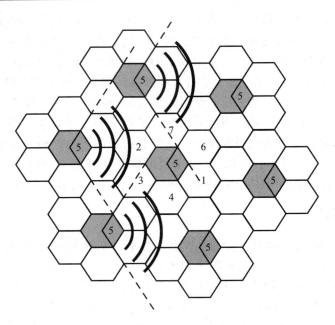

图 11 - 14　划分扇区后的同频干扰情况示意

11.5.3　提高 CDMA 系统容量的方法

由 11.4.3 小节分析可知，为了提高 CDMA 系统的用户容量，需要降低其他用户对当前用户产生的干扰，以及降低当前用户对其他用户产生的干扰。同样的干扰容限条件下，每个用户造成的多址干扰越小，整个系统自然可以容纳更多的用户。

与划分扇区类似，也可以在 CDMA 系统中采用定向天线来降低干扰。例如，采用三部 120°的方向性天线可以使小区接收到的干扰功率降低为全向天线情况下的 1/3，从而可以使系统容量增大 3 倍，并且保证性能不降低。

语音激活检测也是一项可以降低干扰的技术。基于人与人之间进行语音通话具有"讲"和"听"交互进行的天然特征，语音激活检测技术在没有语音信号（也即当前用户处于"听"的状态）时关掉发射机，以降低总体干扰水平。语音激活可以用一个因子 α 来表征，定义为有话音的时间在整个通信时间中的占比（显然 $\alpha < 1$），由于仅在有语音情况下发射扩频信号，因此平均来看，总的干扰功率降为原来的值乘以 α，从而用户容量可以增大为原来的 $1/\alpha$ 倍。

综上所述，同时使用功率控制、划分扇区和语音激活检测技术，令 G 为扇区数，结合 (11 - 33)式，单个小区可同时服务的最大用户数约为

$$m \approx 0.6 \cdot \frac{G}{\alpha} \cdot \frac{W/R}{\gamma_{\mathrm{T}}} \tag{11 - 37}$$

例 11 - 6　假设工作带宽为 1.25 MHz，路径损耗指数为 4，分别针对以下情况，估算蜂窝移动通信系统中的区群大小和每小区的用户容量，即单个小区可同时服务的最大用户数。

（1）采用 FDMA，频道间隔为 30 kHz，射频防护比为 18 dB；

（2）采用 TDMA 系统，频道间隔为 30 kHz，每频道 3 时隙，射频防护比为 11 dB；

（3）采用 CDMA 系统，除去保护带宽，实际使用 1.2288 MHz 带宽，基带信号速率为 9600 b/s，射频防护比为 10 dB；

（4）在（3）的基础上进一步使用话音激活和120°定向天线技术，假设话音激活因子为 $\alpha = 0.35$。

解：（1）FDMA 情况。

射频防护比为 18 dB，即 $\gamma_T = 10^{1.8} = 63.1$，由（11-25）式可得区群大小为

$$N \geqslant \frac{1}{3}(6\gamma_T)^{2/n} = \frac{1}{3}(6 \times 63.1)^{0.5} = 6.48$$

结合区群大小必须满足（11-5）式，即 $N = i^2 + ij + j^2$，故区群大小 N 取为 7。FDMA 条件下总的频道数为 $1.25 \times 10^6 / 30000 = 41$ 个，分给 7 个小区使用，故每小区的用户容量为 $41/7 = 5$ 个。

（2）TDMA 情况。

射频防护比为 11 dB，即 $\gamma_T = 10^{1.1} = 12.6$，由（11-25）式可得区群大小为

$$N \geqslant \frac{1}{3}(6\gamma_T)^{2/n} = \frac{1}{3}(6 \times 12.6)^{0.5} = 2.9$$

结合（11-5）式，区群大小 N 取为 3。TDMA 条件下总的时隙数为 $\dfrac{3 \times 1.25 \times 10^6}{30000} = 125$ 个，分给 3 个小区使用，故每小区的用户容量为 $125/3 = 41$ 个。

（3）CDMA 情况。

射频防护比为 10 dB，即 $\gamma_T = 10$，由（11-33）式，每个小区能够服务的用户数为

$$m = 0.6 \times \frac{W/R}{\gamma_T} = 0.6 \times \frac{1.2288 \times 10^6 / 9600}{10} = 7.68$$

CDMA 采用同频组网，因此区群大小为 1。

（4）CDMA ＋划分扇区＋语音激活检测。

由（11-37）式，每个小区能够服务的用户数为

$$m = 0.6 \cdot \frac{G}{\alpha} \cdot \frac{W/R}{\gamma_T} = 0.6 \times \frac{3}{0.35} \times \frac{1.2288 \times 10^6 / 9600}{10} = 65.8$$

11.6　小区间干扰协调

随着移动通信技术的发展，对于系统容量的需求越来越高，从第三代移动通信系统开始，几乎全部采用同频组网，即区群大小为 1，相邻小区全部采用相同频率，因此会产生小区间干扰（Inter-Cell Interference，ICI）；对于第三代移动通信系统采用的 CDMA，小区内还存在多址干扰 MAI，而第四代和第五代移动通信系统由于采用了 OFDMA，因此小区内可认为不存在干扰。本节重点说明 ICI 以及 4G/5G 中对抗 ICI 的对策。

如图 11-15 所示，ICI 可以细分为上行干扰和下行干扰。图 11-15（a）为上行小区间干扰示意图，在小区 1 中，有基站 BS1 和用户 UE1；在小区 2 中，有基站 BS2 和用户 UE2。当 UE1 与基站 BS1 进行上行通信时，如果 UE2 使用相同信道与基站 BS2 通信，则基站 BS1 除了收到来自 UE1 的有用信号外，还会收到来自 UE2 的干扰信号。特别地，当 UE1 与 UE2 都处于小区边缘且相邻时，则基站 BS1 收到的有用信号和干扰信号强度几乎相等，此时 UE1 的上行通信会受到严重干扰，通信质量严重下降。对于基站 BS2，也有类似的上行干扰情况。

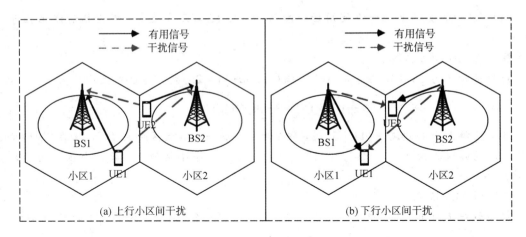

图 11-15　小区间干扰模型

图 11-15(b)为下行小区间干扰示意图。基站 BS1 和 UE1 位于小区 1 中，基站 BS2 和 UE2 位于小区 2 中。当基站 BS1 与 UE1 进行下行通信时，如果基站 BS2 在相同的信道上向 UE2 发送信息，则 UE1 在收到来自基站 BS1 的有用信号的同时，还会收到来自基站 BS2 的干扰信号。如果 UE1 位于小区 1 的中心附近，由于其距离干扰小区 2 较远，有用信号的接收功率远大于干扰信号，则接收 SINR 值较大，用户通信质量较好。但是如果 UE1 和 UE2 都位于小区边缘且相邻，由于 UE1 距离服务小区和干扰小区距离相当，有用信号与干扰信号接收功率相近，因此 UE1 的 SINR 较低，从而导致边缘用户 UE1 的吞吐量下降，影响 UE1 的用户体验。干扰严重时，可能会导致通信中断。对于 UE2，也同样存在下行干扰的问题。

如前所述，ICI 是影响用户 SINR，进而影响通信性能的关键因素，无论是上行还是下行，位于小区不同位置的用户，其 SINR 值差异较大，尤其是相邻小区的边缘用户受到的干扰更为严重，因此 ICI 对小区边缘用户的性能影响尤为严重。为了提升边缘用户的通信性能，增大系统的通信容量，必须对 ICI 进行控制。常见的 ICI 控制技术主要有干扰消除技术、干扰随机化技术以及小区间干扰协调技术。

对于干扰消除技术，常见的方式是在接收端对接收信号中的干扰信号分量进行消除，从而达到控制干扰的目的。例如，可以在接收端对干扰信号进行解调，并利用导频信息重构干扰信号，然后在接收信号中减去干扰信号分量从而消除干扰。干扰消除技术只能消除一些干扰较强的信号，而且计算复杂度高，效果不是很理想。

对于干扰随机化技术，其主要思想是将干扰信号随机化为白噪声性质，从而抑制小区间干扰。常见技术有跳频、专属交织和专属加扰等。从本质上看，干扰随机化技术并没有降低干扰信号的功率，而是将干扰信号随机白噪声化后平均到每一个用户上，从而起到抑制干扰的目的。

从第四代移动通信系统开始提出了小区间干扰协调(Inter-Cell Interference Coordination，ICIC)的概念，相对于前面讨论的频率复用或者小区分裂等静态的干扰管控技术，ICIC 在网络运行过程中通过小区间协调，动态调整系统的时域、频域和空域等资源的使用，从而尽力避免产生 ICI，提升小区边缘用户的性能。小区间干扰协调技术由于实现简单而且性能好，成为移动通信系统的关键技术之一。干扰协调算法种类很多，常见的算法主要从频域、时域、空域出发，对小区间的干扰进行协调。由于 ICIC 的思路比较巧妙，以下分别介绍几个具体的 ICIC 技术。

11.6.1　频域干扰协调

频域干扰协调是最常见的干扰协调技术，其思路非常巧妙，实际上是更为精巧的频率复用，其中最具代表性的有部分频率复用（Fractional Frequency Resue，FFR）和软频率复用（Soft Frequency Resue，SFR）技术。为了强调频率复用这一点，本节将区群大小 N 改称为频率复用因子，复用因子越大，则频率复用就越不充分。

1. 部分频率复用技术 FFR

由于小区间干扰在小区边缘比较明显，在小区中心则影响不大，如图 11 - 16 所示，FFR 技术将整个小区划分为中心区域和边缘区域，相应地将整个可用频带划分为公共子带 B_{comm} 和私有子带 B_{priv} 两部分。其中公共子带用于中心区域的用户，频率复用因子为 1 且发射功率较低。复用因子为 1 说明每个小区的中心区域可以重复使用公共子带上的所有频率资源，功率降低则可以进一步降低对相邻小区的干扰；私有子带用作边缘用户调度，频率复用因子 N 一般为 3，也就是说将私有子带的资源平均分配给 3 个相邻的同频小区，由于小区边缘分配了不同的频率资源，因此同频复用距离为 3R，从而降低了同频干扰的强度。此外，为了保证本小区边缘用户的通信质量，对于边缘区域使用较高的发射功率。

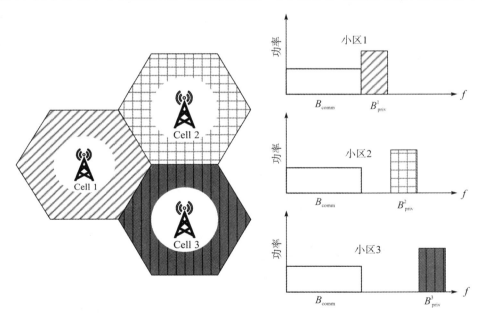

图 11 - 16　部分频率复用

部分频率复用技术频带划分满足：

$$\begin{cases} B_{priv} + B_{comm} = B \\ B_{priv} = \sum_{i=1}^{3} B_{priv}^{i} \end{cases} \qquad (11 - 38)$$

假设公共子带在整个系统频率资源中的占比为 α，则每个小区私有子带的占比为

$(1-\alpha)/3$，每个小区都使用了占比为 $\alpha+(1-\alpha)/3$ 的资源，总的频率复用因子就是占比的倒数，即 $3/(1+2\alpha)$，α 的取值在 $0\sim1$ 之间，当 $\alpha=0$ 时，复用因子为 3，正好对应区群大小为 3 的情况；当 $\alpha=1$ 时，复用因子为 1，正好对应类似 CDMA 完全同频组网的情况。若 $\alpha=0.5$，则复用因子为 1.5，相比区群大小为 3 的情况显然提高了频率复用程度。由于复用因子可以不是整数，故有些文献中也将 FFR 译为分数频率复用。

由于中心区域和边缘区域使用了不同的频率复用方式，因此如何确定用户在小区中的位置，对于部分频率复用技术的实施至关重要。常见的划分用户位置的方法主要有两种：基于用户到基站的距离以及基于用户的参考信号接收功率（Reference Signal Receiving Power，RSRP）。这两种方法在不考虑阴影衰落时，在一定程度上是等效的，即一个距离门限值对应着一个 RSRP 门限值。

部分频率复用方案通过对频域资源的划分，并辅以不同的发射功率进行干扰协调。具体来说，对于距离服务基站较近的中心用户，采用较低的发射功率进行通信，一方面节省功率资源，另一方面降低了对邻小区的干扰；对于边缘用户，将频谱资源正交划分，避免相邻小区间的同频干扰，并且使用较大的发射功率提升通信性能。

2. 软频率复用技术 SFR

软频率复用技术是对部分频率复用技术的改进，如图 11-17 所示，SFR 技术也将整个小区划分为中心区域和边缘区域，但是在频带划分上和 FFR 有所不同。SFR 将可用频带划分为主频带 B_{major} 和次频带 B_{minor}。其中主频带可以在小区任何区域使用，且相邻小区使用不同的主频带。当主频带用于小区中心用户调度时，其发射功率较低，而当主频带用于边缘用户调度时，则需要较高的发射功率。次频带只能用于中心区域用户，且发射功率较低。

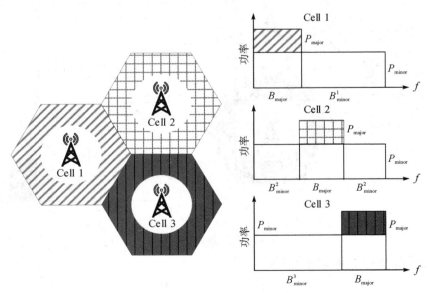

图 11-17　软频率复用

软频率复用频带划分满足：

$$\begin{cases} B_{\mathrm{major}}^i + B_{\mathrm{minor}}^i = B \quad (i = 1, 2, 3) \\ B = \sum_{i=1}^{3} B_{\mathrm{major}}^i \end{cases} \tag{11-39}$$

由(11-39)式可知，软频率复用方案中每个小区都可以使用系统全部带宽，相较于部分频率复用方案提升了频谱利用率。此外，软频率复用方案还可以调整主次频带的发射功率比，适应不同的负载分布。设主频带的发射功率为 P_{major}，次频带的发射功率为 P_{minor}，SFR 方案的不同频带发射功率可以表示为

$$\begin{cases} P_{\mathrm{major}} = P_{\max} \\ P_{\mathrm{minor}} = \beta \times P_{\max} \quad (0 \leqslant \beta \leqslant 1) \end{cases} \tag{11-40}$$

(11-40)式中，$P_{\max}$ 表示最大发射功率。当 $\beta = 0$ 时，次频带发射功率为 0，每个小区可用频带为总频带的 1/3，此时频率复用因子为 3；当 $\beta = 1$ 时，次频带发射功率等于最大发射功率，此时无主次频带之分，小区可用全部频带资源，β 频率复用因子为 1。由此可见通过调节 β 值，频率复用因子可以在 1～3 之间变化，随着 β 的增加，频率复用因子降低，频率复用越充分。由于主次频带发射功率比 β 可以在蜂窝系统运行期间动态调整，因此称为"软"频率复用。FFR 中的频率复用因子也可以随 α 的变化而变化，但是 α 值是在网络设计时提前确定的，网络运行期间不能动态改变。

相比 FFR，SFR 技术结合功率控制技术，各小区都可以同时使用所有频谱资源，提升了频谱效率。此外，软频率复用还可以通过调节主次频带发射功率比，调整频率复用因子，适应不同的用户分布，具备一定的自适应能力，但是软频率复用也存在不足。例如每个小区的边缘区域最多只能利用系统频带的三分之一，而用户的移动性及业务的动态变化可能导致一些小区进入边缘区域过载，而另一些小区边缘区域少载或空载的情况，例如用户在工作时间聚集，在下班之后分散所形成的"潮汐效应"。面对用户非均匀分布的情况，软频率复用技术边缘频带配置比例无法适配小区负荷的变化，干扰协调效率低。

11.6.2 时域干扰协调

在宏小区(Macro Cell)的覆盖范围内放置低功率的微小区，通过重叠覆盖来提高系统容量，其中宏小区用于提供广覆盖，微小区则主要用来支持用户密集区域的大容量覆盖，分担宏小区的数据传输压力，随着这种宏微基站组成的异构网络的出现，研究如何解决异构网络中宏微小区之间存在的跨层干扰问题成为了研究热点。为了应对异构网络中的跨层干扰，3GPP 组织提出了基于几乎空白子帧(Almost Blank Subframe，ABS)的干扰协调方案，该方案主要在时域进行干扰协调。

几乎空白子帧是指干扰源基站在这些子帧上不传输数据或者以较低的功率传输数据，而受干扰的基站可以在这些子帧上调度受到较强干扰的用户。图 11-18 给出了 ABS 配置的一个示例，为了应对异构网络中的跨层干扰，宏基站在几乎空白子帧上不传输数据，或者低功率传输数据，而微基站在这一帧上享有较高的调度优先级，相对应的子帧称为保护子帧。ABS 技术的性能与 ABS 的子帧占比有关，如果占比设置不当，很容易导致用户通信中断，资源利用率和用户公平性降低。

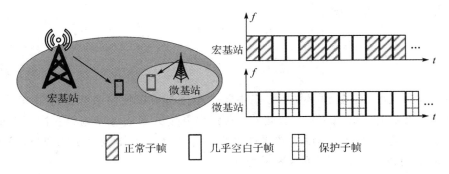

正常子帧　　　几乎空白子帧　　　保护子帧

图 11 - 18　ABS 配置示例

11.6.3　空域干扰协调

在宏微基站组成的异构网络中，跨层干扰成为影响系统性能的主要因素。尤其是对于小区边缘用户，由于远离服务基站且距离邻基站较近，受到的干扰更为严重。所以如何解决小区边缘用户受到的干扰问题，成为了干扰管理的最大挑战。为了解决这一问题，3GPP组织提出了协作多点传输（Coordinated Multiple Point，CoMP）技术，通过协调小区间空域调度以及联合传输技术，消除小区间干扰，提升小区边缘用户性能。如图 11 - 19 所示，CoMP 技术的实现可以分为四类：动态点选择、动态点静默、联合传输和协作调度/协同波束赋形。

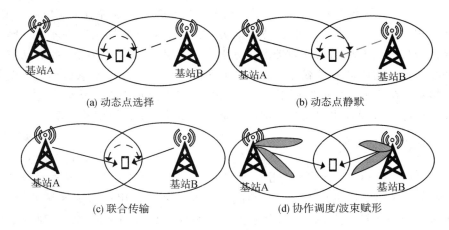

(a) 动态点选择　　　　　　　　　　　　(b) 动态点静默

(c) 联合传输　　　　　　　　　　　　(d) 协作调度/波束赋形

图 11 - 19　CoMP 技术的四种模式

如图 11 - 19(a)所示，动态点选择是指用户从协作小区中选择信道条件最好的小区接入。动态点选择可以获得一定的信道选择增益，但是增益有限，为了进一步地提高增益，可以结合动态点静默技术。所谓动态点静默，是指干扰小区不再使用在协作区域内用户使用的资源，即干扰小区在此资源上保持静默状态，如图 11 - 19(b)所示。因为干扰小区不再使用相应资源，必然会导致干扰小区网络性能降低，所以干扰小区静默的前提是获得的增益大于损失。

联合传输是指协作区域内的一个或多个基站在相同的资源上同时服务一个用户，如图11 - 19(c)所示。协作基站共享用户的信道状态信息、调度信息和数据信息，通过协作传输，将小区间干扰信号转变为有用信号,从而提高了用户性能,但是共享信息也会带来较高的回程带宽以及信令时延开销。根据能否相干合并来自不同基站的信号,联合传输分为相干传输和非相干传输。其中相干传输是指利用协作基站的联合预编码和同步传输来实现相干合并的过程;非相干的联合传输过程不需进行联合预编码。协作调度和波束赋形技术中,用户仅由单个小区服务,在不同的用户被调度到相同的资源块上时,基站可以通过调整波束赋形的所指方向达到减轻终端设备之间干扰程度,如图 11 - 19(d) 所示。

11.7　移 动 性 管 理

首先说明空闲态和连接态的概念,为了降低基站的负担,节省无线终端,特别是手机的电能消耗,通常将终端的工作状态分为空闲态与连接态两种。当终端没有任何业务数据需要收发时,处于空闲态,此时终端发射机处于关闭状态,不发送任何数据,仅仅是定期接收来自基站的测量和寻呼两类广播信号,处于空闲态的终端不占用任何空口资源;当终端需要发起呼叫或者发送业务数据时,将主动与基站联系,完成上行同步和信道资源申请后进入连接态;如果是基站需要呼叫某个终端或是给某终端发送下行数据,则通过携带目标地址的寻呼消息唤醒终端,处于空闲态的终端会定期接收寻呼消息,如果寻呼消息中的目的地址与本机地址匹配,就主动与基站联系,完成上行同步和信道资源申请后进入连接态,只有处于连接态的终端才能进行数据收发。

移动性管理是蜂窝移动通信系统的核心功能之一,由于每个基站的覆盖范围有限,而终端又是自由移动的,针对用户运动导致的位置变化,必须尽可能保证空闲态下服务不中断、连接态下业务不中断。具体来说,当处于空闲态的用户从某个小区移动到了另一个小区,必须保证还能寻呼到该用户,即服务不中断;进一步地,如果正在进行业务通信的用户从某个小区移动到了另一个小区,则系统应该保证用户的业务不中断。其中前一个问题通过小区驻留和小区重选(Cell Reselect)解决;后一个问题通过过区切换(Handover)来解决。

11.7.1　小区驻留和小区重选

在实际的蜂窝系统中,每个小区的基站通常周期性地发射灯塔(Beacon)信号,该信号周期固定,功率恒定,且每个小区的灯塔信号不同。灯塔信号的格式和数量都是由协议事先定义好的,用户终端周期性地搜索和测量一组灯塔信号的接收强度,如果终端距离某个基站很近,则收到该基站的灯塔信号就比较强,其他基站的信号比较弱;如果终端正好处于多个小区的边界,则其收到多个强度相差不大的灯塔信号。一般来说,终端会选择驻留在信号最强的那个小区,终端如果有数据要发送,就要向其所驻留的基站请求授权。一个终端驻留到某个小区后,大多数时间都是静默的,这种情况下,终端就像收音机一样单向工作,定期接收网络广播,并自行周期性测量当前驻留小区与相邻小区的信号强度。如果发现某个小区的信号强于当前小区,满足重选条件,则重新驻留到新的小区。注意这个过程完全是终端自己的决定,基站不负责终端的小区驻留和重选过程。

如前所述,无论终端驻留在哪个小区,都必须能够被寻呼到,有电话呼叫到达时终端要能够振铃。为实现这一目的，有几种可能的做法：

第一种做法，终端驻留到新的小区后不发送任何消息，因此移动网络不知道终端当前到底在哪个小区；需要寻呼某个终端时，所有基站同时广播携带终端地址的寻呼消息，这种做法显然耗费了太多的空口资源，不可取。

第二种做法，每当终端完成小区驻留后，都主动向新基站发送位置登记或者位置更新消息，说明终端的位置及变化，则移动网络将能够获得终端与基站新的驻留关系，需要寻呼该终端时，仅仅由其驻留的基站来发送寻呼消息即可。与第一种做法相比，这种做法可以大大降低寻呼开销，但是发送小区更新消息需要占用信道资源，从而引入新的信令开销，特别是小区半径越来越小，位置更新可能频繁发生，这也就意味着移动网络必须频繁处理终端的位置更新消息。

第三种做法，综合了以上两种做法的优点，这种做法也是实用中采纳的做法。仅当终端位置发生较大变化时，才发送位置更新消息，而系统发起呼叫时，由于不知道终端的确切位置，需要在一个较大的范围，由多个基站同时发出呼叫信息。例如，在 LTE 系统中将多个相邻的基站合并构成一个寻呼范围，在 LTE 中这个寻呼范围称为追踪区（Tracking area，TA），每个 TA 都有全球唯一的编码，终端记录其当前所属的 TA，每当终端驻留到新的小区，都会收听小区广播，如果广播消息中的 TA 与本机记录的 TA 相符，则终端无需发送任何消息，依旧处于空闲态，移动网络也不知道终端重选了小区；如果两者不符，就说明终端已经移动到了新的 TA，此时终端需要主动向基站发送小区更新消息，从而移动网络得以更新该终端的 TA 位置信息，换言之移动网络将为每个终端都记录其当前所属的 TA。当移动网络需要寻呼某个终端时，查表得到终端对应的 TA，然后在构成 TA 的每个基站上同时广播寻呼消息，触发终端振铃。一旦终端主动和基站联系完成上行同步和信道资源申请，移动网络自然就知道了终端当前所在的确切小区，下行业务数据自然也就能够路由到正确的基站，并通过该基站下发给终端。与第二种做法相比，这种做法避免了终端大量发送小区更新消息，节省了电量；但同时由于扩大了寻呼范围，从而网络将消耗更多的资源。也就是说，这种做法是以网络侧复杂度换取了终端侧节能，构成 TA 的小区越多，终端因为小区重选而发送位置更新消息的机会就越低，终端电能消耗就越少，但同时为寻呼某个终端需要消耗的空口资源也就越多，网络侧复杂度就越高。

11.7.2　过区切换

处于连接态的终端从一个小区（以下称为源小区）移动到另一个小区（以下称为目标小区）的覆盖范围时，为了保证当前正在进行的业务连接或者通话不中断，必须将业务连接无中断地搬移到目标小区上。由于运动是个连续的过程，因此随着终端移动，源小区的信号逐渐变弱，目标小区的信号逐渐变强，当目标小区的信号强到一定程度，移动网络就可以提前在目标小区分配资源用于容纳业务连接，这样当终端与源小区解除连接关系并释放资源后，就能快速地在目标小区继续获得服务，减少在目标小区申请资源的等待时间，这种在目标小区预先准备资源的过程就是切换。针对切换，以下顺序说明切换时机、谁来主导切换以及切换具体流程三个问题。

1. 切换时机

通常根据终端接收的平均信号强度来确定切换时机。假定终端从基站 1 向基站 2 运动，其信号强度变化如图 11 - 20 所示，以下给出四种可能的切换准则。

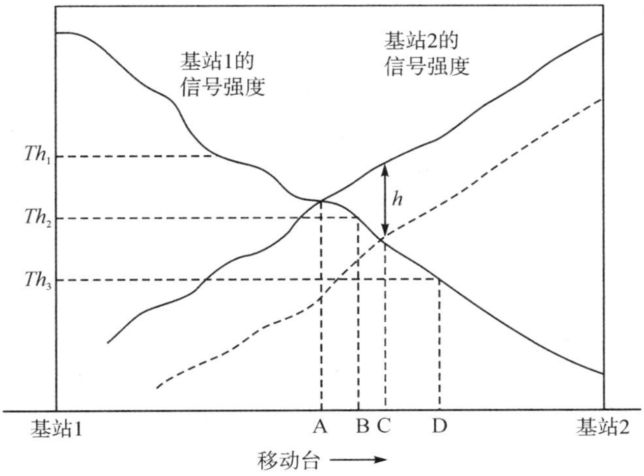

图 11 - 20　切换时机

（1）相对强度准则：任何时间都选择具有最强接收信号的基站。如图 11 - 20 中的 A 点将发生切换，实际系统由于各种噪声和干扰，加上终端运动的随机性，两个小区的信号强度不会像图中那样单调增减，而是存在振荡，该准则将会引发太多不必要的乒乓切换，因此并不可取。

（2）具有门限规定的相对强度准则：仅当源小区信号足够弱，低于某个门限，且目标小区的信号强度优于本基站时才会启动切换。图 11 - 20 中假定门限为 Th_2，B 点将会发生切换。该准则中门限选择至关重要，如果门限选取太高，假设为 Th_1，则该准则与准则 1 相同；如果门限选取太低，假设为 Th_3，则 D 点才发生切换，此时可能因为源小区信号太弱而导致通信中断。

（3）具有滞后余量的相对强度准则：仅当目标小区的信号强度比源小区高出某一门限（滞后余量）时启动切换。如图 11 - 20 中的 C 点，两个基站的信号强度之差大于 h 将发生切换，该技术可防止由于信号波动引起的移动台在两个基站之间来回切换，避免乒乓效应。

（4）具有滞后余量和门限规定的相对强度准则：源小区的信号足够弱，低于某个门限，且目标小区的信号强度比源小区高出某一门限（滞后余量）时启动切换。

2. 切换控制权

关于切换的控制权有三种做法，分别是：

（1）移动台控制的切换：由终端测量当前基站和几个候选基站的信号强度，达到切换时机后，由终端来选择具有可用业务信道的最佳候选基站，并向其发送切换请求。这种做法在早期的移动通信系统中使用较多，但由于终端缺乏全局知识，在选择切换的目标小区时存在盲目性，在用户较多的大系统中容易引起切换冲突。

（2）网络控制的切换：由基站来测量终端的信号强度，在信号低于某个门限后，网络开始安排切换。这种做法要求终端周边所有基站测量该终端的信号，并上报测量结果，网络从中选择一个基站作为切换目标基站，通知目标基站准备切换资源，然后通过源基站通知终端接入目标基站。

（3）移动台辅助的切换（Mobile Assisted Handover，MAHO）：只有终端才知道自己所在位置各小区信号的强弱，因此最自然的做法是由终端负责检测周围基站的信号强度，并将结果上报给为其服务的基站，由移动网络来决定何时切换以及切换到哪一个目标小区。这种做法得到了广泛应用，第二代至第五代移动通信系统都使用了这种切换策略。注意MAHO 要求终端使用单套接收机既能正常接收业务数据，还能测量相邻小区的信号强度。例如 GSM 系统中终端基于 TDMA 多址方式工作，终端可以工作时隙之外的其他时间切换到相邻小区的工作频率上检测其信号质量。又比如 4G/5G 中终端会周期性地暂停与服务小区通信，腾出时间专门测量相邻小区的信号质量。

接下来基于 MAHO 框架讨论切换流程，如 11.1 节所述，核心网中包含控制面实体（Control Plane Entity，CPE）和用户面实体（User Plane Entity，UPE），每当终端需要与网内其他终端或者其他网络中的用户通信时，都需要在 CPE 的控制下，为终端建立一条基站到 UPE 的业务连接，来自终端的业务数据到达基站后，由基站通过该业务连接进一步交付给 UPE，UPE 完成网关的功能，负责将用户业务转发至正确目标，如图 11-21(a)所示。换言之，针对每个处于连接态的终端，核心网都将为其维护一条经由源基站到 UPE 的业务连接。

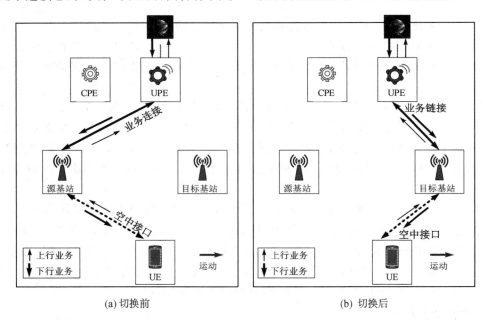

(a) 切换前　　　　　　　　　　　　(b) 切换后

图 11-21　切换前后的连接关系示意图

3. 切换任务

如果此时终端从源小区移动到了目标小区，为避免通信中断，切换操作必须保证将该终端对应的业务连接无中断地搬移到目标小区 B，这就要求切换过程完成：

（1）终端接入到目标基站，即图 11-21(a)中的空口连接关系由源基站变为目标基站。

（2）源基站到 UPE 的业务连接将失效，必须为终端重新建立目标基站到 UPE 的新业务连接，并且旧业务连接的上下文（如包序号）拷贝给新的业务连接，保证上下行业务在新的业务连接中能够继续传输，即图 11-21(a)中的业务连接关系由源基站变为目标基站。

当完成上述两步后，终端、基站和 UPE 新的连接关系应该如图 11-21(b)所示。以上切换操作要求终端、基站、CPE 和 UPE 相互配合，涉及大量的信令交互。假定源基站和目标基站之间存在通信链路，以下以 LTE 为例，结合图 11 - 21 和图 11 - 22 简要说明切换流程。

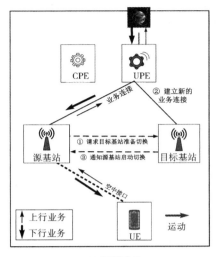

(a) 切换准备

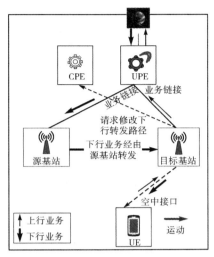

(b) 上行链路切换

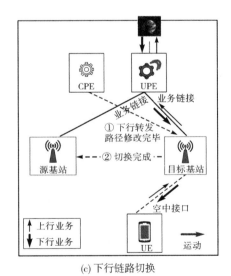

(c) 下行链路切换

图 11 - 22　切换各阶段示意图

4. 切换流程

（1）根据终端上报的测量信息，网络决定将终端切换至目标基站，并启动切换流程。

（2）源基站首先请求目标基站为终端切换做准备工作，包括预留资源，预先建立目标基站到 UPE 的业务连接，注意这一步需要 CPE 的帮助。

（3）目标基站完成上述工作后，通知源基站进入切换实施阶段，此时各实体连接关系如图 11 - 22(a)所示。

（4）源基站将目标基站的有关参数经过空口下行链路发送给终端，通知其接入目标基站；在此期间，终端将暂停发送上行业务，或者说源基站将停止接收来自该终端的上行业务，同时将其最后接收到的上行业务包序号等信息告知目标基站；如果有发给该终端的下行业务到达源基站，源基站也不再下发给终端，而是转发给目标基站缓存。

（5）终端依据源基站给出的信息，接入目标基站，建立与目标基站的空口连接关系，目标基站将先前缓存的下行业务通过空口下行链路发送给终端。

（6）目标基站向 CPE 发送请求修改下行转发路径，在收到反馈以前，该终端的后续下行业务仍然使用源基站的业务连接，转发给目标基站，再由目标基站发送给终端。另一方面，目标基站将接收来自终端的上行业务，并直接转发给 UPE。此时各实体连接关系如图 11-22(b)所示。

（7）CPE 通知目标基站路径已修改，该终端的后续下行业务改为使用新业务连接传输到目标基站。

（8）目标基站通知源基站切换完成，此时各实体连接关系如图 11-22(c)所示。

（9）源基站请求 CPE 拆除其与 UPE 的业务连接，切换流程结束。此时各实体连接关系如图 11-21(b)所示。

如果源基站和目标基站之间不存在可以相互通信的物理通路，则上述各环节中源基站和目标基站之间的通信都需要通过 CPE 来帮忙转发，这会显著增加信令传输代价。

11.7.3　软切换

由以上切换流程可知，终端将首先断开与源基站的联系，然后接入目标基站，然而由于终端所处位置的信道环境，有可能无法成功接入到目标基站，从而导致切换失败，终端正在进行的通信将会中断，这种"先断后连"的切换方式称为硬切换。如果终端能够采用"先连后断"的方式来完成切换，就能够避免上述问题，即终端首先接入目标基站，只有当移动台在目标小区建立稳定通信后，才断开与原基站的联系，这种方式称为软切换，在软切换过程中，移动用户与源基站和目标基站都保持通信链路，无需停止上下行数据的收发，甚至还可以两个基站发送同样的下行数据，利用新旧两条链路的信号进行分集合并来改善通信质量。软切换是 CDMA 系统的特色功能，可有效提高切换可靠性。因为相邻小区使用的工作频率完全相同，终端使用 1 套接收机就可以同时接收两个基站发送的数据，即使两个基站在发送同一信息时使用了不同的扩频码，终端也完全可以依靠灵活的数字基带处理解调得到两份拷贝，只要计算能力足够，无需增加任何硬件成本。当然软切换使用两个基站的部分空口资源同时为一个用户提供服务，必然会引入网络侧较大的开销。原则上只要源基站和目标基站使用相同的无线接入技术且两者工作频率相同，就可以实现软切换，

最后说明一点，如果源基站和目标基站的工作频率不同，或者使用的无线接入技术不同（例如 4G 切换到 3G），出于成本的原因，终端不大可能有两套收发机来同时维持与两个基站的连接，因此不能进行软切换。

本章小结

移动通信系统是最前沿的无线通信系统，因为其终极目标最为宏大，即任何时候、在任何地方都能实现任何人与人、人与设备或设备与设备之间的通信，其面临的困难最具挑

战性，包括但不限于最复杂多变的传播环境、最为广泛的覆盖需求、最蓬勃发展的流量需求、最为多样的应用场景以及消费者对于手机重量/体积/性能/成本/耗电的最极致要求。

历经 40 多年的技术变迁，有一些最基本的关键技术沉淀了下来，本章讨论了蜂窝移动通信组网中的根本问题，具体来说就是通过小区制和频率复用竭尽全力来高效使用带宽资源，提高用户容量，当然随着技术的发展，频率复用由多小区区群演进到单小区区群，不重叠覆盖演进到多种尺度的宏微小区异构覆盖，静态用频演进到小区间干扰协调等等，读者可以查阅有关文献获得这些最新技术的技术细节。

此外，由于单个小区覆盖范围有限，为了向用户提供无缝无感知的连续服务，本章还讨论了移动通信系统空中接口的移动性管理中的若干关键要素，包括切换测量、切换时机与切换流程。尽管技术不断进步，但是这些要素的核心理念并没有改变，例如基于低轨星座的移动通信系统，其中的空中接口移动性管理还是这些要素，但是地面上的固定基站变成了天上高速运动的卫星。

第 12 章　4G LTE 简介

12.1　4G　概　述

为了满足高速率数据传输的要求，第三代合作组织（The Third Generation Partnership Project，3GPP）于 2004 年启动了长期演进（Long Term Evolution，LTE）项目。2005 年 10 月，国际电信联盟 ITU 将第四代移动通信系统（以下简称 4G）正式命名为 IMT-Advanced，IMT 的全称是 International Mobile Telecommunications，Advanced 则是相对于 3G（其正式名称为 IMT-2000）而言的，IMT-Advanced 的设计目标是低速移动、热点覆盖下峰值速率为 1 Gb/s，高速移动广域覆盖条件下峰值速率达到 100 Mb/s。

2008 年 12 月，LTE 的第一个版本，即 Release 8（以下简称 R8）冻结①，R8 的下行峰值速度为 100 Mb/s，上行峰值速率为 50 Mb/s，并未达到 IMT-Advanced 规定的 4G 性能指标，所以此版本也称为 3.9G。此后 LTE 继续升级演进，2011 年正式发布了 R10，这个版本完全达到了 IMT-Advanced 的设计目标，是一个真正意义上的 4G 系统，为了体现这一点，3GPP 把 LTE R10 之后的系统更名为 LTE-Advanced，简称 LTE-A。2010 年 10 月，ITU 正式批准将两种技术包含在 IMT-Advanced 的首个版本之中，其中一个就是 LTE-Advanced，另一个是 WirelessMAN-Advanced。2013 年 12 月 4 日，我国工业和信息化部正式向三大运营商发布 4G 牌照，中国移动、中国电信和中国联通均获得 TDD-LTE 牌照，这意味着在中国 LTE 正式商用；2015 年 2 月 27 日，中国电信和中国联通还获得了 FDD-LTE 牌照。

12.2　整　体　架　构

任何一个移动通信系统，都至少由无线接入网（Radio Access Network，RAN）和核心网（Core Network，CN）两大部分组成，基站与基站构成的网络称为 RAN，基站与无线终端之间的通信接口称为空中接口，RAN 的主要任务是通过空中接口向用户设备（User Equipment，UE）提供无线接入服务。为了给每个 UE 提供无缝覆盖和无中断服务，实现 UE 到其他网内或网外用户的端到端通信，所有基站必须相互协同配合，这就需要使用 CN 将所有基站管理起来，CN 包括若干控制面/用户面实体，其功能包括认证、计费、移动性管理、基站到其他通信网络（例如互联网）之间的数据通路、基站之间数据通路等。多个不同的 RAN 可以通过同一个 CN 实现互联互通，CN 与 RAN 之间的连接称为回传（Backhaul），回

---

① "冻结"是指自即日起对该 Release 只允许进行必要的修正而推出修订版，不再添加新特性。关于 3GPP，可以参阅 https://zhuanlan.zhihu.com/p/27666497

传通常是通过有线承载网完成的，但是对于恶劣环境或者应急抢险场景，也可以使用微波链路实现回传。

　　基于 ITU 提出的 4G 建设要求，3GPP 针对 RAN 和 CN 设立了两个工作项目（Work Item），分别为长期演进 LTE（Long Term Evolution）和系统架构演进 SAE（System Architecture Evolution），其中 SAE 是 CN 网络架构向 4G 演进的工作项目，而 LTE 则是 RAN 向 4G 演进的工作项目。SAE 和 LTE 的研究内容分别是演进的分组核心网（Evolved Packet Core，EPC）和演进的通用陆地无线接入网（Evolved Universal Terrestrial Radio Access Network，E-UTRAN），E-UTRAN 和 EPC 合起来称为演进的分组系统（Evolved Packet System，EPS），也就是 4G 系统。图 12 - 1 给出了 4G 系统整体架构。

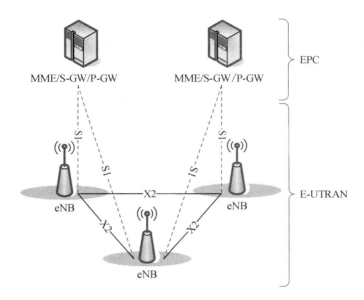

图 12 - 1　4G 系统整体架构（引自 TS36.300）

　　图中的 EPC 是全 IP 化网络，仅支持分组交换（与 EPC 不同，第 2、3 代移动通信系统的核心网都是支持电路交换的），包含移动性管理实体（Mobility Management Entity，MME）、服务网关（Serving Gateway，S-GW）以及分组数据网络网关（Packet Data Network Gateway，P-GW）等若干不同类型的功能节点，这些功能节点可以同机部署，也可以部署在不同的机器上。其中 MME 负责 EPC 的控制面功能，包括用户上下文和移动状态管理等，MME 相当于 4G 网络的管家，既要管理各个基站，也要管理每个用户。S-GW 负责 EPC 的用户面功能，包括用户面数据的路由和转发，以及越区切换时用户面数据的切换等；P-GW 实现 EPC 与互联网的互通，还负责给网内的用户分配 IP 地址等。S-GW 和 P-GW 往往同机部署，合称为 SPGW。此外 EPC 还包含负责计费与策略的 PCRF、保存签约用户数据库的 HSS 等节点。

　　RAN 中只有一类节点，即基站（evolved NodeB，eNB），一方面，eNB 通过空口协议栈（RRC/PDCP/RLC/MAC /PHY）管理和调度小区内的 UE（12.3 节重点讨论了空口协议栈）；另一方面，eNB 通过 S1 接口与 EPC 相连，S1 接口分为控制面接口 S1-c 和用户面接口 S1-u。以上行数据为例，UE 发出的上行数据最终到达 eNB 空口协议栈的 PDCP 层，分离出信令和数据流，其中数据流通过 S1-u 接口经由 S-GW/P-GW 路由至正确目标网络；信令流则交给 eNB 控制面最高层 RRC，RRC 层处理后决定是否进一步通过 S1-c 接口与 MME 通信，完成 UE 与 MME 的互通，从而实现 UE 入网注册等控制面功能。因此 eNB 与 MME 之间传递两类信息，一是 eNB 和 MME 之间用于完成移动性管理、无线资源管理的消息；一是终端与 MME 之间的非接入层(None Access Stratum，NAS)消息，NAS 消息包括入网注册、承载管理、服务请求等，eNB 既不识别也不修改此类消息，只是简单地中转透传。此外 eNB 还通过 X2 接口与其他 eNB 通信，支持 eNB 之间数据和控制信息的直接传输，X2 接口可用于快速小区切换。

12.2.1 LTE 的版本与技术规范

2008 年 12 月 LTE R8 冻结，这是 LTE 的第一版协议，此版本并未达到 ITU 规定的 4G 性能指标，所以此版本也称为 3.9G。LTE 相比 3G 网络有以下特征：高峰值吞吐率，高频谱效率，简化网络架构和全 IP 网络架构等。

2011 年 6 月 LTE R10 发布，其主要添加功能有：进一步增加 MIMO 天线数，增加中继节点，进行增强型小区间干扰协调，采用载波聚合和异构网络等。对性能提升较大的是增加 MIMO 天线数和载波聚合。这个版本达到了 ITU-R 提出的 4G 性能指标(IMT-Advanced)，可以称为真正的 4G 系统。为体现这一点，3GPP 把 R10 之后的系统更名为 LTE-Advanced，简称 LTE-A。

2016 年 3 月 LTE R13 发布，该版本又称为 LTE Advanced Pro，俗称 4.5G，即向 5G 过渡的意义。其主要对载波聚合、机器类通信、室内定位、MIMO 和多用户叠加编码等进行增强。图 12-2 分别给出了 LTE、LTE Advanced 和 LTE Advanced Pro 三个系统的徽标，特别是 LTE Advanced Pro 将代表无线电波的图样从红色改为绿色，说明其对能耗的重点关注。

图 12-2　LTE Logo 的演进

2019 年 6 月 LTE R15 全面冻结。R15 是第一个 5G 规范，标志着 3GPP 工作重心全面转移到了 5G 系统，R15 同时也对 LTE 做了改进，重点包括 1024QAM 高阶调制、增强型 V2X 等。

3GPP 并不制定标准，而是提供技术规范(Technical Specification，TS)和技术报告(Technical Report，TR)，确定技术规范后再启动流程推进标准化，例如将 TS 提交给 ITU，将 LTE-A 正式确定为 4G 标准。LTE 的技术规范文档均命名为 TS36.XXX，其中 TS36.2XX 系列文档主要规范 LTE 空口物理层的基带部分，36.3XX 系列文档是空口二层/三层的技术规范，36.4XX 系列文档则主要是核心网信令的技术规范。所有标准文档都可以从 https://www.3gpp.org/DynaReport/36-series.htm 免费下载，以下列出了读者可能感兴趣的部分技术规范。

- TS36.211 物理信道和调制
- TS36.212 复用和信道编码
- TS36.213 物理层规程
- TS36.300 总体描述
- TS36.321MAC 层协议规范
- TS36.322RLC 层协议规范
- TS36.323PDCP 层协议规范
- TS36.331RRC 层协议规范

尽管从 R15 起 3GPP 的工作重心转移到了 5G NR 技术规范的制定上，但 LTE 还将在一段时间内继续演进，2020 年 7 月冻结的 R16 中仍然包含 LTE 的增强功能。为便于学习和理解，本章重点讨论 LTE 的 R8，读者应该尽可能地将本章内容与本书前面各章内容相联系，融会贯通。

12.2.2　LTE 的关键技术

LTE 的关键技术主要包括 OFDM 技术、频谱使用的灵活性、多天线技术、自适应调制编码、小区间干扰协调、HARQ 等，以下简要说明。

1. OFDM

LTE 下行和上行分别采用 OFDM 和 DFTS-OFDM 调制方案，相应的多址方式为 OFDMA/SC-FDMA。除了能够很好地对抗频率选择性衰落之外，两者都可以灵活地提供时频多址，可以将不同的用户信息安排在不同的时间和不同的子载波上传输，最后 OFDM 技术可以很自然地与多天线技术相结合，提供更高的系统容量。R8 中 SC-FDMA 要求用户必须使用连续子载波，R10 开始支持更为灵活的分簇 SC-FDMA，允许使用不连续的子载波。

2. 灵活使用频谱

LTE 可以支持 FDD 或 TDD 两种双工方式，R8 支持 1.4/3/5/10/15/20 MHz 多种带宽配置。R10 中进一步引入载波聚合(Carrier Aggregation，CA)技术，CA 将 R8 的带宽看作一个载波单元(Component Carriers，CC)，允许将多个 CC 聚合在一起实现更高的带宽，不同的 CC 在频谱上可以是连续的，也可以是分散的，从而更好地利用碎片化的频谱；R10 支持最大 5 个 CC，总带宽最大可达 100 MHz。R13 开始最大支持 32 个 CC，总带宽达到了 640 MHz。

3. 多天线技术

多天线技术是达成 4G 性能指标的关键技术，主要有以下几种应用形式：

■ 多副接收天线可用于接收分集，有效抑制衰落，在上行链路中该技术早已广泛使用，实际上除经典的接收分集技术，多副接收天线还可用来抑制干扰以获得额外增益，具体可以参考 9.2.1 小节。

■ 基站使用多天线实现发射分集(见 9.2.2 小节)或波束赋形(9.4 节)，波束赋形可以提高接收信干噪比(SINR)，最终提升系统容量和覆盖能力。

■ 收发两端同时使用多天线实现空间复用(见 9.3 节)，即 MIMO，通过多个并行信道来提高传输速率，获得空间复用增益；如果进一步结合多用户 MIMO 技术(见 9.5 节)，多个终端甚至可以在相同的时频资源上同时传输数据从而进一步提高系统容量。

LTE 中 eNB 支持以上所有技术，并能结合不同场景为每一次数据传输自适应决定多天线技术方案。例如小区边缘 SINR 较低，MIMO 的效果有限，可以使用波束赋形来增强覆盖；又如微小区中 SINR 较高，信道条件好，则可以使用 MIMO。LTE R8 下行支持 4×4 MIMO，上行采用单天线。R10 开始下行支持 8×8 MIMO，上行支持 4×4 MIMO。

4. 自适应调制编码

针对上下行业务数据，R8 支持每个子载波上自适应使用 QPSK、16QAM、64QAM 三种调制方式以及不同的编码冗余。当需要给某个终端发送下行数据或者某个终端需要发送上行数据时，LTE 允许依据该终端的下行或上行信道条件，自适应地为其分配合适的时频资源、调制阶数、编码冗余等，例如针对信道条件非常好的终端，在为其分配的子载波上使用高阶调制和较少的编码冗余；针对信道条件比较差的终端，则使用低阶调制和较多的编码冗余。R12 起下行支持 256QAM，R15 起下行支持 1024QAM。当然前提条件是基站必须能够获知 UE 的信道特性，LTE 的 FDD 体制中 UE 通过测量下行参考信号来得到下行信道特性并将其上报给基站，TDD 体制中基站可以基于信道互易原理直接获得 UE 的信道特性。

5. 小区间干扰协调

为了提高频谱效率，LTE 允许单小区频率复用，即相邻小区可以使用相同的频率，而且 LTE 的基本控制信道被设计为能够容忍较低的 SINR，从而应对复用因子为 1 可能导致的强同频干扰。但是在相邻小区交界处的终端或者宏/微小区重叠覆盖下的终端还是可能经历较高的同频干扰，从而难以保证高速通信。在 R8 中使用小区间干扰协调（Iinter-Cell Interference Coordination，ICIC）技术解决上述问题，ICIC 的目标是避免多个小区在交界处给用户分配相同的子载波，从而避免最差的干扰情况，以提高系统性能，特别是小区边缘用户的性能。要达到这一目标，eNB 之间可以通过 X2 接口相互传输干扰和调度相关的信息，从而帮助 eNB 相互协调使用频率资源。R10 进一步提出了增强的 ICIC，即 eICIC，从时域上协调干扰，其做法是将下行子帧分为不含任何用户数据的 ABS（Almost Blank Subframe）子帧和包含用户数据的非 ABS 子帧，相互干扰的小区不能同时发送非 ABS 子帧，由于 ABS 子帧不包含任何用户数据，因此可以非常低的功率发射，从而在时间上错开干扰。R11 进一步引入了 FeICIC 技术，允许在 ABS 子帧上以很小的功率为信道条件较好的终端提供数据调度或数据传输。

6. HARQ

LTE 在物理层使用 HARQ 技术，当传输出错时自动发起重传请求，尽早解决差错对性能的影响。HARQ 采用增量冗余，即每次重传都允许发送数据的不同冗余版本，接收端可以利用多次接收到的差错数据合并译码，降低误块率。

7. 中继

如图 12-3 所示，处于信号覆盖盲区的终端可以通过中继（Relaying）节点获得 LTE 服务，中继节点本身通过无线连接到宿主 LTE 小区。对于终端来说，中继节点表现与基站完全相同，终端根本不知道其连接的是中继站还是基站，从而极大地简化了终端设计与实现。对于宿主小区，中继节点最初表现为终端，通过空口连接到宿主小区，连接建立后使用回传链路技术来进行通信。采用中继技术能够扩展小区的覆盖范围，消除或减少通信盲点，同时还可以根据实际网络环境的负载分布进行负载平衡，转移热点地区的业务，提高系统的频谱利用效率；引入中继技术可以增加终端接入选择自由度，节省终端的发射功率，从而延长电池寿命；中继站还具有架设布网方便、运营维护成本低的优点。

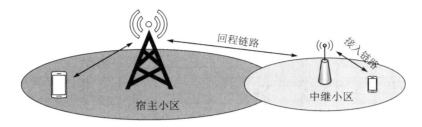

图 12 - 3　中继示意图

8. 支持广播和多播

LTE R9 允许多个基站使用相同的频率同时发送相同编码和调制的信息，从设备的角度来看就好像单个基站发送一样，只是经历了更复杂的多径传播。这种多小区传输称为多播/广播单频网（Multicast/Broadcast Single-Frequency Network，MBSFN），可以提高接收信号强度，避免小区间干扰，非常适合于实现多媒体广播或多播服务（MBMS）。

9. 定位

通过测量多个相邻小区发出的特殊参考信号，终端能够确定自己的位置。

10. 异构微蜂窝

如图 12 - 4 所示，异构微蜂窝典型的做法是在宏小区（Macro Cell）的覆盖范围内放置低功率的微小区，通过重叠覆盖来提高系统容量，分担宏小区的数据传输压力。当然宏微小区之间、不同的微小区之间可能存在相互干扰。R10 中引入了专门的技术来处理宏微小区之间可能存在的层间干扰，R11 进一步使用多点协作（CoMP）技术丰富了支持异构部署的手段。

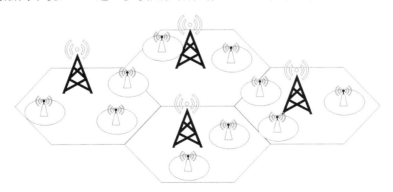

图 12 - 4　异构蜂窝网

12.3　LTE 空口协议栈

LTE 空口部分的协议栈如图 12 - 5 所示，出于完整性考虑，图中画出了 MME 网元和 NAS 层，但这些内容属于核心网，并非空口内容，故后文不对其进行解释。

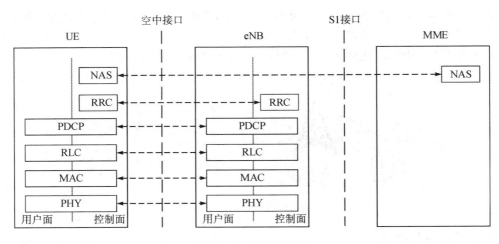

图 12-5 空口协议栈

由图 12-5 可以看出无论是用户终端(UE)还是基站(eNB),均分为用户面和控制面,其中用户面用来承载高层业务数据,如 IP 分组或者话音;控制面通过无线资源控制(Radio Resource Control,RRC)层来承载 UE 与 eNB 或 UE 与 MME 之间的信令信息,RRC 层处于控制面的最高层,UE 在移动通信系统中的行为要受到网络的严格控制,所有与控制相关的消息,无论控制由 eNB 还是 MME 发起,都要通过 RRC 层消息下达给 UE,同时 UE 也必须不断地将其掌握的局部知识通过 RRC 层消息上报给网络层。具体来说,包括系统信息广播与配置、测量上报与控制、寻呼、无线承载管理与移动性管理、为 UE 与 MME 之间的双向通信提供通道等。用户面和控制面经由相同的空口底层协议,即 PDCP/RLC/MAC/PHY 协议实现空口协议栈各对等层实体的信息传输。各层协议分别提供不同的传输服务,实现不同的具体功能,图 12-6 以下行传输为例示意性地说明了各层完成的功能。

针对话音通信、视频点播、文件传输或信令等不同 QoS 要求的高层业务,LTE 要为其单独维护逻辑连接以便对端正确分离业务数据,每个逻辑连接都称为一个无线承载(Radio Bearer,RB),RB 按需建立,使用完毕后释放。LTE 允许每个 UE 最多使用 3 个信令无线承载(Signaling RB,SRB)和 8 个数据无线承载(Data RB,DRB),其中 SRB 用于传输 RRC 层消息,DRB 用于传输用户面数据。

分组汇聚协议(Packet Data Convergence Protocol,PDCP)层和无线链路控制(Radio Link Control,RLC)层以无线承载的形式共同向高层提供传输服务,这里的高层可以是控制面的 RRC 层,也可以是用户面的 IP 层;PDCP/RLC 负责完成 SRB/DRB 与逻辑信道之间的一一映射,每个 RB 都对应 1 个逻辑信道,由单独的 PCDP/RLC 层实体为其提供传输服务,注意图 12-6 中 UE 侧具有多个 PDCP/RLC 实体,eNB 侧具有同样多的对等 PDCP/RLC 实体,而且图中强调 eNB 侧这些实体都是属于某个 UE 的,这是因为 eNB 对小区所有终端负责,因此在 eNB 侧要为每个终端都维护 1 套 SRB/DRB 集合并创建相应的 PDCP/RLC 实体。PDCP 层的功能主要是高层数据的按序传输、对 IP 数据包进行头压缩和解压缩、加解密、完整性保护等。RLC 完成类似数据链路层的功能,主要向高层提供三种不同可靠性保证的逻辑链路,例如信令流需要高可靠性保证,而媒体流更关注实时性,对可靠性要求较低。

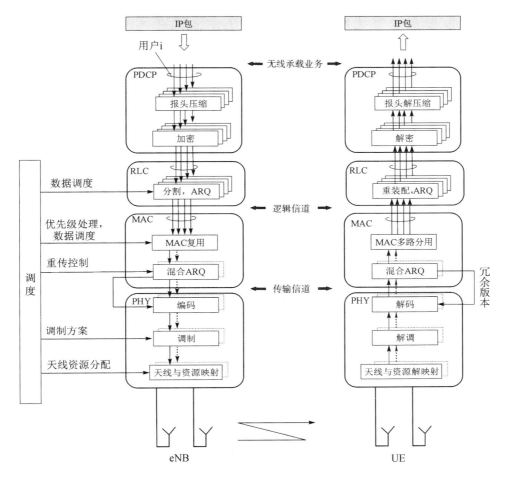

图 12-6　下行无线协议架构

媒质接入控制（Media Access Control，MAC）层以逻辑信道的形式向 RLC 层提供服务，逻辑信道使用 LCID 唯一标识，MAC 的主要功能是完成逻辑信道到传输信道的复接/反向分接、混合 ARQ 重传等，此外，基站侧的 MAC 层还包含一个重要的上下行调度功能，具体来说，就是在下行方向上决定每个时刻给哪些终端以何种方式（即调制阶数、编码冗余、发射功率等）发送多少数据，在上行方向上决定哪些终端可以在何时以何种方式发送多少数据。

物理层 PHY 以传输信道的形式向 MAC 层提供服务，负责将各传输信道中的比特流变换为无线信道上传输的波形所需要的所有功能，包括信道的 FEC 编解码、混合自动请求重传（HARQ）软合并、速率匹配、调制/解调、频率和时间同步、测量、多天线适配和射频处理等，简单来说，PHY 层建立终端与 eNB 之间的点到点无线通信，其中使用的技术最能体现本书前面各章的知识。

12.3.1　MAC 层

如前所述，MAC 层以逻辑信道的方式向 RLC 层提供服务，不同的逻辑信道传输不同类型的信息，主要分为控制信道和业务信道两大类，前者传输控制或者配置信息，后者则传输用户面数据。表 12-1 列出了 LTE R8 中支持的逻辑信道。

表 12-1　LTE R8 中的逻辑信道

逻辑信道	用　　途
广播控制信道(BCCH)	广播信息，包括重要的系统参数，每个终端必须收听以便正确工作
寻呼控制信道(PCCH)	用于寻呼某个终端，通知其有呼叫到达或者有数据需要收发
公共控制信道(CCCH)	用于传输随机接入有关的控制信息
专用控制信道(DCCH)	用于传输某个特定 UE 的 SRB，每个 SRB 对应 1 路 DCCH
占用业务信道(DTCH)	用于传输某个特定 UE 的 DRB，每个 DRB 对应 1 路 DTCH
多播控制信道(MCCH)	用于传输接收多播信息所必须的控制信息
多播业务信道(MTCH)	用于发行下行多播信息，例如电视点播业务

MAC 层的功能之一是完成逻辑信道到传输信道的复接/分接，传输信道是物理层向 MAC 提供服务的方式，不同的传输信道意味着不同的数据处理和传输方式，表 12-2 列出了 LTE R8 中上下行链路上的传输信道。

表 12-2　LTE R8 中的传输信道

传输信道	用　　途
广播信道(BCH)	具有特定的处理和传输方式，专用于最重要的系统信息，即 MIB 的传输
寻呼信道(PCH)	专用于 PCCH，处于休眠的终端可以定期激活接收此信道上的消息
下行共享信道(DL-SCH)	用于传输几乎所有下行信息，支持 HARQ 以及多天线传输等相关机制
多播信道(MCH)	用于支持多媒体多播(MBMS)业务，传输 MCCH/MTCH 信息
上行共享信道(UL-SCH)	用于终端发送上行信息，支持 HARQ 以及多天线传输等相关机制
随机接入信道(RACH)	终端在 RACH 上发送前导序列，以获得上行同步

图 12-7 和图 12-8 分别给出了下行和上行方向上的信道映射关系，可以看出除了 BCH/PCH/RACH 等以特定方式来处理、传输特定数据，几乎所有逻辑信道都映射到共享信道来实现具体传输，在共享信道上数据以传输块(Transport Block，TB)为单位递交。依据使用的多天线技术不同，每个终端在每个方向上最多可以同时传输 1 或 2 个 TB。每个 TB 的比特数、调制与编码、多天线技术、使用的时频资源都是可变的，这些参数统称为传输格式(Transport Format，TF)，用来指示实际传输之前如何处理该 TB。由于每个 UE 可能同时存在多个 SRB/DRB，因此将存在多路 DCCH/DTCH，这些逻辑信道都会映射到共享传输信道上。为此 MAC 层通过 LCID 唯一标识映射到共享传输信道上的每个逻辑信道，便于在生成 MAC 层 PDU 的时候复接多路逻辑信道，对端也可以通过 PDU 中的 LCID 字段分接出每一路逻辑信道的数据。

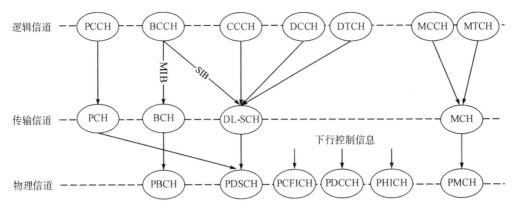

图 12-7　下行信道映射

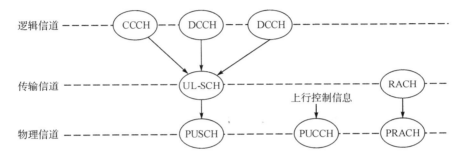

图 12-8　上行信道映射

MAC 的第二个重要功能是调度，LTE 主要采用共享信道传输机制，即多用户共享时频资源，不同的时刻允许不同的用户在不同的时频资源上传输信息，调度就是由 eNB 来决定某个时刻哪些用户可以在哪些资源上以何种方式发送或者接收多少信息，简单来说，就是决定某个时刻传输的 TB 及其 TF。LTE 中以 1 ms 为单位，不断地为下行和上行两个方向的传输制定调度决策。调度决策的输入包括每个终端在上下行方向上分别有多少待传数据、每个终端的上下行信道质量，针对下行方向的待传数据，调度决策的输出允许使用 DL-SCH 传输的目标 UE 集合以及每个目标 UE 的 TB/TF；针对上行方向的待传数据，输出为允许使用 UL-SCH 传输的 UE 集合以及每个 UE 的 TF，特别是上行方向上的调度决策必须以某种方式通知到每个 UE，UE 只有收到这些决策后，才能在特定时刻准备 TB 并按照 TF 规定的方式进行相应处理和传输。

LTE 并不规定具体的调度算法，但是调度结果对于整体的系统性能有着至关重要的影响，例如某个终端当前处于 SINR 较低的状态，如果调度算法决定为其提供数据传输调度，就需要更多的编码冗余，从而消耗较多的时频资源，降低了吞吐量；如果调度算法决定等到信道条件改善后再为其提供传输服务，则又可能破坏了公平性。

MAC 层的第三个功能是 HARQ，只有 DL-SCH/UL-SCH 信道支持 HARQ，HARQ 可以看作是多个并行的停等进程，LTE 中支持的每终端上下行最大进程数均为 8，也就是说无需等待反馈可以连续传输最多 8 个 TB，每个进程都需要明确地向发端反馈是否需要重传，如果无需重传，则该 HARQ 进程可以用于后续数据传输；如果发端收到 NAK 反馈，则要启动重传，除非 eNB 明确指定重传时机，否则重传遵循固定的时序，直到成功传输或者达到最大重传次数后，才能释放该 HARQ 进程用于后续数据。图 12-9 给出了一个 HARQ 的例子，由于最大允许 8 个 HARQ 进程，因此发端连续传输了 TB 1~3。由于 TB ♯1 在传输过程中出错，经历了两次重传，在重传过程中又成功传输了 TB4 和 TB5，对于接收端来说，每次成功解出 1 个 TB 都立刻将其递交给 RLC 层。从图中可以看出，由于传输出错，向 RLC 层递交的数据可能会乱序，这一问题将由 RLC 层的专门机制来解决。HARQ 能够快速纠正由于信道波动等原因导致的传输出错。

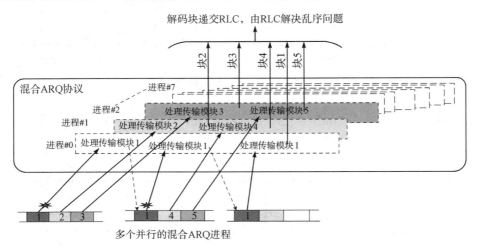

图 12-9　并行 HARQ 进程

12.3.2　RLC 层

RLC 层位于 PDCP 层和 MAC 层之间，完成类似数据链路层的功能，主要向上层提供三种服务等级的逻辑链路，分别是透明传输模式 TM、非确认模式 UM 和确认模式 AM。其中，TM 直接透传，不做任何处理，也不提供任何服务保证；UM 模式允许将高层数据分段重组，并在接收端保证有序递交；在 UM 基础上，AM 模式进一步通过自动重传请求（Automatic Repeat-reQuest，ARQ）保证无差错可靠传输。表 12-3 总结了 RLC 三种模式的特点。

表 12-3　RLC 三种模式

RLC 模式	开销	有序性	数据边界	需要确认	可靠性
TM 模式	无	无	无	不需要	不保证
UM 模式	有	有	有	不需要	不保证
AM 模式	有	有	有	需要	保证

针对不同的无线承载 SRB/DRB，要在 RLC 层中创建不同模式的 RLC 实体为其提供服务，因为每个无线承载需要的服务质量不同，因此 RLC 层中同时存在若干个 RLC 实体。eNB 和 UE 两端的 RLC 实体必须一一对应，两端的对等实体相互配合，从高层接收 SDU 并处理后通过 MAC 层给对端发送 RLC PDU，或者从 MAC 层接收来自对端的 RLC PDU 并处理后向高层递交 SDU，从而实现高层数据的透明传输。RLC 层的总体模型如图 12-10 所示。注意 eNB 侧针对每个活动的 UE 都要维护一套对应的 RLC 实体，换言之，eNB 侧的

每个 RLC 实体都有所属 UE 和无线承载两个属性。

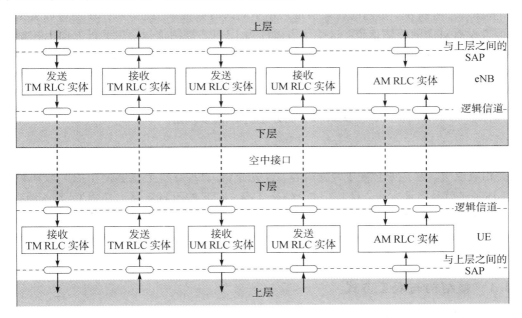

图 12 - 10　RLC 层总体模型

RLC 层的一个主要功能是 SDU 的分段和重组。以 eNB 侧下行发送为例,每当高层协议将数据(即 RLC SDU)发给 RLC 实体时,RLC 实体首先在队列中缓存该 SDU 等待发送,当 MAC 层完成调度,即确定了若干个目标 UE 的 TB 块大小,针对每个目标 UE 的每个 RLC 实体,指示其提供指定比特数的数据,RLC 实体根据 MAC 层规定的发送比特数,对缓存的 RLC SDU 进行分段或组合等操作,并添加包含序号等信息的 RLC 协议头,形成 RLC PDU 交给 MAC 层。如果 MAC 层请求的比特数小于队首 SDU 的大小,则 RLC 实体对 SDU 执行分段操作,使生成的 PDU 只承载 SDU 的一部分,如图 12 - 11 中的 ♯1 SDU;否则,RLC 层会将队首的多个 SDU 级联起来,使生成的 PDU 承载多个 SDU,如图 12 - 11 中的 ♯3 PDU。

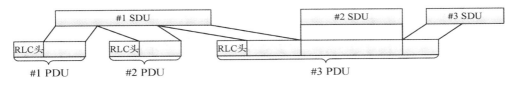

图 12 - 11　RLC 分段与级联示意图

RLC PDU 经过 MAC/PHY 处理发送至 UE,UE 的 PHY/MAC 层处理后,将 RLC PDU 递交给 RLC 实体,RLC 实体基于 PDU 中的序号信息判断是否发生了丢包,AM 模式的 RLC 实体能够对丢失的 PDU 使用 ARQ 请求对端重传;此外还需要完成 SDU 的重组功能,恢复发端每个 SDU 的边界,并将解出的 SDU 递交高层。

12.3.3　物理层

如前所述,物理层以传输信道的形式向 MAC 层提供服务,不同的传输信道在物理层中将使用不同的处理方式转换为调制符号的序列,进一步还需要依据 TF 的指示将其填充到 OFDM 资源格的相应位置，为此物理层还要完成传输信道到物理信道的映射，如图 12-7 和图 12-8 所示。不同的物理信道占用不同的时频资源集合，从图中还可以看出部分物理信道没有对应的传输信道，这些信道被称为 L1/L2 控制信道，在下行方向上控制信道用于传输终端正确接收和解调必要的信息，在上行方向上则用于传输 MAC 层调度和 HARQ 相关信息。下一节将详细讨论上下行物理信道。

12.4　物理传输资源

本节开始重点讲解上下行传输在物理层方面的具体要点，如果涉及到其他协议层次，根据需要相应说明。为了便于展开后续内容，首先介绍 LTE 空口上能够使用的时域和频域资源，具体来讲就是多址方式、双工方式及帧格式等。LTE 的下行链路上使用 OFDM 调制，相应的多址方式为 OFDMA；由于终端电能有限，必须尽可能提高终端功放的功率效率，因此上行链路使用了 PAPR 较低的 DFTS-OFDM 调制，相应的多址方式称为 SC-FDMA。关于这两种多址方式的原理可以参考第 10 章。

12.4.1　帧结构与双工方式

LTE 规定，每个无线帧长为 10 ms，由级联的 10 个子帧组成，每个子帧长度为 1 ms，每个子帧由两个长度为 0.5 ms 的时隙组成。LTE 包括长短两种 CP 配置，分别支持不同时延扩展的信道传播环境，对于常规循环前缀（短 CP）配置，每个时隙含 7 个 OFDM 符号；对于扩展循环前缀（长 CP）配置，每时隙含 6 个 OFDM 符号。LTE 帧结构如图 12-12 所示。

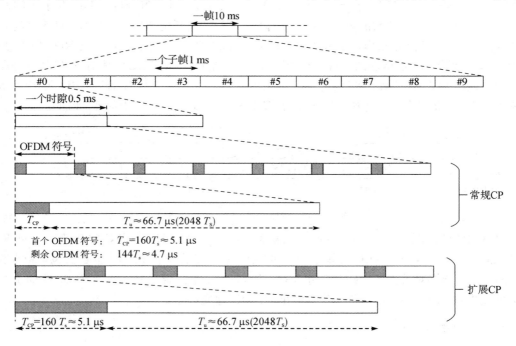

图 12-12　LTE 帧结构

LTE R8 支持 1.4/3/5/10/15/20 MHz 多种系统带宽配置，无论带宽为多少，LTE 下行和上行的 OFDM 子载波间隔均为 15 kHz，每个 OFDM 符号周期为 1/15 kHz＝66.67 μs，不同的带宽体现为不同的子载波数，如表 12-4 所示。例如 20 MHz 带宽配置使用了 1200 个载波，其中 OFDM 信号主瓣宽度为 18 MHz，频谱两端各有 1 MHz 用作保护带，为了最大可能提高 DFT 效率，两端增补全零子载波扩展为 2048 个子载波，以使用 2048 点 FFT，相应在时域每个 OFDM 符号包括 2048 个采样点，每个采样点的时长为 $T_s=$ 1/(15000×2048) s，这是 LTE 中最小的时间单位，例如图 12-12 中每个 OFDM 符号的长度为 2048·T_s＝66.67 μs。

表 12-4　LTE 支持的带宽

系统带宽/MHz	子载波数目/个	DFT 点数/点	采样频率/MHz	每时隙样点数/个
1.4	72	128	1.92	960
3	180	256	3.84	1920
5	300	512	7.68	3840
10	600	1024	15.36	7680
15	900	1536	23.04	11520
20	1200	2048	30.72	15360

　　LTE 中时间上的资源粒度为子帧，时长 1 ms；频域上的资源粒度为连续 12 个子载波，即连续 180 kHz，将每时隙 12 个连续子载波对应的时频资源称为一个物理资源块（Physical Resource Block，PRB）。每个下行子帧都允许给多个终端同时传输数据，单个终端数据传输的最小单位是每子帧两个时隙顺序出现的一对 PRB，这里时隙 0 和时隙 1 中的 PRB 可以占用不同的频率范围。例如 1.4 MHz 配置，每时隙 6 个 PRB，每子帧 6 对 PRB，则每子帧最多可以同时给 6 个终端发送数据。

　　LTE 支持 FDD 和 TDD 两种双工方式，其中 FDD 的情况比较简单，上行帧和下行帧分别占用不同的频点。LTE TDD 双工方式的帧结构如图 12-13 所示，通过时间来区分上下行，因此每帧中 U 子帧用作上行传输，D 子帧用作下行传输，此外还包含了特殊子帧 S，S 子帧由下行部分 DwPTS、保护间隔 GP 和上行部分 UpPTS 组成，用来作为下行到上行的过渡子帧。每个无线帧允许不同的上下行配比，如表 12-5 所示，其中子帧 0 和 5 总用于下行，子帧 2 总用于上行，可以选择不同的上下行配比从而更好地适应非对称上下行业务。采用相同频率的相邻小区应该采用相同的上下行配比，这是因为某个小区当前正在接收上行子帧的时候，其他相邻的同频小区如果发送下行子帧将会导致很强的干扰。当然这将使得每个小区难以自适应地根据业务快速改变上下行配比。

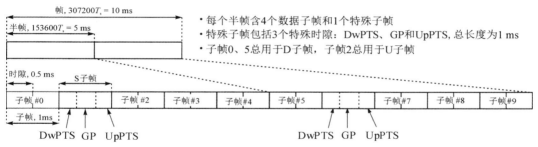

图 12-13　LTE TDD 帧结构

表 12－5　LTE TDD 支持的上下行配比

上下行配比配置	子帧编号									
	0	1	2	3	4	5	6	7	8	9
0	D	S	U	U	U	D	S	U	U	U
1	D	S	U	U	D	D	S	U	U	D
2	D	S	U	D	D	D	S	U	D	D
3	D	S	U	U	U	D	D	D	D	D
4	D	S	U	U	D	D	D	D	D	D
5	D	S	U	D	D	D	D	D	D	D
6	D	S	U	U	U	D	S	U	U	D

接下来讨论 S 子帧中保护间隔 GP 的长度选择，GP 的作用是保证下行到上行的正常过渡，如图 12-14 所示，UE 收到的下行传输部分，即图中深灰色部分，相对基站来说延迟了 T_p 时间，但同时为了保证 UE 发出的上行业务到达基站的时刻正好是基站开始接收上行数据的时刻，UE 必须提前 T_{TA} 时间开始发送上行业务，一方面是延迟到达的下行业务，另一方面是需要提前发送的上行业务，两个方向上的过渡时间在 UE 上表现为图中的 T_{DL-UL}，UE 距离基站越远，这个过渡时间就越短，GP 的选取必须保证 $T_{DL-UL}>0$，换言之，GP 的长度必须保证距离基站最远的 UE 能够正确完成下行传输到上行传输的转换。

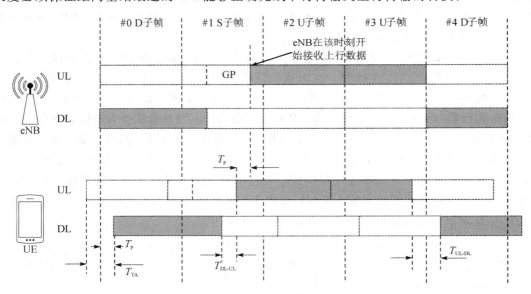

图 12-14　TDD 中 S 子帧的 GP 设置

此外，GP 还可以用来避免相邻小区之间的干扰，如果某个基站 A 发送下行子帧的时候，另一个相邻的同频基站 B 正在接收上行子帧，由于上下行频率相同，则 A 将对 B 造成很强的干扰。正是因为这个原因，一般要求相邻的基站配置相同的上下行配比，而且基站间保持严格同步，同一时刻要么都接收，要么都发送。但是由于基站之间存在传播时延，即使基站保持同步，如果 S 子帧的 GP 设置太小，有可能基站 A 发射的信号到达 B 时，B 已经开始接收上行信号，从而造成干扰，因此 GP 的设置还要考虑同频相邻基站的距离。

　　针对不同的传播环境和小区大小，S 子帧中的三个组成部分的长度也是可以配置的，如表 12－6 所示，小区半径越大，所需要的 GP 就越大。可以看出 DwPTS 较大时可以正常发送数据，UpPTS 都比较短，不能用来发送数据，通常用来发送信道探测信号或者随机接入信息，甚至留空，一定程度上可以为保护间隔增加余量。

表 12－6　LTE TDD 支持的 S 子帧配置
（表中的数值为 OFDM 符号数目）

S 子帧配置	常规循环前缀			扩展循环前缀		
	DwPTS	GP	UpPTS	DwPTS	GP	UpPTS
0	3	10	1 个 OFDM 符号	3	8	1 个 OFDM 符号
1	9	4		8	3	
2	10	3		9	2	
3	11	2		10	1	
4	12	1	2 个 OFDM 符号	3	7	2 个 OFDM 符号
5	3	9		8	2	
6	9	3		9	1	
7	10	2				
8	11	1				

12.4.2　上行物理信道

　　上行子帧中可能传输的物理信道有 PRACH、PUCCH 和 PUSCH，其中 PRACH 主要用于上行同步，将在 12.6 节详细介绍，PUCCH 和 PUSCH 的时频位置如图 12－15 所示。

　　物理上行控制信道（Physical Uplink Control Channel，PUCCH）位于上行资源格的上下两端，且每个终端的 PUCCH 信道由两个 PRB 组成，这两个 PRB 在一个子帧的两个时隙分别位于频带的两边，以获得频率分集增益，如图 12－15 所示。

　　PUCCH 传输的内容为上行控制信息（Uplink Control Information，UCI），主要有三种：① 调度请求（Service Request，SR），UE 通过 SR 向基站申请发送上行数据所需的资源；② 针对 DL-SCH 的 ACK/NAK；③ 向基站报告下行信道相关信息，例如信道质量指示 CQI、预编码矩阵指示 PMI 或

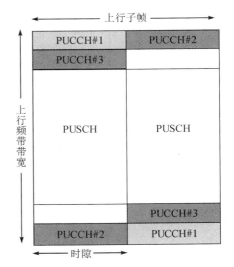

图 12－15　PUCCH 和 PUSCH 的位置

者信道秩指示 RI。不同的 UCI 使用不同的 PUCCH 格式。

物理上行共享信道(Physical Uplink Shared Channel，PUSCH)主要用来传输上行业务数据，PUSCH 使用的传输格式 TF(见 12.3.1 小节)由基站分配并通过下行链路告知 UE，UE 依据 TF 规定的块大小准备 TB，进而基于 TF 规定的调制阶数、编码冗余等生成 PUSCH 并填充到上行子帧的指定时频位置。由于上行使用 DFTS-OFDM，因此 LTE 规定每路 PUSCH 只能使用频域上连续的若干 PRB，且为了保证 DFT 的效率，要求子载波数必须是 2、3、5 的整数次幂的乘积，例如可以占用 5、6 或 8 个连续 PRB，但不能占用 7 个 PRB。

当终端尚未分配到 PUSCH 时，使用 PUCCH 传输 ACK/CQI/PMI/RI 等 UCI，特别是可以通过 PUCCH 发送调度请求 SR 申请 PUSCH 资源；当终端已分配到 PUSCH 上行资源时，可以将 ACK/CQI/PMI/RI 等 UCI 作为随路信息与用户数据一并在 PUSCH 上传输。

最后有一点需要强调，由于同一时刻的上行子帧是多个用户各自独立生成，经由独立的无线信道在基站接收机处叠加得到的，因此上行链路使用块状导频，每路 PUSCH/PUCCH 都只在其中占用子载波范围内传输自己的导频信号，LTE 中称为解调参考信号(Demodulation Reference Signal，DMRS)，用作上行信道估计，辅助数据解调；为了使基站能够全面了解终端的上行信道质量，以便更好地分配和调度 PUSCH(例如上行信道干扰严重的情况下使用低阶调制或者避免分配深衰落的子载波)，终端还可以周期性地发送探测参考信号(Sounding Reference Signal，SRS)；SRS 与 DMRS 的位置关系如图 12-16 所示，两者的不同之处在于：

• DMRS 是无规则的，仅当 UE 发送 PUCCH 或 PUSCH 时才发送 DMRS，且只占用很小的一个频段；SRS 则是在全频段上由 UE 定期发送，SRS 能够帮助 eNB 更加全面及时地了解终端上行信道的情况。

• 不同 UE 的 DMRS 不会冲突，而多个 UE 则有可能在相同的时间和子载波上发送 SRS，为此，不同终端的 SRS 必须能够相互区分，即相互正交。

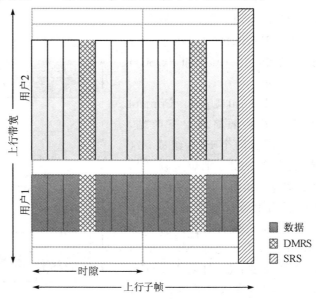

图 12-16　解调参考信号(DMRS)和探测参考信号(SRS)

　　另外，为了避免与 SRS 相互干扰，当子帧的最后一个 OFDM 符号用来发送 SRS 时，就不用传输 PUCCH/PUSCH 了。最后，PUCCH/SRS 使用的时频资源在 UE 完成上行同步后由基站分配并告知，因此不会发生冲突。

12.4.3　下行物理信道

　　LTE 支持灵活的 OFDMA 多址方式，基站除了发送实际的用户面数据，还要发送能够帮助终端正确解调译码的控制信息，例如基站当前时刻给哪些 UE 发送了数据、使用的时频资源、调制编码方式或多天线传输方式等。由于这些控制信息每时每刻都在变化，因此必须以随路信令的方式连同业务信息一起传输。实际上 LTE 中每一帧的不同子帧，每一子帧的不同符号，每一 OFDM 符号的不同子载波都用于不同的目的，每个下行无线帧的时频资源可以按照目的不同分为若干物理信道（Physical Channel），可能的物理层信道和信号有PSS、SSS、PBCH、PHICH、PCFICH、PDCCH、PDSCH、CRS 等。为了方便描述，我们沿用图 8-14 的表示方法，将每帧/子帧的时频资源表示为资源格的形式，每个小方格称为 1个 RE（Resource Element）。图 12-17 给出了 FDD、1.4 MHz 带宽、短 CP 配置及单天线条件下物理信道的安排。读者可以在网站 https://www.sqimway.com/lte_resource_grid.html上自行修改参数查看其他情况下的物理信道安排。

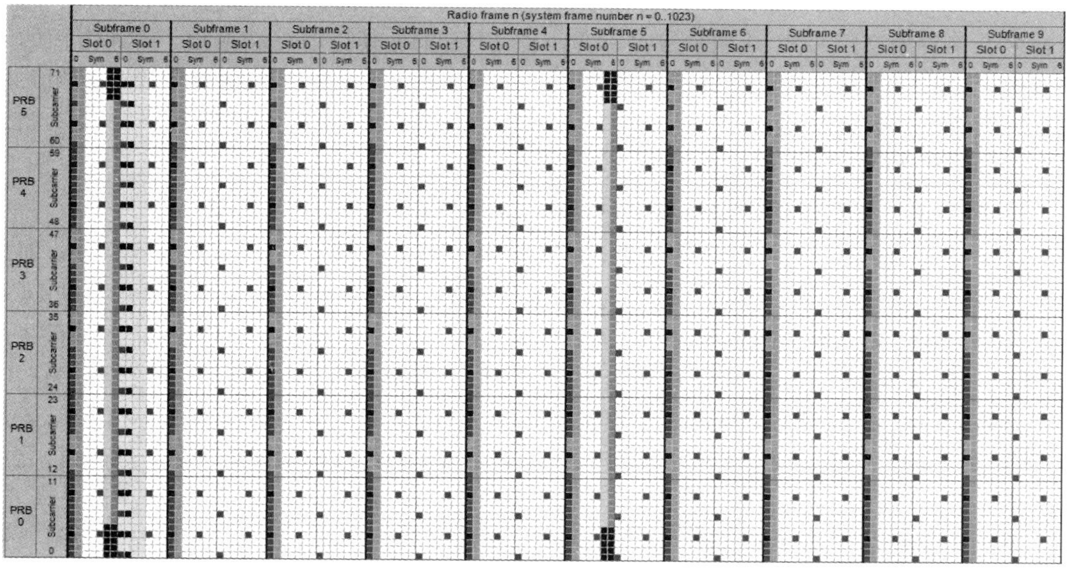

图 12-17　LTE 下行子帧中的物理信道与信号

　　每个 LTE 帧会保留固定位置的 RE 传输 PSS/SSS/CRS/PBCH 信号，这些信号主要用作下行同步和信道估计，其中 PSS/SSS 用于终端实现下行同步，从而找到正确的帧边界；同步机制将在 12.5 节详细说明。CRS 用于 UE 实现信道估计，从而使 UE 获得不同时刻/不同子载波上的信道特性，方便频域均衡的实现。关于 OFDM 信号频域均衡原理可以参考8.5 节。PBCH 用于传输系统带宽、帧编号、天线数量等最重要的系统信息，以便终端正确接收下行数据，通常也可将其看作下行同步的一部分。其他物理信道在不同子帧的结构基本相同，每子帧前几个 OFDM 符号为控制区，用来传输控制信息，剩余的 OFDM 符号为数据区，用来传输业务信息，具体如下：

1. 物理控制格式指示信道（Physical Control Format Indication Channel，PCFICH）

PCFICH 用来说明控制区占用的 OFDM 符号数目，1.4 MHz 条件下可能的取值为 2、3、4，其他带宽条件下的可能取值为 1、2、3。PCFICH 占用每子帧第 1 个 OFDM 符号的特定 RE，具体占用的 RE 对每个小区来说是固定的。终端只需读取特定 RE，然后合并解调译码即可。

2. 物理 HARQ 指示信道（Physical HARQ Indication Channel，PHICH）

LTE 数据传输使用混合自动重传请求方式（Hybrid Automatic Retransmission reQuest，HARQ），每一块数据传输都需要对端明确反馈正确接收（ACK）或接收失败（NAK），对于接收失败的数据块，发端需要重传，重传数据可以是该数据块的相同或者不同信道编码冗余版本，接收端可以将多次接收的数据块合并译码，提高成功传输概率。eNB 使用 PHICH 向 UE 反馈 ACK 或 NAK，可以占用子帧第 1 个或前 3 个 OFDM 符号的某些 RE，具体占用的 RE 位置和数量由基站规定并通过 PBCH 广播下发，因此每个终端都知道 PHICH 的位置并相应接收。

3. 物理下行共享信道（Pgysical Downlink Shared Channel，PDSCH）

PDSCH 占用子帧数据区除 PSS/SSS/CRS/PBCH 之外的其他时频资源，可用于同时传输多个用户的 TB，每 1 块用户数据称为 1 路 PDSCH，其目的终端地址、具体占用的时频资源、使用的调制阶数以及编码冗余都可以灵活分配。将这些和数据解调译码强相关的信息称为下行控制信息（Downlink Control Information，DCI），终端必须知道 DCI 才能正确解调和译码 PDSCH 中的业务数据，DCI 通过 PDCCH 来传递。

4. 物理下行控制信道（Physical Downlink Control Channel，PDCCH）

除了传递 PDSCH 对应的下行调度，DCI 还可以用来携带上行方向的数据调度，即规定某个终端在未来何时以何种方式发送多少上行数据。控制区中可以容纳多个用户的 DCI，每个 DCI 都经过卷积码编码和调制等处理后作为 1 路 PDCCH，映射复用到控制区中。除去用于 PCFICH/PHICH/CRS 的 RE，控制区剩余 RE 都可用来作为 PDCCH，每 4 个 RE 为一个 REG（RE Group），9 个 REG 构成一个控制信道单元（Control Channel Element，CCE），每路 PDCCH 只可能占用 1/2/4/8 个 CCE。图 12 - 18 进一步说明了 PDCCH/PDSCH/PUSCH 之间的关系。

不同的物理信道采用的扰码、调制、编码、交织方案都不同，表 12 - 7 总结了下行不同物理信道的技术要点。

结合上面讨论的各物理信道，UE 在接收到下行子帧后的处理流程如下：

（1）执行 FFT 和频域均衡获得资源格，然后从资源格中找到 PCFICH，从中解出 CFI，算出控制区的大小。

（2）由于控制区中可能复用了多路 PDCCH，而且不同 PDCCH 占用的 CCE 也是未知的，接收端需要启动 PDCCH 盲检测流程，从中检出每路 PDCCH。

（3）从检出的 PDCCH 中解调译码，抽出 DCI 信息，如果是上行调度许可，则交给上行链路发送模块；如果是下行调度信息，则依据该信息进行相应 PDSCH 的数据解调和译码，进而将解出的用户数据递交高层。

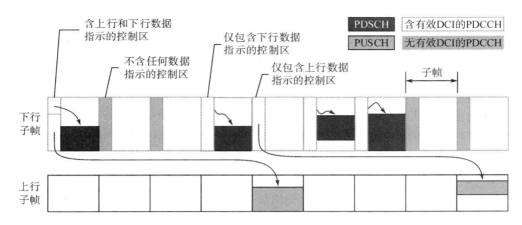

图 12-18 PDCCH 与 PDSCH/PUSCH 的关系

表 12-7 下行物理信道技术要点

信道名称	PBCH	PCFICH	PDCCH	PHICH	PDSCH
信道编码	咬尾卷积码	基于查找表	咬尾卷积码	重复编码	Turbo 码
速率适配	1920 bit	32 bit	72/144/288/576 bit	24 bit	由调度模块指定
扰码初值	小区 ID 决定	小区 ID 与子帧编号共同决定			小区 ID、目标用户 RNTI 与子帧编号共同决定
调制	QPSK			BPSK	QPSK/16QAM/64QAM

12.4.4 物理传输流程总述

LTE 空口传输总流程如图 12-19 所示。UE 在开机后默认系统带宽为 1.4 MHz，首先进行小区搜索，这可以通过检测 eNB 周期发送的同步信号 PSS/SSS 来完成。通过 PSS/SSS，UE 能够获得下行同步，即与小区在时间和频率上的同步，此外还能得到 eNB 的小区 ID 等信息，小区 ID 也称为物理小区标识(Physical Cell Identifier，PCI)。PCI 信息非常重要，因为 eNB 发出的几乎所有信息都会使用 PCI 加扰，UE 必须使用正确的 PCI 才能正确接收解调。

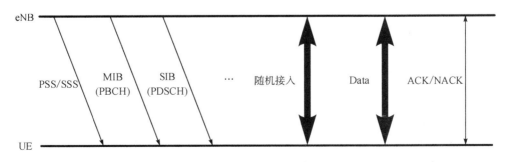

图 12-19 传输总流程示意图

UE 在获得了下行同步后必须接收小区系统信息，以便获知如何在该小区上正确地工作。eNB 会周期性广播与该小区相关的系统信息。系统信息分为 MIB 和 SIB 两大部分，其中 MIB 在物理信道 PBCH 上传输，UE 通过 MIB 可以知道小区的下行系统带宽、PHICH 配置、系统帧号（System Frame Number，SFN）及天线数目等信息，这些参数是 UE 正确了解下行子帧结构、正确接收解调后续数据的前提。获得正确的系统带宽后，UE 可以根据表 12-4 相应调整其采样频率、DFT 点数等参数，重新执行上述同步过程，找到正确的帧起始和 SFN。

接下来 UE 将尝试不断接收 SIB 消息直到成功为止。SIB 消息包含了除 MIB 以外更多的系统消息，它按照固定周期在物理信道 PDSCH 上不断发送，SIB 信息是 UE 后续收发数据所必需的。

获得下行同步后，当 UE 与 eNB 之间需要数据传输时，必须首先发起随机接入（Random Access，RA）过程以便获得上行同步（获得正确的时间提前量），注意 RA 过程相关的系统参数都包含在 SIB 中。RA 成功的 UE 还能得到小区内唯一标识自己的地址（Radio Network Temporary Identifier，RNTI），只要上行还保持同步，UE 与 eNB 之间的双向通信都需要用到这个 RNTI。

即使 UE 处于上下行同步状态，无线信道条件也可能不断变化。因此，下行数据传输时，UE 需要将其下行无线信道条件周期性地通过 PUSCH 或 PUCCH（具体使用哪个信道取决于是否为 UE 分配了上行资源）反馈给 eNB，以便 eNB 在下行调度时将信道质量考虑在内；同理，eNB 通过对 UE 发送的 SRS 进行周期性测量得到上行无线信道条件，以便合理地为其分配上行信道资源。

下行数据传输详细流程如图 12-20 所示。eNB 通过 PDSCH 来传输要发给 UE 的传输块 TB，并通过 PDCCH 指示 TB 对应的传输格式 TF。而 UE 需要使用 ACK/NACK（通过 PUCCH 或 PUSCH）来告诉 eNB 它是否成功接收到了数据。如果 UE 没有成功接收到下行数据，则 eNB 需要重传数据，重传过程与下行传输流程相似。

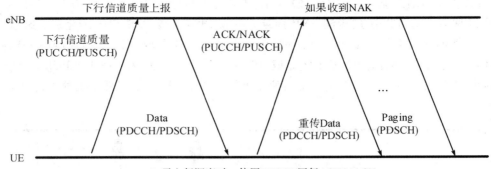

图 12-20　下行数据传输详细流程

上行数据传输详细流程如图 12-21 所示。在完成随机接入后，UE 首先获得了 PUCCH 资源，即允许 UE 在 PUCCH 上发送信息的时刻及子载波。当 UE 有上行数据要发送时，UE 会首先在 PUCCH 上发送调度请求 SR，请求 eNB 分配上行 PUSCH 资源。只有当 eNB 通过 PDCCH 中携带的上行调度 DCI 明确给 UE 分配了 PUSCH 资源时，UE 才能够使用对应的资源进行上行传输。针对 PUSCH 上发送的数据，eNB 通过 PHICH 向 UE 反馈 ACK/NACK，如果反馈了 NAK，则 UE 需要重传数据。

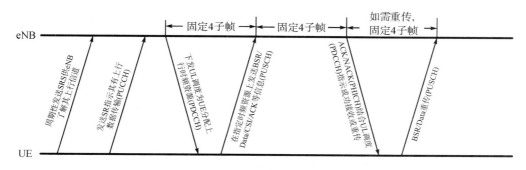

图 12-21　上行数据传输详细流程

当 UE 与 eNB 之间没有数据传输时，应该释放两者之间的 RRC 连接，使 UE 转入空闲状态，但 UE 会每隔一段时间"醒来"一次，去接收寻呼（Paging）消息，以确定是否有呼叫请求。eNB 还可以通过寻呼消息来通知 UE 系统信息发生了变化。如果收到了寻呼消息，则 UE 需要发起随机接入过程首先获得上行同步，然后查询相应的寻呼原因，进而执行相应的处理流程。

12.5　下　行　同　步

基站总是按照固定的时间节拍来工作，如果是 FDD 双工方式，eNB 在特定的时刻同时在两个方向上发送和接收 LTE 帧，10 ms 之后是下一帧，如此往复；对于 TDD 而言，eNB 按照上下行配比的规定，在特定的时刻发送子帧和接收子帧，如此往复。为了保证 UE 能够正确接收数据，UE 必须首先实现下行同步，找到基站的工作节拍，也就是找到正确的下行帧起始位置，因为帧是有结构的，不同时频资源传输了不同的信息，只有找到正确的帧起始位置才能正确地解释帧结构，TDD 中下行失步可能意味着 UE 在应该发送的时候却去接收，肯定无法正常工作。当然能够找到帧起始的前提条件是正确的载波同步、定时同步和 OFDM 符号同步，因为 OFDM 对同步很敏感，符号定时偏差和载波频率偏差都会引起 ICI，造成幅度和相位失真，进而降低正确解调的概率。

为了辅助终端找到基站工作的固定节拍，完成下行同步，在下行链路上发送两种特殊的已知序列即主同步信号（Primary Synchronization Signal，PSS）和辅同步信号（Second Synchronization，SSS）。FDD 方式中，PSS/SSS 信号以帧为周期，时域上占用 0 号和 10 号时隙的最后两个 OFDM 符号，频域上占据整个下行带宽的中间 6 个 PRB，如图 12-22 所示。TDD 中，PSS/SSS 信号也是以帧为周期，时域上 SSS 占用的位置是 1 号和 11 号时隙，即 0 号和 5 号子帧的最后一个 OFDM 符号，PSS 出现在 SSS 随后时隙的第 3 个 OFDM 符号上，频域上同样占据整个下行带宽的中间 6 个 PRB。FDD 和 TDD 中 PSS/SSS 占用的时频资源不同，只要 UE 能够找到 PSS 和 SSS，就能根据 PSS/SSS 之间的相对位置关系判断 eNB 究竟采用了 FDD 还是 TDD 双工模式，进而相应调整本机的双工模式。

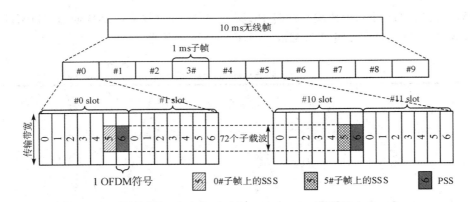

图 12-22　PSS 与 SSS 在 FDD 无线帧的位置

LTE 规定每个小区都有自己的物理小区标识(Physical Cell Identification，PCI)，取值范围为 0～503，PCI 不同，PSS/SSS 也相应不同。依据 TS36.211，PSS 采用 62 位长度的 ZC(Zadoff-Chu)序列，公式如下：

$$d_u(n) = \begin{cases} \exp\left[-j\dfrac{\pi u n(n+1)}{63}\right], & n = 0 \sim 30 \\ \exp\left[-j\dfrac{\pi u(n+1)(n+2)}{63}\right], & n = 31 \sim 61 \end{cases}$$

参数 u 为 ZC 序列的根索引号，可能的取值为 25、29 和 34，与 $N_2 = \text{PCI}\%3$ 一一对应，因此，可能的 PSS 只有 3 种。PSS 序列两边各保留 5 个子载波(实际是补零)未用，共占用 72 个子载波，每一帧中同样的 PSS 出现两次。ZC 序列的优良性质主要包括：

- 根索引号相同且长度相同的 ZC 序列，其不同循环移位序列相互正交。
- 根索引号不同的 ZC 序列，互相关很小。
- ZC 序列的 DFT 或 IDFT 变换仍为 ZC 序列。
- ZC 序列幅度恒定，PAPR 特性好。

由于 ZC 序列具有极为优良的自相关特性，因此在 LTE 中 ZC 不仅仅用作同步信号，各类参考信号几乎都使用了 ZC 序列。

依据 TS36.211，SSS 信号长度为 62，是由两个长度为 31 的 m 序列经交织级联而成的，并且每一帧中先后出现的 SSS 序列不同，SSS 序列具体的生成算法可以参考 LTE 技术规范 TS36.211 的 6.11.2 小节。SSS 序列随 $N_1 = \lfloor \text{PCI}/3 \rfloor$ 的不同而不同，因此共有 168 种可能的序列。

利用 PSS/SSS 即可完成下行同步，其基本流程如图 12-23 所示。由于 PSS 只占用 eNB 系统带宽最中央的 72 个子载波，因此终端默认工作带宽为 1.4 MHz，共有三种 PSS 信号，1 个小区只能发送其中的 1 种，且每半帧出现 1 次，间隔为 5 ms。一种可能的做法是在本地生成三种 PSS 信号，然后分别与接收信号逐个采样点滑动互相关，结合相关峰值和检测门限联合确定是否存在 PSS 及 PSS 的位置，成功检测到 PSS 将会同时获得 5 ms 的半帧定时信息和 N_2。实际上在 PSS 搜索的过程中可以同时完成载波频偏估计与补偿、定时估计与补偿以及 OFDM 符号同步，进而确定 eNB 采用常规 CP 还是扩展 CP；PSS 检测完成后，可以计算出 FDD 和 TDD 两种双工方式下的 SSS 位置，分别在这些位置检测 SSS，由于 SSS 一共有 168 种可能，且同一帧中先后出现的两个 SSS 不完全一样，成功检测 SSS 就可以同时获得 10 ms 无线帧定时、N_1 及双工方式。通过 $N_1 \times 3 + N_2$ 可以得到 PCI，至此获得下行同步。

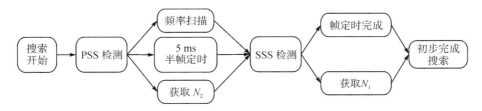

图 12-23　同步符号检测过程

如果终端不知道基站的工作频率，下行同步还能完成小区搜索的功能，对于 LTE 来说，eNB 可用的频点都是提前规定好的，因此终端可以在 LTE 的工作频带内逐个频点搜索 PSS 序列，直到找到为止。

12.6　上 行 同 步

在移动通信系统中，基站需要为小区中所有用户提供服务，必须不断周期性地发送一帧一帧的数据，同时不断地接收来自小区中所有终端的信息。终端则只在需要发送数据的时候才打开发射机，但是终端不能随心所欲地发送数据，必须得到基站的明确授权，即使基站允许，也必须在正确的时间将上行子帧通过天线发射出去。这里所说的正确的时间是指，UE 发出的子帧到达 eNB 的时刻必须正好是 eNB 认为上行子帧开始的时刻。对于 FDD 来说这个时刻就是 eNB 发送每个子帧的时刻，对于 TDD 来说，则是上下行配比规定的 S 子帧 UpPTS 开始的时刻。达到上述目的的一系列过程就是上行同步。

简单来说，下行同步保证终端正确接收数据；上行同步则保证终端发送的数据能够被 eNB 正确接收，但由于终端并不总是发送数据，只要发送数据时 UE 处于上行同步状态即可，其他时间无所谓。

不同的终端距离基站远近不同，要保证不同 UE 发出的子帧到达 eNB 的时刻正好是 eNB 认为上行子帧开始的时刻，每个 UE 的时间提前量（Timing Advance，TA）都是不同的，因此上行同步的关键在于每个 UE 都能获得正确的 TA。关于时间提前量的原理可以参考 10.3.2 小节。

LTE 中通过随机接入（Random Access，RA）过程完成上行同步，实际上 UE 通过 RA 过程除了获得正确的 TA 之外，还能获得一个地址（Radio Network Temporary Identifier，RNTI），RNTI 是 UE 在小区中的唯一用户标识。随机接入流程如图 12-24 所示，eNB 通过系统消息 SIB 周期性广播 RA 配置消息，UE 根据配置消息选择合适的前导序列在合适的时频资源上发起随机接入。eNB 在收到前导序列之后，检测出该终端对应的 TA 值及其使用的前导序列索引，由于多个终端可能同时发起了 RA 请求，因此 eNB 可能检测到多个 RA 请求，针对每一个 RA 请求，eNB 都要反馈一个随机接入响应 RAR。终端在收到自己的 RAR 之后，需相应调整其发送时序，完成上行同步。对非竞争随机接入而言，随机接入过程到此结束，但竞争随机接入中多个终端同时发起随机接入可能会导致冲突，因此需要后续步骤解决(即图 12-24 中的 Msg3/Msg4)冲突，在冲突解决阶段，由基站决定哪一个终端在竞争中胜出，竞争失败的终端需要晚些时候重新发起 RA 请求。

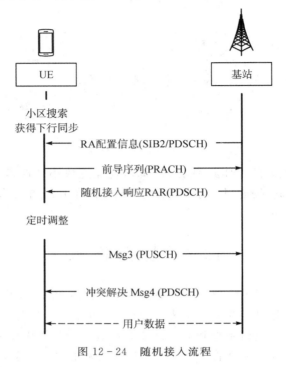

图 12-24　随机接入流程

12.6.1　RA 前导序列

　　当 UE 需要发起 RA 时，必须首先发送 RA 前导序列，eNB 相应执行前导序列检测算法，判断是否有 UE 发起了 RA 请求，还可以求得 UE 与 eNB 之间的传播时延，即进行 TA 估计。TA 估计是 UE 建立上行同步的关键所在，因此需要首先介绍前导序列。

　　LTE 中 RA 前导序列实际上是一个持续时间很长的 OFDM 符号，其时域形式如图 12-25 所示，包括循环前缀 CP、序列 SEQ 和保护间隔 GT，三者的持续时间分别记为 T_{CP}、T_{SEQ}、T_{GT}。LTE 协议根据地面移动通信的不同应用场景定义了 5 种不同的随机接入序列格式，以适应不同的小区半径，相应的参数配置如表 12-8 所示，其中格式 0~3 适用于 FDD 和 TDD 两种双工方式，格式 4 仅用于 TDD 的 S 子帧，使用受限，这里不予讨论。GT 的作用是防止前导序列经历信道时延后偏移到后续子帧上，造成子帧间干扰。因此，GT 持续时间 T_{GT} 应为小区内最大往返时延 T_{RTD}，例如表 12-8 的前导格式 1，$T_{GT}=0.516$ ms，则其对应的小区半径为 $T_{GT}\times c/2\approx75$ km，其中 c 为电磁波传播速度。通常情况下，覆盖范围越大，就需要更大的保护间隔来补偿大的往返时延。

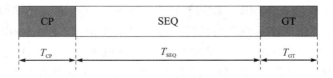

图 12-25　随机接入序列时域形式

表 12 - 8　LTE 随机接入前导格式参数

前导格式	序列长度 N_{ZC}	CP 持续时间 T_{CP}		序列持续时间 T_{SEQ}		保护间隔 T_{GT} /ms	占用子帧数	小区半径 /km
		T_s 为单位	μs 为单位	T_s 为单位	ms 为单位			
0		3168	103.13	24576	0.8	0.097	1	~14
1	839	21024	684.38	24576	0.8	0.516	2	~75
2		6240	203.13	49152	1.6	0.197	2	~28
3		21024	684.38	49152	1.6	0.716	3	~100
4	139	448	145.83	4096	0.133	仅用于 TDD 的 S 子帧		

为了保证检测性能，往往要求序列持续时间 T_{SEQ} 越长越好，可以通过对前导序列进行周期重复从而增加接收信号的能量。表 12 - 8 中格式 2 和 3 的 $T_{SEQ} = 1.6$ ms 就是由长度为 0.8 ms 的序列重复 1 次后级联得到的。

LTE 系统的 RA 前导序列选用 ZC 序列，ZC 根序列形式如下：

$$x_u(n) = \exp\left[-j\,\frac{\pi un(n+1)}{N_{ZC}}\right], \quad 0 \leqslant n < N_{ZC}$$

其中 $N_{ZC} = 839$，表示序列长度，u 为物理根序列号，取值范围为 1~838，也就是说 LTE 系统最大可提供 838 个 ZC 根序列。为了支持多用户接入，每个 ZC 根序列还可以 N_{CS} 为单位循环移位后得到更多新序列 $x_{u,v}(n) = x_u(\mathrm{mod}\,(n + v \cdot N_{CS}, N_{ZC}))$，$0 \leqslant v \leqslant \lfloor N_{ZC}/N_{CS} \rfloor$，从而极大地扩充可用的 ZC 序列集合。同一根序列的不同循环移位是相互正交的，根序号不同的序列则是非正交的。例如 $N_{CS} = 26$，则每个根序列最多可生成 $L = \lfloor N_{ZC}/N_{CS} \rfloor = 32$ 个相互正交的序列集，N_{CS} 的选择在下一节中详细讨论。

LTE 规定每个小区提供最多 64 个不同的前导序列供 UE 选择使用，这些前导序列资源应该优先选用正交序列，只有正交序列的数目不够用时，才会使用多根序列。假设小区选择的循环移位是 N_{CS}，则每个小区需要的根序列数目为 $\lceil 64/L \rceil$，其中 $L = \lfloor N_{ZC}/N_{CS} \rfloor$。

这 64 个前导序列集合的其中一部分预留给非竞争随机接入，剩余的序列用于竞争随机接入。每当 eNB 指定某个 UE 发起非竞争随机接入时，就从预留的序列中选取一个指派给 UE；如果是竞争随机接入，则 UE 自行从非预留的序列集合中随机选取一个。无论哪种情况，UE 都需要在物理随机接入信道（Physical Random Access Channel，PRACH）上发送选定的前导序列。每个 PRACH 资源在频域上占用 6 个连续 PRB 即 1.08 MHz 带宽，时域长度取决于不同的前导序列格式。由表 12 - 8 可知，前导序列的持续时间为 0.8 ms，则子载波间隔为 1.25 kHz，1.08 MHz 的 PRACH 应包含 864 个子载波，两端预留部分子载波用作保护间隔，剩余 839 个子载波用来传输长度为 839 的 ZC 序列或者其循环移位序列。图 12 - 26 说明了 PRACH 的频域映射。

PRACH 具体占用哪几个 PRB 可灵活配置，具体何时出现也是可灵活配置的（例如可以配置为每一帧的 7 号子帧允许 UE 发送前导序列），可以查阅 LTE 技术规范 TS 36.211 的表 5.7.1 - 2 获得所有可能的配置。基站在系统信息的特定字段不断广播随机接入的相关参数，包括前导序列的格式、可供使用的根序号、N_{CS}、PRACH 占用的时频资源、用于竞争随机接入的序列数目等，每个 UE 在完成下行同步后收听系统广播，即可了解到上述信息。

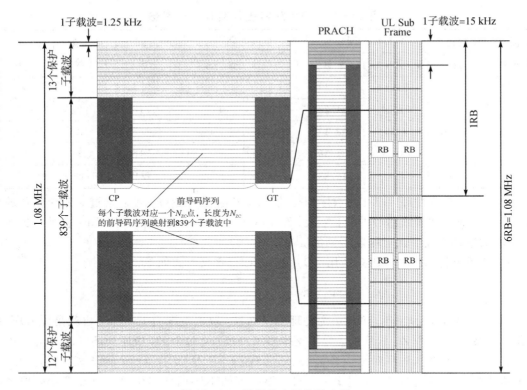

图 12-26　随机接入子载波映射

用户在选择了某个前导序列，也就是确定了 ZC 序列的 u、v 之后，生成 PRACH 的过程如图 12-27 所示。首先经过长度为 $N_{ZC}=839$ 的离散 DFT 变换，将时域信号转化到频域，依据 PRACH 的频域位置完成子载波的映射过程。然后通过 N_{DFT} 点 IDFT 变换重新将频域信号转化到时域后，添加 CP 并在时域完成射频调制，其中 N_{DFT} 的取值取决于上行系统带宽。图中的重复模块只针对表 12-8 中的 2、3 两种信号格式。

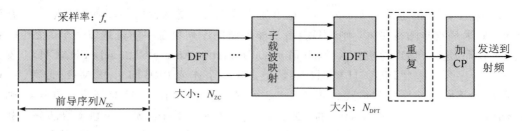

图 12-27　PRACH 的生成

12.6.2　前导序列检测

假设每个小区的 64 个可用前导序列是由 r 个 ZC 根序列通过不同的循环移位产生的。基站在 PRACH 上收到的信号序列记为 $y(m)$，将 $y(m)$ 同本地 r 个 ZC 根序列 $s_i(m)=x_{u_i}(m)$，$i \in \{0, 1, \cdots, r-1\}$ 逐个进行滑动相关，可以得到 r 个相关序列 $R_i(m)$。如图 12-28 所示，如果接收信号 $y(m)$ 中包含了根序号为 u_j 且循环移位为 $v_j \cdot N_{CS}$ 的某个前导序列，则根据 ZC 序列的性质，在无噪声无传播时延的理想情况下，相关序列 $R_j(m)$ 将在 $v_j \cdot N_{cs}$ 处出现一个峰值；如果该前导序列经历传播时延为 τ，则峰值也相应右移相应位置。根据以上描述，可以通过峰值所在的相关序列得出发送前导序列的根序号 u_j，通过峰值在相关序列中的出现位置得出循环移位 v_j 及往返时延。

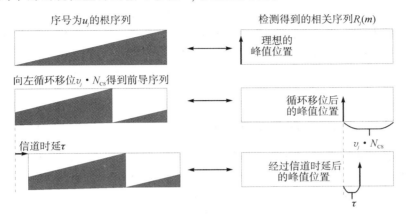

图 12-28　前导序列检测原理

注意 $y(m)$ 中可能包含了不同终端发出的多个前导序列，因此遍历每个相关序列中出现的每个峰值就可以检出 $y(m)$ 中包含的所有前导序列及相应的往返时延。为了确定相关序列中是否存在峰值，需要取一个适当的值作为门限，以达到前导信号检测的正确率比较高，漏检率比较低的效果。

接下来讨论 N_{cs} 的选择。由于存在往返时延 2τ，原本应该在 $v_j \cdot N_{cs}$ 处的峰值出现在 $v_j \cdot N_{cs} + 2\tau/T$，其中 $T = 0.8$ ms/864 为采样间隔。但是必须保证 $v_j \cdot N_{cs} + 2\tau/T < (v_j + 1) \cdot N_{cs}$，因为峰值在 $(v_j + 1) \cdot N_{cs}$ 之后就是另一个前导序列了，所以 N_{cs} 的选取必须满足 $2\tau < N_{cs} \cdot T$，也就是说 N_{cs} 的选取应保证 $N_{cs} \cdot T$ 大于小区的最大往返时延加上时延扩展。例如小区半径为 1.5 km，则最大往返迟延为 $2\tau = 10$ μs，代入上式加上余量取 $N_{cs} = 13$，则一个 ZC 根序列就可以生成小区所需的 64 个前导序列资源。如果小区半径增大 1 倍，就必须使用多个根序列才可以提供 64 个前导序列资源。

12.6.3　随机接入响应

如前所述，无论是竞争或非竞争随机接入，UE 都要在某个 PRACH 上发送某个前导序列，这个过程类似于时隙 ALOHA 的接入过程，多个 UE 可以同时在 PRACH 上发起 RA，对于竞争随机接入，多个 UE 还可能使用了相同的某个前导序列，从而产生冲突。总之多个用户同时发出的前导序列经过不同的传播时延到达 eNB，并在 eNB 的接收天线上相互叠加。eNB 将在每次 PRACH 出现时检测所有可能的前导序列，若成功检测到某个前导序列存在，实际上就获得了前导序列索引和时间提前量 TA。然后由 MAC 层将检测结果封装为随机接入响应（Random Access Response，RAR）。RAR 消息中包含：

- eNB 检测到的 RA 前导序列序号，6 bit，对应 64 个可能的前导序列。
- 11 bit 的时间提前量 TA，取值范围为 $[0, 1282]$，单位是 $16 \cdot T_s$，所以 TA 的时间范围是 $[0, 667.7$ μs$]$，正好对应小区范围 0～100 km。

- PUSCH 资源分配，指示 UE 传递后续消息，即 Msg3 所需的时频资源及调制编码方式。
- 临时地址 TC-RNTI，用于 UE 和 eNB 之间的后续通信。

如果 eNB 检测到多个随机接入请求（来自不同终端），则针对检测到的每个前导序列（即每个接入请求）生成一个 RAR，多个 RAR 合并后通过传输信道 DL-SCH 发出。已发送前导序列的每个 UE 在 RAR 接收时间窗口内不断监听接收 RAR，如果在窗口内收到了相应消息，则需依次解出每个 RAR，从中提取前导序列序号并与自身发送前导序列时使用的序号比较，如果一致，则提取该 RAR 中包含的 TA 进行上行发送时序校准；如果均不一致或者窗口内根本没有收到响应消息，则说明此次 RA 失败，UE 应该随机退避一段时间后再次发起随机接入。

12.6.4　非竞争随机接入和竞争随机接入

非竞争随机接入由基站发起，只有当 UE 已经建立下行同步，已经拥有 RNTI（因为先前曾经在本小区完成过上行同步，获得过 RNTI 且尚未释放），并且基站确定 UE 就在本小区中才能使用非竞争随机接入。为使 UE 重新建立上行同步，eNB 通过下行链路指示相应的 UE 在特定时间使用专门分配的资源发起随机接入。由于没有冲突，因此终端收到 RAR，如果前导序列索引匹配，则利用 TA 校准上行时序，上行同步过程就结束了。

竞争随机接入则是由 UE 主动发起的，eNB 并不知道有哪些 UE 可能发起 RA 请求，提前分配码资源也就无从谈起。此时 UE 发送的前导序列以及占用的时频资源均由 UE 自行随机选取，但是多个 UE 可能在同一 PRACH 资源上发送了相同序号的前导序列，从而导致冲突。因此即使 eNB 成功检测到该前导序列索引，并针对该前导序列索引发送了 RAR，UE 也无法确定是否发生了冲突，更无法确认这个 RAR 就是给自己的，因此还需要进行冲突解决。

具体做法是 UE 在收到 RAR 之后，首先从 RAR 中提取 TA 并调节自身的发送时序，假设有多个 UE 冲突，冲突的 UE 都将利用这个 TA 调节自身的发送时机。如果这些 UE 距离基站的远近大不相同，则这个过程只能使其中一个 UE 获得正确的上行同步；如果各 UE 到基站的距离都差不多，则多个 UE 都可能获得正确的上行同步。如图 12-24 所示，接下来这些 UE 同时通过 PUSCH 向 eNB 发送 Msg3，显然不同的 UE 发送的 Msg3 不同，但是每个 Msg3 都能够唯一地标识自己，例如一个很大的随机数；eNB 将收到一个或多个 Msg3 的叠加信息，既有可能无法正确解码 Msg3，也有可能正确解出了其中一个 UE 的 Msg3，如果无法正确解码，则 eNB 将要求 UE 重传；如果始终无法正确解码，则 RA 失败；如果正确解码，则 eNB 将通过 PDSCH 发送冲突解决消息 Msg4，所有相关 UE 在收到 Msg4 后，需要比对其中包含的 UE 标识，看是否与其发送的 Msg3 匹配，如果匹配则 RA 成功，否则 RA 失败。胜出的 UE 将得到地址标识 RNTI，失败的 UE 可以随后重新发起随机接入。由于涉及复杂的高层协议，Msg3 和 Msg4 的具体内容不予讨论。

12.7　物理层：PDSCH 个例学习

本节以 PDSCH 为例重点学习物理层处理方法，此部分内容是本书前面各章原理的具体技术体现，是构筑 eNB 与 UE 之间点到点无线通信的基础。MAC 层交付的每一路 DL-SCH，依据使用的多天线配置，表现为 1 或 2 个传输块（Transport Block），然后对该传输块按照物理信道 PDSCH 规定的方式处理，具体流程如图 12-29 所示，图中同时标出了每个步骤对应的具体规范及其在规范中的具体章节。以下依次解释每个步骤。

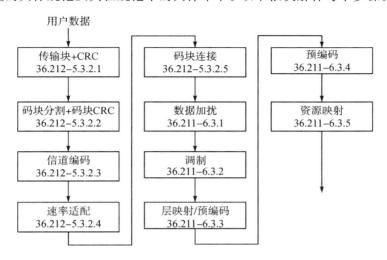

图 12-29　PDSCH 处理流程

12.7.1　信道编码与速率匹配

针对每个 TB 的信道编码和速率匹配对应图 12-29 中的前五步，具体过程如图 12-30 所示，图中各条连接线上的字母分别表示对应数据的长度（单位：bit），假设 TB 长度为 L bit，要求信道编码和速率适配后输出 G bit 的编码信息，也就是说编码码率为 L/G，L 和 G 值的大小均由 MAC 层调度模块确定，不过 G 值并非明确给出，而是需要计算的。例如 FDD/常规 CP/单天线条件下，针对控制区宽度为 2 的 1 号子帧做调度，假设 MAC 层调度结果为：TB 块大小 $L=176$ bit，16QAM 调制，使用 1 个 PRB，则结合图 12-17 可以知道不考虑控制区，子帧每个 PRB 中还剩 12 个 OFDM 符号，再去掉参考信号占用的 RE，则可用于 PDSCH 传输的 RE 共有 $12\times12-6=138$ 个，采用 16QAM 调制，因此一共可以传递 $G=138\times4=552$ bit，因此编码码率为 $176/552=0.3188$。

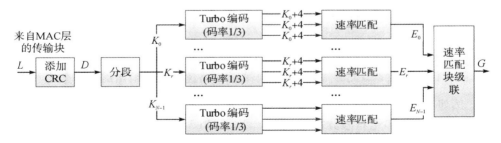

图 12-30　Turbo 编码与速率适配

对于每个传输块，首先计算 24 bit 的 CRC，然后附加到传输块的后面，UE 解码时可以利用 CRC 判断是否正确接收，其中产生 CRC 的生成多项式为 $x^{24}+x^{23}+x^6+x^5+x+1$，添加 CRC 之后数据长度为 $D=L+24$。

接下来是信道编码模块，PDSCH 使用 Turbo 码，LTE 标准中 Turbo 编码器能够处理的最大码块尺寸为 6144，如果 $D > 6144$，在进行编码之前要进行分段，分段方法的细节可以查阅 LTE 技术规范 TS36.212，经过分段得到的每个码块再次附加 24 bit 的 CRC 校验，假定分为了 N 段，每一段的长度为 K_i，$0 \leqslant i < N$，将这些分段分别送入 1/3 码率的 Turbo 码编码器，无论最后的实际码率是多少，总是将 K_i 个原始信息比特编码为 $3K_i$ 个编码比特，然后分系统比特、校验比特 1、校验比特 2 三路输出，分别记为 S_k、$P_k^{(1)}$、$P_k^{(2)}$，每路输出最后添加 4 个迫零尾比特，即每路输出长度为 $K_i + 4$ 比特。

接下来以码块为单位分别进行速率匹配，做法是将三路比特流 S_k、$P_k^{(1)}$、$P_k^{(2)}$ 分别进行子块交织，再进行比特收集，然后送入循环缓存。速率匹配的总体框架如图 12-31 所示。

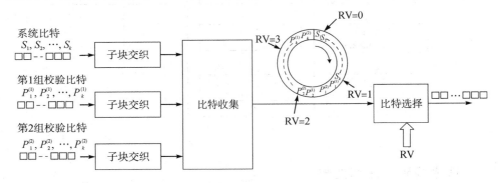

图 12-31　每个码块的速率匹配

图 12-31 中，S_k、$P_k^{(1)}$ 的交织规则相同，首先在 S_k、$P_k^{(1)}$ 的头部添加填充比特，保证其长度能够被 32 整除，然后按行写入一个 32 列的矩阵，进而对矩阵依据特定规则对列乱序，列的乱序规则可以参考 LTE 技术规范 TS36.212，最后按列读出。$P_k^{(2)}$ 的交织规则略有不同，它是按行写入矩阵，但不再对列做乱序操作，而是直接按列读出。

然后将三路交织输出存入循环缓存，首先将系统比特的交织输出全部写入，接下来交替写入剩下的两路交织输出。如图 12-31 所示，比特选择模块将从循环缓存的某个位置开始连续循环读取并输出 E_i 比特，对于编码冗余特别高的情形，某些比特甚至会多次输出，读取的起始位置取决于冗余版本号（Redundancy Version，RV），LTE 支持 0~3 共 4 个冗余版本。通常第一次传输数据时使用 RV0，如果 UE 未能成功解码，重传时使用不同的 RV 从不同的起始位置连续循环读取 E_i 比特，UE 可以利用多次收到的不同 RV 的数据来合并译码。

由于共有 N 个分段，因此共有 N 个循环缓存，G 表示 1 个传输块经过信道编码和速率匹配后总的目标比特数，因此 E_i 的取值必须保证 N 路速率匹配输出的比特数之和 $\sum_i E_i$ 正好为 G。例如 $G = 1000$ bit，采用单天线 QPSK，则每天线上需传 500 个 QPSK 符号，$N = 3$，做法就是将 500 个符号分摊到 3 段上，则 E_0 取 166 个符号，即 332 bit，剩下两个分段 E_1 和 E_2 均取 167 个符号，即 334 bit。

最后将 N 个速率匹配块按顺序排列，形成级联块，级联后比特流的长度就是一个传输块经过信道编码和速率匹配后总的目标比特数 G。

12.7.2　比特加扰

加扰操作，即速率匹配输出的比特序列与同等长度的扰码比特序列异或后输出。扰码使用长度为 31 的 Gold 序列，用来加扰的比特序列 $c(n)$ 的生成公式如下：

$$c(n) = [x_1(n+1600) + x_2(n+1600)] \bmod 2$$

$$x_1(n+31) = [x_1(n+3) + x_1(n)] \bmod 2$$

$$x_2(n+31) = [x_2(n+3) + x_2(n+2) + x_2(n+1) + x_2(n)] \bmod 2$$

其中序列 $x_1(n)$，$n \in \{0, 1, \cdots, 30\}$ 除 $x_1(0) = 1$ 外其他均为 0，序列 $x_2(n)$，$n \in \{0, 1, 2, \cdots, 30\}$ 的取值为 c_{init} 的第 n 比特，这里 $c_{init} = n_{RNTI} \cdot 2^{14} + q \cdot 2^{13} + n_{sf} \cdot 2^9 + n_{cell}$，$n_{RNTI}$ 为目标用户的 RNTI；q 为 TB 的序号，取值为 0 或 1；n_{sf} 为 PDSCH 所在的子帧号，取值为 $0 \sim 9$；n_{cell} 为小区 ID，取值范围为 $0 \sim 503$。可见扰码序列与小区 ID 有关，相邻小区使用不同的扰码序列，这种做法可以使相邻小区的干扰信号在解扰之后充分随机化，从而更加充分地利用信道编码带来的编码增益。

12.7.3　调制映射

将加扰的比特流依据调制方案所给出的映射关系进行星座映射，然后输出相应的复值符号，$R8$ 中支持的调制方案有 QPSK、16QAM、64QAM。

12.7.4　层映射与预编码

如前所述，MAC 交付的每一个 DL-SCH 可能有 1 或 2 个 TB，经信道编码、加扰及调制映射后，输出 1 或 2 路调制符号，需要分配到 N_L 个数据流上。LTE 中将每个数据流称为层（Layer），这个分配过程称为层映射（Layer Mapping）。接下来依据多天线技术将 N_L 层调制符号经过某种组合放置到 N_A 个天线端口上，这一过程称为预编码（Precoding），本质上就是 N_L 维列向量左边乘以预编码矩阵（Precoding Matrix）后得到 N_A 维列向量。层映射过程和预编码矩阵与所采用的多天线传输技术密切相关，12.8 节将详细讨论。

12.7.5　资源映射与基带信号生成

将预编码输出的 N_A 路调制符号流分别映射到 N_A 个天线端口各自的资源格中，根据调度模块分配的时频资源，如图 12-32 所示，按照先频域后时域的顺序，将用户数据以 PDSCH 的形式映射到数据区 RE 上，在映射过程中要注意避过 PSS、SSS 及 CRS 等特殊信号占用的 RE。针对每个天线端口，当所有物理信道都处理完毕且映射到子帧中，换言之，时频资源格的每个 RE 都填充了正确的符号，就可以执行 IDFT 和 CP 插入，最终生成该天线端口的 OFDM 基带信号，经过 D/A 和上变频后由相应的天线发射出去。

从提高效率的角度，IDFT 点数最好是 2 的整数次幂，但这一点并非 LTE 强制规定，例如 10 MHz 带宽情况下，占用 600 个子载波，两端增补全零子载波后做 1024 点 IDFT 是效率最高的，不过做 768 点的 IDFT 也没有问题。

另外，下行链路上，最中央的子载波（也称 DC 子载波）不承载任何符号，始终为 0。这是因为对于 eNB 的发射机来说，中频（如采用一次变频方案）或射频（如采用零中频方案）本振的泄漏，会在载频处（也就是 DC 子载波所在的频率）产生一个较大的噪声。对于 UE 的接收机来说，一般采用零中频的方案，接收本振泄漏也会直接在接收信道的 DC 子载波上产生极强的干扰，也就是说如果 DC 子载波上有数据符号调制，其接收 SINR 会比其他子载波差很多，因此 LTE 规定 DC 子载波上不传输任何数据符号。

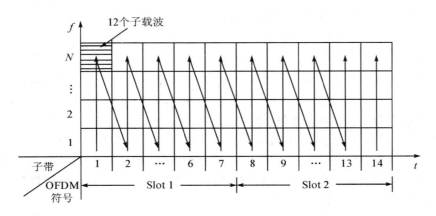

图 12-32　时频资源分配填充

12.7.6　小区参考信号

为了帮助终端有效地估计下行信道，LTE 在下行子帧上设置了混合导频，即小区特定参考信号(Cell-specific Reference Signals，CRS)，在每个小区中，可以有 1 套、2 套或 4 套 CRS，分别对应 1 个、2 个或 4 个天线端口。图 12-33 是不同天线端口数目、短 CP 配置条件下某个小区 CRS 在不同天线端口 OFDM 资源格上的 RE 映射位置图。从中可以看出，不同天线端口上 CRS 的位置不同，天线端口 0 上传输 CRS 的那些 RE，在其他天线端口上不能用来传输任何信息，必须保留为 0，从而保证终端能够准确估计每个天线端口的下行信道。终端除了利用 CRS 完成频域均衡外，还可以通过对 CRS 的测量，得到下行 CQI、PMI、RI 等信息。

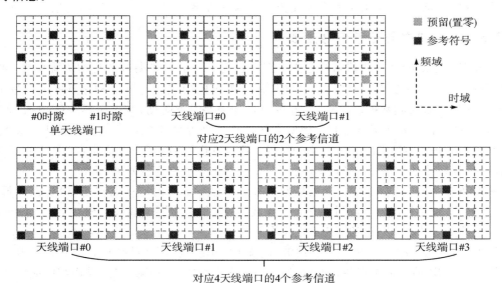

图 12-33　LTE 公共参考信号在 PRB 中的位置

无论是哪个天线端口，每个时隙内都有 1 或 2 个 OFDM 符号包含 CRS 信号，且包含 CRS 的 OFDM 符号在每个 PRB 内占用 2 个 RE 用于放置 CRS，具体是哪两个 RE 则与小区 ID 有关，假设 n_s 为帧内时隙编号，l 是时隙内 OFDM 符号索引，则 OFDM 符号内不同 RE 上的 CRS 信号构成长度为 PRB 数目两倍的序列，其生成公式如下：

$$r_{l,n_s}(m) = \frac{1}{\sqrt{2}}(1 - 2 \cdot c(2m)) + \text{j}\,\frac{1}{\sqrt{2}}(1 - 2 \cdot c(2m+1))，m = 0, 1, \cdots, 2N_{RB}^{\max,DL} - 1$$

其中，伪随机序列 $c(i)$ 的产生方法与 12.7.2 小节所述相同，只是 $c_{\text{init}} = 2^{10} \cdot (7 \cdot (n_s + 1) + l + 1) \cdot (2 \cdot n_{\text{cell}} + 1) + 2 \cdot n_{\text{cell}} + N_{CP}$，其中短 CP 配置 $N_{CP} = 1$，否则为 0；n_{cell} 为小区 ID，从中可以发现小区 ID 不同或者使用的 CP 配置不同，CRS 是不同的。

12.8　多天线技术

本节重点讨论下行链路上的多天线技术。不同的多天线技术对应不同的传输模式（Transmission Mode，TM），至 R10 为止 LTE 共定义了 9 种传输模式用于 PDSCH，其中传输模式 1 对应单天线传输，其他 TM 对应不同的多天线技术，包括发射分集、波束赋形和空间复用，具体如下：

- TM1 单天线传输；
- TM2 发射分集；
- TM3 开环空间复用，有码本；
- TM4 闭环空间复用，有码本；
- TM5 TM4 的多用户 MIMO 版本；
- TM6 单层闭环空间复用；
- TM7 非码本的预编码，仅支持单层；
- TM8 非码本的预编码，支持双层，R9 引入；
- TM9 非码本的预编码，支持最大 8 层，R10 引入。

首先有几个概念需要明确，在 LTE 中，1 个 TB 经过信道编码处理后称为 1 个码字，每路 DL-SCH 最大支持的码字数为 2，即 1 个子帧中最多同时给每个 UE 传输 2 个 TB。由于码字数未必等于天线数，因此需要将 1 或 2 个码字映射到不同的天线端口上，如图 12 - 34 所示。不同的 TM 体现为天线映射（Antenna Mapping，AM）的过程不同，使用的参考信号不同，对终端反馈的信道条件的使用方法也不同。

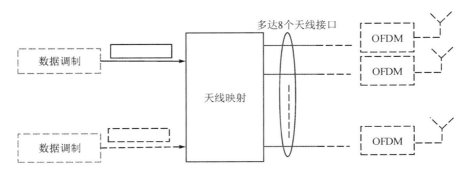

图 12 - 34　天线映射

注意天线端口是个逻辑概念，它与物理天线并非一一对应。在下行链路中，天线端口与下行参考信号是一一对应的，也就是说如果多个物理天线传输同一套参考信号，那么这些物理天线就对应同一个天线端口；而如果有两套不同的参考信号是从同一个物理天线中发出的，那么这个物理天线就对应两个独立的天线端口。发射同一参考信号的多个物理天线对接收机来说不可区分，接收机无需了解发端到底使用了几根物理天线，只需了解有几个天线端口即可。R9 定义了四种下行参考信号，天线端口与这些参考信号的对应关系如下：

（1）小区特定参考信号 CRS。CRS 支持 1 个、2 个、4 个三种天线端口配置，对应的端口号分别是：$p=0$，$p=\{0, 1\}$，$p=\{0, 1, 2, 3\}$。

（2）MBSFN 参考信号：只在天线端口 4 上传输。

（3）定位参考信号：只在天线端口 6 上传输。

（4）解调参考信号，可在天线端口 5、7、8 或 $\{7, 8\}$ 中传输。

图 12-34 的天线映射过程将码字映射到 N_A 个天线端口，可以分为两步。第一步是层映射（Layer Mapping），即将码字经调制映射后输出的码流分配到 N_L 层，输出 N_L 路并行码流，不同的传输模式对应不同的层数，层数不能小于码字数，LTE R8 中下行最大支持 4 层，R10 中下行最大支持 8 层。第二步是预编码（Precoding），将 N_L 层码流映射到 N_A 个天线端口上，如果同时从每层拿出第 i 个调制符号组成 N_L 维列向量 x_i，则预编码实际上就是用 $N_A \times N_L$ 维预编码矩阵 W 乘以 x_i，得到预编码输出 $y_i = Wx_i$，因为层数可能动态变化，所以 W 也会动态变化。对于单层的情况，W 是 N_A 维列向量，可用来实现波束赋形。下面以多天线技术为线索分别讨论不同情况下的天线映射过程，其中 TM1 对应单天线传输，不需要执行层映射和预编码。

12.8.1　发射分集（Transmit Diversity）

发射分集对应的传输模式为 TM2，用于 2 或 4 发射天线的情形。这种模式下，码字数固定为 1，层数等于天线端口数。只要可能，LTE 中的物理控制信道 PCFICH、PHICH、PDCCH、PBCH 总是采用发射分集技术。

2 天线情况下，LTE 发射分集使用的方案是空间频率块编码（Spatial Frequency Block Code，SFBC），如图 12-35(a)所示，两个连续的调制符号 s_i 和 s_{i+1} 直接映射到天线端口 0 某个 OFDM 符号的相邻两个 RE 上（占用相邻两个子载波），在天线端口 1 对应位置的两个 RE 上则分别填入 $-s_{i+1}^*$ 和 s_i^*，可以看出这种做法是 Alamouti 发射分集方案在频域上的变形。

4 天线的情况使用 SFBC＋FSTD（Frequency Switch Transmission Diversity）方案，这种做法需要占用同一 OFDM 符号的连续 4 个 RE，如图 12-35(b)所示，将 4 个天线端口分为两组，在天线端口 0 和 2 上按照 SFBC 方式使用 RE0 和 RE1 传输调制符号 s_i 和 s_{i+1}，RE2 和 RE3 传 0；在天线端口 1 和 3 上按照 SFBC 方式使用 RE2 和 RE3 传输调制符号 s_{i+2} 和 s_{i+3}，RE0 和 RE1 传 0。

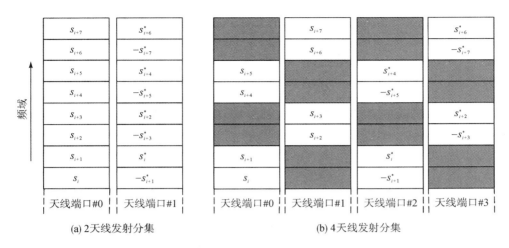

(a) 2天线发射分集   (b) 4天线发射分集

图 12 - 35　发射分集

12.8.2　基于码本的空间复用

此类技术仅用于 DL-SCH,对应的传输模式为 TM3、TM4 和 TM6,在这些传输模式中,层数等于信道矩阵的秩,即能够独立并行传输的数据流,层数取决于实际信道,由 UE 通过秩指示 RI(rank indication)上报给基站。此类技术的原理如图 12 - 36 所示。

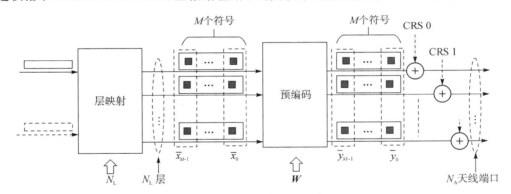

图 12 - 36　基于码本的空间复用

首先执行层映射,如图 12 - 37 所示,层映射必须保证每一层传输相同数量的调制符号,因此单个传输块映射到两层,只需交替将调制符号分配到两层即可;如果是两个 TB 映射到三层的情况,做法如图 12 - 37 所示,则 TB1 的调制符号数目必须是 TB0 的两倍方可满足要求,这就需要调度时分别选取两个 TB 的块大小并使用合适的速率匹配。对于两 TB 映射到四层的情况,两个 TB 的调制符号数目相同即可。

接下来是预编码,将 $\bar{x}_j$ 看作 N_L 维列向量,则预编码输出的 N_A 维列向量 $\bar{y}_j = W \cdot \bar{x}_j$,由于发射使用了预编码,接收端必须知道使用的 W 才能正确译码,对此,LTE 提前规定了若干 W 作为码本,在发送 PDSCH 的同时还将 W 的编号通过控制信道发给终端。注意 CRS 在上图中的位置,终端通过 CRS 可以知道信道矩阵 H,通过编号可以知道 W,因此能够保证正确解调译码。

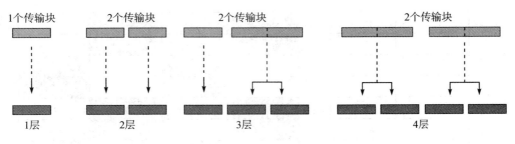

图 12 - 37　层映射

1. 闭环空间复用

在 TM4 中，基站基于终端反馈来选择预编码矩阵，具体来说，终端通过小区参考信号 CRS 测量可以准确地知道下行信道，进而计算出信道秩并选择一个合适的预编码矩阵，分别通过 RI 和 PMI(Precoding Matrix Indicators)上报给基站；eNB 可以选择接受终端的建议，也可以自行选择新的预编码矩阵，只要通过合适的控制信息告知终端即可。

2 天线端口，层数为 1 的情况下使用的预编码矩阵码本有：

$$\frac{1}{\sqrt{2}}\begin{bmatrix} +1 \\ +1 \end{bmatrix}, \frac{1}{\sqrt{2}}\begin{bmatrix} +1 \\ -1 \end{bmatrix}, \frac{1}{\sqrt{2}}\begin{bmatrix} +1 \\ +j \end{bmatrix}, \frac{1}{\sqrt{2}}\begin{bmatrix} +1 \\ -j \end{bmatrix}$$

2 天线端口，层数为 2 的情况下使用的预编码矩阵码本有：

$$\frac{1}{2}\begin{bmatrix} +1 & +1 \\ +1 & -1 \end{bmatrix}, \frac{1}{2}\begin{bmatrix} +1 & +1 \\ +j & -j \end{bmatrix}$$

4 天线端口的情况下，LTE 分别针对 1、2、3、4 层各自定义了 16 个预编码矩阵作为码本。不同层数使用的预编码矩阵尺寸不同，如果是 2 层，则预编码矩阵为 4×2 的矩阵。闭环方式下如果严格限制层数为 1，即为 TM6。对于 SINR 较低且位于小区边缘的终端，可以使用该传输模式获得波束赋形的增益。额外定义 TM6 是因为可以节省上下行链路的信令开销。

2. 开环空间复用

对于高速移动场景，UE 建议并上报的 PMI 难以及时准确反映信道的当前状态。这种情况下，就可以使用 TM3，终端无需通过 PMI 上报预编码矩阵 W，基站通过某种确定的规则直接选取预编码矩阵。注意 TM3 中仍然需要终端反馈 RI，从而确定层数。由于预编码矩阵的选取规则对于基站和终端都是已知的，因此基站选择的 W 无需告知终端，终端侧可以自行计算。具体来说，TM3 中使用的预编码方法如下式所示：

$$\boldsymbol{y}(i) = \begin{bmatrix} y^{(0)}(i) \\ \vdots \\ y^{(N_A-1)}(i) \end{bmatrix} = \boldsymbol{W}(i) \cdot \boldsymbol{D}(i) \cdot \boldsymbol{U} \cdot \boldsymbol{x}(i) = \boldsymbol{W}(i) \cdot \boldsymbol{D}(i) \cdot \boldsymbol{U} \cdot \begin{bmatrix} x^{(0)}(i) \\ \vdots \\ x^{(N_L-1)}(i) \end{bmatrix}$$

其中 $\boldsymbol{y}(i)$ 表示所有 N_A 个天线端口的第 i 个调制符号构成的列向量，$\boldsymbol{x}(i)$ 表示所有 N_L 层的第 i 个调制符号构成的列向量，$\boldsymbol{U}$ 为 $N_L\times N_L$ 常量矩阵，$\boldsymbol{D}(i)$ 是随调制符号索引 i 变化的 $N_L\times N_L$ 矩阵，用来实现循环延迟分集(Cyclic Delay Diversity，CDD)，CDD 的技术原理可以参考 9.2.3 小节，$\boldsymbol{W}(i)$ 是随调制符号索引 i 变化的 $N_A\times N_L$ 矩阵。2 天线端口条件下，$\boldsymbol{W}(i)$ 固定为

$$\frac{1}{\sqrt{2}}\begin{bmatrix}+1 & 0 \\ 0 & +1\end{bmatrix}$$

4 天线端口条件下，$\boldsymbol{W}(i)$ 随着 i 的变化循环使用 4 个预定义的 $4 \times N_L$ 预编码矩阵 $\boldsymbol{C}_1$、$\boldsymbol{C}_2$、$\boldsymbol{C}_3$、$\boldsymbol{C}_4$，具体来说 $\boldsymbol{W}(i) = \boldsymbol{C}_k$，其中 $k = (\lfloor i/N_L \rfloor \bmod 4) + 1 \in \{1, 2, 3, 4\}$。$\boldsymbol{C}_k$ 的具体值可以查阅 LTE 技术规范 TS36.211 的 6.3.4 小节。

$\boldsymbol{D}(i)$ 和 $\boldsymbol{U}$ 的具体取值如表 12-9 所示，可以看出 $\boldsymbol{U}$ 实际上是 N_L 点的 DFT 矩阵，$\boldsymbol{D}(i)$ 则是针对 DFT 变换后的每个输出在频域上做不同的旋转，实际上等效于时域的延迟。结合 $\boldsymbol{W}(i)$ 和 $\boldsymbol{D}(i)$ 的取值方式，我们可以发现对于不同的 i，预编码矩阵是确定的，eNB 无需通知终端，终端可以自行计算得到。

表 12-9　开环空间复用使用的 $\boldsymbol{D}(i)$ 和 $\boldsymbol{U}$

层数	$\boldsymbol{U}$	$\boldsymbol{D}(i)$
2	$\dfrac{1}{\sqrt{2}}\begin{bmatrix}1 & 1 \\ 1 & e^{-j2\pi/2}\end{bmatrix}$	$\begin{bmatrix}1 & 0 \\ 0 & e^{-j2\pi i/2}\end{bmatrix}$
3	$\dfrac{1}{\sqrt{3}}\begin{bmatrix}1 & 1 & 1 \\ 1 & e^{-j2\pi/3} & e^{-j4\pi/3} \\ 1 & e^{-j4\pi/3} & e^{-j8\pi/3}\end{bmatrix}$	$\begin{bmatrix}1 & 0 & 0 \\ 0 & e^{j2\pi i/3} & 0 \\ 0 & 0 & e^{-j4\pi i/3}\end{bmatrix}$
4	$\dfrac{1}{2}\begin{bmatrix}1 & 1 & 1 & 1 \\ 1 & e^{-j2\pi/4} & e^{-j4\pi/4} & e^{-j6\pi/4} \\ 1 & e^{-j4\pi/4} & e^{-j8\pi/4} & e^{-j12\pi/4} \\ 1 & e^{-j6\pi/4} & e^{-j12\pi/4} & e^{-j18\pi/4}\end{bmatrix}$	$\begin{bmatrix}1 & 0 & 0 & 0 \\ 0 & e^{-j2\pi i/4} & 0 & 0 \\ 0 & 0 & e^{-j4\pi i/4} & 0 \\ 0 & 0 & 0 & e^{-j6\pi i/4}\end{bmatrix}$

12.8.3　非码本的空间复用

此类技术仅用于 DL-SCH，对应的传输模式为 TM7、TM8 和 TM9。如图 12-38 所示，其基本思路是基站使用的预编码矩阵不再是预定义的，而是自由选择。由于终端必须要知道 $\boldsymbol{W}$ 的具体值才能正确解调，完整地将 $\boldsymbol{W}$ 发给终端势必引入过多的控制开销，因此 LTE 启用了新的参考信号 DMRS。注意 DMRS 也经过了预编码处理，注意图 12-38 中的 DMRS 与图 12-36 中 CRS 位置上的重大区别，通过 DMRS，UE 能够估计出 $\boldsymbol{H} \cdot \boldsymbol{W}$，因此基站无需通知 UE 关于 $\boldsymbol{W}$ 的信息，UE 也无需知道 $\boldsymbol{W}$ 的具体值。这一点与 CRS 不同，CRS 是在预编码之后填充到 OFDM 资源格中的，利用 CRS 只能估计出信道矩阵 $\boldsymbol{H}$。由于每一路 DL-SCH 可能使用不同的 $\boldsymbol{W}$，DMRS 是特定于每个终端的，因此 DMRS 也称为 UE 专用参考信号，与 PDSCH 共享时频资源，而 CRS 则均匀散布在所有时频资源上。DMRS 在天线端口 5、7、8 或 $\{7, 8\}$ 中传输，其中天线端口 5 用于 TM7，剩下的用于 TM8 和 TM9。注意天线端口是个逻辑上的概念，假定只有四根物理天线，则天线端口 1 和 5 都可以映射在物理天线 1 上。DMRS 的具体形式可以查阅 LTE 技术规范 TS36.211。

终端仍然可以通过测量 CRS 后使用预定义的码本向基站反馈 RI/PMI，基站可以选择听从终端建议，也可以仅仅基于 RI 来决定层数，进而自由选择预编码矩阵。无论怎么选，都无需通知终端。另外，如果使用 TDD，由于上下行信道的互易特性，基站实际上能够了解下行信道，此时可以选取与 $\boldsymbol{H}$ 更为匹配的 $\boldsymbol{W}$，用于 DL-SCH 传输，从而取得更好的性能。

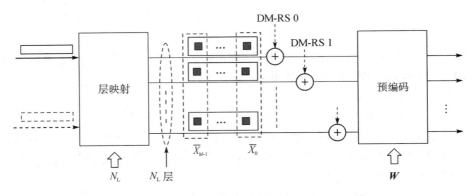

图 12-38　非码本的空间复用

12.8.4　多用户 MIMO

空分复用方式同时在多个天线的相同时频资源上并行传输为某个终端提供服务。多用户 MIMO(Multiuser MIMO，MU-MIMO)则是同时在多个天线的相同时频资源上并行传输为不同终端提供服务，也可理解为不同的层是发给不同用户的。LTE 中 TM5 支持基于码本预编码的 MU-MIMO，TM8/9 支持非码本预编码的 MU-MIMO。

本 章 小 结

第四代移动通信系统 4G 使得移动宽带通信成为可能，在此基础上出现了大量的视频点播、视频会议等应用，深刻地改变了我们的生活。本章简要介绍 4G 空中接口 LTE，特别是 LTE 物理层的部分技术。我们已经在本书的前 11 章学习了这些技术的基础原理，读者可以前后翻阅印证相关技术以加深理解。关于 LTE 更为详细的内容可以参考相关书籍，互联网上也有大量的资料可供学习。当然，LTE 最权威的资料还是 3GPP 的技术规范，有兴趣或者有工作需要的读者可以通过以下第一个链接免费下载。最后，已有若干 LTE 开源代码可供下载，其中最出名的是 srsLTE，有兴趣的读者可以通过以下第二个链接下载源代码，购置兼容的软件无线电平台，亲自动手搭建 LTE 系统。

第 13 章　5G NR 简介

　　5G 是面向 2020 年之后发展需求的新一代移动通信系统,其主要目标可以概括为"增强宽带、万物互联",5G 技术设计高度灵活,支持的业务将从传统的移动宽带逐步扩展渗透到工业互联、智能家居、应急通信、车联网等多个领域,与工业设施、医疗器械、医疗仪器、交通工具等深度融合,从而实现整个社会的数字化转型。某种程度上,5G 能否成功取决于其是否能够真正赋能各个行业,是否能够真正服务于各垂直领域。本章简单介绍 5G 无线接入技术,与 4G 相比,5G 规范更加繁杂,技术上讲,5G 并未使用开创性的新技术,更像是升级的 4G,但是 5G 将极大地改变人们的生产生活甚至思维方式。

13.1　5G　概　述

13.1.1　5G 应用场景及关键指标

　　5G 的法定名称是 IMT-2020,其应用被划分为增强型移动宽带(enhanced Mobile BroadBand,eMBB)通信、大规模机器类型通信(massive Machine Type Communications,mMTC)以及超可靠低时延通信(ultra Reliable Low Latency Communications,uRLLC)三个典型应用场景,如图 13-1 所示,图中同时还给出了 5G 的标志(Logo)。

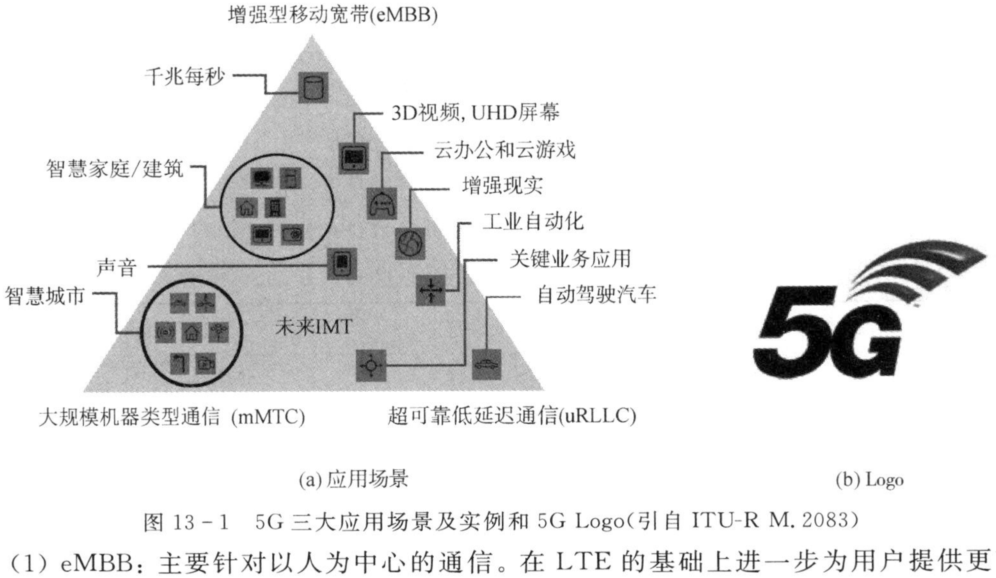

(a) 应用场景　　　　　　　　　　　　　　　　　(b) Logo

图 13-1　5G 三大应用场景及实例和 5G Logo(引自 ITU-R M.2083)

　　(1) eMBB:主要针对以人为中心的通信。在 LTE 的基础上进一步为用户提供更高的传输速率和增强的用户体验。不断增长的新需求和新应用要求 5G 支持热点覆盖和广域覆盖，前者着眼于高传输速率、高用户密度和高容量，后者主要关注移动性和无缝用户体验。

（2）mMTC：该场景纯粹以机器为中心，为海量的物联网终端提供服务，比如远程传感器、机械手、设备监测等。其主要特点是终端数量或者密度极高，数据量小且传输不频繁，对延迟不敏感。此类应用对终端的关键需求包括：非常低的造价，非常低的能耗和超长的电池使用时间，某些情况下电池使用时间甚至要达到几年。

（3）uRLLC：这一场景的特点是对时延、可靠性和高可用性有严格的要求，涵盖人类通信和机器类通信，比如3D游戏、自动驾驶、工业设备的无线控制、远程手术等。

作为5G定义的典型场景，上述三个应用场景主要用来分析、确定IMT-2020的空口技术所需要的关键能力，许多实际应用场景可能无法精确地归入这三类之中。比如有的应用需要非常高的可靠性，但是对于时延要求不高。还有的应用可能要求终端成本很低，但并不需要电池的使用寿命非常长。这就意味着5G的空中接口必须具有高度的灵活性以便容纳新的场景、新的用例和新的需求。针对IMT-2020，ITU-R一共定义了8个关键能力，图13-2描述了这些关键能力及其目标值，为了便于对比，图中还给出了IMT-Advanced（即4G）中这8个关键能力的指标。图中有的关键能力使用了绝对值，有的则使用了相对于4G能力的相对值。表13-1列出了5G针对上述8个关键能力的部分指标要求。

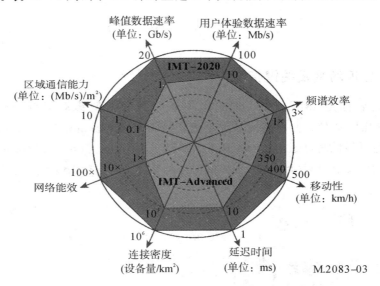

图13-2　5G的8个关键能力（引自 ITU-R M.2083）

表13-1　IMT-2020关键指标要求（根据 ITU-R M.2410 整理）

关键能力	应达到的最低性能	备　注
峰值数据速率	下行 20 Gb/s，上行 10 Gb/s	eMBB
峰值频谱效率	下行 30 b/(s·Hz)，上行 15 b/(s·Hz)	eMBB
用户体验数据速率	下行 100 Mb/s，上行 50 Mb/s	eMBB
区域通信能力	室内热点条件下 10 Mb/(s·m²)	eMBB
用户面时延	eMBB 4 ms，uRLLC 1 ms	轻载条件，传输小的 IP 包

续表

关键能力	应达到的最低性能	备　注
控制面时延	20 ms（从空闲态转到工作态的时间）	eMBB、uRLLC
连接密度	10^6 终端/km²	eMTC
可靠性	1 ms 内传输 32 字节的失败率低于 10^{-5}	uRLLC，市区宏站覆盖的边缘
移动性	10 km/h 频谱效率 1.5 b/(s·Hz)，30 km/h 为 1.12 b/(s·Hz)，120 km/h 为 0.8 b/(s·Hz)，500 km/h 为 0.45 b/(s·Hz)	eMBB
移动中断时间	0 ms	eMBB、uRLLC
带宽	最小 100 MHz，高频段可达 1 GHz	

13.1.2　技术演进

为了全面达到 IMT-2020 针对三大应用场景规定的技术指标，发挥新技术的潜能，3GPP 制定了一种有别于 LTE 的、新的无线接入技术，称为新空口（New Radio，NR）。为了满足 2018 年进行 5G 早期部署的商业需求，NR 借用了 LTE 的很多结构和功能，于 2017 年 12 月针对非独立组网（Non-Standalone，NSA）模式发布了第一个 NR 标准 R15，这个版本只定义了 RAN 技术，核心网暂时使用 4G EPC。随后开始定义新的 5G 核心网 5GC，能够实现 5G 基站连接到 5GC 的独立组网（Standalone，SA）模式，同时 5GC 也能够为 LTE 基站提供连接。2018 年 9 月，R15 的 SA 模式规范冻结。2019 年 6 月 R15 全面冻结，eMBB 场景的标准化工作基本完成。2019 年 6 月 6 日，中国电信、中国移动、中国联通、中国广电四家电信运营商获得了 5G 商用牌照，从而正式开启了 5G 在我国的商用。

R16 的制定始于 2018 年，受新冠肺炎在全球肆虐的影响，R16 推迟至 2020 年 7 月冻结，在兼容 R15 的基础上，R16 重点针对 uRLLC 场景制定了规范，同时进一步增强了 eMBB 场景。2020 年 7 月 9 日，ITU-R 国际移动通信工作组（WP5D）第 35 次会议成功闭幕，会议确定 3GPP 的 5G 规范成为唯一被 ITU 认可的 5G 标准。R17 重点关注 mMTC 场景，基于现有架构与功能从技术层面持续演进，全面支持物联网应用，预计于 2021 年 12 月完成。

本章重点讨论 5G 无线接入技术，即 5G NR 方面的内容，NR 的技术规范文档大多命名为 TS38.XXX，其中 TS38.2XX 系列文档主要规范 NR 物理层的基带部分，38.3XX 系列文档是空口二层/三层的技术规范，38.4XX 系列文档则主要是核心网信令的技术规范。所有标准文档都可以从 https://www.3gpp.org/ftp/Specs/archive/38_series 免费下载，以下列出了读者可能感兴趣的部分技术规范。

- TS38.201 NR 物理层概述；
- TS38.202 NR 物理层提供的服务；
- TS38.211 NR 物理信道和调制；
- TS38.212 NR 复用和信道编码；
- TS38.213 NR 物理层规程（控制）；

- TS38.214 NR 物理层规程（数据）；
- TS38.300 NR 与 NG-RAN 总体描述；
- TS38.321 NR MAC 层协议规范；
- TS38.322 NR RLC 层协议规范；
- TS38.323 NR PDCP 层协议规范；
- TS38.331 NR RRC 层协议规范；
- TS37.324 E-UTRA 与 NR SDAP 层协议规范。

13.1.3 整体架构

5G 总体架构如图 13-3 所示，它由无线接入网 NG-RAN 和核心网 5GC 两部分组成，NG-RAN 中有两类基站 gNB 和 ng-eNB，其中 gNB 通过 NR 用户面和控制面协议与终端通信，ng-eNB 则通过 LTE 用户面和控制面协议与终端交互。无论是哪类基站，基站之间通过 Xn 接口相互通信，两类基站通过 NG 接口与 5GC 各核心网元交互。5GC 同时支持 NR 和 LTE 两种无线接入技术，实际上 NR 还可以与 4G 核心网 EPC 互联互通，也就是"非独立组网"工作模式，NR 与 5GC 互联互通则是"独立组网"工作模式。

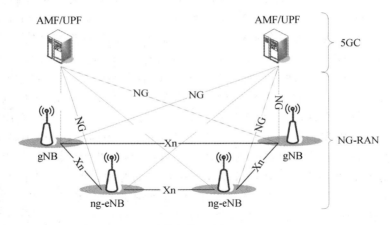

图 13-3　5G 总体架构（引自 3GPP TS38.300）

5GC 采用基于服务的架构，也就是说协议只是规定核心网需要提供的服务和功能，不再规定具体的物理节点。随着网络功能虚拟化（Network Functions Virtualization，NFV）的发展，通用计算机上可以运行各类服务，基于服务的架构实际上是自然演进的结果。此外，5G 核心网还支持网络切片，网络切片可以看作是服务于特定企业或者用户的能够提供必要功能的一个逻辑网络，例如我们可以设置一个切片为高度移动性的用户提供移动宽带接入，设置另一个切片为工业自动化应用提供极低时延的通信服务。这些不同的切片在同一个物理接入网和核心网上运行，但是对于最终用户来看，表现为不同的逻辑网络，物理网络和逻辑网络的关系类似于物理计算机和虚拟机的关系。

5GC 提供的服务如图 13-4(a)所示，所有灰色块均属于 5GC，其中 UPF(User Plane Function)是 RAN 与互联网等外部网络的网关，完成用户面的数据路由与转发、QoS 处理、包过滤等功能。控制面部分包含了若干服务，其中 SMF(Session Management Function)负责终端 IP 地址分配以及会话管理功能；AMF(Access and Mobility Management Function)

主要负责终端接入管理、移动性管理以及用户面数据安全性与认证等。SMF/AMF 的功能类似于 EPC 中的 MME 实体。此外还包括 PCF(Policy Control Function)、UDM(Unified Data Management)、NRF(NR Repository Function)以及 AUSF(Authentication Server Function)等服务，读者可以查阅 3GPP TS 23.501 获得更加详细的信息。由于 AMF/SMF/UPF 都是以服务的形式规定的，因此可以将它们部署在相同或者不同的节点上，还可以部署在云上。

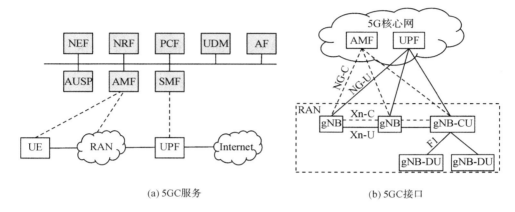

(a) 5GC 服务　　　　　　　　　　　　　　　　(b) 5GC 接口

图 13-4　5GC 应提供的服务和 5GC 接口

图 13-4(b)说明了 5GC 各组成部分之间的接口。可以看出，gNB 通过 NG-C 接口与 5GC 网元 AMF 实现控制面通信，通过 NG-U 接口与 UPF 实现用户面通信，单个 gNB 可以同时连接多个 UPF/AMF 以实现负载均衡。gNB 之间通过 Xn 接口相互通信，主要用来实现切换、双连接以及多小区的空口资源管理。

特别需要指出的是，5G 支持将 gNB 分为集中单元(Central Unit，CU)和若干分布式单元(Distribute Unit，DU)的新架构，图 13-5 说明了 4G 与 5G 基站架构的区别，4G 基站内部分为基带单元(Baseband Unit，BBU)、射频拉远单元(Remote Radio Unit，RRU)和天线几个模块，每个基站都有一套 BBU，并通过 BBU 直接连到核心网，结构比较清晰。到了 5G 时代，原先的 RRU 和天线合并成了有源天线单元(Active Antenna Unit，AAU)，而 BBU 则拆分成了 DU 和 CU，其中 CU 部分运行 RRC/PDCP/SDAP 等实时性要求不高的

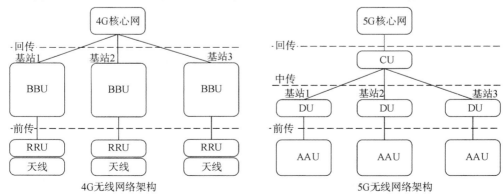

图 13-5　4G 与 5G 基站架构的比较

协议层，DU 部分则运行 RLC/MAC/PHY 等实时性较高的协议层。每个站都有一套 DU，多个站点共用同一个 CU 进行集中式管理，其中 5GC 与 CU 之间的通信链路称为回传（Backhaul），CU 与 DU 之间的通信链路称为中传（Middlehaul），DU 与 AAU 之间的通信链路称为前传（Fronthaul）。CU 和 DU 是逻辑概念，物理上是否分开部署取决于具体需求。关于 5G 中 CU 和 DU 分离的原因与好处，可以参考 https://zhuanlan.zhihu.com/p/59654520 网站内容。

13.1.4　NR 设计原则

由于 NR 应用场景丰富，且不同场景下要求不同的关键指标，因此 NR 的设计必须高度灵活，事实上在 NR 技术中几乎处处体现上述目标。

1. 高度灵活性

NR 大幅拓展了用于部署无线接入技术的频谱范围，支持在 0.41～7.125 GHz 的频段（Frequency Range 1，FR1）或 24.25～52.6 GHz 的毫米波频段（FR2）工作，关于 5G 的频谱使用可以参考网站 https://zhuanlan.zhihu.com/p/36179295。由于高频段较大的路径损耗，通常使用低频段实现广覆盖，高频段实现小范围高容量覆盖。通过高低频段联合实现宏微小区联合覆盖，从而提供极大的部署灵活性。

此外，针对各种不同的工作频率，NR 灵活设置了 15/30/60/120/240 kHz 多种子载波间隔，支持灵活的 OFDM 参数配置，其中低频段使用小的子载波间隔与更长的循环前缀，支持广覆盖目标；高频段则使用更大的子载波间隔和更短的 OFDM 符号周期，保证低处理时延和足够的抗频偏能力。带宽方面也有足够的灵活性，NR 中最大子载波数目可达 3300 个，子载波间隔 15/30/60/120 kHz 对应的最大载波带宽分别为 50/100/200/400 MHz，还可以使用载波聚合灵活支持更大的带宽。

双工方面，NR 除支持 FDD 和 TDD 外，还进一步支持动态 TDD，动态 TDD 是 NR 有别于 LTE 的技术要点之一。如前所述，高频段对于热点容量覆盖的微小区非常实用，由于微小区发射功率低，覆盖范围很小，因此同频干扰并不严重，而且这类小区的业务变化很快，通过动态 TDD，NR 允许基站根据当前业务情况实时动态调整上下行时频资源的配比。对于宏小区，为了避免小区之间严重的同频干扰，则需要使用相对静态的 TDD 配置，也就是每帧中的上下行配比基本不变。

2. 低能耗原则

5G 之前的移动通信技术的一个特点是，无论用户业务如何，基站总是要周期性地发送一些控制信号，这些信号被称为"常开"（always-on）信号，例如主辅同步信号、系统信息、广播信号以及用于信道估计的常开参考信号。在 LTE 的典型业务条件下，这种传输仅构成整个网络传输的一小部分，因此对网络性能的影响相对较小。但是，在峰值数据速率很高的超密集网络中，每个小区的平均业务负载一般相对较低，相比之下常开信号的传输就成为整个网络传输中不可忽视的一部分，导致极大的能耗，同时也会对其他小区造成干扰。

通过最大限度地减少常开信号的传输，可以大大降低基站功耗。例如 LTE 中每子帧中都始终包含小区特定参考信号，终端可以用来实现信道估计及信号强度测量等功能；而 NR 中则取消了小区特定参考信号，除非有数据要发送，否则不发送解调参考信号，降低了基站功耗的同时也减少了对其他小区的干扰。

3. 低时延措施

超低时延是 NR 需要达到的重要目标，为了实现这一目标，需要多协议层面协同联合。例如在核心网层面使用边缘计算，将计算能力尽可能部署在用户附近以降低网络的传输时延。此外，NR 的 MAC 层和 RLC 层协议报头设计也充分考虑了低时延要求，能够在待传数据量未知的情况下开始进行数据处理。这一点在上行方向上尤其重要，因为从接收上行授权到发送上行数据，终端可能仅有几个 OFDM 符号的时间。相比之下，LTE 协议则要求 MAC 和 RLC 层在生成 PDU 之前必须知道要传输的数据量，而传输数据量只能通过解析上行授权获得，因而难以压缩处理时延。

再比如 NR 物理层将参考信号和携带调度信息的控制信令放在时隙最开始的位置，如图 13-6 所示，通过把参考信号和下行控制信令放在时隙最开始的位置发送，并且关闭跨 OFDM 符号的时域交织，终端无须缓存数据，可以立即处理接收的数据，从而最小化解码的时延。相比之下，LTE 的参考信号是分布在整个时隙的，必须首先缓存整个时隙，利用参考信号完成信道估计之后才能开始数据解码，显然时延较大。

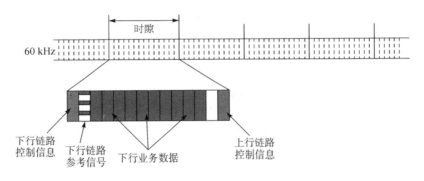

图 13-6　可能的时隙占用方案

NR 的基本调度周期是时隙，每个时隙持续时长为 14 个 OFDM 符号，对于时延敏感的业务场景，通过增大子载波间隔可减小时隙长度，从而缩短调度周期。但这种机制下，系统调度周期与时隙周期紧耦合，并不是效率最高的方式。为了实现进一步的动态调度，NR 使用了微时隙（Mini-Slot）机制来支持突发异步传输。与周期出现的常规时隙不同，微时隙的起始位置是可变的，且持续时间比常规时隙更短，时长可定制。当突发业务数据到达时，NR 能够改变数据传输队列的顺序，将微时隙插入某个常规时隙传输数据的前面，无需等待下一个时隙开始，从而可以获得极低的时延，如图 13-7 所示。因此，微时隙机制能够很好地适配 uRLLC 与 eMBB 业务共存的场景。

对于热点高容量场景，尤其是使用毫米波作为载频的场景，由于带宽很高，可能只需几个 OFDM 符号即可承载较小的数据有效负荷，无需用到 1 个时隙中全部 14 个 OFDM 符号。在这种情况下，使用微时隙机制显然可以提高资源的利用率，尤其是使用模拟波束赋形技术的场景，由于不同时刻波束指向不同方向，在每个波束方向上各自使用微时隙，就可以服务不同位置的多个 UE 设备。

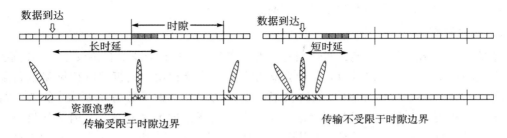

图 13 - 7   微时隙

13.2   协   议   栈

gNB 与终端之间的空中接口协议栈如图 13 - 8 所示，可以看出用户面和控制面协议栈稍有不同，但是两者在底下四层使用了相同的协议，以下重点讨论用户面协议栈。

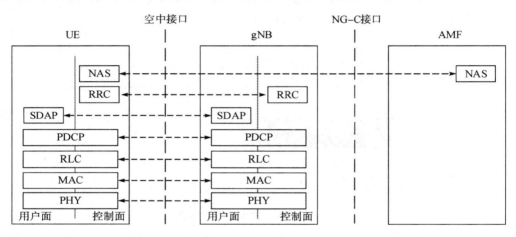

图 13 - 8   NR 协议栈

对比图 12 - 5 和图 13 - 8 可以看出，NR 协议栈与 LTE 协议栈极为相似，当然两者还是存在着很大的不同。比较显著的区别在于 NR 中多了一个 SDAP 层，图 13 - 9 说明了各层的主要功能。

（1）业务数据适配协议（Service Data Application Protocol，SDAP）层：负责将不同的 QoS 流，依据其 QoS 要求映射到不同的无线承载上。这里的无线承载与 LTE 中的概念相同。

（2）分组数据汇聚协议（Packet Data Convergence Protocol，PDCP）层：负责 IP 包首部压缩、加密以及完整性保护，此外负责切换过程中的数据重传、按序递交和重复数据删除等功能，每个 UE 的每个无线承载都对应一个 PDCP 实体。

（3）无线链路控制（Radio Link Control，RLC）层：以 RLC 信道的方式为 PDCP 层提供服务，负责分段及重传处理。每个 RLC 信道（或每个无线承载）都对应一个 RLC 实体。为了满足低时延的要求，NR 中的 RLC 协议与 LTE 的 RLC 协议有所不同。

（4）媒质接入控制（Medium Access Control，MAC）层：以逻辑信道的形式向 RLC 层

提供服务，负责处理逻辑信道的复用、HARQ 及调度功能，特别是 gNB 侧 MAC 层的调度功能需要负责本小区所有上下行传输的资源调度。与 LTE 有所不同，为了满足低时延要求，NR 重新设计了 MAC PDU 的协议头。

（5）物理层（Physical Layer，PHY）：以传输信道的方式向 MAC 层提供服务，负责信道编码译码、调制解调、多天线映射以及其他物理层功能。

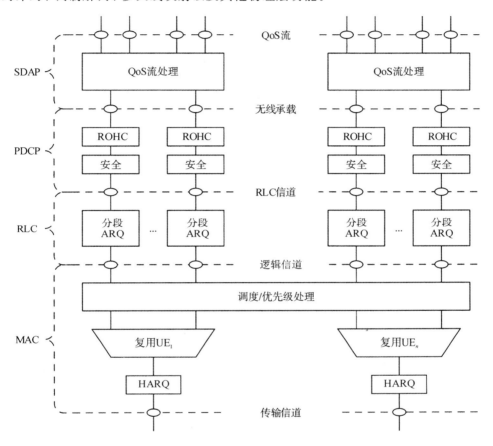

图 13-9　NR 各层处理

图 13-10 使用 1 个例子说明了下行数据经过各层协议封装的情况，这里我们首先定义两个名词：对于某个协议层来说，来自或者去往高层的数据单元称为业务数据单元（Service Data Unit，SDU），来自或者去往低层的数据单元称为协议数据单元（Protocol Data Unit，PDU）。本例中三个 IP 分组中的前两个对应一个无线承载，最后一个使用另一个无线承载，两个无线承载分别对应不同的 PDCP/RLC 实体。SDAP 协议将 IP 分组 n 和 $n+1$ 映射到无线承载 x，将 IP 分组 m 映射到无线承载 y，输出 PDU 交给 PDCP 层；对于 PDCP 层来说就是收到了 PDCP SDU，PDCP 以每个无线承载为单位对 IP 分组执行首部压缩、加密等处理，添加必要的协议头生成 PDCP PDU 后交给 RLC 层；RLC 根据需要，对 PDCP PDU 执行分段并添加序号等处理，添加必要的协议头后输出 RLC PDU 交给 MAC 层；MAC 层对多个 RLC PDU 进行复用并添加 MAC 协议头，形成 MAC PDU，也就是传输块 TB 交给物理层处理。

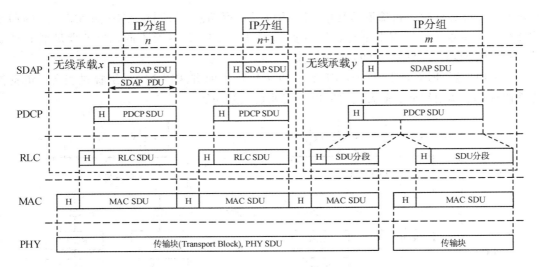

图 13-10   数据封装示例

13.2.1 PDCP 层

PDCP 的主要功能是 IP 报头压缩和报文加密。报头压缩机制采用基于鲁棒性报头压缩（Robust Header Compression，ROHC）的标准化报头压缩算法。对于控制面，PDCP 还提供完整性保护以确保控制消息来自正确的信息源。在接收端，PDCP 要执行相应的解密和解压缩操作。

PDCP 还负责切换时的重复数据包删除。在切换时，源 gNB 的 PDCP 负责将未送达的下行数据包转发到目标 gNB；在终端侧，由于 HARQ 的缓存被清空，终端上的 PDCP 实体将负责重传那些尚未送达 gNB 的所有上行数据包。在这种情况下，终端和目标 gNB 上可能会接收到一些重复的 PDU，通过检查序号就可以删除重复数据包。如果需要，PDCP 还可以被配置为执行重排序功能以便确保 SDU 按序递交到更高协议层。

PDCP 中重复数据包处理功能也可用于提供额外的分集功能。在发射端，数据包被复制多份在多个小区中发送，增加了成功接收的可能性。在接收端，PDCP 的重复删除功能可以删除掉所有重复项，这实质上相当于选择分集。

13.2.2 RLC 层

RLC 协议负责将来自 PDCP 层的 RLC SDU 经过分段处理转换为大小合适的 RLC PDU，此外 RLC 协议还负责重传出错的 PDU 以及检测重复接收的 PDU。与 LTE 相同，NR 中的 RLC 也有 TM、UM 和 AM 三种工作模式，其中 TM 模式对 RLC SDU 不做任何处理，UM 模式中包含序号，支持数据分段和重复检测，而 AM 模式则是在 UM 模式基础上增加了差错重传功能。

NR 中的 RLC 不保证按序递交，这是其与 LTE RLC 的一个区别。在 NR 中，即使 RLC 实体发现序号不连续，也不会等待缺失的 PDU，而是立即将解出的 RLC SDU 直接递交高层，由高层自行保证数据的有序性，这种做法可以极大地降低 NR 处理的时延。另一个区别是 NR 的 RLC 中去掉了级联功能，从而允许在收到调度授权之前提前生成 RLC

PDU，这种做法也可以降低总体时延。如图 13 - 11 所示，以上行传输为例，在 LTE 中，UE 只有收到了调度授权才知道本次允许发送的字节数，UE 的 MAC 层才能通知 RLC 生成相应大小的 PDU。RLC PDU 可以由多个 SDU 级联而成，也可以包含某个 SDU 的一部分，由于级联操作比较复杂，从而导致了较大的时延。然而在 NR 中，终端从接收调度授权到终端发起上行传输的时间间隔很短，通常只有短短几个 OFDM 符号的时间。为此 RLC 删去了 SDU 的级联功能，无需等待调度授权，就可以提前针对每个 RLC SDU 分别生成 RLC PDU，当收到调度授权后，根据其中允许发送的字节数 L，将缓存的多个 RLC PDU 依次交付给 MAC 层，直到这些 PDU 的总长度超过 L 为止。最后一个 PDU 可能需要分段后交付 MAC 层，以保证交给 MAC 层的数据总长度正好是 L。由于分段操作很简单，因此基本没有处理时延。

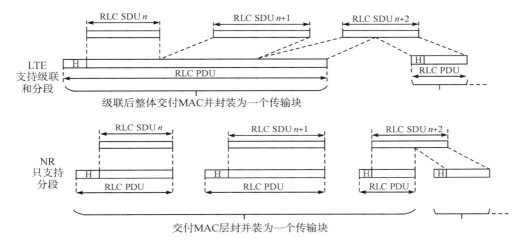

图 13 - 11   LTE 与 NR 的 RLC 区别

AM 工作模式下，通过检测序号，RLC 实体可以发现接收数据是否发生了缺失，进而通知对端重传。注意 MAC 层的 HARQ 功能也可在传输出错的时候自动发起重传，丢失或出错数据的重传主要由 MAC 层的 HARQ 机制处理，并由 RLC 层的 ARQ 进行补充。

13.2.3   MAC 层

MAC 层的第一个重要功能是实现逻辑信道到传输信道的映射，具体的映射关系如图 13 - 12 所示。

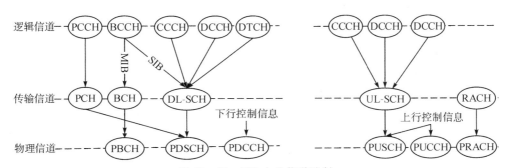

图 13 - 12   NR 中的信道映射

从逻辑信道、传输信道的名称以及映射关系来看，NR 与 LTE 完全相同，且逻辑信道与传输信道上传输的内容与 LTE 也几乎完全相同，具体可参看 12.3.1 小节。简单来说，MAC 层支持上述映射关系的具体做法是将多个逻辑信道复用到 1 个传输信道中，并通过 MAC PDU 中的协议头说明上述复用关系，在接收端 MAC 层，依据 MAC 协议头，通过解复用操作可以分离出每个逻辑信道并分别递交给相应的 RLC 实体。

NR 与 LTE 的 MAC 协议字段设计有很大的不同，如图 13-13 所示，LTE 中 MAC 协议头位于 PDU 的最前面，每个 PDU 中复用的逻辑信道数目是可变的，且针对每个逻辑信道的 MAC 协议子头也是变长的，因此只有在知道调度决策之后才能执行复用过程组装 MAC PDU。然而 NR 中则是在每个 MAC SDU 之前添加子头，这种做法允许在收到调度决策之前就提前处理每个 MAC SDU，为其分别添加协议子头，子头中包含了 LCID 字段以及 SDU 长度字段，其中 LCID 指明了该 SDU 来自于哪个逻辑信道，每个 MAC SDU 最大为 65536 字节。

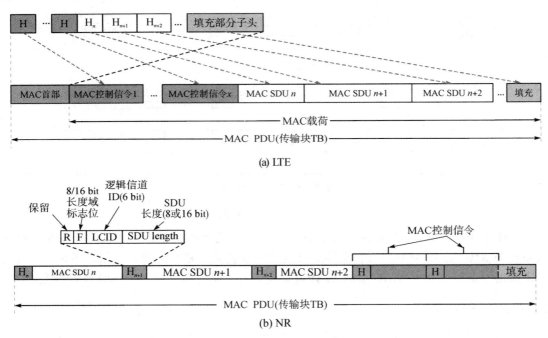

图 13-13　LTE 和 NR 中的 MAC PDU

MAC PDU 中除了携带不同逻辑信道的数据，还可以包含 MAC 层控制信息，这些信息可以看作 MAC 层的带内控制信令。对于下行传输，MAC 控制信息位于 MAC PDU 的最前面；对于上行传输，则位于 MAC PDU 的尾部，这么做也是为了满足低时延的要求。有多种可能的 MAC 控制信息，例如基站通过时间提前量的 MAC 控制信息，通知终端调整其发送时机。具体请参考 5G NR 技术规范 TS38.321。

MAC 层的第二个重要功能是调度，其目标与 LTE 相同，读者可以参考 12.3.1 小节的介绍，具体的调度算法则由各生产厂商自行设计。虽然动态调度是 NR 的基本工作模式，但是也可以通过配置实现半静态调度（Semi-Persistent Scheduling，SPS），即终端被预先配置可用于上行数据传输（或下行数据接收）的资源。一旦终端有可用数据，它就可以立即开始上行传输，无需首先发送调度请求并等待调度授权，从而实现更低的时延。

MAC 层的第三个重要功能是带软合并的 HARQ。HARQ 协议使用与 LTE 类似的多个并行停等进程，当接收到传输块（Transport Block，TB）时，接收机尝试解码，并通过 1 bit 的 ACK 信号向发射机反馈解码是否成功，如果解码失败，则发射端需要重传该 TB。显然，收发两端都需要知道 ACK 与 HARQ 进程的对应关系，为此，NR 上下行均采用异步 HARQ，即明确指出需要重传的 HARQ 进程，这一点与 LTE 也存在较大的差别。例如对于需要重传的上行数据，基站无需向 UE 发送 ACK/NACK 信息，而是直接调度 UE 进行指定 HARQ 进程的数据重传。

与 LTE 相比，NR 中 HARQ 机制的一个增强功能是码块组（Code Block Groups，CBG）重传，物理层在收到 MAC 递交的 TB 后，通常会首先将 TB 分割成 1 个或多个码块（Code Block，CB），然后以 CB 为单位执行 LDPC 信道编码，以保证信道编码合理的复杂度。对于 5G 可能的 Gb/s 量级的数据传输，每个 TB 可以有高达数百个 CB，如果传输出错，大多数情况下 1 个 TB 中只有少量 CB 遭到破坏，此时重传整个 TB 既浪费资源也非必要，只需重传错误的 CB 即可。但是重传 CB 要求 HARQ 协议明确指出每个出错的 CB 索引，这有可能导致过高的控制信令开销。因此 NR 采用了 CBG 重传的折中方案，如果配置了 CBG 重传，则每个 CBG 都需要提供反馈，从而仅仅重传出错的 CBG，这比重传整个 TB 要消耗更少的资源。尽管 CBG 重传是 HARQ 机制的一部分，但它对 MAC 层是不可见的，因为对 MAC 层来说，只有正确接收了所有 CBG，才算是收到了 TB。

考虑到射频拉远单元会引起一定的前传时延，以及 5G 中较短的时隙长度（意味着更快的调度），NR 最多可支持 16 个 HARQ 进程，而 LTE 的最大 HARQ 进程数为 8。出于和 12.3.1 小节相同的理由，多个并行的 HARQ 进程可能导致接收数据出现乱序，这一问题在 LTE 中由 RLC 层解决，而在 NR 中则由 PDCP 层或者更高的传输层协议（例如 TCP）来解决。

13.2.4　物理层

物理层以传输信道的形式向 MAC 层提供服务。以 gNB 的下行方向传输为例，MAC 层在每个调度周期针对每个 UE 最多输出 1 或 2 个 TB 及其传输格式（Transport Format，TF）作为 1 路 DL-SCH 传输信道交付给物理层，物理层负责完成传输信道到物理信道的映射，包括编码、物理层 HARQ 处理、调制、多天线处理以及将信号映射到相应的物理时频资源上。

一个物理信道对应于一组用来传送某个特定传输信道的时频资源，每个传输信道映射到相应的物理信道上，如图 13-12 所示。有些物理信道用于传输物理层控制信息，并没有对应的传输信道，这类信道也称为 L1/L2 控制信道。具体来说，NR 中定义了以下物理信道类型：

（1）物理下行共享信道（Physical Downlink Shared Channel，PDSCH），用于单播数据传输的主要物理信道，也用于传输寻呼信息、随机接入响应消息和部分系统信息。

（2）物理上行共享信道（Physical Uplink Shared Channel，PUSCH），终端在上行方向上发送数据业务使用的信道。

（3）物理广播信道（Physical Broadcast Channel，PBCH），用于传输终端接入网络所需的部分关键系统信息。

（4）物理下行控制信道（Physical Downlink Control Channel，PDCCH），用于传输下行控制信息，主要是调度决策，包括正确接收 PDSCH 的必要辅助信息以及正确发送 PUSCH

的调度授权信息。

　　（5）物理上行控制信道（Physical Uplink Control Channel，PUCCH），终端使用它来发送 HARQ 反馈信息、信道状态报告以及请求 PUSCH 资源。

　　（6）物理随机接入信道（Physical Random Access Channel，PRACH），用于随机接入。

　　图 13-14 给出了传输信道 DL-SCH/UL-SCH 到物理信道 PDSCH/PUSCH 映射过程中的处理流程。对比图 12-29 可知，NR 与 LTE 对业务信道的处理基本类似，此处不再赘述，读者可以查阅 5G NR 技术规范 TS38.211 与 TS38.212 获得更为详细的信息。需要指出的是，LTE 中上下行共享信道使用 Turbo 信道编码，NR 中则使用了低密度奇偶校验（Low-Density Parity Check，LDPC）码。这主要是因为 NR 要支持非常高的数据速率，尽管从纠错能力上看，LDPC 和 Turbo 编码性能相近，但 LDPC 的实现复杂度更低，特别是在高码率时有明显优势。

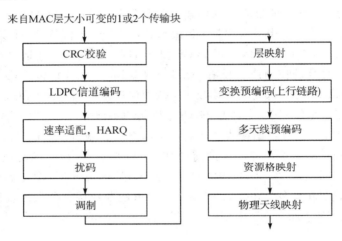

图 13-14　NR 中 PDSCH/PUSCH 处理流程

　　与 LTE 相比，NR 中去掉了 PCFICH/PHICH 等信道，并且 NR 中的 PDCCH 时频结构更灵活，可以在一个或多个控制资源集（COntrol REsource SET，CORESET）中传输。CORESET 的大小和时频位置由基站半静态配置，频域上可以出现在不同的 RB 位置，占用 6 个 RB 的整数倍，最多可以占到整个载波带宽；时域上可以出现在时隙内的任何位置，最多占用 3 个 OFDM 符号。但是为了方便接收数据，通常会把 CORESET 放在时隙的起始位置。需要指出的是，LTE 中的 PDCCH 占用每个子帧前 1～3 个 OFDM 符号的整个载波带宽，而 NR 中的 CORESET 允许仅仅占用部分载波带宽且时域位置灵活，其优点在于能够有效兼容不同带宽能力的终端，并且便于未来应用兼容。关于带宽能力，可以参考 13.3.4 小节。此外，LTE 中 PDCCH 占用的 OFDM 符号宽度在每个子帧上都是动态变化的，由 PCFICH 指示，而 NR 中 CORESET 长度则是固定的，具体时频位置是通过 RRC 信令提前配置好的。

　　5G 系统为了支持更加灵活的资源分配，如图 13-15 所示，在时域上 PDSCH/PUSCH 与 PDCCH（DCI）的位置不再固定。对于 PDSCH，其与 PDCCH 的相对位置由 DCI 中的 K0 域指示。K0＝0 表示 PDSCH 与 PDCCH 处于同一个时隙，K0＝1 表示 PDSCH 处于 PDCCH 随后的那个时隙中，依此类推。对于 PUSCH，其与 PDCCH 的相对位置由 DCI 中的 K2 域指示。K2＝0 表示 PUSCH 与 PDCCH 处于同一个时隙，K2＝1 表示 PUSCH 处于 PDCCH 随后的那个时隙中，依此类推。需要注意的是，UE 需要一定的时间来准备 PUSCH 数据，TS38.214 协议中规定了这个准备时间的长度，资源调度时基站需要保证 PUSCH 距离 PDCCH 的间隔大于 PUSCH 的准备时间。

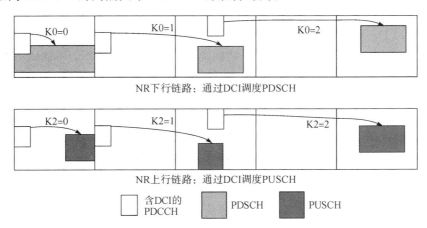

图 13 - 15　NR 中 PDSCH/PUSCH 与 PDCCH 之间的位置关系

PUCCH 用于传输 HARQ 反馈、信道状态反馈、上行数据调度请求等上行控制信息，根据信息量和 PUCCH 传输持续时间的不同，有若干不同的 PUCCH 格式。例如短 PUCCH 在时隙的最后一个或两个符号中发送，从而可以实现非常迅速的 HARQ 确认反馈，基站从 PDSCH 传输结束至收到终端 HARQ 反馈的时延大约仅仅是几个 OFDM 符号的长度。而 LTE 中这个时延接近 3 ms，也就是三个子帧的时长。如果短 PUCCH 的持续时间太短以至于不能提供足够的覆盖，可以采用更长的 PUCCH 持续时间。

信道编码方面，由于物理层控制信道数据量比业务信道要小，并且不使用 HARQ，当控制信息的有效载荷大于 11 bit 时采用极化（Polar）码，否则采用 Reed-Muller 码。

13.3　物理传输结构

NR 与 LTE 在无线接入技术方面存在着很强的相似性，例如都使用 OFDM 作为调制方案，许多物理层信道、传输信道等概念在两个规范中名词相同，含义相近。当然 NR 还是引入了大量新技术，本节重点说明 NR 在传输波形、双工方式及帧结构等方面的内容。

13.3.1　空口波形

针对 5G 的空口波形，尽管学界和业界曾提出 FBMC、UFMC 及 GFDM 等许多候选技术，但是这些技术本身或者技术实现比较复杂，或者难以与多天线技术结合使用，因此最终 5G NR 还是选择与 LTE 相同的 OFDM 作为上下行空口波形方案。

与 LTE 上行仅支持 DFTS-OFDM 不同，NR 在上行方向上支持 OFDM 和 DFTS-OFDM 两种波形，支持前者是因为接收机更容易与 MIMO 空分复用技术结合，实现高速传输；支持后者则是出于与 LTE 类似的考虑，可以降低峰均比从而提高终端侧功率放大器的效率。

13.3.2　帧结构与多参数集

LTE 中只支持一种子载波间隔，即 15 kHz，但是 NR 支持多种不同的子载波间隔，如表 13-2 所示。每种子载波间隔都对应符号周期、时隙、循环前缀等一整套不同的参数，不同子载波间隔对应的参数集合构成多参数集（Multiple Numerology）。无论子载波间隔为多少，每帧长度为 10 ms，由 10 个子帧级联而成，每个子帧持续时间为 1 ms，每子帧进一步分为若干时隙，具体的时隙数取决于子载波间隔，如图 13-16 所示，不同的参数集具有不同的 μ 值，分别对应不同的子载波间隔。如果是普通（Normal）CP 类型，每个时隙包含 14 个 OFDM 符号，如果是扩展（Exended）CP 类型，则每个时隙包含 12 个 OFDM 符号。由表 13-2 可知，仅 $\Delta f=60$ kHz 才使用扩展 CP 类型，其他 Δf 只支持普通 CP 类型。根据子载波间隔可以很容易算出 OFDM 符号周期 $T_s=1/\Delta f$。

表 13-2　NR 支持的参数集

μ	子载波间隔 Δf	循环前缀类型	每帧时隙数	每子帧时隙数	每时隙 OFDM 符号数目	循环前缀长度/μs	可用于数据	可用于同步信号
0	15 kHz	Normal	10	1	14	4.69	是	是
1	30 kHz	Normal	20	2	14	2.345	是	是
2	60 kHz	Normal	40	4	14	1.173	是	否
		Extended	40	4	12	4.167	是	否
3	120 kHz	Normal	80	8	14	0.586	是	是
4	240 kHz	Normal	160	16	14	0.293	否	是

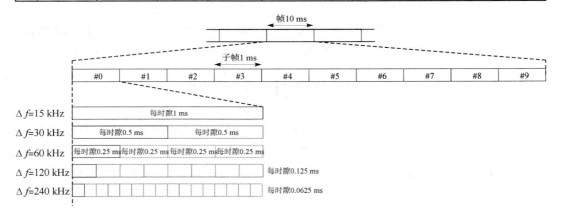

图 13-16　NR 中帧、子帧与时隙

与 LTE 类似，NR 中也有资源格和资源块（Resource Block，RB）的概念，不过在 LTE 中，一个 RB 是指一个时隙 12 个连续子载波构成的二维资源，是资源分配的最小单位；而在 NR 中，1 个 RB 则是指单个 OFDM 符号中的 12 个连续子载波。之所以如此定义，是因为 NR 传输在时域上的高度灵活性。

NR 支持在两个频率范围上工作，其中 0.41～7.125 GHz 称为频率范围 1（Frequency Range 1，FR1），24.25～52.6 GHz 称为 FR2。如果工作于 FR1，则支持的子载波间隔为

15/30/60 kHz，单载波最大带宽为 100 MHz，FR2 支持的子载波间隔为 60/120 kHz，最大工作带宽为 400 MHz。表 13-3 和表 13-4 分别列出了 FR1 和 FR2 两个频率范围、不同子载波间隔条件下支持的带宽配置及相应的 RB 数目。例如 FR1，60 kHz 子载波间隔，如果工作带宽为 100 MHz，根据表 13-3，RB 数目为 135 个，即 1620 个子载波，占用实际宽度为 97.26 MHz，左右各留出 1.37 MHz 的保护间隔用于容纳频谱旁瓣。此外，还可以使用载波聚合来支持更大的带宽。

表 13-3　FR1 条件下支持的带宽配置

（引自 5G NR 技术规范 TS38.101-1）

Δf/kHz	5 MHz	10 MHz	15 MHz	20 MHz	25 MHz	30 MHz	40 MHz	50 MHz	60 MHz	80 MHz	90 MHz	100 MHz
15	25	52	79	106	133	160	216	270	N/A	N/A	N/A	N/A
30	11	24	38	51	65	78	106	133	162	217	245	273
60	N/A	11	18	24	31	38	51	65	79	107	121	135

表 13-4　FR2 条件下支持的带宽配置

（引自 TS38.101-2）

Δf/kHz	50 MHz	100 MHz	200 MHz	400 MHz
60	66	132	264	N/A
120	32	66	132	264

特别需要说明的是，NR 支持在工作带宽内，依据传输的信号类型使用不同的子载波间隔，因此在完全相同的频率范围内，系统可以配置两个子载波间隔为 Δf 的 RB，也可以配置为单个子载波间隔为 $2\Delta f$ 的 RB。例如 NR 中的同步信号可以使用 240 kHz 子载波间隔，但是业务数据最大只能支持 120 kHz 的子载波间隔。

在 LTE 中，只有一种参数集，所有终端都支持整个载波带宽，所以容易定义 RB 位置。但是在 NR 中，可能同时存在若干参数集，标识 RB 位置就需要一个公共参考点，这个公共参考点称为 A 点，在同一个工作带宽条件下，无论使用哪个子载波间隔配置 μ，A 点都是固定不变的。为了进一步说明 A 点的位置，NR 中引入了公共资源块（Common Resource Block，CRB）的概念。CRB 是针对整个工作带宽来编号的，0 号 CRB 对应整个工作带宽中频率最低的那个 RB。CRB 的最大编号与工作带宽和子载波间隔有关，例如 50 MHz 带宽下子载波间隔为 15 kHz 的最大 CRB 编号是 269，子载波间隔为 30 kHz 的最大 CRB 编号是 132（可由表 13-3 查得），A 点位于 0 号 CRB 的 0 号子载波位置，如图 13-17 所示。初始接入过程中，终端完成下行同步之后，通过接收系统广播就可获得 A 点的具体位置。

之所以定义多套参数集，是因为 5G 在很宽的频率范围和很高的带宽上工作，随着工作频率的升高，多普勒频移越来越大，为了降低多普勒频移对 OFDM 造成的影响，提高子载波间隔是一种可行的手段；此外，工作带宽增加，而子载波间隔不变，将导致 DFT/IDFT 点数增加，进而计算/存储复杂度都会增加，例如 $\Delta f=15$ kHz 的条件下，400 MHz 带宽将要求高达 26400 点的 DFT，如果采用 120 kHz 的子载波间隔，则 FDT 点数可以降为 3300 点；最后增加 Δf 可以降低 OFDM 符号的时长，这就意味着更短的时隙长度和更短的调度间隔，从而为 5G 的低时延要求提供可能。因此，在 NR 中可以随着工作频率的升高使用更大的子载波间隔和更短的 OFDM 符号。实际上，工作频率升高，路径损耗也会相应增加，小区覆盖范围缩小，也相应降低了无线信道的均方根时延扩展，客观上允许使用更短的循环前缀长度，从而为更短的 OFDM 符号提供了可行性。这里多说一句，为了实现低时延要求，5G 的改进是多层面多技术的，读者可以查阅网站 https://cloud.tencent.com/developer/article/1491672 获得关于 5G 时延的更详尽分析。

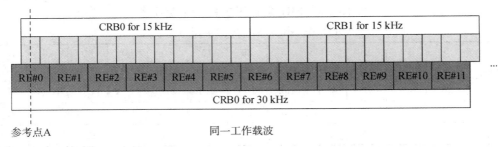

图 13 - 17　A 点与 CRB

13.3.3　双工方式

LTE 中使用不同的帧结构分别支持 FDD 和 TDD 模式，并且在 TDD 工作模式下以帧为单位规定了其中每个子帧的传输方向，一共定义了 7 种不同的上下行配比，如表 12 - 5 所示，并且 LTE 上下行配比不随时间动态变化。而 NR 中的配比则要灵活得多，且使用同一个帧结构支持 FDD/TDD 模式，FDD 只是其中的一个特例。具体来说，引入了灵活时隙的概念，可以在 OFDM 符号级别调整上下行方向，并且使用了动态 TDD 技术允许随时动态改变上下行配比，从而可以支持更多的场景和业务类型。

表 13 - 5　NR 支持的部分上下行配置

DDDDDDDDDDDDDD	UUUUUUUUUUUUUU	FFFFFFFFFFFFFF
DDDDDDDDDDDDDF	FUUUUUUUUUUUUU	FFFFFFFFFFFFFU
DDDDDDDDDDDDFF	FFUUUUUUUUUUUU	FFFFFFFFFFFFUU
DDDDDDDDDDDFFF	DFUUUUUUUUUUUU	DDDDDDDDDDDDFU
DDDDDDDDDDFFFF	DDFUUUUUUUUUUU	DDDDDDDDDDDFFU
DDDDDDDDDFFFFF	DDDFUUUUUUUUUU	DDDFFFFFFFUUU

NR 允许以时隙为单位规定其中每个 OFDM 符号的传输方向，可能的传输方向有下行 D、上行 U 或者灵活 F 三种。其中 F 符号可用于上行、下行或者 GP 传输，究竟用于何种用途，需要结合多种配置机制才能实时确定。当 NR 用于 FDD 时，只需在下行频率上将所有时隙的所有符号都定义为 D 符号，上行频率上都定义为 U 符号即可。理论上每个时隙中每个符号都可以指定为 D、U 或者 F 三者之一，可能的组合数量非常大，NR 的 R15 版本中规定了 61 种预定义的组合关系，具体可以查阅 5G NR 技术规范 TS38.213。表 13 - 5 仅仅给出了 NR 中支持的部分上下行配比。不同的上下行配比适用于不同的业务模式，例如当前存在大量下行业务时，可以将每个 OFDM 符号都配置为 D 符号，以最大可能地提高下行传输速率。

NR 系统支持四级时隙配比的配置方案，其中第一级和第二级使用 RRC 层信令实现半静态配置，第三级和第四级则是通过调度实现动态配置。以下分别说明。

第一级是小区级配置，通过系统消息广播将配置下发给所有终端；第二级是终端级的上下行指示配置，该配置通过 RRC 信令单独通知给某个终端。如图 13 - 18 所示，终端如果收到这两种配置，会将两种配置规定的上下行配比合并，终端级配置将覆盖小区级配置。第一级规定为 F 符号的，如果第二级配置明确指定了上下行方向 U 或者 D，则按照第二级配置合并；如果小区级和终端级都指示为 F 符号，那么合并后这个符号依然为 F 符号，合并后的 F 符号，终端必须进一步结合第三、四级动态调度，明确其究竟用于上行或者下行方向。因此完全依赖调度信令实现动态 TDD 和通过 RRC 信令将所有 OFDM 符号都标记为 F 符号是等效的。

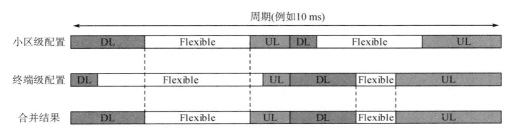

图 13 - 18　上下行配置合并

第三级配置是通过动态信令将上下行配比发送给一组终端。这组终端会同时监听一个特殊的下行控制信息时隙格式指示(Slot Format Indicator，SFI)。如果收到了 SFI，即收到了 SF 表格的索引，则通过查 SF 表即可获得各 OFDM 符号的传输方向。这里 SF 表指的是一张通过 RRC 信令在终端配置的表格，表格里面每一行都对应了一组预设的 D、F 和 U 的组合模式。第四级配置也是通过动态信令通知被调度的终端，终端根据下行信令中的调度授权，除非明确规定为上行发送，否则所有符号都当作下行符号来接收。第三级和第四级配置的区别在于前者将配置信息发送给那些当前未被调度的终端，而后者则是将配置信息发送给那些当前需要上行或下行数据传输的终端。例如网络先前通过 RRC 信令配置了终端周期性发送上行探测信号(Sounding Reference Signal，SRS)，通过第三级配置可以将相应符号标记为下行符号，从而临时禁止这些终端发送 SRS。

上述四级配置结合使用可以提供巨大的灵活性，对于广覆盖场景中的宏小区，动态 TDD 可能会导致较大的干扰，此时应该采用类似 LTE 的半静态上下行配比，即第 1 级配置，以高层信令的方式半静态地配置某些或所有时隙的传输方向，这种情况下，由于终端能够提前确知哪些时隙用于下行，因此仅在下行时隙上开启接收解调，能够降低终端能耗。在更高频段例如 FR2，由于其传播条件，这些频段通常适用于局域覆盖的微小区。对于密集部署或者一些和周边小区相对隔离的微小区，小区间干扰能够得到较好的控制，基站不需要过多考虑周边基站的上下行情况，可以独立地调整上下行配置。而且在小区较小、每小区用户数量相对较少的场合中，小区业务的变化很快，例如某用户单独在小区中并且需要下载一个很大的文件，那么大部分资源集中在下行方向，上行方向只占很小一部分。但是很快情况可能就会有所不同，大部分容量需求可能转移到上行方向。通过第三级和第四级配置方法使用动态 TDD 随时动态分配上下行传输方向能够有效应对业务的快速变化，调度器将根据业务的实时变化完全决定每个 OFDM 符号到底用作下行传输还是上行传输。

最后，从下行传输到上行传输之间需要留出足够的保护间隔，其具体原理已经在 12.4.1 小节详细讨论过了。类似于 LTE 中 S 子帧的 GP，NR 中通过在下行 OFDM 符号与上行符号之间指定若干灵活符号用于传输 GP，即可实现保护间隔的功能，保护间隔的长度取决于小区半径和相邻小区的干扰情况，保护间隔越长，则下行符号与上行符号之间的灵活符号越多。对于相对隔离的微小区来说，小区半径很小且几乎不存在相邻小区的干扰，因此保护间隔可以很短，例如 NR 中支持的保护间隔最短为 1 个 OFDM 符号。

13.3.4　部分带宽

在 LTE 中所有终端都可以在 20 MHz 的最大载波带宽上工作。但是 NR 中的工作带宽可能高达 400 MHz，对于终端来说，在这么大的带宽上发送或者接收数据将导致较高的能耗，既不必要也不合理。NR 允许终端侧采用接收机带宽自适应机制以降低终端能耗，带宽自适应是指在数据速率不高的情况下终端仅在相对较窄的部分带宽上接收控制信令和用户数据，在需要支持高速通信时能够动态打开宽带接收机。

为此，NR 定义了部分带宽（Bandwidth Part，BWP）的概念，用来指示某个子载波间隔下终端与基站之间的通信带宽。如图 13-19 所示，每个 BWP 可由参数集（子载波间隔和循环前缀长度）以及该参数集下从某个 CRB 开始的一段连续 RB 构成的集合来描述。针对单个 BWP，NR 使用物理资源块（Physical Resource Block，PRB）来标识其中的每个 RB，BWP 中频率最低的 RB 即为 0 号 PRB，PRB 的最大编号取决于 BWP 的带宽和子载波间隔。如图 13-19 中 0 号 BWP 的 0 号 PRB 对应 N_0^{start} 号 CRB。

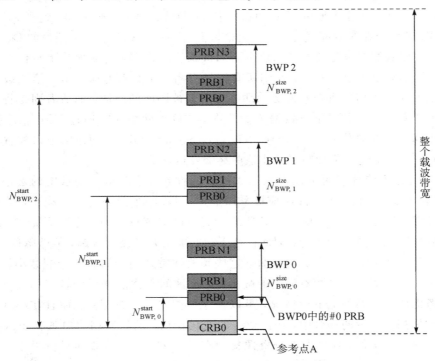

图 13-19　BWP 与 PRB、CRB 的关系

　　每个终端完成初始下行同步后,将从 PBCH 中解出控制资源集(CORESET),CORESET 中定义了初始的下行 BWP,通过 CORESET 还可以找到系统广播信息对应的控制信道,进而接收系统广播获得初始的上行 BWP。

　　当终端在小区中入网注册进入连接态后,当前小区可以为其配置最多 4 个下行 BWP 和 4 个上行 BWP,但是任意时刻都只有一个当前激活的下行 BWP 和上行 BWP,终端将只在当前激活的下行 BWP 上接收 PDCCH/PDSCH,基站发给该终端的消息必须在该终端当前激活的下行 BWP 范围内,当然,终端将只在当前激活的上行 BWP 上发送 PUCCH/PUSCH。如果是 TDD 工作模式,则上行 BWP 和下行 BWP 的中心频率相同。gNB 可以通过控制信令为终端激活或者关闭不同的 BWP,如图 13 - 20 所示。

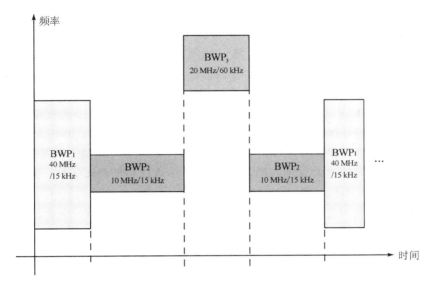

图 13 - 20　BWP 激活与切换

13.4　大规模 MIMO 技术

　　在 LTE 中,多天线技术被用于获得分集增益、指向性增益以及空分复用增益,是获得高速率传输以及高频谱效率的一项关键技术。具体来说,在收发端采用多天线技术会给移动通信系统带来以下好处:

　　(1) 因为天线间存在一定距离或者处在不同的极化方向上,因此不同天线经过的信道不完全相关。在发送端或者接收端使用多天线可以提供分集增益,对抗信道衰落。

　　(2) 通过调整发送端每个天线单元的相位和幅度,可以使发送信号存在特定的指向性,也就是将所有的发送能量集中在特定方向(波束赋形)上。由于能量集中,所以这种指向性可以提高传输速率以及传输距离。指向性还能够降低干扰,从而整体提高频谱效率。

　　(3) 和发射天线类似,接收天线也可以利用波束赋形技术,把对特定信号的接收聚焦在信号的波达方向,从而降低来自其他方向的干扰信号的影响。

　　(4) 最后,利用接收机和发射机上的多天线,采用空分复用技术,可以在相同的时频资源上,并行传输多层的数据流。

　　NR 和 LTE 不同的一点是 NR 需要支持高频部署，因此多天线技术变得尤为关键。一般来说，更高的频率意味着更大的路损，也就是更小的通信范围。这是因为天线尺寸通常随着频率升高而减小。如果将载波频率提高 10 倍，那么波长会降为原来的 1/10，进而天线的物理尺寸也就降为原来的 1/10，整个天线的面积则降为原先的 1%。这就意味着能够被天线捕捉的能量下降 20 dB。当 5G 工作于 FR2 毫米波频段时，意味着接收功率大幅下降。

　　如果随着载波频率升高，收发天线尺寸均保持不变，则天线所捕捉的能量就可以保持不变，然而相对于波长来说较大的天线尺寸将极大地增加天线的指向性（天线指向性大致和物理天线面积除以波长平方成正比）。换言之，发射天线只能将辐射能量集中在很窄的波束中，接收天线也只能在很窄的波束中接收能量，收发天线必须相互对准才能达到上述目的。尽管高度方向性的天线在理论上可以维持类似于低频段的覆盖程度，但是毫米波传输依然面临绕射能力差、要求直视路径等许多困难，实际的覆盖情况还是比低频段差很多。因此在 5G 时代需要联合使用高低频段，通过低频段实现广覆盖，高频段实现小范围高容量覆盖。

　　对无线通信系统而言，在载波频率增加的前提下要保持天线物理面积不变，可以通过在天线面板上集成更多的天线单元来实现。每个天线单元的尺寸以及天线单元的间距一般和波长成正比，因此随着频率增加，天线单元的间距也会随之减少，相应地天线单元的个数就会随之增加，相当于大量的天线同时工作。在毫米波条件下，单个天线的尺寸很小，可以使用大量的微小天线构成大规模阵列，尽管 LTE 中也支持使用多天线，但是 NR 中支持的天线数目更多，因此得名大规模 MIMO。

　　在天线面板里集成大量的天线单元，通过独立调整各个天线单元发射的相位，可以方便地控制发射波束的方向。同样，接收端也可以通过调整每个天线单元的接收相位来控制接收波束的方向。总体上说，任何多天线传输技术都可以按照图 13-21 来建模。发送的信号可以表示为向量 $\bar{x}$，即同时发送 N_L 层独立信号，随后通过一个变换矩阵 W（矩阵维度为 $N_T \times N_L$），映射到 N_T 个物理天线上，所有物理天线上发送的信号记为向量 $\bar{y}$。

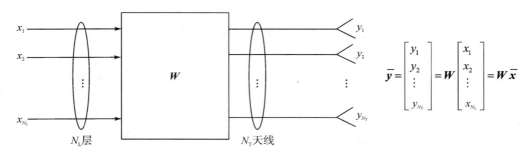

$$\bar{y} = \begin{bmatrix} y_1 \\ y_2 \\ \vdots \\ y_{N_T} \end{bmatrix} = W \begin{bmatrix} x_1 \\ x_2 \\ \vdots \\ x_{N_L} \end{bmatrix} = W\bar{x}$$

图 13-21　多天线预处理

　　图 13-21 所示模型适用于大多数多天线传输场景，但在实际产品中由于各种限制可以有不同的实现方式，最现实的一个考虑是实现多天线处理（也就是实现矩阵 W）的位置，通常有两种做法，如图 13-22 所示。

　　(1) 多天线处理在发射机模拟域实现，也就是在数模转换之后实现。

　　(2) 多天线处理在发射机数字域实现，也就是在数模转换之前实现

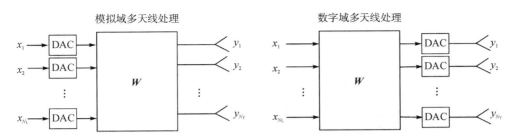

图 13-22　多天线预处理

通常 $N_T > N_L$，数字域实现的主要缺点是实现复杂，特别是需要每个天线单元都配置一个数模转换器。随着工作频段的升高，天线单元数量 N_T 越大，所需的 DAC 也就越多，成本也就越高。因此毫米波产品中往往采用模拟域多天线处理。而模拟域多天线处理，一般是对每个天线信号进行相移来调整波束方向，即波束赋形，如图 13-23 所示。因此在毫米波段，多天线应用主要以波束赋形为主，正好毫米波段也不缺带宽，对 MIMO 空分复用的要求并不强烈。

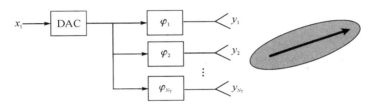

图 13-23　波束赋形

模拟域多天线处理的一个限制是，每个时刻波束只能指向一个方向，或者说，基站必须在不同的时刻为分布在不同方向上的终端服务，如图 13-24 所示。

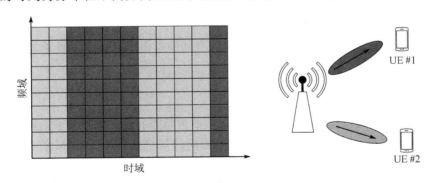

图 13-24　波束赋形（每个时刻只能指向一个方向）

而在低频却恰恰相反，由于波长较大，天线数目 N_T 有限，因此即使在数字域实现多天线处理，也不会耗费太多的 DAC，加上低频段主要的困难在于带宽资源受限，往往空分复用更为关键，而空分复用恰好需要数字域的多天线处理。在数字域里，发送端可以任意地调整变换矩阵 W（也称为预编码矩阵）中每个元素的相位和幅度，从而提供高阶的空分复用能力。同时数字域还允许为同一载波内多个数据层产生独立的变换矩阵 W，这样发给不同方向上终端的数据可以放置在不同的频率上同时发送，如图 13-25 所示。

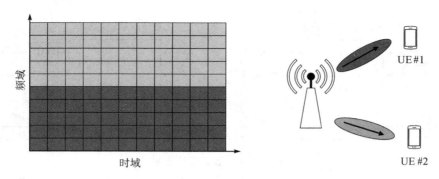

图 13 - 25　同时多方向波束赋形

模拟域和数字域多天线处理的区别在接收端也同样存在。对模拟域多天线处理，一个时刻只能接收来自一个特定方向的信号，对两个方向信号的接收只能在不同时刻发生。而数字域多天线处理则能够提供足够的灵活性，可以支持来自多个方向多个数据流的同时接收。和发送端类似，数字域多天线处理主要的问题是实现的复杂性，需要为每个天线单元提供一个模数转换器。

总之，在高频段工作时，可以通过波束赋形，实现在极窄的波束中传输信号以扩展覆盖范围。而在较低频段，可以使用多天线实现空分复用，有效提高传输速率。

13.4.1　数字域多天线预编码

这部分内容从原理上看与 LTE 基本相同，读者可以参考 12.8 节获得更为详细的信息。多天线预编码设计的一个重要的问题是，在传输数据使用预编码的条件下，是否需要对解调参考信号（Demodulation Reference Signal，DMRS）也进行相同的预编码。如果 DMRS 没有预编码，这意味着接收机需要知道发射机使用的预编码才能够进行相干解调。如果参考信号和数据一起进行预编码，则接收机无需知道预编码矩阵就可以正确解调。

为了支持多用户 MIMO 传输，NR 中 UE 下行最多可以接收 8 个 MIMO 层，上行最多 4 层。此外，NR 支持分布式 MIMO，也就是说终端每时隙可以接收来自多个基站的独立的 PDSCH，以实现从多个传输点到同一用户的同时数据传输。

13.4.2　波束管理

如前所述，在高频段工作时，多使用模拟域波束赋形技术，这一技术的限制是，在给定时刻接收或发射波束只能指向某个特定方向，相同的信号在多个 OFDM 符号中不断重复，以高增益、窄波束加波束扫描的形式保证全向覆盖，如图 13 - 26 所示。NR 为 3 GHz 以下频段规定了 4 个波束方向，3 GHz 以上的频段有 8 个波束，每个波束覆盖不同的方向。FR2 更是规定了 64 个波束方向。

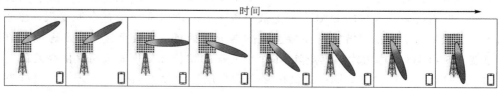

图 13 - 26　波束扫描

　　由于每个时刻基站和终端只能在特定方向上发射和接收信号,因此对于终端的同步机制有着较大的影响,NR 中的信道和信号(包括用于控制和同步的信道和信号),其设计都必须支持波束扫描的工作方式。

　　波束管理的目标是建立和维护一个合适的波束对,即接收机选择一个合适的接收波束,发射机选择一个合适的发射波束,两者联合起来保证一个良好的无线连接。最优的波束对并不一定意味着发射机和接收机的波束相互对准,由于移动信道环境中可能存在障碍物,当发送端和接收端之间不存在直视径的情况下,有可能收发信机的波束都对准某个反射体才是最优的。

　　一般来说,波束管理可以分为初始波束建立、波束调整及波束恢复三部分,其中终端上下行同步后将建立初始波束,为了适应终端的移动和环境的缓慢变化,需要不断进行波束调整,最后,由于环境变化导致当前波束对失效时,就需要通过波束恢复重新建立波束对。

　　每个小区周期性地在所有波束指向上广播同步信号,在 UE 搜索小区阶段,UE 将测量每个波束指向上的同步信号,并找到强度最高的波束指向,完成下行同步后即可获得相应的波束 ID,实际上就是对该 UE 来说最优的来波方向。如图 13-27 所示,通过系统广播可以知道这一波束 ID 对应的随机接入资源,相应发起随机接入,完成上行同步后进入连接态。

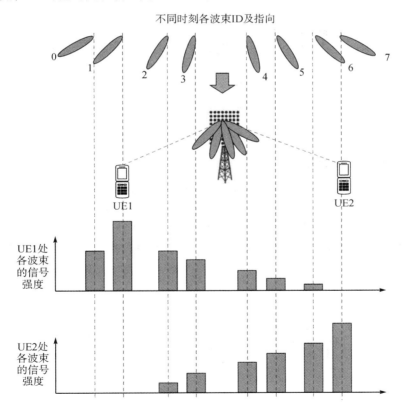

图 13-27　波束扫描与测量

当初始波束对建立后,因为终端的移动、旋转等原因,需要定期地重新评估接收端波束和发送端波束的选择是否依然合适，即便终端完全静止不动，周边环境中一些物体的移动也有可能会阻挡或者不再阻挡某些波束对，这就意味着波束调整是必需的。波束调整还包括优化波束形状，比如相对于初始波束，通过波束调整让波束更加窄从而获得更高的传输增益。因为波束对的波束赋形包括发送端波束赋形和接收端波束赋形，所以波束调整可以分为下面两个独立的过程：

（1）现有接收波束不变，重新评估和调整发送端的发射波束。

（2）现有发射波束不变，重新评估和调整接收端的接收波束。

如上所述，对上行和下行两个方向都需要波束调整，以下行波束调整为例，需要分别调整下行发射端和接收端两端的波束指向，具体如下：

1. 下行发送端波束调整

下行发送端波束调整的主要目的是在终端接收波束不变的情况下，优化基站发射波束。为了达到这个目的，终端可以测量一组参考信号，这些参考信号会对应一组下行波束，参见图 13-28。终端将测量结果上报网络，网络会依照测量结果决定是否调整当前波束以及如何调整。

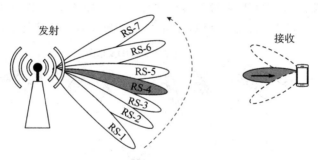

图 13-28　下行发送波束调整

2. 下行接收端波束调整

下行接收端波束调整的主要目的是在网络发射波束不变的情况下，找到终端最优的接收波束。为了达到这个目的，需要再次给终端配置一组下行参考信号，这些参考信号都是从网络的同一个波束上发出的。这个波束就是当前的服务波束。如图 13-29 所示，终端执行接收端波束扫描，来依次测量配置的一组参考信号。通过测量，终端可以调整其当前接收波束。

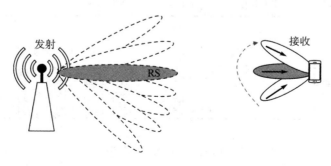

图 13-29　上行接收波束调整

上行波束调整和下行波束调整的目的一致，都是为了维持一个合适的波束对。上行波束调整需要为终端选择一个合适的上行发射波束，以及为网络选择一个合适的上行接收波束。如果假设波束一致性存在，而且已经获取了合适的下行波束对，那么上行波束管理就没有必要了，下行的波束对可以直接用于上行。

在某些场景下，由于环境的变化，导致原先建立的波束对突然被阻挡，网络和终端没有足够的时间来进行波束调整。为了处理这种情况，NR 还定义了一套流程专门处理这种波束失败的流程，即波束恢复。波束恢复包括如下步骤：

- 波束失败检测，终端检测到发生了波束失败。
- 备选波束认定，终端试图发现新的波束，或者可以恢复连接的新波束对。
- 恢复请求传输，终端发送一个波束恢复请求给网络。
- 网络回应波束恢复请求。

13.5　上 下 行 同 步

NR 终端在开机后必须首先完成小区搜索和下行同步，找到要驻留的小区，获得正确的帧起始，并且保证能够正确接收系统信息。当终端接收到必要的系统信息后就可以发起随机接入过程完成上行同步，接入网络。只有当终端完成上下行同步后才能够正确地发送和接收数据。本章简要描述小区搜索、系统信息传递和随机接入。

13.5.1　同步信号块 SSB

NR 中，每个小区周期性地发送同步信号，包括主同步信号 PSS 和辅同步信号 SSS，用于终端查找、同步和识别网络；PSS/SSS 和物理广播信道（Physical Broadcast Channel，PBCH）一起，称为同步信号块（Synchronization Signal Block，SSB），PBCH 携带最少量的关键系统信息，包括指示剩余的广播系统信息在哪里传输。NR 的 SSB 与 LTE 的 PSS/SSS/PBCH 用途类似，但是 NR 中针对 SSB 的设计更多地考虑了降低基站能耗及波束扫描的可能性。

SSB 是在基本 OFDM 网格上传输的一组时频资源，其时频结构如图 13 - 30 所示。可以看出，SSB 在时域持续 4 个 OFDM 符号，在频域占据 240 个子载波共 20 个 RB 的带宽。其中 PSS 位于 SSB 的第一个 OFDM 符号，频域上占据 127 个子载波，其余为全零子载波；SSS 位于 SSB 的第三个 OFDM 符号，与 PSS 占据相同的子载波，两端分别空出 8 个和 9 个全零子载波；每个 SSB 中 PBCH 占用 576 个资源格，如图 13 - 30 中灰色区域所示，其中包含了用于 PBCH 相干解调的参考信号。

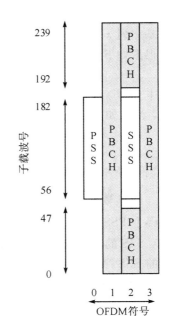

图 13 - 30　SSB 的时频结构

SSB 可以使用不同的子载波间隔发送。表 13 - 6 列出了 SSB 支持的子载波间隔、相应的 SSB 带宽、持续时间以及适用的频率范围。注意 60 kHz 的子载波间隔不能用于传输

SSB，240 kHz 子载波间隔可以用来传输 SSB，但不能用来传输其他用户数据。定义 240 kHz 参数集，是因为这种情况下 SSB 的持续时间极短，方便波束扫描模式中在时间上复用多个 SSB。

表 13 - 6　SSB 支持的子载波间隔

子载波间隔/kHz	SSB 带宽/MHz	SSB 持续时间/μs	适用频率范围
15	3.6	≈285	FR1(<3 GHz)
30	7.2	≈143	FR1
120	28.8	≈36	FR2
240	57.6	≈18	FR2

接下来分别介绍 PSS/SSS 两个信号，终端利用这两个信号可以获得小区 ID，与 LTE 一样，NR 中每个小区也使用小区 ID 来标识，不过 NR 中的小区种类和数量更多，因此 NR 支持的小区 ID 范围是 0～1007，是 LTE 的 2 倍。终端必须正确识别所在小区的小区 ID，才能正确接收小区发来的所有信息。小区 ID 由 $N_{\text{ID}}^{(1)}$ 和 $N_{\text{ID}}^{(2)}$ 两部分构成，且有如下关系：

$$N_{\text{ID}}^{\text{cell}} = 3N_{\text{ID}}^{(1)} + N_{\text{ID}}^{(2)}$$

其中 $N_{\text{ID}}^{(2)} \in \{0, 1, 2\}$ 可由 PSS 计算得到，$N_{\text{ID}}^{(1)} = \{0, 1, \cdots, 335\}$ 由 SSS 计算得到。NR 中使用的 PSS/SSS 采用了 m 序列，而不是 LTE 采用的 ZC 序列，主要是考虑到 ZC 序列的抗频偏性能有所欠缺。以下说明 PSS/SSS 序列的具体形式。

PSS 序列长度为 127，对应不同的 $N_{\text{ID}}^{(2)}$ 共有三种可能的 PSS 序列 $\boldsymbol{x}_0$、$\boldsymbol{x}_1$ 和 $\boldsymbol{x}_2$，分别是基序列 $\boldsymbol{x} = \{x(k), k = 0, 1, \cdots, 126\}$ 执行不同的循环移位得到的，基序列 $\boldsymbol{x}$ 为 m 序列，可根据如下递归公式生成：

$$x(n) = x(n-7) \oplus x(n-3)$$

其中 $[x(6)\,x(5)\,x(4)\,x(3)\,x(2)\,x(1)\,x(0)] = [1110110]$，通过对基序列应用不同的循环移位，根据如下公式可以生成三个不同的 PSS 序列：

$$x_0(n) = x(n)$$
$$x_1(n) = x(n + 43 \bmod 127)$$
$$x_2(n) = x(n + 86 \bmod 127)$$

当检测 PSS 信号时，终端应该检测全部三个 PSS，并依据相关峰值确定小区到底发送了哪个 PSS 序列，进而确定 $N_{\text{ID}}^{(2)}$。

SSS 的基本结构与 PSS 相同，长度也是 127，对应不同的 $N_{\text{ID}}^{(1)}$ 和 $N_{\text{ID}}^{(2)}$ 共有 1008 种可能的 SSS 序列。每个 SSS 序列都是由两个基序列按照不同的循环移位相异或得到的。具体来说，SSS 序列的生成公式如下：

$$d_{\text{sss}}(n) = [1 - 2x_0((n + m_0) \bmod 127)][1 - 2x_1((n + m_1) \bmod 127)], \quad 0 \leqslant n < 127$$
$$m_0 = 15\lfloor N_{\text{ID}}^{(1)}/112 \rfloor + 5N_{\text{ID}}^{(2)}$$
$$m_1 = N_{\text{ID}}^{(1)} \bmod 112$$

其中两个基序列 $x_0(n)$ 和 $x_1(n)$ 的生成公式如下：

$$x_0(n) = x_0(n-7) \oplus x_0(n-3), \quad [x_0(6)\,x_0(5)\,x_0(4)\,x_0(3)\,x_0(2)\,x_0(1)\,x_0(0)] = [0000001]$$
$$x_1(n) = x_1(n-7) \oplus x_1(n-6), \quad [x_1(6)\,x_1(5)\,x_1(4)\,x_1(3)\,x_1(2)\,x_1(1)\,x_1(0)] = [0000001]$$

综上所述，通过检测 PSS 可以获得 $N_{\mathrm{ID}}^{(2)}$，进一步通过检测 SSS 可以获得 $N_{\mathrm{ID}}^{(1)}$，就可以最终得到小区 ID。

13.5.2 SSB 的时频位置

具体传输时，NR 将上述 SSB 映射到下行 OFDM 资源格的不同位置上，连同其他物理信道等一起发送。在 LTE 中，PSS/SSS 每 5 ms 出现一次，且在每一帧中的位置是固定的，终端通过检测 PSS/SSS 信号除了可以获得小区 ID 外还可以获得帧定时。与 LTE 不同，NR 中 SSB 的周期可能是 5/10/20/40/80/160 ms，具体值由系统信息 SIB1 规定，然而在初始接入的时候，UE 还没有收到 SIB1，将按照默认的 20 ms 周期来搜索 SSB。

作为改善覆盖范围的一种手段，NR 小区可能会使用波束扫描工作方式。当 NR 工作于高频段或者 FR2 时，为了解决工作频率高导致的高路径损耗问题，通过波束赋形，在某一个时刻将能量集中朝某个特定方向辐射，从而使该方向上可以把信号发送得更远；但是其他方向接收不到信号，下一个时刻朝另一个方向发送，最终通过波束不断的改变方向，实现整个小区的覆盖。为了保证每个波束方向上的用户都能搜索到 SSB，如图 13 - 31 所示，NR 的做法是每当 SSB 周期出现时，小区将发送一系列 SSB，针对每个波束指向都发送 1 个 SSB，也就是说 SSB 定期在某个半帧内出现若干次，这些 SSB 合称为 SS 突发集，每个 SS 突发集中所有 SSB 必须位于同一个半帧内，但是在半帧中的具体位置则取决于子载波间隔，NR 根据子载波间隔的不同，将 SSB 的时域位置分为了 5 种不同的情况，具体可以查阅 5G NR 技术规范 TS38.213 的 4.1 节。

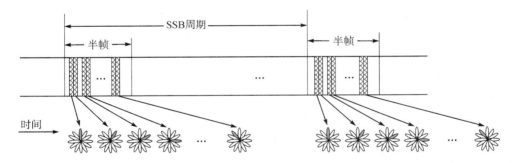

图 13 - 31 波束扫描模式中的 SSB 发送

以 15 kHz 子载波间隔为例，如果载波频率小于 3 GHz，SSB 在半帧中最多可能出现 4 次，具体位置为某个半帧中前两个时隙的第 2～5 和第 8～11 OFDM 符号，如图 13 - 32 所示。注意这四个符号只是 SSB 可能的位置，实际上 SSB 不一定在所有位置上发送。因为波束扫描并非必选项，特别是小区在较低频率上工作时可能根本不需要波束扫描。例如工作在 15 kHz 子载波间隔、3 GHz 以下频点，并且没有使用波束赋形，则 SS 突发集只需一个 SSB 就够了，从而 SSB 可能出现在上述四个位置中的任意一个。对于 FR1 中 3 GHz 到 6 GHz 的载波频率，SSB 最大可能出现 8 次，具体位置为某个半帧中前四个时隙的第 2 个和第 8 个 OFDM 符号。如果工作于 FR2 上，则 SSB 可能出现高达 64 次。

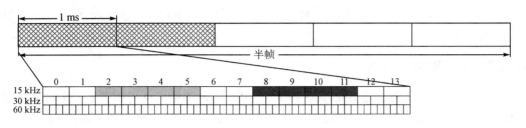

图 13-32　SSB 的可能位置

如前所述，小区内所有 SSB 的 PSS/SSS 都是相同的，具体形式取决于小区 ID。终端通过 PSS/SSS 可以获得小区 ID，但是由于每个 SS 突发中 SSB 可能多次出现，因此为了获取帧定时，终端还需要知道 SSB 出现的位置与帧起始之间的偏移。为此，每个 SSB 的 PBCH 中还包含了"时间索引"属性，明确指出了对应 SSB 在半帧中出现的位置 ID。UE 结合该值就可以确定帧起始位置。

接下来讨论 SSB 的频域位置。在 LTE 中，PSS/SSS/PBCH 总是位于整个工作带宽的中心，并且每 5 ms 发送一次。如果终端不知道小区的工作频率，则其必须以 100 kHz 为间隔不断在所有可能的载波频率上搜索 PSS/SSS。然而 NR 中情况有所不同，为了降低 NR 基站的功耗，NR 中允许加大同步信号的周期，默认情况下 SSB 每 20 ms 发送一次。因为相邻 SSB 的时间间隔较长，终端在搜索每个 NR 载波时就必须停留更长的时间。为了避免花费太长的时间才能找到 NR 小区的问题，NR 采用了更大的搜索步长，也就是说 SSB 可能出现的频点（也称为同步栅格）比 NR 载波可能出现的频点（载波栅格）更稀疏，如图 13-33 所示。默认的搜索周期是 20 ms，如果 20 ms 内没有检测到 SSB 就继续检测同步栅格里的下一个频点。因此 SSB 可能不会位于 NR 载波的中心，稀疏的同步栅格可以显著缩短小区初始搜索的时间，同时由于 SSB 周期较长，也就可显著降低基站功耗。具体来说，NR 中规定了一系列全局同步信道号 GSCN，每个 GSCN 都对应一个确定的绝对频率，NR 中小区的 SSB 只能放在这些 GSCN 上，对齐方式为 SSB 的 10 号 RB 的 0 号子载波与 GSCN 对齐，具体的 GCSN 可以查阅 TS38.101-1 和 TS38.101-2。每个运营商允许使用的工作频段（Operating Band）是提前分配好的，根据工作频段就可以查得一个 GCSN 范围，UE 将依次检查该范围内的每个 GSCN 以搜索 SSB，由于 SSB 可能使用不同的子载波间隔，因此 UE 在搜索 SSB 的时候应尝试各种可能的子载波间隔。

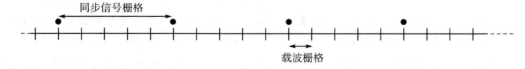

图 13-33　同步栅格与载波栅格

如前所述，由于同步栅格和载波栅格大小不同，因此 SSB 未必处于 NR 载波的中心，假定 UE 在某个 GCSN 上搜索到了 SSB，还必须进一步确定小区的载波中心频率。实际上由于 SSB 可以选用不同的子载波间隔，如图 13-34 所示，SSB 的下沿，即 SSB 第 0 号 RB 的 0 号子载波，与 PointA 之间也不一定正好相差整数个 RB，因此 SSB 在 NR 载波上的位置由两个参数 N_{CRB}^{SSB} 和 k_{ssb} 确定，两个参数的单位分别是 RB 和子载波（如果工作在 FR1，则规定子载波间隔为 15 kHz，相应地 RB 的宽度为 180 kHz；否则规定子载波间隔为 60 kHz，相应地 RB 的宽度为 720 kHz）。其中参数 $N_{\mathrm{CRB}}^{\mathrm{SSB}}$ 表示 SSB 第 0 号 RB 的 0 号子载波所在的那个 CRB（以下记为 $\mathrm{CRB}_{\mathrm{SSB}}$）与 PointA 之间相距的 RB 数目，由系统信息 SIB1 中的 OffsetToPointA 参数给出，SIB1 的有关内容参见 13.5.4 小节，参数 k_{ssb} 则表示 SSB 第 0 号 RB 的第 0 号子载波与 $\mathrm{CRB}_{\mathrm{SSB}}$ 的第 0 号子载波之间的子载波数目，由 SSB 中的 PBCH 给出，参见 13.5.3 小节。例如某 SSB 第 0 号 RB 的 0 号子载波中心频率为 2521.350 MHz，PointA 频率为 2516.160 MHz，则两者相差 5190 kHz，换算成 15 kHz 的 RB 数目为 5190/$(12\times15)=28.83333$ 个，因此 $N_{\mathrm{CRB}}^{\mathrm{SSB}}$ 或 OffsetToPointA 应该设置为 28，而 k_{ssb} 应该等于 $(5190\ \mathrm{kHz}-28\times12\times15\ \mathrm{kHz})/15\ \mathrm{kHz}=10$。

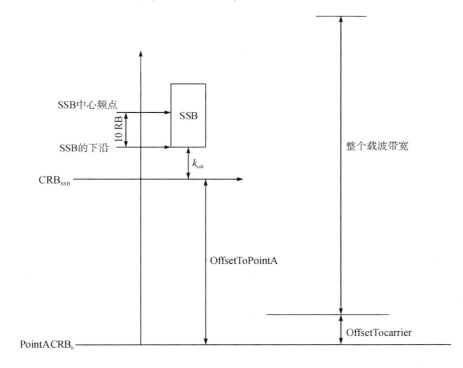

图 13 - 34　SSB 与 PointA 之间的关系

　　综上所述，假定 UE 在某个 GCSN 上搜索到 SSB，则根据 GCSN 可以找到 SSB 的下沿对应的子载波频率，根据 k_{ssb} 可以求得 $\mathrm{CRB}_{\mathrm{SSB}}$ 的 0 号子载波的绝对频率，进而根据 Offset-ToPointA 值即可确定 PointA 的绝对频率。PointA 是不同子载波间隔参数下的频域参考点，真正用于传输数据的时频资源格（或者说载波带宽）的下沿与 PointA 之间的偏移记为 OffsetToCarrier，由高层参数规定。结合 PointA 和该值即可找到整个载波带宽的起始频率，最后再结合 BWP 的相关参数即可找到相应的 BWP。

13.5.3　PBCH 承载的信息

　　系统信息（System Information，SI）是对终端在网络中正常工作所需要的全部公共信息的统称，依据这些信息的用途和重要性，将 SI 分为主信息块（Master Information Block，MIB）和若干系统信息块（System Information Block，SIB）。其中 MIB 包含了少量最基础最重要的信息，由 PBCH 承载，终端要根据 MIB 中携带的信息来获取小区广播的其余 SIB。表 13 - 7 列出了 PBCH 所承载的信息。

表 13 - 7　PBCH 承载的信息

信　息	比特数	备　　注
SFN	10	系统帧号
subCarrierSpacingCommon	1	承载 SIB1 的 PDCCH/PDSCH 子载波间隔
ssb-SubcarrierOffset	4	k_{ssb}
dmrs-TypeA-Position	1	承载 SIB1 的 PDSCH 的 DMRS 时域位置
pdcch-ConfigSIB1	8	承载 SIB1 的 PDCCH 相关配置
cellBarred	1	小区禁止接入标识，为 1 则禁止 UE 接入该小区
intraFreqReselection	1	是否允许接入其他同频小区，该标志位与小区禁止接入标识联合，可用于 5G 的非独立组网模式
Spare	1	预留
halfFrameIndication	1	半帧指示
Choice	1	是否为扩展 MIB 消息，用于未来扩展
SSB 时间索引	3	FR2 条件下为 SSB 时间索引的高 3 bit FR1 条件下 1 bit 用于指示 k_{ssb} 的最高位，其他 2 bit 预留。
CRC	24	循环冗余校验

表中半帧指示说明了该 SSB 处于前半帧还是后半帧，SSB 时间索引标识了该 SSB 在 SS 突发集里的位置，两者结合就可以确定帧边界。SSB 时间索引由 PBCH 加扰编码的隐式部分和 PBCH 净荷里的显式部分两部分组成，具体来说 PBCH 可以采用 8 种不同的扰码，隐含指示了最多 8 种 SSB 时间索引。当工作在 FR1 时，SS 突发集最大支持 8 个 SSB，因此通过扰码就可以判定 SSB 的时间索引；如果工作在 FR2，则 SS 突发集最大可以有 64 个 SSB，通过联合扰码与 PBCH 中携带的额外 3 bit，即表 13 - 7 中的 SSB 时间索引，就可以指示 64 个可能的 SSB 位置。表 13 - 7 中的第 3、5、6 行用来指示终端正确接收 SIB1 所必须的参数配置，包括 CORESET0 的时频位置，终端需要利用该值找到 CORESET0，进而找到 SIB1 对应的 PDCCH，根据其中包含的 DCI 找到 SIB1 对应的 PDSCH，最后解出 SIB1。

13.5.4　剩余系统信息

　　通常系统信息由不同的系统信息块 SIB 来承载。LTE 中，所有的系统信息始终在整个小区范围内周期地广播，但这也意味着即使小区里没有终端，也要发送系统信息。

　　NR 对系统信息采用了不同的方式，MIB 上只承载非常有限的信息，剩下的系统信息中包括 SIB1 以及 SIB2 到 SIB9 两部分，其中 SIB1 有时也称作剩余最小系统信息（Remaining Minimum System Information，RMSI），它包含了终端在接入系统前必须获知的系统信息。SIB1 总是在整个小区范围内周期性地广播。SIB1 以 160 ms 为周期在普通 PDSCH 上调度传输。如上所述，PBCH 中已经指出了正确接收 SIB1 所需要的参数配置，依据相应的配置，终端定时接收 SIB1 信息。SIB1 中还包含了一个重要参数 offsetToPointA，如图 13－34 所示，终端需要利用该值来计算 pointA 的位置，PointA 的位置在 NR 中非常重要，因为需要以 PointA 为基准，为每一种子载波间隔建立独立的 CRB/BWP 资源网格。

SIB2～SIB9 所包含的系统信息是终端在接入系统前不需要获知的。这些 SIB 可以周期地广播，也可以按需发送，即只在连接态的终端显式请求时才发送。这就意味着小区当前没有终端驻留时，无需周期性广播这些 SIB，从而可以大幅降低基站功耗。

13.5.5　随机接入

终端正确接收 SIB1 后即获得了接入小区需要的所有参数，接下来就可以通过随机接入过程来完成上行同步。只有随机接入过程完成，UE 处于连接态，小区和 UE 之间才可以进行上下行双向通信。NR 中的随机接入过程也用于其他场合，例如切换时需要与新小区建立同步；或者终端由于太长时间没有上行传输而导致失步，需要在当前小区重新建立上行同步时；又或者没有配置专用调度请求资源的终端要请求上行调度时。

NR 的四步随机接入过程与图 12－24 给出的 LTE 随机接入流程基本一致。本节仅仅讨论随机接入流程的第一步，即发送前导序列，后续步骤基本与 LTE 相同，不再赘述。以下首先讨论前导序列的形式，接下来说明前导序列的发送时机。

NR 中前导序列的基本形式与 LTE 相同，同样采用了 ZC 序列，同样由循环前缀 CP、若干重复的 ZC 序列 SEQ 以及保护时间 GT 组成，如图 12－25 所示。图 13－35 说明了 NR 中生成随机接入前导序列的基本流程，长度为 L 的 ZC 序列 $\{\rho_0, \rho_1, \cdots, \rho_{L-1}\}$ 首先执行 DFT 预编码，映射至正确的时频位置后执行 IDFT，然后重复 N 次后插入循环前缀。与 LTE 相同，通过使用不同根索引可以生成不同的 ZC 根序列，而且相同的 ZC 根序列还可以通过不同的循环移位生成不同的前导序列。具体可以参考 12.6.1 小节和 12.6.2 小节。

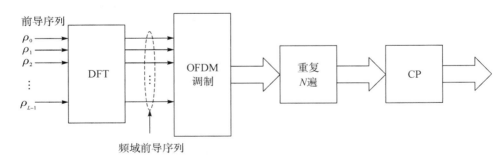

图 13－35　随机接入前导序列的结构与生成

NR 中定义了长前导序列和短前导序列两种类型的序列，分别对应不同的子载波间隔和不同的小区半径。其中长前导码用于 FR1 中的载波频率，基于长度 $L=839$ 的 ZC 序列生成，子载波间隔为 1.25 kHz 或 5 kHz，1.25 kHz 子载波间隔的长前导序列在频域上占据 1.08 MHz 的带宽，而子载波间隔为 5 kHz 的长前导序列则占据 4.32 MHz 的带宽。表 13－8 总结了 NR 中支持的四种长前导序列格式，其中格式 0 和 1 分别与 LTE 中的前导格式 0 和 2 相同。图 13－36 给出了长前导序列格式 0、1 和 3 的结构。

表 13 - 8　长前导序列格式

格式	子载波间隔	带宽	重复次数 N	CP 长度	前导码长度(不含 CP)
0	1.25 kHz	1.08 MHz	1	≈100 μs	800 μs
1	1.25 kHz	1.08 MHz	2	≈680 μs	1600 μs
2	1.25 kHz	1.08 MHz	4	≈153 μs	3200 μs
3	5 kHz	4.32 MHz	4	≈100 μs	800 μs

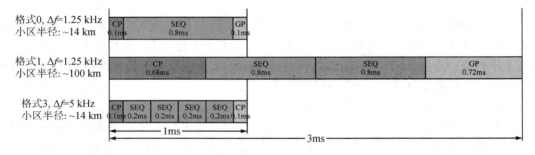

图 13 - 36　随机接入长前导序列的结构

短前导序列可用于 FR1 和 FR2,基于长度 $L=139$ 的 ZC 序列生成,所用的子载波间隔与 NR 常规子载波间隔一致。具体来说,FR1 场景为 15/30 kHz,FR2 场景为 60/120 kHz。短前导序列在频域上总是占据 144 个子载波共 12 个 RB,单段 ZC 序列占用 1 个 OFDM 符号,不同的短前导序列中 ZC 序列重复不同的次数。表 13 - 9 列出了短前导序列可用的格式,其中假定子载波间隔为 15 kHz,如果采用其他子载波间隔,则前导码的长度、循环前缀的长度与相应的子载波间隔成反比。

表 13 - 9　短前导序列格式

格式	重复次数 N	CP 长度/μs	N 段 ZC 序列长度/μs
A1	2	9.4	133
A2	4	18.7	267
A3	6	28.1	400
B1	2	7.0	133
B2	4	11.7	267
B3	6	16.4	400
B4	12	30.5	800
C0	1	40.4	66.7
C2	4	66.7	267

接下来讨论发送时机。UE 只能在小区规定的周期性出现的上行时频资源上发送前导序列,这些周期性出现的时频资源称为 RACH,RACH 的周期范围从 10 ms 到 160 ms 可配,每个 RACH 周期内可以配置若干 RACH 时隙,每个 RACH 时隙中配置 K 个 RACH

机会(RACH Occasion，RO)用来发送前导序列，K 个频域 RO 占用 $K \times M$ 个连续资源块，其中 M 是以 RB 为单位的前导序列带宽，K 为频域 RO 的数目，如图 13-37 所示。

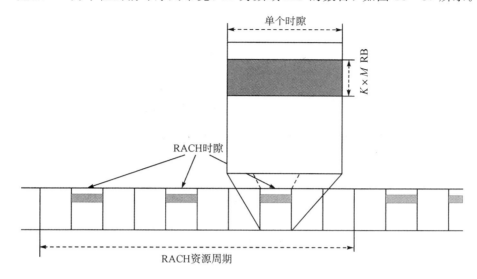

图 13-37　周期性的随机接入机会

由于短前导序列使用的 OFDM 符号数更少，因此一个 RACH 时隙里可能允许传输多个短前导序列，例如 A1 格式序列占用不到 3 个 OFDM 符号。换句话说，对于短前导码，不仅在频域上有多个 RO，时域上一个 RACH 时隙里也有多个 RO，如表 13-10 所示。可以看到表中还包括了格式 A1/B1、A2/B2 以及 A3/B3，这些组合用于以下情况：即一个 RACH 时隙内有多个时域 RO 时，除最后一个 RO 用格式 B，其他 RO 均使用格式 A。格式 A 与 B 的区别只是 B 的循环前缀更短。其中 B2 和 B3 必须与相应的格式 A2 和 A3 联合使用。

表 13-10　单个时隙内短前导序列的时域 RO 数目

A1	A2	A3	B1	B4	C0	C2	A1/B1	A2/B2	A3/B3
6	3	2	7	1	7	2	7	3	2

如果基站使用波束扫描工作方式，则 NR 随机接入过程还需要建立合适的波束对，从而为后续的数据收发提供条件，具体做法是为不同的 SSB 时间索引规定不同的时域/频域 RO 以及不同的前导序列资源。不同的 SSB 时间索引对应着不同下行波束上发送的 SSB，通过上述映射关系，基站在接收到前导序列后，即可依据接收 RO 时频位置和前导序列索引确定终端位于哪个下行波束，该波束就是与终端后续通信的初始波束。

为了将特定的 SSB 时间索引与特定的 RO 以及特定的前导码集合相关联，其中 RO 按照先频域、再时域、最后是 RACH 时隙的顺序编号，小区的随机接入配置指定了每个时域/频域 RO 里 SSB 时间索引的数目。这个数目可以大于 1，表示多个 SSB 时间索引对应到一个时域/频域 RO；也可以小于 1，表示一个 SSB 时间索引对应到多个时域/频域 RO。

图 13-38 举例说明了 SSB 时间索引和 RO 的关系，图中假设频域上有两个 RO，时域上每个 RACH 时隙有三个 RO，每个 SSB 时间索引与四个 RO 相关联，换言之，如果基站

在图中最后四个 RO 上收到了随机接入前导序列，就可以判断发送该前导序列的 UE 位于
3 号 SSB 对应的波束覆盖范围中。

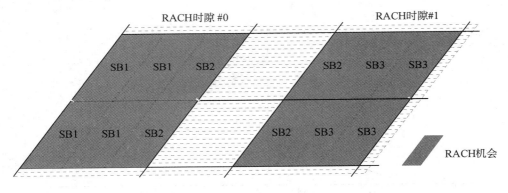

图 13 - 38　SSB 时间索引与 RO 的关系示例

本 章 小 结

　　本章简要介绍 5G 的空中接口 NR，特别是 NR 物理层的若干技术，相比 4G 来说，5G
在物理层帧结构、双工方式、多天线技术以及频谱使用等方面作了全面增强，技术细节尤
为繁杂，本章只是蜻蜓点水地给出了零星细节，关于 5G NR 更全面更权威的技术规范可通
过以下第一个链接从 3GPP 免费下载。另外，OpenAirInterface 提供了 5G NR 的开源代码，
有兴趣或者有工作需要的读者可通过以下第二个链接免费下载。

本书中使用的部分符号说明

$\mathbb{C}$ 复数集合

$\mathbb{R}$ 实数集合

$\mathbb{Z}$ 整数集合

$\mathbb{N}$ 自然数集合

$\mathbb{E}$ 期望

$\mathscr{F}$ 傅里叶变换

$\mathscr{F}^{-1}$ 傅里叶反变换

$\mathcal{N}$ 高斯或正态分布

$\text{Re}\{\cdot\}$ 实部

$\text{Im}\{\cdot\}$ 虚部

$\text{Pr.}\{\cdot\}$ 某个事件的概率

c 真空中电磁波传播速度

b/s 比特/秒（有书也写为 bps）

lb 以 2 为底的对数（$\log_2$）

lg 以 10 为底的对数（$\log_{10}$）

ln 以自然常数 e 为底的对数（$\log_e$）

参 考 文 献

[1] 杨学志. 通信之道：从微积分到 5G. 北京：电子工业出版社，2016.

[2] ANDREA G. 无线通信. 杨鸿文，李卫东，郭文彬，等译. 北京：人民邮电出版社，2007.

[3] 李建东. 移动通信. 4 版. 西安：西安电子科技大学出版社，2006.

[4] THEODORE S R. 无线通信原理与应用. 2 版. 周文安，付秀花，王志辉，等译. 北京：电子工业出版社，2018.

[5] JOHN G P, MASOUD S. 数字通信. 5 版，中文精简版. 张力军，等改编. 北京：电子工业出版社，2012.

[6] ANDREAS F M, WILLIAM C Y L. 无线通信. 2 版. 田斌，帖翊，任光亮，译. 北京：电子工业出版社，2020.

[7] 陈小锋. 通信新读. 北京：机械工业出版社，2014.

[8] DAVID T, PRAMOD V. 无线通信基础. 李锵，周进，等译. 人民邮电出版社，2007.

[9] 肖国镇，梁传甲，王育民. 伪随机序列及其应用. 北京：国防工业出版社，1996.

[10] 田日才. 扩频通信. 北京：清华大学出版社，2007.

[11] 梅文华. 跳频通信. 北京：国防工业出版社，2005.

[12] WILLIAM C Y L. Mobile Communications Engineering：Theory and Applications，McGraw-Hill Professional，2nd edition，1997.

[13] STUBER G L. Principles of Mobile Communications，2nd Ed. Kluwer Academic Publishers，2001.

[14] ERIK D, STEFAN P, JOHAN S. 4G：LTE/LTE-Advanced 宽带移动通信技术. 影印版. 南京：东南大学出版社，2012.

[15] ERIK D, STEFAN P, JOHAN S. 5G NR 标准：下一代无线通信技术. 朱怀松，王剑，刘阳，译. 北京：机械工业出版社，2019.